無垠之海

全球海洋人文史

上

THE BOUNDLESS SEA

A Human History of the Oceans

David Abulafia
大衛·阿布拉菲雅
——著

陸大鵬、劉曉暉
——譯

我的慷慨像海一樣浩渺。❶

——威廉・莎士比亞（William Shakespeare）

獻給聖保羅公學的老師們

PNB CED TEBH AHM JRMS PFT *necnon* INRD

---

❶ 譯注：出自《羅密歐與茱麗葉》，第二幕第二場，譯文借用莎士比亞著，朱生豪等譯，《莎士比亞全集》（八卷本）第五卷，譯林出版社，一九九八年，第一一四頁。

推薦序一

人類與世界三大洋的互動史

陳國棟（中央研究院歷史語言研究所研究員）

海洋的影響有多大？墨西哥灣流在綿延數千里之後還影響到英倫三島，使它相對溫暖；發起於菲律賓的黑潮，也讓篤姬故鄉所在地的日本鹿兒島南端擁有讓紅樹林成長的環境。環境規範了人類的生活，而海洋賦予環境高度限定的條件。海洋與人類的生息緊密相關，但要放到心裡才能深刻體會。

海洋，特別是三大洋，是廣大的海域，比陸地總面積還大很多，因此海洋產生阻隔，但是海洋也可以創造聯繫——植物經過漂流，由甲地到乙地的傳播就是其中一例；對歷史影響更大的則是人類使用筏具與船舶，起初從海邊漁撈開始，漸漸向大海的遠處去航行，將海洋邊緣上的不同港口交織呈現，創造出海洋世界的網絡。隨著歷史腳步朝向未來的單向移動，人類對大洋的認識與利用能力也跟著逐步增長。

然而人類和海洋的互相衝擊不會只有這些，實際上包含著千絲萬縷。透過專家的著作，人人都有機會深入了解。《無垠之海》這本書講述世界三大洋的歷史——人類與它們交互作用的歷史。在長時間的進程中，生活於陸地上的人類一步步地摸索海洋、挑戰海洋，越來越能利用海洋，越來越了解海洋，而海洋與人生的牽連也越來越密切。人類的故事不但在陸地上演出，也以海洋作為宏偉的舞臺。

這本厚書分成五大部詳細敘述、詳細討論三大洋的歷史。前三部個別含括的時間長短不一，但都止於一五〇〇年。有關太平洋周邊的史事，往上追溯得最久，久到十七、八萬年前。其次是印度洋，再來則是「年輕的」大西洋。至於以一五〇〇年左右作為一個下限的原因，大概是這樣的：十五世紀末以前，人類早已透過海洋相互接觸，只是當時的活動若不是係屬偶發性質，就是出於意外，因此其規模與頻率都還都有限。可是一四九二年哥倫布去到了美洲加勒比海、一四九八年達伽馬自西歐繞過南非好望角到達印度……，這以後人類跨越海洋的遭遇與互動也就越來越頻繁，規模也日益擴大。

隨之而來，人類越來越能掌握利用海洋的知識與技巧，順利航海的本事越來越強，於是本書的第四部就是〈對話中的大洋，一四九二－一九〇〇〉。這四百來年的時間，西方人往亞洲、非洲與美洲擴張，慢慢也將手掌伸進太平洋的一座座島嶼，這個階段正是「全球化」由緩步前進走到加速進行的過渡階段。到了二十世紀尾聲，「全球化」可謂完成。

本書的第五部，也就是最後一部，標示出「人類主宰下的大洋」，時間則稍稍回推到一八五〇年。在一八五〇年左近，世界發生了很多事，當中一件就是英國人攻擊中國的「鴉片戰爭」（一八四〇年至一八四二年）；另一件是日本阻擋不了的美國軍艦進入浦賀港的「黑船事件」（一八五三年）。當然，還有許多其他的歷史大事。重點是從這個當兒開始，先是西方人的「船堅炮利」一一打開他國的門戶，強迫通商或者從事殖民事業。百年之後，也就是第二次世界大戰（一九三九年至一九四五年）之後，殖民地獨立成為風潮、經濟發展成為時尚。新經濟體如臺灣、南韓、香港、新加坡、泰國等等陸續耀眼地登上舞臺，經濟生產的目標並不鎖死在內需，而都放眼到全世界，全球分工於焉發展成形。一八五〇年左右也正是輪船開始加速取代帆船的時代，而一九五〇年以後日益發達的貨櫃（集裝箱）運輸則將地球不同角落的產品，以快速、低運費的方式送往消費者的手上。船舶強化了人類使用海洋的能力，船舶連結了地球上的不同端點。回頭瞻望逝去的幾千年或者幾萬年，太平洋、印度洋和大西洋其實和人類的長期發展歷程息息相關。

要把三大海洋數萬年的歷史在一本書裡面講清楚，並非易事，阿布拉菲雅教授辦到了。阿布拉菲雅教授出身英國劍橋大學岡維爾凱斯學院。這家學院就像是劍橋、牛津的每一座學院一樣，全都名人輩出。待過該學院的校友有十二名獲得諾貝爾獎，其中有三位是經濟學家，以研究中國科技史聞名、著作等身的李約瑟（Joseph Needham，一九〇〇－一九九五）則是該學院的畢業生、院士與院長。阿布拉菲雅教授在岡維爾凱斯學院裡的研究、教學專業是中世紀地中海的人文歷史。歷史學雖然沒有諾貝爾獎，但阿布拉菲雅教授還是因為他的成就廣受肯定，獲得不少重要的人文、歷史獎項。

他的舊作之一《偉大的海：地中海世界人文史》，已經將他的心得與巧思發揮得淋漓盡致。但是他深刻了解：地中海畢竟是一座相當封閉的海，他想走入大洋去探索更宏觀、更多面向的人類歷史。阿布拉菲雅教授能動手去這樣做，一方面是他本人已經有相當足夠的通識基礎；另一方面也是因為他擁有廣泛接觸其他領域的魄力。再者，西方的學術傳統與社會制度也為他鋪下該有的基礎。因為社會有足夠的學識累積，所以當一個歷史學家打算提升層次，去處理更大、更廣闊的課題時，他找得到其他領域的優秀作品來參考，從而建立的基本認識也就大體可取，只是以這樣（雖然已經很厚，可是還是有限）的篇幅寫千年萬年歷史的變遷，當然要在大處著眼，不可能鉅細靡遺、面面俱到。細節難免有時見仁見智，也可能稍有出入。不過讀者要留心的是更高層次的論述，千萬不要太介意於小地方或許有並不影響整體觀點的錯誤。

作者膽敢寫這樣的一本書，固然是作者本人已經具有學養、雄心與壯志，他也找得到一流的作品來參考；另外一方面更是因為英語世界的讀者眾多，更懂得享受閱讀這一類的作品。有受眾、有市場，這樣的書才能有效地流通。就臺灣的情況而言，大家還須努力。例如，學術界該如何給予跨出個人專業的有意義開創性發展合理的評價，讓他們可以放手做這樣的嘗試……之類。但就眼前而言，讀者卻因為有了這類國外作家鉅著的譯本，擺脫語文的拘限，立即享受閱讀，即時擴大見聞。

如同作者在〈前言〉中指出的，作者透過本書英文版副標題堅持：本書是一部「人類史」，而不是一部「自然史」，強調的是人類與大洋之間的互動、衝突與和諧。講的種種故事都環繞著大洋，主角卻是你和我——在地球上代代生息的人類同胞。本書的焦點也在那裡。海洋的隔絕與聯繫在歷史長河中的起落自始至終都是作者用心著力的重點。

涉及三大洋，帶進種種的民族。跨越幾十萬年、幾萬年，運用文字來鋪陳幾乎含括整個地球的長久歷史，完全沒法避免遭遇到層出不窮的人名、地名，以及林林總總的專有名詞。眼前的中譯本貼心地做出近六十頁的「譯名對照表」，讓來歷清楚、譯名統一，方便讀者隨時回查，免得一時想不起來前段閱讀的記憶。此外，譯者也做了很好的譯注，使得閱讀的障礙大幅度降低。

這是一本大書，內容極其豐富，應該向讀者推薦。不過，書既然很厚，推薦的文字就不必長篇累牘。願大家好整以暇，放鬆心情，細加體會。

推薦序二

從海洋史、海洋看歷史，到世界大洋史

鄭維中（中央研究院臺灣史研究所副研究員）

一九七〇年代起，當二戰後成長的歷史學者逐漸獲得學界教職，他們也面對著重述國家歷史的時代任務。一方面，世界各地風起雲湧的殖民地獨立運動浪潮，要求引進反殖民的歷史觀點；另一方面，西歐各國內部興起的人權思潮，也敦促著歷史研究必須納入更寬廣的人類生活面向。這些新時代的挑戰，在在衝擊著由蘭克（Leopard von Ranke，一七九五－一八八六）以降推行的十九世紀歷史學國族史敘事傳統。由於國族史的敘事方式，存在著將民族國家領土範圍內的「民族性（血統、語言）」永恆化、至上化的傾向，因此引發其容易導向極端種族主義的疑慮。

然而，即使歷史敘述不再以「國族」為敘事單位，改以人類「文明發展史」的角度來陳述全人類的過去，也不免因其採取素樸的單線進步觀點、夾帶白人優越論的內涵，被認為隱含著對過去歐洲人殖民掠奪經歷的合理化而受到批評，同樣地，也必須被更新。以此，各種挑戰傳統國族史、文明史的新歷史典範紛紛出現。而海洋史與其他新興的歷史敘事方式（如婦女史、科學史、社會史、勞動史、環境史等）一起，形成當代歷史學界新的敘事地景，成功地重新詮釋人類的過去。

澳洲海洋史學者布魯茲（Frank Broeze，一九四五－二〇〇一）對於組織國際海洋史的平臺與促進海洋史領域學科化特別有貢獻。他在一九九五年所編著的 *Maritime History at the Crossroads: A Critical Review of Recent Historiography*（十字路口上的海洋史：對近來歷史書寫的批判性檢視）一書中，邀集了澳洲、加拿大、丹麥、德國、希臘、土耳其、西班牙、荷蘭、美國等各國學者，綜合、歸納當時在這些國家內，早已被歷史學家納入海洋史的主題，例如海軍史、船運史、港口史與海上貿易史等（或可稱為「海事史」），並指出跨越國界的劃分，去重述並系統化這些主題的必要性。因此我們可以說，大約在此時，具有「學術性」的海洋史主題、範圍、材料等元素，已充分地進入了歷史學者的視野。

在上述書中，布魯茲指出：「〔海洋史〕過於重要而不能任其於孤立中凋萎」，因為「此時此刻許多人的注意力，正因為強大的社會驅動力而朝向海上。」❶當然，儘管從布魯茲當時的視角來看，一部「以全人類為範疇的海洋史」，是一個已能預見的可行目標，但觀察當時的「海洋史」研究，多半仍受限在各國國別史的框架內。尤有甚者，在某些地方，人們更傾向於利用「國別海洋史」的建立，來達成復興其民族文化的目標。❷

最早讓海洋史學者突破國別史框架的敘事範例，其實並不來自於海洋史學者，而是「法國年鑑學派」的史學大家布羅岱爾（Fernand Braudel，一九〇二－一九八五）。在一九八〇年代，他的名著《菲利浦二世時代的地中海和地中海世界》已經廣泛地受到歐洲史學界的肯定，成為一種新型態的敘事典範。在此書中，布羅岱爾直接將「地中海」此一地理空間本身，當成史學論述的單位。「將環境、經濟、社會、政治與文化事件之間複雜的互動連結到對長時期的研究」，從而指出「由於氣候、豐富的葡萄酒和橄欖、以及海洋自身，使得整個地中海地區仍是一個統一體，比起歐洲更像一個統一體。」[3]在這個研究典範的啟發之下，隨即有不少歷史學者跟進，舉其犖犖大者，諸如 K. N. Chaudhuri, *Trade and Civilization in the Indian Ocean* (1985)[4]、Neal Ascherson, *Black Sea* (1995)[5]、Kirby and Hinkkanen, *The Baltic and North Seas* (2000)[6]、Walter A. McDougall, *Let the Sea Make a Noise...*(1993)[7]等，都在此之列。

一九九六年，日本國際文化中心學者千田稔推動〈東アジア地中海世界における文化圈の形成過程〉研究，多少也與「地中海」研究典範的推進有關。[8]另一方面，日本歷史學者家島彥一亦力推「印

---

❶ Frank Broeze ed., *Maritime History at the Crossroads: A Critical Review of Recent Historiography* (Canada: International Maritime Economic History Association, 1995), p. XX.

❷ 林肯・潘恩著，陳建軍、羅燚英譯，《海洋與文明：世界航海史》（臺北：廣場，二〇一八），第四五－四六頁。

❸ 彼得・柏克著，江政寬譯，《法國史學革命：年鑑學派一九二九－八九》（臺北：麥田，一九九七），第四九頁。

❹ K. N. Chaudhuri, *Trade and Civilisation in the Indian Ocean: An Economic History from the Rise of Islam to 1750* (Cambridge: Cambridge University Press, 1985).

❺ Neal Ascherson, *Black Sea* (New York: Hill and Wang, 1996).

❻ Merja-Liisa Hinkkanen and David Kirby, *The Baltic and the North Seas* (Routledge, 2000).

❼ Walter A. McDougall, *Let the Sea Make a Noise...: A History of the North Pacific from Magellan to MacArthur* (New York: Basic Books, 1993).

❽ 千田稔，《海の古代史——東アジア地中海考》（東京：角川書店，二〇〇二），第七－八頁。

度洋海域世界」的概念，而長期鑽研東亞史的學者濱下武志，則提出從東亞海域重新評價中國朝貢體系主張。島彥一與濱下武志兩人在二〇〇〇年前後，合編了一套《海のアジア》叢書，提倡跳脫陸地中心論觀點，從海域的角度重新審視更大區域範圍的歷史發展結構與動力。[9]是以，雖然日本的學界所推動的「海域」研究典範，與布羅岱爾所推動的「地中海史」典範，並沒有直接的學派傳承關係，但其核心內涵都是「從海洋看歷史」。[10]

前述「海洋史」和「從海洋看歷史」兩種作法，出發點相異，其內涵自然有微妙的不同。例如，近海漁業這樣的漁業史研究，向來屬於傳統國別海洋史的研究範圍，但比較少成為「從海洋看歷史」取徑的研究重點；相反地，有關少數離散人群（diaspora）所經營的長程貿易網絡議題，因為引發了大範圍區域間的物質與理念交換，經常是「從海洋看歷史」研究取徑的焦點，卻難以引發傳統國別海洋史研究者的興趣。

前述布魯茲所高舉的「寫一部關於全人類的海洋史」的理念，近年來也有不少進展。二〇一二年，海洋史家潘恩（Lincoln Paine）出版了《海洋與文明》一書，潘恩簡述自己寫作這部書的原因在於：「事實上，我們生活在一個深受航海事業影響的時代，但是我們對其重要性的認識，在兩三代人的時間裡，就出現了差不多一百八十度的大轉變。今天，我們在先輩們認為十分危險的地方領略風景。我們能夠品嚐海上貿易所帶來的水果，卻一點也意識不到它的存在……」潘恩認為，無論動機為何，「人類在技術和社會層面上對水上生活的不斷適應，一直是人類發展的一種動力。」[11]他用這句話，將海上事業的發展與人類文明的發展串接起來。

本書作者阿布拉菲雅在其引介的延伸閱讀書單裡，也提及《海洋與文明》這本著作，並讚賞潘恩對航海技術發展的描述適當，顯見阿布拉菲雅亦同意「全球海洋融為一體」是人類歷史上長期被低估的重大事件。阿布拉菲雅所欲敘述的「無垠之海」，便是這樣一個將全球融為一體的海洋。但或許是因為《無垠之海》一書乃是其《偉大的海》之續作，於此，他並未再特別交代全書所欲表達的理念核心，亦未再概述其寫作要旨。職是之故，這裡要為讀者補充的，是作者於前書《偉大的海》導論裡所提出的史學主張：

> 布羅岱爾的切入點是以這樣的假設為核心的：「變化一概走得很慢」，「人類受困於命運的牢籠，自身根本無能為力」但我在這一本書卻要就這兩點提出相反的看法。布羅岱爾提出來的，或可以叫做地中海的「水平式歷史」，目的在檢視特定的時代，循此找出地中海歷史的特點。我這一本書卻是要寫地中海的「垂直式歷史」，強調時移勢轉的變化。⓬

---

❾ Hideaki Suzuki, "Kaiiki-Shi and World/Global History: A Japanese Perspective", in: Manuel Perez Garcia, Lucio de Sousa eds., *Global History and New Polycentric Approaches: Europe, Asia and the Americas in a World Network System* (Tokyo: Tokyo University of Foreign Studies, 2018), pp. 122-124.

❿ 日本學界集體就此一典範推進研究，集大成的結果，請參見羽田正編，張雅婷譯，《從海洋看歷史》（臺北：廣場，二〇一七）。

⓫ 林肯．潘恩著，陳建軍、羅燚英譯，《海洋與文明：世界航海史》（臺北：廣場，二〇一八），第四九－五〇頁。

⓬ 大衛．阿布拉菲雅著，宋偉航譯，《偉大的海：地中海世界人文史》（臺北：廣場，二〇一七），第一四頁。

作者在 Mediterranean History as Global History（作為全球史的地中海史）一文中，將此一主張表述得更為清楚：

> 與一致性相比，我們更應重視多元性。跨越海洋的種種外在影響力，一直作用在人類種族、語言、宗教和政治的多元性上，造成一種不斷浮動的狀態。與此同時，種種由內陸向海洋的移動（例如「野蠻人入侵」之類）將距此或近或遠的各區域的種種文化、語言、政治傳統，引入歐洲、西亞地區、北非的內陸。從第一批於舊石器時代立足於西西里島的墾殖者，到沿著西班牙海岸帶林立的現代街屋發展顯示，地中海的各處沿岸與島嶼，提供了這樣的交會點（meeting point），使背景最為多樣的人群，得以運用其資源，並且，讓某些人，習得藉助搬有運無的技能來謀生。[13]

他指出，因為交會點的存在所造成的連結（links），或者總稱為「連結性」（connectivities），不但會將商品、個人、理念，從某岸移向某岸，有時還會混合產生新的創造物。在這個過程中，又同時轉化其本身，這所有一切，又一同不斷改變著地中海整體。[14]作者這樣描述他眼中的地中海整體：

> 地中海史的一致性，因此，相當自我矛盾地有賴於其不斷變化的易變性（changeability）。此特性展現於流散社群的商人與流放者，那些急於跨越水面的人。他們不願滯留海上，特別是入冬後的旅程將更趨危險。海的彼岸，既足夠近而易於接觸，又足夠遠而讓各個社會在其內陸及周邊的影響

下，分頭發展。那些選擇跨越海域的人，遠非他們母岸社會中的典型（無論「典型」做何解）成員。他們就算出發時不是（或可稱為非核心的）局外人，在跨海另一岸的社會中，大概也會變成局外人。無論他們是交易者、奴隸還是朝聖者，只要他們在場，就可能造成這些異社會的變動，將這一片大陸文化裡的某樣東西，引至另一片大陸，至少是帶到其邊緣的地帶。

因此，在交會點間不斷移動並保持整體「連結性」的人及其活動，成為本書作者阿布拉菲雅描述地中海歷史的「整體性」所在。從此一思維延伸，本書所描述地球表面大洋歷史的「整體性」，當然也著眼於這樣的「連結性」。是以，本書與潘恩的《海洋與文明》所表述的內涵相同，都不再局限於從某個海域出發，反思陸地某民族或國家歷史之遞嬗。這兩本書均直接點出，全人類當前最重要的事務，皆仰賴人類在海上的種種作為。由此觀之，他們的敘事主軸，已不再是「從海洋看歷史」，而是「作為人類史的海洋史」了。

在這樣宏大的歷史敘事架構下，臺灣的故事自不可能占有太多的篇幅。但在人類史的關懷角度下，讀者當然還是能從本書獲得一些重要的啟發。由於作者對於海上「交會點」議題的重視，他特別考察了「人類於無人島嶼定居」的過程。他將這個過程分成南島語族在太平洋諸島所經歷，幾乎長達三千年的

⑬ David Abulafia, "Mediterranean History as Global History", *History and Theory*, 50 (May 2011), pp. 220-228 at 222.

⑭ David Abulafia, "Mediterranean History as Global History", *History and Theory*, 50 (May 2011), p. 222.

緩慢擴散，以及十五世紀後由於歐洲人航海擴張所引致的，墾殖特定島嶼的迅猛發展。臺灣作為一個太平洋島嶼，正好參與了這兩個過程。

在這個全球聯繫的大敘事架構下的太平洋諸島裡，南島語族的原住民可說是「先發但遲至」。相較於此，大西洋的歐洲人與印度洋的亞洲人，則是「後發卻速至」。從本書的內容看來，臺灣的歷史發展樣態，大概會介於日本、夏威夷與菲律賓之間。前者於一八五八年與美國簽訂通商條約，後兩者則在一八九八年一同落入美國手中，此三者均為太平洋內重要的貿易節點。

一八四八年，當美國由墨西哥手中取得加州後，作為一個在大西洋、太平洋兩岸發展的國家，美國人越來越意識到連通兩洋的必要。一九〇二年起，美國政府開始挹注資金於開鑿巴拿馬運河，而在一九一四年巴拿馬運河開通之後，首先通過的船隻，即是載運夏威夷鳳梨罐頭的貨運船。本書作者阿布拉菲雅認定，巴拿馬運河之開鑿，是將世界三大洋聯繫為一體的標誌性事件。若讀者回溯當代臺灣鳳梨罐頭產業的身世，將發現其緣起，亦與當時在夏威夷墾殖的日裔美籍農民有關。可以想見，當代臺灣產業發展的脈絡，是如何依託於全球大洋網絡的擴張。[15]

本書亦提到，二十世紀中葉，所謂標準化貨櫃（TEU）的發展，與美國參與越戰，推動後勤補給作業密切相關。而香港、韓國、日本及臺灣，正是因為此一契機，被納入美國所主導的物流體系，參與了「零售革命」（The Retail Revolution）這樣的物流與商品規格標準化運動。這樣的發展，最終讓臺灣嵌入了當代至關重要的電子產品供應鏈當中。[16]由此可知，這些落在本書作者核心關懷之外，僅點到為止論及的發展，正好都是造成臺灣地位在人類史中逐步加重的關鍵性事件。讀者掌握本書要旨後，必能體會在當今「人類大洋史」論述中臺灣的地位，與大陸史、帝國史眼中所見的臺灣，會有什麼樣異同之處。

⓯ 參見東榮一郎，〈跨帝國史的臺灣鳳梨產業——專業技術的遷移與轉化：從美國夏威夷到臺灣〉，《師大歷史學報》，十四期（二〇二一），第一－四七頁。

⓰ 關於這一波物流零售業標準化革命與臺灣產業發展的關係，參見 Gary G. Hamilton and Cheng-shu Kao, *Making Money: How Taiwanese Industrialists Embraced the Global Economy* (Stanford, California: Stanford University Press, 2018).

目次

插圖清單

出版社已盡力與所有圖片的權利人取得聯繫。若有錯誤或遺漏，歡迎讀者指正，出版社將很樂意在新版修改。

1. 「蒂普基號」（Tepuke），一艘基於古玻里尼西亞設計模式的現代划艇，由 Vaka Taumako Project 建造。（照片：Wade Fairley，二〇〇八年）
2. 茂宜島的奧洛瓦盧，岩石雕刻中帶爪形帆的船，或許可以追溯到玻里尼西亞人最初定居夏威夷的年代。（照片：Bill Brooks/Alamy）
3. 遠航邦特之地時期的埃及船隊，浮雕，古埃及第十八王朝。埃及德爾埃爾巴哈里，哈特謝普蘇特的陵寢神廟。（照片：Prisma Archivo/Alamy）
4. 遠航邦特之地的埃及船隊的浮雕線圖。（照片：Interfoto/Alamy）
5. 描繪四隻瞪羚的印章，迪爾蒙（巴林），西元前三千紀後期。巴林國家博物館。（照片：由 Harriet E. W. Crawford 提供，她是 *Early Dilmun Seals from Saar: Art and Commerce in Bronze Age Bahrain* 的

作者）

6. 顯示一艘縫合船的印章，印度（可能出自孟加拉或安德拉邦），四世紀至五世紀，泰國出土。泰國國家博物館，曼谷。（照片：Thierry Ollivier）
7. 維克多利努斯皇帝的錢幣，約西元二七〇年在科隆鑄造，泰國出土。泰國素攀府烏通縣國家博物館，由空軍少將 Montri Haanawichai 遺贈。（照片：Thierry Ollivier）
8. 一位波斯或阿拉伯商人的陶俑頭像，泰國西部出土，七世紀或八世紀。泰國國家博物館，曼谷。（照片：Thierry Ollivier）
9. 白瓷水罐，中國（可能出自廣東），約一〇〇〇年。大英博物館，倫敦。（照片：© The Trustees of the British Museum）
10. 安江省美林村喔㕭遺址的三件凹雕，扶南時期，六世紀。越南歷史博物館，胡志明市。（照片：© Kaz Tsuruta）
11. 出自南印度奎隆的銅板（西元八四九年），十九世紀的複製品。劍橋大學圖書館，MS Oo.1.14。（照片：The Syndics of Cambridge University Library）
12. 現代復原的「馬斯喀特之寶號」（The Jewel of Muscat），這是一艘九世紀的阿拉伯船隻，在印尼的勿里洞海岸失事。（照片：Alessandro Ghidoni, 2010）
13. 長沙窯瓷碗，唐代，湖南，九世紀，出自勿里洞的沉船。（照片：© Tilman Walterfang, 2004/Seabed Explorations New Zealand Ltd）

14. 十四世紀的木質貨物標籤，出自一三二三年在今韓國新安郡海岸失事的一艘中國帆船。（照片：韓國國立中央博物館）。

15. 青瓷龍柄花瓶，中國，元代，十四世紀，出自新安沉船。（照片：韓國國立中央博物館）

16. 中國中古貨幣，北宋時期。（照片：Scott Semens）

17. 一二八一年被日本武士襲擊的蒙古船，細部出自十三世紀晚期《蒙古襲來繪詞卷》摹本，原作存於日本東京皇居三之丸尚藏館。（照片：History/Bridgeman Images）

18. 顯示印度、錫蘭和非洲的航海圖，基於鄭和的航行，雕版插圖，出自茅元儀《武備志》，一六二一年。（照片：Universal History Archive/Bridgeman Images）

19. 《哈里里故事集》（*Maqamat Al-Hariri*）中的細密畫，一二三七年。法國國家圖書館，巴黎。（照片：Heritage Image Partnership Ltd/Alamy）

20. 表現聖布倫丹和僧侶的細密畫，約一四六〇年，英格蘭畫派。德國奧格斯堡大學圖書館。（照片：Picture Art Collection/Alamy）

21. 金船，西元前一世紀或一世紀，發現於北愛爾蘭的布羅伊特爾。（照片：Werner Forman/Getty Images）

22. 鐵器時代的定居點，葡萄牙維亞納堡的聖露西亞。（照片：João Grisantes）

23. 「鯉魚舌」劍，西元前八五〇年至前八〇〇年，出自西班牙西南部韋爾瓦灣的一處窖藏。（照片：Miguel Ángel Otero）

24. 維京船，約八二〇年，發現於奧塞貝格。挪威文化歷史博物館，挪威奧斯陸。（照片：© 2019 Kulturhistorisk museum, UiO/CC BY-SA 4.0）
25. 瑞典哥特蘭島維京人紀念石上帆的細節，八至九世紀。哥特蘭博物館，瑞典維斯比。（照片：WCarter/Wikimedia Commons）
26. 出自丹麥南部海塔布的錢幣，瑞典中部的比爾卡出土。（照片：Heritage Image Partnership/Alamy）
27. 格陵蘭的因紐特人雕刻品。（照片：丹麥國家博物館，哥本哈根）
28. 加達主教奧拉維爾的主教牧杖，十三世紀。（照片：丹麥國家博物館，哥本哈根）
29. 出自格陵蘭的十五世紀服裝，反映了當時歐洲的時尚。（照片：丹麥國家博物館，哥本哈根）
30. 青吉托爾蘇阿克的盧恩文石刻，由兩個諾斯格陵蘭人題寫，十三世紀或更晚。（照片：丹麥國家博物館，哥本哈根）
31. 德意志呂貝克的商人家宅。（照片：Thomas Radbruch）
32. 約拿和鯨魚的細密畫，出自 *Spiegel van der Menschen Behoudenisse*，荷蘭畫派，十五世紀初。大英圖書館，倫敦，Add. 11575, f.65v。（照片：© British Library Board All Rights Reserved/Bridgeman Images）
33. 費雷爾，《加泰隆尼亞世界地圖集》的細部，一般認為作者是亞伯拉罕．克雷斯克斯（Abraham Cresques），一三七五年。（照片：法國國家圖書館，巴黎）
34. 戈梅拉島的原住民，插圖出自 Leonardo Torriani, *Descripción e historia del reino de las Islas Canarias,*

1592。（照片：Universidade de Coimbra. Biblioteca Geral）

35. 描繪一艘葡萄牙卡拉維爾帆船的碗，出自西班牙馬拉加，十五世紀。（照片：©維多利亞和阿爾伯特博物館，倫敦）

36. 馬德拉群島，《科比蒂斯地圖集》（*Corbitis Atlas*）的細部，威尼斯畫派，約一四〇〇年。（照片：Bibloteca Nazionale Marciana Ms. It. VI 213, page 4）

37. 迦納的埃爾米納，細密畫，出自 Georg Braun and Frans Hogenberg, *Civitates Orbis Terrarum*, 1572。（照片：Chronicle/Alamy）

38. 葡萄牙的發現碑，出自納米比亞西部的十字角，一四八六年。德國歷史博物館，德國柏林。（照片：© DHM/T. Bruns/Bridgeman Images）

39. 瓦爾德澤米勒世界地圖中的非洲海岸細部，一五〇七年。（照片：國會圖書館，華盛頓特區）。

前言

在人類社會建立聯繫的過程中，海洋發揮的作用特別有趣。人類跨越廣袤的開放空間，以激動人心的方式，將各民族、各宗教和各文明連接起來。有時，聯繫是透過個人的相遇實現的，比如旅行者（包括朝聖者和商人）來到陌生的環境；有時聯繫是大規模移民的結果，移民改變許多地區的面貌；有時，聯繫是商品流通的結果，比如遠方的居民看到、欣賞、引進或複製來自另一種文化的藝術品，或閱讀其文學作品，或對一些稀有和珍貴的物品感到驚豔，認識到異域文化的存在。這樣的接觸是透過陸路、河系及海路進行的。但在陸路，接觸是以沿途的各文化為中介；而跨海的聯繫可以將截然不同的世界連接在一起，比如相隔遙遠的葡萄牙和日本，或瑞典和中國。

我打算將本書與舊作《偉大的海：地中海世界人文史》（*The Great Sea: A Human History of the Mediterranean*，於二〇一一年初版）並列。與《偉大的海》一樣，本書講述的是人類的歷史，而非自然的歷史，強調熱衷冒險的商人在建立和維持聯繫方面發揮的作用。地中海僅占全球海洋總面積的〇．八%，但海洋作為一個整體，占地球表面的七〇%左右，而這一水域空間的大部分，就是我們稱之為大洋的廣袤開放區域。從外太空看，地球主要是藍色的。大洋擁有獨特而龐大的風系，風系由空氣在規

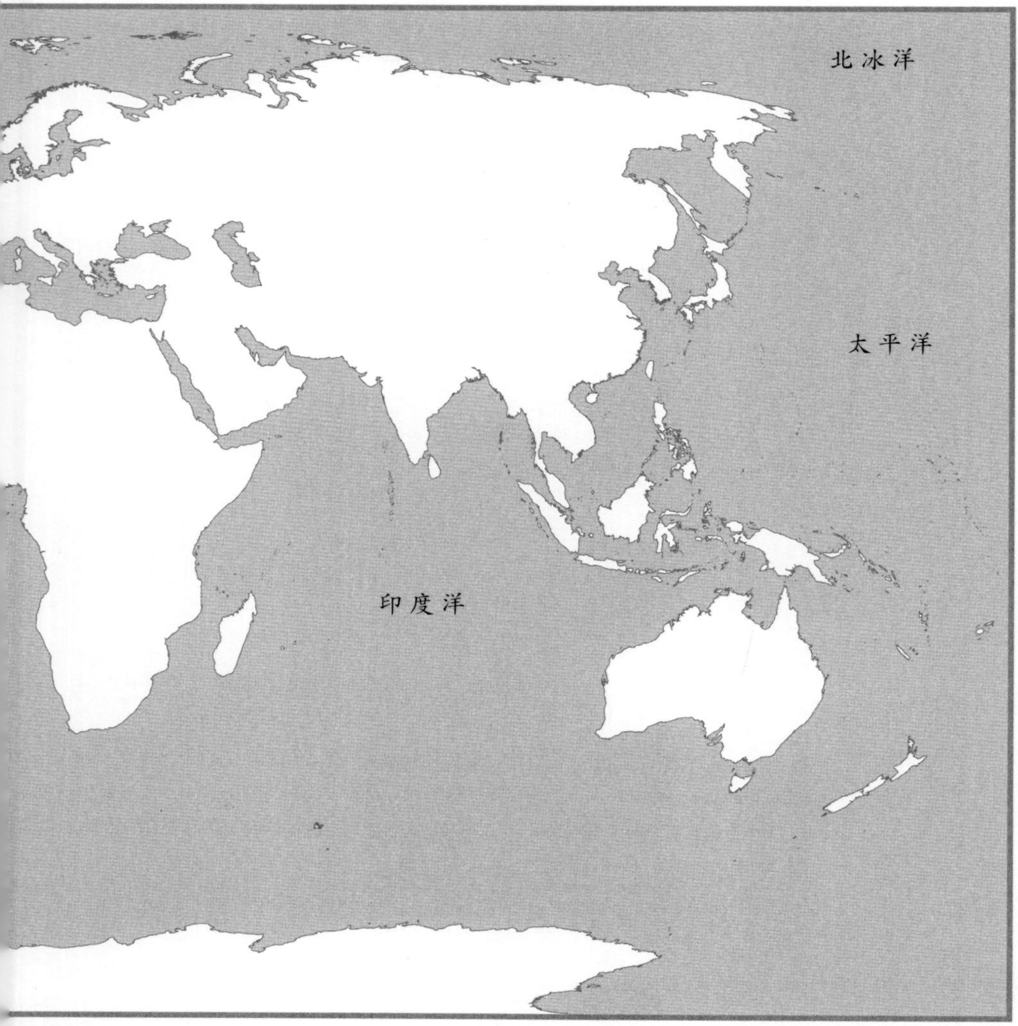
北冰洋
太平洋
印度洋

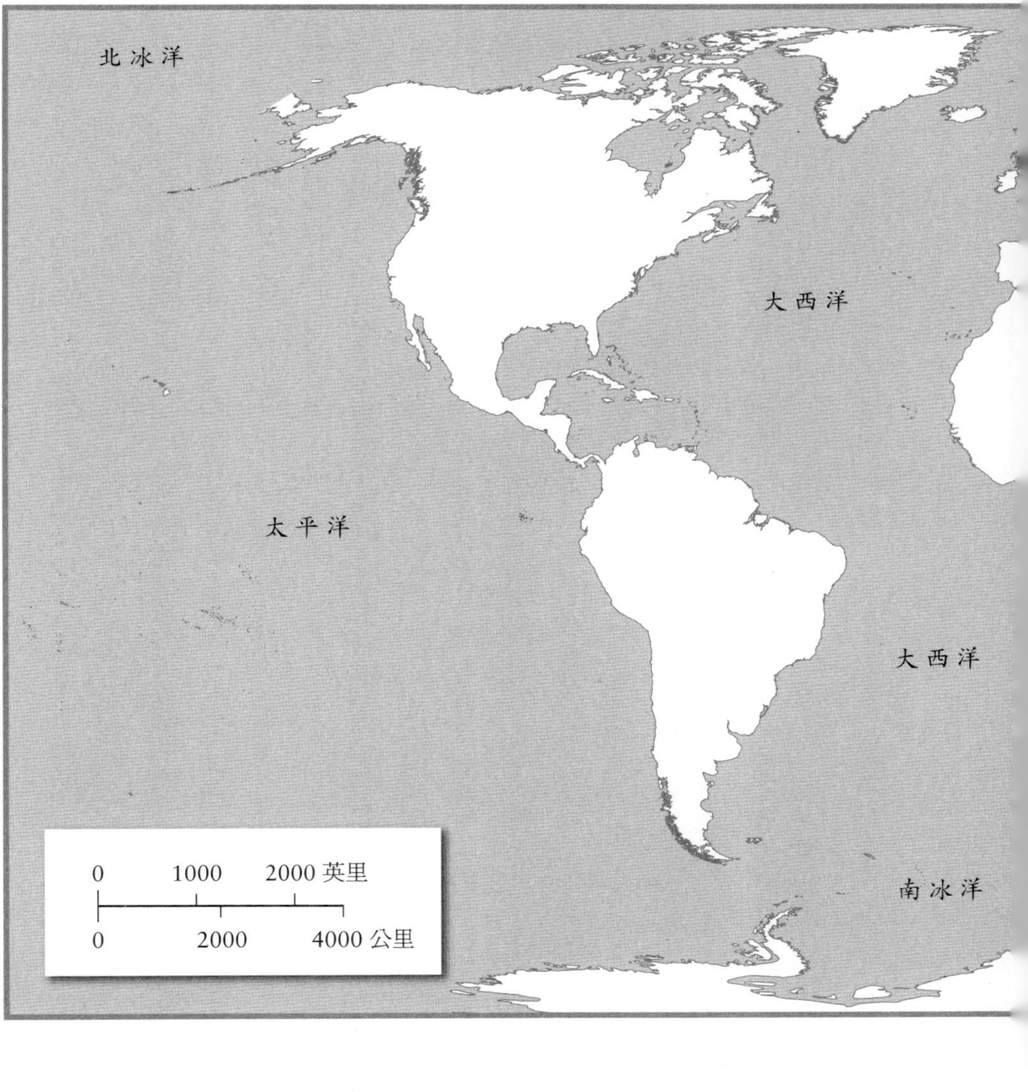
北冰洋
大西洋
太平洋
大西洋
南冰洋
0
1000
2000 英里
0
2000
4000 公里

模巨大的溫水和冷水之上運動而產生。我們只要想想印度洋的季風，就會明白。「咆哮四十度」❶的西風會幫助帆船從大西洋進入印度洋，同樣的風也使得從大西洋南部的合恩角（Cape Horn）進入太平洋的航行變得極其危險。一些洋流綿延數千英里，如使英倫三島保持相對溫暖的墨西哥灣流，或與之類似的黑潮（也稱日本暖流）。[1]我們將包羅萬象的全球海洋劃分為五大洋；但古代地理學家（不無道理地）認為它是一個由混合水域組成的單一大洋（Okeanos）。這一概念在現代有所復甦，現代人使用「世界大洋」一詞來描述作為統一體的所有大洋。[2]

若干年來，海洋史的研究領域有了大規模的拓展，不再局限於集中研究海面上的戰爭（或維和行動）的海軍史，而是更多涉及更廣泛的問題，即人們如何、為何、何時跨越廣袤的海洋空間（無論是為了貿易還是移民），以及這種跨越海洋的活動在彼此相距甚遠的土地之間產生什麼樣的相互依存關係。隨著海洋史研究的拓展，人們對主要的三大洋的興趣也越來越濃厚。這引發關於全球化起源的爭論，其中一些爭論是由於互相誤解而產生的，因為「全球化」是一個模糊的概念，可以有多種定義。有一個與全球化相關的問題經常被提出，就是為什麼歐洲人在克里斯多福·哥倫布（Christopher Columbus）和瓦斯科·達伽馬（Vasco da Gama）之後，也就是在一五〇〇年之後開闢橫跨世界的航線；而中國人在鄭和的率領下，在十五世紀初發起雄心勃勃的航行，之後卻突然止步不前。這就引發一連串關於歐洲和亞洲或其他大洲之間「大分流」的問題。不過與全球化一樣，這在很大程度上取決於人們採用何種標準來衡量這一過程。本書清楚闡釋歐洲商人與征服者在哥倫布和達伽馬的航行之後進入遠洋所產生的戲劇性影響，同時也認為，對於哥倫布、達伽馬和他們探索的世界，只能透過研究更早期的歷史先例來闡釋。

本書還認為，只有考慮到非歐洲商人和水手記載寥寥的活動，才能理解歐洲人在大洋沿岸的存在。非歐洲商人和水手當中，有些人是原住民，另一些人則是四處流散的人群，比如希臘人、猶太人、亞美尼亞人、華人、馬來人等。有時，海路是以「接力」的方式經營的，貨物從一組商人傳到另一組商人、從一種船傳到另一種船，地方統治者在每個停靠點徵收關稅。有時，比如在希臘羅馬時期的印度洋，海路是由企業家管理的，他們會親身走完全程，如從埃及紅海海岸的貝勒尼基（Bereniké）到印度東南海岸的本地治里（Pondicherry）的完整路線。這並不是要否認歐洲人為各大洋幾乎每個角落帶來的變革效應。在哥倫布和達伽馬之後，各大洋及其島嶼以新的方式聯繫在一起。雄心勃勃的新航線，比人類以往嘗試過的任何航線都更長，縱橫交錯，透過馬尼拉將中國和墨西哥連接起來，或者把東印度群島與里斯本和阿姆斯特丹連接起來。十九世紀，當輪船開始取代遠洋航線上的帆船時，又發生一場革命，而蘇伊士和巴拿馬的兩條大運河改變了航線本身。二十世紀末的更多革新，引入能夠運載數千個貨櫃的大型船舶，以及能夠運載數千名乘客的郵輪。

本書的主角往往不是開闢大洋航線的探險家，而是在他們之後行動的商人。無論是在跨越印度洋的希臘羅馬商業的時代，還是在哥倫布航行到加勒比海之後，商人都看到機遇，將開闢新航線開拓者建立的脆弱聯繫變成牢固、可靠和定期的聯繫。商人在後來成為主要港口的貿易站定居下來，比如亞丁、哈

---

❶ 譯注：「咆哮四十度」是水手對南緯四十度到五十度間海域的俗稱，這裡吹著強勁的西風。在風帆時代，「咆哮四十度」的西風對從歐洲到東印度或澳洲的帆船特別有利。

瓦那、澳門、麻六甲、泉州，類似的例子還有很多。但是直到輪船航海時代的早期，海上旅行都面臨著海難、海盜和疾病的風險；更重要的是，王公、蘇丹和其他統治者將商人視為肥羊，透過沒收與徵稅從商人身上斂財。跨海長途旅行的歷史，就是人們承擔風險的歷史，包括身體上和經濟上的風險：（主要是）男人在遙遠的土地捕捉商機，追逐利潤。使用一個寬鬆的定義，我們可以把這些人稱為資本家，也就是說商人對自己的資源進行再投資，希望能獲取越來越多的財富。在印度洋貿易歷史的肇始，在青銅時代美索不達米亞的城市，以及在隨後的許多個世紀裡，都可以看到這樣的商人。

海上貿易的歷史並非全都涉及充滿異域風情的物品，比如東印度香料。歷史學家越來越重視將初級產品（糧食、油、葡萄酒、羊毛等）運到市場和城鎮的普通地方貿易網絡。但那些追尋真正豐厚的利潤的人，被誘惑到更遠的地方，最終創造跨大洋的聯繫，這些聯繫能夠刺激漫長的交通路線兩端的經濟成長：例如，中國的城市生產精美瓷器，而荷蘭的城市購買大宗瓷器。有時，貿易被偽裝成納貢與接受貢品，特別是在古代中國和日本。朝廷可能會明確說明渴望哪些異域商品，但統治者永遠無法阻止外交官私下從事貿易，而關閉港口的企圖只會產生新的非官方港口，如古代中國泉州，成為來自爪哇、馬來半島、印度、阿拉伯世界，甚至威尼斯和熱那亞的商人的聚集點。

可以肯定的是，除了和平的商人之外，還有大量的海上掠奪者，其中最有名的是維京人；但對利潤的追求也使得掠奪者至少成為兼職的商人。看著那些跨越遙遠距離的異域商品和食品，思考這些東西（無論是來自格陵蘭的海象牙，還是來自日本的漆器盒，或是來自摩鹿加群島〔Moluccas〕❷的一袋袋丁香和肉豆蔻）對接收它們的人們意味著什麼，無疑是一件非常有趣的事情。來自遙遠國度的珍稀物品的永恆吸引力，以及對遙遠國度的好奇心，促使商人和航海家嘗試新的航線，並冒險進入未知的土地（尤其是美洲的兩塊廣闊大陸）。但同樣重要的是，不要忘記那些被視為貨物一般、用後即棄的人，特別是在近代早期被運過大西洋的數百萬奴隸。在尋找跨越大洋的女性旅行者時，我們將在奴隸當中發現大量女性。在抵達維京人居住的冰島、清教徒生活的北美和毛利人生活的紐西蘭等不同地方的移民當中也有女性，女性甚至出現在維京時代試圖在北美定居的諾斯旅行者當中。不過，除了關於海洋女神的傳說之外，歷史文獻往往對女性的航海史隻字不提。

將跨海運輸與陸路運輸做一個比較，是很有啟發意義的。大量貨物和人員的陸路運輸問題，只有在十九世紀鐵路建成後才得以解決，例如，將大宗茶葉從印度的偏遠地區運往印度洋，最終運到倫敦熙熙攘攘的茶館。再往前追溯，著名的絲綢之路連接著中國和西亞，在某些時期也連接著歐洲。在相對較短的時期內，特別是在九世紀和十三世紀末至十四世紀初，絲綢之路欣欣向榮。絲綢之路的文化意義是毋庸置疑的，因為佛教和伊斯蘭教的思想與藝術，透過它被帶到廣袤的歐亞大陸。但是，絲綢之路運載的貨物量與海運相比就黯然失色了，因為大宗貨物透過海路從中國和東南亞經馬來半島與印度，運往埃及和地中海。這條橫跨印度洋的「海上絲綢之路」的歷史，可以不間斷地追溯到兩千年前的奧古斯都皇帝時代，而在南海沉船當中發現數量驚人的瓷器也清楚說明這一點：中世紀晚期的中式帆船運載的數十

❷ 譯注：摩鹿加群島位於今天印尼的蘇拉威西島東面、新幾內亞西面及帝汶北面，是馬來群島的組成部分。中國和歐洲傳統上稱為香料群島者，多指這座群島。今天摩鹿加群島屬於印尼。

萬件盤和碗是要運往紅海的（比如十一世紀的一艘沉船上有五十萬件中國瓷器），這些商品根本不可能透過駱駝背上的陸路來運輸。中國瓷器在中世紀的埃及非常珍貴，以至於埃及人試圖仿製：在福斯塔特（即開羅古城）地下發現至少七十萬個瓷器碎片。但與十八世紀從中國運往歐洲的瓷器數量相比，這些數字就不足掛齒了。

歷史學家對「大西洋」、「太平洋」和「印度洋」這三個名詞何時開始使用、使用範圍有多廣，以及它們是否合適，曾進行辯論。畢竟，印度洋的海水沖刷著東非、阿拉伯半島、馬來半島及印度。近代早期地理學家傾向將北大西洋與它的南部或「衣索比亞」孿生兄弟區分開來，太平洋中部和南部經常被稱為「南海」。儘管如此，大西洋、太平洋和印度洋史學家的流派已經分別建立起來。從費爾南．布勞岱爾（Fernand Braudel）的開創性著作開始，地中海長期以來是最受歷史學家青睞的水域，但近期的一項調查顯示，如今關於大西洋歷史的出版物比關於地中海的出版物還多。著名的哈佛大學歷史學家大衛．阿米蒂奇（David Armitage）表示：「我們現在都是大西洋學家。」他提出撰寫大西洋歷史的不同方式，即比較的、地方的，還有跨大西洋的（也就是關於跨洋聯繫）。[3]但是將海洋史分割成四大塊，即大西洋史、太平洋史、印度洋史和地中海史的做法，招致越來越多的批評；我們不應當忽略它們之間的互動。本書試圖將三大洋的歷史寫在一起。這就意味著，在哥倫布之前的幾千年裡，我要將三大洋分開處理，因為它們構成人類活動的三個相對孤立的區域，並沒有被人類從一個大洋到另一個大洋的活動直接聯繫起來，儘管貨物（主要是香料）從遙遠的東印度群島到達中世紀大西洋的港口，途中經過不算大洋的地中海。在一四九二年之後，我盡可能地強調各大洋之間的相互聯繫，因此即使是關於英國人和他們在十七世紀加勒比海的競爭對手的章節，我在撰寫時也著眼於全球背景，這樣會讓過去五個世紀的內容較容易書寫。但這也反映了現實：只要快速瀏覽一下葡萄牙、荷蘭或丹麥的海上網絡就會發現，各大洋已經緊密聯繫在一起。各大洋的相互聯繫，是歐洲人「發現」美洲和發現從歐洲經非洲南端到亞洲的航道之後的一場偉大革命，但它得到的關注太少。

本書的一個重要主題是人類在曾經無人居住島嶼的定居，首先是玻里尼西亞水手在最大的大洋（太平洋）上諸多分散島嶼定居的非凡成就。在大西洋，馬德拉島、亞速群島（Azores）、維德角群島（Cape Verde Islands）和聖赫勒拿島（St Helena）的面積雖小，卻很重要。在印度洋，有一座非常大的島嶼，即馬達加斯加，它是一塊微型大陸，有自己獨特的野生動植物。在歐洲歷史學家所說的中世紀，來自東印度群島的南島民族定居到馬達加斯加。在某些情況下，人類和他們帶來的動物完全改變了這些島嶼的環境：最著名的例子是人類定居模里西斯之後渡渡鳥的滅絕。[4]但本書不可能做到面面俱到，沒有收錄的東西難免比收錄的東西多得多。我並沒有試圖撰寫一部完整或全面的大洋史，那會需要很多卷書。我的目標是撰寫一部綜合的、平衡的大洋史，聚焦於我眼中的遠途海洋聯繫的最佳例證。其中一些，如中國的茶葉和瓷器貿易，對距離中國十分遙遠的瑞典和新英格蘭等地也產生巨大的文化與經濟影響。

對大洋史書寫方式的另一個保留意見涉及時間的跨度，尤其是大西洋，有些人認為它的歷史是從哥倫布時代才開始的，只需順帶提一下諾斯人❸在北美某地的短暫停留（儘管他們在格陵蘭的停留超過

❸ 譯注：諾斯人（Norsemen，字面意思為「北方人」）是中世紀早期的一個北日耳曼語言和民族族群，說古諾斯語，即今天斯堪地那維亞諸語言的祖先。諾斯人是今天丹麥人、挪威人、瑞典人、冰島人等民族的祖先。

四百年，絕非短暫）。但除了可以追溯到幾千年前的前哥倫布時期加勒比海地區的貿易和移民證據之外，我們還有從新石器時代開始的大西洋東部海域貿易的豐富證據，可以將奧克尼群島和昔德蘭群島（Shetland），以及丹麥與法國的大西洋沿岸地區和伊比利半島聯繫起來；在更晚的時期，我們可以看到中世紀晚期的漢薩同盟商人從但澤（Danzig）到里斯本的貿易。波羅的海和北海之間的密切關係，以及它們後來與大西洋的關係，意味著我們應當將波羅的海和北海視為大西洋的延伸。古代和中世紀的印度洋比早期的大西洋吸引更多的關注，並且印度洋也有延伸的部分，其中之一是位於太平洋入口處的南海。但自古以來，遠至朝鮮和日本的海洋都與印度洋有積極的互動。朝鮮和日本的海洋與玻里尼西亞航海家的太平洋相距甚遠，後者是一個獨立的世界，通常由散布在廣闊的、似乎沒有邊界的空間中的小島組成。由於這個原因，我把大約一五〇〇年之前日本、朝鮮和中國的航海史放到關於印度洋的章節。印度洋的另一個延伸是紅海，它通向埃及和更遙遠的地中海；本書也會密切關注這一點。[5]至於北冰洋，如果它可以被稱為大洋，而不是像有些人認為的那樣，僅僅是卡在歐亞大陸和北美洲之間的一個封閉的、基本凍結的「地中海」的話，我會借助尋找西北水道和東北水道（即透過冰封的北冰洋，開闢一條從歐洲通往遠東的航道）的反覆嘗試的故事，來講述人類在北冰洋的歷史。而南冰洋或南極洋只是我們星球底部寒冷水域的一個標籤，它實際上是主要的三大洋的一部分，從紐西蘭所在緯度的某地開始算起，不過本書記述人類尋找假想的南方大陸的活動，南方大陸的氣候被認為比南極洲來得溫和。[6]

有很多內容，本書完全沒有涉及。儘管正如本書英文版的副書名所堅持的，本書是一部「人類史」（human history），而不是自然史（natural history），但並不關注人類對大洋環境的影響，即所謂「水下的」大洋史。除了經常使用沉船的證據外，本書仍然停留在海面上，而這些沉船畢竟原本是要留在海面上的。海洋生態學是二十一世紀一個重要而緊迫的問題，環境專家對此作了熱烈的討論。[7]人類向海洋傾倒塑膠和汙水，破壞了海洋，海洋生物為此付出沉重的代價。氣候變遷可能最終會使通過北冰洋，在歐洲和遠東之間運送大宗貨物的海上通道變得暢通無阻。這些都是至關重要的問題，但本書關注的是人類跨越海洋的接觸，這樣的接觸連接各個海岸和島嶼，主要是在人類對海洋本身影響有限的時代，不過人類對馬德拉島或夏威夷島等大洋中央的島嶼影響很大。我也不太關心捕魚，除非它帶來遠途接觸；所以我對漢薩同盟和荷蘭船隻在大西洋捕撈鯡魚與鱈魚有相當多的話要說，也會談到可能在約翰·卡博特（John Cabot）於一四九七年到達紐芬蘭之前，冒險接近紐芬蘭捕撈鱈魚的英格蘭船隻。之後，在討論全世界的鯨魚產品貿易時，我會短暫地提到美國捕鯨船。在這方面，我們可以指出，早在一九〇〇年的很久之前，由於大片海域的鯨魚族群幾乎被捕殺殆盡，生態環境遭到嚴重破壞。

在相距遙遠的陸地之間建立新聯繫的一個非常重要的結果，是在遠離原產地的地方引進和種植外來作物。最典型的例子是馬鈴薯，這種南美產品成為愛爾蘭窮人的主食（造成悲慘的後果）；在此之前，伊斯蘭世界提供輸送柳丁和香蕉的管道，把這些水果向西傳播遠至西班牙；而亞洲的糖在地中海、馬德拉等大西洋島嶼，以及最終在巴西和加勒比海地區扎根。本書只能講述這個故事的一部分，即與這些產品的傳播路線有關的部分。阿爾弗雷德·克羅斯比（Alfred Crosby）的一部經典著作，和安德魯·華森（Andrew Watson）關於伊斯蘭土地上食品流通的開創性研究，已經著眼於更廣闊的圖景。[8]在這些進程當中，地中海發揮重要作用；但地中海不是本書的主角。地中海是一個大體上封閉的內陸海，又長又窄，各海岸之間有著持續而緊密的聯繫，它在性質上與開闊的大洋迥異，就像山脈與平原不同。此外，我在前一本書中已經詳細描寫了地中海。

寫作本書時，我進入與地中海相距甚遠的時期和地點。但本書的起源是我為哥倫比亞大學的威廉・哈里斯（William Harris）主編的《反思地中海》（*Rethinking the Mediterranean*）所寫的一篇文章，標題很簡單，就是「地中海人」。在這篇文章裡，我將「經典」的地中海與其他封閉或半封閉的水域空間（如波羅的海和加勒比海）作了比較，[9]這讓我更深入地研究其他更大海域的歷史。另外，我寫了一本關於中世紀末期大西洋的一個獨特方面的書，題為《人類的發現》（*The Discovery of Mankind*）。我在該書中描寫西歐人第一次遇到加納利群島、加勒比海和巴西的原住民時的驚訝，因為西歐人之前根本不知道還有這些民族存在。[10]更久以前，應偉大的經濟史學家麥克・（「穆尼亞」）波斯坦（Michael ['Munia'] Postan）爵士之邀，我為新版《劍橋歐洲經濟史》的一部分，撰寫關於「亞洲、非洲和中世紀歐洲貿易」的長篇章節。[11]在劍橋大學彼得學院的一次午餐會上（那次我目睹一些研究員無情地逗弄院長休・崔佛－羅珀〔Hugh Trevor-Roper〕），波斯坦問我，在關於中世紀馬來半島的章節中會寫什麼。我意識到自己對它一無所知，於是開始一項研究，涉及蘇門答臘島的三佛齊帝國，和了不起的《馬來紀年》（*Malay Annals*）中描繪的早期新加坡與麻六甲。在這之後，我一直對東南亞早期歷史興趣盎然。

本書主要是在劍橋寫的，其次是在牛津。如果沒有劍橋大學岡維爾與凱斯學院提供的設施和陪伴，本書是不可能完成的。我特別感謝該學院的慷慨校友安德莉亞斯・帕帕索馬斯（Andreas Papathomas），他設立「帕帕索馬斯教授研究贊助計畫」，這反映他本人身為一位著名船主對海洋事務的興趣。我很榮幸地獲得該贊助。在岡維爾與凱斯學院的眾多歷史研究員中，蘇吉特・西瓦松達拉姆（Sujit Sivasundaram）和布朗溫・埃弗里爾（Bronwen Everill）一直為我提供意見與建議，我也從與約翰・凱西（John Casey）、露絲・斯科爾（Ruth Scurr）、林坤景（Kun-Chin Lin）和始終生氣勃勃的謝靈頓學會（Sherrington Society）成員的多次交談中獲益匪淺，他們聽我朗讀關於玻里尼西亞部分章節的早期草稿。牛津大學的兩所學院非常友好地向我敞開大門，我對此非常感激：我感謝岡維爾與凱斯學院的姊妹學院布雷齊諾斯學院院長（艾倫・鮑曼〔Alan Bowman〕和約翰・鮑爾斯〔John Bowers〕）與研究員們；感謝瑪格麗特夫人學院的院長（法蘭西絲・蘭農〔Frances Lannon〕和艾倫・拉斯布里傑〔Alan Rusbridger〕）和研究員們，尤其是瑪格麗特夫人學院的教授級研究員暨公共休息室主席安娜・薩皮爾・阿布拉菲雅（Anna Sapir Abulafia）。我也非常感謝那些聽過基於本書的講座或關注我的觀點（關於如何撰寫海洋史）的人士，這些講座的主辦方包括倫敦的勒加圖姆研究所（Legatum Institute）和伊拉斯謨論壇、英國學術院晚會、戈里齊亞的 èStoria 文化節、珀斯學校、北倫敦學院、聖保羅公學、里斯本新大學、格賴夫斯瓦爾德大學（熱烈感謝米夏埃爾・諾特〔Michael North〕）、羅斯托克大學、海德堡大學、約翰・達爾文（John Darwin）在牛津大學的研討會、牛津大學希伯來和猶太研究中心、哈佛大學、普林斯頓大學、樂卓博大學（墨爾本）、新加坡的南洋理工大學和亞洲博物館、華沙的歐洲學院（特別感謝理查・巴特維克－帕利科斯基〔Richard Butterwick-Pawlikowski〕和尼古拉斯・尼佐維奇〔Nicolas Nizowicz〕），以及新成立的直布羅陀大學（感謝丹妮艾拉・蒂爾伯里〔Daniella Tilbury〕，該大學富有想像力和活力的第一任校長，我特別高興能與該大學保持密切聯繫）。在海峽的另一邊，我很感謝位於休達的休達研究所（Instituto de Estudios Ceutíes），在二〇一五年紀念葡萄牙人於一四一五年征服該城的會議期間的熱情接待。倫敦雅典娜俱樂部（Athenaeum）的文學圈子「海藻」（Algae）的成員，特別是科林・倫福儒（Colin Renfrew）、羅傑・奈特（Roger Knight）、大衛・科丁利（David Cordingly）和費利佩・費爾南德斯－阿梅斯托（Felipe Fernández-Armesto），在本書撰寫過程中與我進行富有成效的討論。約翰・蓋伊（John Guy）客氣地為我解釋湯瑪斯・格雷沙姆（Thomas Gresham）爵士的成長經歷。我還要感謝阿圖羅・希拉爾德斯（Arturo Giráldez）關於馬尼拉大帆船的建議、安德魯・蘭伯特（Andrew Lambert）關於海權性質的思考、巴里・坎利夫（Barry Cunliffe）與我討論早期的大西洋、耶路撒冷的西德尼・科科斯（Sidney Corcos）提供關於科科斯家族的豐富資料、南京的常娜在中文名字拼音方面給予熱情和寶貴的幫助。

要特別感謝那些在跨大洋旅行期間給予我極大幫助的人，首先要讚揚一下英國在幾個國家的外交機構。在劍橋大學的一次晚宴上，我偶然坐在前英國駐多明尼加共和國大使史蒂文・費希爾（Steven Fisher）的旁邊，他敦促我訪問聖多明哥，那裡有美洲最大、最古老、保護最好的殖民時代城區；他幫我聯繫繼任者克里斯・坎貝爾（Chris Campbell），坎貝爾把我介紹給大使館的參贊塞爾瑪・德・拉・羅薩・加西亞（Thelma de la Rosa García），她在多明尼加共和國為我提供出色的支援，特別是安排我參觀多家博物館，並與多明尼加人民博物館（Museo del Hombre Dominicano）館長胡安・羅德里格斯・阿科斯塔（Juan Rodríguez Acosta）進行一次非常寶貴的會面。費希爾安排我與多明尼加歷史學院

（Academia Dominicana de História）院長貝爾納多・維加（Bernardo Vega）閣下會面，我有幸在該學院進行講座；費希爾還把我介紹給負責管理聖多明哥大教堂和其他古建築的建築師埃斯特萬・普里特・比西奧索（Estebán Priete Vicioso），他非常客氣地帶我參觀當地所有的主要景點。對於以上這些人士，以及聖多明哥宏偉的尼古拉斯・德・奧萬多（Nicolás de Ovando）飯店（位於可追溯到一五〇二年的奧萬多宮殿內）給人如沐春風之感的工作人員，我對他們的熱情好客表示無盡的感謝。劍橋的喬・莫申斯卡（Joe Moshenska）在我訪問聖多明哥前夕提供寶貴的資訊。在我訪問維德角群島期間，也得到非常慷慨的幫助。我要感謝瑪麗・路易絲・瑟倫森（Marie Louise Sørensen）和克里斯・埃文斯（Chris Evans）的熱情支援，他們是劍橋大學考古隊的領隊，正在舊城（Cidade Velha）發掘熱帶地區最早的歐式教堂。維德角文化部的何塞・席爾瓦・利馬（José Silva Lima）和雅爾森・蒙泰羅（Jaylson Monteiro），非常客氣地帶我參觀舊城的世界文化遺產地和普萊亞的多家博物館。

在世界的另一端，A・T・H・（托尼）・史密斯（A. T. H. [Tony] Smith）歡迎我訪問紐西蘭威靈頓，詹姆斯・凱恩（James Kane）帶我參觀新南威爾斯州雪梨的一些地方。在香港，王式英（William Waung）法官是一位令人愉快的東道主，帶我參觀他深度參與的輝煌的新海事博物館；我也熱烈感謝阿倫・尼格姆（Arun Nigam）和克里斯汀・尼格姆（Christine Nigam）、安東尼・菲利普斯（Anthony Phillips）、保羅・塞爾法蒂（Paul Serfaty）和皇家地理學會（香港）。在新加坡，英國駐新加坡高級專員安東尼・菲利普森（Antony Phillipson）介紹我參觀福康寧山（Fort Canning Hill）的發掘現場；約翰・米克西克（John Miksic）向我介紹他的激動人心的發現；派特里夏・韋爾奇（Patricia Welch）在我兩次訪問新加坡期間非常好客地招待；安德莉亞・納內蒂（Andrea Nanetti）是我在南洋理工大學的熱情東道主。妻子和我受益於高山博，以及他在東京、鎌倉、京都和奈良的同事及學生的無限熱情，包括小澤實、朝治啟三和山邊規子。當人們的接待如此慷慨和優雅時，我覺得很難充分表達感激之情。我也非常感謝在上海、杭州和南京的東道主：蜜雪兒・加諾特（Michelle Garnaut）和上海文學節的工作人員、社會科學文獻出版社的陸大鵬、復旦大學的賈敏博士、南京大學的朱鋒教授和常娜博士，以及其他許多人。

我特別感謝彼得・范・多梅倫（Peter van Dommelen）領導的朱科夫斯基研究所（Joukowsky Institute）和尼爾・薩菲爾（Neil Safier）領導的約翰・卡特・布朗圖書館，感謝他們在二〇一七年十一月至十二月接待我訪問羅德島州布朗大學，感謝他們聽取我的演講，也感謝他們允許我作為研究員在約翰・卡特・布朗圖書館度過一段短暫的時光，使用該館極佳的文物藏品（從歐洲對外探索的最早時期開始）。我之所以得到布朗大學的邀請，要感謝兩位非常熱情的東道主：米格爾－安赫爾・考・翁蒂韋羅斯（Miguel-Ángel Cau Ontiveros）和卡塔利娜・馬斯・弗洛里特（Catalina Mas Florit）。韋爾瓦大學的大衛・岡薩雷斯・克魯斯（David González Cruz）在紀念哥倫布抵達新大陸五百二十五週年那次氣氛活躍的會議期間，非常友好地引導我和其他人參觀與哥倫布相關的遺址，包括帕洛斯和拉比達修道院。劍橋大學伊斯蘭研究中心的亞西爾・蘇萊曼（Yasir Suleiman）和保羅・安德森（Paul Anderson）安排劍橋大學的一個團隊，對伊斯蘭世界的多所大學進行多次訪問；特別要感謝我在摩洛哥和阿拉伯聯合大公國的旅伴愛麗絲・威爾遜（Alice Wilson），她目前在薩塞克斯大學，以及我在阿拉伯聯合大公國和卡達的旅伴約納坦・孟德爾（Yonatan Mendel），他當時在以色列的范・李爾研究所（Van Leer Institute）的猶太－阿拉伯關係中心，目前在尼格夫大學。本書引用的謝默斯・希尼（Seamus Heaney）譯本《貝奧武夫》的詩句獲得費伯與費伯出版公司的許可。

若是沒有我在企鵝出版社的編輯斯圖爾特・普洛菲特（Stuart Proffitt），和我在紐約牛津大學出版社的編輯提姆・本特（Tim Bent），以及我的經紀人A・M・希思公司的比爾・漢密爾頓（Bill Hamilton）的支持，這一切都不可能實現。坎迪達・布拉齊爾（Candida Brazil）為我的文字進行出色的工作，還有我的文字編輯馬克・漢斯利（Mark Handsley）和校對斯蒂芬・萊恩（Stephen Ryan）與克里斯・肖（Chris Shaw）、我的圖片研究員塞西莉亞・麥凱（Cecilia Mackay），以及企鵝出版社的班・希尼約爾（Ben Sinyor），他們都是極好的合作夥伴。如果沒有劍橋大學圖書館和岡維爾與凱斯學院圖書館無與倫比的設施，我也不可能寫出本書，在此要特別感謝馬克・斯泰瑟姆（Mark Statham）。與此同時，我的妻子安娜（Anna）還「忍受」所有的海事博物館和書店，這些都在不知不覺地闖入我們的海外假期。我對她和女兒比安卡（Bianca）和羅莎（Rosa）的感謝「像海一樣浩渺」。

大衛・阿布拉菲雅

劍橋大學岡維爾與凱斯學院

二〇一九年五月八日

關於音譯和年代的說明

對於一本涵蓋這麼長的時期、涉及如此多的文化，以及政權更迭的書來說，人名和地名的音譯不啻一場噩夢。我力圖把準確和清晰結合起來。對於希臘名字，我傾向於採用更接近希臘語發音的形式，而不是長期使用的拉丁化形式：例如用 *Periplous*（《周航記》）指代描述航海路線的希臘文書籍，而不用拉丁化的 *Periplus*；用 Herodotos（希羅多德），不用 Herodotus。古諾斯語的名字盡可能與史料一致（省略主格形式詞尾的 r）；而且如今冰島的犯罪故事得到廣泛閱讀，所以我相信讀者能夠應付 Ð 和 ð（如英語「that」中的「th」），以及 Þ 和 þ（如英語「thin」中的「th」），英語字母表已經可悲地失去這些寶貴的字母。土耳其語的「ı」是一個短母音，類似於「sir」中的「i」，c 相當於英語的「j」，ç 相當於英語的「ch」。我用 ʼ 表示玻里尼西亞語的清喉塞音，儘管我知道許多轉寫系統都使用 ʻ；而用 ʻ 表示阿拉伯語名字中被稱為 ʻayin 的喉音。

地名尤其困難。有些地名在近期被正式更改，即便它們有更古老的起源（Mogador 改為 Essaouira；Bombay 改為 Mumbai；Ceylon 改為 Sri Lanka；Danzig 改為 Gdansk），我有時會來回切換。如果歐洲人對某地的稱呼和本土名稱非常相似，並且本土名稱目前流通，我傾向於採用本土名稱：例如，「麻六甲」用 Melaka 而不是 Malacca，因為我認識到這座城市在被葡萄牙征服的一百年前就已經存在了（但「麻六甲海峽」仍然用 Malacca Strait）；「澳門」用 Macau 而不是 Macao。我交替使用 New Zealand（紐西蘭）和可愛的毛利語名字 Aotearoa（奧特亞羅瓦，意思是「長白雲之鄉」）。廣州被西方人稱為 Canton，這是葡萄牙人對廣東（更廣泛地區的名稱）的稱呼的訛誤；但將古代廣州稱為 Canton 是不恰當的，因此我只在寫到歐洲人在珠江上游進行大規模貿易的時期才使用 Canton。一般來說，我儘量使用中國人名的現代拼音形式，如將著名的航海家鄭和稱為 Zheng He，而不是 Cheng Ho；「泉州」用 Quanzhou，而不是更古老的音譯 Ch'üan-chou，儘管拼音中的「q」音更接近於英語的「ch」或「ts」，而不是「k」。不過，朝鮮海盜張保皋一般以其名字的舊版本 Chang Pogo 為人所知，我更喜歡這種寫法。

如今使用ＢＣＥ和ＣＥ來代替ＢＣ和ＡＤ是很常見的做法，儘管實際的日期是完全一樣的。對於那些不想使用基督教紀年法的人來說，ＢＣ可以代表「Backward Chronology」（向前倒推的紀年法），也可以代表「Before Christ」（基督以前）；ＡＤ可以代表「Accepted Date」（公認的日期），而不是「Anno Domini」（在主之年），所以我保留傳統形式。另一方面，考古學家使用的ＢＰ表示「Before the Present」（距今），一般從一九五〇年開始向前倒推，所以不完全是距「今」。

第一部

最古老的大洋

太平洋

The Oldest Ocean: The Pacific

西元前176000 — 西元1350

第一章　最古老的大洋

一

太平洋無疑是地球上最大的大洋，覆蓋地球表面的三分之一，從蘇門答臘到赤道上厄瓜多海岸的距離約為一萬八千公里。即便玻里尼西亞水手可能偶爾在南美洲海岸登陸，但在十六世紀西班牙人的馬尼拉大帆船將菲律賓和墨西哥連接起來之前，太平洋兩岸之間不存在定期接觸。在大海之中，數十座群島包含的數百個島嶼構成玻里尼西亞、密克羅尼西亞和美拉尼西亞這三個廣義的區域。十九世紀的人類學家嚴重誇大這三個區域居民的種族差異。有些群島，如索羅門群島（Solomon Islands），排列得很緊密，居民可以看到或以其他方式發現近鄰的存在。其他島嶼，特別是復活節島（拉帕努伊島）、夏威夷群島和紐西蘭（奧特亞羅瓦），則與外界相對隔絕，而且夏威夷群島和紐西蘭離玻里尼西亞人的主要航道還有一段距離。

不過，在這個廣闊的空間裡，卻有著不尋常的統一的跡象。庫克（Cook）船長和博物學家約瑟夫・班克斯（Joseph Banks）在一七七〇年左右探索太平洋的大片海域。他們饒有興趣地發現，夏威

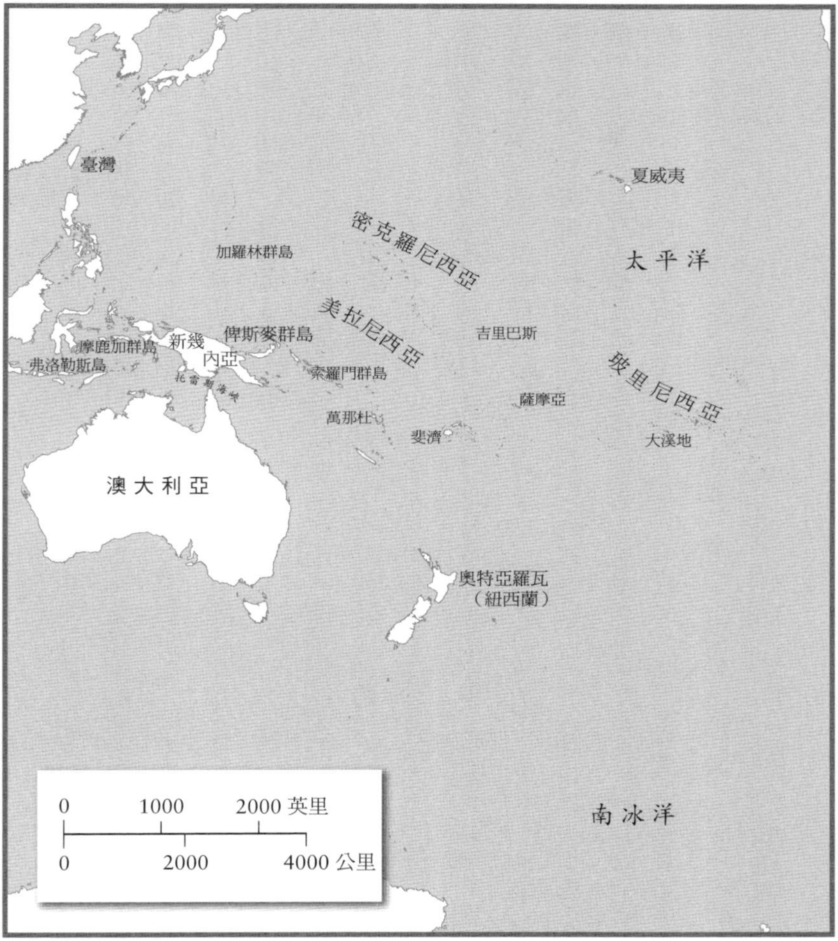

夷、大溪地和紐西蘭的語言是相通的，並且今天被稱為「大洋洲語族」的諸語言在整個玻里尼西亞的南北都有使用。庫克說：「這很不尋常。同一個民族的不同分支各自採納一些特殊的風俗或習慣，但細心的觀察者很快就會發現他們彼此之間的親緣關係。」[1]果然，後來的研究表明，這些語言與今天馬來西亞和印尼的語言有聯繫，甚至與馬達加斯加語也有聯繫，這就形成一個龐大的「南島語系」。例如玻里尼西亞語 vaka 或 waka，意思是划艇，與馬來語 wangka 相似。根據與船舶和航海相關非常豐富的共同詞彙，可以對南島語系的始祖語言進行還原，結果顯示，玻里尼西亞人的上古祖先是航海家，他們提及由船長指揮的划艇，這種划艇有舷外浮材（outrigger）、平臺、桅杆、帆或槳，甚至還有雕刻的船槳和船尾。[2]不過，有著獨特之美的太平洋諸語言在幾千年前就脫離東南亞的語言，這表明太平洋地區的早期定居者有著共同的語言起源。使用「語言起源」這個詞語很重要，因為語言起源和種族起源可能並非一致。[3]

太平洋既是第一個被人類定居（數萬年前）的遠離陸地的地區，也是最後一個。這種說法需要加以限定：大西洋和印度洋上的一些無人居住的小島從十五世紀起有人定居，如馬德拉島、聖赫勒拿島、模里西斯等，這些地方在葡萄牙人、荷蘭人和其他競爭者對世界各地的海路宣示主宰權時，在航海網絡中發揮與其面積完全不相稱的巨大作用；而南極洲沒有永久人口，可以不考慮。最後一個被人類定居的較大地區是紐西蘭，其最早定居時間有多種說法，在西元九五〇年和一三五〇年之間。儘管紐西蘭的許多原始居民最初集中在較溫暖的北島，並居住在遠離海洋的內陸地區，但關於第一批划艇抵達紐西蘭的故事俯拾皆是；毛利人和夏威夷人毫不懷疑自己是外來的移民。定居以後，毛利人就對大型遠洋海船失去興趣，而把他們的航行局限在更適合沿海的小船上。他們對自己的老家知之甚少，只知道它有一個很常見的名字「夏威基」（Hawaiki），這個名字的意思是「我們祖先很久以前生活的地方」。再往北走，在一連串的島嶼中，跨海旅行一般來講仍然是常態。這些人對大海就像圖阿雷格人❶對撒哈拉沙漠或印加人對安地斯山脈那樣熟悉：只要有精確的知識、決心和信心，這些（大海、沙漠、山脈）都是可以克服的障礙。

數千年來，形成一種非同尋常的海洋文化，它位於大洋中央，沒有長長的海岸線、沒有大型港口，也沒有從廣袤大陸內部運來農產品的長河。相反地，這是一個由環礁、珊瑚礁和火山島組成的相互關聯的世界：一個非常多樣化的世界，為定居者提供迥異的機會，從而為當地的，甚至遠距離的交流提供巨大的刺激。[4]這些玻里尼西亞人缺乏航海家所需的複雜工具，最重要的是缺少書寫技術。他們的知識是口耳相傳的，但非常詳細和準確，在許多方面都優於西方航海家（如麥哲倫和庫克）的工具。對西方航海家來說，太平洋是一片不斷出現意外和充滿不確定性的海洋。有很簡單的一點可以概括玻里尼西亞航海家對海洋的掌控：除了由維京人及其後代經營幾個世紀的橫跨大西洋的北方航線之外，西歐水手直到中世紀末期才勇於深入與他們毗鄰的大洋。

要還原人類定居太平洋的過程是很困難的。這個過程是自西向東、橫跨太平洋諸島，還是一系列的螺旋線，逐漸覆蓋這些島嶼，形成幾個單獨的定居網絡？先驅們是在何時抵達的？如果我們連他們到達最後一塊處女地紐西蘭的時間都不能確定，諸多小島的定居時間就更難確定了，因為那裡的考古研究是斷斷續續的，既要靠偶然的機會，又要靠精心設計的發掘計畫。第一批航海家使用什麼樣的船？在整個太平洋地區出現不同類型的船，配備不同形狀的帆（大三角帆、方帆、爪形帆和被稱為撐杆帆的倒三角帆）。但最具有挑戰性的問題是，航海家為什麼要尋找更多的島嶼？令這個問題更加棘手的是，歷史上

❶ 譯注：圖阿雷格人（Tuareg）是柏柏爾人的一支，主要生活在撒哈拉沙漠地區，信奉伊斯蘭教，傳統上是游牧民族。

曾經有一些擴張的階段，也有停止擴張的階段。專家之間經常發生激烈的爭論，這也使問題變得更加複雜，其中一些專家試圖透過乘坐復原的玻里尼西亞船隻在海上航行，來證明自己的觀點。

在本篇關於太平洋島嶼定居的論述中，一些較大的地區基本上沒有被提及：日本、臺灣、菲律賓和印尼的島嶼。它們與亞洲大陸保持著密切的關係，形成可以被稱為「小地中海」的幾片海域的周邊。這幾個「小地中海」當中，北方有日本海和黃海，南方有南海（經常被比作地中海）。另一塊土地，澳大利亞大陸，居住著一些以海洋為食物來源的人，他們非常尊重海。但據我們所知，自從他們在這片乾旱的大陸定居，就沒有再嘗試去劈波斬浪。我們這裡主要關注的是開闊的大洋，以及散布在玻里尼西亞、密克羅尼西亞和美拉尼西亞的諸多社區，他們居住在紐西蘭以外的小島上，這些小島雖然相距數百甚至數千英里，但彼此之間通常仍然有著頻繁的互動。

二

人類能夠抵達澳大利亞，這一點就足以證明跨太平洋的航行有多麼悠久的歷史。古人需要走的路程比今天來得短，因為在十四萬年前至一萬八千年前，海平面比今天低得多，大量的水被鎖在北方的浮冰和冰川中。在一個極端的例子裡，海平面比今天低一百公尺，但在那個時期，海平面不時地上升和下降，所以在某些地方，海平面只比現在低二十公尺左右。[5]在這個時代，即更新世，澳大利亞大陸包括整個新幾內亞和塔斯馬尼亞。但澳大利亞大陸仍然與亞洲大陸（當時包括爪哇）隔絕，被綿延的開闊海面包圍，這些海域裡的島嶼被命名為華萊士群島（Wallacea），華萊士❷就是與達爾文同時代的那位傑出學者。澳大利亞大陸與亞洲大陸的分離發生在四千萬年前，這確保澳大利亞特有的動物物種繼續在那裡繁衍，特別是有袋類哺乳動物。若干島嶼組成的「橋」（地質學家稱之為巽他古陸）將東南亞與莎湖古陸（澳大利亞和新幾內亞）連接起來，「橋」中包括弗洛勒斯小島（Flores）。在這裡，我們遇到第一個大謎團。二〇〇三年，考古學家在弗洛勒斯島發掘一個洞穴庇護所時，發現幾具早期人類的遺骸，其年代大致為低水期（即巽他古陸露出水面的時期）的後半段，也可能是低水期的幾個世紀之後。更新的發現表明，其他的早期人類最遠到達菲律賓。[6]這些人非常矮小，身高略高於一公尺，腦容量不超過黑猩猩。不過，其他身體特徵清楚地表明他們是人類的一種早期形態。他們的體型較小，很可能是適應島上有限飲食的結果，類似於世界上其他生活在困難環境中物種的侏儒化。這只是許多假設之一，但如果是這樣的話，他們可能是更早期、更高大人類的後代，這些更高大的人類在西元前一〇〇〇〇〇年前到達弗洛勒斯島；但從那時起到現在，該島一直被一片海域與「巽他古陸」和亞洲大陸分隔開來。撇開十九世紀理論家的猜測，即太平洋居民是上帝單獨創造的一種人類，我們剩下的證據表明，早期人類曾

❷譯注：即阿爾弗雷德·拉塞爾·華萊士（一八二三—一九一三），英國博物學者、探險家、地理學家、人類學家和生物學家，以獨立構想「天擇」演化論而聞名。華萊士在馬來群島做了八年廣泛的田野調查，確定現在生物地理學中區分東洋區和澳大拉西亞區的分界線（華萊士線）。他被認為是十九世紀動物物種地理分布的權威專家，有時被稱為「生物地理學之父」。

經渡海來到弗洛勒斯島，但他們是透過什麼方式渡海，我們只能猜測。還有人認為，弗洛勒斯人（被媒體不厚道地稱為「哈比人」）在西元前一二〇〇〇年左右與島上的現代人類共存，民間故事保留人類關於這些小矮人的記憶。但這種民間故事在每個社會中都很普遍，所以很難相信它們是可靠的。弗洛勒斯島和菲律賓部分地區同時生存著劍齒象（一種與大象有關聯的動物），牠們似乎是透過游過大海到達這些地方的，這就使得證據更顯複雜。弗洛勒斯島仍然是一個謎。

現代人類（智人）在六萬多年前走到更遠的地方，這一點從新幾內亞、澳大利亞和塔斯馬尼亞（當時與澳大利亞相連）的考古發現中可以看出。在新幾內亞發現的一些石斧的年代在四萬到六萬年前。[7]二〇一七年，澳大利亞考古學家宣布在澳大利亞北部發現一個岩洞，裡面有可以追溯到六萬五千年前的工具，並懷疑第一批澳大利亞智人與仍然可以在東亞發現的其他類型人類之間存在互動，特別是神祕的丹尼索瓦人（Denisovans），他們被認為與歐洲的尼安德塔人相似但又不同。[8]因此，最初的澳大利亞原住民（很可能是現代澳大利亞原住民的祖先）無疑是在六萬多年前到達澳大利亞大陸；他們一定穿越一百多英里的遠海，航行途中經常看不到陸地。[9]考古學家有時對早期智人能夠航海，感到驚訝和困惑。但這一點也不奇怪，當各種類型的人類走出非洲，走陸路到世界的大部分地區定居時，他們必須跨越河流，並利用在河上學到的技能來跨越湖泊；在熟悉湖泊之後，海洋固然還是一個挑戰，但也是可以應對的挑戰。最早的人類在離開非洲、向東移動時進行的短途海上旅行，很可能包括在亞丁附近跨越紅海，以及在霍爾木茲（Hormuz）附近跨越波斯灣。這些早期人類擁有足夠的智力，很好地運用自己的頭腦去主宰自然，就像今天的澳大利亞原住民仍然擁有對自然的非凡掌握。所以認為早期人類擁有克服自然障礙的能力，比猜測這些旅行者可能使用什麼類型的船隻更有意義。學術界提出過，早期人類可能使用竹子、原木、樹皮做成的船、蘆葦船和其他許多東西，但是沒有發現考古證據，這並不奇怪。如果有最早旅行的遺跡倖存下來，就在莎湖古陸早已被大海淹沒的海岸上。[10]因此最好的答案是，在六萬五千年的旅行中，船的設計一定曾發生變化，而且人們肯定會對船加以改良，以適應具體的條件；當風是前往一個地方的重要因素時，可能會發明風帆；但當島嶼間的航行可以在陸地視線範圍內的平靜水域進行時，就不會發明風帆。[11]

在研究澳大利亞原始居民與海洋的關係時，我們必須牢記幾個因素。其一是海岸線食物資源的開發。無論是從船上捕魚，還是在海灘上覓食，都不能證明存在較長距離的跨海旅行，也不能證明海岸線的原始居民與澳大利亞其他地方或海岸以外島嶼上的其他社區建立聯繫。另一個問題則是，使用現代證據（如今天的澳大利亞原住民對海洋的看法）雖然在所難免，但卻很有問題：部落已經多次遷移；物理條件已經改變；原住民的技術也已經改變，因為在這片土地上的人們已經適應當地的條件，而且他們與歐洲人的接觸，已經從根本上（而且往往是災難性地）改變原住民的日常生活、繼承的知識和社會觀念。

在若干時期，澳大利亞內陸比今天更宜居，最早的定居者前往內陸地區，尋找淡水；原住民部落開始在海岸定居的時間相當晚，從目前的考古證據來看，最早在三萬年前；在沿海地區沒有發現比西元前三三〇〇〇年左右更早的遺址。澳大利亞大陸的人口仍然非常稀少；顯然沒有壓力迫使原住民去占領沿海土地，因為其他地方很容易獲得食物。在距離海岸仍然較近地區的洞穴遺址中發現的貝殼，顯示沿海定居點和澳大利亞內陸人口之間的聯繫；但這些貝殼幾乎可以肯定被當作裝飾品而不是食物，並且靠近海岸的早期遺址往往顯示以當地動物（如小袋鼠〔wallaby〕），而不是魚類為基礎的飲食習慣。[12] 但澳大利亞的內陸變得越來越乾旱，於是沿海地區的生活變得更有吸引力。在西澳北岸的金伯利地區發現的石製捕魚器，其年代最早為三千五百年前，但我們有充分理由認為，這些捕魚器是早期澳大利亞沿海地區廣泛使用捕魚器的直系後代。[13]

這些捕魚器是托雷斯海峽群島（澳大利亞和新幾內亞之間的島鏈）生活的一個常見特徵。如今澳大利亞人對那裡居民的標準說法是「澳大利亞原住民和托雷斯海峽島民」，即承認這些島民的獨特地位、起源和文化，也承認他們的技術長期以來比澳大利亞原住民更先進：更多屬於新石器時代，而不是舊石器時代。在種族上，托雷斯海峽島民更接近巴布亞紐幾內亞和美拉尼西亞的各民族。至少在近期，來自新幾內亞的文化，包括神話、儀式和技術，對托雷斯海峽島民的影響很深。在托雷斯海峽，可以發現在一些群體中運行著迥異的經濟模式：一些人依靠小規模的農業，另一些人則是「鹹水人」，他們廣泛利用海洋，乘坐配有舷外浮材和帆的獨木舟，在島嶼之間以及新幾內亞和澳大利亞的海岸來回航行。[14] 這些來自北方的影響，後來沿著澳大利亞東北海岸傳至生活在海邊的原住民：當第一批歐洲人探索今天被稱為昆士蘭的地方時，巴布亞紐幾內亞人熟悉的面具和頭飾類型正在昆士蘭的海岸線上被使用，其他從巴布亞紐幾內亞借用的東西可能包括多種魚叉和魚鉤。在現代，魚類和海洋生物，如海龜與儒艮，是托雷斯海峽島民的主食，平均每人每天消耗約三分之二公斤這些類型的食物。「鹹水人」駕著樹皮船到遠海捕撈中上層魚類，也就是生活在海面附近的魚。他們與鄰人建立貿易聯繫，這可以明確地追溯到一六五〇年左右，當時來自望加錫（Macassar）的印尼商人成為定期訪客。不過所有跡象表明，澳大利亞與外界的聯繫比這更古老。由於更廣泛的接觸，一些原住民民族，如雍古人（Yolŋu），對澳大利亞海岸線以外的世界有所了解。[15]

根據傳說，托雷斯海峽的梅爾島（Mer）是一隻巨型儒艮，牠躺在海中央，變成陸地。在梅爾島，有大量證據表明，該地區在兩千年前肯定已經成為一個活躍的海上貿易網絡中央的貿易站，並且我們幾乎可以肯定，在更遙遠的過去也是如此。[16]狗、老鼠、儒艮、海龜和許多類型的魚的骨頭提供部分證據，證明豐富的海洋資源得到充分開發，但有一支可追溯到西元一年左右的骨笛表明存在更廣泛的貿易聯繫。梅爾島島民似乎已經開發出配備舷外浮材的划艇，使得跨海聯絡變得安全而有規律，他們的船型影響昆士蘭海岸的划艇設計。[17]那麼，托雷斯海峽的群島及其海上人口，構成史前美拉尼西亞文化和澳大利亞北部文化之間的海上橋梁。由於海洋的存在，這些文化並不像人們輕易認為的那樣與外界隔絕。托雷斯海峽島民是富有冒險精神的水手，但其他人在與遠海打交道時謹慎得多。澳大利亞的一個原住民民族認為，大海是有生命的，它發怒時可能會殺人：「當你在海上時，不能說它的壞話。不要批評它。因為大海是有生命的，就像人一樣。」[18]在離北領地（澳大利亞的一個行政區）的達爾文市不遠的克羅克島（Croker Island），原住民聲稱偉大的彩虹蛇居住在海底，人們必須透過特殊的儀式來安撫牠，因為大蛇會利用海來殺人和害人。在同一地區，洋尤瓦人（Yanyuwa）自稱「起源於海的人」，[19]他們的船和海一樣變得有生命。人類可以透過吟唱「力量之歌」為他們的船注入神奇的力量，可以使大海平靜下來。這些歌留在船內，彷彿船擁有自己的靈魂。[20]

隨著人類在太平洋諸島定居，新幾內亞以北發生真正引人注目的變化。新幾內亞北岸的一些島嶼在三萬五千年前就有人類定居。索羅門群島在兩萬九千年前就有人來過。許多世紀以來，來自新幾內亞的襲掠者一直對索羅門群島的居民構成威脅。[21]阿得米拉提群島（Admiralty Islands）在一萬三千年前（如果不是更早的話）就有人定居，第一批定居者抵達那裡需要走近一百英里的海路，包括在看不見陸地的遠海航行。在索羅門群島的布卡島（Buka），考古學家在一個地點發現證據，證明定居者在西元前二六〇〇〇年左右的食物，包括魚類和貝類，以及哺乳動物和蜥蜴。[22]但是人類不能只靠魚類生存，所以一種關鍵必需品的獲得並不能彌補其他必需品的缺乏。有時沒有適合切割的硬石頭，在這種情況下，就必須從更遠的地方獲得黑曜石，或另一種主要用於切割的石頭。在新愛爾蘭島發現來自新不列顛島的黑曜石，年代為距今兩萬年。這兩座島都在新幾內亞附近，距離並不遙遠。不過，也有很多人對此表示懷疑。有人認為，海平面下降時恰恰是人們沒有動力去渡海的時候，因為此時有更多的土地可以定居；當海平面上升時，土地就會減少，人們才會去尋找新的土地。[23]但這都只是猜測，我們完全不知真相是什麼。

三

遍布史前太平洋廣袤海域的文化被命名為拉皮塔（Lapita）文化，我們對它作了很多猜測。不足為奇的是，拉皮塔並不是任何一個民族為自己取的名字，而是這種獨特文化首次被確認的考古遺址的名字。拉皮塔文化一個不尋常的特點是它的傳播之廣，沒有任何一種史前文化能囊括如此廣大的地理區域。拉皮塔文化的地理區域既包括很早就有人定居的索羅門群島，也包括像斐濟和薩摩亞那樣遙遠的島嶼。[24]拉皮塔定居者到達的絕大多數島嶼都是處女地，遠遠超出最早的南島語系航海家的活動範圍。這並不是說拉皮塔航海家是數千年前冒險離開新幾內亞的最早南島語系定居者的後代。拉皮塔人的遺傳身分仍不確定，最好的答案是他們由不同起源的多個民族組成，這些民族構成玻里尼西亞和美拉尼西亞大部分地區的人口；他們在文化上具有統一性，但外貌不一定一致。捲髮的美拉尼西亞人和直髮的玻里尼西亞人（這已經是過於籠統的概括）參與同一種文化。這種文化似乎在太平洋西部有一個最初的焦點，可能是在臺灣，那裡的原住民語言與整個大洋洲的語言有關聯。後來，該文化從太平洋更遠方的一些更新的焦點（特別是薩摩亞）向外傳播。在西元前三千紀，臺灣本身就是一種活躍史前文化的發源地，而且在摩鹿加群島北部發現的陶器與玻里尼西亞的拉皮塔陶器驚人地相似，這表明拉皮塔人與亞洲東南沿海島嶼居民的祖先有聯繫。隨著講南島語系語言的人與新幾內亞沿岸和近海的人口混雜在一起，一個種族混雜的人群形成了，DNA能夠反映他們的不同起源。因此許多個世紀以來，他們走的路線是從俾斯麥群島開始，然後透過索羅門群島向東傳播。[25]

拉皮塔文化反映人類在大洋上擴張的變化。直到西元前一五〇〇年，島嶼之間的交流很容易從黑曜石碎片中得到證明，人們在島嶼之間交易這種鋒利的火山玻璃，但是換取什麼東西就很難說了，可能是食品。但即使是「貿易」這個詞彙也必須謹慎使用，因為人們可能只是去火山島的海灘上收集黑曜石。拉皮塔人帶來陶器，這是他們獨特的考古學「標誌」，還帶來島嶼上沒有早期證據的動物，特別是豬、狗和家禽。[26]此外，他們還帶來太平洋鼠，我們可以用這些「偷渡者」的骨頭來確定航海者到達太平洋大部分島嶼的時間。這方面的證據再次有力地表明，人類在太平洋上是從西向東逐步推進的。[27]廣義來講，拉皮塔人是新石器時代的民族或多個民族的混合體，熟悉農業、畜牧業和陶器。[28]農業改變了一座又一座島嶼的環境，因為土地被開墾用於農業，當地的鳥類被獵殺、吃掉，最終滅絕。最著名的案例是許久之後紐西蘭的巨型恐鳥，但是當地也有一些鱷魚和巨蜥無法抵禦人類的進犯。

另一方面，有證據表明這些定居者是農學專家，因為他們改造了遠大洋洲❸（斐濟和薩摩亞周邊地區）諸島通常有限的資源。這些島嶼非常孤立，幾乎沒有水果，也沒有能夠提供主食澱粉的塊莖。已經確定有二十八種植物被拉皮塔人攜帶著跨越大洋。香蕉、麵包果、甘蔗、山藥、椰子、野薑和竹子是其中最重要的一些，不過不同類型的島嶼適合不同類型的植物，比如山藥在美拉尼西亞最繁盛（另一種到達這裡的植物是甘薯，顯然來自南美洲，這就提出一個問題，即玻里尼西亞的航海家是否在某個階段到達太平洋的對岸）。語文學家重建的原始大洋洲語的詞彙中，有種植、除草、收穫和種植山藥的土丘等詞彙，這再次表明拉皮塔人的園藝傳統可以追溯到他們的祖先生活在臺灣的時代。[29]從更西邊的地方運來的植物表明，向東的航行確實是有意識的殖民冒險，而不是迷失的航海家被困於荒島上時的意外發現，這是有必要再回來討論的問題。拉皮塔諸民族跨越大洋的行動似乎並不迅速，據估計，拉皮塔人從俾斯麥群島到達玻里尼西亞西部的時間為五百年。不過，這可能只代表二十代人。在更大的歷史尺度上，這種擴張算是相當快了，在史前史學家的時間尺度上，甚至可以算是爆炸性地快。

這種人口流動背後的動機難以琢磨。研究玻里尼西亞人航海的歷史學家大衛・路易士（David Lewis）指出，玻里尼西亞人有一種冒險精神，一種「不安分的衝動」。他提出的例子是大溪地的賴阿特阿人（Raiateans），他們會一連航行幾個月，巡視那片海域的島嶼。庫克船長的科學搭檔班克斯對他們作了觀察，因此這些證據是晚近的，而且有些是間接的。路易士還指出，玻里尼西亞水手的「充滿自豪感的自尊」，例如若是水手看到他們正在造訪島嶼的當地人正在出海，哪怕只是為了捕魚，自豪感就會促使水手們在惡劣的天氣下出海，這種想法與研究這些海洋社會的人類學家所寫的榮辱概念非常吻合。也有人提出，玻里尼西亞人航海的目的可能是展開島嶼之間的維京式襲掠。我們可以想像，在最早的階段，襲掠者帶走他們在荒島上發現的椰子、黑曜石和麵包果；而且在有人定居後，島嶼之間的戰爭肯定很常見。[30]但是這些情況適用於已經部分定居的世界；我們的問題是，最早的定居如何發生，又為何發生。人口過剩似乎是顯而易見的解釋，但沒有足夠的證據表明西部島嶼發生密集定居，導致無法忍受的資源壓力。[31]

隨著定居者進一步向東移動，他們不再受幾千年前從新幾內亞和東亞帶來的疾病（如瘧疾）的影響。未受汙染的島嶼棲息地通常是衛生的，那裡居民的預期壽命較長。但是人們的壽命越長，身體越健康，就可能會有更多的孩子，孩子也有更好的機會長大成人。在這樣的環境裡，次子們可能會參加移民。這幾乎是理所當然的，因為眾所周知，在大洋中有很多地方可供定居。玻里尼西亞人非常重視家譜，強調長子的權利，而兄弟姊妹之間的競爭是玻里尼西亞傳說中司空見慣的元素。這意味著次子的最

❸ 譯注：遠大洋洲（Remote Oceania）是指大洋洲當中在過去三千到三千五百年間開始有人類定居的部分，包括斐濟、密克羅尼西亞、紐西蘭、新喀里多尼亞、玻里尼西亞、聖克魯斯群島和萬那杜。

好選擇是不斷遷移，直到找到新的家園為止。[32]有一種觀點認為，早期的玻里尼西亞人主要依靠海洋提供的產品來生活，他們是「大洋覓食者」，為了搜尋海產品而越來越遠地深入大洋。隨著先驅者在新的家園安頓下來，農業定居點也隨之發展壯大。在「遠大洋洲」，他們的海鮮食物不僅包括牡蠣、蛤蜊和海貝（Cowrie），還包括海龜、鰻魚、鸚鵡魚與鯊魚，這些海鮮食物大多來自珊瑚礁的邊緣或較靠近海岸的地方。沒有證據表明航行者在島上逗留的期間建立短期營地。他們到達新的地方，就在那裡建立家園。他們更喜歡住在岸邊，仔細選擇那些可以通過環繞許多島嶼的珊瑚礁縫隙進入大海的地方。他們在那裡建造木製的高腳屋，這種類型的房屋廣泛散布於整個南島世界。這並不是對一連串無人居住島嶼的突然入侵，而是一個穩步向東擴張的過程，不過不一定是直線推進。[33]

陶器證據之所以引人注目，是因為它清楚表明這是一種具有區域差異的單一文化。這些陶器是手工製作的，沒有使用陶輪，也沒有窯，這意味著它們可能是在戶外燒製。在這些陶器當中，我們發現一種常見的「齒狀」風格，陶器上通常會有一個齒狀工具的印記。人們創造出複雜的圖案，具有很強的藝術性。這些圖案被看作是一種詞彙，傳遞著今天已經失傳的訊息。陶器的風格也有地方性變化，留存下來最引人注目的碎片上刻畫著人臉，或者至少是眼睛等特徵。這些可能是代表神或祖先的圖像，而且這些圖像可能類似於當時廣泛使用的紋身（考古學家在發掘中發現紋身用具）。這種陶器在「遠大洋洲」的傳播，提供關於第一批人類到達太平洋偏遠島嶼的重要線索。西元前一五〇〇年左右，俾斯麥群島的居民開始製作拉皮塔式陶器。在接下來一個世紀左右，陶器到達「近大洋洲」❹（萬那杜、吉里巴斯和鄰近的島鏈）。到了西元前一二〇〇年，薩摩亞也開始生產這種陶器。有趣的是，只有斐濟最古老的陶器顯示出對複雜裝飾的關注。這種藝術是否在一、兩代人的時間裡消失了？裝飾是否失去它的意義，特別是在尚未加入互惠交換（reciprocal exchange）網絡的新社會中？奇怪的是，隨著拉皮塔人進一步向東遷移，帶來植物和動物以及他們的航海知識，但是最終完全失去對陶器的興趣。34

太平洋上存在單一的文化；但是否存在共同的文化？對黏土的化學分析證明，壺被從一座島嶼帶到另一座島嶼，儘管毫無疑問，一些壺僅僅是作為盛放水手所需食物的器皿，而在太平洋地區移動。許多無裝飾的壺適合用作盛放西谷粉的容器，西谷粉容易保存，可作為水手的理想營養來源。有人認為，這些貨物和其他物品，如黑曜石和矽質岩（包括燧石在內的岩石品種）的流動，加起來就是「貿易」。我們對這種觀點要謹慎，貿易可以被定義為商品的系統性交換，並為商品設定一個名義上但通常是可變的價值。正如偉大的民族志學家勃洛尼斯拉夫·馬林諾夫斯基（Bronisław Malinowski）闡明的，在太平洋島嶼社會中，商品的交換不僅是為了商業上的獲取；互惠交換是一種手段，個人透過這種手段確立自己在社會和政治秩序中的地位。所以交換是確立領導地位的一種方式，也是強調誰是誰的門客的方式。35 對於富足的社會（這些島嶼社區通常都是如此）來說，這一點更真實。不過，肯定有一些食品與工具，最明顯的是切割工具和錛，在珊瑚環礁上找不到，需要透過海路獲得。人們越是仔細觀察這個世界，就越覺得它是連通起來的。

❹ 譯注：近大洋洲（Near Oceania）是指大洋洲當中在三萬五千年前開始有人定居的部分，包括澳大利亞、新幾內亞、俾斯麥群島和索羅門群島等。

拉皮塔世界西端的一個例子提供豐富的證據。塔勒派克馬萊（Talepakemalai）位於俾斯麥群島的北部邊緣。對這個村莊的歷史，我們可以連續追溯五個甚至七個世紀，從西元前二千紀中葉開始。那時，在拉皮塔歷史的早期，黑曜石被從不遠處的島嶼運到塔勒派克馬萊，還有用於製造工具的錛和燧石，以及來自十二個不同地方的陶器。這些陶器雖然不能全部識別，但是其黏土的成分都很有特點。同時，塔勒派克馬萊島民善於製作魚鉤及首飾，包括用貝殼製成的珠子、戒指和其他物品。考古學家因此推測，某種交易網絡將塔勒派克馬萊與近大洋洲西部的一系列島嶼社區聯繫起來。不過到了西元前一千紀，早期的擴張已經趨緩，這表現在拉皮塔世界這一部分的收縮（或「區域化」）。這可能反映了更高程度的自給自足，也就是說，某些類型的商品現在可以在當地生產，不需要依賴鄰人。本地的經濟也許得到發展，但考古學家傾向看到的是，外部聯繫的證據變少了，這給人一種「拉皮塔衰落」的錯覺。這可能與我們稍後要觀察的一個現象有一定關係，即拉皮塔擴張與西元一千紀的探索和定居新階段之間有一個漫長的間隔。[36]

我們對拉皮塔人的船知之甚少。有一、兩件石刻提供關於船帆形狀的線索（船帆是有趣的「爪子」形狀，輪廓大致為三角形，但三角形的頂邊是凹進去的）。但這在很大程度上取決於語言學家重建的南島民族詞彙，因為考古紀錄中沒有任何原始船隻的資料。大體上，我們可以設想拉皮塔人使用的是配備舷外浮材的帆船，與後來幾個世紀使用的帆船類似；有些可能是雙體船，但這種雙體划艇似乎主要是在遠大洋洲，在斐濟周邊發展起來的。到了現代，船的種類相當多，但它們屬於一個共同的類型：帆船，建造者密切關注其穩定性。[37]人們知道，單一船體的設計不適合在遠海航行的小船。而玻里尼西亞人的船很難傾倒。前往新土地的船必須夠大，可以裝載男人、女人、食物和水（通常儲存在竹筒裡）、家畜與準備在新土地種植的種子或塊莖。而前往熟悉地區的人顯然攜帶要交換的物品，如陶器、當地農產品、工具或用於製作工具的石塊。毫無疑問地，船的種類繁多，儘管有些特點（如使用植物纖維將各部分捆綁在一起）可能是標準操作，這些由椰子纖維製成的繩索堅固而有彈性，提供的彈性使船體更加安全。

玻里尼西亞航海家不得不面對艱巨的挑戰，最顯而易見的挑戰是東風。人類在太平洋的定居活動是逆著風進行的，而不是因為水手被風吹到未知島嶼這樣一種幸運的意外。信風和洋流都指向西方；信風從東南到西北，穿過拉皮塔定居區，形成一個與拉皮塔地區相當重合的連貫帶。太平洋洋流由四個主要的跨太平洋移動組成：離開所有島嶼的南部洋流；南赤道洋流向西，略微向南傾斜；在赤道上方有兩股相反的洋流，將夏威夷與玻里尼西亞世界的其他地區隔開。我們看一下南赤道洋流和風向，就會發現洋流和風從薩摩亞向西運動的大致形狀與拉皮塔定居區基本吻合，顯然玻里尼西亞航海家完善了逆風航行的藝術。他們需要確保結束探索後能夠返回，而做到這一點的最好辦法就是挑戰風和洋流，做之字形運動，緩慢而安全地前進。

隨著他們在許多世紀中發展這些技術，也學會航位推測法的藝術，在航行中判斷距離，從而對經度有了一定程度的了解。他們似乎比歐洲水手更容易做到這一點，歐洲水手要等到十八世紀航海鐘發明之後才能確定經度。陪同庫克船長的玻里尼西亞航海家圖帕伊亞（Tupaia），在沒有儀器或書面紀錄的情況下，幾乎是本能地知道船的位置，這讓庫克的同伴們大吃一驚。玻里尼西亞航海家證明，無須任何技術，只需利用人腦這臺超級電腦，就可以解決一些具有挑戰性的問題。[38]緯度更容易判斷，他們可以透過觀星來判斷緯度：「借助季節性的風在索羅門群島主島以南和聖克魯斯群島之間航行，就像追蹤天頂星辰的東西向運行軌跡一樣簡單。」[39]了解星辰是成功導航的關鍵。這不是隨隨便便就能學到的知識，而是在長期的學徒生涯中，透過實踐經驗和複雜的口述傳統學習的科學。這也是一門祕密的科學，是為精心選拔的入門者準備的，他們學成之後能夠為船隻導航，其他船員則從事更瑣碎的工作。

甚至到了一九三〇年代，玻里尼西亞男童也要學習這些技術，一般會從五歲開始，比如一個來自加羅林群島（Carolinas），名叫皮亞魯格（Piailug）的知名水手就是自幼學習航海技術。皮亞魯格的祖父決定讓這個男孩成為航海家後，皮亞魯格就不得不花時間聆聽大海的故事，學習航海科學的知識。祖父向他保證，作為航海家會過得比酋長還好，吃得也比別人好，並將在整個社會得到尊重。十二歲時，他就和祖父一起在大洋上航行，開始掌握海洋的祕密，比如鳥類的運動、星星的變化圖，但也包括魔法的傳說。所有這些都被記在腦海裡，直到他在十六歲左右正式被接納為航海家。在那之前，他要隱居一個月，在此期間老師們向他灌輸需要的知識。他不使用書面文字，但是用樹枝和石頭製作模型。當指導下一代人學習航海藝術時，他就可以記憶並重建這些模型。[40]在加羅林群島，航海家會準備一個星座羅盤，即夜空中關鍵點的圖表。即便到了現代，他們也更喜歡這種傳統羅盤，而不是磁羅盤。在太平洋的其他地區，人們用樹枝和石頭製作類似的羅盤式圖表，以顯示風向或太陽在天空中的運動。[41]

玻里尼西亞人不一定需要羅盤。有這樣一個故事：一艘雙桅縱帆船（schooner）的船長在船上遺失了羅盤，不得不向他的玻里尼西亞船員承認自己迷路了。船員們告訴他不要擔心，並帶他到他想去的地方。船長對他們輕鬆實現這一目標感到疑惑，問他們怎麼知道島嶼在哪裡。他們答道：「怎麼啦？它不是一直就在那裡嗎？」[42]玻里尼西亞航海家對自己的航海技術有著非凡的信心，這一點也可以從一九六二年對馬紹爾群島一位航海家的採訪中看出：「我們老一輩的馬紹爾人，既靠感覺也靠視覺來駕船，但我認為了解船隻的感覺才是最重要的。」他解釋，一位熟練的航海家在白天或晚上航行都不會有困難，重要的是要適當考慮海浪的運動：

> 一名受過這種導航訓練的馬紹爾水手，透過船的運動和波浪的形態，可以知道他離一個環礁或島嶼是否有三十英里、二十英里或十英里，甚至更近的距離。他還知道自己是否迷失方向，透過尋找某種波浪的結合點，就能夠回到正確航線上。[43]

在多雲的天氣裡，如果夜間雲層有任何縫隙，就必須立即加以利用；但也有其他跡象，如海浪，一位熟練的航海家可以利用這些跡象來判定船的方向。還有其他很多跡象，透過了解這些跡象的不同組合，水手必定能找到陸地。透過觀察燕鷗等鳥類出海覓食的飛行，可以發現陸地。鳥類從陸地出發的最大飛行距離是已知的；牠們早上來的方向和晚上回去的方向是尋找陸地位置的最佳線索。其他跡象包括雲層，它的顏色可能改變，這表明下方有陸地（珊瑚環礁會在上空的雲層投下蛋白石的顏色）；海中的磷光斑是附近有陸地的另一個跡象；越來越多的漂浮殘骸通常表明附近有陸地。[44]海上空氣的氣味有助於引導水手到一個已知的避難所。[45]水手需要考慮到洋流和風，白天利用太陽，夜間利用星辰，來調整航線。最特別的導航手段之一是可稱為「波利玻里尼西亞相對論」（Polynesian Theory of Relativity）的方法，這種方法在加羅林群島被稱為「依塔克」（etak）。該方法假設船保持靜止，而世界的其餘部分在移動，因此必須對島嶼位置相對於船的變化作出判斷。這不僅是船和目的地之間的關係，還是目的地和附近另一座島嶼之間的關係，這種方法取決於將這第三點與星星準確地聯繫起來。這也許不是愛因斯坦的相對論，但它需要掌握一些高水準、僅靠人腦的幾何學，甚至需要牢記一幅驚人詳細的、移動的天體圖。[46]

因此，「沒有文字就不可能有精確科學」的結論是完全錯誤的，儘管玻里尼西亞人的航海科學有相當分量的咒語、魔法和對神靈的祈求。玻里尼西亞水手對海洋及其反覆無常的特點形成的非凡理解，以及越來越多的證據表明他們是在逆風的情況下航行到新島嶼（而不是被風吹到新陸地上），都對解釋他們的航行有重大意義。安德魯·夏普（Andrew Sharp）的《太平洋上的古代航海家》（*Ancient Voyagers in the Pacific*）一書，於一九五六年被首次提交給玻里尼西亞學會（Polynesian Society）。夏普認為，那些發現新土地的人基本上都是靠意外才取得那些成就，比如被風吹離航線或以其他方式迷失時偶然發現新土地。夏普的觀點看起來可信，但是有許多學者表示反對。夏普並未質疑玻里尼西亞水手的技藝超群，但他確實低估他們的非凡能力。[47]夏普真正證明的是另一件事：我們仍然不知道為什麼拉皮塔人和他們的後繼者，包括毛利人，會在浩瀚的大洋上定居一片又一片新土地。我們對「他們如何做到這一點」有一定的把握，也能比較確定地判斷他們是在哪個時期做到的（不過在這方面也有很大的分歧）。但他們為什麼一直在遷移，仍然是一個我們只能猜測的話題。

西元前一〇〇〇年左右，當人類在萬那杜和斐濟群島定居時，拉皮塔文化的快速擴張達到高潮。這涉及遠在陸地視線之外雄心勃勃的航行，特別是為了到達斐濟必須進行這樣的航行。而在玻里尼西亞人前往薩摩亞和東加的東行路線上，還有一些墊腳石。拉皮塔人已經達到他們擴張的極限，並在橫跨約四千五百公里的太平洋上建立一系列的網絡，從新幾內亞到東加，形成一個巨大的弧形。[48] 拉皮塔人擴張的起源是一個巨大的謎團，另一個大謎團是它為什麼中斷了長達一千年的時間。這是因為玻里尼西亞人的船隻無法冒險進入將拉皮塔人的土地與夏威夷、紐西蘭和復活節島隔開的遠海嗎？這種觀點的矛盾在於，拉皮塔水手已經設法到達遠在大洋深處的斐濟和薩摩亞。[49] 這些人是非常熟練和富有想像力的航海家，我們很難相信他們沒有能力改造原本就令人肅然起敬的耐用船隻來面對更大的驚濤駭浪。人口過剩對他們來說顯然不是問題。儘管需要在島嶼上大面積地重新開墾種植，但是那裡已經實現良好的生態平衡。對這個問題進行唯物主義解釋的麻煩在於，世界上許多地方的移民往往受到宗教信仰的刺激，而我們已經無法了解遙遠古代的宗教信仰。假設玻里尼西亞探險家是在追尋東升太陽的宗教要求下航海的（誠然，這種假設甚至連間接證據都沒有），那麼文化時尚可能隨著宗教觀念的改變而改變。一旦對本地祖先的崇拜強力地發展，一種扎根於自己所生活島嶼的更強大意識，就會對進一步的擴張發揮抑制作用。不過事實證明，擴張並沒有遭到無限期的抑制。

第二章　航海家之歌

一

五世紀，太平洋的航海活動復甦了。為什麼會發生這種情況，以及為什麼在拉皮塔文化晚期航海活動會停止，我們無從得知。有人認為這與所謂的「小最適氣候期」（Little Climatic Optimum，或稱中世紀溫暖時期）有關，但這與年代學不完全吻合。年代學顯示，太平洋航海至少在「小最適氣候期」的幾個世紀之前就已經恢復了。氣候變暖時，海平面上升，可能使岸邊有種植園的低窪島嶼居民生活變得困難，這就刺激了移民。[1]只有在大約西元三〇〇年之後的一千年裡，定居點才向北和向南擴展，並向西擴展到氣候與資源各異的地區，北至夏威夷，南至紐西蘭。在這一階段，大溪地和社會群島❶是定居的重點。如果茉莉亞島（Mo'orea）上馴化椰子的證據能得到充分肯定的話，人類在大溪地和社會群島的定居大約從西元六〇〇年開始。不過，在這些島嶼實際發現的最早人類居住地的年代在西元八〇〇年至一二〇〇年之間，儘管許多更早的居住地可能由於海岸線改變而被淹沒。[2]

從大溪地或馬克薩斯群島（Marquesas）向北到夏威夷的旅程可能需要三到四個星期，而且必須設法應對不同的風向：風向先是從東到西，然後從西到東，最後再從東到西。一九七〇年代，班．芬尼（Ben Finney）乘坐划艇「霍庫雷阿號」（Hokule'a），試圖模仿玻里尼西亞人的航行，證明這樣的旅程（從大溪地或馬克薩斯群島向北到夏威夷）是可行的。芬尼和紐西蘭人傑夫．埃文斯（Jeff Evans）是復原傳統船型，並鼓勵玻里尼西亞人對其古老的航海技能產生興趣的先驅。芬尼的實驗性航行得到重視。[3]一個更難解的問題是，夏威夷群島是否像更南邊的島鏈一樣，在被發現後立即被一群帶來植物和動物（包括豬和狗）的移民定居。我們不能假設人類在夏威夷這一連串島嶼的定居是單一事件。不同的島嶼可能在不同的時間被定居，有時定居者來自夏威夷群島中的鄰近島嶼，有時來自更南的大溪地和薩摩亞周圍的島鏈。

夏威夷群島不可能是偶然發現的，因為風向根本不允許人們從薩摩亞等地偶然到達夏威夷。[4]人們去尋找新的島嶼，現在的活動範圍已經遠離他們熟悉的島嶼。這一定是對他們航海能力的極限考驗，他們不再能看到南十字座這樣的夜間指路星辰。一旦進入北半球，就進入對他們來說的嶄新世界。口述傳說講述他們的發現，以及他們返回起點的旅程（從而傳遞有新土地可供定居的消息）。這些口述傳說充滿關於航海的有趣資訊，甚至還有一些流傳下來的歷史記憶，但是其中夾雜許多包括巨型章魚的神奇故事，所以這些歷史記憶是否準確，頗值得商榷。

❶ 譯注：「社會群島」的英文為 Society Islands，實際上得名自英國皇家學會（Royal Society），並非「社會」，但這個誤譯在中文世界已經約定俗成，不得不沿用。

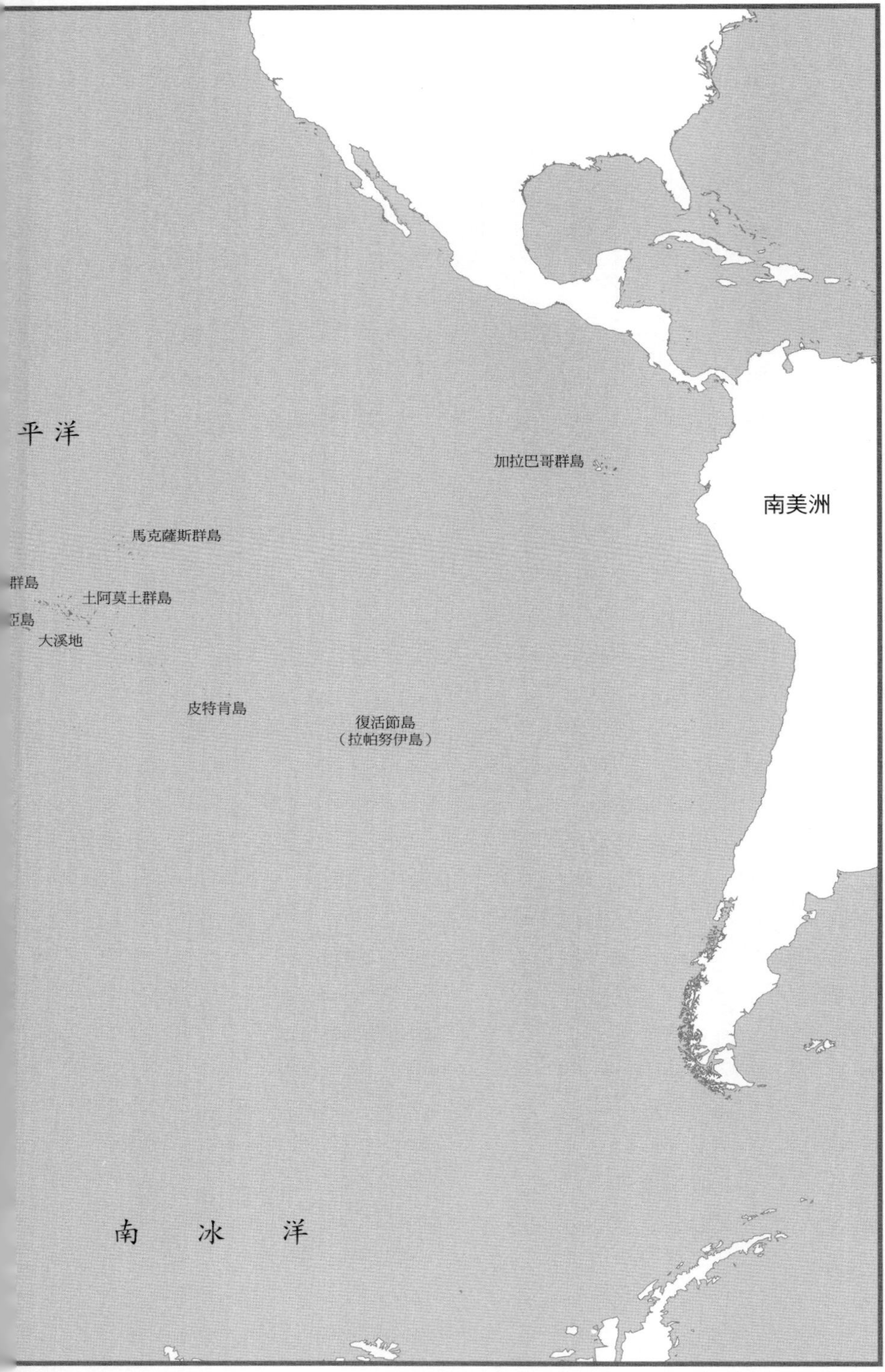

平洋
加拉巴哥群島
南美洲
馬克薩斯群島
群島
土阿莫土群島
亞島
大溪地
皮特肯島
復活節島
（拉帕努伊島）
南冰洋

夏威
歐胡島
太平洋
薩摩亞
庫克群島
曼加伊亞
北島
奧特亞羅瓦
（紐西蘭）
威靈頓港
南島
0
1000
2000 英里
0
2000 公里

玻里尼西亞開始出現兩種基本的社會類型：一種是所謂的開放社會，在這種社會中，各種不同的群體，包括武士和祭司，為權力與土地而競爭；另一種是所謂的分層社會，早期的大溪地和夏威夷就是很好的例子，這種社會中的流動性要小得多，出現明確的精英階層，權力集中在世襲的酋長手上。在大溪地和它的近鄰社會群島，酋長期待別人向他們進貢食物和樹皮布；他們透過與戰神奧羅（Oro）的親密關係來表達自己的權力，人與神的關係透過人祭來鞏固。[5]大約一二〇〇年，大溪地人開始建設梯田，並建立果園來種植麵包樹。他們為麵包果建造儲存坑。他們還建造帶平臺的石製神廟（稱為「馬拉埃」〔marae〕），就在海邊，有時還延伸到海裡。作戰用的划艇會從馬拉埃出發，新的酋長會乘船到這裡就任，這些都是與海洋緊密聯繫的社會。東部一些較貧瘠島嶼的酋長劫掠中部較富裕的島嶼，向其索取貢品。戰爭中的領導地位在奧羅崇拜裡得到頌揚，鞏固較貧瘠島嶼的酋長對鄰近領土的控制。小小的海洋帝國出現了，酋長也絕非局限於一座島嶼或一座島嶼的一部分。酋長之間的緊張關係，特別是他們的兒子之間的緊張關係，可以解釋去尋找新土地的衝動，但並不能完全解釋為什麼新的殖民化爆發會在那個時候（西元五世紀）發生。不過，到達已經有人居住的島嶼可能是危險的事情：某些地方顯然有在發現新來者時將其殺死的習俗。[6]

二

美國考古學家對美國第五十個州的古代史表現出濃厚的興趣，這一點可以理解。來自夏威夷群島的證據也很豐富：有考古學證據；也有十九世紀記錄的複雜口述傳說的證據，儘管這很難評估。在十九世紀，閱讀和書寫在夏威夷人中成為一種風尚，這是基督教傳教士積極活動的結果，一時之間讓夏威夷的識字率比美國本土更高。[7]夏威夷群島受到關注的另一個原因是，這裡出現玻里尼西亞世界不曾出現的有組織階級制國家。[8]在夏威夷，玻里尼西亞定居者發現一個天堂：南太平洋島鏈上的每個環礁和珊瑚礁都有各自的特點，通常不理想的土壤可生產的東西有限；而夏威夷是一座名副其實的花園，擁有肥沃的火山土壤，儘管各島嶼之間存在差異。來自歐胡島（O'ahu）的證據顯示，西元八〇〇年之前就有人在那裡的海岸線定居，儘管第一批人的到達可能比那還要早幾百年。這表明人類在夏威夷的定居不是一次完成的。特別有說服力的是來自歐胡島和其他地方的鼠骨，太平洋鼠只有在玻里尼西亞划艇上作為偷渡者，或者可能作為活的食物儲備，才能到達這樣遙遠的地方。在落水洞（sinkhole）中發現許多鼠骨，其年代在西元九〇〇年至一二〇〇年間。[9]

學界普遍認為這些定居者來自馬克薩斯群島，因為兩地使用的工具有相似之處，特別是錛和魚鉤。不過接觸可能是雙向的，所以很難確定是誰影響了誰，而且一二〇〇年左右採用的一種新式魚鉤，表明夏威夷與大溪地周邊地區有聯繫。我們將看到，口述傳統談到夏威夷與大溪地和社會群島的密切聯繫，至少在十四世紀是這樣。因此，我們可以認為定居者是從兩個主要方向匯聚而來的，不管其中一個群體是否聽說過另一個群體發現這些島嶼。在十九世紀的夏威夷仍在講述的關於早期航海故事中，有兩個故事很突出，儘管其中事件發生的假定年代是十四世紀的某個時間點。能得出這樣的年代，是經過對世代的計算，但這種計算說得客氣點也是很粗略的。夏威夷的敘述者對準確的年代不感興趣，他們用統治者的名字來衡量時間，難免有些統治者在位的時間比其他人長。這些故事講述橫跨太平洋廣大地區的航行，反映夏威夷與大洋洲其他地區隔絕之前的一個時代。

其中一個故事開始於夏威夷群島周邊的歐胡島，當地的統治者穆利埃利阿里（Muli’eleali）試圖將擁有的那部分島嶼分給三個兒子，就像他從父親那裡繼承歐胡島的三分之一那樣。但顯而易見的問題是，經過世代傳承，可供生存的土地越來越少。因此，他最小的兩個兒子發動反叛並遭流放，搬到較大的夏威夷島上。他們引進在歐胡島發明的新灌溉手段，種植作為主食的根莖類蔬菜（特別是芋頭），但颶風和洪水破壞他們的工作，他們覺得受夠了夏威夷群島，於是打算回到祖先的土地，一個叫卡希基（Kahiki）的地方。如果這個故事有任何真實性，他們搭乘雙體划艇駛向的目的地是今天的大溪地西南部，這個地區與夏威夷有著驚人的文化相似性。大溪地這個地方的塔普塔普阿泰（Taputapuatea）神廟與歐胡島北部的卡普卡普阿基（Kapukapuakea）神廟有著相同的名字，因為夏威夷方言把t轉換成k（所以卡希基是夏威夷版的大溪地〔Tahiti〕）。然後，其中一個兄弟思鄉心切，返回北方，在那裡與一位酋長的女兒喜結連理，並被任命為考艾島（Kaua’i）的最高酋長。考艾島是歐胡島以外的一個周邊島嶼。但他的岳父有一個兒子，是在卡希基／大溪地的另一次婚姻所生。這個故事講述往返卡希基的旅程。另一個相當血腥的故事，敘述出身於社會群島的帕奧（Pa’ao）在同一時期的經歷。當他的兒子被帕奧的兄弟指控偷竊麵包果時，帕奧把兒子的身體切開，以顯示他的胃是空的，然後把划艇推到海裡，軋過姪子，也就是指控者的孩子的身體。在這場血仇中，兩個家系絕嗣了。帕奧隨後前往夏威夷，興建神廟，有了新的後裔，他們成為夏威夷群島上一個重要的世襲祭司家族。這些故事表明，夏威夷和大溪地或東加周圍島嶼之間的旅行很容易，這種情況一直持續到十四世紀。

其中一個故事保留一首歌曲，比較清楚地顯示夏威夷人對自己的大溪地起源的至少部分記憶：

Eia Hawai'i, he moku, he kanaka,
He kanaka Hawai'i–e,
He kanaka Hawai'i,
He kama na Kahiki...

這裡是夏威夷，一座島，一個人，
這裡是夏威夷，確實如此，
夏威夷是個男人。
大溪地的孩子……[10]

DNA證據表明，這些故事並非完全是幻想。DNA證據將現代夏威夷原住民人群與玻里尼西亞東部的馬克薩斯群島，以及更西邊的社會群島的人群聯繫在一起。[11]能夠證明夏威夷與社會群島之間聯繫的考古發現較少。在距離夏威夷兩千五百英里的土阿莫土（Tuamoto）群島的一座珊瑚島上，出土一個用夏威夷的石頭製成、具有大溪地風格的錛，這提供微小但寶貴的接觸證據。這塊「夏威夷」石只能來源於夏威夷。在土阿莫土周邊，人們一般用從玻里尼西亞東南部許多島嶼運來的石頭製作錛。所以，發現一個夏威夷的例子，哪怕只有一個，也表明土阿莫土和夏威夷之間存在長距離的（雖然不一定是直接的）聯繫，遠超出一般鄰居貿易的範圍。可惜的是，我們無法確定這類材料的年代。[12]

關於夏威夷後來發展的口述傳統，完全沒有提及帕奧和歐胡島人時代之後的海上旅行。所有的考古證據也表明出現一個中斷：無論出於什麼原因，夏威夷與玻里尼西亞世界的其他地方隔絕了。西元一四〇〇年左右，儘管關於夏威夷居民跨海抵達的口述傳統不斷流傳，但是從夏威夷出發的航行開始長期停滯。[13]不過，夏威夷本土社會並未因此縮小。夏威夷人口迅速增長，到了十八世紀末，庫克船長抵達時，當地人口已達二十五萬。當這片土地上的人口越來越稠密時，人口壓力造成的緊張局勢部分透過戰爭解決，部分透過酋長行使強大的中央權力來解決。根據某些闡釋，這是一個「國家建構」的過程。與大溪地的情況一樣，夏威夷的戰神（名為庫伊〔Kuy〕）需要人祭，石製的神廟平臺變得越來越精緻。隨著時間推移，酋長自稱為神的後裔，將自己與普通人明確區分開來。普通島民在小酋長控制的土地上勞作，提供勞役、定期進貢，所有這些都是大酋長和小酋長巨大財富的來源，因為人口成長的問題也得到解決：它反映在農業的日益集約化上，出現有組織的耕作體系、鯔魚養殖場，以及在流水之神凱恩（Kane）祐助下的灌溉計畫。到了十六世紀，夏威夷已經出現類似有組織國家的形態，一個分層的社會，我們可以非常粗略地描述它為「封建」社會。[14]土地的肥沃和夏威夷農業的效率，減少人們對海洋的依賴（當地的漁業除外）。夏威夷群島從來沒有依賴玻里尼西亞其他地區的重要物資，因為它們離得太遠了。夏威夷群島成為一個小小的大陸，背離了曾將夏威夷第一批定居者帶到安全港灣的大海。

三

我們在將目光轉向東方的拉帕努伊島（Rapa Nui，即復活節島）和南方的紐西蘭（大洋洲最晚被人類定居的地區）之前，需要解決一個關於橫跨整個太平洋聯繫的問題。既然玻里尼西亞的航海家最遠到達東邊的拉帕努伊島（它被廣袤大洋孤立，與世隔絕），我們是否可以想像，有些玻里尼西亞人還會進一步到達南美洲？很多人試圖搞清楚是哪一個民族最早到達美洲，但這種追尋是基於許多錯誤的前提，首先是假設人們會認識到他們發現的東西是兩塊巨大大陸的一部分（哥倫布就沒有做到這一點）；只有認識到自己發現的是新大陸，那些人才有資格被譽為新大陸的「真正發現者」。但是，玻里尼西亞和南美洲之間聯繫的問題，是由愛自吹自擂的挪威探險家索爾．海爾達（Thor Heyerdahl）以相反形式提出的：是南美洲人到達玻里尼西亞，並在那裡定居。他開始痴迷於這樣的觀點：玻里尼西亞人是美洲人的後裔，他們利用東風駕船駛入太平洋深處。他認為，可以在無數的玻里尼西亞工藝品上看到美洲原住民的影響。他建造的「康提基號」（Kon-Tiki）木筏與玻里尼西亞航海家在整個大洋洲使用的船隻沒有任何相似之處，「康提基號」複製的是西班牙征服印加帝國之後時期的秘魯風帆木筏。[15]儘管如此，他在一九四七年乘木筏駛過大洋，奇蹟般地存活下來，並假定僅僅因為有可能在玻里尼西亞登陸（他實際上是緊急靠岸的），這種航行在過去一定曾經發生。來自DNA和南島語系語言傳播的證據明確表明，玻里尼西亞人是由西向東遷移，而不是由東向西。即使在海爾達起航時，克里克和華森還沒有確定DNA的結構，但是語言學證據早已確定玻里尼西亞人由西向東遷移這一點。這並不妨礙海爾達被選為有史以來最著名的挪威人（羅爾德．阿蒙森〔Roald Amundsen〕或弗瑞德約夫．南森〔Fridtjof Nansen〕沒有獲得這樣的榮譽，這裡只考慮挪威的探險家），也不妨礙他在奧斯陸建造一座參觀人數眾多的博物館，在那裡展示他那艘奇特的遠洋船。

現代挪威學者的圓滑說法是，海爾達提出一些重要的問題。而大洋洲和南美洲之間的聯繫，是一個真正的問題。有證據表明，在玻里尼西亞人的航海時代，大洋洲和南美洲就有接觸，儘管這些證據不容易解讀。在大洋洲和美洲海岸線生產物品之間的大多數所謂的相似之處，都有功能上的解釋。人類在不同的時間、不同的地點發明相同的簡單物品，這並未超出人類的能力，例如魚叉、用貝殼製造的魚鉤，以及加州聖塔芭芭拉（Santa Barbara）附近的丘馬什印第安人（Chumash Indians）和玻里尼西亞大部分地區的人們，都喜歡的那種木板結構船隻。[16]丘馬什印第安人經常被認為是可能冒險渡海的人，因為他們是繁忙的造船者，專門在大陸和聖塔芭芭拉對面的海峽群島之間航行。他們也是這條海岸線上經濟最發達的民族之一，他們的貨幣體系基於用穿孔貝殼製成的貨幣（定期銷毀，以防止嚴重的通膨）。但是他們的船很難在惡劣天氣下穿越聖塔芭芭拉海峽，而且太小、太簡單，無法冒險進入大洋。此外，內陸水域的魚類供應很豐富。[17]當我們沿著美國海岸線走時，就會更深刻地感覺到，那裡的社會對海洋的興趣僅限於沿海捕撈：下加利福尼亞的庫米艾印第安人（Kumiai Indians）喜歡沙丁魚、鰈魚、鮪魚（包括鰹魚）和貝類，但他們不是航海家；他們使用小型蘆葦船，通常只能載幾個人。[18]也沒有跡象表明這些民族曾經從遙遠的玻里尼西亞獲得商品。

海爾達急於證明加拉巴哥群島及其周邊豐富的漁場，是他所謂的美洲印第安航海家進入太平洋的第一塊墊腳石，希望這樣可以讓那些對他的「康提基號」遠航抱持尖銳批評態度的人尷尬。[19] 加拉巴哥群島位於厄瓜多以西六百英里處，因此從美洲到達這些島嶼並非易事。西班牙人在一五三五年發現（也可能是重新發現）加拉巴哥群島，因此在「康提基號」遠航的幾年後，海爾達和他的同伴去尋找人類早期造訪這些島嶼的證據時，發現了相當多的西班牙陶器，這並不奇怪。儘管挪威人確認另外幾十塊陶器碎片是南美的，主要來自厄瓜多，但不得不承認他們發現的大部分東西無法確定年代。這些陶器非常簡單，可能是在西班牙征服印加帝國之前或之後製作。一些更精緻的碎片可能只是表明，在十六世紀，印第安原住民陶工延續印加時代的風格。這是理所當然的，因為那時南美絕大多數的人口仍然是印第安人。因此，我們可以得出結論，南美印第安人確實曾乘船出海，至少遠至加拉巴哥。問題是，這些船是西班牙的蓋倫帆船❷，還是海爾達寄予厚望的巴沙木（balsa）做成的木筏。最可能的解釋是，這些陶器是乘著西班牙的蓋倫帆船抵達的。不過，印加人確實保存關於統治者出海進行神祕航行的神話，也許我們不該完全否定這些神話。

前西班牙時代南美與太平洋接觸的最佳證據，是由那些不太可能透過自然手段進行如此遠距離的

❷ 譯注：蓋倫帆船是至少有兩層甲板的大型帆船，在十六世紀至十八世紀被歐洲多國採用。它可以說是卡拉維爾帆船與克拉克帆船的改良版，船身堅固，可用作遠洋航行。最重要的是，它的生產成本比克拉克帆船便宜，生產三艘克拉克帆船的成本可以生產五艘蓋倫帆船。蓋倫帆船被製造出來的年代，正好是西歐各國爭相建立海上強權的大航海時代，所以蓋倫帆船的問世對歐洲局勢的發展亦有一定影響。

旅行、在風和海洋中倖存下來而沒有被破壞的植物提供的：瓠瓜和甘薯在太平洋傳播，但它們源於南美洲；在另一個方向上，椰子傳播到巴拿馬。南美洲的克丘亞印第安人（Quechua Indians）對甘薯的稱呼是 kamote，有人富有想像力地將其與復活節島語言中的 kumara 和玻里尼西亞語言中的 kuumala 相比。[20]季風使從太平洋前往南美洲的旅行成為可能，但沒有證據表明有玻里尼西亞人試圖在南美定居，也沒有證據表明南美洲和玻里尼西亞的任何地方之間有活躍的貿易。[21]也許甘薯是西班牙人在十六世紀控制跨太平洋貿易航線之後傳播出去的。但是，甘薯種植最多的地方（夏威夷、紐西蘭和復活節島）距離西班牙的貿易路線有一段距離。考古學家在紐西蘭、夏威夷和曼加伊亞島（Mangaia）發掘出甘薯的碳化塊莖，都可以追溯到歐洲人到來之前的時期。曼加伊亞島位於庫克群島，是位於紐西蘭東北方的遠大洋洲的一部分。放射性碳定年法表明這些甘薯塊莖的年代約為一〇〇〇年。雖然可以想像鳥類攜帶種子跨越數千英里，但塊莖是另一回事。因此可以說，玻里尼西亞的航海家在這個雄心勃勃的第二階段擴張期間，將他們的活動範圍擴大到整個太平洋。

如果向東走得夠遠，就不可能錯過拉帕努伊島（復活節島）的定居點。玻里尼西亞人在這裡的定居，比他們與南美洲廣闊陸地的可能接觸更引人注目，因為復活節島的位置極其偏僻。不過與夏威夷相比，復活節島至少位於玻里尼西亞的範圍之內，所以到達拉帕努伊島在應對風向方面的挑戰較小。關於島上神祕巨型雕像的含義，眾說紛紜。這裡的問題是，航海家透過什麼方式到達拉帕努伊島，以及島民在發現該島和定居之後保持什麼樣的對外聯繫。海爾達自然將復活節島視為他的秘魯先驅水手的首批基地之一，當地人非常熱心地向他提供一些南美的陶器碎片，但那只是現代的智利陶瓷（該島由智利管轄），他們想要取悅這位古怪的挪威紳士。

第一個困難是確定人類最早在拉帕努伊島定居的年代。島民傳說的一個版本是，他們的祖先是由來自希瓦（Hiva）的霍圖．瑪圖阿（Hotu Matu'a）帶領到那裡的，他在尋找日出；他的名字的意思是「偉大的父親」。在拉帕努伊島東北方的馬克薩斯群島中，有好幾座島嶼的名字含有「希瓦」一詞，而且如前文所述，馬克薩斯群島很可能是夏威夷居民的來源地。[22] 這些傳說還提到，瑪圖阿的紋身師說自己夢見東方有一座美麗的火山島，瑪圖阿在他的啟發下進行為期六週的航行，抵達拉帕努伊島。最引人注目的一點，不是故事中的細節，而是島民認識到自己是漂洋過海來到此地的，世界不僅僅由他們自己的島嶼組成。在他們極端孤立的情況下，原本很容易相信自己的島就是整個世界，其他不太孤立的島嶼民族就抱持這種觀點。[23]

從瑪圖阿的事蹟發生到這個傳說被記載下來，據說經過五十七代人，這樣得出的年代是西元四五〇年。但是從紐西蘭的情況來看，這種計算方法的用處不大，有些人在處理同樣的口述資料時，得出的年代是十二世紀，甚至是十六世紀。幸運的是，現代科學在一定程度上解決這個難題。對在一座神廟平臺上發現的材料進行碳十四定年法，結果顯示大約在西元七世紀末（西元六九〇年±一三〇年），定居者已經在拉帕努伊島安頓下來。不過，這也不是確定年代的完美方法。一個更早的年代是西元三一八年，出自一座墳墓，裡面還有一塊一六二九年的骨頭。島民的語言雖然顯然是玻里尼西亞語的一種（特別是從地名中可以看出），但是有一些獨特的特徵，所以專門研究語言年代學的語言學家得出結論，復活節島的語言在西元四〇〇年左右脫離了鄰近的語言；它混合西部和東部玻里尼西亞語的特徵，並且有時間發展本地的特色詞彙，如poki（孩子）一詞。島民還發明一種非常獨特的文字，也可能是從其他地方帶來的，而原來那個地方放棄使用這種文字，當然這種文字也可能是在與歐洲人接觸並模仿他們之後發展的，這是一種神聖的文字，幾乎總是小心翼翼地刻在木板上。遺憾的是，目前還沒有辦法令人信服地破譯這種文字。[24]

拉帕努伊島最著名的是遍布全島的非凡雕像與神廟平臺，從一二〇〇年至一六〇〇年，建設的高潮期持續數百年之久。這些雕像最初背離大海，朝向火山岩構成的島嶼內部，似乎代表著祖先；而那些往往設計精巧的平臺似乎不僅用於宗教儀式，還用作天文觀測臺。這樣看來，島民對航海失去興趣，但是對天文的興趣卻沒有喪失。原住民祭司將夜空視為日曆，用來確定他們的節日。[25]與世界其他地方隔絕後，該島試圖靠自己的資源生存，但是由於居民不斷砍伐樹木，拉帕努伊島變得窮困不堪。環境的崩潰，就是建造這些平臺和雕像的繁榮時代之所以結束的最好解釋。在接下來幾個世紀裡，雕像被推倒，居民互相爭鬥，經常住在山洞裡，對稀少資源的爭奪也加劇了。

一般來講，玻里尼西亞航海家是有意識地尋找新島嶼來定居，復活節島很可能是最大的例外。無論它是否為偶然發現，都沒有出現在玻里尼西亞航海家的思維地圖上。像夏威夷和紐西蘭一樣，它沒有出現在玻里尼西亞航海家圖帕伊亞為庫克船長手繪的地圖上，該地圖向東只延伸到馬克薩斯群島。[26]皮特肯島（Pitcairn Island）也與玻里尼西亞的其他地區隔絕，一七九〇年「邦蒂號」（Bounty）的叛變者到達時，島上空無一人；但是它過去曾有人居住，因為人們發現石頭遺跡。顯然島上曾有一個極其孤立的人群，但他們已經滅亡或遷移了。「邦蒂號」的叛變者最終前往聖誕島（在吉里巴斯），那座島的故事與皮特肯島類似。[27]某些殖民定居的嘗試沒有成功，因為這些島嶼社區的命運取決於它們在更大的群島社區中的地位，這些島嶼透過貿易、戰爭和婚姻關係在大洋上互動。

所以，這些最偏遠的島嶼就像冥王星和最周邊行星，是玻里尼西亞諸多酋長國互動世界外緣之外的地方。玻里尼西亞的各酋長國彼此交戰，人民互通有無，他們一代又一代地保存著不成文但詳細且非常有效的航海科學。下面就談談玻里尼西亞最大也是氣候最惡劣的島嶼——紐西蘭的南島與北島的發現和定居。

四

紐西蘭的發現史一直很混亂。在歐洲人的描述中，阿貝爾．塔斯曼（Abel Tasman）和庫克船長是發現這些島嶼並確定其形狀的探險家，占據顯要位置。這就忽視了原住民毛利人，紐西蘭最初定居者的後代仍然將紐西蘭稱為奧特亞羅瓦，這個名字據說是由第一位到達北島的玻里尼西亞航海家庫佩（Kupe）的妻子希內－蒂－阿帕蘭吉（Hine-te-aparangi）取的。許多個世紀以來，南島多山，氣候寒冷，雖然也有人來此定居，但絕大多數毛利人選擇生活在更溫暖的北島。該島的毛利語名字的意思是「長白雲」（ao＋tea＋roa，即「雲白長」），因為這就是庫佩的妻子第一次接近該島海岸時，以為自己看到的東西，她沒有意識到這是陸地。根據對族譜世代的計算，正統的觀點認為，毛利人對紐西蘭的發現發生在十世紀中葉，通常被細化為西元九二五年。但更多的現代研究認為，假定這些族譜有任何價值，而且庫佩真的存在，或者他確實是一個人（而不是很多人的集合體），那麼所謂的開創者抵達紐西蘭的年代可能遲至十四世紀中葉。[28]據稱，在此之後，由某個名叫托伊（Toi）的人領導的第二個定居點在一一五〇年左右建立，然後一整支划艇船隊在大約一三五〇年到達。這至少是毛利人，和在十九世紀和二十世紀試圖撰寫紐西蘭早期歷史的歐洲白人（Pakeha）都接受的觀點。庫佩被熱情地描述為毛利人的「哥倫布、麥哲倫或庫克」，一個肯定存在的歷史人物，他是太平洋上數百代玻里尼西亞航海家中最傑出的代表。[29]毛利人有一首歌曲是這樣的：

Ka tito au, ka tito au,
Ka tito au ki a Kupe,
Te tangata nana i hoehoe te moana,
Te tangata nana i topetope te whenua.

我要唱，我要唱。
我要歌唱庫佩。
那個划過海洋的人，
那個分割土地的人。

麻煩在於，我們掌握關於庫佩的所有資訊都來自口述傳統。口述傳統對家譜枝微末節的掌握令人印象深刻，連奴隸的妻子名字都有，但滿是傳奇怪談，有時是巨型章魚，有時是妖精部落，更不用說變成石頭的划艇和攪動海面的神奇皮帶了。僅僅因為航海藝術是口口相傳的，而且顯然是一門非常精確的科學，我們不能就認為這種家譜資訊也值得同樣的稱讚。這些家譜因地而異，為適應本地酋長的傳說而增減若干代。歷史和象徵主義混在一起，然後被與歐洲白人的接觸所汙染。[30]關於庫佩的生涯也沒有一個統一的說法，在有一個版本裡，奧特亞羅瓦是庫佩的划艇的名字。

這些口述傳統當然是由毛利人寫下來的，但是這種書寫受到英國傳教士和其他現代定居者的影響。根據其中一個版本，庫佩在夢中看到大神伊歐（Io），神對他說：「到大洋上去……我會給你看一些土地，你去占領它。」這很像亞伯拉罕被上帝引領到迦南的故事，表明這個故事更多體現了基督教傳教士的影響，而不是毛利人的傳說。有些人非常嚴厲地批評將這些故事視為歷史的做法，稱它們為「現代紐西蘭民間故事」。[31]儘管如此，這些故事仍然具有啟發性，因為它們講述奧特亞羅瓦原住民想像中原始定居點的故事，也傳達關於在大洋上航行的資訊。這些故事的核心是，原住民確信最早的定居者來自遙遠的大海彼岸，他們的祖先住在一個叫夏威基的地方。我們已經講過，在一些玻里尼西亞方言中，k變成t；而在其他方言中，通常用一個聲門塞音來代替這兩個字母，所以夏威基是夏威夷這個名字的另一種形式。或者說夏威夷這個名字來自一個所謂的祖先家園，而毛利人也把他們的起源歸於這個家園。[32]他們並沒有說自己來自今天被稱為夏威夷的那個群島。不過，我們不能過於輕信。「夏威基」是對一個人的祖先所在地的統稱，就像「老家」，這個名字被反覆使用，讓人感覺到，即便遠在今天夏威夷的移民也沒有失去與祖先的聯繫。[33]在毛利人的傳說中，夏威基被描繪成一個航海族群的家園，靠捕魚維生，相互競爭的酋長之間經常發生衝突。但關於夏威基的形狀和大小，或在那裡生長的東西，卻沒有什麼資訊，因為它是一個理想化的起源地。[34]

這個故事有許多版本，其中一些版本提供大量的名字和細節，例如庫佩船上的人數（一種說法是三十人）。在南島和北島，據說庫佩為他造訪的沿岸許多地方命名。例如，他從北島出發的地點在過去和現在都被稱為「庫佩的偉大回歸之地」（Hokianga nui a Kupe）。[35]當地的酋長自然而然地透過展示他們的領土與奧特亞羅瓦發現者的聯繫，來增加自己的威望。庫佩的故事最具戲劇性版本講述的是他與一隻章魚的較量，章魚將他引向南方的奧特亞羅瓦，然後沿著北島的海岸航行，在一些版本中也包括南島。

這個故事於夏威基開始。穆圖蘭吉（Muturangi）是夏威基的居民，擁有一隻寵物章魚。這不是普通的章魚，而是一隻巨型章魚，名叫特威克（Te Wheke，意思就是「章魚」），牠有幾十個孩子（如果把遠洋章魚當作寵物的想法似乎很奇怪，那麼庫佩的女兒們把一條鰻魚和一條鯔魚當作寵物的說法也很奇怪）。當庫佩和同伴出海尋找深海魚時，章魚和牠的孩子會跟著他們的船，用觸角抓住庫佩在水中拖曳的魚餌，使得漁民的工作無法進行，讓島民饑腸轆轆。穆圖蘭吉覺得這很好玩，並拒絕管束他的寵物章魚，所以庫佩和朋友們的唯一選擇就是去尋找特威克和牠的孩子們，將其全部殺死。這是在村裡的長老會議上商定的，長老們似乎無法約束穆圖蘭吉。於是，庫佩和朋友們帶著一個簡單而狡黠的計畫出海了。按照過去的慣例，魚餌被拖在海裡，沉到很深的地方，所以漁民無法察覺前來吃餌的章魚的存在。這一次，他們放出較短的魚線，所以能夠感覺到章魚何時抓住魚餌，然後他們拉動魚線，把小章魚拉上來，切成碎片。不過，母章魚一直看著自己的孩子被屠殺而不攻擊，同時與划艇保持距離。特威克計畫在適當時機報復。但庫佩和朋友們不滿足於只消滅小章魚，他們要找到特威克，把牠也消滅。妻子認為庫佩不該把她留在夏威基，自己去執行如此危險的任務，於是庫佩把她和孩子們帶上划艇，加上六十名船員，出發追捕特威克。同伴恩加齊（或稱恩加修）在他前面航行，找到了特威克。他們一起追趕章魚，越來越向南，追蹤那隻在海面下游動野獸的橙色光亮。

他們發現自己處於越來越陌生的水域，那裡的溫度更低，夜晚更長，但他們仍然拒絕放棄使命。然後，庫佩的妻子希內－蒂－阿帕蘭吉看到陸地的第一批跡象，兩艘划艇得以在紐西蘭北島的北岸進行補給。恩加修接到的任務是沿著東海岸追蹤特威克，希望能困住牠。庫佩將探索西海岸，然後回來幫助恩加修解決這個麻煩的怪物。恩加修設法將章魚困在一個大山洞裡。如果不與他的全副武裝的船員對峙，特威克就無法逃脫。但當庫佩最後到達並與特威克交手時，他頂多只能打傷對方。夜幕降臨，特威克設法在混亂的戰鬥中逃脫，向南游去，於是兩艘划艇不斷向北島的南端推進，然後進入今天的威靈頓港，那是一個灌滿海水的大型火山臼（caldera）。船員們在這裡休息，並再次進行補給。恩加修開始探索海平線上的南島，但沒過多久，兩艘划艇就會合了，並追蹤到特威克。他們的戰術是將計謀與蠻力相互結合，向特威克的頭部投擲葫蘆，把對方搞糊塗了。特威克誤以為葫蘆是人頭，於是把注意力從划艇轉向葫蘆，並把已經受傷的觸手纏繞在上面。之後，庫佩向章魚兩眼之間最脆弱的地方投擲錛子，將其殺死。36

庫佩帶著南方有一片廣袤土地的消息駛回夏威基。有人問，他發現的土地是否有人居住？他不置可否：他看到一隻紐西蘭短翼秧雞、一隻鐘吸蜜鳥和一隻扇尾鶲；他發現那裡的土壤很肥沃，島上有大量的魚。（所有跡象都表明，在毛利人到來之前，該島是無人居住的，但一些口述傳統談到妖精或紅皮膚的人，他們的鼻子扁平，小腿細長，頭髮長而油膩，不過沒有相關的考古證據。）[37]有人問：庫佩還會回到那裡嗎？他用一個問題回答對方：「庫佩會回去嗎？」（E hoki Kupe?）這個片語後來在奧特亞羅瓦被用作禮貌但堅定的拒絕。不用說，毛利人可以指出划艇、錨、桅杆，甚至第一隻到達北島的狗變成石頭的確切地點，至今仍然可以在奧特亞羅瓦海岸看到那些石頭。[38]

從庫佩的發現到後來的重新發現和大規模定居的階段，留下一些口述歷史。這些故事的一個重要特點是，它們都認為發現紐西蘭的消息被帶回玻里尼西亞（通常被簡單稱為「夏威基」）。托伊是夏威基的一名酋長，按照通常的世代計算，他應該生活在十二世紀。關於他的故事各不相同，這裡要介紹的是一個所謂的「正統」版本，因為它保存在十九世紀的手抄本中，並且相當詳細，所以廣為流傳，但有人懷疑它是否記錄真實的毛利傳統。[39]在夏威基，托伊和手下受到其他島嶼的鄰居挑戰，參加划艇比賽，共有六十艘划艇參賽。托伊本人沒有參加，而是在高處與眾多圍觀者一起觀看比賽。不過，他的兩個孫子圖拉輝（Turahui）和瓦通加（Whatonga）參加了比賽。參賽的划艇划到外海，這一次博學的玻里尼西亞水手們沒有仔細觀察天氣信號。風和霧驅散了划艇，有幾艘划艇不見蹤影。對於托伊的孫子和其他失蹤划艇的命運，人們向眾神求告後沒有得到明確的答案。於是，托伊自己出發了。他認為可能會在南方很遠的地方，在他只是聽過的地方找到失蹤的划艇：「我將繼續前往庫佩在被稱為『被迷霧籠罩的土地』（Tiritiri o te moana）的廣袤地區發現的土地。我可能會到達陸地，但是如果我沒有到達，我將在海洋女神的懷抱中安息。」[40]

無論是被描述為奧特亞羅瓦，即「長白雲之鄉」，還是「被迷霧籠罩的土地」，這都是一個天氣比較惡劣的地方。托伊到達奧克蘭地峽，發現這裡人口稠密，以至於他把他們比作螞蟻。他住在他們當中，幾名船員與當地婦女成家。（如上文所述，這些更早的定居者無疑是後人的幻想。）[41]托伊在北島北岸的華卡塔尼（Whakatane）附近安頓下來，這是一個自然條件特別優越的地區，氣候溫和。但他很快就捲入部落戰爭。這些關於島民之間的關係往往很惡劣的敘述，印證了在庫克船長時代的毛利社會仍然存在的暴力和毀滅性衝突。

幸運的是，托伊的孫子們在夏威基的比賽中躲過風暴。他們登上了陸地，不過不是在奧特亞羅瓦，而是在一個以其統治者命名的地方——蘭吉亞泰亞（Rangiatea，這可能是指離大溪地一百英里的賴阿特阿島）。而且在夏威基的家裡，兒媳不相信托伊會這麼容易找到圖拉輝和瓦通加，她有一個更好的計畫，就是派圖拉輝的寵物綠鵑去尋找失散的孩子們。她在鳥的身上打個結，鳥在蘭吉亞泰亞島上找到圖拉輝，他毫不費力地破譯訊息：「你還活著嗎？你在哪座島上？」他做了一條新的繩結，表示「我們都活著，在蘭吉亞泰亞」，並觀察鳥的飛行方向。然後，圖拉輝、瓦通加與同伴乘坐六艘划艇，沿著和鳥相同的路線前進，安全到達夏威基，他們在那裡受到熱烈歡迎。[42]

因此，這個故事不僅僅是紀念奧特亞羅瓦的發現和定居，而且將紐西蘭的島嶼置於玻里尼西亞的大島鏈中。其他故事也證實了這一點：一個關於夏威基和奧特亞羅瓦之間往返旅行的故事，描述將甘薯引進奧特亞羅瓦的過程。一位來自夏威基的遊客在腰帶上攜帶一些甘薯乾，將甘薯與水混合後，獻給他在奧特亞羅瓦的東道主，他們覺得很好吃，隨後向夏威基索要種子，種子如期而至。[43]但圖拉輝故事的魅力還不止於此：繩結的使用讓人聯想到秘魯的奇普結繩記事法（quipu），這是印加人最接近文字的設計，他們藉此傳遞資訊和記帳。這並不是說秘魯文化已經傳播到紐西蘭，但確實提醒我們，沒有文字的民族往往會發展出自己的記憶術；而考古學擅長尋找石頭上的銘文，但不太擅長尋找繩結的痕跡。

這裡沒有必要重述瓦通加如何尋找托伊的全部細節，不過最詳細的記述中，提到一艘裝飾豪華的划艇，上面有六十六人的位置，包括幾位酋長；船上有三個神的神像。據說在得到這些神的幫助後，划艇繞過紐西蘭北島的大部分地區，最後到達華卡塔尼和托伊的家。托伊現在是一個大部落的首領，他的追隨者娶當地婦女為妻，就這樣形成一個大部落。[44]這些故事的有些地方讓人想起鐵雷馬科斯出外尋找他的父親奧德修斯。雖然毛利人傳說不太可能受到希臘神話的影響，但也不能排除這種可能性，因為我們掌握的所有傳說版本都是在歐洲傳教士和定居者抵達之後才記載下來的。

最後，據說在十四世紀中葉，發生一次大規模的人口流動。根據傳說，奧特亞羅瓦的所有偉大家族都是來自夏威基的划艇船隊的大遷徙（heke）參與者的後代。划艇，而不是庫佩和托伊，標誌著毛利部落歷史在奧特亞羅瓦的真正開始。在口述傳說中，對划艇的描述有時極其詳細，甚至包括個別水手坐在橫梁上的確切位置；後人知道哪艘划艇帶來自己的祖先。當神靈被帶到船上時，船隻就成了禁忌物（tapu），船上的人只能吃生食，不允許烹飪。用海草做成的袋子裝滿淡水，拖在船後，使水保持清涼，也減輕船上載物的重量。[45]為了平息海浪，水手們在跨越大洋時吟唱著神奇的咒語：

猛烈地划著我的這支槳。
它的名字是考圖・基・特・蘭吉。
向上天舉起它，向天空舉起它。
它引導我們去往遙遠的海平線。
去往似乎在逼近的海平線。
去往令人生畏的海平線。
去往令人恐懼的海平線。
未知力量的海平線。
被神聖的限制所束縛。

所有這些都反映後世的日常做法，在威靈頓的紐西蘭國立博物館仍然可以欣賞到他們建造精美雕刻船的技術。這種船很容易達到二十公尺，甚至三十公尺長。關於這次移民的故事，講到因為向夏威基的酋長支付食物貢品而發生的爭吵，所以我們或許可以認為，移民的動機是食物供給的壓力。故事還講到，除了一艘之外，所有划艇都抵達北島的東岸，隨後是對海岸的巡視，從而讓每位酋長都能獲得自己的一片領土，而不妨礙鄰居的利益。我們再次聽到引進甘薯和將塊莖獻給移民守護神之一的儀式。除此之外，移民似乎沒有帶來什麼植物，而是滿足於在紐西蘭陌生的溫帶氣候下生長的東西。口述傳統還提到狗、母雞和老鼠（老鼠也經常被作為食物被吃掉，人們將其保存在油脂中，視其為美味）。關於鼠骨的碳十四定年法有一些爭論，其中一些鼠骨似乎有兩千年的歷史，但這比人類存在於紐西蘭的其他證據早得多。抵達西海岸的「白雲號」（Aotea）的船員將兩隻狗獻祭給馬魯神（Maru）。[46]

目前還沒有發現毛利人在十世紀抵達紐西蘭的確切證據，越來越多的考古學家滿足於默證法，認為移民抵達紐西蘭的日期應該往後推，直接推到十四世紀中葉，但可能稍早一點。這並不排除這樣的可能性，即與庫佩和托伊有相似之處的人在更早時到達紐西蘭，但沒有建立定居點。發現通常不是一個突然的過程。對新土地的認識逐漸傳播，但不一定導致進一步的行動，正如諾斯人抵達北美的例子所示：當這種新知識在更廣泛的世界觀中占有一席之地時，關鍵的變化就發生了。

根據傳說，紐西蘭早期的定居點集中在北島的西岸，幾乎沒有留下任何痕跡，而且一些材料，如石錛，也很難確定年代。最具說服力的是，在毛利人的垃圾堆中發現如今已滅絕的不會飛鳥類的骨頭，這些鳥類被稱為恐鳥（moa）。在南島的墳墓中，發現一些隨葬品，其中包括恐鳥蛋，以及典型玻里尼西亞風格的錛和魚鉤。毛利人是否將這些鳥類獵殺至滅絕？不過moa這個名字只是玻里尼西亞人對家禽的一種說法。抵達奧特亞羅瓦後，定居者用這個名字稱呼好幾種不會飛的鳥類，這些鳥類在此之前相對安寧地生活在一座沒有哺乳動物的島上（哺乳動物可能會捕食鳥類）；人類是第一批抵達紐西蘭的哺乳動物。一般來說，孤立的島嶼不會有本土的哺乳動物。有些口述傳統談到這種類型的本土鳥類。[47]特別是在涼爽的南島，那裡的農耕對習慣傳統玻里尼西亞農業的人來說比較困難，所以定居者可能在一段時間內依靠鳥肉、魚和海鮮來維持生計。但這大部分都是猜測，我們無法證明在大約一二〇〇年之前，人類就已經開始在紐西蘭拓荒。[48]重要的一點是，新來的人在以前無人居住的島嶼上定居後，迅速改變生態平衡，不管是透過開墾土地種植莊稼，還是引進攻擊野生動物的太平洋鼠，或是人類自己破壞本地動植物與環境之間的微妙關係。[49]奧特亞羅瓦是這樣。在所有的大洋，在人類定居的幾乎每座島嶼都是這樣。

在奧特亞羅瓦，就像在夏威夷一樣，人們背離了大海，與玻里尼西亞世界其他地區的定期接觸也停止了。新的領土為定居者提供所需的資源，沒有發生關鍵商品的短缺，所以就不會刺激貿易。例如，用來製作工具和裝飾品的典型綠色石頭在紐西蘭很豐富，黑曜石也是如此，這種火山產品在這兩座火山活動一直很活躍的島嶼上很豐富，這不足為奇。十四世紀中葉，玻里尼西亞人達到他們在太平洋擴張的極限。人類在太平洋定居，除了一個重要的中斷外，花了三千年時間，但跨越三千多英里的距離。當歐洲水手進入太平洋水域時，我們再回來關注開放的太平洋。首先是麥哲倫，後來是著名的馬尼拉大帆船，將菲律賓與中美洲和南美洲連接起來。然而必須承認，玻里尼西亞人簡單而有效的航海技術勝過歐洲水手的技術，更不用說中國人和日本人的技術了。

第二部

中年大洋

印度洋及其鄰居

The Middle Ocean:
The Indian Ocean and Its Neighbours

西元前4500 — 西元1500

第三章　天堂之水

一

即便粗略地看一下地圖，也會發現太平洋和印度洋的一個根本區別。太平洋上遍布島嶼，尤其是在西南部，而人類在印度洋的存在是由其海岸線決定的。太平洋上分散的、空曠的島嶼，意味著它成為移民的大洋。而印度洋上有人定居的、連通的海岸，使它成為一個商人的網絡。在玻里尼西亞人踏上每座可居住的太平洋島嶼很久之後，模里西斯島和留尼旺島等偏遠、分散的島嶼才被歐洲人與他們帶來的奴隸或契約勞工發現並定居。此外，印度洋島嶼只是從大洋的東部邊緣才開始比較集中地出現，蔓延到太平洋，即今天被稱為印尼和馬來西亞的地區。在其他島嶼中，安達曼群島被馬可．波羅（Marco Polo）和其他旅行者宣揚得很有名，因為據說那裡的居民會殺死，甚至吃掉來訪者。但在非洲的沿海只有一座大型島嶼，那個地方就是馬達加斯加，部分是由從太平洋邊緣一路走來的馬來人或印尼人定居。

但是，上述的比較沒有考慮到太平洋的一個區域：南海（從新加坡到菲律賓，直至臺灣），以及更遠的黃海和日本海，包括中國北部、朝鮮及日本列島的海岸。這個區域是逐漸成為一個重要的海洋活動區域。這條大弧線與玻里尼西亞、美拉尼西亞和密克羅尼西亞的廣大地區不同，與印度洋發展密切的聯繫，所以我們可以合理地視之為印度洋世界的延伸。這些聯繫的最佳標誌，就是西元一千紀中國和日本佛教徒對印度文獻、聖物，甚至藝術品的渴求。例如西元七五九年日本奈良地區的一幅壁畫清楚描繪一位印度公主，並帶有希臘化藝術家的印記。在亞歷山大大帝之後，希臘化藝術家將希臘藝術風格帶到印度西北部。[1]與印度洋相比，中國以東的海域在很長一段時間內保持相當程度的平靜。而印度洋作為一條通衢大道的歷史，是隨著埃及人和蘇美人向紅海與波斯灣派出第一批貿易探險隊而時斷時續地開始的，所有這些都證明印度洋自古以來的非凡活力。直到西元一千紀，唯一一個商品交換和人員流動比印度洋更頻繁的海域，是比印度洋小得多，也更封閉的地中海。

因此，研究印度洋的歷史學家傾向於把印度洋看作一個「地中海」，一片由其邊緣界定的海洋，儘管它沒有南部邊緣。像地中海一樣，印度洋是一片整齊地分為兩半的海洋。錫蘭島，也就是現代的斯里蘭卡，扮演著西西里島的角色，是一座雙向的大島；南印度則扮演著義大利的角色，它的西側和東側透過陸地或海洋相互連接，因此這些地區（錫蘭、南印度）成為「西 Indies」和「東 Indies」貿易世界之間的橋梁。Indies 是一個來自拉丁語和希臘語的術語，最終詞源是印地語，它的不確定性反映了關於印度洋廣闊空間的一些重要資訊。因為在古代和中世紀，Indies 一詞不僅包括印度和印尼，還包括非洲東岸，也就是說，任何與印度洋相接的地方。後來這讓人對在哪裡能找到中世紀神話裡祭司王約翰感到困惑。根據傳說，這位基督教君主將在與穆斯林勢力的鬥爭中拯救西歐。當一四〇〇年左右到達西歐的第一批吉普賽人快活地談起他們起源於印度，或者也許是「小埃及」時，也引起同樣的困惑。當哥倫布將

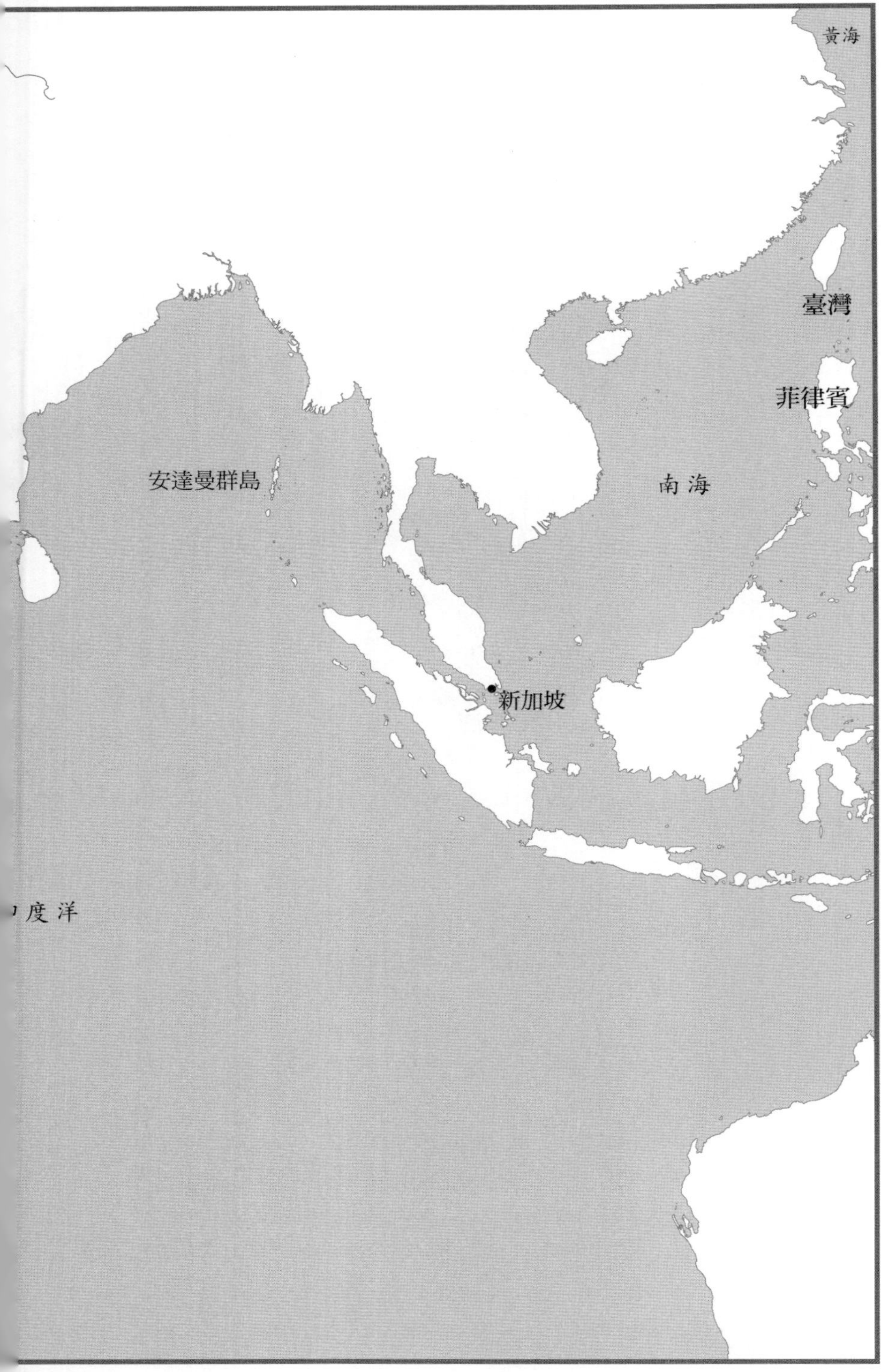
黄海
臺灣
菲律賓
安達曼群島
南海
新加坡
度洋

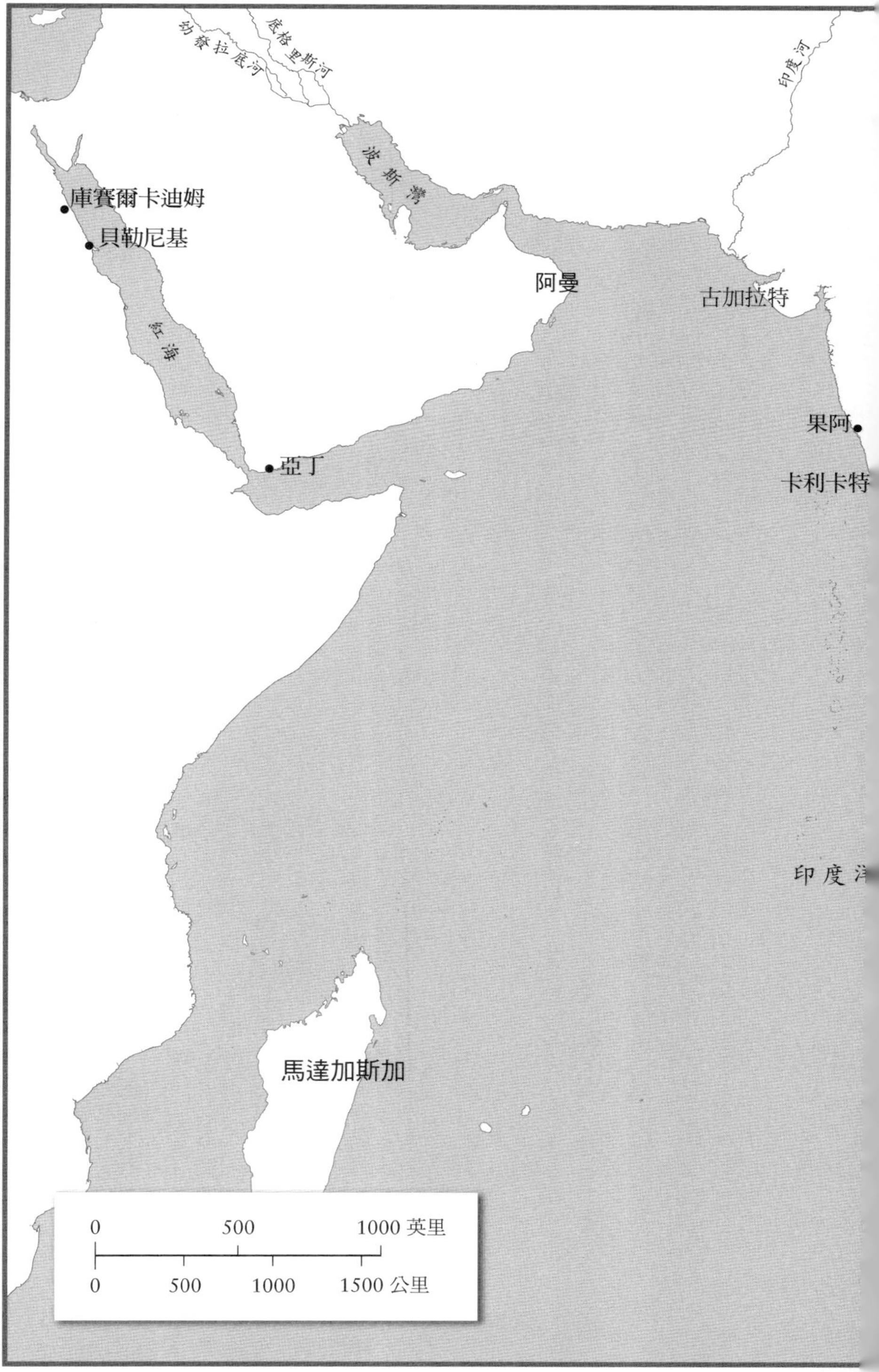

幼發拉底河
底格里斯河
印度河
波斯灣
庫賽爾卡迪姆
貝勒尼基
紅海
阿曼
古加拉特
果阿
亞丁
卡利卡特
印度洋
馬達加斯加
0 500 1000 英里
0 500 1000 1500 公里

新大陸定義為「印度」（Indies）時，這種混亂被進一步放大了，以至於我們不假思索地使用「西印度人」這樣的用語指加勒比海的居民，而且直到最近才用「美洲原住民」的說法取代「紅種印第安人」。不足為奇的是，一些研究印度洋的歷史學家表示不喜歡「印度洋」這個詞彙，因為它似乎給廣闊的海岸線的某一部分賦予特權。但這是在運用現代而不是古代和中世紀的印度概念。現代的「印度」只是一個小印度（India），而古代和中世紀的「印度」則是大印度（Indies）。[2]

印度洋很難測量，據說面積達到七千五百萬平方公里，占世界海洋面積的二七%，前提是假設我們知道它的南部邊界在哪裡，而這條邊界實際上是隨意劃定的。[3]印度洋可以由其歷史上的出口點來定義：經過亞丁就進入紅海，而紅海是地中海和印度洋之間的橋梁；透過麻六甲海峽，經過新加坡，就進入太平洋。後來，隨著葡萄牙人於一四九七年進入印度洋，可以再加上好望角，從那裡進入大西洋。另一個南部邊緣，即澳大利亞的西岸，直到十九世紀才被航海者關注，即便如此也是非常有限的關注。但最早和最有活力的出口之一（儘管它通向河流而不是遠海），是阿拉伯半島和伊朗之間的水域，那裡被稱為波斯灣或阿拉伯灣。[4]

說到印度洋的「緩慢創造」似乎很奇怪，畢竟這個空間在海上交通開始（沿其海岸和穿越其開放空間）發展之前，已經存在數百萬年。但從海洋史的角度來看，問題在於印度洋何時開始作為一個單元發揮作用。換句話說，東非、阿拉伯半島、印度和東南亞的海岸何時開始跨海互動，無論是透過移民還是透過貿易。除了將這些海岸分解成一系列互不相干，有時甚至是互相孤立的海岸之外，我們還必須關注深入中東的兩個主要海灣，即紅海和波斯灣。紅海和波斯灣是古代世界最早、最富饒及最具創新性的兩種文明，即古埃及和美索不達米亞的文明提供通道。說這兩種文明利用從它們的土地向東南延伸的海路獲得巨大利益，並不是說法老或蘇美和巴比倫各城市的商人不間斷地使用這些路線；也不是說他們冒險深入海洋，儘管如下文所示，蘇美人確實透過海路與美索不達米亞以東的另一個偉大文明發生接觸。印度洋貿易的開端是不穩定的，諸如埃及人沿紅海遠航到「邦特之地」（land of Punt）的海上冒險是斷斷續續的。在最早的文獻或考古紀錄中，沒有證據表明在阿拉伯半島周圍曾發生定期航行，將埃及在紅海的諸港口與波斯灣聯繫起來。不過，印度洋沿岸土地的產品極具誘惑力：昂貴的必需品，如銅；奢侈的材料，如黑烏木和白象牙；以及芳香的樹脂，如乳香和沒藥。埃及人談論邦特的產品，將邦特稱為「神的土地」；而在早期的美索不達米亞，流傳著「沿著波斯灣的路線可以通往有福者的住所」的說法。

印度洋，甚至紅海和波斯灣邊緣的定義都是模糊的，參照的是人類的心理地圖。在心理地圖上，地名不斷移動，似乎表示在哪裡可以找到特定的產品，而不是目的地的實際位置：銅的土地、香水的土地等等。儘管古巴比倫人對天文學的掌握令人印象深刻，但他們對波斯灣以外的大洋規模沒有任何概念。保存在大英博物館的一塊楔形文字泥板上，一幅高度示意性的巴比倫世界地圖，年代為西元前七〇〇年至前五〇〇年，不足為奇地將伊拉克置於世界的中心，苦海（波斯灣）通向東南，鹽海環繞著這片土地。製圖者的目的是為了說明巴比倫的神話，而不是引導水手前往安全的避風港。在這個意義上，這幅地圖可以與中世紀歐洲同樣示意性的世界地圖相比，如赫里福德世界地圖（Hereford Mappa Mundi）。但有一種感覺是，即使在最早的定期航行者悄悄駛離波斯灣的兩千年後，人們對印度洋更廣闊地區的了解和興趣還沒有取得很大的進展。當希臘和羅馬的貿易開始深入印度洋、尋找印度香料時，人們才對印

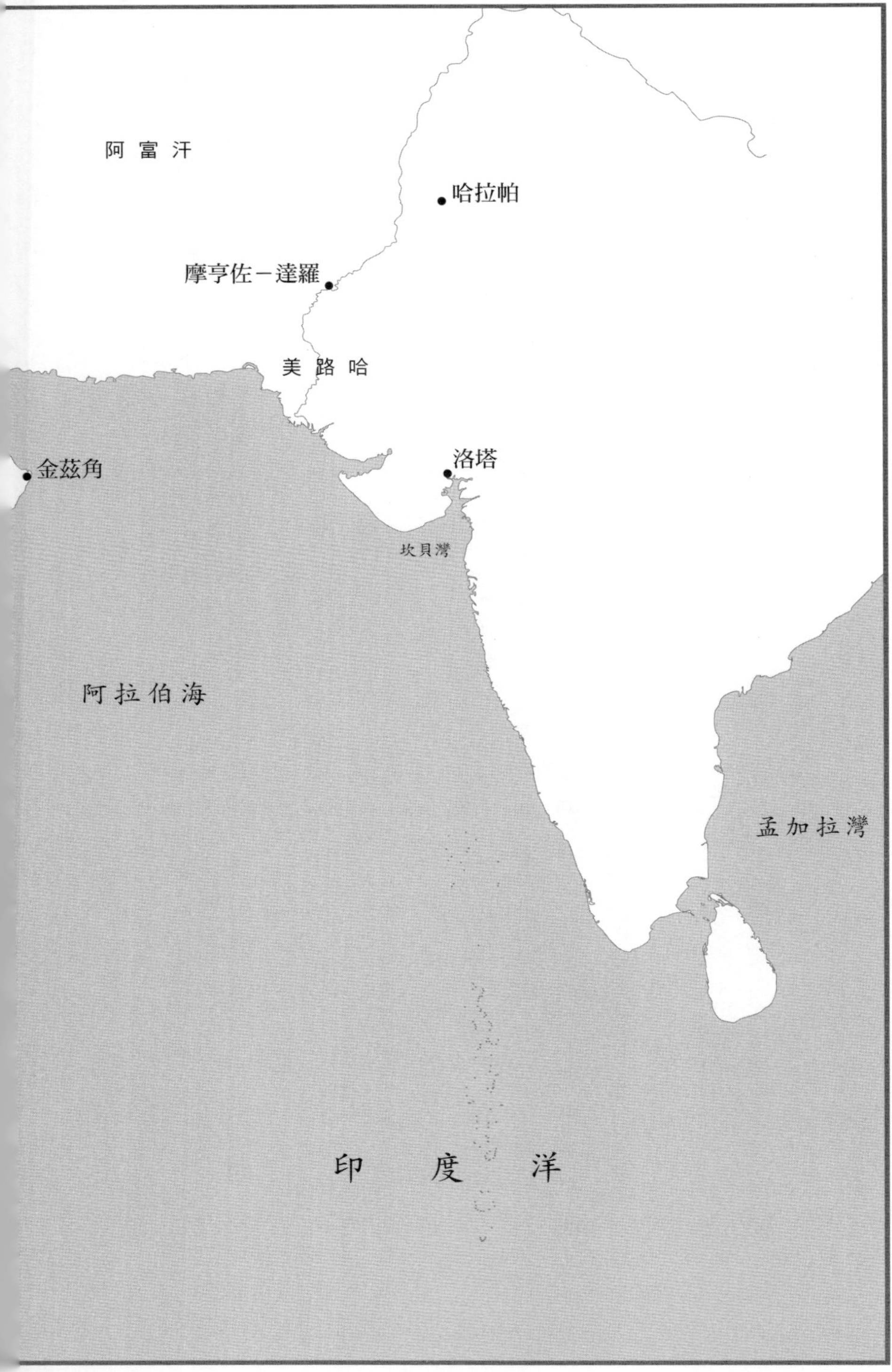
阿 富 汗
哈拉帕
摩亨佐－達羅
美 路 哈
金茲角
洛塔
坎貝灣
阿拉伯海
孟加拉灣
印 度 洋

阿卡德
蘇美
拉格什
烏爾
科威特
迪爾蒙／巴林
卡達
荷姆茲海峽
烏姆納
馬根
0
500
1000 英里
0
500
1000
1500 公里

度洋的更廣闊地區有更多的了解和興趣。

印度洋有一個著名的物理特徵，賦予地區一種統一性，就是季風。季風決定航海的季節，更重要的是決定居民消費的食品，以及千百年來人們在印度洋沿岸尋找的商品的生產週期。也許與季風有關的糧食生產的最顯著特點是，種植小麥（有時與小米或類似穀物混合）的地區，與生產水稻的地區之間的區別。在西部地區，最好的希望是等待冬季降雨，或在大河水系（美索不達米亞的底格里斯河和幼發拉底河，以及今天巴基斯坦境內的印度河）幫助下開鑿水渠、灌溉土壤。在這些地區，麵包成為阿拉伯人、波斯人和北印度人的「生命之杖」。西部是麵包的地區，而東部地區，從南印度到東南亞的稻田，則與各種類型的大米結下不解之緣：粗壯而圓潤的大米、薄而光亮的大米，甚至（在傳播至中國之後）還有白色、棕色、粉色和黃色，新品種與舊品種的大米，這些被認為是最美味的品種。[5] 小麥或大米的糧食盈餘，為古代和中世紀印度洋附近出現國家的政治成就提供保障，無論是遠在西元前三千紀和前二千紀的蘇美（在今天的伊拉克），還是九世紀至十二世紀的柬埔寨吳哥。由於糧食盈餘提供強大的經濟基礎，人們有足夠的能力進行手工業，以及奢侈食品和染料的生產與銷售，特別是羅馬人和他們的後繼者特別渴望的胡椒。作為季風作物當中的佼佼者，大米也可以被交易到那些不生產或很少生產大米的地區。一旦貿易路線建立起來，跨越大洋的商業就不僅僅是運載芳香的香料。

季風的起源在於夏季在亞洲大陸產生的高溫空氣；較冷的空氣被吸引到東北方的海洋。而到了冬天，情況就完全相反：陸地急劇降溫，但海洋保持溫暖，因此在六月至十月，風向有利於從西南海域駛向印尼的航運，即使這往往意味著在細密的暖雨中航行。另一方面，盛夏時節，海上的強風和暴風雨使印度洋西部的航行變得非常危險，這中斷了從印度洋西部通往印度西部的交通，水手們不得不等待八月末風勢減弱後再走這條路。不過阿曼的阿拉伯三角帆船（Dhow）在五、六、七月有機會從阿拉伯半島到達印度，九月至隔年五月是一年中從印度西部的古加拉特（Gujarat）到亞丁的航行最可行時期。在十五世紀，船隻在一月從卡利卡特（Calicut）出發，前往亞丁，然後在夏末秋初返回。冬季也是從亞丁或阿曼前往東非海岸的理想時間，可以在四月和五月返回，通常是緩慢地返回，因為需要逆流航行。在紅海，人們必須知道，向北航行的安全期是一月和二月，向南航行則需要利用夏季向南吹的風。因此，無論是在整個印度洋還是在其附屬海域，了解風如何及何時從南向北轉變，都是至關重要的。

中世紀的阿拉伯作家認為，身為船長如果不了解風向，就是「無知和沒有經驗的冒險家」。從十二月起，風從北方吹來，最遠到達馬達加斯加。到了春天，印度和阿拉伯半島的南端大量降雨（在阿曼西部形成一個異常肥沃的地區）。即便如此，風的變化雖然可以預測，但仍然不是確定的。明智的船長知道，有利的風可能來得比預期早，並且季風的強度每年都不同。船長還會考慮到洋流的季節性變化，儘管這些變化受到季風的深刻影響：在紅海，夏季的洋流從北向南流動；但在冬季，海水的流動更加複雜，在這片布滿暗礁的海面航行可能相當危險；波斯灣在夏季也遵循類似的模式，但幸運的是，在冬季會有一個簡單的反向流動。[6]

印度洋的這些特點，對人員流動和貿易行為的影響，要比狹窄的地中海空間的自然條件對人類活動的影響大得多。在地中海，即使在季節不合適的情況下，也可以挑戰風和水流；而印度洋季風的週期迫使旅行者在港口停留很長時間，因為他們需要等待風向的轉變。印度洋西部和東部地區的風向與洋流的差異，意味著海上旅行通常必須分階段進行。數百年來在紅海的狹小空間也是如此，商人必須在沿海的中途小站（如貝勒尼基和庫賽爾卡迪姆）等待合適的風向。這些中途小站在羅馬時期和中世紀時期發展成服務於貿易路線的相當大的城鎮。因此至少在中世紀時期，香料路線被切割成許多不同的部分，不同的部分由不同來源的商人和水手（比如馬來人、泰米爾人、古加拉特人、波斯人、阿拉伯半島的阿拉伯人、猶太人、科普特人或埃及的阿拉伯人）經營，就不足為奇了。南印度是所謂的「羅馬商人」的滲透極限，這裡的「羅馬商人」指的是透過紅海將香料和香水輸送到地中海的商人。葡萄牙人到來之後，印度洋才出現一個企圖控制所有重要貿易路線的航海民族。但葡萄牙人在與卡利卡特、果阿及更遠的地方做生意時，和其他人一樣受到季風的限制。

二

波斯灣或阿拉伯灣是一個很小的區域，但其中有許多反差：東北海岸陡峭地通向波斯的山脈，沒有什麼好的港口；東南海岸是乾燥的沙地，大部分是平坦的，但受到阿拉伯半島的酷熱和靠近溫暖海洋地區的高濕度影響；北端是一片澤國，充滿底格里斯河和幼發拉底河的淤泥，使得海岸線不斷向南延伸，而且北端通往盛產小麥的土地，那些土地本身被沙漠和高地包圍。大約在西元前四〇〇〇年，一個相對良性的階段結束了（這個階段在阿拉伯半島有適度的降雨），乾旱越來越嚴重。這實際上為貿易提供刺激，因為自給自足的局面已經被打破。另一個重大變化則是，到了西元前六〇〇〇年左右，海平面下降約兩公尺，因此一些原本在海岸線上的考古遺址如今位於稍高的地方，稍微靠近內陸。[7]在波斯灣，若干島嶼和半島為旅行者提供停靠點，特別是在巴林、卡達和烏姆納爾（Umm an-Nar，靠近阿布達比）。然後過了狹窄的荷姆茲海峽，背靠阿曼的山脈，可以進入印度洋，並有機會沿著今天的伊朗和巴基斯坦海岸前進，直到抵達其他河流（印度河和印度西北部的許多河系）的出海口。這些千差萬別的環境通常不是自給自足的，而是依賴於貿易。早在西元前六千紀出現的海上貿易網絡中，椰棗發揮特別重要的作用。

在這一時期，伊拉克南部形成相對先進的文化，被命名為歐貝德（Ubaid）文化；到了西元前四五〇〇年，這種文化的特點是興建了神廟和宮殿，城鎮也開始發展。[8]早在幾千年前，動物馴化和農耕就已經開始，在亞洲與中東的幾個角落產生階級森嚴且日益複雜的社會。這些社會的後繼者創造美索不達米亞、埃及、中國及印度河流域的龐大城市和壯觀的藝術品（不過印度河流域的例子較晚），大河在這些社會中的重要性不可低估。與其說大河是溝通的手段（那是後來的事），不如說大河是農業的淡水來源。不過，關於歐貝德文化的知識仍然非常零散。在這麼多的世紀裡，肯定發生翻天覆地的變化，而考古學家進行零碎的且結果往往不一致的測年，無助於辨識這些變化。

歐貝德文化的財富基礎，似乎是對農產品和羊群的掌控。羊不僅被當作食物，而且是皮革和紡織工業的基礎。不過在所難免的是，一般來說，確鑿的證據只有歐貝德陶器，它們有獨特的、通常是優雅的線形裝飾。我們無法確定是誰控制了這個原始城市社會，但可以有把握地說，在歐貝德偶爾會有商人出現。這是因為歐貝德陶器經常出現在遠離伊拉克南部的遺址中，比如沙烏地阿拉伯、阿曼和波斯灣另一邊的伊朗等地的遺址。[9]非常早期的歐貝德陶器碎片，主體為淺綠色，有紫色的裝飾，肯定來自美索不達米亞。但其他的歐貝德商品，如典型的美索不達米亞南部的小雕像，並沒有出現在阿拉伯半島沿海的遺址，這使得考古學家得出結論，上述陶器碎片是伊拉克商人偶爾來訪的證據，但不能證明一個成熟的貿易網絡已經形成。沿海地區的人們在技術上仍然局限於相當標準的石器，而且據我們所知，他們也沒有能力進行跨海遠航；他們的定居點也不是萌芽中的永久性城鎮，而是在地圖上時而出現、時而消失的村莊。[10]早在西元前六千紀晚期，顯然是透過貿易的方式，椰棗已經到達科威特和阿布達比附近的達爾馬島（Dalma），因為考古學家在那裡發現椰棗的碳化遺跡。當時和現在一樣，椰棗是日常食物，是可靠的能量來源和快速填飽肚子的食物。

這不僅是一條與歐貝德定居點相連的簡單在波斯灣上下的路線，在卡達和伊拉克都發現紅玉髓的珠子，這是一種來自伊朗或巴基斯坦的半寶石。[11]西元前五、前四和前三千紀，波斯灣沿岸的人們建造大量船隻。根據在科威特薩比亞（as-Sabiyah）發現的瀝青碎片上留下的印記判斷，西元前五〇〇〇年左右，那裡的船是用覆蓋著焦油的蘆葦束建造的，還有藤壺的痕跡，表明這些船是在鹹水中航行的。[12]進一步的證據是，一個陶製的船隻模型和一個帶有帆船圖像的小彩盤。從考古學家發現的魚骨來看，捕撈鮪魚肯定是早期巴林居民的一項海上活動。目前發現的歐貝德陶器整齊地分布在阿拉伯半島海岸線上，表明船隻在波斯灣南下航行時，是從一個停靠點到下一個停靠點分階段前進的。[13]

無論這種水上交通對巴林和波斯灣其他停靠地的發展中社區有多重要，我們都很難說水上交通已經成為伊拉克歐貝德的經濟支柱。歐貝德的陸路交通日益繁忙，西至敘利亞，東至阿富汗，北至中亞。阿拉伯半島南部在後來的一些階段變得越來越重要，那時人們在尋找金屬礦石。波斯灣的航海居民在技術先進性方面落後於歐貝德，前者生活在由木杆和棕櫚葉製成的巴拉斯蒂（barasti）小屋中，而美索不達米亞人越來越習慣於石牆的房屋。[14]西元前四千紀的歐貝德商人來到阿拉伯半島海岸採集椰棗，交付糧食或布匹作為回報，並獲得波斯灣珍珠。伊拉克日益發達的城鎮對珍珠有需求，數千年來，珍珠捕撈一直是波斯灣地區經濟生活的支柱。美索不達米亞最早的楔形文字泥板中提到進口「魚眼」，指的就是珍珠，這讓人懷疑，這種貿易或許可以追溯到很久之前。珍珠出自有機物，所以在考古遺址中往往比礦物製成的寶石保存得差。

商人還把源自火山的高檔切割材料黑曜石帶到波斯灣，這些材料從安納托利亞經美索不達米亞一路運來。我們不該想像在凡湖（Lake Van）之濱的高加索的某個地方，有一個商人想到要把這種東西送到遙遠海上的一個村莊，而是應該假設這種東西是由一個人傳到另一個人手中，經過多年甚至幾代人的努力才最終到達波斯灣。[15]這看上去似乎對我們沒有什麼幫助。有什麼產品或進程，可以在古代美索不達米亞越來越宏偉的文明和一片被沙丘與崎嶇山脈包圍的大海之間建立越發牢固的聯繫呢？一個答案是，這些山脈出產一種特殊的礦物，而在青銅時代早期，美索不達米亞的豪華城市對它的需求量很大。

三

考古學家煞費苦心地發掘，和還原《聖經》中提到的一組大家比較熟悉的美索不達米亞文明的城市，而蘇美文明的發現讓考古學家大吃一驚。眾所周知，早期的巴比倫國王使用被稱為阿卡德語的閃米特語言，自稱「蘇美和阿卡德的國王」。但是蘇美在哪裡？又是什麼？對烏爾（Ur）和其他城市最底層的考古發掘，為大英博物館帶來驚人的寶藏，這些寶藏比西元前七〇〇年左右的巨大亞述雕刻和浮雕（也被運到倫敦）還要早兩千年。研究表明，亞述人和巴比倫人是西元前三千紀一個非常古老文明的繼承者，這個文明不像他們那樣使用閃米特語言，而是使用一種類似的楔形文字。一旦知道巴比倫的阿卡德語的音值，就可以破譯這種楔形文字，因為存世的大量阿卡德語泥板中包括雙語文本和蘇美語詞典。[16]在蘇美被掩埋在廢墟之下很久後，蘇美文學仍然對巴比倫人產生吸引力，就像許多世紀以來，歐洲和其他地區對古羅馬及其語言仍然有了解一樣。蘇美人的神話被改寫，去迎合巴比倫的受眾，特別是關於烏魯克（Uruk）國王吉爾伽美什（Gilgamesh）的一系列故事。據我們所知，正是蘇美人發明第一種連貫的、標準化的書寫系統。儘管美索不達米亞人使用印有密集、通常是微小字母的泥板，並沒有得到其他文明，如埃及文明的青睞，但是這些泥板（被烘烤之後）的耐用性，彌補了它難以辨識的缺點。

對於如此遙遠的古代，我們可以利用建構人類早期歷史的全部三塊基石，而不僅僅是其中之一，這真的並不尋常。這三塊基石是文學作品、考古發現，以及西元前三千紀商業機構留下的日常文件。綜合來看，這三方面的材料顯示波斯灣地區如何成為那個千紀偉大的海上通道之一，以及它如何衰退。它們不僅幫助我們了解世界上第一個真正的文明（位於伊拉克南部的蘇美）的經濟基礎，而且幫助我們了解蘇美和其他偉大文明的聯繫，特別是與印度河文明的聯繫。這三方面的材料提供關於商人及其隨從的社區的最早一批資訊，這些人在從印度到蘇美的途中在若干港口定居，留下一些殘餘物，如印章、陶器、項鍊。迪爾蒙（Dilmun）和美路哈（Meluhha）這樣具有異域風情的土地從迷霧中浮現出來，並且我們越來越有信心在蘇美人的思維地圖上找到這兩地。但是使用這些名字也會出問題，與「印度」（Indies）一樣，迪爾蒙和美路哈這兩個名字在不同時期有不同的含義，而且美路哈的推定位置最終從亞洲轉移到東非，這是在蘇美人被巴比倫人和亞述人征服很久之後的事。至於迪爾蒙，它在文學作品中是作為夢幻之國出現的，是朱蘇德拉（Ziusudra，巴比倫人稱為烏特納匹什提姆〔Uti-napishtim〕）居住的天堂。朱蘇德拉是消滅其他所有人類的大洪水的倖存者。大洪水故事的這個版本在許多精確的細節上，如派出鳥類試水，很像後來《創世紀》中諾亞的故事。在蘇美人的大洪水敘述中，朱蘇德拉被眾神派往「太陽升起之地」的迪爾蒙，獲得其他人（如英雄吉爾伽美什）尋求但沒有找到的永生。蘇美人稱吉爾伽美什為比爾伽美斯（Bilgames），他甚至在「生者之鄉」尋找朱蘇德拉；但最終比爾伽美斯也註定要跟隨摯友恩奇杜（Enkidu）進入陰暗的陰間，那裡有沮喪的亡靈飛來飛去，卻沒有什麼可以享受的東西。[17]

迪爾蒙在蘇美城市出土的楔形文字泥板中反覆出現。[18]有一個蘇美語單字傳到現代英語和許多其他語言中，就是「abyss」（深淵），這讓人想起蘇美語的 abzu（阿勃祖），即一個巨大的淡水深淵，據說世界就漂浮在它的上面。海床在鹹水和阿勃祖的水之間形成一道屏障，阿勃祖的水湧出，滋養著地球上的生命之泉。阿勃祖的神是恩基（Enki），祂既是蘇美最古老的城市埃利都（Eridu）的保護神，也是迪爾蒙的常客。我們可以理解為什麼祂會想去那裡，從而躲避人類的喋喋不休。人類把眾神逼得心煩意亂，以至於眾神在地球上釋放洪水，因為正如一塊泥板所寫的：

迪爾蒙的土地是神聖的，迪爾蒙的土地是純淨的。
迪爾蒙的土地是清潔的，迪爾蒙的土地是神聖的……
在迪爾蒙，渡鴉不發聲，
野雞不發出野雞的叫聲，
獅子不殺生，
狼不抓小羊，
吞噬孩子的野狗不為人知，
吞食穀物的野豬不為人知。[19]

在那裡，既沒有疾病，也沒有衰老。迪爾蒙的物質如此豐富，以至於它成為「陸地上的碼頭之家」；換句話說，它是一個富饒的貿易中心。[20]迪爾蒙從人間的伊甸園下滑為一個真實的地方，那裡的船隻和商人熙熙攘攘，倉庫裡堆滿財物。恩基神祝福迪爾蒙，並列出與之進行奢侈品貿易的地方：黃金來自一個叫哈拉里（Harali）的地方；青金岩來自圖克里什（Tukrish，大概是阿富汗，即這種鮮豔的藍色礦物的主要產地）；紅玉髓和優質木材來自美路哈；銅來自馬根（Magan）；烏木來自「海之地」，但也有美索不達米亞的烏爾的穀物、芝麻油和精美服裝，由熟練的蘇美水手經營這些商品：

願廣闊的大海為你帶來豐饒。

城市，它的住宅是好的住宅，
迪爾蒙，它的住所是好的住所，
它的大麥是非常小的大麥，
它的椰棗是非常大的椰棗。[21]

如果如下文所述，美路哈是一個主要的鄰近文明，而馬根是一個盛產銅的地方，這裡描繪的就是一座得到大神祝福的偉大貿易城市，位於前往印度洋途中的某個地方或印度洋內部，是一個介於蘇美、馬根和美路哈之間的轉口港。我們的任務是看看考古紀錄中，有沒有東西能證明迪爾蒙不只是蘇美詩人的幻想。

我們先看看泥板。官方文件（宗教禮儀、王室銘文等）列舉一些產品，如來自美路哈的黑色木材，估計是烏木，以及來自馬根的桌椅，所以蘇美詩人提到的地方是真實的。有幾處提到迪爾蒙、馬根和美路哈的船隻，我們知道這些船隻在薩爾貢大帝（Sargon the Great）統治時期到達阿卡德（Akkad）。薩爾貢大帝可能是蘇美和阿卡德最具活力的統治者，生活在西元前二十三或前二十二世紀。「在阿加德（Agade）❶的碼頭，他讓來自美路哈的船隻、來自馬根的船隻和來自迪爾蒙的船隻停泊……五千四百名士兵每天在他的宮殿裡吃飯。」[22]這並不令人驚訝：據說薩爾貢是園丁的兒子，後來成為王室的侍酒

❶ 譯注：即阿卡德。

官，最終篡奪王位；就像許多篡位者一樣，他認為華麗與奢侈會為自己具有爭議的出身和權力之路蒙上一層面紗。在薩爾貢的統治之後，由於某種神祕的原因，蘇美與馬根的聯繫中斷了。他的繼任者之一烏爾納姆（Ur-Nammu，西元前二一一二－前二〇九五）對恢復這種聯繫表現出特別的自豪，因為他用黏土做了四個圓錐體，刻上同樣的銘文，以紀念南納神（Nanna）：

> 獻給恩利爾（Enlil）的首要兒子南納。烏爾納姆，強大的男人，烏爾的國王，蘇美和阿卡德的國王，建造南納神廟的國王，復興大業的建立者。在海的邊緣，在海關，貿易〔銘文有空缺〕……烏爾納姆將馬根貿易〔字面是船〕恢復到南納手中。[23]

所以這些進入波斯灣陌生水域的遠航，是獻給神靈的。人們尋求神靈的保佑，神靈的廟宇也受益於從迪爾蒙、馬根及其他地方運來的銅和奢侈品。

迪爾蒙真實存在的最佳證據，是關於商人及其進出口業務的文件。如果這些文件不是特別古老的話，我們會覺得內容十分平淡枯燥。例如，盧－恩利拉（Lu-Enlilla）是來自蘇美最偉大的城市之一烏爾的航海商人（garaša-abba），他代表南納神廟從事貿易，受神廟管理者戴亞（Daia）的委託，帶著精美布匹和羊毛開展貿易遠航；他要用這些貨物交換馬根的銅。銅是最重要的東西：蘇美崛起之際，對銅及用銅和錫冶煉成的青銅的需求量越來越大，不僅用於鍛造強大的武器與工具，還用於製造精美的物品，如雕像、飾板和碗。蘇美擁有豐富的農產品和牛羊群，卻缺乏金屬、堅固的木材及優質石材。阿曼的含銅山脈是尋找金屬的地方，馬根無疑相當於今天的阿曼半島（在今天部分由阿曼蘇丹統治，部分由阿拉伯聯合大公國的酋長統治）。[24]銅來自阿曼的證據是，阿曼的銅天然含有微量的鎳，其含量與蘇美銅器中鎳的含量類似，而與北方銅器中鎳的含量差別較大。來自美索不達米亞以北山區的銅也更昂貴，而且因為交易的數量巨大，比馬根的海運而來的銅更難運輸。奇怪的是，馬根從烏爾購買大麥，卻向盧-恩利拉提供洋蔥，而洋蔥在美索不達米亞已經很豐富了，所以也許從馬根出發的船上水手在儲藏室裡裝了過多的洋蔥，而盧-恩利拉不得不忍受這一點。[25]與此同時，馬根的生活在改善；定居點越來越永久化，興建石質塔樓和恢弘的陵墓。這仍然是一個分散的社會，沒有出現任何可以與蘇美的大城市相提並論的東西，但是尋找銅的商人（當地墳墓中留存銅的碎片），為這個在更早的幾個世紀裡一直是窮鄉僻壤的地區帶來刺激。[26]

隨著烏爾及其鄰國成為越來越大的消費中心，海洋變得越來越重要。走海路去印度可以避開穿越阿富汗山區的困難路線，在印度可以前往印度河流域日益強大的各城市。烏爾獻給寧伽勒（Ningal）女神的禮物，包括兩謝克爾❷重的青金岩、紅玉髓、其他珍貴的寶石和「魚眼」（珍珠）；這些貨物是從迪爾蒙運來的，「這些人自己去了那裡，從尼桑努月（Nissannu）到阿達魯月（Addaru）」。這些月分的名稱最終一直傳到希伯來曆中，成為尼散月（Nisan）和亞達月（Adar）。考慮到古代美索不達米亞各

❷ 譯注：謝克爾（shekel），又譯舍客勒，是古代近東的貨幣單位（主要是銀幣），也是重量單位（一謝克爾大約相當於十一公克）。

民族淵博的天文知識，我們可以肯定這意味著他們的旅程長達十一個月。這些禮物是從迪爾蒙運來的，但它們源自不同的地方，其中一些泥板上列出的物品中出現象牙，表明迪爾蒙與印度這個大象之鄉有聯繫。象牙的出現並非偶然，因為象牙在烏爾得到精心雕刻。烏爾也會進口象牙雕刻製成品，就像一些從美路哈帶來彩繪象牙的鳥類雕像。蘇美人非常珍視的紅玉髓，有很多都是從美路哈來的。有時迪爾蒙的土著會帶著這些貨物前來；有時烏爾人，如盧－恩利拉，會前往迪爾蒙並在那裡展開貿易。一些烏爾商人是作為神廟的代理人執行交易的，但是有越來越多的人自己做生意。[27]有息貸款、商業夥伴關係、分擔風險的貿易合約，以及其他具有商業資本主義屬性的商業經濟跡象比比皆是，因為有史可查的第一批資本家就是西元前三千紀的蘇美商人：

> 盧－梅斯拉姆塔埃（Lu-Mešlamtaë）和尼吉薩納布薩（Nigsisanabsa）從烏爾－尼瑪爾（Ur-Nimmar）那裡借了二米納❸白銀、五庫爾（kur）芝麻油、三十件衣服，用於遠航到迪爾蒙，在那裡購買銅。在船隊安全返回後，債權人將不會對任何商業損失提出索賠。債務人一致同意以一謝克爾的白銀換取四米納的銅，作為公正的價格來滿足烏爾－尼瑪爾；他們已經在國王面前發過誓。[28]

除了使用白銀來代替錢幣（一般來說，差別不大），以及這些奇怪的名字外，這份文件幾乎可以說與三十多個世紀後巴塞隆納的商業文件沒什麼區別。

上面引用的合約是烏爾富商伊納希爾（Ea-nasir）的商業信函的一部分。倫納德．伍利（Leonard

Woolley）爵士在一九二〇年代和一九三〇年代對迦勒底烏爾（Ur of the Chaldees）的成功挖掘，辨識出伊納希爾的房子。這座房子不是特別大，由圍繞一個主要庭院的五個房間組成，儘管有幾個房間被讓給鄰居。伊納希爾生活在西元前一八〇〇年左右，正值蘇美人興盛的末期，而且如下文所述，當時烏爾與印度的貿易已經萎縮。但他仍然很富有，他的專長是銅的貿易，以銅錠形式交付，而且他顯然為王宮提供銅。他肯定是當時最顯赫的商人之一，也許有點不擇手段，但是看到他的財富，我們不可能不肅然起敬：他運載的一批貨物重達十八．五公噸，其中近三分之一屬於他。[29]在盧－恩利拉死後的那個世紀，貿易的特點發生一些變化。（據我們所知）烏爾的神廟不再大規模參與波斯灣的遠航；主要是私營商人做這樣的生意，他們更願意用白銀支付貨物，用謝克爾稱量，而不是像盧－恩利拉那樣用紡織品支付。盧－恩利拉送往迪爾蒙和其他地方的許多紡織品，可能是由隸屬於神廟的女奴在神廟工廠編織的。而白銀能夠滿足流動商人的需要，他們不斷地、積極地買賣，並在烏爾的公開市場上交易。

伊納希爾的私人檔案遠遠不止是對進口和出口的枯燥列舉，它讓我們想到在貨物品質和履行合約義務方面必然會出現的激烈爭議：

> 南尼（Nanni）對伊納希爾說：「你來的時候，曾這樣說：『我要把好的錠子給吉米爾－辛（Gimil-Sin）』；這句話你來時對我說過，但你沒有做到；你把壞的錠子交給我的使者，說：

---

❸ 譯注：米納（mina）是古代近東的重量單位和貨幣單位，一米納折合六十謝克爾。

『如果你願意接受，就接受，如果你不願意接受，就走開。』我是什麼人，你竟敢這樣對我？你竟敢用這種蔑視的態度對待我？而且在我們這樣的君子之間！……在迪爾蒙商人中，有誰敢這樣對我？」[30]

被譯為「君子」的詞彙是一個專業術語，指的是社會地位非常尊貴的公民。「君子」受到榮譽準則的約束，他們在太陽神沙瑪什（Shamash）的廟宇中宣誓遵守這一準則。伊納希爾被指控違背這一神聖的契約。[31]上面的引文只是一起較長投訴的一部分，而且只是伊納希爾歸檔的多起投訴之一。儘管許多合夥人對他的行為非常滿意，但他也被描述為一個難纏的，也許是奸詐的商人。這可能是不公平的。可能導致糾紛的交易文件也許只是少數，他選擇保存這些文件，而絕大多數文件因為沒有糾紛，被他放心地丟棄了。

四

所以馬根就在波斯灣的出口附近，接近穆珊旦（Musandam）半島頂端，在那裡阿曼幾乎與伊朗接壤。在許多水手看來，馬根肯定是指阿布達比附近的烏姆納爾島（Umm an-Nar），那是一個重要的定居點，在那裡出土大量的蘇美陶器，阿曼礦區的銅也在那裡到達波斯灣；烏姆納爾島可以說是倉庫，用來存放運往伊拉克的貨物。[32]位於沙迦酋長國（屬於阿拉伯聯合大公國）穆雷哈（Mleiha）的已得到復原的大型墳墓，是烏姆納爾文化的產物，直徑達十三．八五公尺。[33]但「馬根」這個詞彙也指阿曼半島。正如哈里特．克勞福德（Harriet Crawford）所說：「古代文書人員對位置的概念，似乎是相當有彈性和模糊的。」[34]但是美路哈在哪裡？一切跡象都表明，它是蘇美的一個富裕和理想的交易夥伴。在蘇美和另一個高級文明中心之間建立一條海上通道，在人類的航海史上具有特殊意義。這是兩個獨立發展到差不多文化水準的文明在海上相互對話的最初時刻之一，也許沒有之一。一旦確定美路哈的位置，我們就可以回去看這些問題：迪爾蒙在哪裡？它是一個具體的地方，還是一個更廣泛的地區？蘇美文獻常常把迪爾蒙、馬根和美路哈列在一起，因為它們顯然位於同一條海路上，而美路哈在最後。由於象牙是美路哈最珍貴的出口品之一，所以我們可將範圍縮小到東非海岸或印度海岸，這兩個地區是可能有象牙出口的地方；而且我們已經看到，確實有印度貨物到達蘇美。

在許久之後的若干世紀裡，當亞述人在西元前一千紀早期主宰美索不達米亞時，美路哈這個名字開始與東非的部分地區聯繫在一起。但這當然不是說「美路哈」總是與該地區相聯繫。首先，離開波斯灣的路線傾向於向東，前往盛產紅玉髓和象牙的地方；從荷姆茲海峽到巴基斯坦海岸有一條短而清晰的路線。巴基斯坦海岸與阿曼之間的關係非常密切，以至於從十八世紀到二十世紀中葉，阿曼蘇丹在巴基斯坦海岸擁有一個前哨站，即距離阿曼本土兩百四十英里的瓜達爾（Gwadar）。並且如果離開波斯灣的船隻轉向南方和西方，沿葉門海岸航行，經過亞丁，也許遠至東非，那麼葉門應當也有與蘇美人接觸的證據，但是卻沒有發現；也沒有證據表明今天的葉門、索馬利亞和鄰近地區的居民能夠派出自己的商船隊，而美路哈人肯定有能力這麼做。我們知道，在西元前二三〇〇年左右，薩爾貢國王的時代，來自美路哈和馬根的船隻已經到達蘇美，並在薩爾貢的首都阿卡德停靠，那裡住著「美路哈的譯員蘇－伊利蘇（Su-ilisu）」。在西元前二〇〇〇年之前的一個世紀，拉格什❹周圍有夠多的美路哈人，他們建立一個「美路哈村」，有一座花園和種植大麥的田地，所以美路哈移民在此時的美索不達米亞很常見。[35] 向東望去，沿著伊朗和俾路支省（Baluchistan）海岸到印度河河口的旅程，遠遠沒有去非洲的旅程那麼有挑戰性，在熟悉季風的船長帶領下完全沒問題。[36]

在原史時代印度的語言中，「馬根」（Magen）或許實際上是指「銅」（就像希臘語中的賽普勒斯，Kupros），而「美路哈」（Meluḫḫa）指「象牙」也不是不可能的。或者美路哈最初可能是指「海對面的地方」，就像中世紀的 Outremer（意思是「海外」）一詞，歐洲人最終用它指十字軍的耶路撒冷王國。但在與某個特定地方聯繫在一起之前，Outremer 可能是指海對面的任何地方。這可以從阿拉伯語的 Milaḥa 一詞推斷出來，它可能出自「Meluḫḫa」，這個字在中世紀早期是指航行、航海或航海技能。[37] 阿富汗的青金岩可以從美路哈獲得；這些青金石可以沿著印度河流域運到蘇美商人採購貨物的港口。美路哈還出產優質木材，包括一種肯定是烏木的「黑色木料」；有時還從美路哈運來用黃金裝飾的木製品，這也表明美路哈不是落後的地方。最後，也是決定性的一點是，在蘇美遺址偶然發現刻有印度文字的印章，在波斯灣也發現相當數量的印章，所以蘇美和印度河流域之間無疑存在聯繫。此外，在阿布達比也發現印度河的陶器。[38]

印度河流域文明仍然是幾個偉大的青銅時代文明中最不為人知的一個，因為相關的證據往往難以解讀。發現一些用無法破譯的文字書寫的銘文，我們對其語言也無法猜測，對這種文化的社會和政治組織幾乎一無所知，它令人印象深刻的城市茫然地盯著發掘者。在西元前三千紀的後半段，印度河流域似乎被兩座龐大而規劃嚴密的城市控制，這兩座城市在布局和建築上非常相似，被稱為哈拉帕（Harappā）和摩亨佐－達羅（Mohenjo-daro），儘管這只是它們的現代名稱。這兩座城市相距整整三百五十英里，摩亨佐－達羅更靠南，位於印度河上游大約兩百英里處。[39]所以，這兩座城市並非與大海直接連通，儘管我們可以很容易地想像摩亨佐－達羅的船隻到達印度洋，而且印度河流域文明在喀拉蚩一帶的海邊擁有許多城鎮和港口，統治著距離印度河出海口很遠的長達八百英里或一千三百公里的海岸線。最重要的港口之一是位於坎貝灣（Gulf of Cambay，在印度西北部）的洛塔（Lothal），從那裡既可以進入當地的河系，也可以進入遠海，並可提供船舶在從波斯灣出發的漫長旅程結束後需要的設施。洛塔擁有一個相當大的船塢，考古學家在那裡發現了幾支錨。洛塔的貿易有幾個方向，因為它與生活在印度西岸更南方的新石器時代人群及波斯灣都有聯繫。[40]

學界的注意力大都集中在「這兩座高度組織化的巨型城市如何沿著印度河水系建成」這個謎團上，對其他地方興致索然。有人甚至饒有興致地猜想，這兩座城市是一個帝國的雙首都。那裡實施嚴格的中央控制，因為正如考古學家斯圖爾特・皮戈特（Stuart Piggott）所說，建造這兩座大城市使用的磚的尺寸、高度標準化的陶器及度量衡，都顯示出「絕對的統一性」：「哈拉帕文明有一種可怕的效率，

---

❹ 譯注：拉格什（Lagash）是蘇美人的一個城邦，位於今天的伊拉克境內，在幼發拉底河與底格里斯河交會處的西北，在烏魯克城以東。

讓人想起羅馬所有最糟糕的方面」，同時他還觀察到「在舊大陸任何已知文明中都難以見到的孤立和停滯」。西元前三千紀後半期的幾百年間，沒有太大的變化。[41]雖然事實證明很難找到宏偉的宮殿或神廟，但這是一個高度分層的社會，在這個社會裡，勞動團隊被安排工作，將穀物研磨成麵粉。我們估計，除了糧食生產之外，農村的主要活動是種植棉花。這是一個便利的說法，因為棉花在考古學上幾乎沒有留下什麼痕跡。提及美路哈的蘇美文獻沒有明確提到棉花，而且蘇美人自己會向美路哈輸出紡織品。美路哈的主要吸引力是前面提到的奢侈品、半寶石、象牙和優質木材。雖然蘇美人的物品很少出現在印度河流域的遺址，但是印度河流域的產品，如紅玉髓珠子，卻經常出現在蘇美，偶爾也會有一個特徵明顯的蘇美滾筒印章（用來在黏土上滾動，留下印跡）到達摩亨佐－達羅。[42]一個阿曼花瓶的碎片也到達了摩亨佐－達羅，無疑是透過海洋和河流到達的。尋找接觸痕跡的最佳地點是洛塔港，而且的確在當地一個商人家裡發現蘇美的金墜子，和（可能是）美索不達米亞人的陶器，還有一個黏土製的船隻模型。在洛塔發現的一枚圓形印章，顯示山羊或瞪羚和一條龍，與蘇美的圓形印章非常相像。[43]

不過印章為反向的接觸，即從印度河流域到蘇美的接觸提供最佳證據。不僅僅因為印章是石頭製成的，可以很好地保存下來；它們還被政府官員、祭司、商人和其他任何希望在財產上蓋章的人使用。被蓋章的財產可能包括用船運往外國港口的貨物。印章是功能性的，但也是身分的象徵，並為最早的一些書面文本提供載體。印度河流域的印章非常獨特，它們不是在黏土上滾動，而是用法與今天的印章類似，所以它們是扁平、方形的。它們通常描繪當地的動物，如老虎、瘤牛、大象，而且通常帶有與蘇美楔形文字非常不同的獨特線形文字的銘文。[44]因此，如果這些印章在波斯灣大量出現，我們就有了印度旅行者造訪該地區的證據；換句話說，是商人在美路哈和蘇美之間旅行的證據。在拉格什和烏爾等主要城市的廢墟中確實發現這些印章，有的展現印度河流域印章中常見的各種動物，有的還包含印度河流域的一些字母。有一枚被認為是在伊拉克發現的印章描繪了一頭犀牛，這在蘇美藝術中從未出現，因為美索不達米亞沒有這種動物。這枚印章也有一些蘇美特徵，比如它的形狀，它可能提供在蘇美土地定居的印度人的證據，這些人在拉格什已經出現過。但也許有一個更好的解釋，更符合我們從波斯灣了解到的情況，就是這枚印章起源於混合的定居點，現在是時候談論這個話題了。[45]

五

在比較有把握地確定馬根和美路哈的地點之後，就剩下迪爾蒙的位置要搞清楚了。這是另一個在巴比倫地圖上遊走的地方，或者說它獲得好幾個身分：迪爾蒙是有福者的居所、迪爾蒙是一個地區、迪爾蒙是一個具體的地方。商人盧－恩利拉和伊納希爾清楚知道他們在談論迪爾蒙時的意思，對他們來說，這是一個可以購買銅和其他貨物的地方，而且有自己的商人群體。迪爾蒙最初（很可能）泛指波斯灣的各錨地（從科威特到阿曼的阿拉伯半島沿岸），後來則是指一個具體的地方。這個詞彙最初可能只是表示「南方的土地」。[46]考古學家已經確認了迪爾蒙是哪裡，以及它在通往馬根路上的前哨據點是哪些地方，尤其是上文提到的烏姆納爾。迪爾蒙的發現是丹麥奧胡斯（Aarhus）博物館的兩位學者傑佛瑞・畢比（Geoffrey Bibby）和P・V・格洛布（P. V. Glob）的功勞，格洛布後來因《沼澤人》（*The Bog*

People）一書而聞名，該書的主題與迪爾蒙相距甚遠，寫的是在丹麥沼澤中發現幾乎保存完美的史前人祭受害者遺體。如同在丹麥一樣，此處的關鍵線索在於遺體，或者應該說是在巴林發現的十萬個墓穴，假定這些墓穴全都可以（很誇張地）追溯到某個史前時代。格洛布和畢比檢驗了一種簡單的假設，即巴林是作為一座巨大的死人島或公墓島而建立的。這種假設可能在某種程度上符合「迪爾蒙是一個聖潔的島嶼和有福者的居所」的想法。[47]根據一塊泥板的內容，阿卡德的薩爾貢國王征服位於「南方大海」即波斯灣的迪爾蒙。大約一千六百年後，在西元前八世紀，一位好戰的亞述國王，也叫薩爾貢，把軍隊派到迪爾蒙。據說這裡的迪爾蒙位於「苦海」，並且包括一座島嶼；它的國王叫烏佩里（Upēri），「像魚一樣生活」在海裡。[48]所以迪爾蒙不可能距離蘇美很遠，而巴林島很可能就是迪爾蒙。這種聯繫可以追溯到很久以前：大約在西元前二五二〇年，蘇美城市拉格什的統治者烏爾南塞（Ur-Nanše）國王表示：「來自異國他鄉的迪爾蒙船隻給我帶來木材，作為貢品。」迪爾蒙人對拉格什國王的這次造訪，正好與考古學證據吻合，即在西元前三千紀中期，巴林的定居點變得更加密集。[49]阿拉伯半島的海岸不太可能為拉格什國王提供木材，而木材肯定是從更遠的地方（比如伊朗或印度）運到迪爾蒙的。[50]

畢比的團隊在鑑別巴林和更遠地區的關鍵遺址方面，取得毋庸置疑的巨大進展，特別是在卡達和阿布達比附近，甚至在沙烏地阿拉伯的一些地方。但是，正因為他們試圖涵蓋這麼大的區域，從未深入挖掘這些地區的歷史。不過，隨著阿拉伯半島海岸有越來越多的遺址被發現，巴林的重要性和它作為迪爾蒙主要中心的身分也變得清晰。畢比和格洛布在巴林島北端的巴林堡（Qala'at al-Bahrain）發現城牆和街道。在幾英里外的巴爾巴爾（Barbar），他們有了最重要的發現：一座西元前三千紀晚期的神廟，裡面有一口井，因為巴林的祕密之一是（正如蘇美人所說）有甜水從阿勃祖的深淵中湧出。[51]因此，在巴林島建城的動機不難推斷。並且除了淡水之外，還有豐富的魚類供應。在現代，有七百種可食用的魚類在波斯灣地區游動，因此魚類仍然是波斯灣國家飲食的重要組成部分。在青銅時代也不例外：在巴林島發現的六〇％的骨頭是魚骨，儘管居民也吃多種肉類，甚至包括獴，這不是當地的動物，肯定是從印度來的；巴林島居民還從美索不達米亞進口乳製品和穀物，所以他們的飲食相當多樣化。[52]

有一天，在巴林的畢比團隊的一名工人發現一枚獨特的圓形印章，由皂石製成，上面裝飾著兩個人像；在大廟的井中發現更多的印章。畢比一邊抽著煙斗，一邊想：在烏爾發現十三枚圓形印章，在摩亨佐－達羅發現三枚，這些印章由皂石製成，甚至（烏爾的印章）偶爾還裝飾有印度河領域的文字，這些印章有沒有可能是這兩座大城市之間的某個地方（巴林／迪爾蒙）的產物？[53]這些印章的風格（就像迪爾蒙本身）介於蘇美和印度河流域的風格之間，其圖像與這兩大文明的圖像都不匹配，但更像是兩者的混合體，另外加入一些個性化元素，比如有一枚印章顯示四個羚羊頭以十字架形狀排列的樣式。從巴林發現的動物骨頭來看，烤野羚羊是當地的一道美味。隨著越來越多的印章被發現，考古學家發現大約三分之一的印章帶有印度河流域書寫系統的符號，但是（在有人下結論說迪爾蒙人用印度河流域的語言交談之前）我們要強調，這些字母的組合方式在印度河流域的銘文中是找不到的。[54]與印度河流域有關的更多重要證據，是用來稱量貨物的石球和石塊；畢比興奮地發現，這些石球和石塊遵循的是印度河流域的度量衡，而不是蘇美人的。但是迪爾蒙人也使用美索不達米亞的砝碼，這一點後來才被發現。[55]度量衡的混用恰恰說明迪爾蒙作為蘇美和印度河城市之間的中介作用。迪爾蒙是貨物交換的地方，來自蘇美的商人，如伊納希爾和他的代理人，以及來自印度的商人都聚集在迪爾蒙，一起做生意。[56]

那麼，迪爾蒙既是一個為美索不達米亞和印度河流域之間的海上貿易服務的城鎮，又是一個擁有多個沿海定居點或島嶼定居點的大地區的首府，這些定居點一定是波斯灣上下航運的安全港。在迪爾蒙，一年四季都可以做生意，（再次引用蘇美人的一塊泥板）就是在尼桑努月和阿達魯月之間。迪爾蒙的居民是印度人與蘇美人的混合體，還是在很大程度上由其他民族組成，我們不得而知。但考慮到那些印章，可以合理地假定那裡有一個大型的印度人定居點。在迪爾蒙存在的許多個世紀裡，這樣一個印度人定居點無疑成為當地社會的一個組成部分，和其他人一樣都是「原住民」（今天波斯灣地區幾個國家的一個顯著特點是，大量的人口來自印度和巴基斯坦）。但除了感覺到迪爾蒙是一個秩序井然的地方之外，我們對它的政治生活知之甚少。迪爾蒙有稅吏，這是系統化中央管理的一個不總是討人喜歡的標誌。整個地區的人口在增加，這對稅吏來說是好事，同時也表明迪爾蒙是吸引定居者的磁鐵，並刺激巴林沿海地區的生產。[57]在沿岸更遠處的阿曼，社會仍然是部落型態、流動的，定居點時有時無。因此，我們應該把迪爾蒙看成是一座小型的貿易城市，它在波斯灣西岸有一些分支，最南端是烏姆納爾，從那裡可以獲得馬根的銅。

有時正是最微小和最不起眼的考古發現，揭示最令人驚訝的結果。對於揭示這些商人使用的船隻類型的證據來說，真是如此。在蘇美和巴比倫的泥板（以及後來的《創世紀》）描繪毀滅絕大部分人類的大洪水期間，朱蘇德拉或阿特拉哈西斯（Atrahasis）建造了船隻。正如一塊新發現泥板揭示的，這應該是一艘巨大的圓形獸皮船。獸皮被塗上瀝青和動物油脂，放在一個由數英里長的柳條編織成的框架上，裡面有一個三層的木製結構，用來安置動物和英雄及其家人。[58]圓形的、沒有龍骨的獸皮船很適合在幾支大槳的幫助下順水漂流，不過在回程時，船會被拆開並從陸路運回；而一艘無處可去的巨大圓船，可以在覆蓋整個世界的洪水中愉快地漂流。但是對進入波斯灣的航行來說，長船更合適；可以在船上安裝一支舵槳，由帆提供推進力。與底格里斯河和幼發拉底河沿岸一樣，蘆葦船在波斯灣地區得到廣泛使用。前面提到的來自科威特的瀝青碎片毋庸置疑地表明，在西元前五〇〇〇年左右，全部或部分由蘆葦捆紮而成的船隻被用於航海。[59]可以想像有桅杆的蘆葦船一路緊貼海岸，從迪爾蒙到伊拉克，或是從迪爾蒙到印度河出海口。

不幸的是，用蘆葦做成的船即使塗上焦油，依然容易漏水，但是仍被用來在波斯灣捕魚。而且它們的浮力很強，相當於古代的充氣船，因為空心的蘆葦含有大量的空氣。[60]但在阿曼的金茲角（Ra's al-Junz），可以在西元前三千紀後半期的瀝青片上發現早已消失的船板印記。金茲角位於阿曼的東端，控制著通往印度洋的通道。所有的證據表明，金茲角是船隻的定期停靠港，這些船隻在航行途中一定經常需要修理，而阿曼的腹地無法滿足這種需求。此外，楔形文字泥板提到對前往迪爾蒙和馬根的船隻進行填縫。[61]這種瀝青是在今天的油田所在地周圍收集的，因為厚厚的礦藏從地下滲出，在土壤表面留下焦油池。除了為船隻填縫外，瀝青還有很多功用，比如密封原本多孔的陶罐。[62]所有這些都提醒我們，我們太容易把注意力集中在紅玉髓和烏木等異國貨物的運輸上，而容易忘記在青銅時代以及之後很長一段時間裡，在波斯灣航行船隻的貨艙裡很可能裝載著平凡的物品，如瀝青、椰棗和魚。這樣的貨物非常適合最多只能載十幾個人、儲存空間有限的蘆葦船。但我們有充分的理由認為，阿拉伯三角帆船

（dhow）的祖先已經出現了。從馬根運往蘇美城市的銅的數量很大，需要堅固和防禦力強的船隻，要求能夠一次運載數噸的金屬。伊納希爾和同行也不會把白銀委託給小型的、敞開的、容易成為海盜獵物的蘆葦船。木船還運載著來自美路哈的木材，毫無疑問還有來自伊朗海岸的木材，其中一些木材很可能被用來造船，因為阿拉伯半島海岸和伊拉克南部的沼澤地大多缺乏合適的木材。[63]用木頭建造的船隻被縫在一起，先在木板上打洞，接著用椰子殼製成的長長椰子纖維繩將木板綁在一起，然後用瀝青、動物油脂和填充物來密封船隻。這種類型的船非常堅韌，因為船體相當靈活，比使用骨架船體的剛性結構的船（在古代地中海地區，這是標準船型）更適合開闊的海洋。[64]在數千紀裡，木板縫合船都將是印度洋海上交通的一大特色。

迪爾蒙可能沒有烏爾的宏偉，也沒有摩亨佐—達羅的巨大規模，但是在迪爾蒙發掘出烏爾和摩亨佐—達羅在西元前二〇〇〇年前後幾個世紀裡互動的不尋常證據。銅，而不是金，是迪爾蒙最仰賴的金屬。隨著印度河文明在西元前二千紀初期衰落，烏爾和摩亨佐—達羅的聯繫的歷史也就結束了。印度河文明為什麼會衰落，一直是人們熱烈討論的話題。傳統的觀點認為，講印歐語的雅利安征服者的入侵摧毀了印度河文明。這種觀點不再得到廣泛支持，如今學界更關注的是環境變化，這使印度河流域變得乾旱，導致大城市逐漸衰落。而在更廣泛的地區，印度河文明的一些東西，甚至是書寫系統，在一些地方一直延續到西元前一三〇〇年左右。[65]印度河流域與美索不達米亞的大規模貿易縮減為涓涓細流；在伊拉克的遺址偶爾會發現一些印度河的物品，但對印度西北部的居民來說，跨海的路線已經變得不再重要。這並不意味著迪爾蒙的終結，它仍然出現在西元前八世紀亞述的一份文獻中（假設其中的迪爾蒙和我們說的是同一個地方）。迪爾蒙的歷史也是亞洲沿海第一條海上貿易路線的歷史。不管怎麼說，這是我們所知的世界上第一條連接兩個偉大文明的貿易路線。在後來的若干世紀裡，貿易和其他聯繫出現嚴重的收縮和長期的中斷，使之動搖甚或消失；但是印度洋作為一條偉大海路的歷史始於波斯灣。

第四章　神國之旅

一

到目前為止，本書還沒有提及中東的一個偉大的青銅時代文明，那就是埃及。西元前二七〇〇年左右，在早期法老的領導下，上埃及和下埃及統一了。一個中央集權、富裕的社會建立起來，它能夠利用尼羅河定期淹沒的土地上豐富的小麥和大麥資源。當我們談到水上交通在埃及生活中的重要性時，首先指的肯定是尼羅河上下游的航運。在埃及文獻中出現的「大綠色」（Great Green）一詞使用得很模糊，有時是指地中海或泛指遠海，但也可以用來指紅海。[1]在西元前二千紀，許多航運參與者和與埃及進行貿易的商人都是來自敘利亞、賽普勒斯或克里特島的外邦人。我們已經看到，沒有證據表明這一時期的埃及和美索不達米亞之間有海上接觸，儘管在埃及第一王朝時期（約西元前三〇〇〇年），藝術影響確實從美索不達米亞傳到埃及，例如今天羅浮宮收藏的一把象牙刀，描繪一個似乎穿著蘇美人服裝的神。[2]但這種影響更可能是透過陸路緩慢傳入的，即通過敘利亞或沿著沙漠路線，穿過今天的約旦和以色列尼格夫（Negev），而不是走海路繞過阿拉伯半島的廣大地區。不過，埃及在西元前三千紀確實發展與印度洋的聯繫。與蘇美人和迪爾蒙人在波斯灣和其他地區創造的路線相比，紅海航路的使用頻率較低，也許只是間歇性使用。但是根據紅海沿岸非凡的考古發現，以及現存最早和最吸引人的古埃及文獻之一，我們可以越來越有信心地描繪紅海航路。

在了解埃及人沿紅海遠航的意義之前，需要先研究他們所到之處最重要的產品。這裡有循環論證的危險：他們去尋找熏香；在銘文和莎草紙上發現的古埃及詞語 ʿntyw 肯定是指沒藥，因為沒藥和乳香是後世熏香中最珍貴的成分；於是他們尋訪可以找到這些產品的地方；而這又證明這些土地是厄利垂亞、索馬利亞和葉門等地。儘管在邏輯上有缺陷，但是這個論點指出沿紅海而下，甚至走得更遠的早期遠航的一個核心特徵：這些遠航的目的是尋找香水，而不是香料。從香水與芳香劑貿易轉變為以胡椒和其他東方香料為主的貿易，這項轉變在羅馬帝國時期變得非常明顯，當時的船隻更深入印度洋水域。同時，基督教皇帝鎮壓多神教崇拜，於是商人失去在中東神廟的市場，導致芳香劑貿易急劇萎縮。不過到西元六世紀時，由於基督教禮拜儀式越來越多地使用芳香劑，芳香劑貿易有了部分復甦。[3]但是在基督教上帝或在多神教神靈面前焚香的歷史，可以追溯到很久之前。法老親自在埃及諸神面前焚燒名為 ʿntyw 的香，以配合動物祭品。當一座新神廟落成，或當統治者從戰爭中凱旋時，儀式尤其奢華。在送駕崩的法老去另一個世界的豪華儀式上，也會焚香，並且香被廣泛用於遺體防腐，埃及人在這方面是無與倫比的大師。

如果能確切地知道 ʿntyw 是什麼，則尤有裨益，因為那樣就可以確定埃及紅海船隊的前進方向。由於 ʿntyw 的使用方式與沒藥的使用方式吻合，所以 ʿntyw 實際上很可能就是沒藥的某種形式，儘管還有

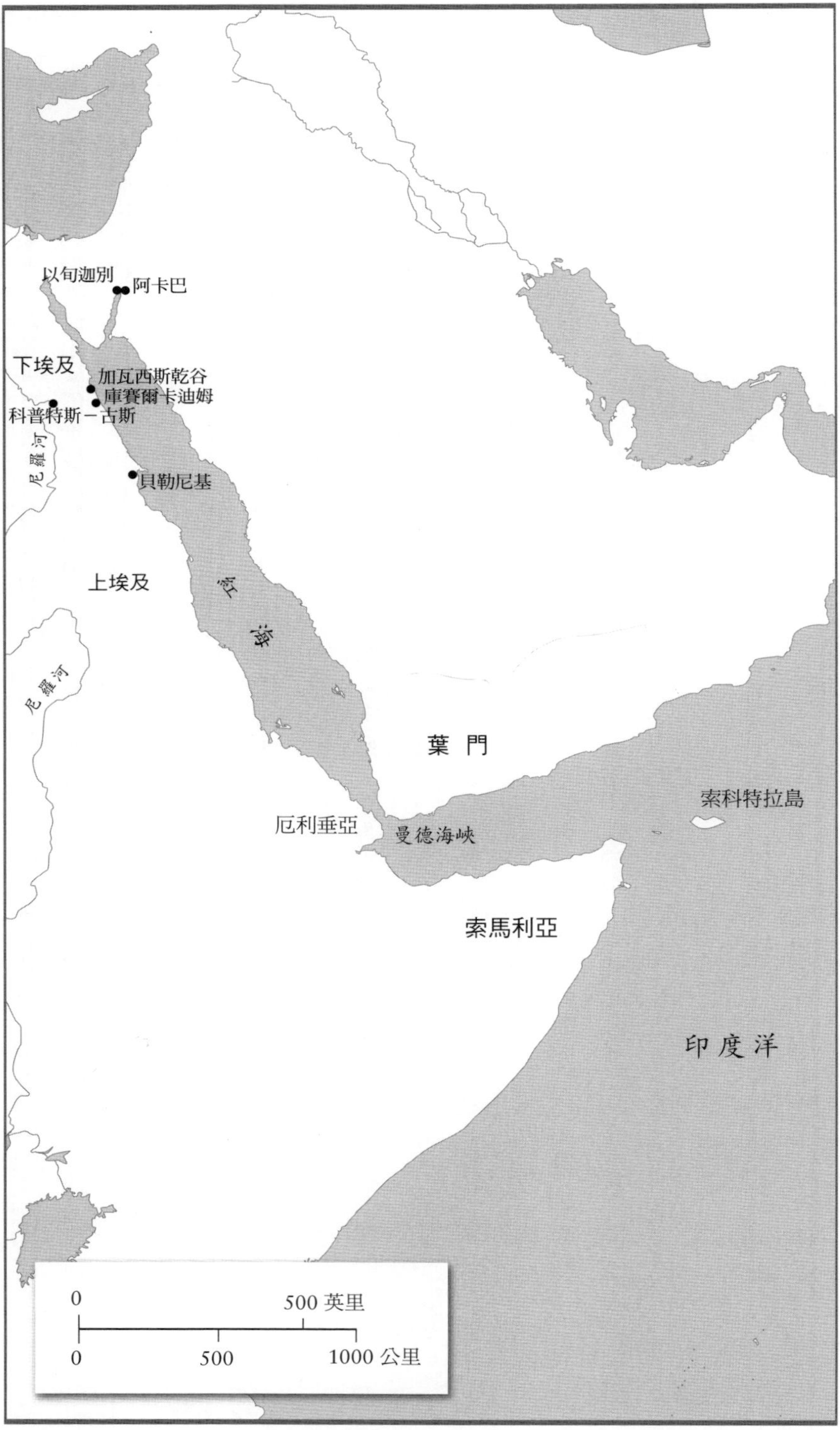
以旬迦別
阿卡巴
下埃及
加瓦西斯乾谷
庫賽爾卡迪姆
科普特斯－古斯
尼羅河
貝勒尼基
上埃及
紅
海
尼羅河
葉 門
厄利垂亞
曼德海峽
索科特拉島
索馬利亞
印度洋
0
500 英里
0
500
1000 公里

其他膠質樹脂，如代沒藥（bdellium），可能與沒藥混淆，乳香也是如此。[4]收集這些樹脂的方式大致相同，老普林尼（Pliny the Elder）仔細描述乳香的收集過程。他痴迷於科學細節，以至於著名的維蘇威火山爆發後，他在那不勒斯灣充滿有毒氣體的空氣中逗留太久，成為火山爆發的受害者。[5]人們可以等待樹木滲出油膩或黏稠的液體，這些液體以後可能會變硬，然後人們收集這些物質；或者可以在樹皮上切口，讓油從裡面滲出；根據不同的操作方式，會滲出不同顏色和品質的香。乳香和沒藥是含有揮發性油的膠質樹脂，新鮮沒藥中揮發性油的含量高達一七％。在青銅時代，阿拉伯半島南部與厄利垂亞較溫和的氣候下，沒藥的種植面積比今天來得大。在今天的葉門，沒藥已經成為珍貴的稀有品（數個世紀以來，葉門經歷了乾旱化）。沒藥比任何其他芳香劑保持香味的時間更長，乳香和沒藥長期以來因其藥用而受到珍視，沒藥通常是高級牙膏的成分。基本上，沒藥是用來塗抹的，而乳香是用來焚燒的。[6]乳香和沒藥並不是埃及人從遠航中帶回的唯一產品，他們還帶回黃金與野生動物，有死的也有活的。基於這些原因，他們將目光投向南方的邦特之地，也就是「神的土地」。

二

正如巴比倫人對迪爾蒙、馬根和美路哈的位置經常含糊其辭，古埃及人對邦特之地是什麼或在哪裡也沒有明確的認識。這個出現在所有現代文獻中的名字，是對一般以 Pwene 形式出現名字的誤讀，它有時被解釋為「神的土地」。邦特似乎與俄斐（Ophir）是同一個地方，據說西元前十世紀，所羅門王和推羅國王希蘭（King Hiram of Tyre）的船隻到過俄斐。但在他們的艦隊駛出阿卡巴灣（Gulf of Aqaba）的一千六百多年前，已經有一艘名為「兩埃及的榮耀號」（兩埃及指上埃及和下埃及）的船在石碑碑文中被提及。該碑文是埃及王室編年史的一部分，最終在巴勒莫被發現，其年代為法老斯尼夫魯（Snefru）的統治時期，大約在西元前二六〇〇年。這艘船是用雪松木或松木建造的，和其他六十多艘船一起襲擊努比亞人，帶回數以千計的奴隸和數量令人難以置信的牛（二十萬頭）。這艘船的尺寸之大，讓人留下深刻的印象；它的長度為一百埃及腕尺（cubits），即五十二公尺。[7]為了防止讀者以為這只是王室的吹噓，我們不妨以埋在吉薩大金字塔旁邊的葬禮船為例。這艘船是為斯尼夫魯的兒子胡夫（Khufu，或基奧普斯〔Cheops〕）建造的。在出土之前，它已經被拆解和埋葬將近四千五百年；它長八十五腕尺（近四十四公尺），由黎巴嫩雪松製成，因為埃及永恆的問題之一就是缺乏大量的優質硬木。[8]我們無法確定斯尼夫魯所說的被打敗的努比亞人，是否就是我們今天所說的努比亞人，也就是埃及東南方尼羅河上游的居民。也許斯尼夫魯說的努比亞人是其他非洲人，如居住在埃及以西的古代利比亞人；而且也許這是一次沿尼羅河而非紅海的遠征。儘管如此，巴勒莫石碑和葬禮船表明，埃及人有能力建造具有航海能力的船隻，即使許多埃及人從未在尼羅河以外的地方冒險。

埃及文獻對邦特的描述是「神的土地」，這讓人想起蘇美文獻對迪爾蒙的描述是「有福者的居所」。這些地方對那些在西元前三千紀聽說它們的人來說，有一種神祕的光環。這也是航海史的一個永恆元素：關於遙遠而神奇土地的消息，在那裡（就像許多世紀後，哥倫布的伊斯帕尼奧拉島）既不缺乏食物，也不缺乏淡水，天堂就在那裡或不遠處。[9]這種敬畏感在大約西元前二五〇〇年到西元前二二〇〇年之間，寫在莎草紙上精巧的《船難水手的故事》裡體現得淋漓盡致，它講述一次前往邦特地區的非凡航行，儘管這實際上完全是造訪另一個世界（神靈世界）的故事。[10]在故事中，一名水手向一位王室廷臣講述他的航行故事，而廷臣顯然把他看作一個滿口奇談怪論的老水手，並試圖用「和你說話很煩人」這句話把他打發走。不過，這位廷臣的做法非常不公平。這位水手曾前往王家礦場（可能是金礦），乘坐的是一艘長一百二十腕尺、寬四十腕尺的船，帶著一百二十名「埃及最優秀」的水手，「無論看天還是看地，他們都比獅子更勇敢」。不過看海可能對他們更有幫助，因為儘管講故事的水手稱讚他們預言風暴的能力，但一波八腕尺高的巨浪砸向船，船隻破裂並沉沒了，除了講故事的水手之外，無人生還。他流落到一座果蔬魚禽都很豐富的島上，「那裡應有盡有」。他的懷裡很快就抱滿這塊土地上豐富的產品，以至於不得不把收集到的一些東西放在地上。正當感到安全和振作起來時，一條大蛇向他而來，奇怪的是牠有兩腕尺長的鬍鬚。牠的身體閃著金光，眉毛是真正的青金石，這是一條與導致亞當和夏娃誤入歧途的蛇相當不同的野獸。牠想知道這個水手是如何來到這裡的：「是誰把你帶到這座四面環水的島上？」水手講了自己的故事，蛇似乎很滿意，說：

「不要怕，不要怕，年輕人！不要臉色蒼白，因為你已經到了我這裡。你看，神讓你保住性命，把你帶到了靈島。島上應有盡有。你將在這座島上待滿四個月。然後會有一艘船從你的家鄉來，船上有你認識的水手，你將和他們一起回家，在你的城市壽終正寢……你將擁抱你的孩子，親吻你的妻子，看到你的房子。這比什麼都好。」

為了表示感謝，水手拜倒在地，並答應把這條高貴的蛇的消息帶給他的統治者，統治者一定會送來鴉片酊、肉桂葉（malabathrum）、圓柄黃連木、香脂和香等貴重禮物。水手說：「我將為你帶來滿載埃及所有財富的船隻。」還保證將安排獻祭，祭祀這條神聖的蛇。但是蛇不以為意，說：「你沒有多少沒藥，也沒有任何形式的熏香。而我是邦特的統治者，沒藥都屬於我。你說要帶來的肉桂葉，大部分來自這座島。」他給了水手一批沒藥、肉桂葉、圓柄黃連木、香脂和樟腦，還有黑眼影（在埃及貴族婦女中很受歡迎，如同時代的畫作所示），以及一大塊熏香。蛇還送給他獵狗、猿猴和狒狒，「以及各種金銀財寶」，大象的象牙和長頸鹿的尾巴也在其中，後者估計是用來做拂塵的。船如期而至，水手將所有這些貨物裝上船，踏上歸途。蛇告訴他，他需要兩個月才能到家，但是當他到家時，會感覺青春煥發。

他和其他水手恭恭敬敬地感謝蛇神，然後北上回家。統治者看到他帶來的東西很高興，並公開向蛇神表示感謝；此外，還獎勵這個講故事的水手，讓他成為「追隨者」，也就是隸屬於宮廷的封建領主。[11]所以這是一個奇特的故事，談及家鄉的物質享受與超脫普通人類經驗世界之間的關係。但是這個故事也清楚闡述邦特之地的一些重要特徵：在那裡可以得到什麼、需要在那裡停留多長時間、需要多長時間才能返回，以及它位於南方這個簡單的事實，這一定意味著它在紅海上。可以想像，水手流落的島嶼是索科特拉島（Socotra）。在西元後的最初幾個世紀，尋找樹脂和其他奢侈品的船隻曾到過該島，它距離葉門兩百四十英里。[12]

三

西元前十五世紀初，哈特謝普蘇特（Hatshepsut）女王派出的大型探險隊，足以證明埃及人確實曾經航海南下。此次遠航的具體時間可能是她於前一四五八年去世之前的幾年。她是一小批傑出的女法老之一（登基前曾擔任攝政王）。在來自亞洲的希克索（Hyksos）王朝的統治下，埃及的政治權力支離破碎。哈特謝普蘇特的目標是在希克索王朝被推翻後，恢復埃及的經濟活力。她對重建埃及中部的神廟感到非常自豪，這些神廟自希克索王朝統治下埃及以來就被遺棄了，「他們〔希克索統治者〕成群結隊地顛覆已經建成的東西」。她贏得官員們深深的、熱情的愛戴。深得寵信的廷臣和王家工程主管伊內尼（Ineni）宣稱：「人們為她工作，埃及向她俯首稱臣。」[13]在位於上埃及靠近盧克索的德爾埃爾巴哈里（Dair al-Bahri）的宏偉女王陵寢神廟內，有浮雕和相應的銘文來紀念那次遠航。其中一塊碑文清楚地表明，埃及與邦特的貿易歷史並不像我們很容易猜測那樣是連續的。蛇神的神奇土地只是逐漸進入人們的視野，因為阿蒙－拉神（Amun-Ra）給出一個奇怪的聲明：

> 沒有人踏過這些人所不知的熏香的階梯，它們是我們的祖先口耳相傳的。在你們的祖先，即下埃及的國王手下，從那裡來的奇物，都是接力傳遞來的。自從上埃及國王的祖先生活的古代，這些奇物都是透過無數次交換而得來的。除了你們的王家貿易遠航隊外，沒有人到達那裡。[14]

我們有理由認為，在上、下埃及統一之前，從更南方運來的香料和芳香劑等高級奢侈品會先經過上埃及；在非洲更南邊開採的黃金也是這樣。神提到的上埃及和下埃及的聯合，一定是指是相對近期的哈特謝普蘇特王朝恢復原住民對埃及的統治，而不是一千五百年前發生兩個王國的首次統一。但銘文背後的意義（即使考慮到典型的法老式誇張）是，哈特謝普蘇特在某種程度上是一位先驅，也許她恢復通往邦特的貿易，並將該貿易路線的許多階段整合為一條由王家而非私人船隊經營的海上路線。[15]這也可能意味著，她繞過從尼羅河出發或通往阿拉伯半島西岸的雜亂的陸路路線。在過去許多時候，這些陸路路線是紅海海路的替代方案。她雄心勃勃的建築計畫和恢復前希克索時代之輝煌的決心，促使她到遙遠的地方尋找沒藥、烏木和象牙等奢侈材料，以及狒狒等異國動物，當然還有黃金。沒藥是一種特殊的商品，這一點從所謂‘ntyw 的用途可以看出：它可以用來塗抹阿蒙－拉神像的四肢，這正是沒藥油的一種可能用途；但是銘文中沒有提到焚香，這表明埃及人並未從邦特獲取大宗乳香。

埃及王家船隊來到邦特，是為了震懾那裡的居民。浮雕甚至描繪「邦特的權貴」，實際上是酋長帕勒霍（Parekhou）和他發福的妻子季提吉（Jtj，我們對古埃及語的發音往往純屬猜測，所以最好為她保留這種無法發音的形式）。儘管一位傑出的埃及學家將季提吉描述為「可怕的畸形人」，但真相更可能是，埃及浮雕對她身體的扭曲描繪是一種粗暴的企圖，將她原始、卑微的身分與真正的女王（優雅的、在某些圖像中是美麗的女法老哈特謝普蘇特）對比。所以埃及浮雕對邦特人的描繪也不好看：他們住在必須爬上梯子才能進入的圓形小屋裡。這與盧克索宮廷的繁華與先進相去甚遠。隸屬於這位國王和王后的邦特酋長們在埃及的王旗面前跪拜，用下面的話來祈求哈特謝普蘇特的恩惠：「向您致敬，埃及的君王，像太陽一樣普照大地的女性太陽。」[16]這些銘文旨在表明，邦特的權貴是法老的臣民，即使在此之前，雙方的接觸是斷斷續續或間接的；因此埃及船隊帶回的不是商業交換的商品，而是邦特人謙卑繳納的貢品。這是一種與所謂的低等民族展開貿易的常見方式，中國歷史上也廣泛採用。貢品被交給法老的使者，待使者回到埃及後，女法老本人會出現在一個特殊的華蓋下，坐在「進貢臺」，接受來自埃及以南非洲諸民族的禮物。因此有一條銘文寫道：「邦特的大酋長滿載禮物來到瓦迪韋爾❶的海岸，來到〔埃及〕王家特使面前。」[17]但是即使以法老之尊，貢品也需要用賞賜來交換。在邦特人離開埃及之前，他們的船上都裝滿啤酒、肉、水果和酒等禮物，準備送往邦特。這些禮物或旅途用品在哈特謝普蘇特神廟的浮雕中體現。浮雕展示一支相當壯觀的船隊，船帆飄揚，槳手整裝待發，船尾舵又長又重；浮雕上甚至可以看到長而緊繃繩索的細節。[18]

這樣的繩索實際上有存世的樣本。誠然，存世的繩索比哈特謝普蘇特的遠航要早，這次遠航可能是所謂的埃及新王國時期的幾次或多次遠航中的一次。埃及和邦特之間貿易的起伏不為人知，情況比迪爾蒙模糊得多。但是與迪爾蒙和美路哈一樣，有一些基本問題必須得到解答：邦特在哪裡？還有去那裡應走什麼路線？就像迪爾蒙和美路哈一樣，就這些問題，學界只是慢慢達成共識。這主要是重大考古發現的結果，儘管這些發現更接近貿易路線的埃及一端，而不是邦特一端。紅海沿岸已經出現越來越多的新

❶ 譯注：瓦迪韋爾（Wadj-wer）是埃及的生育之神，名字的意思是「大綠色」，一般認為指地中海，或者尼羅河三角洲的潟湖與湖泊。

證據，揭示埃及和印度洋之間的貿易在其發展的關鍵時刻是如何運作的：貝勒尼基的羅馬時代遺址；庫賽爾卡迪姆（Qusayr al-Qadim）的中世紀遺址；如今還有加瓦西斯乾谷（Wadi Gawasis）和加瓦西斯港（Mersa Gawasis）的青銅時代遺址。所有這些遺址都離得比較近；庫賽爾卡迪姆在加瓦西斯乾谷以南僅五十公里處。[19]它們如此相近，這很容易解釋：為了從埃及沙漠到達紅海，有許多陸路連接海岸和尼羅河諸港口，貨物在港口被重新裝載到貨船上，順流而下。有充分證據表明，古人開鑿了一條水道，使船隻能夠從尼羅河下游穿過三角洲東部，進入蘇伊士附近的湖泊，然後再向南進入紅海。但哈特謝普蘇特女王派遣的大型船隻不太可能走這條路，最好的選擇仍是從尼羅河到紅海海岸的短途陸路旅行。最重要的尼羅河中繼站之一是盧克索附近的科普特斯（Koptos），它提供前往加瓦西斯乾谷的捷徑，因為它位於尼羅河一個彎曲的地方，河水向東延伸一點，這縮短海與河之間的距離，並允許人們通過沙漠的低矮通道進入。在中世紀，科普特斯仍是前往紅海的商人的出發點。中世紀的古斯（Qos）是尼羅河沿岸最大的城鎮之一。科普特斯－古斯（Koptos-Qos）還擁有充足的當地木材供應，這在埃及是比較罕見的。透過碳十四定年法和來自米諾斯文明時期克里特島的一些陶器碎片，可以判斷加瓦西斯乾谷（嚴格來講，叫做加瓦西斯港）的港口在西元前二〇〇〇年至前一六〇〇年期間一直在運作（雖然也有年代更早和更晚的證據），所以加瓦西斯乾谷顯然是紅海航線上的主要轉運站之一。[20]埃及人也曾留下垃圾在當地的洞穴裡（或者有人認為，他們把部分裝備獻給封閉洞穴內的神靈）。紅海的環境異常乾燥，所以有四十三個運輸貨物的木箱存世，還有大約三十卷用紙莎草編織的繩索，這些繩索至今保存完好。這些都是第十二王朝（中王國時期），約西元前二〇〇〇年至前一八〇〇年的產物。考古學家還發現用雪松木、松木和橡木建造船隻的廢棄木材，包括船舵的葉片，這是因為船體在遠海會被藤壺和蟲子腐蝕，所以需要定期大修；此外，還出土石灰石製成的錨。[21]

真正能夠解釋過去的，並不總是那些光鮮的發現，這裡的情況就是如此。一些關於邦特實際位置的最有力證據來自陶器碎片：有來自努比亞、厄利垂亞和蘇丹的陶器，也有來自曼德海峽（Bab al-Mandeb Strait）另一邊的葉門周邊地區的陶瓷。遺存的烏木相當多，表明它是一種受歡迎的出口產品，甚至在出口前就已經加工好了，因為出土一些在原產地（厄利垂亞）加工成型的木棒。[22]被稱為比亞－邦特（Bia-Punt）的地區有金礦，這便解釋《船難水手的故事》中的所謂「王家金礦」，比亞－邦特似乎也位於今天厄利垂亞的高原地帶。但是除了零星的樹脂塊之外，最重要的出口產品幾乎沒有留下任何痕跡：因為從紅海運到埃及的香水和芳香劑，不僅是為夠富有的活人準備的，還是為死者準備的，如果他們有夠高的地位，死後會被適當地施加防腐處理。

從整體上來看，加瓦西斯乾谷的發現證實許多埃及學家的推測，即邦特是一個廣泛的地區，包括紅海南部的兩岸，即厄利垂亞和葉門的海岸。邦特船隊到達邦特後在哪裡停靠仍然成謎，似乎沒有一個叫邦特的具體地方（與之相比，確實有一個叫迪爾蒙的地方），而是有一片廣泛的「邦特的土地」。如果像船難水手說的，需要在邦特停靠幾個月才能等到適合回程的安全的風和水流，那麼邦特一定有類似於加瓦西斯港的錨地，提供航海船隊所需的設施。一些船隻可能還向更南方深入，到達今天的索馬利亞，但是沒有證據表明埃及船隊在亞丁轉向東方，遇到來自波斯灣的船隻。紅海和波斯灣在當時仍然是相互獨立的世界，紅海作為來自更遙遠東方的貨物前往地中海的管道，還是後話。埃及的紅海貿易在西元前一一〇〇年左右進入衰退期，原因不難猜測：法老們忙於應對來自利比亞和敘利亞及地中海水域的「海上民族」襲擊；此外，法老們對尼羅河三角洲的控制受到當地分離主義者的破壞。隨著法老們的權力式微，他們出資派遣船隊前往邦特的能力，或者維持奢侈宮廷的能力，也就減弱了。[23]但這並不意味著香水和樹脂貿易消失了；在此後的許多世紀裡，包括佩特拉（Petra）的納巴泰人❷在內的其他人將透過海路和陸路保持這種聯繫。[24]因為這條路線的建立不僅標誌著紅海貿易，而且標誌著更廣闊世界貿易擴張的一個重要時刻。

四

在埃及發生危機之後，紅海貿易發生了什麼，只能從《聖經》中非常簡短的相關文本裡還原，但這些資料提到的貿易地點不是邦特，而是俄斐。這似乎或多或少與邦特是同一個地方，因為它位於類似的方向，生產類似的貨物。不過奇怪的是，《聖經》提到來自俄斐的黃金，但似乎對香不感興趣，儘管猶太人的聖殿中大量焚香。《出埃及記》和《利未記》詳細描述要求大祭司亞倫及其繼任者揮動香爐的儀式。現在學界普遍認為《出埃及記》和《利未記》成書於西元前五〇〇年左右。由於這些文本（至少是我們今天掌握的形式）成書如此之晚，對於西元前二千紀末迦南人和以色列人所居地區使用熏香的情況，最好的線索來自考古學。在現代以色列的夏瑣（Hazor，西元前十四世紀）和米吉多（Megiddo，西元前十一世紀）等遺址，都發現香臺或香器，但這些香很可能是用乳香以外的物質製成的。蘇美和亞述的香不是用乳香製成的（進一步證明它們與阿拉伯半島的聯繫不是在該半島的西南部，而是東南部）；那裡的人們更喜歡雪松、柏樹、冷杉或刺柏的芳香木材；沒藥得到一些使用，但可能是源自印度的次等沒藥。[25]根據《塔木德》❸，猶太人聖殿中使用的熏香是由多種成分精心混合而成，並且研磨得很細：凡十一種香料，包括乳香、香膏、沒藥、桂皮、藏紅花、肉桂和賽普勒斯酒；「漏掉任何一種成分的人都要受到死刑的懲罰」，儘管沒有證據表明曾有人犯下這種粗心的錯誤。[26]即使這是對實際所用物質的介紹，它也提醒我們，熏香的製作就像現代香水的製作，是一門複雜的藝術，沒有任何一種成分可以單獨使用。

以色列人對他們的熏香供應來源感到滿意，因為我們知道在西元前十世紀，當以色列國王所羅門和他偉大的盟友推羅國王希蘭發起紅海探險時，目的是為了獲得黃金，而不是樹脂。考古學家對《列王紀》和《歷代志》中所羅門形象的真實性爭論不休；學界對記錄大衛王朝建立故事的可靠性有很大分歧，儘管來自以色列基爾貝特·基亞法（Khirbet Qeiyafa）和凱西爾遺址（Tell Qasile）的最新證據表明，《聖經》中的版本並非全是幻想。《列王紀》講述所羅門如何在阿卡巴灣（也叫艾拉特灣）一個

❷ 譯注：納巴泰人（Nabataeans）是古代的一支阿拉伯人，生活在今天的阿拉伯半島北部和黎凡特南部。他們最主要的定居點遺址在今天約旦的佩特拉。西元一〇六年，納巴泰人的土地被羅馬皇帝圖拉真併吞。

❸ 譯注：《塔木德》是猶太教中極其重要的宗教文獻，是猶太教律法和神學的主要來源。《塔木德》包含人生各個階段的行為規範，以及人生價值觀的養成，是猶太人對自己民族和國家的歷史、文化及智慧的探索而淬鍊的結晶。

叫以旬迦別（Etzion-Geber）的地方建立一支船隊，阿卡巴灣是今天紅海的兩個北端點之一，由以色列和約旦共用❹。船隊由熟悉海洋的水手操作，這些水手由希蘭王提供，他可能也密切參與這些船隻的建造。船隊到了俄斐，在那裡獲得四百二十塔蘭同❺的黃金，數量巨大（約十六公噸），他們把這些黃金帶回給所羅門王。[27]不久後，在著名的示巴（Sheba）女王造訪耶路撒冷之後（她率領一支龐大的駱駝商隊從陸路過來），更多的船被派往南方，這次它們被描述為希蘭王的船，這更合理。船隊從俄斐帶回黃金、檀木和珠寶，所羅門將這些木材用於建造耶路撒冷的聖殿和他在聖殿隔壁的宮殿。一些優質木材甚至被製成豎琴和其他絃樂器，因為「以後再沒有這樣的檀木進國來」❻。《列王紀》接著斷言，當時白銀沒有特別的價值，所以所有的東西都是用金子做的，就連杯子和盤子也是。根據《聖經》，在這次遠航之後，所羅門得到六百六十六塔蘭同黃金，這個數字幾乎可以肯定是《聖經》的著者憑空捏造的。「因為王有他施船隻與希蘭的船隻一同航海，三年一次，裝載金銀、象牙、猿猴、孔雀回來。」❼這段話表明，白銀畢竟不是那麼不值錢。[28]在這個時期，腓尼基人從西班牙帶來大量白銀，所以我們可以想像，白銀並非完全不值錢，但至少不難獲得的，所以缺乏威望。

同一時期，腓尼基人開始在遙遠的加地斯（Cádiz）等地建立前哨基地，不過他們在加地斯定居的年代並不像傳統的說法，即西元前一一〇四年那樣古老（「腓尼基人」一詞是希臘人發明的，指的是海上或陸上的迦南商人，腓尼基人認為自己是特定城市，如推羅或迦太基的居民，而不是一個統一的民族）。[29]他們造訪的這塊盛產白銀的土地，在古典文獻中被稱為塔特索斯（Tartessos），相當於西班牙南部的部分地區。人們通常認為《聖經》中反覆提到的「他施」（Tarshish）和塔特索斯是同一個地方，但《聖經》強調所羅門的船是在紅海下水的，帶回的貨物不是地中海的產品。[30]「他施的船」一這個片語，就像近代早期從拉古薩城（Ragusa，即今天的杜布羅夫尼克〔Dubrovnik〕）衍生出來的「argosy」一詞，表示任何由能在遠海航行的寬敞帆船組成的船隊。希蘭不僅從遙遠的俄斐，還從推羅腹地的黎巴嫩雪松林向所羅門提供優質木材。從《聖經》中關於建造聖殿的記載可以看出，希蘭還從整個腓尼基貿易世界輸送其他貨物給所羅門。腓尼基人的主要貿易路線，跨海通往北非、薩丁島和西班牙，並由陸路通往亞述。對腓尼基人來說，紅海是次要的，但富有異域風情。在西元前六世紀，先知以西結（Ezekiel）言辭激烈地怒斥希蘭昔日的首都推羅，並列出與之從事貿易的所有土地，其中最容易識別的是波斯和雅完（愛奧尼亞，即希臘），但也有阿拉伯半島和示巴，示巴指的是葉門或其附近的某地。[31]

所羅門船隊的故事可能是後人杜撰，甚至有可能是人們對哈特謝普蘇特女王派遣船隊駛向邦特的記憶揮之不去。從字裡行間可以看出，希蘭在這項事業中發揮的作用比所羅門更大。但俄斐的黃金並不是

---

❹ 譯注：紅海的另一個北端點是蘇伊士灣。阿卡巴灣（艾拉特灣）之濱在今天有兩座毗鄰的城市，即以色列的艾拉特（Eilat）和約旦的阿卡巴（Aqaba）

❺ 譯注：塔蘭同（talent）是古代中東和希臘羅馬世界使用的重量單位。一般的說法是，希臘人使用的塔蘭同的實際品質約相當於今日的兩萬六千公克，一羅馬塔蘭同相當於一．二五希臘塔蘭同。

❻ 譯注：《舊約．列王紀上》，第十章第十二節。

❼ 譯注：《舊約．列王紀上》，第十章第二十二節。

一種幻覺，即使俄斐的船隊沒有在西元前十世紀航行，在西元前九世紀也引起人們的興趣。《列王紀》中有一段奇怪的文字（晚近得多的《歷代志》照例對其作了重述）講述猶大王約沙法（Jehosaphat，約西元前八七三－前八四九）如何「製造他施船隻，要往俄斐去，將金子運來。只是沒有去，因為船在以旬迦別破壞了。亞哈的兒子亞哈謝對約沙法說，容我的僕人和你的僕人坐船同去吧！約沙法卻不肯」[8]。《歷代志》作者知道或假裝知道的資訊，比《列王紀》作者來得多，雖然《歷代志》作者把俄斐和他施徹底混淆了，並提供有出入的年表。約沙法在《聖經》中得到相當好的評價，例如在決定建造船隻之前，他驅逐先知們抨擊的聖殿裡的男妓[9]。亞哈謝（Ahaziah）卻招致《聖經》作者的憤怒。亞哈謝是敵對猶大的以色列北方王國國王，這個王國在所羅門死後才出現[10]。不過兩位國王擱置過去的仇恨，包括政治和宗教上的仇恨，在一項協議中聯合，在以旬迦別建造一支船隊，前往「他施」。這種由統治者保護的商業財團，在這個時期是非常正常的。遠航經商雖然有獲得高額利潤的前景，但也有嚴重損失的風險，而王廷有足夠的資源來承擔風險，同時也樂於有機會獲得黃金和奢侈品。[32]

一切進展順利，直到約沙法（他經常與數量眾多、對他指手畫腳的先知發生矛盾）成為多大瓦之子以利以謝（Eliezer, son of Dodavahu）的攻擊目標。以利以謝強烈反對與以色列統治者結盟，因為以色列國王仍然沾染他父親亞哈曾樂意容忍的迦南信仰。「後來那船果然破壞，不能往他施去了。」[11]原文的 vayishaberu 一字在這裡被翻譯為「破壞」（wrecked），但其確切含義並不清楚，因為它可能指在各種情況下「被毀」（destroyed），而在標準的英文譯本中則用「broken」（破碎）一詞代替。但可以肯定的是，《聖經》的意思是船隻解體了，不管原因是它們的建造品質太差，還是它們在風暴中傾覆，或在紅海的許多暗礁上沉沒。因為即使有腓尼基人的幫助，無論是哈特謝普蘇特的船隊、所羅門的船隊，或是這支船隊，要在陌生的海域航行都絕非易事。

顯然考古學家的任務是找到以旬迦別。這個名字的含義沒有什麼幫助；它可能表示「小公雞鎮」之類的意思；在中東的某些地區，人類在某地相對連續的定居，使得古老的名字得以保存至今，但以旬迦別的情況不是這樣。不過，因為紅海的盡頭是一個點，今天就在以色列的現代城市艾拉特和它較古老的鄰居約旦城市阿卡巴，所以我們在尋找以旬迦別時不用找得太遠。一九三八年，因為在《聖經》遺址方面的工作而備受尊敬的美國考古學家尼爾森・格魯克（Nelson Glueck），將位於約旦與以色列邊界附近的凱利費廢丘遺址（Tell el-Kheleifeh）山丘確定為以旬迦別的所在地。他在那裡發現西元前十世紀的陶器，其來源不一，但是大致可以追溯到所羅門王的時代。不過近期的研究顯示，這些陶器的年代要晚一些，甚至比約沙法王還要晚，可以追溯到西元前八世紀至前六世紀初，差不多就是《列王紀》被拼湊起來的時期。不過，這些陶器還是包含一些線索：一些碎片上印有「屬於國王的僕人考斯阿納爾

---

❽ 譯注：《舊約・列王紀上》，第二十二章第四十八至四十九節。

❾ 譯注：《舊約・列王紀上》，第二十二章第四十六節：「約沙法將他父親亞撒在世所剩下的孌童都從國中除去了。」

❿ 譯注：根據《聖經・舊約》的記載，以色列聯合王國的所羅門王駕崩後，以色列聯合王國分裂為南、北兩個國家：北方的以色列王國（以撒馬利亞為首都），和南方的猶大王國（以耶路撒冷為首都）。北國以色列於西元前七二二年被亞述消滅，南國猶大則在西元前五八六年被新巴比倫王國消滅，即所謂「巴比倫之囚」。

⓫ 譯注：《舊約・歷代志下》，第二十章第三十七節。

（Qaws'anal）」的銘文，這裡的國王很可能是指猶大國王。[33]在該遺址的另一個發現是一個帶有南阿拉伯文字的陶器碎片，可追溯到西元前七世紀或稍晚，因此當時紅海上肯定存在南北交通。其他尋找以旬迦別的人指出離岸稍遠一些的「法老島」，這是一座十字軍城堡的遺址；該島擁有一座封閉的內港，是腓尼基殖民地常見的類型。腓尼基人喜歡在近海島嶼建立貿易定居點，如推羅城、西西里島附近的莫提亞（Motya），或直布羅陀海峽外的加地斯。所以，當腓尼基人試圖在紅海建立一條海路時，無論是在西元前十世紀，還是更有可能在之後的幾個世紀，採取同樣的做法（即在近海島嶼建立貿易定居點）並不奇怪。[34]

所有這些證據看起來都很薄弱，而最有力的證據直到最後才發現。位於臺拉維夫的以色列故土博物館內的凱西爾遺址土丘中，有非利士人在雅法以北不遠處海岸建立一座相當大城鎮的遺跡。當時，地中海偉大的青銅時代文明發生崩潰，這些邁錫尼武士（非利士人）在騷動中從克里特島、賽普勒斯島和愛琴海跨越地中海，遷移到凱西爾遺址那裡。該城在西元前八世紀仍然活躍，當時有人丟棄了一個壺的碎片，上面刻著早期的希伯來文：「俄斐的黃金到伯和侖，三十謝克爾。」[35]伯和侖（Beth-Horon）不是一座獻給和倫（Horon）神的神廟，就是位於約旦河西岸、耶路撒冷西北方不遠處的一座小鎮。伯和侖沒有被世界遺忘，今天是以色列的一個殖民定居點，已經成為中東和平的障礙之一。

五

「（他們）進了房子，看見小孩子和他母親馬利亞，就俯伏拜那小孩子，揭開寶盒，拿黃金、乳香、沒藥為禮物獻給他。」⑫[36]上文已經講到，在耶穌降生的一千四百五十年之前，這三樣奢侈品就經常被聯繫在一起。大約十五年前，我在劍橋大學的一位同事於耶誕節前後從中東訪問歸來。當行李被英國海關官員檢查時，他們問他買了什麼。他說自己去了葉門，行李裡有乳香和沒藥。海關官員諷刺地答道：「我想還有黃金吧！」這位同事被放行了，沒有更多的麻煩。黃金、乳香和沒藥肯定是跨越整個紅海（或紅海大部分）的最早貿易路線上的名貴產品。另一方面，人們的喜好也會有變化。埃及人對沒藥特別感興趣，儘管他們也是焚香的大戶；腓尼基人和以色列人對黃金最感興趣，而他們的熏香有其他來源。而且就像早期航海家沿著波斯灣航行的情況，往邦特和俄斐的遠航也被長期的沉寂打斷。如果我們相信哈特謝普蘇特女王的話，那麼在這些沉寂的期間，紅海上的聯繫中斷了。與波斯灣相比，紅海航線的通航更為時斷時續。不利因素包括紅海遍布礁石和淺灘，以致航行困難；此外，也存在可以作為替代的陸路。從埃及出發，人們可以通過河流和陸地到達厄利垂亞，也可以走陸路沿著阿拉伯半島西部的海岸到達阿拉伯半島。駱駝的馴化讓這種交通變得更容易。駱駝的馴化年代存在爭議，但是至少在阿拉伯半島的部分地區，可能在西元前一〇〇〇年就已經實現了。[37]通往阿拉伯半島南部和對面的非洲海岸的

⑫譯注：《新約．馬太福音》，第二章第十一節。

陸路與海路之間的競爭，將持續數個世紀。海路為尋找乳香和沒藥的人提供怎樣的相對優勢，並非總是很清楚。只有當船隻定期向南航行，越過傳說中的邦特、示巴和俄斐的土地，進入廣闊的大洋時，紅海航線才會被大規模使用，而這只有在東印度群島和非洲海岸的吸引力變得清晰時才會發生。換句話說，紅海的繁榮不是為了它自己，而是作為一條連接埃及和地中海與非洲、印度，甚至馬來半島的通道。

第五章　謹慎的先驅

一

西元前一千紀，由於地中海東部的政治動盪，以及埃及和巴比倫的統治者為控制迦南人與以色列人、非利士人和腓尼基人居住的土地而進行的競爭，幾個大國的注意力從波斯灣和紅海轉移。也許正是因為這一點，所羅門和希蘭的海軍能夠接管通往俄斐的海路。但是在文獻資料、存世的泥板或考古發現中，幾乎沒有證據表明有商船在這些海域進行定期和密集的交通。這並不意味著接觸的結束，但是強大的波斯帝國崛起了，在西元前六世紀時併吞伊拉克，使得進入伊朗高原的陸路路線變得更加重要，而且印度的商品也可以透過陸路流通，而來自阿拉伯半島南部的商隊交通為消費者提供乳香和沒藥。

西元前五三九年，波斯統治者居魯士大帝征服巴比倫後，自稱「巴比倫之王、蘇美和阿卡德之王、世界四角之王」，將自己的地位牢牢置於源自青銅時代、綿延兩千年的蘇美法統之中。居魯士大帝之後的波斯國王們將權力擴張到小亞細亞海岸的愛奧尼亞，並渴望控制希臘本土。希臘人拜訪波斯宮廷，很想了解這個嶄露頭角的龐大帝國，這個帝國包括埃及、波斯、巴比倫和小亞細亞的呂底亞；但希臘人

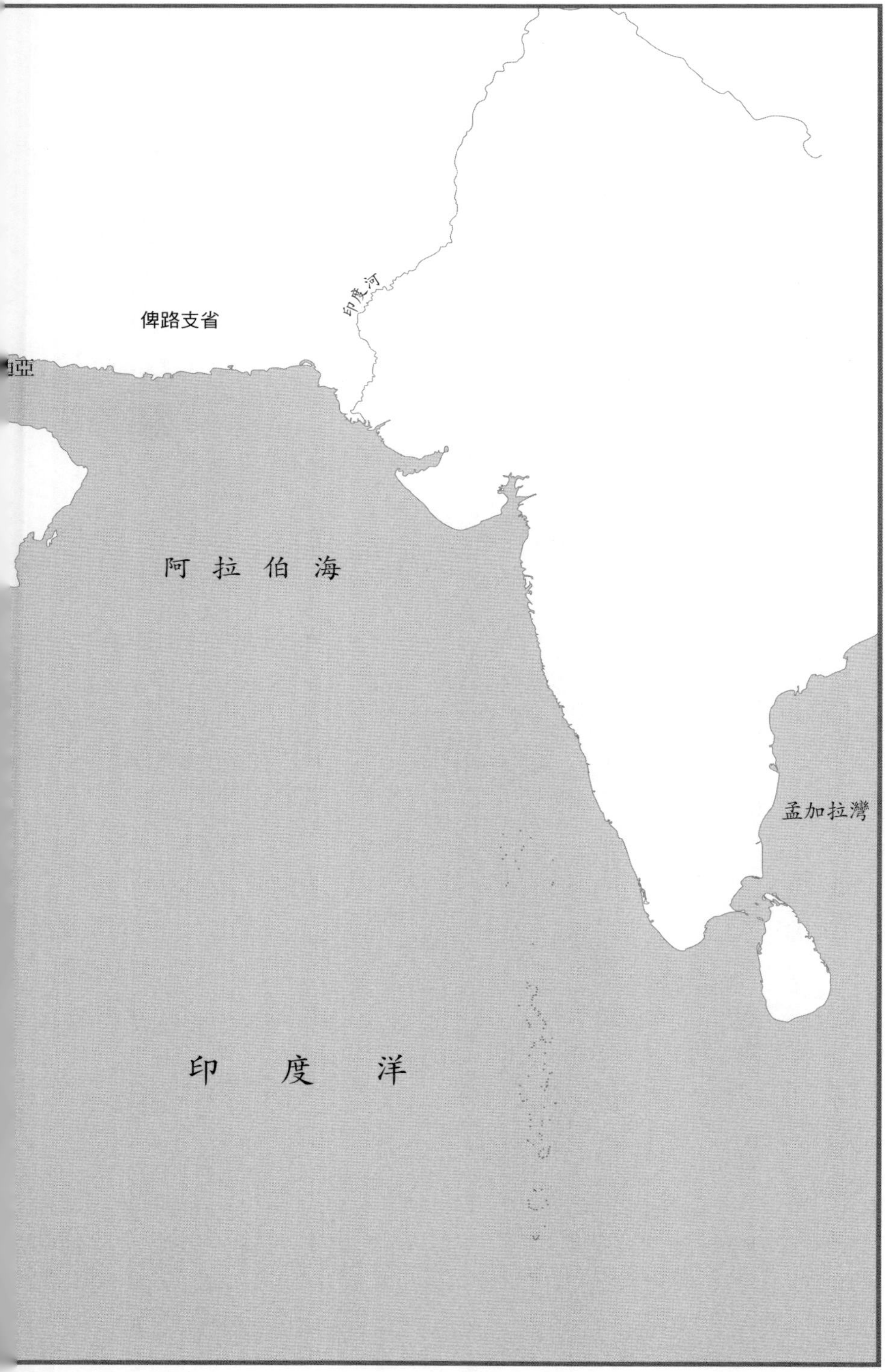

俾路支省
印度河
亞
阿拉伯海
孟加拉灣
印度洋

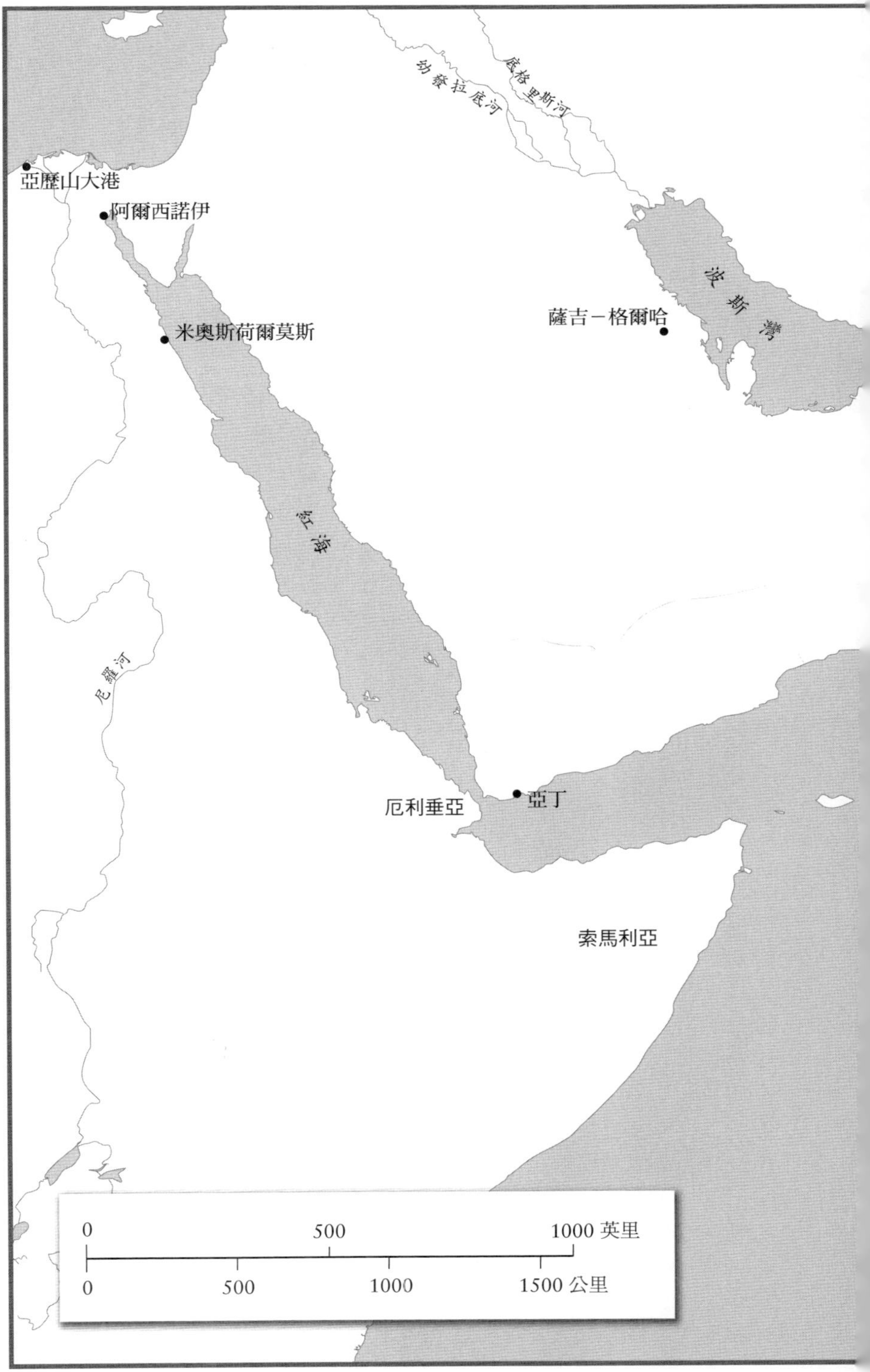
幼發拉底河
底格里斯河
亞歷山大港
阿爾西諾伊
波斯灣
薩吉－格爾哈
米奧斯荷爾莫斯
紅海
尼羅河
厄利垂亞
亞丁
索馬利亞
0
500
1000 英里
0
500
1000
1500 公里

很難理解那些傳播到愛奧尼亞與愛琴海的零碎資訊。從全篇或部分存世的地理著作來看，希臘人對非洲、阿拉伯半島和印度的形狀很好奇；也對那些在阿拉伯半島甚至整個非洲大陸旅行多年的勇敢探險家故事感到心馳神往。西元前五〇〇年左右，歷史學家赫卡塔埃烏斯（Hekataios，我們僅從後來作家引用的片段了解他）提及波斯灣，稱其為 Persikos kolpos，即「波斯灣」，這個名字透露一些關於已經出現的新政治秩序的資訊。在接下來一個世紀裡，愛奧尼亞的博學者希羅多德描述西元前五一〇年左右發生，圍繞阿拉伯半島的一次非凡的海上航行，表明當時人們在嘗試重建從印度到阿拉伯半島的航線。史凱勒斯（Skylax）來自今天土耳其海岸的卡里亞（Caria），因此是希羅多德的近鄰。他受大流士大帝的委託，率領船員，不是從底格里斯河與幼發拉底河的出海口出發，而是從印度河啟航（他事先從陸路到達印度河），然後駛入大洋，向西繞過阿拉伯半島，進入紅海。這次前往蘇伊士附近的阿爾西諾伊（Arsinoë）港的航行耗時三十個月。[1]

我們沒有理由對希羅多德的故事抱持懷疑態度。大流士正在嘗試的事情是革命性的（至少有這樣的潛力），他的目標是將印度和埃及連接在一起，這意味著在路線的埃及那一端也需要大量的工程建設。大流士重建穿越尼羅河三角洲的古老水道，該水道在一個方向通往尼羅河，在另一個方向通往地中海。這不能算是蘇伊士運河的前身，因為這條路線是從蘇伊士以北不遠處的鹹水湖向西延伸的；而且古埃及人似乎已經奠定該工程的基礎。希羅多德說，這條新水道的寬度足以讓兩艘三列槳座戰船❶並排而過，航行通過整條水道需要四天的時間。[2]一旦這條水道投入使用，至少在理論上，航運可以從埃及的巴比倫城（今開羅）一直通行到印度河。在該水道沿線發現這個時期的埃及銘文誇耀道，船隻可以「從尼羅河經薩巴（Saba）直接駛向波斯」，而薩巴在阿拉伯半島南部。希羅多德認為這條水道是波斯人征服印度和希臘之間整個廣大地區的計畫的一部分。大流士的野心也不僅限於陸地，還企圖成為海洋的主人：「在他們繞著海岸航行之後，大流士既征服了印度人，又利用了這片海域。」[3]

既然在靠近蘇伊士灣頂端的阿爾西諾伊已經有了一個港口，而阿拉伯半島南部的陶器已經到達阿卡巴灣，那麼在西元前一千紀，紅海還是一個被忽視的地區嗎？使用默證法總是非常冒險的，而希羅多德儘管魅力無窮，卻並非總是可靠，有時他也承認並未真正相信聽到的一切。但是史凱勒斯的故事得到更重要、更容易核實，關於波斯帝國野心故事的支持。希羅多德講的另一個故事談及法老尼科二世（Necho II）在位期間（西元前六一〇－前五九四）從紅海進入印度洋的航行，還描述在非洲海岸種植和收穫穀物，這個故事就不太可信了：

> 利比亞〔即非洲〕除了與亞洲接壤的部分外，都被大海環繞；據我們所知，最早是埃及法老尼科二世證明了這一點。他完成從尼羅河到阿拉伯灣〔即紅海〕的水道挖掘工作後，就派腓尼基人乘船出發，命令他們繼續航行，經過海克力斯之柱❷回到北海〔即地中海〕，並從那裡前往埃及。因

---

❶ 譯注：三列槳座戰船（trireme）是古代地中海的航海文明（腓尼基人、希臘人、羅馬人等）使用的一種槳帆船。戰船每邊有三排槳，一個人控制一枝槳。此種戰船在希波戰爭、雅典帝國興亡中發揮重要作用。

❷ 譯注：「海克力斯之柱」是直布羅陀海峽南、北兩岸的巨岩，北面一柱是位於英屬直布羅陀境內的直布羅陀巨岩，而南面一柱則在北非，但確切是哪座山峰沒有定論。根據希臘神話，這兩大巨岩是大力士海克力斯所立，為他捕捉巨人革律翁之行留下紀念。海克力斯雙柱之內的海洋即地中海。

此，腓尼基人從紅海出發，駛過南海〔即印度洋〕。每當秋天來臨，無論他們碰巧到達利比亞的什麼地方，他們都會上岸播種；然後他們就等著收穫。在收穫穀物之後，他們繼續航行。這樣過了兩年，他們在第三年經過海克力斯之柱，到達埃及。他們報告了一件事，我不相信，但其他人可能會選擇相信，就是在繞著利比亞航行時，太陽出現在他們的右邊。[4]

希羅多德還記述後來的波斯國王薛西斯（西元前四八五－前四六五）派遣的一次航行，這次航行據說以逆時針繞過非洲。船長是名叫薩塔斯佩斯（Sataspes）的波斯人，他會被派去參加這次遠征，是因為非禮或侮辱一位貴族女子，原本要被處以木樁穿刺之刑。他在非洲海岸遇到一些矮小的原始人後，在大西洋的某個地方折返，回到埃及。在那裡，薩塔斯佩斯不久後就被波斯國王處以刺刑。[5]希羅多德心中的問題是非洲的形狀和尺寸，以及印度洋是否通向大西洋。他和後來的亞歷山大大帝都確信，印度洋一定與大西洋相通。即便如此，地理學家托勒密（Ptolemy）後來仍認為，印度洋是一個封閉的海洋，它的南部邊緣是一片酷熱、不適合人類居住的土地，從非洲南部一直延伸到東南亞。

這是腓尼基人所謂的眾多偉大遠航之一，人們經常說腓尼基人曾進行偉大的遠航，但是往往沒有太多證據。更晚近的一些人說腓尼基人去過亞速群島（甚至美洲）和印度（甚至馬來西亞），有人甚至認為腓尼基人在法老尼科二世統治僅一千八百年後，在非洲南部興建大辛巴威城。關於太陽所在方位的敘述經常被引用，以證明腓尼基人一定是沿著非洲的大西洋海岸（向北）航行，不過肯定有其他一些腓尼基人（也許包括不幸的薩塔斯佩斯），曾從直布羅陀沿著非洲海岸南下，無疑遠至摩加多爾

（Mogador）。不利於這次航行真實性證據包括過短的航行時間，特別是與史凱勒斯環繞阿拉伯半島的航行所用更為合理的時間相比。如果說腓尼基人有很長一段時間停下來等待穀物生長，就更難以令人信服了。他們如何維護和修理船隻？他們使用的到底是什麼船？[6]從希羅多德簡短而令人困惑的敘述中，得出的最重要結論是，無論腓尼基人觀察到什麼，他們並未開闢進入印度洋的新航線。東非總有一天將被納入印度洋的巨型貿易網絡，但跨印度洋的長途交通的先行者是希臘人和羅馬人。

希臘人對大流士和薛西斯過去的攻擊進行報復。西元前四世紀，亞歷山大大帝閃電般地征服波斯。在這之後，印度洋就不僅從統治者，還從作家那裡吸引到越來越多的關注。當亞歷山大向印度西北部挺進時，他建立無垠帝國的野心不減反增。他在印度西北部留下希臘軍隊的老兵和希臘文化遺產，這種文化遺產後來與佛教交織在一起。身為大學者亞里斯多德的學生，他精通地理，他有一次發表演講，闡述包括波斯灣在內的各個海洋是如何相互聯繫的。毫無疑問，亞歷山大讀過關於史凱勒斯的著作（其人相當有名），也讀過記載波斯人旗下其他探險活動的書。他顯然知道希羅多德記述的航行，因為他認為「我們的艦隊將從波斯灣航行到利比亞，一直到海克力斯之柱」，並認為這樣遠航的一個結果是，他的統治將擴展到整個利比亞（即非洲），更不用說亞洲，他的目標是達到「神為整個地球設定的邊界」。[7]

西元前三二五年，亞歷山大委派一位名叫尼阿庫斯（Nearchos）的克里特軍官從印度河出發，向波斯灣航行。尼阿庫斯是亞歷山大信任的老夥伴。選擇與國王關係如此密切的人領導這次航行，表明這不是一項無足輕重的事業，而是有著戰略目標和科學目標。亞歷山大起初不願意派尼阿庫斯去，因為他非常看重自己與尼阿庫斯的友誼，並且很清楚尼阿庫斯率領艦隊進入未知水域時必然要面臨風險，但尼阿庫斯堅持表示他想去。當他們審視其他可能的指揮官名字時，意識到這些人都是不可靠，甚至是怯懦的。如果我們相信亞歷山大的傳記作者阿里安（Arrian）的話，尼阿庫斯說：「國王啊！讓我領導您的艦隊！願神祐助這項事業！如果大海確實可以航行，而且這項事業確實在人力所及範圍之內的話，我會把您的船隻和部下安然無恙地帶到波斯。」

這次遠征的水手來自腓尼基、賽普勒斯和埃及，不過個別船隻是由亞歷山大隨行人員中的希臘指揮官領導的。有些船的一部分是從賽普勒斯和腓尼基運來，儘管這看起來極不尋常。按照通常的做法，船隻會被拆解或只在黎巴嫩海岸建造一部分，然後從陸路運到美索不達米亞的河系。隨後船隻部件被運到巴比倫，那裡還在建造更多船隻，然後它們如何跨越波斯的群山抵達印度河就是個謎了。[8] 腓尼基人和他們的迦太基後裔是以裝配線方式造船的專家，他們會對木板和配件編號，從而讓所有的東西都能準確地組裝在一起。[9] 亞歷山大希望得到一份關於美索不達米亞和印度之間海岸的居民、港口與產品的報告。這次航行後來廣為人知，因為不僅阿科斯，還有艦隊的好幾位軍官都記錄了自己的旅程。遺憾的是這些記述只有片段留存，儘管阿里安根據尼阿庫斯的記載提供一部連貫的記述。阿里安的敘述結合扣人心弦的情節和相當具體的描述，因為船長們留下的紀錄並非激動人心的海上故事，而是詳細的航海指南，詳盡記錄馬其頓國王索要的資訊。

不過，也有夠多的材料可以用來講述驚險故事：沿著印度河航行到達今天的喀拉蚩（Karachi）附近的船隻，被季風耽擱了三個多星期。然後有幾艘船在大風中損毀，儘管船上的人設法游到安全地帶。尼阿庫斯在開始航行時不可能對季風有多少了解，但經驗告訴他和他的船長們，尊重大洋風是多麼重要。對付遠海只是第一個難題，海岸線上的居民對他們往往非常不友好。有一次，當他們沿著俾路支省海岸線航行時，尼阿庫斯受到數百名半裸的印度人挑戰，他們被描述為毛髮濃密，「不僅是他們的頭，還有他們身體的其他部位」。他們不知道鐵，而是用爪子一樣的指甲作為工具，用指甲撕開生魚吃掉。除此之外，他們還依靠鋒利的石頭作為工具；他們穿著獸皮，甚至是鯨魚皮的衣服。尼阿庫斯派出一隊人馬，都是游泳健將，從船舷上跳下去；這些人顯然是穿著盔甲游到岸上，或者至少是涉水而行，把印度人嚇壞了。

當他們離開了尼阿庫斯眼中的印度，沿著伊朗海岸前進時，遇到一些和平的城鎮居民。這些居民給水手提供的麵包不是用穀物製成，而是用大型海洋生物晒乾後的肉碾碎所得的魚粉製成；小麥和大麥對他們來說算得上是佳餚。新鮮的魚一般都是生吃。並且這些魚不是在海上捕撈，而是和螃蟹與牡蠣一樣，在退潮海灘上的坑裡挖出來的。另一個定居點的羊肉嘗起來有魚的味道，因為據記載這裡沒有牧場，所以用魚粉當羊的飼料，就連他們建造房屋的橫梁也是鯨魚骨或魚骨。在船隊航行的過程中，有時很難找到食物，船上的人不得不從海岸邊的樹上砍棕櫚心來吃。除了偶爾宰殺的駱駝外，他們在以魚為主食的地方幾乎找不到可以大快朵頤的東西，因此很樂意繼續前進。[10]

傳說難免會和現實混在一起。阿里安記述尼阿庫斯艦隊對一座太陽聖島的造訪，那裡沒有人類涉足，希臘人稱之為涅瑞伊得斯（Nereids）的女性半神曾住在那裡。她把水手引誘到島上，他們到達之後，就被她變成魚。太陽神並不喜歡這種胡鬧，把她趕走了，同時也把這些魚變回人。於是他們在岸上定居下來，成了吃魚的人。尼阿庫斯毫不費力地到達這座島，並證明這個地方沒有什麼神奇之處。但他仍有一種彷彿迷路的感覺，只是隱約知道他們應該去哪裡。繪製印度和伊朗的輪廓圖是一件困難的工作，特別是當他們接近波斯灣和從阿曼伸出、幾乎封閉波斯灣的穆珊旦半島時。他們應該沿著穆珊旦半島的大洋那一側駛過阿拉伯半島，還是沿著伊朗的海岸繼續進入波斯灣？在那一邊，尼阿庫斯已經發現盛產肉桂的地方，但他意識到阿拉伯半島的海岸是沙漠的外緣，「完全沒有水」，因此拒絕他的一位船長的建議，即沿著阿曼海岸向西南航行。他明白，沿著波斯灣向北的路線最終會把他帶到巴比倫尼亞（Babylonia）。當他們在波斯灣向北航行時，遇到更多生活在海岸的未被征服部落，甚至還遇到一個流浪的希臘人，他之前脫離了亞歷山大的軍隊，仍然穿著希臘斗篷。因此，即使在沿著波斯中心地帶的海岸航行時，他們也有新發現，並幫助馬其頓國王了解他的領土是如何整合在一起的。[11]這次航行被認為是一次輝煌的勝利。

二

尼阿庫斯的遠征隊探索了現代巴基斯坦和波斯灣之間的一小段重要的海岸線。與腓尼基人的航行相比，這段距離並不長，但一個橫跨印度洋的海上網絡雛形正在逐漸形成。亞歷山大下令在底格里斯－幼發拉底河水系的出海口建立一個港口（名字當然叫亞歷山大港），以促進沿波斯灣而下的貿易。因此，尼阿庫斯的成就有希望得到實際的應用。但亞歷山大沒過多久就在巴比倫英年早逝，他的航海雄心也無法實現了。在接下來若干年裡，他的將軍們為他的帝國爭吵不休，最終將其瓜分。但亞歷山大為航海事業播下一些種子：他的繼業者，埃及的托勒密王朝和美索不達米亞的塞琉古王朝（雙方正激烈地爭奪敘利亞），對海上力量越來越感興趣；波斯灣逐漸重新成為意圖到達印度的商人的重要通道。亞歷山大將希臘世界延伸到印度；波斯灣地區也發生部分希臘化，因為希臘定居者被激勵去建立小型貿易城鎮，為阿拉伯半島芳香劑和印度香料貿易服務。不過，與波斯灣和印度洋相比，亞歷山大的繼業者們通常對敘利亞和地中海更感興趣，塞琉古王朝在那裡與埃及的托勒密王朝展開競爭。塞琉古王朝軍事力量的偉大象徵是大象，而不是戰艦。不過，塞琉古國王還是在波斯灣經營著一支艦隊，其任務是確保通往印度的海路暢通，特別是當波斯勢力的重新崛起，威脅到這些水域的自由通行時（為波斯服務的帕提亞士兵可能設法占領阿曼的北端）。[12]

這是一個波斯灣地區的城市復興時代。塞琉古國王們夢想著在波斯灣沿岸建立一個希臘城鎮網絡。這樣一個網絡不可能與地中海地區建立的網絡相提並論，但也有至少六座，也許九座或更多的城鎮。對於它們的確切位置一直有很多爭論，因為它們已經從地圖上消失了。在比迪亞（Bidya）古代定居點（位於阿拉伯聯合大公國面向印度洋的那一小部分地區）發現的墳墓被描述為「希臘化的」，換句話說就是塞琉古時期的墳墓；它們和可追溯到西元前二千紀的墳墓重疊在一起。因此，也許希臘人，或者說接受希臘文化的人（從該城的出土物來看，這裡的希臘文化包括精美的玻璃），已經來到這裡。[13] 有一座城鎮的發展似乎獨立於這些希臘定居點，並且發展得比它們更好，位置在阿拉伯人後來稱為薩吉（Thaj）的地方，在今天的沙烏地阿拉伯境內。它的絕大部分居民可能是阿拉伯人，並且是一個控制著阿拉伯半島東翼部分地區的國家的中心所在。[14] 這座大城市的廢墟，沒有任何考古紀錄能告訴我們它的原名；但是我們擁有古典時代作家的熱情記載。這些記載可以追溯到亞歷山大大帝時期，描述他們稱為格爾哈（Gerrha）的地方與巴比倫尼亞之間的陸上和海上貿易，並明確指出格爾哈是迄今為止該地區最重要的貿易中心。[15]根據希臘作家的說法，這些阿拉伯商人最重要的商品是熏香（這很容易猜到），他們把熏香運到自己位於北方的城市。格爾哈是盛產乳香和沒藥的土地，與渴望並有能力購買這些產品的大帝國和王廷之間的中繼站。乳香和沒藥被用於神廟的崇拜儀式，並使塞琉古與托勒密宮廷的儀式更加華麗。

塞琉古國王安條克三世（Antiochos III）非常希望從這種貿易中獲益，所以他在西元前二〇五年對格爾哈進行一次國事訪問。雖然他在波斯灣展示塞琉古王朝的旗幟，但並不是以征服者的身分來到格爾哈。希臘歷史學家波利比烏斯（Polybios）強調，安條克三世欣然承認格爾哈公民的「永久和平與自由」。[16]不過，安條克三世也很高興帶著大量作為禮物的乳香、沒藥和白銀離開。他希望說服格爾哈人把商人派遣到巴比倫尼亞，而不是到波斯或他的競爭對手埃及的托勒密國王那裡，托勒密王朝此時控制著敘利亞。正如出自埃及的幾份莎草紙表明的，阿拉伯半島南部的熏香要到達托勒密王朝的土地，要由納巴泰商人的駱駝商隊走陸路運輸，通過佩特拉或敘利亞邊緣的其他城鎮，而不是乘船繞過阿拉伯半島並進入紅海。但是在西元前二世紀，敘利亞被塞琉古王朝統治；因此，從格爾哈到納巴泰人土地的路線通暢了，塞琉古國王現在從敘利亞徵收的稅款與從巴比倫徵收的稅款一樣多。[17]

這就是希臘歷史學家和地理學家告訴我們的格爾哈情況，然後還有來自薩吉的實物證據。無論薩吉是否矗立在格爾哈的遺址上，它作為一個貿易中心都擁有悠久的歷史。前伊斯蘭時代的阿拉伯文作家提到薩吉，他們的作品片段被阿拉伯穆斯林作為文學典範保存下來。阿姆爾・伊本・庫勒蘇姆（'Amr ibn Kultum）在西元六世紀末的某個時候寫道：「薩吉的流泉吸引了母野驢。」[18]但在那許久以前的西元前三世紀，薩吉這座有城牆環繞的相當大的城鎮，就有了從地中海運來的少量希臘黑釉陶器。更多的陶器來自塞琉西亞（Seleukeia），它是塞琉古王朝恢弘的東都，以當時典型的自誇風格，用君主自己的名字命名。[19]塞琉西亞位於底格里斯河上游，底格里斯河和幼發拉底河之間的距離在塞琉西亞略微縮短。因此，薩吉與遙遠的地方有著聯繫。這座城市不斷發展壯大，成為波斯灣地區已知最大的考古遺址，面積超過八十萬平方公尺（老普林尼說格爾哈的周長是五羅馬里，因此它的面積與八十萬平方公尺差不多）。[20]儘管薩吉有大量的淡水，但它位於離海岸五十多英里的內陸。不過從薩吉很容易到達朱拜勒（al-Jubayl）的港口，無疑也很容易進入沿阿拉伯半島東側跋涉的商隊路線。十九世紀，咖啡商人騎著駱駝從葉門一路跋涉而來，仍在使用這些路線。[21]這就解決一些歷史學家對於格爾哈和薩吉是否為同一個地方的疑問。古希臘作家認為格爾哈是一個靠海的地方，一份早期的希臘文獻認為，有木筏（也許指的是蘆葦船）從格爾哈出發，從波斯灣北上，駛向巴比倫。地理學家史特拉波（Strabo）首先說格爾哈在海邊，然後又說它在內陸的某個地方。[22]格爾哈和迪爾蒙一樣，既是一個具體地方的稱謂，也是一個統稱：格爾哈是一座雙子城，這種情況在過去並不罕見，即將一座大型的內陸都市和一個小型但美麗的海港結合在一起；格爾哈也是同時包括城市和港口兩方政治實體的統稱，我們對其政府一無所知。格爾哈位於內陸的那一半取得更大的成功。這也許不能證明波斯灣地區的海上貿易終於起飛了，但卻證明這一廣泛的地區正在復興。即便如此，只有當偉大的國王和為他們服務的商人的商業活動變得更加雄心勃勃，並經常遠達印度時，真正的轉變才會發生。

三

當塞琉古王朝試圖擴大在波斯灣的影響力時，競爭對手托勒密王朝也沒有閒著。[23]尼阿庫斯遠征的消息傳到埃及，因為他的有些船員是埃及人。托勒密一世（Ptolemy I）於西元前三〇五年／三〇四年至西元前二八二年在位，相較於紅海的險惡水域，他對於把亞歷山大港建設成一個政治、商業和海軍中心更感興趣，他從這裡可以主宰地中海東部。即便如此，托勒密王朝早期在紅海還是有一些建樹。其中之一是疏浚「紅海－地中海」運河，該運河在波斯國王大流士的命令下，就已經被浚通過一次。到了西元前四〇〇年，運河已經淤塞，沒有人對清理它表現出興趣，儘管它的關閉切斷了貿易城鎮比東（Pithom）的水上交通，使其陷入衰退。這是一座古老的城鎮，在猶太人中聲名狼藉，因為它是希伯來奴隸為法老建造的「積貨城」❸之一。然後，在托勒密二世（愛手足者）（Ptolemy II Philadelphus）時期，大約在西元前二七〇年，隨著運河的重新開放，比東又恢復了活力。[24]疏浚「紅海－地中海」運河的舉措被寄予厚望，是因為托勒密一世時期的一次早期試驗取得很大的成功。這位國王曾派遣一位名叫斐洛（Philo）的海軍將領前往非洲海岸，希望為他的軍隊獲取大象，如果弄不到活的大象，就為他的宮廷獲取象牙。托勒密軍隊有一支專門的戰象部隊，戰象被安置在自己的園林裡，王家動物飼養員可以滿足牠們的一切需要。[25]當托勒密二世得知，大象棲息地的居民有從活體大象的腹部切下肉排的習慣時，感到非常擔心。他希望大象完好無損、身體健康。由於非洲象的體型比印度象大，因此他有機會獲得比對手塞琉古王朝更大、更具攻擊力的戰象。[26]

僅靠大象無法維持在紅海的埃及沿岸興起的若干小港口的經濟生活，於是從索馬利亞沿紅海而上的海上貿易的涓涓細流變成定期流動。埃及的船長們相當有自信地越過亞丁，到達非洲之角，但緊貼著非洲海岸航行。而為塞琉古王朝服務的船長們則留在波斯灣，或只在從波斯灣通往印度邊緣的海岸活動。至於阿拉伯半島南部，即盛產乳香和沒藥的賽伯伊（Sabaea），是一個未被征服的地區，也是一個不友好的地區，它輸出貨物，從貿易中獲得巨大利潤，但唯一得到它歡迎的外商是納巴泰人，他們主導通往佩特拉和地中海沿岸的商隊路線，賽伯伊當地的商人則熱衷購買來自非洲之角的肉桂。賽伯伊人的孤立主義，還有遠海航行的困難，都使得埃及商船隊與塞琉古商船隊沒有發生接觸。人們還沒有掌握季風的規律，印度洋仍是一個充滿不可預知危險的地方。一世紀，史特拉波回顧托勒密王朝滲透到印度洋的嘗試，並強調在他的時代，透過紅海之濱的米奧斯荷爾莫斯（Myos Hormos），亞歷山大港與印度洋之間已有定期的交通聯繫，「但是在托勒密王朝統治時期，很少有人敢駕船從事印度貨物的貿易」。[27]我們接著會談到米奧斯荷爾莫斯，因為它是一個不尋常的考古遺址。沿著伊朗海岸和印度西北部海岸的早期探索航行，證明了一條海路的存在，但實際上這條航線並未被打通，原因之一是季風的挑戰。

---

❸ 譯注：指鄰近邊境的軍用倉庫，用來儲備軍需，以應防衛及戰爭之用。見《舊約．出埃及記》第一章第十一節：「於是埃及人派督工的轄制他們，加重擔苦害他們。他們為法老建造兩座積貨城，就是比東和蘭塞。」

因此，從埃及到印度洋的路線被一道「阿拉伯屏障」阻擋了，而要找到一條繞過賽伯伊的道路很困難，所以托勒密王朝更熱衷於拆除這道屏障。托勒密統治者畢竟是偉大的亞歷山大港圖書館贊助者，那裡是知道（或自以為知道）世界上所有土地如何連接在一起的學者們的家園。西元前二世紀中葉，統治埃及的托勒密八世（施惠者二世）（Ptolemy VIII〔Euergetes II〕）喜歡與亞歷山大港的地理專家學者為伍，其中最重要的是克尼多斯的阿伽撒爾吉德斯（Agatharchides of Knidos），他寫了一本關於紅海的書，但大部分已經佚失。他的著作是根據許多旅行者的講述，以及王家檔案館裡的文獻。[28]他的著作中的一段長文保存在一份拜占庭抄本中，為我們了解托勒密王朝的野心提供一些線索，因為追尋純粹的知識並不是他們的最終目標。阿伽撒爾吉德斯吊起花錢如流水的托勒密統治者們的胃口，他對阿拉伯半島作了概述，描述富含純金塊的土地，最小的金塊也有果核大小，最大的金塊有核桃那麼大。開採這些金塊的當地人認為黃金稀鬆平常，而更看重鐵、銅和銀；在他們眼中，相同重量的白銀的價值是黃金的十倍。阿伽撒爾吉德斯認為，薩巴斯（Sabas，而不是格爾哈）是賽伯伊人的首都，盛產乳香和沒藥，是阿拉伯半島最好的城鎮。他說，格爾哈人和賽伯伊人「已經使得托勒密王朝治下的敘利亞擁有大量黃金」。[29]

水手基齊庫斯的歐多克索斯（Eudoxos of Kyzikos）從西元前一一八年開始的冒險經歷，被古代作家長期銘記。當一位印度旅行者被風吹過大海，孤零零地流落到紅海岸邊時，王家衛兵發現了他，並靈機一動，把他帶到好奇心極強的托勒密八世國王的宮廷。這個印度旅行者肯定知道通往印度的路線，他引導水手歐多克索斯去了印度，帶回一批極好的芳香劑和香料。歐多克索斯一直期待著享受此次遠航的利潤，但貪婪的國王把一切據為己有。不過，在托勒密八世死後，埃及女王克麗奧佩脫拉二世再次派遣歐多克索斯出航，王室再次將航行的全部收入攫為己有。在受到托勒密王朝欺凌後，歐多克索斯很氣憤，因為他原本以為女王比較善良，所以希望在女王的庇護下會有更好的結果。歐多克索斯決定，他將找到一條不同的航線去印度，這一次沒有王室參與；他將從地中海出發，繞過非洲，到達印度。他在這次遠航中投入大量的資金，甚至還帶著少男、少女組成的樂隊，希望用他們來打動印度的國王。但他只到加納利群島或該地區的某個地方，就不得不折返。後來他又一次嘗試繞過非洲，但他的小船隊遭遇海難，包括歐多克索斯在內的所有人都失蹤，估計是淹死了。[30]所以，歐多克索斯是一位先驅，他的生涯充滿挫折和失敗，因為即使他到達印度，也未能享受他探險的成果。不過，他的生涯也表明，通往印度的路線已是托勒密王朝宮廷中的一個重要議題。早在哥倫布和達伽馬之前，如何最好地透過海路到達這些傳說中富饒土地的問題，就已經吸引國王和船長們。

通往印度的海路開通之後，托勒密王朝積攢大量的印度商品，下一任埃及國王托勒密九世（救主二世）（Ptolemy I〔X Soter II〕）據說非常受提洛島（Delos）商人歡迎，當時這座島已經成為地中海東部貿易路線的樞紐。著名的古代史專家羅斯托夫采夫（Rostovtzeff）表示，托勒密九世之所以如此受歡迎，是因為提洛島人把他當作「生意人、大商人」，而不是埃及國王。所有這些印度奢侈品的出現，為這個原本就欣欣向榮的島嶼帶來更多的財富。從埃及運來的象牙太多，以至於提洛島商人不得不以低於他們預期的價格出售這些象牙。[31]地中海和印度洋逐漸開始互動，處於（地中海和印度洋之間的）中間位置的人，比如埃及的國王和商人，充分意識到這將帶來的好處：豐厚的利潤和可供享用的奢侈品。

第六章　掌握季風

一

史特拉波說，當時埃及和印度之間有持續的交通。這一點非常引人注目，因為這種交通一定是在不超過一個半世紀的相對短暫的時間內建立的，這恰恰是地中海地區發生重大變化的時期。首先是羅德島，然後是小得多的神聖的提洛島，成為商業網絡的焦點。這些商業網絡將亞歷山大港、羅馬（正在成為地中海東部越來越廣大地區的主人）和敘利亞海岸聯繫起來。納巴泰商人運載的香水擺滿提洛島的市場攤位，提洛島被描述為「世界上最大的商場」，在不超過一平方英里的土地上擁有三萬人口。[1]亞歷山大港人口稠密，那裡的居民有希臘人、猶太人和埃及人，城裡的各種生意欣欣向榮，而且該城不僅向敘利亞、希臘和羅馬做生意，還拓展至紅海，最後遠至印度洋。有一份來自亞歷山大港的關稅表（可能出自二世紀初）令人眼花撩亂地列舉主要來自印度洋的香料和芳香劑。閱讀它會使你彷彿置身於古今中東的香料市場，然後又步入珠寶商的集市：先是肉桂、小豆蔻、胡椒、生薑、沒藥、桂皮；然後是珍珠、鑽石、藍寶石、祖母綠、綠柱石、綠松石；此外，還有生絲和加工的絲，以及野生動物，如獅子和豹子，在所有這些奇妙貨物中居然還有印度閹人。[2]

透過設立由羅馬士兵把守的瞭望塔，穿越沙漠連接尼羅河和紅海諸港口的路線變得安全多了。另外，有為商隊服務的客棧，人和駱駝在那裡都能得到水與食物，貨物也能安全地存放一晚。根據史特拉波的說法，羅馬人投入資金和精力，挖掘巨大的蓄水池，以收集沙漠中稀少的雨水。[3]當人們花費力氣疏浚連接尼羅河和蘇伊士灣的容易堵塞的運河之後，甚至有可能直接沿著尼羅河航行到克里斯瑪（Klysma，今蘇伊士），如果要接著順紅海而下，則要在此換船。在二世紀寫作的諷刺作家薩莫薩塔的琉善（Lucian of Samosata）講了這樣一個故事：一個年輕人順著尼羅河來到克里斯瑪，決定乘船前往印度；與此同時，朋友不知他去往何方，認為他在尼羅河順流而下的途中淹死了。[4]到了奧古斯都（卒於西元一四年）統治時期，羅馬與印度的貿易已經很興旺。到了提比略統治時期（西元一四－三七），羅馬錢幣湧入印度北部和西部，甚至到達錫蘭和印度東部的一些地區，它們被用作貨幣或金銀塊，甚至是裝飾品（有些錢幣是穿孔的，所以可以戴在項鍊上）。[5]

只有在正確地理解季風之後，才有可能掌控印度洋，而這正是西帕路斯（Hippalos）的貢獻，他發現季風的規律，所以後世的希臘水手將西南季風命名為「西帕路斯風」。後來，他們忘記「西帕路斯風」得名自這樣一位冒險精神可以與哥倫布媲美的航海家先驅。西帕路斯是一位希臘商人，在西元二〇年左右航海。他已經知道印度的海岸；而且他了解季風的基本規律，其季節性轉換在當時已經為人所知。問題不在於這些風通常什麼時候吹，而在於如何利用這些風，在看不到陸地的遠海更快地航行，途經阿拉伯半島，到達印度。[6]一位希臘商人（下文會探討他對印度洋的描述）寫道：「船長西帕路斯透

巴利加薩（布羅奇）
阿拉伯海
孟加拉灣
馬拉巴海岸
（利米里凱）
本地治里
錫蘭
印度洋
0
500
1000 英里
0
500
1000
1500 公里

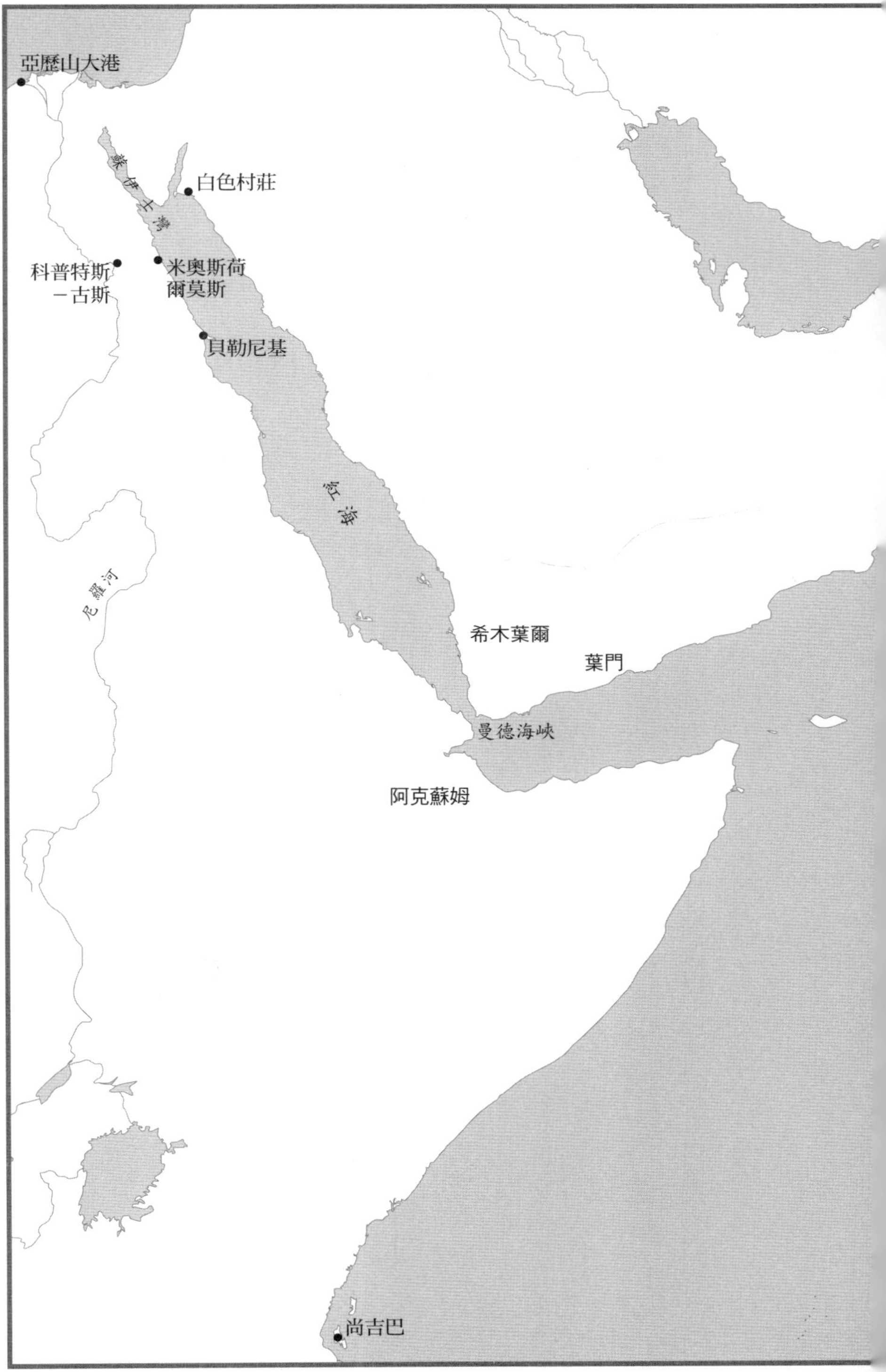
亞歷山大港
白色村莊
蘇伊士灣
科普特斯
－古斯
米奧斯荷
爾莫斯
貝勒尼基
紅海
尼羅河
希木葉爾
葉門
曼德海峽
阿克蘇姆
尚吉巴

過繪製貿易港口的位置和海洋的布局圖，成為第一個發現穿越遠海路線的人。」[7]西帕路斯從阿拉伯半島西南角出發，乘著季風航行，穿越遠海，在印度河出海口附近靠岸。從埃及順著紅海南下直達印度的捷徑由此開通，希臘和羅馬商人很快就充分利用這一點。隨著時間的推移，他們學會沿著印度西岸向南方越來越遠的地方航行，一直到達印度的最南端。[8]

在西帕路斯勇闖印度洋遠海不久之後，有一位不知名的水手不僅了解大海，還了解印度洋西部的海岸線，他用希臘文寫了一篇關於通往印度的海路的詳細記述。他顯然是商人，而不是專業的水手，因為他更感興趣的是所到之地的物產，而不是航海的詳細資訊。[9]這位作者也是一個埃及的希臘人，因為他以埃及為家，提到「我們在埃及的樹木」；但他不是空談家：他描述自己的船如何設定航線和加快速度。他的文風樸實，談不上優雅，但是文筆不差，比如他對印度西北部巴利加薩（Barygaza）附近可怕的潮汐作了戲劇性描述。莫蒂默．惠勒（Mortimer Wheeler）爵士熱情地評價道：「我應當說它是古典時代留存至今的最有意思的書籍之一。」[10]這部作品的原名是 *Periplous tēs Eruthras thalassēs*，即《厄利垂亞海周航記》（以下簡稱《周航記》）。「厄利垂亞海」一詞的字面意思就是紅海，不過他指的其實是今天的印度洋，而今天的紅海在當時則被稱為「阿拉伯灣」，《周航記》的作者就是這麼表述的。[11]西元九〇〇年左右，拜占庭帝國的某人認為有必要抄寫該書（儘管做得相當混亂），它因此得以存世。但它最初寫於何時並不確定，有人不相信它寫於一世紀，更傾向相信成書年代為二世紀初，甚至是三世紀初。[12]《周航記》描述一個繁榮的貿易網絡，該網絡始於紅海港口米奧斯荷爾莫斯和貝勒尼基，這兩個港口將在下文討論，因為在那裡有重大的考古發現。但貝勒尼基在西元一六六年爆發瘟疫，之後那裡的貿易就凋零了，所以《周航記》肯定是在那之前寫的。此外，作者在試圖描述印度以外的水域時變得語焉不詳，所以這本小書的寫作時間一定早於羅馬船隻開始駛向錫蘭以外更遠地方的時間，也早於錫蘭被確定為一座島嶼的時間，因為作者認為錫蘭是另一塊大陸的一角。[13]很顯然，塞琉古王朝早期的試探性探索也許在一個世紀之內就變成定期、繁忙的交通。不僅僅是交通的規模空前，在印度（還有錫蘭）和亞歷山大港之間建立的聯繫，在以後的許多個世紀裡都蓬勃發展，極大地擴大海上聯繫的範圍。因為即使希臘和羅馬商人在《周航記》佚名作者航行時，還沒有進入印度洋東部，但他和同時代的人到達南印度，與來自更遠的、幾乎不為人知的東方的香料商人有了接觸。

我們不妨先追蹤一番《周航記》作者的旅程，然後回過頭研究一些同樣具有說服力的考古遺址和當時的羅馬人（如老普林尼）的說法。透過這種方式，我們可以了解到哪些地區受到海商的重視，而哪些地區是他們更希望避開的，無論是因為那裡的出產少，還是因為那裡的居民被視為充滿敵意的野蠻人。有趣的是，在貝勒尼基以南不遠處就能找到這樣的人，而且是在紅海（按照現代的用法）範圍內。一般來說，紅海被認為是一個險惡的地方，只不過是一條海上通道，而它的很長一段除了一個叫托勒密塞隆（Ptolemaïs Thērōn）的小港（只適合小船停靠）出產的龜甲之外，幾乎沒有自己的出產。這個小港的名字表明它在羅馬人征服埃及之前，在托勒密王朝統治時就已經建立了。紅海的西南岸則更有希望。阿杜利斯（Adulis）❶最大的吸引力在於，那裡有從阿克蘇姆城（Axum）和衣索比亞高原運來的象牙與犀

❶ 譯注：在今天的厄利垂亞境內。

角。有時，大象和犀牛也會遊蕩到阿杜利斯附近的海岸。但阿杜利斯的嚴重缺點是，海盜會侵擾航運，所以為了安全起見，商船必須停泊在一座近海島嶼。

再往南是佐斯卡萊斯（Zoskales）國王的國度，「他是個勢利的市儈，只看重獲利最大的機會，但在其他方面都很高尚，而且擅長寫希臘文」。[14]可以看出希臘文化的影響已經滲透到遙遠的南方，而且原因也一目了然：《周航記》作者列出阿杜利斯人購買的商品，包括埃及布匹、亞麻製品、玻璃製品、黃銅、銅鍋、鐵（用於製造對付大象用的矛），以及少量橄欖油和敘利亞或義大利葡萄酒。阿杜利斯人顯然渴望得到埃及和羅馬地中海地區的產品，但他們吝嗇的國王對金銀製品不感興趣，除非價格很低。[15]然而，這樣的描述並不完整。希臘和羅馬商人也可以向阿杜利斯人出售從印度帶來的貨物，他們喜歡印度的鋼、鐵和棉織品。繼續往南走，《周航記》提到曼德海峽兩邊的港口，這些港口提供肉桂、沒藥，有時還有乳香。《周航記》還指出，來自印度的船會定期運來基本食品，如穀物、大米、無水奶油（酥油）和芝麻油。其中特別提到「被稱為 sakchari 的甘蔗蜜」，即蔗糖，此時它仍是印度和更遠的東方土地來的稀奇產品，羅馬人將其用作藥物而不是甜味劑。[16]來自埃及的船隻可能在海岸線上來回穿梭，邊走邊裝運和買賣貨物，或者直接前往《周航記》提到的某個港口。

《周航記》裡的印度洋向兩個方向延伸。作者熱衷於解釋在非洲東岸可以找到的東西，以及描述通往印度的路線。從尚吉巴（Zanzibar）附近某處到印度西部的整個弧線，正在成為一個單一、巨大的貿易區。葉門部分地區的國王查里巴埃（Charibaël）也統治著非洲海岸的部分地區。遺憾的是，我們無法確定《周航記》作者提到的「阿札尼亞」（Azania，即東非）的最後一個貿易港口在哪裡；可能是奔巴島（Pemba），也可能是尚吉巴島本身。他使用的名字是拉普塔（Rhapta），意思是「縫製的」，指的是當地人用來捕魚和獵海龜的縫製木板船。[17]《周航記》說，這片海岸的一個顯著特點是，由穆札（Mouza）的阿拉伯人統治，而穆札是葉門的一部分。（東非海岸與阿拉伯半島的）這種關係持續好幾個世紀，在十九世紀，阿曼的蘇丹就曾以尚吉巴為基地。在撰寫《周航記》的時期，東非海岸的特產是象牙、犀角和非常好的龜甲。但除此之外，還有一條尚未開發的海岸線。關於這條海岸線，《周航記》只是說陸地向西延伸，直到最後印度洋與「西海」，即大西洋匯合。因此，這位旅行者並不相信「印度洋是一片封閉的海洋，被一塊從非洲南部延伸到黃金半島（Golden Chersonese，即馬來半島）的巨大陸地所包圍」的說法。不過，這一觀點在後來的幾個世紀裡極有影響，因為它得到偉大的亞歷山大港地理學家托勒密的堅定支持。[18]在非洲沿岸發現的羅馬和印度錢幣，主要是西元四世紀的，證實羅馬、印度與「阿札尼亞」長期保持著聯繫。[19]

阿拉伯船長在穆札和東非海岸之間來回穿梭，其中一些人與東非原住民通婚。原住民男人身材魁梧，思想獨立。阿拉伯水手學會說東非原住民語言。[20]《周航記》作者對阿拉伯商人肅然起敬，在描述穆札時，他寫道：「整個地方都是阿拉伯人，都是船主或租船人和水手，商業活動非常活躍。因為他們用自己的船隻參與跨海貿易和巴利加薩的貿易。」[21]巴利加薩就是印度西北部的布羅奇，所以這提醒我們，希臘和羅馬商人來到印度洋並不意味著這些新來者取得商業壟斷。在某個無法確定的階段，阿拉伯和印度的海員（在西帕路斯之前或之後），在印度洋上建立聯繫。[22]印度當地的統治者用船隻的圖像來裝飾錢幣，特別是在西元八八年至一九四年間的百乘王朝（Satavahana Empire）。這個帝國包括印度中部的大片土地及東海岸的一部分。[23]印度洋正在甦醒；喚醒它的可能是自己的居民，也可能是羅馬皇帝的臣民。

二

《周航記》作者也意識到情形在變化。他談到在今天的亞丁所在地有一個濱海村莊，名為「阿拉伯福地」（Eudaimōn Arabia）。它以前是一座真正的城市，「當時，由於來自印度的船隻不前往埃及，而來自埃及的船隻也不敢駛向更遠的地方，只能來到這裡，此地曾經接收這兩方面的貨物，就像亞歷山大港接收來自海外和埃及的貨物一樣」。[24]《周航記》作者認為阿拉伯福地曾被手抄本中名為「凱撒」的人洗劫，這可能是指奧古斯都試圖用一百三十艘戰艦進攻亞丁的事件。史特拉波認為這次遠征是成功的，但所有的證據都表明情況恰恰相反。[25]比起這個，《周航記》作者對生動說明乳香如何從樹皮滲出更感興趣。那是在阿拉伯半島的一個多山、多霧的角落，那裡環境惡劣，所以用奴隸和囚犯採集樹膠。連乘船經過這片海岸都很危險，因為那裡疾病蔓延，採集乳香的工人不是死於疾病，就是死於營養不良。這其實是現代阿曼的西部一角，今天之所以為人稱道，正是因為這裡涼爽多霧，與阿拉伯半島的其他地區相比顯得特別豐饒。不過，當地的統治者很有遠見，建造一座堅固的要塞和倉庫，用來儲存乳香。[26]阿拉伯半島南部的統治者們變得富庶而強大。在描述阿拉伯半島南岸的一處海灣時，《周航記》寫道，在那裡，只有得到國王的允許，才可以將乳香裝船；王室代表用乳香換取穀物、油料和棉紡織品。[27]海上貿易把形形色色的人都吸引到他們的土地。

西帕路斯之後的希臘羅馬商人熱衷在埃及和印度之間快速往返，而對波斯灣不感興趣。《周航記》作者認為，最好還是避開波斯灣。他對這片「廣闊的海域」最好的評價是，在它的出入口附近有大量珍珠。[28]《周航記》作者很樂意跳過海峽，到達一個叫阿曼納（Omana）的波斯港口，它與現代的阿曼（Oman）不是一回事。我們不確定阿曼納在哪裡，但是根據《周航記》指出，儘管阿曼納海邊只出產代沒藥（bdellium），不過從此處可以前往一個盛產椰棗、葡萄酒和大米的內陸地區。代沒藥也不是不重要，它是另一種芳香的樹脂，是沒藥的近親。阿曼納是印度巴利加薩的商人派遣大船（ploia megala）前往的港口之一，這些大船載滿柚木等優質木材，以及銅和烏木。它們運回大量的珍珠（其品質與印度自己的珍珠相比並不高），還有布匹，包括豪華的紫色紡織品，以及來自波斯內地的黃金和奴隸。[29]

然後沿著海岸線，希臘羅馬商人最終到達「沿厄利垂亞海最壯闊的河流」辛索斯河（Sinthos），即印度河，它將大量淡水流入印度洋，以至於在船隻抵達陸地很久之前，水手就可以看到大河入海。連接印度河和印度洋的七條河道中，有一條經過巴巴里孔（Barbarikon）。幾個世紀以來，印度河在出海口周圍累積大量淤泥，所以巴巴里孔的確切位置不詳。巴巴里孔是通往明納加（Minnagar）的陸路通道，明納加是位於內陸的一座主要城市，其王室對或素或彩的紡織品、玻璃器皿、銀器、乳香、珊瑚和寶石（可能是今天被稱為貴橄欖石的誘人淺綠色寶石）十分垂涎。[30]在這些方面，《周航記》作者最清楚地表明，他寫的東西更像是行商指南，而不是航海圖鑑。但巴巴里孔的吸引力既體現在購買方面，也體現在銷售方面，在巴巴里孔，代沒藥、甘松、綠松石、青金石、藍染植物和中國的獸皮、布和紗線均有出售。這些中國紡織品（我們不確定它們是如何到達印度河出海口的），都是由最稀有、最令人垂涎的纖維——絲綢製成。[31]

不過，即使是巴巴里孔的市場提供的絕佳商機，也不能完全讓人滿足。《周航記》作者勇敢面對惡劣的海況（海裡充滿漩渦、海蛇和洶湧的海浪），沿著印度海岸一直走到巴利加薩灣。[32]駛入巴利加薩港是一個挑戰：船隻必須在狹窄的海灣中航行，右邊有尖銳的暗礁，而布滿岩石的粗糙海底會割斷錨索。水手們來到一個荒涼的地方，很難看到低窪的海岸，而淺灘使得航行更加困難。於是，為當地國王服務的漁民出來引導船隻通過這些水域；當地槳手把小船與入港的大船連接起來，拖著大船前進，巧妙地借用潮汐，這對進入巴利加薩港至關重要，但也極其危險：「巴利加薩周邊地區的潮汐要比其他地方極端得多。」在漲潮時，當水在上游發出巨大的隆隆聲和嘶嘶聲時，人們會突然看到海底，而船隻所行的水道會變得完全乾燥。在漲潮期間，船隻會從它們的錨地被扯走。一個主要港口被建在一個不理想的、從外界似乎無法進入的地方（可以與布里斯托比較，它有相當類似的潮汐問題），這並不是歷史上唯一的一次。

巴利加薩是《周航記》真正的關注焦點。巴利加薩在梵文中被稱為 Bhārukaccha，如今被稱為布羅奇（Bharuch 或 Broach）。它應該成為一個重要的考古遺址，因為它的大土丘有待充分發掘。它一定是世界上最有潛力卻被忽視的考古遺址之一，在該地區偶爾發現的東西，包括晚期羅馬陶器和羅馬錢幣。[33]從巴利加薩以東的土地，「一切有助於該地區繁榮的東西」都抵達巴利加薩港口，包括半寶石（如瑪瑙）、印度棉布（包括細布和普通布），以及從內陸運來的象牙、甘松和代沒藥。華拔

（Piper longum）很容易買到，這是一種在羅馬非常珍貴的胡椒，在一世紀，售價為每磅十五第納里烏斯（denarii），而普通胡椒為每磅四第納里烏斯。[34]老普林尼不明白人們為什麼會對胡椒感興趣，更不明白為什麼有人要花費大量的時間和金錢，從印度一路運胡椒過來。[35]最高級的商品是中國絲綢。

我們有必要停下來想一想這意味著什麼。埃及和地中海地區的羅馬公民得到來自遙遠印度的服裝供應，而且這些服裝並不只有奢侈品。在印度洋從事貿易的普通商人，認為值得將這些貨物從海上運過阿拉伯半島，並沿著紅海而上，送到埃及和地中海世界。在對印度的描述中，《周航記》不止一次以一種就事論事的口吻談道：「對於那些從埃及駛向這個港口的人來說，正確的出發時間大約是七月。」[36]我們可以略微誇張地將這稱為全球海運網絡的第一批跡象，該網絡將西方完全由羅馬當局控制的海域，與印度洋的開放空間聯繫起來。隨著《周航記》作者將目光進一步投向東方，這些航線深入印度洋有多遠也會被揭示出來。我們可以用同樣的方式思考從西方來的海上貿易對東方的意義。送到印度的葡萄酒不僅有來自阿拉伯半島的，還有來自敘利亞老底嘉❷和義大利的。這些地方的葡萄酒到達印度時的狀況恐怕不甚樂觀，因為葡萄酒經常加鹽以延長保存期限。此外，印度人對銅和錫（用以製造青銅）也有很高的需求，這一點從這一時期遺留至今的許多美麗鑄像可以看出。巴利加薩人與巴巴里孔人一樣樂意購買或素或彩的紡織品，以及珊瑚和貴橄欖石。在遠離王廷的地方，他們更喜歡廉價的香水而不是奢侈品。羅馬的金銀在此很受歡迎。如前文所述，據說這些金銀從地中海大量流向印度。印度的王室還購買奴

❷ 譯注：老底嘉（Laodicea）即今天敘利亞的港口城市拉塔基亞（Latakia），於西元前四世紀由塞琉古帝國建立。

隸，用於演奏音樂和供國王淫樂。

位於印度西北角的巴利加薩，似乎是從埃及南下的印度商人顯而易見的最終目的地。對許多人來說無疑如此，就像近兩千年前從巴比倫前往美路哈的船隻通常會以這一地區（印度西北角）為航行的極限。但希臘羅馬船長們也向更南邊的官方貿易港口前進（《周航記》使用的詞彙是我們熟悉的 emporion，即英語的「emporium」）。印度沿岸的一個又一個王國建立貿易港口，這些地方既歡迎外商，也對他們進行監管。印度統治者們希望鼓勵外商，因為除了外商帶來的貨物（有奢侈品，也有必需品）之外，統治者還可以對其徵稅。不過，一旦開始向商人徵稅，就必須建立一套制度，以打擊走私並監督貨物品質。[37]

希臘船隻在面對更多的海蛇（眼睛血紅、頭像龍的黑色海蛇，也不知這些野獸到底是什麼）之後，便可以在印度海岸把船艙塞得滿滿的：「船隻從這些商業中心滿載而歸，因為有大量的胡椒和肉桂葉。」肉桂葉在埃及船難水手的故事中已經出現過，它是肉桂樹的葉子，而不是樹皮，不過古代作者並沒有把他們熟悉的香料，和用於醫藥、香水、食品配方及消除口腔異味的乾葉子聯繫起來。肉桂葉也是製作樟腦丸的理想材料。在古羅馬，肉桂葉的缺點是，品質最好的肉桂葉貴得嚇人，每磅高達三百第納里烏斯（但對《周航記》作者這樣的商人來說，昂貴不是缺點）。不過希臘和羅馬平民可以買摻假的肉桂葉，它的價格便宜得多，每磅只要一第納里烏斯。頂級肉桂葉是印度出產的最昂貴香料，其次是頂級甘松，價格是肉桂葉的三分之一。[38]肉桂葉這麼昂貴的原因之一是，它可能是在內陸採集的，而大多數胡椒則是海港當地生產的。

《周航記》的敘述從印度西北部迅速跳到該國最南部，書中列舉幾個港口，但是關於它們出產或購買東西的敘述變得很單調，儘管偶爾會有一些小插曲，例如講到一些印度「男人希望在餘生過聖潔的生活」，並保持單身。[39]這很可能反映，如果希臘羅馬水手們聽從西帕路斯關於何時航行的建議，那麼從阿拉伯半島南部出發的船隻可以很輕鬆到達巴利加薩以南相當遠的海岸。從阿拉伯半島直接向東南偏南方向航行、前往南印度的利米里凱（Limyriké）王國的航線，將通往印度次大陸的最南端附近。[40]最大的問題是，在西元一世紀，希臘和羅馬商人在錫蘭以東的印度洋東部滲透多遠。《周航記》的作者對印度東岸有相當多的了解。他提到了錫蘭（古稱塔普羅巴納〔Taprobané〕），但想像它以某種方式向西延伸，直到接近阿札尼亞，即東非。從某種意義上說，他筆下的錫蘭是後來若干個世紀裡偉大的、半神話的「南方大陸」的先驅。錫蘭島盛產珍珠、寶石、棉織品和龜甲，他在書中一直對這些東西熱情洋溢，所以這些東西一定是他經營的商品類別。[41]對於錫蘭之外更遠的世界，他顯然就只能依賴道聽塗說。他聽說一些鼻子扁平的野蠻人，還有一些被稱為「馬人」的人，據說他們吃人肉。《周航記》的性質從寫實到近乎虛構的變化，是幾個世紀以來旅行文學的典型特徵，例如在馬可．波羅的作品中就可以看到這種情況。當《周航記》的作者描述恆河時，他知道恆河是「印度所有河流中最偉大的」，他說恆河的漲落可以與尼羅河媲美，但他顯然是依靠傳聞，而不是親眼所見：「據說該地區還有金礦。」

他還聽說，在恆河出海口之外的「大洋中有一座島嶼，那是有人居住的世界的最東端，位於太陽升起的地方，叫做克律塞（Chrysé）」，也就是「黃金之地」。毫不奇怪，克律塞吸引了他的注意力，因為它出產整個印度洋最好的龜甲。克律塞究竟是純粹的幻想，還是與後世所說的黃金半島（Golden

Chersonese，即馬來半島）或蘇門答臘島遙相呼應，並不重要，因為這已經遠遠超出他的知識極限。這部小書最後說，在遙遠的東方，有一些偏遠、寒冷和暴風驟雨肆虐的土地，大自然和神靈讓人類無法接近那裡。但他或與他共事的人了解印度西南部，這個結論是沒有問題的。印度西南部是他們知識的真正極限，就當時而言，也是所謂的羅馬商人的航行極限，儘管對南印度或馬來人來說並非如此。

三

近期在紅海的羅馬港口貝勒尼基進行的考古研究，改變我們對印度–羅馬貿易規模與強度的理解。這些貿易取道紅海，通往亞歷山大港和地中海。貝勒尼基·特羅格洛底提卡（Bereniké Troglodytika）是托勒密王朝在西元前三世紀建立的，在選址時充分考慮紅海的洋流，有一個適宜的海岬保護貝勒尼基·特羅格洛底提卡不受洋流影響。但貝勒尼基·特羅格洛底提卡最大的優勢是水資源，因為即使東部沙漠❸在秋天也會下雨，隨著該城兩邊的乾谷漲水，就出現一條泥沙俱下卻洶湧的水道。[42]但是，貝勒尼基·特羅格洛底提卡的生活不算舒適。發掘它的考古工作者無疑有很多可怕的經歷，他有感而發地寫道：「天氣惡劣，幾乎不停刮著風，帶著刺人眼睛的沙子，成群叮人的討厭害蟲，有陸地也有空中的，如蠍子、白蟻、蛇、大蜘蛛、小鼠和大鼠。」[43]

托勒密王朝很清楚自己想從貝勒尼基得到什麼，早在西元前三世紀末，他們就在那裡接收非常珍視的非洲象。大象被裝在短小、寬闊、吃水深的帆船上，稱為「象船」（elephantegoi）。操作這種船對最優秀的船長也是挑戰，因為它們的吃水很深，在遍布沙洲和珊瑚礁的海上會有危險。古典作家西西里的狄奧多羅斯（Diodoros the Sicilian）評論道，象船經常船毀人亡。西元前二二四年的一張莎草紙講述一艘象船在從貝勒尼基向南航行時遭遇海難；幸運的是，它與其他船結伴行駛，而且由於是去取貨的，所以船上還沒有大象。人們向岸上發送緊急消息，另一艘象船奉命從貝勒尼基趕來，據此看來，象船並不短缺。[44]至少有一次，人們透過連接紅海和尼羅河的運河，將大象從紅海運到尼羅河。但紅海北端的強風使得前往那裡的航行變得很危險，所以在貝勒尼基或與其競爭的其他港口靠岸，然後透過陸路將貨物送到尼羅河的科普特斯，是更合理的辦法。[45]對貝勒尼基港口的考古發掘顯示，（至少在羅馬時期）人們為大型船隻建造泊位，這些船隻（包括那些龐大的大象運輸船）比當時地中海常見的船隻來得大。[46]所以，在埃及托勒密王朝的統治下，貝勒尼基已經很繁榮了。托勒密王朝積極推動新的經濟計畫，包括造船業；他們的主要野心在於地中海及其周邊，在那裡建造一些非常大的船，以至於人們懷疑它們能否在水中浮起，但紅海和印度洋同樣在托勒密王朝的考慮之中。[47]

我們很難說貝勒尼基有多少人口。在幾個世紀裡，這座城市的規模不斷變化；由於淤泥的累積改變了港口的形狀，貝勒尼基的位置也會有所變化；它的商人來了又去。最好的辦法是認為貝勒尼基的人口數量大概有幾千，而把重點放在討論人口的組成上。因為這是一個名副其實的「港口城市」，埃及

❸ 譯注：東部沙漠（Eastern Desert）是撒哈拉沙漠在尼羅河以東的部分，位於尼羅河與紅海之間，北起埃及，南至厄利垂亞，還包括蘇丹和衣索比亞的部分地區。東部沙漠也稱為阿拉伯沙漠，因為早在埃及伊斯蘭化前，阿拉伯人就居住於此。

人、希臘人、來自阿克蘇姆的非洲人、南阿拉伯人、納巴泰人、印度人，甚至來自錫蘭的訪客，都在這裡找到臨時或永久的家。羅馬時代早期的貝勒尼基有一個稅吏名叫安杜羅斯（Andouros），聽起來像是高盧人或日耳曼人的名字。有拉丁文名字的人也出現了，其中至少一部分的人肯定來自義大利。瑪律庫斯·尤利烏斯·亞歷山大（Marcus Julius Alexander）顯赫而強大的猶太家族在貝勒尼基有代理人。這個家族的情況，在下文很快就會談到。一些船主（naukleroi）是女性；在西元二〇〇年左右，艾莉亞·伊薩朵拉（Aelia Isadora）和艾莉亞·奧林匹亞斯（Aelia Olympias）用 Naukleroi 這個希臘字自稱，並在貝勒尼基或其附近經商。人們在貝勒尼基使用多種語言，或至少可以說是用多種語言塗鴉。希臘語出現得最多，畢竟這是在羅馬帝國的東部，所以很自然。拉丁語、多種南阿拉伯語言、南印度的泰米爾語、東非的阿克蘇姆語都曾在貝勒尼基出現。高蛋白食品對當地人來說很常見：魚、海洋哺乳動物（儒艮）、海龜、牛肉、雞肉和豬肉，其中豬肉是羅馬軍隊的最愛。當地人用紅海沙丁魚的內臟製作魚醬（garum）。尼羅河歧鬚鮠（Nile catfish）在貝勒尼基也有人吃，可能是晒乾後再重新烹調；可食用的蝸牛是該城廚房裡的最愛。居民們努力使貝勒尼基成為宜居的地方，用紡織物裝飾他們的房屋；較富裕的公民擁有寶石，甚至還有珍珠和金耳環。[48] 該城四處散布著埃及的複合型神祇塞拉比斯❹等神的廟宇。到了六世紀，貝勒尼基擁有一座由柱子支撐的教堂，可容納八十人，教堂還有一些廂房，部分功能是準備膳食。[49]

紅海沿岸的困難條件並未阻擋人們的腳步，紅海荒涼的西岸出現其他定居點。米奧斯荷爾莫斯是羅馬人與印度貿易的一個重要基地，並在十三世紀再次復甦成為活躍的貿易中心，當時它被稱為庫賽爾卡迪姆。米奧斯荷爾莫斯已得到考古發掘，其成果確實令人印象深刻，證實史特拉波對這個地方的所知不虛：他聽說每年有一百二十艘船從米奧斯荷爾莫斯駛向印度。[50]幸運的是，貝勒尼基的歷史不僅可以從該城的實物遺跡中找到，還可以從莎草紙和陶片（ostraka）中找到；陶片被用來書寫筆記、合約和在科普特斯簽發的幾張引人注目的海關通行證，這些通行證後來被帶到紅海港口，並在那裡向當局提交。這些通行證提到特殊的貨物：「羅巴奧斯（Rhobaos）向負責海關大門的人致上問候。讓列昂之子普希諾西里斯（Psenosiris son of Leon）帶著八伊塔利卡（italika）的葡萄酒通過，以便裝貨。」[51]這裡的商人普希諾西里斯有一個道地的埃及名字，儘管他父親的名字聽起來像希臘人。普希諾西里斯運送的貨物是從義大利遠道而來的葡萄酒。米奧斯荷爾莫斯可能也是一個人口混雜的地方：有一座用石灰石和泥磚建造的建築，帶有灰泥裝飾，可能是猶太會堂，儘管根據一個刻著希伯來語的陶器碎片來確定這個身分，可能是一廂情願。[52]

有時不僅僅是在考古現場發現的物品，還有來自埃及其他地區的陶片和莎草紙，都談到與紅海港口的聯繫。一張被稱為「穆濟里斯莎草紙」（Muziris Papyrus）的埃及莎草紙，講述從南印度的穆濟里斯一路轉運貨物的故事。貨物在穆濟里斯被裝上一艘名為「赫瑪波隆號」（Hermapollon）的船，這是一個很好的希臘名字，紀念兩位神祇（荷米斯和阿波羅）；然後貨物被送過沙漠，抵達尼羅河，直到亞歷

❹ 譯注：塞拉比斯（Sarapis）是一個希臘與埃及宗教融合的神祇，由埃及托勒密王朝的開國君主托勒密一世推行，旨在將他的埃及和希臘臣民團結起來。塞拉比斯是豐產與復活之神。

山大港。根據這張莎草紙的紀錄，「赫瑪波隆號」從印度帶回的貨物價值九百萬塞斯特爾提烏斯[5]，其中國家可抽兩百萬的稅。在科普特斯出土一整套陶片檔案，被稱為尼卡諾爾（Nikanor）檔案。尼卡諾爾是一家小型運輸公司的負責人，該公司專門從事穿越沙漠的貨物運輸，每次他把貨物送到紅海港口或其他地方，都期望得到寫在碎陶片上的回執。雖然觀察像尼卡諾爾這樣普通商人的運作固然很有趣，但他的陶片也揭示其與亞歷山大港財閥，特別是馬庫斯．尤利烏斯．亞歷山大的聯繫。馬庫斯．尤利烏斯是猶太哲學家斐洛（Philo）的姪子，父親是管理尼羅河以東沙漠的海關和消費稅官員。西元四〇年左右，馬庫斯．尤利烏斯在科普特斯和紅海港口都有代理人。他的妻子貝勒妮斯是希律王室的成員，後來作為鎮壓巴勒斯坦猶太人起義的將軍提圖斯[6]的情婦而聲名大噪。[53]馬庫斯．尤利烏斯這樣有權有勢的人會深度參與印度貿易，表明印度貿易的威望之崇高、利潤之豐厚。

無論是在羅馬統治下的貝勒尼基，還是在米奧斯荷爾莫斯，這些港口都被認為是中轉性質的港口，其本身並不是重要的消費中心。它們的房子夠舒適，但沒有華麗的建築，它們的存在完全是因為需要在紅海塵土飛揚的海岸上，有一個可以做生意和避風的地方。這些港口是管道，來自紅海和更遠方的商品透過它們到達埃及和地中海，反之亦然。生意遠至越南、爪哇和泰國，在貝勒尼基的羅馬地層中發現的一些珠子就出自這些地方。最早由西帕路斯航行的捷徑，或其他通往印度更南方的路線，成為往返印度的標準路線。而在貝勒尼基缺乏來自波斯灣的出土物，佐證了這一事實：船隻繞過阿曼半島，穿越開闊水域，前往巴利加薩和南印度。在貝勒尼基發現的一些印度罐子，無疑是由居住在那裡的印度商人使用的，因為該港口是不同人群的聚集地。發現印度文字和南阿拉伯獨特文字的銘文也不令人驚訝。在貝勒尼基發現的一些南阿拉伯銘文和米奧斯荷爾莫斯的其他銘文之間，有如此密切的相似之處，似乎表明這兩套銘文的作者是同一位阿拉伯商人，他在這兩個港口和家鄉葉門之間往返。[54]

到達貝勒尼基的主要印度產品是胡椒，特別是來自南印度的黑胡椒，因為毫無疑問，經常有商人從貝勒尼基出發去印度尋找這種商品。西元前三〇〇年至西元三〇〇年的泰米爾詩歌的一些段落證實了這一點，這些段落提到耶槃那人（Yavanas，這個字廣義上是指「西方人」，雖然源自「愛奧尼亞人」一詞），說「他們的繁榮從未衰減」。耶槃那人不僅是商人，而且是僱傭兵，「英勇的耶槃那人，他們身體強壯，面目可憎」；他們揮舞著「殺氣騰騰的劍」，用它們來守衛南印度一些城市的大門。耶槃那商人用黃金來換取他們所謂的黑金，也就是胡椒：「富饒的穆濟里斯，是耶槃那人的大型精巧船隻帶著黃金來、帶著胡椒回的地方。」我們得知，穆濟里斯「響徹這種貿易的喧囂」。[55]一首詩提到「船隻帶著黃金禮物」來到穆濟里斯港，以及「那些在混亂中擁擠在港口的人，混亂是房屋中堆積的胡椒袋造成的」。[56]一世紀末，羅馬建造「胡椒倉庫」（Horrea Piperataria），僅底層就能容納五千八百公噸胡椒，儘管它也用於其他香料和熏香的儲存。所有這些香料的香氣，相當隨意地混合在同一個屋頂下，變

---

❺ 譯注：塞斯特爾提烏斯（單數為 sestertius，複數為 sestertii）在羅馬共和國時期是一種小銀幣，在帝國時期則是一種較大的銅幣。

❻ 譯注：提圖斯（Titus，西元三九－八一）是羅馬皇帝（在位：西元七九－八一）。他以主將的身分在西元七〇年攻破耶路撒冷，摧毀第二聖殿，大體上終結了猶太戰爭。他經歷三次嚴重災害：西元七九年的維蘇威火山爆發、西元八〇年的羅馬大火與瘟疫，是在當時普遍受到人民愛戴的有為皇帝。

成一種臭氣。胡椒倉庫安裝水槽，旨在提高濕度，以某種方式抵消臭氣。[57]

羅馬和印度文獻中的證據，得到貝勒尼基的考古發掘證實。在埃及神靈塞拉比斯的神廟中出土兩個印度儲存罐，可追溯到西元一世紀；其中一個儲存罐內有大量的胡椒（七．五五公斤）。在羅馬世界，沒有任何地方發現像貝勒尼基那麼多的胡椒。在貝勒尼基，胡椒不僅出現在神廟內，而且出現在房屋地板上、街道上和垃圾堆中。許多胡椒被燒掉了，特別是在另一個供奉著許多神祇（從羅馬皇帝到敘利亞巴爾米拉的一位被稱為亞希波爾的神明）的神龕內。我們幾乎可以肯定，胡椒被用於宗教儀式。[58]考古學家還發現印度稻米，他們估計，在同一遺址發現的印度盤子就是用來吃以稻米為主的飯食。另外，還發現了高粱，它是東非的主食，表明貝勒尼基與非洲和印度的聯繫；衣索比亞豌豆的發現，也表明貝勒尼基與非洲的聯繫。其他印度產品包括椰子、印度芝麻、綠豆和餘甘子。但是也有大量來自地中海的水果，包括核桃、榛子、杏仁、桃子、李子、蘋果、葡萄和橄欖。這些食物的出現，不僅為紅海諸港口的生活增添色彩，還提醒我們，《周航記》中詳盡的奢侈品清單並不能講述一個完整的故事。香料、寶石和異國奢侈品，如烏木與象牙，對前往印度的商人來說當然具有巨大的吸引力，但即使是他們帶回來的胡椒，也是供一般人消費的。羅馬治下地中海最偉大的城市（羅馬、迦太基、亞歷山大港，以及後來的君士坦丁堡）的生活水準，也許比十八世紀之前的任何時候都來得高，而印度貿易為富人、城市中產階級，以及在某種程度上為經濟條件較差的人帶來舒適。同時，貝勒尼基和紅海其他港口的居民也有自己渴望的東西，包括南義大利葡萄酒和橄欖油等。這些東西讓他們想起在埃及、敘利亞、希臘和更遠地方的家鄉，而且這些東西還可以賣給印度各城鎮與宮廷，從中獲取巨額利潤。[59]

對這些食物的鑑定，展現考古學如何運用越來越先進的方法來分析哪怕是最微小的發現。如果是在過去，這樣的微小發現很可能會被丟棄，或甚至根本不被注意。傳統上，陶器一直是不起眼但值得信賴的資訊來源。在貝勒尼基，陶器無疑蘊藏著豐富的資料。在貝勒尼基最精美的陶器中，有一些來自印度東部的「齒紋陶器」碎片。印度陶器並不是對外接觸的唯一證據，還有來自阿克蘇姆王國的陶器。如前文所述，阿克蘇姆在紅海的阿杜利斯擁有一個港口。在四世紀之前，從阿拉伯半島南部運來的陶器不多，之後就有相當數量的陶器到達紅海頂端的米奧斯荷爾莫斯和艾拉（阿卡巴－艾拉特）。從西元前一世紀開始，在紅海的阿拉伯半島那一側有一個羅馬港口，就在貝勒尼基和米奧斯荷爾莫斯對面，為從葉門到佩特拉的海上交通提供服務。船隻會停靠在「白色村莊」（Leuké Komé），卸下阿拉伯半島的香，供陸路運輸。這證明每艘船都能裝載大宗貨物的海上運輸，此時已經司空見慣，並被認為是一種安全、有效率的貨運方式。[60]一些大理石板被從阿拉伯半島南部運到貝勒尼基。同時，地中海地區精美的紅色餐具也在貝勒尼基使用，其中有很多是在遙遠的高盧生產的，而用於儲存葡萄酒和油的雙耳瓶則來自地中海各地，如西班牙南部、義大利、羅德島，也許還有加薩及艾拉。貝勒尼基的商人在珠寶貿易領域也很活躍。貝勒尼基周圍的山上就出產寶石，特別是在「翡翠山」（Mons Smaragdus），那裡出產的祖母綠和綠柱石的品質一般；在貝勒尼基還發現了貴橄欖石。寶石貿易的最佳證據來自幾顆藍寶石，一般認為這些藍寶石是從錫蘭來的。[61]

我們有必要區分貝勒尼基和地中海之間關係的不同階段。在早期階段，紅海諸港口可以從地中海獲得人們想要的所有東西；羅柏塔．湯博（Roberta Tomber）說：「基本上，在亞歷山大港能找到的東西，都能在紅海沿岸找到，數量不等。」上文已述，在貝勒尼基的出土物中，最令人振奮的是西元一世紀的有銘文陶片，這些陶片是在科普特斯作為海關通行證發放。其中有幾個陶片提到裝滿義大利葡萄酒的雙耳瓶，這些酒有些可能是在當地消費，有些可能是給水手喝的。但在一首泰米爾詩中提到的「耶槃那人帶來涼爽芳香的葡萄酒」，讓我們確信不疑，葡萄酒，無論是義大利的、希臘的還是敘利亞的，在印度都受到熱烈歡迎。印度有多達五十處遺址出土來自地中海的雙耳瓶碎片，而且羅馬作家認為印度國王們酷愛飲酒。葡萄酒貿易的確鑿證據還來自在紅海發現的罕見沉船：一世紀初在米奧斯荷爾莫斯附近沉沒的一艘船，載有義大利南部的葡萄酒雙耳瓶；另一艘在蘇丹海岸失事的船，顯然載有希臘科斯島（Kos）的葡萄酒，該島是用鹽處理過的葡萄酒的另一個來源。[62]這都佐證《周航記》裡乍看令人難以置信的說法，即人們從遙遠的地中海向印度洋出口葡萄酒。從陶片提供的證據來看，橄欖油也是如此；而從南印度阿里卡梅杜（Arikamedu）出土的雙耳瓶來看，被稱為 garum 的臭魚醬也是從地中海出口到印度洋的。[63]在這個意義上，稱這些是「印度－羅馬」貿易也有道理，儘管被歷史學家固執地稱為「羅馬人」的商人，其實主要是希臘人和希臘化的埃及人。這不僅僅是埃及和印度之間的貿易，也是羅馬治下地中海與印度之間的貿易。投資者遠在義大利，無論是羅馬的香料商人，還是那不勒斯附近普泰奧利（Puteoli）等城鎮的富裕公民；普泰奧利的安尼（Annii）是一個顯赫的商賈世家，他們的海上貿易範圍遠遠超出地中海，對印度洋也有濃厚的興趣。[64]

根據老普林尼的說法，這條貿易路線從羅馬帝國吸走寶貴的財富：

每年，印度、中國和阿拉伯半島至少要從我們的帝國拿走一億塞斯特爾提烏斯；這是我們聲色犬馬的代價。我想知道這些進口商品中有多少是用來祭祀神靈，或者是獻給死者靈魂的？[65]

老普林尼想說的是一個傳統的貴族式觀點，即對奢侈品的熱愛腐蝕了羅馬的傳統價值觀。但羅馬人是否真的為東方的商品支付這麼多的錢，是值得懷疑的。即使真是如此，有些羅馬元老的財富估計多達六億塞斯特爾提烏斯，所以流往印度的錢並不像聽起來那麼多。[66]老普林尼的評論使希臘羅馬商人的商業事務受到高度關注，以至於人們很容易忘記印度人自己或其他中間人的作用。對於延伸到錫蘭以外馬來半島的路線，印度人和其他中間人的作用尤其重要。貝勒尼基的發掘者史蒂文·賽德伯特姆（Steven Sidebotham）大膽猜測，在朝鮮半島和泰國發現的羅馬物品可能是透過紅海到達的，不過它們是透過一個漫長的商業鏈條傳遞，而不是由一個商人走完大部分路程。

四

大多數關於此時期印度洋航行的著作，都是基於「羅馬貿易」這個概念而寫的。的確存在著印度洋和羅馬帝國地中海腹地之間的聯繫，那是由許多代堅韌不拔的水手和商人打造的，他們將胡椒和充滿東方情調的產品從紅海輸送到地中海。但是，正如一位歷史學家所寫的：「對印度人來說，羅馬和羅馬人意味著亞歷山大港和亞歷山大港人」，因此埃及商人和此時開始到達馬拉巴海岸（Malabar Coast）的猶太人都算「羅馬人」。[67]我們始終要記得，支撐印度沿海地帶經濟的，不單單是與羅馬帝國的接觸。我們對印度當地商人知之甚少，這很令人沮喪，因為對他們有更多的了解會很有裨益，比如能幫助我們更好地理解「羅馬人」的作用。十二世紀義大利南部的作家執事彼得（Peter the Deacon）引用四世紀朝聖者婕莉亞（Egeria）的話，提到印度商人經常把他們的好船一直開到蘇伊士灣的克里斯瑪，儘管紅海北部的強勁北風總是一項挑戰，這也是海商更傾向去貝勒尼基和紅海海岸上更偏南的米奧斯荷爾莫斯的原因之一。[68]

僅僅從羅馬貿易的角度來寫印度洋的開通，彷彿霧裡看花，但來自印度的證據太過零碎。我們只能利用現有的證據，而其中至少有九〇%是關於「羅馬人」的。印度歷史學家就這些遠途聯繫，對印度城市文明發展的影響進行辯論。這種爭議是更宏大辯論的一部分，往往與越來越令人費解的意識形態討論（關於外部經濟因素如何產生社會變革）交織在一起。這樣的意識形態討論既有確鑿的證據支持，也是受到卡爾・馬克思（Karl Marx）的影響。最巧妙的論點是，羅馬人到達印度，是因為印度諸多欣欣向榮城鎮本身的吸引力。當地國王的宮廷和在該地區擴張的佛寺對高級產品的需求，刺激了這些城鎮的商業，因為擁有大量資源的僧侶並不排斥少許奢侈。畢竟，在這些古代遺址發現的絕大多數物品都與羅馬貿易無關，而是當地手工業和短途商業的日常產品。[69]

有兩個地區值得更仔細地研究，因為它們提供關於被泰米爾人稱為耶槃那人的羅馬航海家存在與否的線索：一個是錫蘭島，即斯里蘭卡；另一個則是印度和馬來半島之間的大片海域，包括孟加拉灣。西元二世紀的地理學家托勒密對印度非常著迷，對錫蘭島作了很多敘述。有時他的想像力占了上風，比如他認為可以在錫蘭捕獲老虎就是完全錯誤的。但他知道該島出產生薑、藍寶石、綠柱石、貴金屬和一種「蜜」，也就是糖；史特拉波寫道，象牙和龜甲由錫蘭送往印度的城鎮，羅馬商人在那裡採辦這些貨物。從托勒密那裡，我們可以知道的是，當時羅馬皇帝的臣民才剛剛開始熟悉錫蘭島。而且令人吃驚的是，在錫蘭島發現的羅馬錢幣主要出自比托勒密更晚的時代，可以追溯到三世紀至七世紀。除了羅馬錢幣外，還出現波斯薩珊王朝和東非阿克蘇姆統治者的一些錢幣。[70]因此在托勒密之後，錫蘭已經成為印度洋貿易和航海的樞紐，該貿易網絡東至馬來半島，西至阿拉伯半島、拜占庭治下的埃及和非洲之角。二十世紀初，那些發現這些錢幣（大多是卑金屬，而且磨損嚴重）的人，經常會將其投入流通，所以人們可能會在自己的零錢中收到阿卡狄奧斯（Arcadius）皇帝的錢幣。[71]就像在《周航記》中一樣，托勒密眼中的錫蘭島比實際上更大；但他只將其放大到真實面積的十四倍，而且他放棄《周航記》提出的觀點，即錫蘭是一塊偉大南方大陸的尖端。托勒密眼中的南方陸地是由一條無人居住也不適合居住的地帶組成，從非洲的南端向東延伸到黃金半島，將印度洋變成一個封閉的海、一個巨大的地中海。

在錫蘭島之外，耶槃那人的存在肯定是斷斷續續的。有一些較有魄力，或者說是較愚蠢的船長在不太熟悉的水域碰運氣。在二世紀，地理學家托勒密給出近四十個泰米爾城鎮和內陸王國的名字。他對南印度了解之詳細，讓我們不禁猜測，或許有羅馬人（應理解為羅馬皇帝的臣民，可能是希臘人或埃及人）在其中一些地方生活，甚至繼續向東遷移到孟加拉灣。根據《周航記》的描述，卡馬拉（Kamara，即普哈爾〔Puhar〕）、博杜凱（Poduké）和索派特馬（Sōpatma）是當地船隻的母港，這些船隻一直航行到利米里凱（作者對印度最西南地區的稱呼），這也是「羅馬人」和印度人共同掌控這些海洋的寶貴證據。一位泰米爾詩人用這樣的話頌揚普哈爾和那裡的貿易：

陽光照耀著開闊的梯田和港口附近的倉庫。它照耀著那些窗戶像鹿眼一樣寬大的塔樓。普哈爾的耶槃那人無盡奢華，處處有他們的住宅吸引人們的目光。在港口，有來自遠方的水手。但從外表看來，他們就像在同一個社區一樣生活。[72]

普哈爾城裡到處都是五顏六色的旗幟和橫幅，精美的房屋高踞街道之上，要透過梯子才能到達它們所在的平臺。不過，這並不是因為害怕強盜。泰米爾詩人確信這是一座安全和繁榮的城市，他們為大船進出港口的景象感到喜悅。有些船隻可能來自紅海，但大多數肯定是印度和馬來船隻、阿拉伯三角帆船，甚至可能偶爾還有從南海駛來的船隻，印度洋與太平洋的聯繫將在下一章討論。考古學對證實泰米爾詩人筆下的生動意象並未提供多少幫助。普哈爾似乎在西元五〇〇年左右消失在海浪之下，一場海嘯很可能在幾個小時內摧毀這座城市。有一種理論認為這要歸咎於西元五三五年喀拉喀托火山❼的一次早期爆發，儘管沒有一八八三年那次驚人的爆發那麼猛烈。[73]普哈爾和博杜凱都是印度城鎮，耶槃那人不是它們的主人，而是客人。

來自遙遠西方的商人定居在阿里卡梅杜，這個村莊就在小飛地本地治里之內，在一九五四年之前被法國統治了大約兩個世紀。（在一九五四年的）十七年前，當一些孩子向一位法國收藏家展示可能雕刻有羅馬皇帝肖像的浮雕時，他興奮不已。這塊浮雕後來被運到河內，現已佚失。幾年後，在阿里卡梅杜進行的一次試驗性挖掘，發現從那不勒斯周邊地區運來的葡萄酒雙耳瓶，以及來自亞得里亞海北部的橄欖油罐和來自西班牙的魚醬罐。有人認為，油和魚醬是為外國定居者準備的，而酒（通常加了樹脂）則是為所有人準備的，因為在內陸也發現一些葡萄酒雙耳瓶碎片。最近，大多數考古學家對「一地有西方商品是否便意味著此地曾有西方定居者」提出質疑，這點暫且不論，阿里卡梅杜看起來是一座典型的「港口城市」，是當地人和外國人的聚集地，包括一些從很遠地方來的人。[74]這是一個不同族群活躍地互動、而且很可能通婚的地方。在一世紀，一個住在埃及，名叫印地凱（Indike，意思是「印度女人」）的女人，在莎草紙上給一位女性朋友或親戚寫了一封信。像她一樣的人肯定並不罕見。[75]在這些商業中心，人們有很多機會在社會生活、宗教信仰和商業活動中進行跨族群的融合。發掘人員在阿里卡梅杜發現遙遠的伊特魯里亞（Etruria）的阿雷佐（Arezzo）生產的典型紅陶碎片，可以追溯到西元一世紀的前二十五年。阿里卡梅杜定居點的年代可能還可以再往前推，最早至西元前三世紀。[76]考古學家在對這個遺址（遺憾的是，這個遺址的一部分後來被附近的河流沖毀了）進行更多探索時，還發現希臘羅馬的玻璃器皿。也有一些高檔物品：有一個用水晶製成、裝飾有丘比特和鳥的圖案的寶石，可能是在地

---

❼譯注：喀拉喀托（Krakatoa）是爪哇和蘇門答臘之間巽他海峽中心一座島上的火山。一八八三年喀拉喀托火山大噴發，造成歷史上最嚴重的災難之一。澳大利亞、日本和菲律賓都能聽到爆炸聲，大量的火山灰灑落到八十萬平方公里的地區，引起海嘯，浪高三十六公尺，造成爪哇和蘇門答臘三萬六千人死亡。喀拉喀托火山於一九二七年再次噴發，至今仍在活動。

中海地區製造的，不過更有可能是當地的工藝，如果是這樣的話，這仍然體現了希臘羅馬世界對遙遠的印度東南部的文化影響。[77]

阿里卡梅杜的定居點不斷擴大，成為吸引印度和外商的一個重要地點。它起初無疑只是一個超出希臘羅馬航運常規範圍的地方，人們可以在這裡積攢地中海的貨物。這些貨物透過印度西側的諸港口不斷轉運，往往由印度船隻承運。隨著時間的推移，阿里卡梅杜將西方人吸引到它的港口，一些人認為這是羅馬人在孟加拉灣的一個定居點。到奧古斯都和提比略統治時期，該城已經繁榮了一個多世紀。直到二世紀中後期，它似乎始終是熱鬧的地方。在它提供的優良設施中，有一座靠近河邊的倉庫，長一百五十英尺。這裡也有一些手工業區，從大量的珠子、手鐲和廉價寶石中很容易辨認出來，據說這些東西「俯拾皆是」。發掘者還發現一些染布用的大桶，居民們在這裡生產精細的平紋細布。《周航記》提到平紋細布是最受歡迎的南印度出口產品。奇怪的是，在阿里卡梅杜並沒有發現羅馬錢幣，[78]它們要麼被送進國庫，要麼被熔化；但這並沒有抑制活躍的貿易。惠勒爵士（他參與發掘該遺址）令人信服地判斷，阿里卡梅杜就是《周航記》提到印度東南部的一個商業中心，具體來講就是博杜凱（Poduké）。這個名字也以幾乎相同的形式出現在托勒密的《地理學》（*Geography*）中，是泰米爾語 Puduchchēri 的訛誤，意思是「新城」，因此可以想像希臘人也可能將其稱為尼阿波利斯（Neapolis），意思完全相同。然後隨著時間的推移，泰米爾語的名字被法國人和英國人錯誤地讀成本地治里（Pondicherry）。[79]

在《周航記》中已經可以感受到恆河的誘惑力。這個地區變得名聞遐邇之後，航行到那裡尋找絲綢、珍珠和其他奢侈品的誘惑更是無法抗拒，儘管航行到恆河的西方人可能比抵達印度洋西部的人數少很多。[80]史特拉波談到從埃及駛向恆河的商人，把他們描述為「私商」，表明這些人是靠自己的力量前往；他對他們告知的事情並不是全盤相信，所以這些私商是否真的到達恆河出海口，他並不清楚。[81]托勒密對恆河畔的巴特那城（Patna）有相當多的了解，他知道有一條細長的陸地從東南亞向南延伸，他稱之為黃金半島。二世紀初，一位名叫亞歷山大的船長對這個地區進行探索，很可能通過麻六甲海峽繞過馬來半島南端，進入南海，到達卡替嘎拉（Katigara），下一章會討論這個地方。希臘人和羅馬人並不十分清楚中國在哪裡，但他們知道中國是優質絲綢的產地，這可能是他們偶爾向南海進軍的動機。來自馬可·奧勒留（Marcus Aurelius）皇帝宮廷的一個使團可能在二世紀末到達南海，因為中國的文獻描述「安敦」（Antoninus，羅馬皇帝的家族名）的使團，儘管中國人不以為意，因為作為禮物提供的貨物（或者按照中國人的想法是貢品）被認為太稀鬆平常。這讓人感到驚訝，因為漢朝的朝廷知道（雖然是很模糊地知道），羅馬帝國是一個龐大的政治體，可以與他們的大帝國媲美。羅馬使團帶去中國的禮物其實是犀角、象牙和龜甲，所以他們很可能是在旅行途中丟失原來的貨物。[82]不過一般來說，即使是緬甸，對羅馬人也太遙遠了。有少數羅馬帝國臣民作為尋找贊助人的宮廷藝人在緬甸定居，但緬甸沒有一個國際化的港口城市（這樣的城市人口混雜，市場上滿是來自印度洋兩端和內陸的貨物）；換句話說，就是沒有另一個普哈爾或博杜凱。[83]實際上，希臘羅馬航海家很少涉足馬來半島以東的地區，因此托勒密對黃金半島最南端有什麼東西的誤解持續一千三百多年。

五

從二世紀末開始，貝勒尼基進入衰退期，有一個可能的解釋是西元一六六年羅馬帝國爆發大流行病（不管是什麼疾病）。到了三世紀中葉，貝勒尼基並沒有完全從地圖上消失，但沒有證據表明它仍是一個連接東西方的主要商業中心。不過它後來恢復元氣。到了四世紀，貝勒尼基從更南邊的發展中受益：在曼德海峽兩邊的希木葉爾（Himyar，葉門）和阿克蘇姆（衣索比亞／厄利垂亞）出現充滿活力的王國，這些地方是沉香、象牙和烏木的歷史悠久產地。與此同時，來自地中海西部的貨物不再抵達紅海的這一部分。有一種觀點認為，這反映地中海東、西部之間的隔閡越來越大。不過，這也許揭示地中海東部諸港口的經濟活力，如羅德島、老底嘉（今天的拉塔基亞〔Lattakiah〕）、加薩和亞歷山大港，它們發現自己有能力滿足羅馬在紅海地區的前哨據點的需求。與此相伴的是，在阿拉伯半島南部和東非做生意的新機遇。在阿克蘇姆發現的一枚錢幣和在西印度發現的一枚西元三六二年的錢幣都表明這一點。西元四○○年左右，貝勒尼基與錫蘭的貿易甚至被描述為「活躍」，貝勒尼基鎮在物質上也得到恢復，因為這裡建造供奉伊西斯❽、塞拉比斯和其他埃及神祇的新神廟，以及一座基督教堂和幾座倉庫。[84]

關於貝勒尼基港同時與印度洋和地中海溝通的方式，最好的線索是在這個遺址發現保存至今的木材碎片，其中有少量的印度竹子和大量的南亞柚木，包括一根長度超過三公尺的木梁，來自貝勒尼基的聖所之一。[85]柚木被廣泛用於造船，例如被早期的阿拉伯航海家使用。不過，遺留的材料還包括從黎巴嫩或那個地區某處運來的雪松橫梁，是在塞拉比斯神廟的遺跡中發現的。而在米奧斯荷爾莫斯，從退役的船上取下的木材被用於日常建築。這些船就像巨大的立體拼圖，可以組裝起來，也可以很容易地拆解；木板、橫梁和桅杆被以不同的方式重新利用。在東部沙漠的乾燥邊緣，木材是很珍貴的。在發掘米奧斯荷爾莫斯的城鎮建築時，發現的梁和木板上有瀝青、鐵釘和藤壺的痕跡。[86]

貝勒尼基在六世紀被放棄的原因仍然未知，它的崩潰可能要歸咎於多種因素的結合：地中海和中東的鼠疫，即所謂的查士丁尼大瘟疫；地區戰爭導致東非的阿克蘇姆和阿拉伯半島南部的希木葉爾成為主導的政治力量，它們的國王分別是基督徒和猶太教徒，是彼此的勁敵；阿克蘇姆和希木葉爾商人的地位提高，他們的基地在非洲一側的阿杜利斯和阿拉伯半島一側的卡內（Kané）。貝勒尼基並非毀於一次突然的大災難，在整個六世紀都逐漸衰落。當它最終被遺棄時，附近甚至沒有人搜刮木梁或建築石材。結果是沙漠的塵土吹過這座小鎮，乾燥的空氣保留它被沙子掩埋的遺跡。[87]不變的是紅海南北的交通，變化的是誰在其中叱吒風雲。隨著時間的推移，連接尼羅河及地中海和紅海的關鍵港口的位置發生變化。米奧斯荷爾莫斯曾是貝勒尼基的一個小對手，在中世紀成為連接紅海和印度洋及地中海的一個重要環節，它的伊斯蘭名稱是庫賽爾卡迪姆。這種連接只在短時間內被打破。印度洋和埃及與地中海之間的聯繫沒有被切斷，即便掌握來自印度和東非的貨運的人不再是希臘羅馬商人。

---

❽ 譯注：伊西斯（Isis）起初是埃及的女神，後來在整個希臘羅馬世界受到廣泛崇拜。祂是理想的母親和妻子，是自然與魔法之神，保護奴隸、罪人、手工藝人和被壓迫者，也傾聽富人、統治者、貴族和少女的祈禱。祂常被認為是荷魯斯（隼頭人身，法老的守護神）的母親。伊西斯的意思是「王座」，祂的頭飾就是王座。埃及法老被認為是祂的孩子。在埃及神話中，祂的丈夫和兄弟奧西里斯被塞特殺害並肢解後，祂收集散落在大地上的屍塊，用魔法讓奧西里斯復活。

第七章　婆羅門、佛教徒和商人

一

從《周航記》和貝勒尼基的角度看印度洋，有一個難以避免的問題。我們很容易產生一種錯覺，即當希臘羅馬的船隻帶著渴望東方香料的商人來到印度洋時，印度洋的各港口之間是有互動的。當貝勒尼基和米奧斯荷爾莫斯衰落時，我們可能會認為，整個網絡就崩潰了。的確，如果沒有羅馬人，印度國王不可能累積那麼多的財富。但他們是否真的將那些金銀投入流通，我們不得而知。零星的證據表明，巴巴里孔和巴利加薩或至少是它們附近的港口，在五世紀與六世紀仍是活躍的貿易和手工業中心。中世紀晚期的旅行者，如威尼斯人馬可．波羅和阿拉伯人馬蘇第（al-Masʽudi）描述的許多停靠站及其之間的聯繫，在五世紀和六世紀就已經存在。[1]因此這個問題的關鍵在於連續性，並直接關係到這樣一個觀點：印度洋航線的開闢，不管是由羅馬人、印度人還是馬來人，或是由他們所有人合作完成的，都應該被視為建立以海路為主的全球貿易網絡的第一步。在這種情況下，開羅猶太人在一一〇〇年左右展開的印度貿易（下文會詳述），或葡萄牙人在一四九七年至一四九八年進入印度洋，只是將印度洋與地中海和歐洲市場進一步結合。

當有關羅馬貿易的證據如此豐富時，我們很容易將有關印度洋「當地」貿易的證據視為不相干的碎片而忽視。但是這些碎片可以拼接起來，講述一個非凡的故事，而羅馬人在其中不再是主角。為了理解這個故事，我們必須研究一些相隔甚遠的地方，從馬達加斯加到馬來半島，直至馬來半島以外的中國邊緣。這將揭示出在西元一千紀的前半期，被航海家聯繫在一起的地區的廣闊性，還將顯示從中國南部一直延伸到地中海的鏈條的各個環節是如何被鍛造並相連的，因此早就讓羅馬帝國居民著迷的香料貿易，其範圍遠遠超出印度和錫蘭。特別是定期往返中國和印度的印尼與馬來海員，成為這一貿易的偉大媒介，正是他們，把以前相互分離的網絡編織在一起；也是他們使得海運相較於艱辛的陸運來說，有值得一試的價值，並在最後成為首屈一指的事業。

所以，本章的主題是一片令人眼花撩亂的廣闊海域，包括整個印度洋，以及它之外的南海。南海被中國南部、越南、菲律賓、印尼和馬來半島環繞，而我們要開始的地方，是距離南海很遠的一座相對較小的島嶼，即索科特拉島，它位於印度洋西北部，面積為三千八百平方公里（這讓它成為印度洋西部僅次於馬達加斯加的第二大島）。索科特拉島位於阿拉伯半島以南約兩百四十英里，非洲以東約兩百四十公里處。[2] 因此，來訪的不是沿海岸航行的船隻，而是那些掌握季風的規律，並勇於在陸地視線之外的遠海航行的水手。索科特拉島有足夠的吸引力，因為它是連接東非、紅海和印度航線的貿易中心。即便如此，當地的洋流也很難對付。此外，索科特拉島不能提供一個像樣的港口，所以船隻不得不在岸邊停泊。在五月至九月，由於西南季風的吹拂，水手無法到達索科特拉島。海盜也經常在此落腳，儘管他們

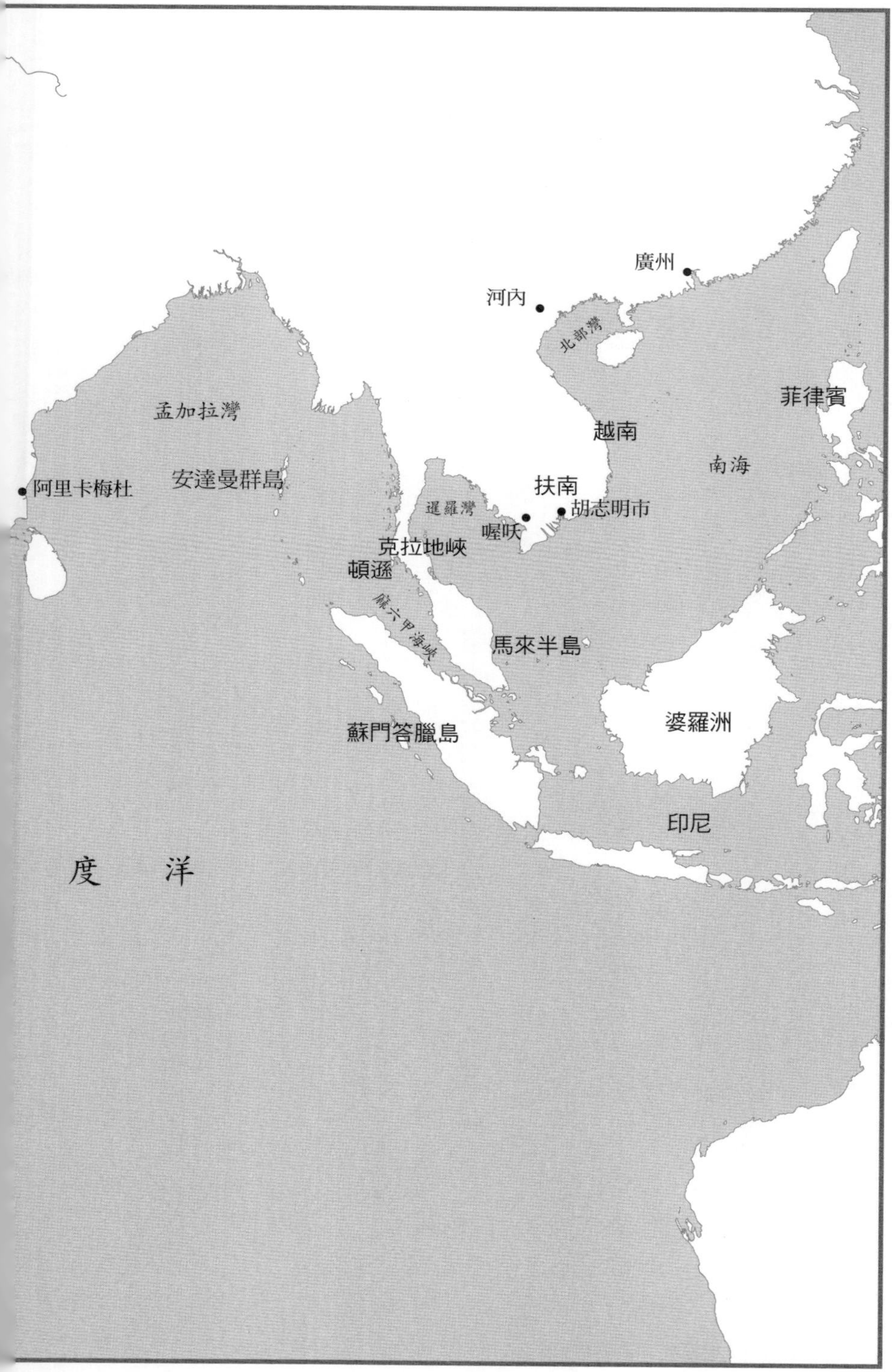

廣州
河內
北部灣
菲律賓
孟加拉灣
越南
南海
安達曼群島
阿里卡梅杜
扶南
暹羅灣
胡志明市
喔呋
克拉地峽
頓遜
麻六甲海峽
馬來半島
婆羅洲
蘇門答臘島
印尼
度
洋

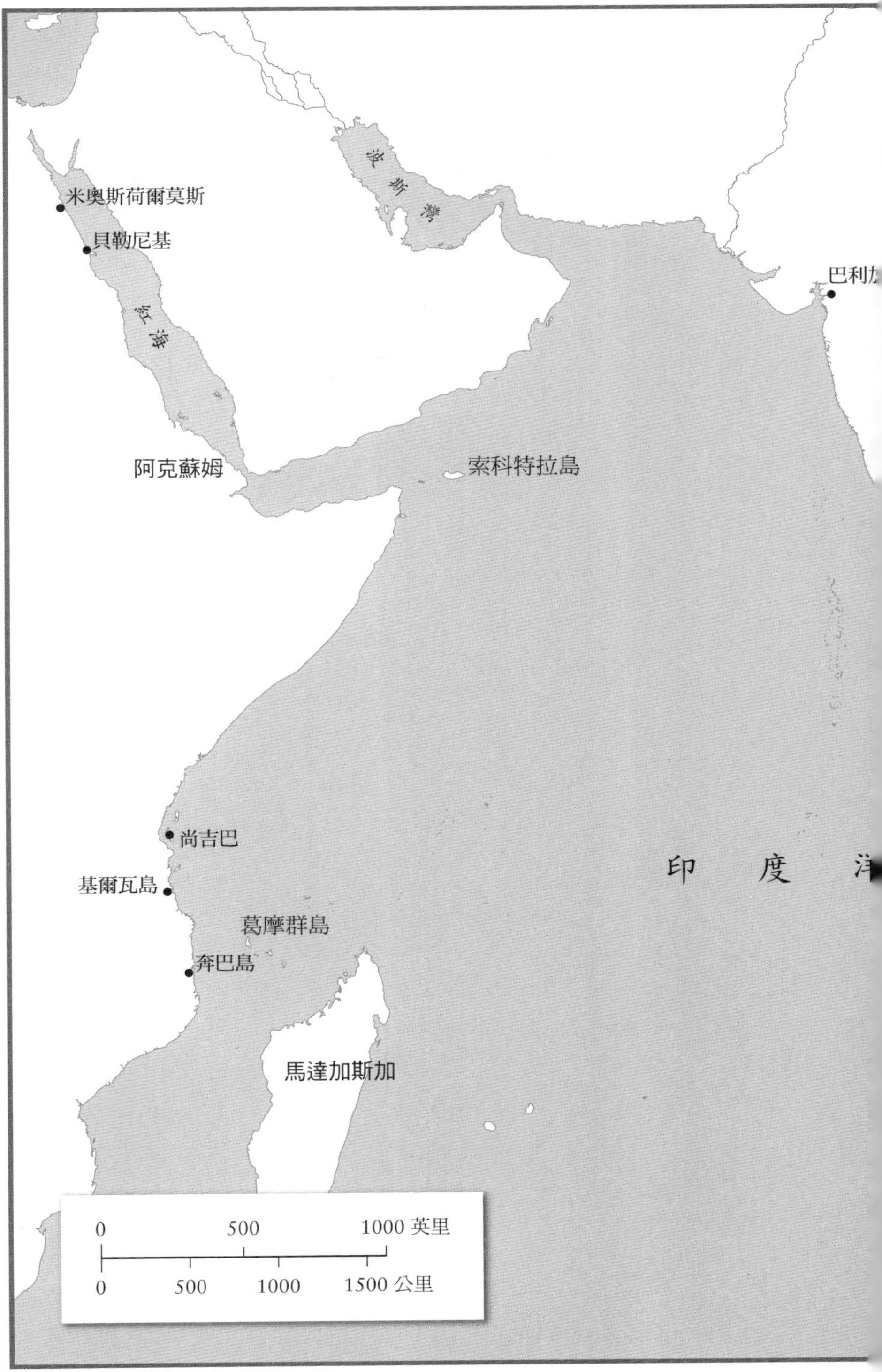
波斯灣
米奧斯荷爾莫斯
貝勒尼基
紅海
巴利加
阿克蘇姆
索科特拉島
尚吉巴
印度洋
基爾瓦島
葛摩群島
奔巴島
馬達加斯加
0
500
1000 英里
0
500
1000
1500 公里

也要面對同樣的艱難條件，商人並沒有卻步。《周航記》記錄一個對龜甲的熱情無以復加的商人，對索科特拉島的確切了解：

在遠海有一個叫迪奧斯寇里德斯（Dioskourides）的島嶼。它雖然很大，但很貧瘠，也很潮濕。那裡有河流、鱷魚、大量的毒蛇和巨大的蜥蜴。蜥蜴大到可以用來吃肉，並用牠的脂肪煉油。島上沒有農產品，葡萄和穀物都沒有。居民稀少，都住在島的北側，即朝向大陸的那一側。這些居民是外來的定居者，阿拉伯人和印度人雜居於此，甚至還有一些希臘人，他們從那裡出海從事貿易。該島出產大量的龜甲，有真正的龜甲、陸龜龜甲和淺色龜甲，也有殼極厚的山龜龜甲……那裡有所謂的印度朱砂，它是從樹上採集而來的分泌物。[3]

《周航記》還解釋，該島由對岸的南阿拉伯（哈德拉毛〔Hadhramawt〕）國王統治；該島經常落入南阿拉伯統治者的控制之下，今天索科特拉島是葉門共和國的一部分。來自南印度和巴利加薩的水手經常來這裡，「他們會用大米、穀物、棉布與女奴來交換」大量劣質的龜甲。然後，作者語氣神祕地表示：「國王們已經把這座島租出去了，而且有專人把守。」這強烈暗示著，不值得為了烏龜去這座島，也不值得與那些租戶談判，因為他們似乎不鼓勵貿易。[4]從字裡行間來看，似乎這座島再次成為海盜巢穴。它的位置很適合，而且這個海域至今仍然因為海盜活動而臭名昭著。不過幾個世紀以來，大量的旅行者曾造訪這座島，因為他們在一個洞穴（即霍克洞〔Hoq cave〕）的岩壁上留下大約兩百五十件銘文和圖畫（於二〇〇〇年被發現）。所有這些都令人振奮地證實《周航記》的說法，即許多來自不同地方的人造訪過索科特拉島。這些銘文的語言種類繁多，有印度語、伊朗語、衣索比亞語、南阿拉伯語，甚至還有希臘語，其年代在西元前一世紀至西元六世紀之間。

霍克洞非常長，有二・五公里，有些地方寬一百公尺，高三十公尺，所以它一定是一個令人敬畏的場所，而且在被太陽炙烤的島上是一個涼爽的地方。它顯然是祭祀一神或多神的崇拜中心，牆上的塗鴉與今天旅遊景點的塗鴉沒什麼不同：Bhadra prapta，意思是「巴德拉到此一遊」；有的塗鴉只是遊客的名字，通常是用梵文寫的。[5]我們可以想像，水手和其他旅行者經歷驚濤駭浪到達索科特拉島之後，渴望向諸神致謝，感謝神保佑他們安全抵達，並請求神祐助他們安全返鄉。這些是什麼神，目前還不清楚，但絕大多數銘文是梵文，表明祂們是印度的神，與印度教或佛教的崇拜有關。洞裡很可能有佛祖的形象，因為在印度歷史上的這一時期，宗教和貿易之間的聯繫非常密切，特別是佛教並不認為腳踏實地賺錢有什麼不好。佛教摒棄種姓制度，這種制度使得商人在社會中的地位，不如被譽為印度教社區領袖的祭司和武士。學界普遍認為，佛教的傳播刺激了印度的經濟。[6]

有充分證據表明印度商人持續好幾個世紀造訪該島，最早的銘文被認為出自西元一〇〇年之前，但在西元四〇〇年之後，銘文數量減少，說明人們逐漸不再造訪，或即便來了也不再留下紀錄。後者的可能性較大，因為如下文所示，基督教的到來讓洞穴崇拜變得過時。銘文中有幾個名字明確提到與印度的聯繫：「賈亞塞納之子桑噶達沙（Samghadasa, son of Jayasena），哈斯塔卡瓦普拉（Hastakavapra）的居民」從靠近坎貝灣巴利加薩的一個小鎮到達索科特拉。這個小鎮今天還在，現在的名字叫哈塔卜

（Hathab），但《周航記》的作者和托勒密稱之為阿斯塔卡普拉（Astakapra）。《周航記》在描述通往巴利加薩的危險路徑時，提到了阿斯塔卡普拉。那裡的考古發掘表明，它從西元前四世紀到西元六世紀一直很繁榮。[7] 銘文中更值得注意的是，有一處直接提到巴利加薩：「來自巴利加薩（Bharukaccha）的賽薩亞．毗濕奴塞納（Śesasya Visnusena）到此一遊」；還有一處塗鴉簡單地寫著「巴利加薩人（Bharukacchaka）」；最重要的是「來自巴利加薩的船長毗濕奴達拉（Visnudhara）」。[8] 顯然地，從印度西北部前往非洲之角的船隻經常在索科特拉島停靠。考古學家在一個今天被稱為科什（Kosh）的村莊發現印度文物，但是並未發現表明索科特拉島與地中海之間有聯繫的證據。科什位於索科特拉島北側，這證實《周航記》的說法，即居民選擇定居在島的北側。我們甚至對到達索科特拉島的船隻也有所了解，因為霍克洞中有幾幅圖畫，其中最清晰的一幅顯示一艘有兩個舵，可能有三根桅杆的船。這與印度著名的阿旃陀（Ajanta）石窟中的一幅六世紀的船隻圖像很相似，該圖可以看到一艘有兩個舵的三桅船。[9]

進入霍克洞內祭祀的不全是印度人。洞內的銘文包括一塊相當大的木牌，是用遠在敘利亞的巴爾米拉（Palmyra）的阿拉米語❶寫的。木牌記錄一位納巴泰船長的祈禱。有納巴泰人來到島上並不奇怪：有印度人向阿拉伯半島南部的統治者派出使團，使團的主要使命一定是討論熏香的貿易。一隊蘇聯考古學家在索科特拉島上發現阿拉伯半島南部的陶器。[10] 由此推斷，一些納巴泰人冒險渡海來到索科特拉島，而不是依賴橫跨阿拉伯半島的駱駝商隊。然後還有西方人。一段神祕的塗鴉寫道：「屬於耶槃那人卡德拉布提姆哈（Cadrabhutimukha）。」這肯定不是希臘名字，儘管耶槃那這個詞彙通常意味著希臘、羅馬或來自羅馬帝國的人。合理的解釋是，這是一個生活在印度的耶槃那人，已經被印度文化同化，所以他有一個梵文的名字，並使用梵文的婆羅米文字。當然，島上也有真正的希臘人，證據不只是《周航記》和其他文獻。三世紀初，一位希臘船長（naukleros）在洞中留下希臘語的銘文：「船長塞普蒂米奧斯・帕尼斯科斯（Septimios Paniskos）跪在眾神和洞中的神（或諸神）面前。」[11]自從亞歷山大大帝的時代，希臘人就在遙遠的巴克特里亞❷崇拜印度的神祇。在世界的邊緣航行時向當地神明表示尊重，對希臘人、羅馬人和其他許多民族來說是自然而然的。

索科特拉島的歷史也是一個時移勢易的故事。一個無人居住的荒島變成貿易中心，但其居民只能透過用本地的龜甲和熏香，換取產自阿拉伯半島、印度或非洲的糧食來生存。最大的變化發生在該島居民成為基督徒的時候，時間大約是四世紀左右。索科特拉島直到十七世紀仍基本或部分地保持基督教信仰。這種皈信（假設是皈信，而不是大規模的遷移所致）發生在紅海南部成為猶太人和基督徒之間激烈對抗戰場的時候，猶太人使阿拉伯半島西南部的國王皈信猶太教，而基督徒的勢力在紅海對面的衣索比亞的阿克蘇姆。隨著阿克蘇姆的繁榮發展，吸引來自紅海對岸的貿易，並派遣自己的商人到海外銷售象

❶ 譯注：阿拉米語是古代敘利亞地區使用的閃族語言，在近東和中東地區一度非常興盛，享有通用語的地位。耶穌的語言就是阿拉米語，《聖經・舊約》有很大一部分最早也是用阿拉米語寫成。

❷ 譯注：巴克特里亞（Bactria）是一個中亞古地名，主要指阿姆河以南、興都庫什以北地區，大致覆蓋今天的阿富汗北部、塔吉克南部和烏茲別克東南部。古希臘人在此地建立希臘－巴克特里亞王國，中國古籍稱為大夏，後來此地更名為吐火羅。

牙與衣索比亞高原的其他名貴產品，還為阿克蘇姆宮廷購買熏香和香料。人們在衣索比亞的德布勒達摩（Däbrä Damo）修道院發現一百多枚三世紀末的印度錢幣（這裡有一個未解之謎：該修道院是在幾個世紀後才建立的）。索科特拉島受益於跨紅海貿易的復興。霍克洞提供衣索比亞人在六世紀左右造訪該島的證據，因為有一、兩個人在那裡留下自己的名字。[12]早期拜占庭旅行者科斯馬斯・印地科普勒斯特斯（Kosmas Indikopleustes，意為「航行到印度的科斯馬斯」）在六世紀寫下自己的《周航記》，其中描述索科特拉人如何說希臘語，「他們最初是托勒密王朝派到那裡的殖民者」，並指出當地神父是由波斯的主教授職的。科斯馬斯沒有到過索科特拉，不過他曾乘船經過那裡。他在非洲海岸遇見一些來自索科特拉的說希臘語的人，他們顯然相信自己的歷史就是上述的模樣。[13]科斯馬斯的故事流傳很廣，因為居住在西西里島羅傑二世國王宮廷的阿拉伯地理學家伊德里西（al-Idrisi）在十二世紀中葉也說過差不多的話，作品廣泛流傳的十世紀旅行家馬蘇第也是如此。馬蘇第還提到索科特拉是海盜的巢穴，這種情況在當地歷史上反覆出現。他提到的海盜是印度海盜，他們攻擊前往印度和中國的阿拉伯船隻，但希臘和阿拉伯海盜也一定曾在不同時期盤踞在索科特拉。

所有這些都證明，歷史學家如果忽視那些細微、乍看之下不重要的地方，就可能會犯下錯誤。索科特拉不是巴利加薩或貝勒尼基那樣的重鎮，但這座極其偏遠的島嶼為海上交通的本來樣貌提供證據，這些證據與《周航記》或貝勒尼基和米奧斯荷爾莫斯的出土物的內容一樣重要。島上訪客的名字通常沒有給出職業或出身，但是仍然提供足夠的證據，讓我們知道什麼樣的人生活在索科特拉，那些人一定認為索科特拉是世界的外層邊緣。

二

所有這些都充分證明當時的航線主導者，不是來自羅馬帝國的海員，而是由來自阿拉伯半島的阿拉伯三角帆船、來自印度的縫板船，以及馬來和印尼水手駕駛的船隻。馬來人在中世紀末肯定發揮顯著作用，但是隨著蘇門答臘島和馬來半島幾個貿易帝國的興衰，一千年間發生了很大變化。不過有非比尋常的證據表明，有人從印度洋的東端一路來到東非，他們說的是南島語系的語言，菲律賓語、馬來語和玻里尼西亞語都屬於南島語系。他們不僅到達標誌著羅馬貿易最南端的諸港口，即尚吉巴附近，還到達更南面。他們首先到達並殖民非洲海岸外的葛摩群島（後來因依蘭香水而聞名），然後在印度洋所有島嶼中最大的馬達加斯加島定居，而馬達加斯加直到那時還沒有人類。對於他們是採取直接穿越印度洋的路線，還是沿著印度洋的海岸線航行，一直存在很多爭論。普遍的共識是，馬來語的人逐漸沿著不斷拓展的貿易路線，來到南印度和更遠的地方。許多個世紀以來，這些馬來人大多被東道主同化；但是在馬達加斯加，除了他們自己從基爾瓦（Kilwa）和尚吉巴等東非港口帶來的班圖族奴隸，並沒有其他族群。於是他們創造一個非洲的馬來－印尼社會。後來的歐洲人認識到馬達加斯加社會的獨特之處，所以認為馬達加斯加其實是亞洲，而不是非洲的一部分。14

語言為馬達加斯加和印度洋另一端之間的聯繫提供豐富的證據。語言年代學是對語言開始分化為方言的時間進行測算的科學，這些方言逐漸變得相互無法理解，以至於它們可以被認為是獨立的語言。我們已經看到，毛利人和夏威夷人在十八世紀仍然能夠理解對方的話。很明顯，馬達加斯加的第一批定居者說的肯定是一種接近馬來語的語言。馬達加斯加語的近親主要在印度洋的遙遠邊緣或太平洋中心，與其最接近的語言是婆羅洲（Borneo）的一種方言。語言年代學表明，馬來人到達馬達加斯加的時間是西元前一千紀晚期。此外，我們還有DNA證據。粒線體DNA顯示，馬達加斯加的九六％人口至少有一部分亞洲定居者的血統。不過許多個世紀以來，該島接納了班圖人、阿拉伯人及其他許多人，因此馬達加斯加人的血統和語言中也有其他成分。班圖拓殖者可能於西元二千紀之初到達馬達加斯加。也有類似的證據表明，在東非海岸，在奔巴島和尚吉巴島附近，有南島民族存在。最後，還有一個沉默無聲的證據，就是自人類到達馬達加斯加以來，在這裡繁衍生息的植物：稻米、藏紅花、椰子、山藥，很可能還有雞，這對本地充滿異域風情的動物族群來說是一個不起眼的增補。[15]

索科特拉島和馬達加斯加島的部分吸引力在於，這些都是遠離大陸的無人島嶼，人類在抵達之後，必須考慮在那裡建立什麼樣的社會。坦白來說很荒涼的索科特拉島，充其量能興建一個貨棧，出售島上提供的少量東西，也許還提供過往船隻船身的清洗或修理服務，又或者派出海盜劫掠。馬達加斯加能提供的機遇就大不相同了，這是一塊從印度漂浮出來的陸地，與世界其他地方隔絕了大約八千八百萬年，因此就像澳大利亞一樣，島上動物族群的發展獨立於世界其他地方；狐猴是一種非常古老的靈長類動物，在世界其他地方都沒有發現。島上森林茂密的內陸地區需要幾個世紀才能馴化，但在海岸周圍，早期的訪客可能被似乎取之不盡的香料和樹脂吸引了。[16] 菲力浦・博哈德（Philippe Beaujard）的假設是，馬達加斯加是印尼商人繼他所說的一系列策略性商業航行之後，在尋找香料過程中的一個驚喜發現。印尼商人留下一批拓殖者作為核心人口，他們會向每年都來尋找馬達加斯加自然財富的商人提供香料。來自被稱為香料群島的地方的人，為什麼要到大洋彼岸尋找香料，這成了一個謎；把這些香料帶回家，相當於把煤運到紐卡斯爾❸，實屬多此一舉。有人試圖把這種需求與南海的大貿易帝國出現聯繫起來，特別是中世紀早期的三佛齊（Śri Vijaya）王國，該王國位於蘇門答臘島，下文會詳述。

根據這個理論，馬達加斯加定居者的人口持續成長，並不斷向島嶼的中心地帶移動。他們逐漸砍光島上茂密的樹木，並滅絕島上的一些非比尋常的居民，即巨型狐猴和巨大的象鳥。中世紀晚期，水手辛巴達故事中出現的巨大的大鵬（rukh）可能就是象鳥。[17]與此同時，其他印尼定居者也來到這裡，他們受到從水手那裡聽到描述馬達加斯加鬱鬱蔥蔥天堂的故事所吸引。[18]這是一種合理的設想；另一種觀點則認為，印尼人是類似於玻里尼西亞人的航海家，駕駛著雙體船尋找新的土地定居，對印度洋的香料貿易沒有特別的興趣。遺憾的是，馬達加斯加的考古學還處於起步階段，發掘的結果對這個問題沒有什麼幫助。馬達加斯加北部的一個受矚目遺址，最早不超過西元四二〇年，而更早時期的證據非常零散。從一個岩洞中發現大約西元七〇〇年在當地生產的陶器碎片，這些陶器可能是水手在長途跋涉返回馬來半島之前，在馬達加斯加停留時使用的。[19]這可以證明一波又一波的南島民族在許多個世紀中抵達，這種接觸到十四世紀或更晚仍持續不斷，那時阿拉伯旅行者已經描述這個非凡的微型大陸存在。[20]定居者懂得用鐵，因此他們的技術比玻里尼西亞人先進得多，而玻里尼西亞人在這一時期正在恢復對太平洋更遠地區的殖民。我們還不確定馬達加斯加定居者的船是什麼樣子，也不知道他們還在哪裡航行。不過

❸ 譯注：把煤運到紐卡斯爾（carrying coals to Newcastle）是英語的慣用語，意為多此一舉。因為紐卡斯爾是重要的產煤地。

印尼婆羅浮屠（Borobodur）的雕塑中有帶著舷外浮材的大船，而在今天的印尼和東非（包括馬達加斯加），船上仍在使用舷外浮材。[21]

即使最早到達馬達加斯加的南島民族不是香料商人，而且該島與其居民的故國之間的接觸是斷斷續續的，也有足夠的證據表明，在西元前一千紀末和西元一千紀初，希臘羅馬商人並不是航行在印度洋的唯一先驅。從非洲東南部到東印度群島的大弧線是一個龐大的空間，在這個空間裡，人們在距離陸地相當遙遠的遠海航行。他們可能不具備玻里尼西亞人那樣非凡的航海技能（儘管馬達加斯加的發現者很可能擁有類似知識），但印度洋的航海家需要並取得關於其海岸和島嶼的詳細知識。[22]印度洋不同角落之間的聯繫正慢慢變得更加緊密，甚至拓展到越南、爪哇和中國附近的海洋。

三

馬來航海家是印度洋和南海貿易與移民活動中的無名英雄。與印度旅行者不同，他們沒有得到婆羅門詩歌的讚美；與希臘羅馬旅行者不同，他們沒有留下《周航記》這樣的書。馬來半島最早的書面歷史，即所謂的《馬來紀年》，可以追溯到十七世紀初，其中有大量關於十五世紀新加坡和麻六甲的故事。但對於更早的幾個世紀，《馬來紀年》只提供關於其印度祖先的不甚清楚的傳說。[23]我們無法詳細描述馬來人和印尼人的船，不過他們找到適合造船的木材是沒有問題的：沒有人知道他們的船是像阿拉伯三角帆船、中式帆船（junks），還是雙體船（而「阿拉伯三角帆船」本身也是對多種大致相似船隻的泛指，它們在尺寸和設備上差別很大）。不過，他們的船在促進亞洲的最遠處和地中海之間的聯繫方面，發揮了關鍵作用，使得南印度成為中繼站而不是終點站。終點站向東轉移，遠至東印度群島，甚至有時是中國南部。貝勒尼基開始被沙漠淹沒的那數十年，也是東南亞與馬來水手成為強大海上力量的數十年。

首先我們要知道，生活在東南亞以外的人對該地區及其居民了解多少。《周航記》對恆河以外的「黃金之地」克律塞說得很含糊。這表明在一世紀和二世紀，地中海世界與該地區居民的接觸仍然相當有限，無論這種接觸是透過對克律塞土地非常罕有的造訪（如試圖到達中國的使團，如前面提到的安敦使團），還是在南印度的諸港口，如阿里卡梅杜／博杜凱遇到馬來水手。有時克律塞只是作為印度以外的一座島嶼出現在古典晚期的著作中。據說克律塞位於可居住世界的最邊緣，但距離賽里斯人（Seres），也就是織綢的中國人的土地不遠。[24]據說克律塞和另一座叫銀島（Argyrē）的島嶼盛產黃金和白銀，以至於這兩座島嶼就是以這兩種金屬命名的。大約在西元四〇年，羅馬作家龐波尼烏斯・梅拉（Pomponius Mela）記載了一個傳說：其中一座島嶼的土壤由黃金構成，另一座島嶼的土壤則由白銀構成，但他不相信這個故事。[25]六世紀，西班牙的百科全書作者塞維亞的伊西多祿（Isidore of Seville）也記載了這個傳言，他對古典文獻非常熟悉，在後來的許多世紀裡，希望了解各大洲形狀的人要先閱讀伊西多祿的著作。猶太歷史學家約瑟夫斯（Josephus）認為在克律塞可以找到俄斐，所羅門王在一千年前就曾派船前往那裡。[26]托勒密有不同的觀點（他的著作由後來的拜占庭人編輯和保存，他們可能在其中摻入自己的知識和觀點）：他把馬來半島說成是東南亞突出的一塊，因此其形狀更接近於整個中南半島，而不是馬來半島。他這個結論無疑並無實據，而不是因為他混淆了關於這兩個地區的精確資訊。[27]至於生活在克律塞及其周邊地區的人的資訊，全都是奇聞怪談，大多是憑空捏造的，其中提到一些有野蠻習俗的黑皮膚民族。

對東南亞及其居民最了解的外界人士是中國人。到目前為止，他們並沒有在本書中經常露面。中華文明是沿著東亞的大河水系發展起來的，中國人與水的聯繫更多涉及河流而不是遠海。中國與日本有重要的海上聯繫，關於這一點，下文會有更多的論述。中國有活躍的沿海航行，使用大型「樓船」，大海是魚和鹽的來源。[28]在西元一千紀早期的幾個世紀，中國水手駕船遠航的證據很少。船舶交通是由漢族以外的其他民族主導。漢族居住在北方，最終將統治中國的廣大地區。最熟練的水手可能是中國南方的越人（百越），他們的文化受到漢族越來越強烈的影響，但還沒有完全漢化。越人與華東沿海地區建立活躍的商貿聯繫。[29]大約在西元前二二一年，當漢朝在更北的地方建立時❹，存在著四個越人王國，也許更多；其中一個在河內地區的某個地方建都，稱為雒越（或駱越）。在雒越，人們可以獲得漢朝宮廷非常需要的奢侈品：「珠璣、犀、玳瑁、果、布」❺，以及翠鳥的羽毛、銀和銅。這些東西被運到廣州附近的越人城市番禺，漢人商人在那裡採購。據一世紀的一位中國作家說，這些商人變得非常富有。[30]漢朝與西亞的聯繫透過聞名遐邇但困難重重的絲綢之路維持，商隊穿過大片空曠的沙漠和伊朗以北的粟特商人的土地，直到抵達裏海南北的貿易中心。富有異國情調的中國產品（絲綢只是其中最著名的一種），通過這條路線到達中亞。但這是一段艱辛而緩慢的旅程，只有沿途設置大量崗哨才能保證其安全。[31]絲綢之路在西元前一世紀到大約西元二二五年左右有效地運作，這一時期的漢朝可以為其提供有效的保護。

西元前三世紀也是中國的「戰國七雄」激烈衝突的時期，這些衝突使漢族人不再向南擴張。然後在西元前二二一年至前二一四年期間，秦帝國的統治者粉碎了百越的頑強抵抗，將統治擴展到越人領土，並短暫地控制南海很大一部分的海岸線，即北部灣周邊。根據當時一位傲慢的中國歷史學家的說法，征服百越城鎮之後，秦帝國將「逋亡人、贅婿、賈人」❻流放到該地區定居。秦征百越的長期影響是漢族人口在這些地區的成長，特別是在城市，並且這些地區透過與更北方的中國土地的貿易而繁榮起來。這種貿易有多少是透過海路進行的，我們不清楚；越人或生活在他們土地上的漢族商人與馬來半島居民之間的接觸程度，我們也不明瞭。來自印度洋的貨物透過連接南海和印度洋的通道運抵。[32]

這標誌著漢人與海洋之間更密切關係的開始，主要是貿易，但也有海戰。西元前一三八年，一支漢

❹譯注：西漢建立的時間應為西元前二〇二年（劉邦稱帝）或西元前二〇六年（項羽封劉邦為漢王）。《史記・高祖本紀》、《漢書・高帝紀》都以劉邦稱漢王起為漢元年。

❺譯注：原句為「番禺亦其一都會也，珠璣、犀、玳瑁、果、布之湊。」引自（漢）司馬遷撰，（南朝宋）裴駰集解，（唐）司馬貞索隱，（唐）張守節正義，中華書局編輯部點校，《史記・卷一百二十九　貨殖列傳》，中華書局，一九八二年十月，第三二六八頁。

❻譯注：原句為「發諸嘗逋亡人、贅婿、賈人略取陸梁地。」引自（漢）司馬遷撰，（南朝宋）裴駰集解，（唐）司馬貞索隱，（唐）張守節正義，中華書局編輯部點校，《史記・卷六　秦始皇本紀》，中華書局，一九八二年十一月，第二五三頁。

朝海軍從長江口出發，沿著海岸向南航行，抵禦越人海盜❼。在接下來幾年裡，漢朝海軍的一連串攻擊對南海沿岸的越人小國施加強大的壓力。南越國的首都番禺（今廣州）落入漢朝之手，被用作突襲北部灣的基地；南越國的君主在試圖從海上逃跑時被俘。這一時期，漢人可以放心地將勢力範圍向南擴張至越南；但只有透過堅定地壓制漢人統治下所有地區和民族的離心傾向，才能將漢帝國維持下去。當漢朝政權解體時，漢人難民湧入南方，他們在西元九年至二五年中國北方的危機❽期間已經開始這樣做了。漢人南遷進一步刺激廣州作為一個主要貿易和文化中心崛起，這座城市能夠從越南獲取充滿異域風情的鳥類和其他動物及熱帶植物。[33]

漢帝國四分五裂之後，北方的魏國與從西元二二〇年起控制南方的吳國❾發生衝突。結果，吳國被切斷了陸上商路。但吳國獲得一條面向南海的漫長海岸線，於是中國人開始比以前更積極地開發這個地區。吳國人開始從新的方向尋找他們在北方城市生活時了解到的奢侈品。[34]這些東西甚至包括阿拉伯半島的乳香和沒藥，以及來自腓尼基的彩色玻璃與很可能來自波羅的海地區的琥珀，所有這些商品都曾經沿著絲綢之路傳到中國。[35]問題在於他們如何能夠獲得這些珍奇異物？答案就是他們與夾在中國和印度之間的地區（換句話說，中南半島和馬來半島／印尼）的關係。如下文所示，中國人還希望與佛教的發源地建立一連串的聯繫，當時佛經和佛教聖物在中國非常受到珍視。

中國的對外聯繫在兩個主要方向上建立起來。一條路線是從中國南部的港口出發，沿著今天越南的海岸線，到達中國人稱為扶南的地方。[36]從那裡可以沿著海岸線一直走到克拉地峽（Isthmus of Kra），即連接馬來半島和亞洲大陸的狹長陸地。由於那裡布滿森林和丘陵，從陸路穿越地峽可能需要十天的時間，之後旅行者可以在泰國南部再次登船，然後從緬甸橫渡孟加拉灣，到達印度東北部。有一段時間，扶南能夠維持對從南海到印度洋的人員和貨物流動的控制，而且克拉地峽的路線儘管很不方便，但還是受到青睞。另一條路線則是從中南半島沿馬來海岸一路航行，經過今天的新加坡，穿過麻六甲海峽，從馬來半島西側的某個地方跨越孟加拉灣。[37] 中國的船隻會儘量回避遠海，這從《梁書》中可以看出：「漲海無崖岸，船舶未曾得徑過也。」⑩[38] 掌權者從這些航行中收穫頗豐。西元三〇〇年左右，石崇是通往廣州和河內的貿易路線上一個地區的總督⑪，他透過向滿載貨物經過他的轄區的商人和使者徵稅，

⑦ 譯注：原句為「吳王子駒亡走閩粵，怨東甌殺其父，常勸閩粵擊東甌。建元三年，閩粵發兵圍東甌，東甌使人告急天子。天子問太尉田蚡，蚡對曰：『粵人相攻擊，固其常，不足以煩中國往救也。』中大夫嚴助詰蚡，言當救。天子遣助發會稽郡兵浮海救之，語具在助傳。漢兵未至，閩粵引兵去。東粵請舉國徙中國，乃悉與眾處江淮之間。」引自（漢）班固撰，（唐）顏師古注，中華書局編輯部點校，《漢書．卷九十五　西南夷兩粵朝鮮傳第六十五．閩粵》，中華書局，一九六二年六月，第三八六〇頁。

⑧ 譯注：西元九年王莽建立新朝，社會動盪，農民起義與戰爭頻發。西元二五年，劉秀稱帝，建立東漢。

⑨ 譯注：原文如此。孫吳政權始於西元二二二年孫權獲封吳王。西元二二〇年是曹丕稱帝、建立曹魏的年代。

⑩ 譯注：原句為「所以然者，頓遜回入海中千餘里，漲海無崖岸，船舶未曾得逕過也。」引自（唐）姚思廉撰，中華書局編輯部點校，《梁書．卷五十四　列傳第四十八　諸夷．海南．扶南》，中華書局，一九七三年五月，第一版，第七八七頁。

⑪ 譯注：石崇（西元二四九－三〇〇）為西晉的荊州刺史。西晉時荊州幅員廣袤，包括今天湖北、湖南二省的大部以及鄰省的小部。據《晉書》，石崇擔任荊州刺史的年分應為西元二九〇年至二九三年。

累積了巨額財富。他還自己從事貿易，派商人收集象牙、珍珠、香木和香水。他擁有「珊瑚樹，有高三四尺者六七株，條榦絕俗，光彩曜日」[12]，引以為豪，還擁有數以千計的美麗女奴：

> 使數十人各含異香，行而語笑，則口氣從風而揚。又屑沉水之香，如塵末，布象床上，使所愛者踐之。無跡者賜以真珠百琲，有跡者節其飲食，令身輕弱。[13] 39

雖然石崇不是同時代人的典型，但南海貿易為他帶來神話般的巨富。「神話」的意思是，關於他的財富的敘述無疑是越傳越神，不斷加油添醋。不過，廣州和河內的財富來自這樣一個事實，即這些城鎮是商業中心，而不是生產中心。用王賡武的話說，它們是「繁榮的邊疆城鎮」，石崇和他的後繼者能過這樣的奢侈生活，是因為這些省分遠離中央政府。與其他邊疆地區一樣，廣東廣州周邊地區受到海盜和土匪的困擾，他們希望在沿海建立自己的地盤。這阻礙了南海貿易的擴展。海盜盧循在五世紀初被徹底擊敗，這一勝利使廣東迎來一段安寧的時期。而南邊的安南[14]沿海發生的紛爭，使廣州得以沒有競爭地發展在南海的貿易。因此，「世云廣州刺史但經城門一過，便得三千萬」。[15] 40 到了六世紀，廣州處於鼎盛時期，當地官員雖然實行苛刻的稅收制度，但並不遏制經濟發展，所以人們忍氣吞聲，而且習以為常：官府以半價強行收購外商的貨物，然後再以全價出售，只有貪婪的官員能夠從中牟利。41

中國早期對通往印度的海路的描述存於《前漢書》。《前漢書》是西漢歷史的彙編，在漢朝滅亡後形成今天的形式[16]，但其中也包含一些早期材料。我們很難確定該書中的印度地名是今天的哪些地方，因為這些古老的地名（我們對其了解不多）都被音譯成中文，其中很可能包括巴利加薩和穆濟里斯。漢代史書確實包含所有語言中現存最早對馬來半島的描述，或至少是對克拉地峽的描述。[42]不過前往印度的航行十分緩慢，每個階段都需要幾個月的時間，因為需要等待季風的配合。但漫長的等待是值得的，因為可以找到許多產品：

> 其州廣大，戶口多，多異物，自武帝以來皆獻見。有譯長，屬黃門，與應募者俱入海市明珠、璧流離、奇石異物，齎黃金雜繒而往。所至國皆稟食為耦，蠻夷賈船，轉送致之。亦利交易，剽殺人。又苦逢風波溺死，不者數年來還。大珠至圍二寸以下。⑰[43]

---

⑫ 譯注：原句為「乃命左右悉取珊瑚樹，有高三四尺者六七株，條幹絕俗，光彩曜日。」引自（唐）房玄齡等撰，中華書局編輯部點校，《晉書．卷三十三　列傳第三．石苞．石崇》，中華書局，一九七四年十一月，第一〇〇七頁。

⑬ 譯注：引自（晉）王嘉撰，（梁）蕭綺錄，齊治平校注，《拾遺記校注．卷九　晉時事》，中華書局，一九八一年六月，第二一五頁。

⑭ 譯注：此處應當指越南。在不同的歷史時期，「安南」有不同的指代。

⑮ 譯注：引自（梁）蕭子顯撰，中華書局編輯部點校，《南齊書．卷三十二　列傳第十三．王琨》，中華書局，一九七二年一月，第五七八頁。

⑯ 譯注：原文如此，《前漢書》主要由班固、班昭、馬續在東漢時期完成。

⑰ 譯注：引自（漢）班固撰，（唐）顏師古注，中華書局編輯部點校，《漢書．卷二十八下　地理志第八下》，中華書局，一九六二年六月，第一六七一頁。

這段文字肯定會給人留下這樣的印象：許多民族臣服於漢朝。但這種裝腔作勢是維持不下去的。這段描述的大部分內容都是關於貿易獲利的。大約在三世紀，「譯長」的明確目標是到達印度。在官方層面，他們是皇帝派來執行外交任務的代表；但實際上，他們去西方是為了從遙遠的地方購買最稀有的奢侈品。[44]馬來半島只是一道障礙，它本身拿不出什麼商品，而印度的產品則十分稀有和非凡。馬來半島成為一個誘人的目的地是很久以後的事，但在那之前，馬來水手就已經開始活躍。最重要的一點是，漢族人仍然對遠海敬而遠之，而一切跡象都表明馬來人正在成為東亞最活躍的航海民族之一。我們完全有理由認為，不是印度人，更不是中國人，而是馬來人駕駛著把「譯長」和其他中國商人從馬來半島西岸帶到印度東部的船隻。歷史學家王賡武在一九五八年寫作時曾提出疑惑，因為他掌握的中國史料沒有說明到達印度洋的船隻是中國的、越人的還是印度的，而他不知道的是，這些船隻其實是由馬來人操作的。正如下文所示，我們甚至有對這些船隻的詳細描述，包括它們的尺寸（超過兩百英尺長，二十至三十英尺高，有四面可調節的帆）。[45]在五世紀，「南蠻」提供從犀角和翠鳥羽毛，到珍珠和石棉（當時被認為是一種神祕的奇妙礦物）的一切。[46]對於能夠不斷深入印度洋直到非洲的馬來人來說，橫渡孟加拉灣是稀鬆平常的事情。

幾個世紀以來，越南南部的扶南⑱是中國和印度之間的主要中介。它被認為是當時位於中國和印度之間的最大王國，主宰著暹羅灣的海岸和馬來半島的東岸。[47]我們只知道這片土地的中文名扶南，但它的許多居民可能與後來在柬埔寨建造大型神廟城市的孟－高棉人（Mon-Khmer people）有親緣關係。[48]扶南擁有輝煌的海上成就，當時在南海航行的船隻載著中國乘客、印度僧侶和商人、馬來水手，以及少不了越南本地人。到了三世紀中葉，中國旅人對扶南讚嘆不已。在這一時期，一位被中國人稱為「范蔓」或「范師蔓」⑲的扶南國王擴大他對鄰人的影響力，建立一個王國，一方面經營活躍的國際貿易，另一方面成功開發大片適合種植水稻和其他作物的土地。扶南的城市建有城牆，不乏圖書館和檔案館，而且據說其賦稅是用金銀、珍珠和香水支付的。扶南還是造船業中心。[49]簡而言之，中國人覺得扶南人算是蠻夷中相對文明的。

扶南的起源據說在海上，所以它慣於經商。根據中國記載的一個傳說，在一世紀的某個時候，當地的一位「水女王」派海盜襲擊一艘商船，但是船上的人成功自衛，船也得以靠岸。一位來自「海外」、擁有婆羅門名字憍陳如（Kaundinya）⑳的乘客上了岸，喝了一些水（象徵他占領「水女王」的土地），並與水女王結婚。從此，他成為扶南的國王，成為湄公河三角洲周圍城鎮的七個酋長的宗主。天神與像阿佛洛

---

⑱ 譯注：原文如此。扶南的領土分布在今天的柬埔寨、泰國、緬甸和越南。

⑲ 譯注：《梁書》稱為范蔓。原句為「盤況年九十餘乃死，立中子盤盤，以國事委其大將范蔓。盤盤立三年死，國人共舉蔓為王。蔓勇健有權略，復以兵威攻伐旁國，咸服屬之，自號扶南大王。乃治作大船，窮漲海，攻屈都昆、九稚、典孫等十餘國，開地五六千里。次當伐金鄰國，蔓遇疾，遣太子金生代行。」引自（唐）姚思廉撰，中華書局編輯部點校，《梁書．卷五十四　列傳第四十八　諸夷．海南．扶南》，中華書局，一九七三年五月，第七八九頁。《南齊書》中稱為「范師蔓」，事蹟相同。

⑳ 譯注：原句為「其後王憍陳如，本天竺婆羅門也。有神語曰應王扶南，憍陳如心悅，南至盤盤，扶南人聞之，舉國欣戴，迎而立焉。復改制度，用天竺法。」引自（唐）姚思廉撰，中華書局編輯部點校，《梁書．卷五十四　列傳第四十八　諸夷．海南．扶南》，中華書局，一九七三年五月，第七八九頁。

狄忒一樣誕生在大海泡沫中公主的婚姻，是馬來和玻里尼西亞神話的一個常見主題，上述介紹的故事就帶有這些早期傳說的印記。[50]不過，這個故事被認為是指印度人透過海路到達越南，並進入當地社會的最高層。這個最高層越來越印度化，也越來越商業化。扶南王國是印度商人和殖民者的「合資企業」，對海上貿易感興趣的印度人與對農業更感興趣的當地越南人合作。[51]無論海洋對扶南的繁榮有多重要，內陸地區也具有重要的經濟意義。扶南的首都位於內陸，但我們還不確定其位置。[52]扶南的印度特徵更多是同化，而不是拓殖的結果；拓殖發生在各港口城市，印度商人和婆羅門祭司有意識地與當地人口融合。扶南人就像後來南海周邊地區的統治者一樣，對印度文化十分著迷。柬埔寨的高棉國王，即偉大的吳哥窟神廟建造者，聲稱自己是憍陳如和扶南國王們的後裔。這並不意味著這些城鎮居民都是印度人，就像世界上其他港口城市一樣，扶南的港口裡人種混雜，有印度人、中國人、馬來人、印尼人、越南人、緬甸人和其他許多民族在其中討價還價。

扶南的一個貿易港口的遺跡位於暹羅灣北部的喔吠（Oc-èo），這證實了中國方面的史料。喔吠起源於一世紀，起初是馬來人的漁港。但不久後成為偉大的貿易中心，直到七世紀初仍然如此。就像沒有人知道扶南在當地語言中的名稱一樣，也沒有人知道在喔吠（離胡志明市或西貢不遠）發掘出的城鎮本名。喔吠並不是普通的遺址，儘管其他這一時期的越南港口尚未完全發現。一切都表明喔吠是東南亞歷史上最早的重要貿易港口，而且是該地區第一個發現文字的地方，其形式為梵文銘文，不僅鐫刻在石頭上，而且出現在金環上。喔吠遺址很大，占地四百五十公頃。[53]居民居住在部分用磚石建造的房屋中，但為了防水災，他們的房屋架在高高的木樁上，這在今天的東南亞仍然很常見。較大供精英居住的宮殿有兩層。[54]喔呋實際上並不在海邊，距離海岸有二十五公里，透過運河與大海相連。這些運河是越南南部的一個典型特徵，貫穿於水鄉之間，足以說明扶南的統治者有能力動員大量的勞動力來建造和維護整個水路網絡。「水網密布」一詞就能很好地概括扶南的環境。[55]

喔呋將大海與位於湄公河河道下游的扶南屬地聯繫在一起，而且還擁有湄公河漲水時會自然氾濫的大片稻田。喔呋是水手在中國南部和馬來半島之間往返時獲取補給的好去處。[56]在喔呋出土的物品，包括二世紀羅馬安敦尼王朝皇帝的錢幣、一世紀至六世紀的中國青銅器，以及被認為是從波斯薩珊王朝運來的拋光寶石。這些物品中有許多是在很長一段時間內多次轉運，分階段運送到扶南的。進口材料被用來製造裝飾品、首飾和器皿，包括銀質餐盤。喔呋人用鑽石、紅寶石、藍寶石、黃玉、石榴石、蛋白石、煤精和其他許多東西製造首飾，他們還進口黃金，可能是以金絲的形式，然後將其熔化，製成戒指、手鐲和其他高價值物品。較便宜的金屬也是南海貿易的商品，比如來自婆羅洲東北部的鐵。[57]有趣的是，在扶南發現來自羅馬帝國的貨物比來自中國的更多，儘管中國離扶南更近，也更容易到達，所以喔呋雖然位於印度洋之外，但是肯定與那些將「羅馬」商人至少帶到南印度的貿易路線有聯繫，那麼是誰接著將這些貨物運到南海就值得研究了。不過扶南人與吳國也維持著關係，不斷派遣使團向吳國朝廷進貢。在五世紀，扶南使團一次又一次地抵達中國，帶去黃金、檀香、象牙和熏香。

在五世紀的大部分時間和六世紀初，扶南與中國之間的聯繫特別活躍。不僅是國家使節，僧侶也在中國和扶南之間來回穿梭。有一次，扶南國王派一名佛教僧人帶著他希望與中國朝廷分享的兩百四十卷佛經前往中國南部。因此，扶南成為佛教發源地（印度）與這一時期熱衷接受佛教教義的大帝國（中國）之間的橋梁。不過，扶南使者並非總是受到歡迎。例如在西元三五七年，他們等了很久，然後不得不在貢品沒有被接受的情況下返回。也許是因為東晉皇帝更喜歡該地區的其他盟友，也可能是因為貢品被認為微不足道。東吳皇帝之所以關心扶南，不是因為他們對精美寶石貿易感興趣，而是熱愛扶南音樂。在七世紀的中國，唐朝宮廷仍然非常欣賞這種音樂。遺憾的是，我們對扶南音樂的樂器和聲音都一無所知。但在西元二四四年，南京有一個「扶南樂署」[21]，所以這種迷戀持續很多個世紀。[58]

中國作家對扶南的船隻作了描述，它們分為兩類。有一種船，據說平均長度為十二尋（一尋為八市尺），寬六尋。因此，這種船的形狀應該是相當短粗的，它的一個突出特點是據說船頭和船尾看起來像魚，所以船板顯然是聚攏於一點。扶南船隻以槳為動力，最大的船可以承載大約一百人。這類相對較小的船隻適合運載體積小、價值高的貨物，如珠寶首飾、稀有香料和熏香。另一份文獻描述了更大的船隻，能夠運載六百到七百名乘客和船員及大宗貨物，這種船隻由四張帆驅動，聽起來更像是在中國沿海從事貿易的中式帆船，可能是扶南的造船匠模仿了外國船隻。中文文獻稱扶南船為 bo（舶），有人認為這與馬來語單字 perahu 有聯繫，而這個字很難音譯為中文。所以有人推測扶南船隻和水手都是馬來的，這很合理，特別是考慮到上述文獻對小型船隻的描寫具有強烈的馬來色彩。存世文獻對扶南人的描述表明，有許多馬來人生活在扶南的港口城市，中國人應當能在這些地方接觸到馬來人。中國文獻提到皮膚黝黑、頭髮捲曲的人，認為這些人很醜陋（儘管這是一種表達相對於「野蠻人」的優越感的常見方式）；他們身材高大，把頭髮留到後面，幾乎赤身裸體，腳上什麼都沒有。像許多慣於展示肉體的民族一樣，他們喜好紋身。[22][59]這聽起來不像是居住在扶南內陸的英俊高棉人。我們尤其要考慮到，喔吠是一個多種血統的人聚集的地方，包括高棉人、印度人、馬來人、中國人，這只是東南亞眾多民族中最顯著的幾個例子。喔呋是一座大型的國際化港口城市，身分認同是由許多代定居者及其後代創造的，日常生活主要就是跨海貿易和買賣貨物（如寶石），這些貨物可以透過船隻送往中國和其他地方。

即使是遠在羅馬帝國的人，也不會忽視這樣一個重要的地方。當托勒密提到希臘船長亞歷山大在二世紀曾造訪東南亞的卡替嘎拉時，他可能想到的是扶南的某個港口，或所有的港口，包括喔呋。托勒密掀起一場關於卡替嘎拉在哪裡的辯論，這個問題讓十六世紀歐洲的學者和探險家著迷。不過，托勒密有自信地將卡替嘎拉置於印度洋上，而不是南海附近，[60]卡替嘎拉很可能是希臘羅馬商人訛傳的一個名字。十一世紀有一部婆羅門故事集，題為《故事海》（*Kathāsaritsāgara*），而這個字的早期版本Kathāsāgara（故事的大洋）很可能被聽成「卡替嘎拉」，那麼這個名字的大概意思就是「傳說中的海洋彼岸」。[61]喔呋和扶南一直到五世紀都很繁榮，巔峰期可能在二世紀，在武士國王范蔓的統治下。四世紀，來自摩鹿加群島和印尼其他地區的香料與樹脂的吸引力越來越大，逐漸使航海商人對越南南岸失去興趣。這種方向上的變化，不僅對該地區的歷史產生重大影響，而且如下文所示，對各大洋和整個世界的歷史也產生重大影響。

㉑ 譯注：原句為「扶南樂署。建康實錄：吳赤烏七年，扶南國獻樂人，於此置舍以教宮人。在縣北二里。」引自（宋）張敦頤撰，張忱石點校，《六朝事跡編類．卷七　宅舍門．扶南樂署》，中華書局，二〇一二年一月，第一一六頁。

㉒ 譯注：原句為「扶南國俗本裸體，文身被髮，不製衣裳……今其國人皆醜黑，拳髮。」引自（唐）姚思廉撰，中華書局編輯部點校，《梁書．卷五十四　列傳第四十八　諸夷．海南．扶南》，中華書局，一九七三年五月，第七八九頁。

范蔓透過征服戰爭，建立一個涵蓋印度支那大片地區的海陸兩棲王國。在他率領勝利的軍隊進入克拉地峽、征服一個名為頓遜[23]的馬來王國之後，他的王國擴張到孟加拉灣。頓遜位於南海的最西北角[24]，在馬來半島頂端，與泰國相接。中國人對范蔓的勝利印象深刻，因為他們知道馬來半島是從中國前往印度的一個棘手障礙。頓遜落入扶南人之手後，從中國前往孟加拉灣的旅程就變得簡單一些了，人們可以從海上抵達頓遜（在暹羅灣）的主要港口，然後走陸路穿越克拉地峽，而現在那些土地都在扶南國王治下。范蔓新征服的頓遜的主要城市也讓中國人留下深刻的印象，那是一個港口，在那裡「其市東西交會，日有萬餘人，珍物寶貨無所不有」。[25][62]這座城裡有五百個印度家庭和一千位婆羅門，他們被鼓勵與當地女性結婚，「故多不去」[26]。中國人對婆羅門不齒，認為他們是社會寄生蟲：「惟讀《天神經》。以香花自洗，精進不舍晝夜。」[27][63]因此，越南的印度化不僅意味著印度商人和定居者來到越南，而且意味著印度教和佛教也來了，印度教和佛教從這時候開始在中南半島傳播。扶南的一件早期梵文銘文可以追溯到范蔓死後不久，這表明印度的神聖語言開始在中南半島扎根。

四

貿易和宗教緊密地交織在一起。在扶南之外，婆羅門有一些競爭對手。從一世紀起，佛教開始在中國扎根，中國佛教徒經常到印度學習梵文典籍，並獲得佛陀生平的紀念物。僧人法顯在五世紀初離開中國，在海外待了約十五年。他走陸路前往印度，並從印度某地經海路返回廣州。[64]此時，水手們已經對緊貼中南半島海岸線的航行不感興趣，所以法顯被迫面對遠海的恐怖。他對自己如何從印度出海到達中國的描述充滿戲劇性畫面，許多朝聖者在旅行日記中都有類似的描述。但即使有誇張，法顯的著作也提供寶貴的細節：他所說的大商船上有兩百人，「後係一小船，海行艱嶮，以備大船毀壞。」㉘理論上是這樣，但在順風東航兩天之後，他們在孟加拉灣遇到猛烈的大風，主船開始進水了。

> 商人欲趣小船，小船上人恐人來多，即斫絙斷，商人大怖，命在須臾，恐船水滿，即取麁財貨擲著水中。法顯亦以君墀及澡罐並餘物棄擲海中，但恐商人擲去經像，唯一心念觀世音及歸命漢地眾僧：「我遠行求法，願威神歸流，得到所止。」㉙[65]

㉓譯注：或典孫、典遜。大致在今天緬甸的德林達依省，位於克拉地峽以北的狹長地帶。

㉔譯注：原文如此，不正確。

㉕譯注：引自（唐）姚思廉撰，中華書局編輯部點校，《梁書．卷五十四　列傳第四十八　諸夷．海南．扶南》，中華書局，一九七三年五月，第七八七頁。

㉖譯注：原句為「竺芝《扶南記》曰：頓遜國屬扶南國，主名昆侖。國有天竺胡五百家，兩佛圖，天竺婆羅門千餘人。頓遜敬奉其道，嫁女與之，故多不去，惟讀《天神經》。以香花自洗，精進不舍晝夜。」引自（宋）李昉撰，中華書局影印，《太平御覽卷七百八十八　四夷部九．南蠻四》，一九五九年十二月，第三四八九頁。

㉗譯注：同上。

㉘譯注：引自（東晉）沙門釋法顯撰，章巽校注，《法顯傳校注．五》，中華書局，二〇〇八年十一月，第一四二頁。

㉙譯注：同上。

過了十三天，他的祈禱得到回應。他們到達一座島嶼，可能是安達曼群島中的一個，得以堵住船的漏洞。他說，即便如此，茫茫大海上的海盜還是多如牛毛，因為「大海彌漫無邊」[30]，只有在天氣晴朗時才有可能靠太陽或星星導航；「若陰雨時，為逐風去，亦無准。」[31]海水太深，無法落錨，而且海裡滿是嚇人的海怪，會在半夜出現。

最後，歷經九十天，船抵達一個被稱為耶婆提的地方，一般認為它是婆羅洲北部，也可能是蘇門答臘島南部。航行進展還不錯，他們顯然已經通過麻六甲海峽，並沿著南海曲折的南部和東部海岸線前進。耶婆提讓法顯很失望，因為那裡到處都是印度教徒，「佛法不足言」[32]。他沒有提及這片土地上有任何中國商人，這再次表明南海的貿易是由其他民族主導的。[66]儘管法顯對這個地方心存疑慮，但他還是在那裡待了五個月，然後登上另一艘足以承載兩百名乘客的商船。他們駛向廣州，但在一個月後又遭遇暴風雨，法顯只得又一次祈禱，以免遭受約拿的命運[33]。船上的印度教婆羅門（他們來中國的目的仍然未知）認為，正是因為船上有一個虔誠的佛教徒，諸神才會降下風暴來襲擊這艘船。他們沒有提出把他扔到海裡，而是提出一個更人性化的解決方案：「當下比丘置海島邊。不可為一人令我等危嶮。」[34]但是在船上有人為法顯挺身而出，威脅如果婆羅門這樣做，他會報官。法顯的朋友則說中國皇帝也是虔誠的佛教徒，會保護僧侶。「諸商人躊躇，不敢便下。」[35][67]無論如何，他們在南海中部的一場颱風中迷失方向，所以找不到島嶼來拋棄這個可憐的和尚。他們在海上漂流了七十天，儘管食物只夠維持五十天，也就是到達廣州本來所需的時間。他們不得不用海水煮食物。當他們到達中國時，登陸點已經遠在廣州以北，遠遠超過臺灣，更靠近上海和杭州，而不是南方的吳國領地[36]。

法顯和其他走同樣路線的僧侶的故事，不僅僅是對遠海之恐怖的生動描述，也是海路對文化與宗教傳播的刺激寶貴見證。稍後，我們將有機會研究佛教如何跨過相對狹窄的日本海，挑戰古代日本的本土宗教，爾後與之共存。從印度向東的海路，在宗教思想與宗教藝術的傳播方面發揮特別重要的作用，印度教的典籍和實踐在中南半島和印尼扎根（所以峇里島至今仍是一座印度教島嶼，儘管印尼以伊斯蘭教為主）。佛教和後來的伊斯蘭教沿著貿易路線向東傳播，使中國獲得新的養分。中國也曾在絲綢之路上獲得佛教典籍。三世紀時，越南紅河三角洲的二十多座寺廟裡住著五百多名佛教僧人，這裡成為朝聖者和來往中國的商人最喜歡的停留地之一。在東南亞的許多地方都發現以燃燈佛（Dīpamkara）形象出現

㉚ 譯注：同上。

㉛ 譯注：同上。

㉜ 譯注：同上，第一四五頁。

㉝ 譯注：約拿是《聖經》中的先知，他的故事與法顯有點相似。根據《舊約．約拿書》，約拿被上帝派往新亞述帝國的首都尼尼微，勸當地人走正道。他卻企圖逃避這個使命，乘船逃走。上帝使海中起大風，海就狂風大作。大家抽籤判斷是誰的罪孽導致上帝發怒，結果發現是約拿。約拿告訴大家，只要將他拋入海中，風浪就會平息。大家起初拒絕，拚命划槳，仍然不見效，於是最終決定將約拿拋入海中。風浪果然平息。耶和華安排一條大魚吞了約拿，他在魚腹中三日三夜。約拿在魚腹中向上帝禱告，得到寬恕，被魚吐到陸地上。

㉞ 譯注：引自（東晉）沙門釋法顯撰，章巽校注，《法顯傳校注．五》，中華書局，二〇〇八年十一月，第一四五頁。

㉟ 譯注：同上。

㊱ 譯注：原文如此，法顯是東晉和劉宋時期的人。

的佛像，通常都源自這個時期。[68]中國作家還談到象牙佛像、彩繪佛塔，甚至是佛牙，所有這些都是從馬來半島和周邊島嶼運來的，特別是來自位於今天泰國南部的盤盤國。[69]這些是佛教沿著商路傳播的絕佳證據。

五

到了六世紀，扶南的命運不濟：鄰國真臘（扶南在其鼎盛時期曾對真臘行使宗主權，另外據說真臘的神廟會舉行人祭）入侵扶南，造成當地經濟進一步衰退。[70]即使考慮到扶南的消失，印度和中國之間日益重要的聯繫，仍然改變了中南半島、印尼和馬來半島在一千紀前半期海洋網絡中的作用。羅馬人在印度洋貿易的逐漸衰敗，並沒有使上述三個地方的作用減弱，反而使其得到加強。其他族群也開始進入印度洋，特別是中國人所稱的「波斯人」，他們是伊朗薩珊王朝皇帝的臣民，沿著波斯灣航行，到六世紀時已經出現在斯調（錫蘭）。他們主要來做絲綢貿易。一篇中國文獻說，「波斯王以金釧聘斯調王女」[37]。不過波斯人並沒有去更遠的地方，所以我們只有猜測是其他人將中國絲綢帶到錫蘭島，才能解釋波斯人在錫蘭島無庸置疑的成功；而這些「其他人」至少包括馬來半島、蘇門答臘和爪哇的水手。這一點從中國古籍可以清楚地看出，一年中多次有外國船隻抵達廣州，而中國人自己的船隻最遠卻只走到印尼西部。這些印尼人終於成功地將自己的產品打入他們有效為之服務的印度和中國之間的貿易網絡。第一種獲得高度評價的印尼產品是樟腦，它在薩珊王朝的宮廷中被當作香水（氣味未免過於強烈了），後來被用作藥物。西元六三八年，一些倒楣的阿拉伯人在慶祝洗劫底格里斯河畔一座被波斯人控制的城市時，誤以為樟腦是鹽，將其灑在食物上，結果被這味道嚇了一跳。71

如果我們把「商人和他們較富裕的顧客逐漸開始使用樟腦」，視為東南亞成為世界上大多數頭等香料的產地這個過程的第一步，上述的食品史上的逸事就有了更重要的意義。馬來人和印尼人原本已經擅長經營來自印度沿海的胡椒和其他香料，甚至可能還懂得經營他們在馬達加斯加和東非獲得的香料，現在這兩個族群正在成為國際香料貿易的真正主宰者。在隨後幾個世紀裡，他們將用自己的樹脂和香料取代希臘羅馬商人經營的香料。香料貿易將成為偉大的海上貿易王國三佛齊的財富泉源，其首都位於蘇門答臘島的巨港（Palembang）。三佛齊影響的漣漪不僅波及中國和印度，還遠到伊斯蘭教的中心地帶，甚至中世紀的歐洲。

㊲ 譯注：見於（清）王初桐，《奩史　卷七十釵釧門三》。

第八章　一個海洋帝國？

一

六世紀至七世紀，在印度洋的東端和南海發生了一些變化，使太平洋西部與印度洋沿岸土地之間，從只有零星的接觸變成定期的往來。這為以前一直處於貿易路線外緣的南海南端帶來繁榮。上文已經提及蘇門答臘島的巨港周邊的三佛齊王國。二十世紀初，法國考古學家和東方學家確信他們發現中世紀早期的一個偉大的貿易帝國，至十五世紀仍然可以感受到其影響，麻六甲的建立者在十五世紀將自己的血統追溯到巨港的古代統治者。[1]問題在於，物質遺存實在太少；不過，文獻證據很豐富，儘管中文對外國地名的音譯造成許多困難。與喔呋相比，巨港的大貿易站幾乎完全沒有考古證據。[2]因此，也難怪近期研究東南亞早期歷史的學者對這個貿易帝國的存在產生懷疑，一個不相信三佛齊貿易帝國曾經存在的質疑者，描述它為「虛無縹緲的所謂海洋帝國」。[3]

南海南翼的蘇門答臘島曾有一個王國，這一點毋庸置疑；但它繁榮了多長時間，以及它是否像人們假設的那樣獲得巨大的財富，現在卻不那麼確定了。最早研究三佛齊的歷史學家之一的加布里爾·費琅

（Gabriel Ferrand）承認，在地理和歷史書籍中「尋找三佛齊的名字」是徒勞的，然而他卻認為，該帝國享有不少於七個世紀的繁榮，其聲譽傳揚到南海彼岸的中國；中國人到訪過這個地方，如高僧大津在西元六八三年跟隨一位中國大使的足跡，到達室利佛逝（中文古籍對三佛齊的另一種說法），在那裡沉浸於梵文經典❶。僅僅六年後，僧人義淨從廣州乘商船出發，沿安南海岸航行，最終到達佛逝，這與宋代（西元九六〇－一二七九）史書提到的三佛齊顯然是同一個地方。[4]根據中國地理學家趙汝适在十三世紀的著作，這塊土地位於柬埔寨和爪哇之間，這就把它的位置確定在麻六甲海峽以南的大島蘇門答臘。此外，當寫到阿拉伯土地時，趙汝适指出，「本國所產，多運載與三佛齊貿易，賈轉販以至中國」❷，可見三佛齊是印度洋貿易和南海貿易的中介。[5]

從有使節持續造訪的證據來判斷，三佛齊也不是一個神祕、遙遠的地方，雖然中國人肯定是把三佛齊的使節視為進貢者。這些使團滿載著來自蘇門答臘和更遠地方的禮物而來。[6]西元七二四年，三佛

---

❶譯注：出自《大唐西域求法高僧傳》，原句為「大津師者，澧州人也。幼染法門，長敦節儉，有懷省欲，以乞食為務，希禮聖跡，啟望王城。每嘆曰：『釋迦悲父既其不遇，天宮慈氏宜勖我心。自非睹覺樹之真容，謁祥河之勝躅，豈能收情六境，致想三祇者哉？』遂以永淳二年振錫南海。爰初結旅，頗有多人。及其角立，唯斯一進。乃齎經像，與唐使相逐，泛舶月餘，達尸利佛逝洲。停斯多載。解崑崙語，頗習梵書，潔行齊心，更受圓具。淨於此見。遂遣歸唐，望請天恩於西方造寺。既睹利益之弘廣，乃輕命而復滄溟。遂以天授二年五月十五日附舶而向長安矣。今附新譯雜經論十卷、《南海寄歸內法傳》四卷，《西域求法高僧傳》兩卷。」見《大唐西域求法高僧傳校注》，中華書局，一九八八年，第二〇七頁。

❷譯注：見（宋）趙汝适著，楊博文校釋，《諸蕃志校釋．卷上　志國．三佛齊國》，中華書局，二〇〇〇年，第八九頁。

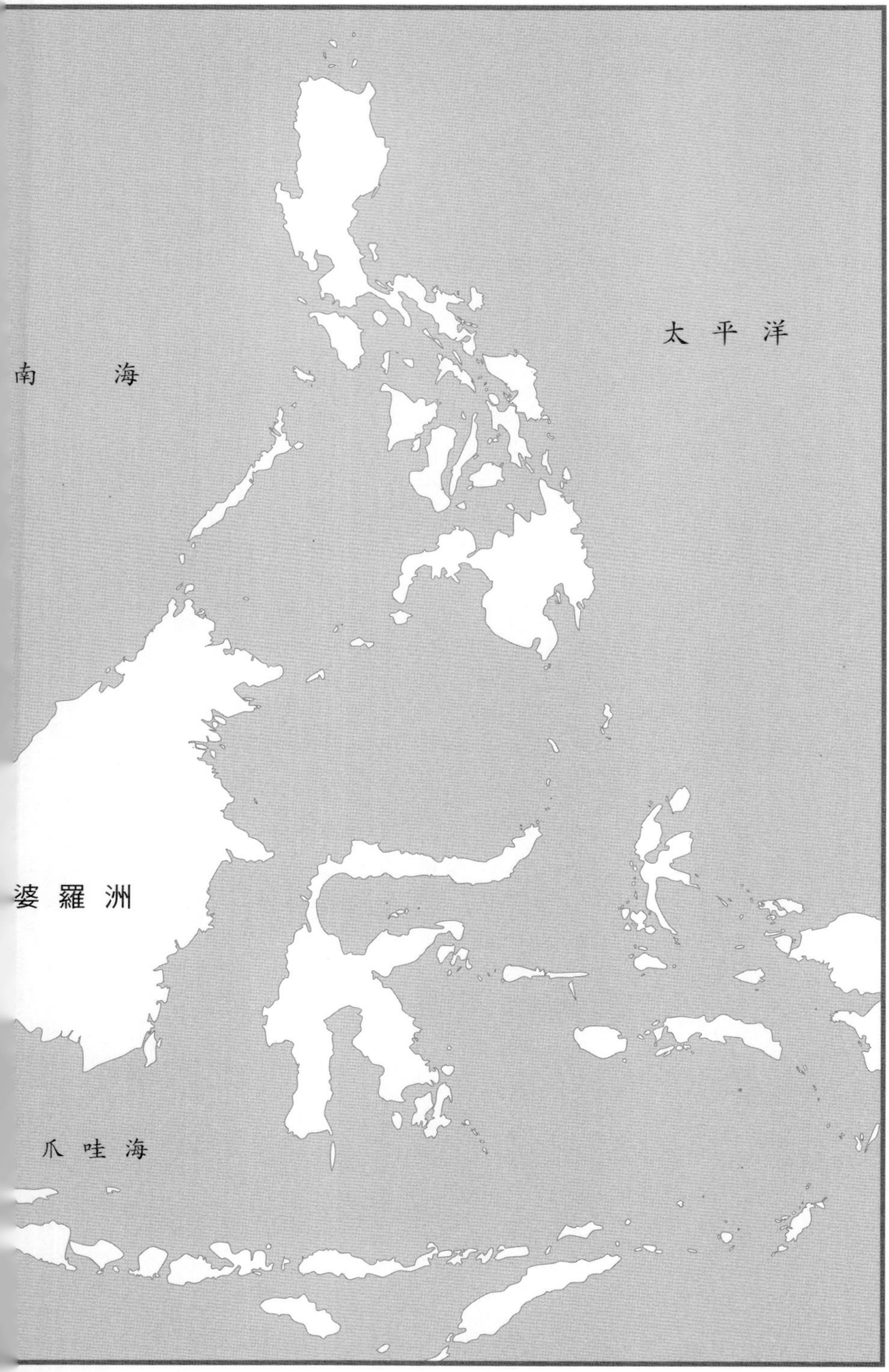
太 平 洋
南 海
婆 羅 洲
爪 哇 海

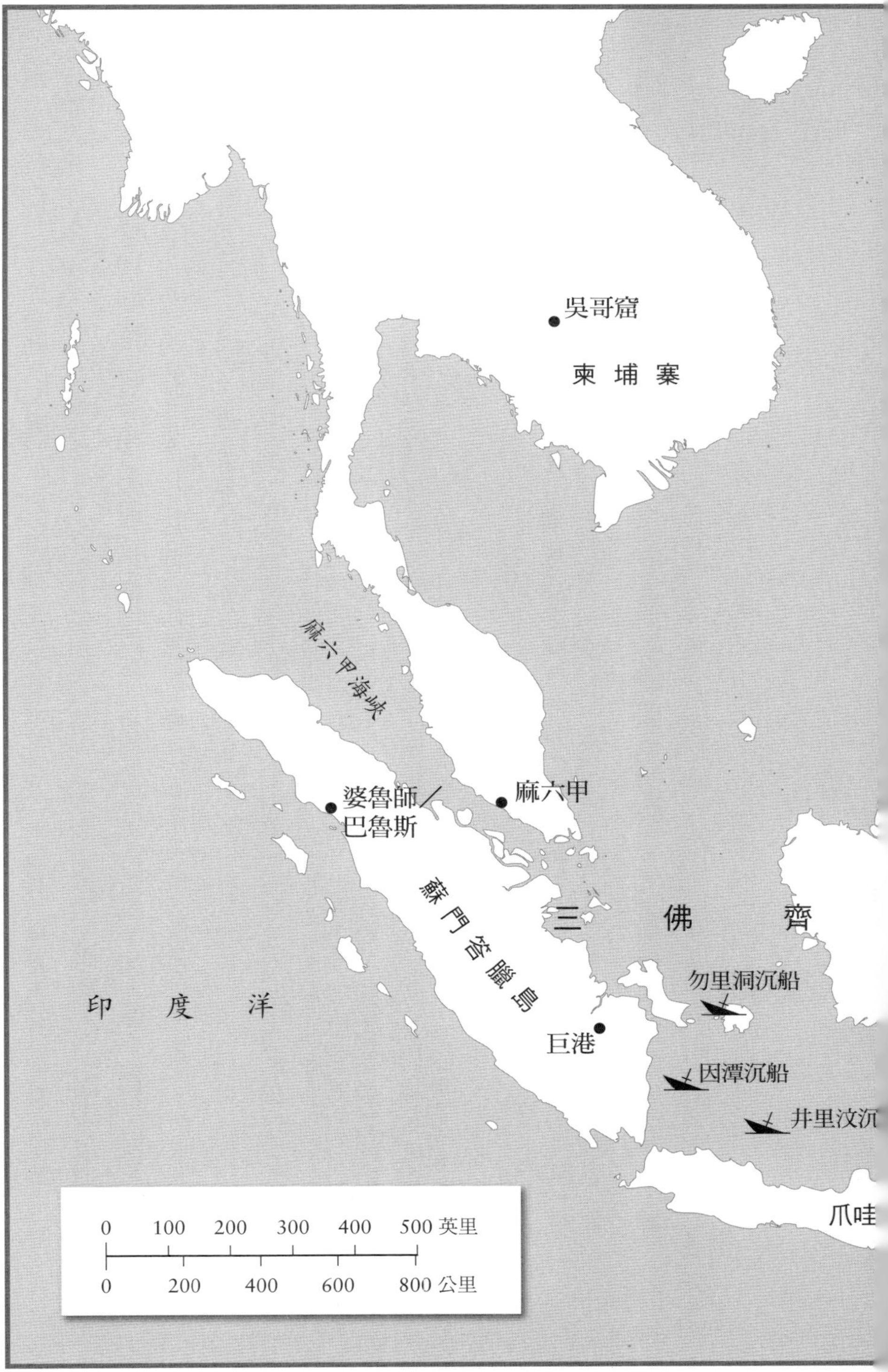
吳哥窟
柬埔寨
麻六甲海峽
婆魯師／巴魯斯
麻六甲
蘇門答臘島
三佛齊
勿里洞沉船
巨港
因潭沉船
井里汶沉
印度洋
爪哇
0 100 200 300 400 500 英里
0 200 400 600 800 公里

齊使節帶來兩個侏儒、一個非洲黑奴、一個樂團和一隻長著五種不同顏色羽毛的鸚鵡。作為交換，他獲得一百匹絲綢，而他在蘇門答臘的主公還得到一個榮譽稱號❸。不過也有三佛齊人的其他訴求得到中國的滿足，這在不平等關係中並不常見。西元七〇〇年左右，三佛齊「數遣使者朝，表為邊吏侵掠，有詔廣州慰撫」。❹[7]因此中國顯然重視與三佛齊的關係。三佛齊也不只是與中國大陸有聯繫。西元七一七年從斯里蘭卡出發的一次航行的紀錄表明，三佛齊人橫跨印度洋的來回交通也很頻繁。僧人金剛智（Vajrabodhi）跟隨一支由十三五艘船組成的船隊抵達「佛誓」，然後在那裡停留了五個月，等待有利的風向。❺[8]三佛齊直接受益於季風：雖然整個冬季吹拂的東北季風使從那裡返回中國的旅行中斷了幾個月，但是夏季吹拂的西南季風使旅行變得快速而便捷；同樣地，從中國來的時候，人們必須利用冬季的風，先向南，然後向西航行。因此，從中國前往馬來半島和印度的旅行很慢。如果想在偏遠的市場做生意，一年內返回的機會不大，從印度到中國再返回通常需要三年。不過，走這條路線的僧侶並不急於返回，比如義淨就在印度待了十八年。[9]

這對文化有重要影響。除了貿易外，遠東佛教徒希望獲得基本佛教典籍的願望也成了印度、中國甚至日本經常接觸的原因。佛教僧侶在中國和印度之間穿梭時，在三佛齊停留的時間很長，這表明他們的宗教在三佛齊也扎下了根；義淨自豪地回憶說，三佛齊王國有一千名僧侶，他們嚴格遵守印度佛教的清規戒律❻。他還說，三佛齊的政治影響力沿著蘇門答臘島的東側拓展，甚至延伸到馬來半島西部的吉打（Kedah）。今天，吉打是連接印度和麻六甲海峽貿易路線上的一個重要和繁榮的節點。如下文所示，麻六甲海峽對三佛齊的經濟必不可少。義淨對遠海並不陌生，所以很清楚它的危險。他描述另一位僧人的一次航行，此人從河內或廣州南下到蘇門答臘，在那裡，超載的船隻在暴風雨中沉沒。❼[10]由於水下考古的成果，我們對這些船隻有了更多的了解，下文會探討從沉船貨物中獲得的重要證據。

三佛齊肯定不是海市蜃樓，來自其首都巨港的碑文記載這個王國的名稱，並對其政治結構作了一些介紹。我們很難確定關於三佛齊生活的中國或阿拉伯文獻有多準確；趙汝适在一二二五年左右的著作提供一些最豐富多彩的細節，那時三佛齊王國已經過了巔峰期。趙汝适的著作在很大程度上依賴於更早的材料。但即使它們並非基於第一手的知識，也證明三佛齊曾享有的聲譽。他筆下的三佛齊王國有許多省

---

❸ 譯注：可能的原句為「又獻侏儒、僧祇女各二及歌舞，官使者為折衝，以其王為左威衛大將軍，賜紫袍、金鈿帶。」見（宋）歐陽修、（宋）宋祁撰，中華書局編輯部點校，《新唐書．卷二百二十二下　列傳第一百四十七下　南蠻下．室利佛逝》，中華書局，一九七五年，第六三〇五頁。

❹ 譯注：見（宋）歐陽修、（宋）宋祁撰，中華書局編輯部點校，《新唐書．卷二百二十二下　列傳第一百四十七下　南蠻下．室利佛逝》，中華書局，一九七五年，第六三〇五頁。

❺ 譯注：原句為「次復遊師子國，登楞伽山，東行佛誓、裸人等二十餘國。聞脂那佛法崇盛，泛舶而來，以多難故，累歲方至。」見（宋）贊寧撰，范祥雍點校，《宋高僧傳．卷第一　譯經篇第一．唐洛陽廣福寺金剛智傳》，中華書局，一九八七年，第四頁。

❻ 譯注：原句為「此佛逝廓下，僧眾千餘。學問為懷，並多行缽。所有尋讀，乃與中國不殊。沙門軌儀，悉皆無別。」見（唐）義淨著，王邦維校注，《大唐西域求法高僧傳校注．卷下》，中華書局，一九八八年，第一六五頁。

❼ 譯注：原句為「常慜禪師……遂至海濱，附舶南征，往訶陵國。從此附舶，往末羅瑜國。復從此國欲詣中天。然所附商舶載物既重，解纜未遠，忽起滄波，不經半日，遂便沉沒。」見（唐）義淨著，王邦維校注，《大唐西域求法高僧傳校注．卷上》，中華書局，一九八八年，第五一－五二頁。

分或屬地，其中不包括錫蘭；因此他提到錫蘭這點，也進一步證明三佛齊的影響力延伸向西。因為馬來和印尼的海員經常航行到印度和斯里蘭卡，然後返航。趙汝适得知，三佛齊的首都相當大，有堅固的城牆，由一位國王統治，他在一把絹傘下行進，由手持金色長矛的衛兵護衛[8]。國王只用玫瑰水洗澡，不吃穀物，只吃西米；三佛齊人認為，如果國王吃了穀物，會發生乾旱以致糧價飛漲。在盛大的宮廷儀式上，國王要戴上一頂飾有數百顆珠寶、非常沉重的王冠（如果他食用的西米能提供足夠的體力）。確定王位繼承人的方式，是在國王的兒子們中選擇一個能夠承受王冠重量的人[9]。新的國王將獻上一尊金佛像，國王的臣民向其獻上金瓶等供品[10]。國王的死亡被視為國家的災難：國人削髮，許多廷臣甚至在國王的葬禮上自焚。[11] [11]

三佛齊人使用梵文字母，巨港罕見的碑文之一就是用梵文書寫的（雖然語言是馬來語的一種早期形式）；三佛齊也有專家能夠讀寫漢字，因為在向中國朝廷寫信時需要用漢字。主城的居民不是住在城牆內，而是住在城市周圍的郊區，甚至住在河船上。趙汝适描述的巨港是一座沿河岸延伸數英里的蛇形城鎮，三佛齊是一個隨時準備與愛惹麻煩的鄰國開戰的國家，擁有精幹的軍隊和勇敢的士兵。三佛齊人沒有採用中國人喜歡的方孔錢（即歐洲人稱為「cash」的銅幣，這些銅幣是透過中心的孔串在一起的），而是使用碎銀子，這些銀塊被切成碎片並稱量（英文 cash 一詞顯然源自葡萄牙語 caixa，即「錢箱」，中文是「文」）。[12] 三佛齊人進口白銀和黃金，以及瓷器和刺繡絲綢（當然是來自中國的），還有大米和大黃。樟腦、丁香、檀香、豆蔻、麝貓香水、沒藥、蘆薈、象牙、珊瑚及其他許多香料與奢侈品在蘇門答臘島上出售。[12]島上的市場既出售本地產品，包括沉香等香料，也出售從更遠的地方運來的貨物，例如由大食商人（波斯和阿拉伯半島的穆斯林商人）運過印度洋的棉花製品；還可以看到從昆侖（非洲海岸）一路運來的奴隸。[13]從印尼較小的島嶼到蘇門答臘島東南部，一定有著活躍的交通，運來中國人和阿拉伯人非常喜愛的樹脂與香料。到了西元五〇〇年左右，中國人對來自印尼的安息香樹脂的重視程度，甚至超越中東的沒藥，而來自三佛齊的松樹樹脂則被用來替代阿拉伯乳香（這可能是蓄意欺詐，也可能是無心之過）。一位中國作家描述乳香的交易情況，有些無疑是真的，有些是摻假的，有些則是用類似的樹脂替代的：

---

❽ 譯注：出自《諸蕃志／卷上》：「累甓為城，周數十里。國王出入以乘船，身纏縵布，蓋以絹傘，衛以金鏢。」見於（宋）趙汝适著，楊博文校釋，《諸蕃志校釋．卷上　志國．三佛齊國》，中華書局，二〇〇〇年，第三五頁。

❾ 譯注：出自《諸蕃志／卷上》：「俗號其王為龍精，不敢穀食。惟以沙糊食之，否則歲旱而穀貴。浴以薔薇露，用水則有巨浸之患。有百寶金冠，重甚，每大朝會，惟王能冠之，他人莫勝也。傳禪則集諸子以冠授之，能勝之者則嗣。」見於（宋）趙汝适著，楊博文校釋，《諸蕃志校釋．卷上　志國．三佛齊國》，中華書局，二〇〇〇年，第三五頁。

❿ 譯注：出自《諸蕃志／卷上》：「每國王立，先鑄金形以代其軀。用金為器皿，供奉甚嚴。」見於（宋）趙汝适著，楊博文校釋，《諸蕃志校釋．卷上　志國．三佛齊國》，中華書局，二〇〇〇年，第三五頁。

⓫ 譯注：出自《諸蕃志／卷上》：「國王死，國人削髮成服，其侍人各願殉死，積薪烈焰，躍入其中，名曰同生死。」見於（宋）趙汝适著，楊博文校釋，《諸蕃志校釋．卷上　志國．三佛齊國》，中華書局，二〇〇〇年，第三五頁。

⓬ 譯注：原句為「土地所產：玳瑁、腦子、沉速暫香、粗熟香、降真香、丁香、檀香、豆蔻外，有真珠、乳香、薔薇水、梔子花、膃肭臍、沒藥、蘆薈、阿魏、木香、蘇合油、象牙、珊瑚樹、貓兒睛、琥珀、番布、番劍等，皆大食諸蕃所產，萃於本國。番商興販，用金、銀、甆器、錦綾、纈絹、糖、鐵、酒、米、乾良薑、大黃、樟腦等物博易。」見（宋）趙汝适著，楊博文校釋，《諸蕃志校釋．卷上　志國．三佛齊國》，中華書局，二〇〇〇年，第三五頁。

> 大食以舟載易他貨於三佛齊，故香常聚於三佛齊。三佛齊每歲以大舶至廣與泉。廣、泉二舶視香之多少為殿最。[13][14]

趙汝适認為三佛齊和中國在十世紀初（唐末）就開始接觸，但我們已經看到，兩國的接觸可以追溯到八世紀。宋代史料中提到西元九六〇年左右三佛齊派往中國的一系列使團，這被認為是三佛齊對中國宗主權的承認。有趣的是，禮物中有糖[14]。在這一時期，糖類是印尼特產，在印度和更遠的西方才慢慢為人所知。這些禮物肯定被視為貢品，但三佛齊大使們也得到回報，包括白犛牛尾、白瓷器等奇物[15]。除了符合中國人朝貢觀念的官方訪問外，也有三佛齊商人來到中國：西元九八〇年，一位三佛齊商人經過六十天的航行，攜帶犀角、香水和香料到達中國南部海岸[16]。這趟旅程所花時間較久，通常情況下航程為一個月或三週。[15]

為什麼三佛齊人如此熱衷承認遙遠的中國統治者是他們的主宰？正因為天高皇帝遠，他們直接干預三佛齊的可能性很小，但中華帝國的認可能夠增強三佛齊國王對於有時不恭臣屬的權威。另外，一些獨立的鄰國也雄心勃勃地要建立自己的商業網絡。在對抗這些鄰國時，中國朝廷的支持也會有幫助。如西元九九二年入侵蘇門答臘的爪哇人，他們在同年向中國派出一個特別氣派的使團，傳達了爪哇（而不是三佛齊）是適合結交和做生意的地方這一資訊。[16]因此，一〇〇三年三佛齊國王向宋朝皇帝派遣一個使團，宣稱他在自己的家鄉建立一座佛寺，專門為皇帝祈求長壽，這就不足為奇了。皇帝送來寺廟大鐘作為回報，還為其忠實的臣子（即三佛齊國王）授予封號，這也不奇怪。幾年後，皇恩更加浩蕩，三佛齊大使在向皇帝告辭時得到的禮物，不是絕大多數外國大使得到的飾有黃金刺繡的腰帶，而是完全用黃金包裹的腰帶。一〇一六年，三佛齊被授予「一等貿易國」⓱的地位，儘管爪哇也獲得同樣的晉升。[17]

中國皇帝對中國與三佛齊關係的重視變得越來越顯而易見，主要動機無疑是希望將蘇門答臘的香水、香料和異國貨物輸送到唐、宋朝廷。遵照中國官僚機構的傳統，在中國沿海的港口設立諸如「押番舶使」（即負責管理蠻夷船隻的官員）的官員，他們負責登記運入天朝的貨物，並為早在八世紀就湧入這些港口的「蠻夷」商人提供基本服務，如中文翻譯。「市舶使」指的是管理港口的官員，可能與波斯

⓭ 譯注：出自（宋）陳敬著，嚴小青編著，《新纂香譜》卷一，香品——乳香，中華書局，二〇一二年，第四六頁。

⓮ 譯注：九六〇年是宋朝建隆元年，據《宋史．卷四百八十九　列傳第二百四十八　外國五》載，八年裡三佛齊遣使七次。建隆七年，三佛齊貢白砂糖。

⓯ 譯注：原句為「回，賜以白犛牛尾、白瓷器、銀器、錦線鞍轡二副。」見（元）脫脫等撰，中華書局編輯部點校，《宋史．卷四百八十九　列傳第二百四十八　外國五．三佛齊》，中華書局，一九八五年，第一四〇八九頁。

⓰ 譯注：原句為「是年，潮州言，三佛齊國蕃商李甫誨乘舶船載香藥、犀角、象牙至海口，會風勢不便，飄船六十日至潮州，其香藥悉送廣州。」見（元）脫脫等撰，中華書局編輯部點校，《宋史．卷四百八十九　列傳第二百四十八　外國五．三佛齊》，中華書局，一九八五年，第一四〇八九頁。

⓱ 譯注：並未查到此說法，當時中國也不存在所謂貿易國的說法。不過，《續資治通鑑長編　卷八十七　大中祥符九年（即一〇一六年）》中有「每國使副、判官各一人，其防援官，大食、注輦、三佛齊、闍婆等國，勿過二十人，占城、丹流眉、勃泥、古邏摩逸等國勿過十人，並往來給券料。」其中三佛齊和爪哇確實列於第一等，然而這不是為了貿易，恰恰相反，是為了限制這種朝貢貿易。

語 shahbandar（意思與「市舶使」類似）有關係，這就為中國和印度洋西部之間的聯繫提供進一步的證據。在中國的一個港口，「犀珠磊落，賄及僕隸」[18]。當地節度使對他觀察到的一些情況很不滿意：在中國死亡外商的貨物如果在三個月內無人認領，就會被充公。節度使指出，從蠻夷之地到達中國可能需要更長的時間，所以這種做法是不公平的，應該予以禁止。[19][18]

所有這些對貿易的監管，並不能解釋為什麼三佛齊在中世紀早期是一個如此重要的地方。趙汝适提供一個明確的答案：「其國在海中，扼諸番舟車往來之咽喉。」[20]這句話表明三佛齊王國的統治者採取相當嚴格的政策，他們像中國人一樣小心翼翼地檢查抵達其領土的船隻、貨物和商人。[19]在其他地方，他們用鐵鏈封鎖通往其水域的一個海峽，以抵禦來自鄰國的海盜。隨著和平的到來，鐵鏈失去了作用；現在被堆放在岸邊，過往船隻的乘客把鐵鏈當作神，向它獻祭，用油擦拭它，直到它閃閃發光；「鱷魚不敢踰為患。」[21]不過，三佛齊人的行為也不比海盜來得好。趙汝适指責他們攻擊任何試圖不入港口而直接通過的船隻，三佛齊人絕不願意讓身分不明的船隻通過他們的領地。[20]但我們不禁要問：三佛齊的位置是否理想？首都巨港甚至不在海邊，所在的地區和麻六甲海峽有一段距離，而麻六甲海峽在後來幾個世紀裡，都是太平洋和印度洋之間的必經之路。像新加坡這樣的地方（在麻六甲海峽的入口處），似乎是更好控制貿易的要衝。[21]考慮到這一切，我們有必要從其他地方尋找三佛齊王國具有特別吸引力的原因。

二

這個難題的答案可以在更西邊的阿拉伯和波斯的著作中找到。在九世紀和十世紀，阿拉伯地理學著作對闍婆（Zabaj）王國表示驚奇。來自伊朗海濱城市錫拉夫（Siraf）的商人阿布．宰德．哈桑（Abu Zayd Hassan）於十世紀造訪這個王國。當時經過波斯灣，特別是錫拉夫的貿易非常活躍。哈桑聲稱，從闍婆到中國的正常航行時間為一個月。[22]儘管一件一〇八八年的泰米爾銘文用 Zabedj 一詞來描述蘇門答臘島西北部盛產樟腦地區的居民，並指責他們是食人族，但這個詞彙的含義比這廣泛得多。我們最好將 Zabaj 翻譯為「東印度群島」或印尼，並且它與「爪哇」這個名字有聯繫；而 Sribuza 這個名字顯然是「三佛齊」（Śri Vijaya）的變形，用於指代印尼的主島蘇門答臘。阿拉伯旅行者對闍婆土地上一

⑱ 譯注：原句為「蕃舶之至泊步，有下碇之稅，始至有閱貨之燕，犀珠磊落，賄及僕隸，公皆罷之。」見（唐）韓愈著，閻琦校注，《韓昌黎文集注釋．卷七　碑誌．唐正議大夫尚書左丞孔公墓誌銘》，三秦出版社，二〇〇四年，第二七六頁。

⑲ 譯注：原句為「絕海之商有死於吾地者，官藏其貨，滿三月無妻子之請者，盡沒有之。公曰：海道以年計往復，何月之拘？苟有驗者，悉推與之，無算遠近。」見（唐）韓愈著，閻琦校注，《韓昌黎文集注釋．卷七　碑誌．唐正議大夫尚書左丞孔公墓誌銘》，三秦出版社，二〇〇四年，第二七六頁。

⑳ 譯注：（宋）趙汝适著，楊博文校釋，《諸蕃志校釋．卷上　志國．三佛齊國》，中華書局，二〇〇〇年，第三五頁。

㉑ 譯注：原句為「古用鐵索為限，以備他盜，操縱有機，若商舶至則縱之。比年寧謐，撤而不用，堆積水次，土人敬之如佛，舶至則祠焉，沃之以油則光焰如新，鱷魚不敢踰為患。」（宋）趙汝适著，楊博文校釋，《諸蕃志校釋．卷上　志國．三佛齊國》，中華書局，二〇〇〇年，第三五頁。

座熊熊燃燒的火山印象深刻。他們也注意到，闍婆國王統治著一個相當大的國家，包括貿易中心卡拉巴爾（Kalahbar）。一般認為它位於馬來半島的西側，因此和巨港有一段距離。[23]闍婆的其他奇觀還包括會說多種語言的白色、紅色和黃色鸚鵡，牠們學習阿拉伯語、波斯語、希臘語和印地語沒有任何困難，以及「說著難以理解語言的人形生物」，牠們像人一樣吃喝，這也許是對紅毛猩猩的描述，也可能是常見對地平線之外遙遠土地的幻想。[24]大約在同一時期，群島的統治者闍婆大君被認為是東印度群島最富有的國王。這要歸功於闍婆和阿曼之間大規模貿易提供的豐厚收入，這種貿易在十世紀初就開始蓬勃發展了。[25]有一位較早期的闍婆國王擁有大量黃金，所以舉行一種儀式來誇耀他的富有：每天早晨，國王的內廷總管站在國王面前，向宮殿旁的小海灣投入一塊黃金。退潮時，小海灣會出現金色的光芒。這位國王的繼任者比較更務實，從水中打撈出每一塊金子。不過，他隨後將金子分配給宗室、僚屬、王家奴隸，甚至國內的貧民。

阿拉伯作家還知道，闍婆位於中國和阿拉伯半島之間，對面就是中國，走海路可以在一個月內到達。如果風向有利，航行時間甚至更短。為闍婆帶來巨額商業財富的，不僅僅是它的地利，還有它本身的資源：大型的巴西木[22]種植園、雄偉的樟樹、豐富的安息香樹脂等。《天方夜譚》中水手辛巴達對如何提取樟腦的生動描述，源於阿拉伯商人冒險穿越印度洋到印尼的故事，其中提到的犀角（也是一種非常貴重的商品）就說明了這一點：

第二天，天濛濛亮時，我們順著那座山走去，看到山谷裡有許多蟒蛇在爬行。我們一道走去，來到一座海島大果園，那裡景美水清，綠樹婆娑，百花爭妍，林木競翠，酷似人間天堂。那裡生長著許多樟腦樹，枝繁葉茂，樹陰濃密寬大，足容百人乘涼。有誰想從樹上得到點兒什麼，只要在樹幹上打個洞，便有液汁溢出，那就是樟腦蜜，稠膠狀；液汁流光，樹便枯死，變成燒火的柴。在那座海島上，有一種野獸，取名獨角獸，就是我們常說的犀牛。犀牛就像我們這裡的黃牛、水牛一樣，都是吃草的牲口，只不過犀牛比駱駝的體軀還要大，頭頂上長著一根粗角，長有十腕尺。㉓[26]

阿拉伯作家們被這樣一個簡單的事實震撼了：闍婆大君居住的整個蘇門答臘島上，隨處可見富饒和土地肥沃的鄉村。其中一位作家驚嘆道：這裡沒有沙漠！可以從闍婆獲得的稀有香料包括丁香、檀香和小豆蔻，闍婆的「香水和芳香劑的種類比任何其他國王擁有的都要多」。[27]關於闍婆的故事越來越多，十世紀的旅行家馬蘇第斷言，兩年時間不足以造訪闍婆大君統治下的所有島嶼。到了十世紀，闍婆大君的名聲已經傳到遙遠西方的穆斯林治下的西班牙。十二世紀中葉，來自摩洛哥北部休達（Ceuta）的伊德里西在西西里島的基督教國王羅傑二世的宮廷寫作。伊德里西是一位熱情的地理學家，他對世界的描述比以前的任何嘗試都更雄心勃勃。可以肯定的是，他知道三佛齊，即使他從未接近那裡。他知道蘇門

㉒ 譯注：巴西木（brazilwood，學名 *Paubrasilia echinata*）原產於美洲。此處應當是指與巴西木有親緣關係的蘇木（sappanwood，學名 *Biancaea sappan*），多分布在東南亞和中國南部一帶，可製造藥物和染料。

㉓ 譯注：借用《一千零一夜》李唯中譯本，寧夏人民出版社，二〇〇六年，文字略有改動。

答臘的自然資源吸引熱衷獲得它的香料的商人，也知道為什麼三佛齊會成為如此重要的市場：

據說，當中國受到叛亂的影響，而印度的暴政和混亂變得過於嚴重時，中國人把他們的生意轉移到闍婆和依附於它的各島嶼，並與這裡的居民友好相處，因為中國人欽佩他們的公平、得體、良俗和絕佳的商業頭腦。這就是為什麼闍婆的人口如此之多，以及為什麼外國人紛紛來訪的原因。[28]

不過伊德里西也指出，這只是故事的一部分。闍婆的居民並不是簡單的被動接受者，他們利用自己的地理位置，接待到訪的中國、阿拉伯及印度商人，並向他們出售自己島嶼出產的香水和香料。闍婆人也是忙碌的航海家，他們的航行最遠到達非洲東南岸的索法拉（Sofala），他們在那裡購買鐵器，將其帶回印度和他們的家鄉。闍婆人和馬達加斯加島科姆爾（Komr）的居民一起前往這些非洲市場，這佐證了上文所述的情況，即馬達加斯加島上的第一批定居者不是非洲人，而是來自印尼諸島，他們把印尼的語言帶到馬達加斯加。[29]

這些關於富饒的三佛齊王國的豐富證據，幾乎完全來自生活在三佛齊之外的人的著作，儘管確實有一些阿拉伯旅行者到過這個王國，並記錄自己的印象。三佛齊自己的文字紀錄很少，巨港和其他地方的一些銘文將三佛齊國王頌揚為高於其他許多國王的大君（maharajah，字面意思是「偉大的國王」），銘文還記載三佛齊與爪哇島上的鄰居和大陸上的鄰居（高棉帝國）的衝突。高棉帝國最大的城市是柬埔寨的吳哥城。有一件重要的馬來語銘文可以追溯到七世紀，當時巨港已經擁有「管理貿易和手工業的官員」；銘文還提到一些船長。[30]我們不得不說，阿拉伯作家經常相互重複，這會讓人留下他們對某一事實或某一地點有廣泛共識的印象，但實際上它們都可以追溯到同一個傳言；換句話說，這些阿拉伯史料不是獨立的聲音。

三佛齊首都巨港的重大考古發現相當少。巨港的現代城市矗立在古遺址之上，所以很難識別它的中世紀建築。在一個來自賓夕法尼亞的考古小組宣布該遺址沒有任何真正的古代建築之後，進一步的調查發現唐代的陶器，並證明在巨港所處河流，即穆西河（River Musi）的北岸，曾有碼頭和倉庫。這些設施綿延十二公里。考古學家米克西克指出，這座狹長的碼頭城市與偉大的博物學家阿爾弗雷德・拉塞爾・華萊士（Alfred Russel Wallace）在十九世紀描述的非凡城市是多麼相似。華萊士在巨港發現一座「城市」，其長度約為中世紀證據所顯示的一半，但它只是由沿河岸的一個狹長地帶組成，房子都建在穆西河上的木樁上。趙汝适已經指出，三佛齊的人們要麼「散居城外，或作牌水居，鋪板覆茅」㉔，這可以作為他們要求免除政府稅收的理由。[31]在十九世紀，只有當地蘇丹和他的幾個主要謀臣住在陸地，就在靠近河邊的低矮山丘上。建築材料是木頭，很容易腐爛。不過，大君肯定住在一座相當豪華的大型木製宮殿裡，宮殿有精美的木頭裝飾，其風格被《馬來紀年》描述的十五世紀麻六甲王宮（在現代麻六甲，人們對其作了漂亮的復原）直接繼承。[32]至於趙汝适描述的宏偉城牆，考古學家已經發現了一些可能出自七世紀的土牆。磚和石頭很罕見，但一九九四年法國和印尼的考古學家發現一座七世紀神廟的石

㉔ 譯注：（宋）趙汝适著，楊博文校釋，《諸蕃志校釋・卷上　志國・三佛齊國》，中華書局，二〇〇〇年，第三五頁。

頭地基。不過，有足夠的遺存表明，巨港與中國和印度都有貿易聯繫；在巨港中心發掘出一萬塊進口陶器的碎片，儘管實際上只有四〇%是三佛齊時代的。神廟裡出土六十只中國碗，不過是十二世紀的，因此是在三佛齊的高峰期過後埋下來的；其他遺址也出土一系列令人印象深刻的中國青瓷或白瓷，但是沒有可以追溯到西元八〇〇年之前的東西。三佛齊人特別喜歡在中國南方的廣東燒製的釉面青瓷。精美釉陶的另一個來源遠在西方：來自阿拉伯土地的虹彩陶器和波斯生產的綠松石陶器也在九世紀和十世紀抵達三佛齊。還出土一些印度教的毗濕奴神像，雖然不一定是印度製造的。有一尊佛教的觀音（Avalokitesvara）像可能出自七世紀末。[33]

因此巨港是一座有長度但沒有寬度的城市，一座因海運而生的水上城市。不過這帶來一個問題：對巨港輝煌傳說的一個重要反對意見就是，該地位於內陸，在河畔的沼澤地，與海岸的距離長達八十公里。如果河上交通需要逆流而上，那麼巨港距離海岸就會更遠。有人提出，在中世紀早期，海岸線比今天更靠近內陸，也就是說巨港距離海岸沒有那麼遠，但這種觀點並未贏得普遍認可。[34]不過，大海港確實可能在和海岸有一段距離的地方發展起來。塞維亞就是一個完美的例子，而且廣州和倫敦都不在海岸線上。蘇門答臘島的海岸無疑分布著一些定居點，這些定居點為那些不必去巨港的船隻提供方便服務。三佛齊不是一個神話，但這並不意味著它的輝煌時期像人們經常假設的那麼長。巨港在七世紀至九世紀處於鼎盛時期。後來，爪哇、馬來半島和其他地方的競爭者削弱三佛齊大君的權力。

不過，如果假設三佛齊大君的權力在某種意義上是「帝國性的」，就需要謹慎。與其說三佛齊是一個延伸到數百座島嶼、遠至馬來半島的中央集權帝國，不如說它是一個位於巨港的商業中心，一座由廣受尊敬的國王統治的富裕而軍力強大的城市。最早翻譯有關三佛齊的梵文、中文和阿拉伯文文獻的東方學者認為，這些文獻提到帝國和行省總督。討論這種觀點是否正確是一個沒有意義的問題。巨港一篇梵文銘文中的 vanua[25] Śri Vijaya 一詞可能是為了傳達一種印象，即三佛齊並非（如上述東方學者翻譯的那樣）是一個「帝國」，而是一個由大君直接管轄的更小地區。某些學者認為這篇銘文談到「行省總督」，這可能也是一種誤解，它真正描述的是自治地區的領主，他們只要有機會就抗拒大君的權威，但又受到夠強的壓力，因此對大君保持著一種曖昧和不真誠的忠誠。爪哇統治者也從婆羅洲、摩鹿加群島，以及後來的馬來半島和蘇門答臘北部的較弱統治者那裡接受貢品，同時也沒有忽視每隔一段時間就向中國天子派遣使團的重要性，以承認天子遙遠而非常鬆散的統治權。[35]

有時如西元八五三年和八七一年，從印尼到中國的使團不是來自三佛齊，而是來自與之競爭的國家，這表明三佛齊並沒有完全壟斷對華貿易。根據僧人義淨的說法，末羅遊[26]，即後來的占碑（Jambi），屬於三佛齊的控制範圍；但末羅遊早先也曾向大唐朝廷派遣自己的使團[27]。爪哇島的一些統治者也這麼做，而且偶爾會與三佛齊交戰。[36] 蘇門答臘島的部分地區和附近的一些土地，由於與巨港統治者的關係而變

㉕ 譯注：Vanua 在多種南島語言中有「土地」、「家園」、「村莊」等含義。

㉖ 譯注：也譯為「末羅瑜」。始見於中國唐朝史籍。宋朝譯作摩羅遊，明朝譯作末剌由、木來由、沒剌由、麻里予兒等。

㉗ 譯注：原句為貞觀十八年，十二月，摩羅遊國遣使獻方物。見（宋）王欽若等編纂，周勛初等校訂，《冊府元龜．卷第九百七十　外臣部（十五）朝貢第三》，鳳凰出版社，二〇〇六年，第一一二三〇頁。

得富有。婆魯師[28]坐落在蘇門答臘島北部，面向印度洋。與巨港的情況一樣，考古學家也開始在這裡發掘出從埃及、阿拉伯半島、波斯和印度等地運來的貨物，其中不僅包括陶瓷，還有幾乎所有色調的玻璃、寶石和其他珠子，以及錢幣，還有從十世紀末到一一五〇年左右的一萬七千塊中國瓷器碎片。在婆魯師的遺址之一發現的陶瓷，其特徵與同一時期福斯塔特（即開羅老城）居民使用的陶瓷特徵非常相似。因此，我們可以把婆魯師看作連接中國南部和尼羅河上法蒂瑪帝國首都的鏈條的一個環節。婆魯師也是一個生產中心，在這裡可以買到用蘇門答臘銅和錫在當地製作的青銅匣子與小塑像。至於婆魯師的居民，他們一定是混雜的人群，有蘇門答臘人與阿拉伯人、來自波斯的聶斯脫利派基督徒和來自印度的泰米爾人。不過許多商人和其他旅行者是臨時居民，在等待有利的風向。如果能知道婆魯師在政治和商業上如何與巨港聯繫在一起，那就好了；顯然簡單的答案是，隨著三佛齊大君權力的消長，婆魯師與巨港之間聯繫的強度也在不斷變化。37

所有這一切，使得三佛齊的「帝國」看起來相當像一種鬆散的封建關係。這是一個通常由三佛齊主導的政治網絡，在這個網絡中，大君不得不接受鄰國的自治。這些鄰國大多承認他的宗主地位，但盡可能維持獨立，並隨時準備在他顯露出軟弱的跡象時挑戰他的權威，因此大君才維持大規模的陸海軍。作為回報，這些鄰國被允許參與連接三佛齊與印度和中國的貿易，但是處於從屬地位。對三佛齊如何運作的上述說法是有道理的，因為它解釋了大君的最重要資源（即他在巨港的繁榮河港和附近地區），如何使他在政治與財政上保持強勢。巨港是一個強大的力量來源，以陸海軍為後盾。在這種觀點中，三佛齊的生存和繁榮恰恰是因為它不是一個帝國，甚至不是一個中央集權的國家，而是一個貿易網絡的焦點，其分支遍布南海的南緣，向西甚至延伸到馬來半島印度洋沿岸的城市吉打。38

三

關於阿拉伯和中國文獻對三佛齊帝國的描述是否嚴重誇大（因為它們肯定在某種程度上是誇大的）的不確定性，並不影響我們的基本論點：三佛齊作為中國和印度之間的一個中繼站而繁榮，面向東、西兩個方向，為兩塊大陸的貿易提供服務；在這個過程中，它既是一個轉口港（來訪的商人可以在那裡交換印度和中國的商品），也是一個可以獲取印尼與馬來半島出產的香料和香水的地方。不過，仍然有一個重要因素是我們不甚明瞭的。這些商人是什麼人？有些人顯然是印度人和阿拉伯人，而且隨著對這些水域的了解加深，中國人也來到這裡。中國古籍中提到波斯（Bosi）人，所以研究東南亞歷史的先驅們得出結論，Bosi 就是波斯人（Persians）。商人中肯定有波斯人，如亞茲德－博澤德（Yazd-bozed），他是八世紀末的一位商人，名字出現在二〇一三年於泰國附近沉船上發現的一個罐子上。但識別商人的身分從來都不簡單。波斯貨物橫跨印度洋而來，在這種情況下，「波斯」貨物這個詞彙顯然不僅僅是指波斯和波斯灣的產品，而是指整個穆斯林世界的貨物。「波斯人」也是對阿拉伯人的統稱，因為中國人

❷⑧ 譯注：婆魯師洲，即婆魯師國。《新唐書》中稱為郎婆露斯，故地一般以為在今蘇門答臘島西北部，今稱巴魯斯（Barus）。詳見（唐）義淨著，王邦維校注，《大唐西域求法高僧傳校注．卷上》，中華書局，一九八八年，第四七頁。

常常無法區分這兩類人，儘管阿拉伯人的土地也被稱為大食，而且在中國本土也有大量的穆斯林商人定居。[39]

這種民族混雜的現象非常普遍，而研究東方的學者對這些捉摸不定術語的認真思考，更多只是讓人發笑。不過，如果認為「波斯」貨物一詞指的是西方商品，我們就需要問：究竟是誰將這些商品運往三佛齊？在三佛齊，除了印度和阿拉伯商人之外，我們還必須為馬來人或印尼人找到一個顯著的位置。正如上文所述，他們在這一時期遠涉馬達加斯加和東非，還去過中國，例如西元四三〇年，一個印尼使團帶著來自遙遠的印度和犍陀羅（Gandhara）的布匹，乘船前往中國㉙。爪哇國王希望中國皇帝承諾不干涉他的船隻和商人。[40]印尼和馬來水手也關注另一個方向，而印度洋與南海之間的關鍵環節——麻六甲海峽，至少有一段時間處在三佛齊統治者的控制之下。[41]雖然我們對馬來人和印尼人的船隻所知不詳，但是南海周圍的半島和島嶼上的居民會出海，首先在他們之間交換貨物，然後到更遠的地方，這並不奇怪。[42]

二十世紀末在印尼水域接連發現的幾艘沉船，極大地增進我們對中國、印尼和印度之間關係的認識。用「大規模」這個詞彙來形容再合適不過了，因為在這些沉船裡發現的文物數量十分驚人：從勿里洞（Belitung）沉船中發現五萬五千件陶瓷製品（估計船上原本有七萬件，總重達二十五公噸）；從爪哇西北海岸的井里汶（Cirebon）沉船中發現大約五十萬件陶器，估計這艘船運載的貨物總重達三百公噸。[43]南海的沉船很好地彌補了陸地考古（特別是在巨港本身）出土的不足。

勿里洞沉船是在蘇門答臘島、婆羅洲和爪哇島之間的一座印尼島嶼沿岸發現的。[44]沉船地點距離巨港不遠，在該城的正東方。如下文所示，這艘船很可能是前往爪哇的。它的年代不難確定：有一面鏡子上刻有西元七五九年的中國年號，一個來自中國中部長沙的碗上有西元八二六年的中國年號，還有從西元七五八年至八四五年左右鑄造的錢幣。[45] 這艘船位於淺水區，是由尋找海參的潛水夫發現的。它顯然撞上離岸約三公里的礁石。由於在沉船中沒有發現人的遺骸，看來船員和乘客設法逃到陸地上。[46] 這艘船沒有受到嚴重的破壞，船上的陶器幾乎全部完好無損，這些陶罐和碗由懂得如何保護脆弱的陶器不受海浪影響的專家，小心翼翼地裝在較大的儲物罐中。[47] 這艘船是用多種木材建造的，木板是以傳統的印度洋方式綁在一起的，其中一些材料來自東非。[48] 這艘船不是中國的，但有一位乘客一定是中國人，也許是僧人，因為在沉船中發現一塊中國書法所用的硯臺，刻有昆蟲圖案。船上的生活也饒有趣味：人們用骨製的骰子和棋盤遊戲消遣。[49]

船上的貨物與船本身一樣，告訴我們很多事。首先讓人想到的是絲綢，不過它非常脆弱，不可能在幾個世紀的海水浸泡中保存下來。但我們從中國和阿拉伯作家那裡得知，絲綢是從中國出口到印度洋的最受歡迎物品。在南海沿岸的泰國古城那空是貪瑪叻（Nakhom Si Thammarat）的佛寺中，有一塊碑提到「中國絲綢製成的旗幟」，這塊碑可以追溯到該地區受三佛齊影響（或統治）的時期。但中國絲綢並

㉙譯注：應出自《宋書》，原句為「呵羅單國治闍婆洲。元嘉七年，遣使獻金剛指鐶、赤鸚鵡鳥、天竺國白疊古貝、葉波國古貝等物。」見（梁）沈約撰，中華書局編輯部點校，《宋書．卷九十七　列傳第五十七　夷蠻》，中華書局，一九七四年，第二三八一頁。

不止步於此，有時麥加的克爾白[30]的帳幕就是由中國絲綢製成的。[50]談到沉船中存世的文物，首先要談陶瓷。九世紀初，中國的釉面陶瓷貿易蓬勃發展，既有來自中國北方的（先透過河流和運河運到南方的港口，特別是廣州），也有來自長沙的。長沙離海很遠，但是因大量的陶瓷出產而聞名。對優質陶瓷的需求與一種新的、重要時尚的傳播密切相關，那就是飲茶。[51]勿里洞沉船包含迄今為止發現最大量的晚唐陶瓷收藏：來自中國北方的白瓷、來自中國南方的青瓷，以及金銀器和銅鏡。其中一個青花碗是青花瓷的祖先，青花瓷在許多個世紀的中國對外貿易中占主導地位，並在幾個世紀後被葡萄牙和荷蘭仿製。[52]另一個獨特的碗的圖案是一艘船遭到巨大的海怪攻擊，這是中國藝術中最早對遠洋船隻的描繪。[53]勿里洞沉船包含中國金匠藝術的好幾個美麗範例，無疑都是高檔奢侈品。[54]

這些令人印象深刻的貨物很容易讓我們得出結論，其中至少有一部分是中國朝廷在收到三佛齊統治者或爪哇國王的貢品之後送的回禮。在西元八一三年至八三九年間，至少有六個使團從爪哇前往中國。沉船中也發現一枚爪哇的金幣。九世紀是爪哇的黃金時代，在此期間，夏連特拉王朝（Sailendra dynasty）建造婆羅浮屠的大型佛教建築群，上面裝飾著五百多尊佛像，是全世界最大的佛寺。[55]正如上文所述，禮物交換為中國朝廷監督下的雙邊貿易提供官方的、非常正式的框架，其目的也是為了表明較弱小的統治者對中國皇帝的臣服。但勿里洞沉船上的貨物，尤其是陶器的數量如此之多，說明這不只是朝貢，其他利益方也參與其中：馬來人、印度人、波斯人或是阿拉伯人，透過在廣州的代理商向遙遠的長沙窯場訂購精美陶器，並為自己的貨物在一艘重要貨船上訂下艙位。

這一大批中國陶瓷讓人提出這樣一個問題：這艘船是否駛向印度洋，而不是爪哇或三佛齊？特別

1. 玻里尼西亞船隻所用的帆有多種形狀。這艘船配備爪形帆。舷外浮材極大地提升船的穩定性。這樣的船在太平洋航行了數千年。

2. 到了九世紀，玻里尼西亞水手已經定居在夏威夷群島。圖中是茂宜島的岩石雕刻，描繪的是一艘配有爪形帆的船，或許可以追溯到玻里尼西亞人最早定居夏威夷的年代。

3. ～ 4. 約西元前 1450 年，埃及的女法老哈特謝普蘇特派遣一支艦隊在紅海南下，到「邦特之地」搜集沒藥、象牙、烏木和異國動物。在女法老位於盧克索附近的宏偉陵寢神廟內，有浮雕和相應的銘文來紀念這個事件，銘文描述她的艦隊是自「上古」以來第一支出航的艦隊。浮雕的線圖較清晰地展現人們向船上搬運成袋貨物和完整乳香樹的景象。

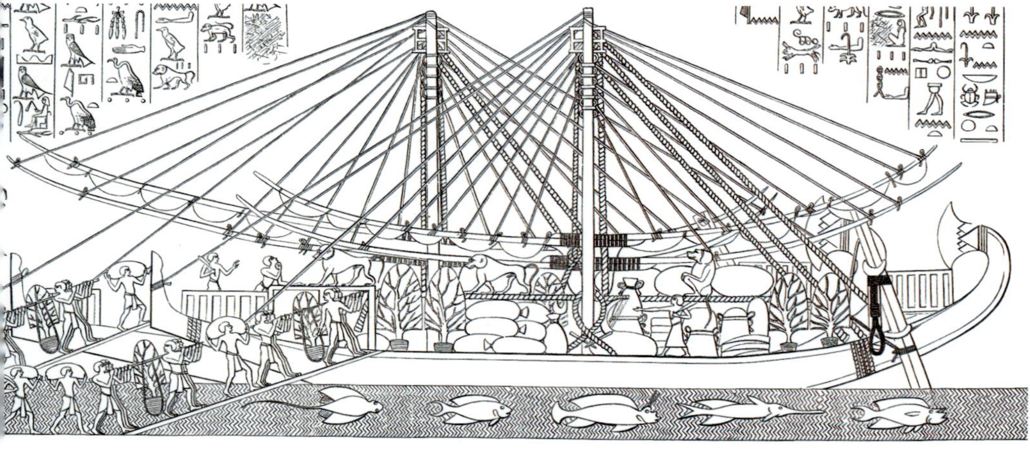

5. 描繪四隻瞪羚的印章，出自貿易中心迪爾蒙（巴林），西元前三千紀後期。

6. 顯示一艘縫合船的印度印章，四世紀至五世紀。兩千年前可能就有類似的船隻在印度洋上航行。

7. 羅馬皇帝維克多利努斯的錢幣，約西元 270 年在箇朗鑄造，出土於泰國。

8. 一位波斯或阿拉伯商人的陶俑頭像，七世紀或八世紀，出土於泰國西部。

9. 白瓷水罐，飾有鳳凰圖案，約 1000 年被從中國帶到開羅。

10. 六世紀出自越南南部喔呋的三件凹雕，那裡是中國商人與波斯商人的相遇之地。

11. 出自南印度奎隆的多語種銅板（西元 849 年），證明當地有信奉祆教、猶太教和伊斯蘭教的商人。

12. 對一艘典型阿拉伯縫板船的復原，基於九世紀的印尼勿里洞沉船。這艘船可能是從中國皇帝的宮廷運送禮物（作為對貢品的賞賜）給印尼統治者的。

13. 勿里洞沉船上有七萬件陶瓷製品，是史上發現規模最大的晚唐陶瓷收藏，其中有很多產自長沙的瓷器。船上可能還曾載有絲綢，但已經分解消失。

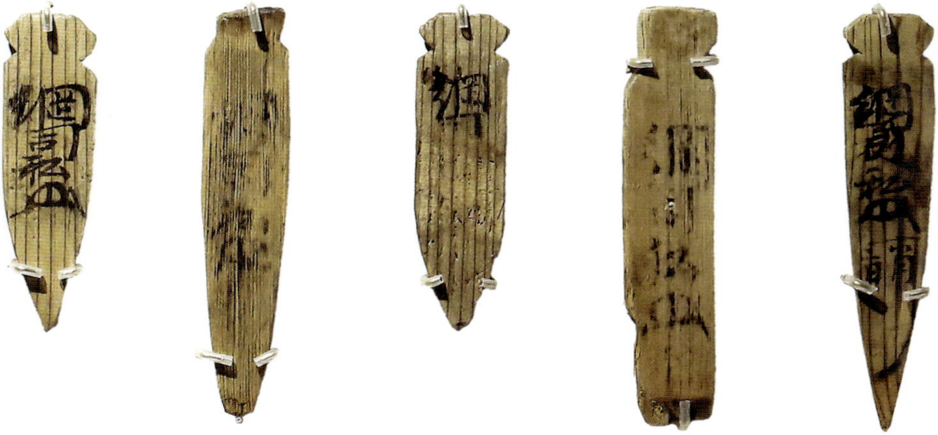

14. 1323 年，一艘駛往日本的中式帆船在朝鮮近海失事，船上載有超過八百萬枚錢幣。圖中這樣的木牌與錢串相連，表明僱用這艘船的客戶是京都的東福寺。

15. 新安沉船載有大批飾有動物圖案的優質青瓷。

16. 中國古代貨幣主要是用繩子串起來的低面值銅幣。由於金屬貨幣大量流出中國，宋代和元代皇帝開始發行紙幣。

17. 十四世紀初期的卷軸，紀念武士竹崎季長在反抗蒙古入侵戰爭中的英勇表現。
圖中為 1281 年，一艘蒙古船隻遭到日本武士的攻擊。

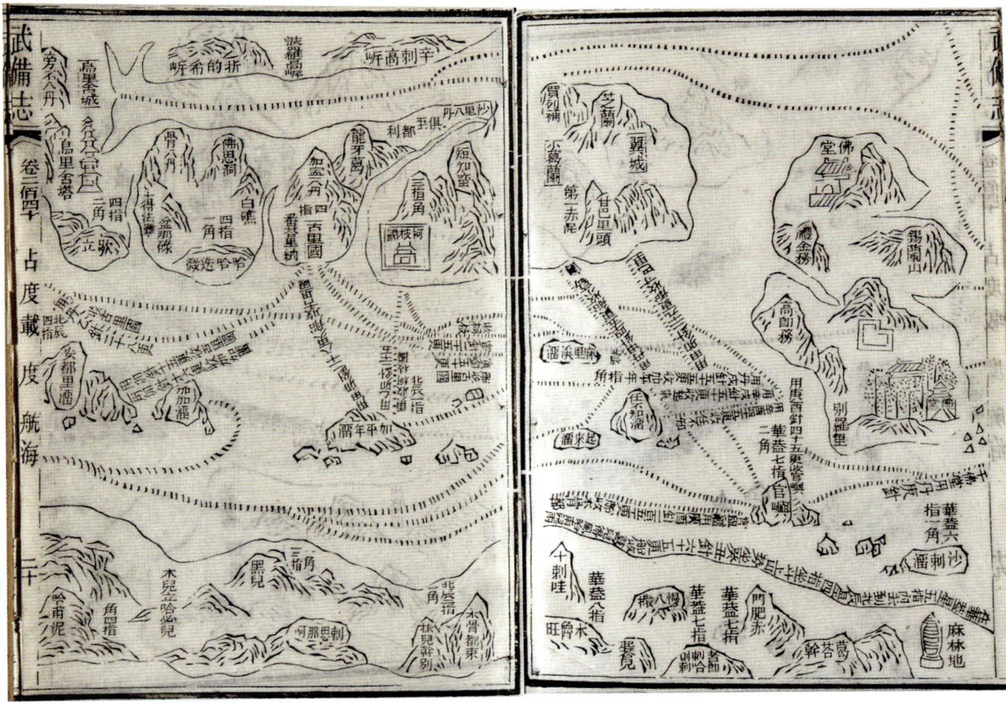

18. 一幅十七世紀的印刷版地圖，展現十五世紀初鄭和的航行。他的船隊抵達東非和紅海。

19. 中世紀晚期的圖像，展現一艘從伊拉克巴斯拉出發的縫板船。黑奴在舀水或在甲板上勞作，而阿拉伯、波斯和印度乘客待在船艙中。

是船員也很可能來自印度洋。此外，對中國陶瓷的需求已經形成一股熱潮，以至於在哈倫·拉希德（Harun ar-Rashid）時代，也就是這艘船沉沒的時期，阿拔斯王朝的伊拉克陶工開始模仿他們見到的來自遠東的陶器。[56]但仿製品還是比不上真正的中國陶瓷，在沉船上發現一些顯然是供乘客和船員日常使用的陶器，與同時期在伊拉克與伊朗生產的綠松石釉面陶器相似，這可能表明沉船的最終目的地是波斯灣深處的錫拉夫。這種陶器不僅在錫拉夫有出土，而且在蘇門答臘的婆魯師和廣州也有發現，因此這種陶器肯定傳遍整個海路。[57]

勿里洞沉船並非獨一無二。在蘇門答臘島東南沿海發現的因潭（Intan）沉船可能是前往爪哇的，船上載有陶器和金屬物品，包括許多錫錠，這些錫錠可能來自馬來半島。在沉船上發現的錢幣，表明其航行時間在西元九一七年至九四二年之間。船上同時有中國陶瓷和馬來半島的錫，表明這些貨物是在某個大型商業中心裝載的，那裡聚集來自南海各地的貨物，或者這艘船在南海各地航行並裝貨。貨物的種類之多，被一位發掘者描述為「令人驚愕」，包括佛教僧侶用來象徵雷電的小銅杖；代表時間之魔的青銅面具，有時被用作門飾；若干黃金首飾。三佛齊商人將銅帶到中國，在那裡用青銅鑄造神廟的裝飾品，這是司空見慣的做法。在因潭沉船中發現的錫，即青銅（除了銅之外）的另一種成分，說明金屬原料來回流動的重要性（直到原料被轉化為青銅或其他金屬的閃亮物品）。船上還載有鐵條和銀錠，以及

㉚ 譯注：克爾白（Ka'aba），即「天房」，是伊斯蘭教聖城麥加的禁寺內的一座建築，是伊斯蘭教最神聖的地點，所有信徒在地球上任何地方必須面對它的方向祈禱。

多達兩萬個壺和碗，其中有一些的品質很高，而且大部分來自中國南部。樹脂碎片表明該船曾在蘇門答臘的一個港口停靠，而虎牙和虎骨表明船上的人對珍稀藥品感興趣。這不是中國船，但它的結構與勿里洞沉船不同，可能是印尼的船。該船排水量約三百噸，長約三十公尺。[58]它的航線很可能僅限於南海，而勿里洞沉船由於尺寸較小，更適合從阿拉伯半島或波斯遠道而來的遠航。在中國領海發現的另一艘沉船是所謂的「南海一號」，這是一艘非常大的船，裡面有六萬至八萬件陶器，主要是宋瓷及六千枚錢幣，其中最晚近的是十二世紀初的，儘管有些或許可以上溯到一世紀。這艘沉船被認為是一艘中國船，從廣州或中國南部的另一個港口出發，前往南海的某個目的地。[59]

用大型船隻從南海的不同角落收集貨物這一事實，影響了人們對這個空間的想像。南海經常被比作地中海，但是這個類比並不恰當，因為有三大洲在地中海交會，而南海的南邊和東邊是一連串的島嶼，將南海與太平洋的開放空間隔開；北方的大陸一直由中國主導。而且即使在四分五裂的情況下，中國的經濟和政治影響力也遠遠超過三佛齊。[60]不過與印尼、馬來半島、泰國和越南的居民相比，中國在南海貿易裡扮演的角色相對消極。由於高度關切陸地，中國常常對南海視而不見，但是中國統治者非常重視通過南海而來的遠方土地的產品。這就為馬來人、阿拉伯人和其他商人提供掌管南海海上貿易路線的絕佳機會。到了七世紀，跨越遙遠距離的貿易路線，從阿拉伯半島和非洲的海岸延伸到中國南部，將印度洋與太平洋西部緊密地聯繫在一起。這種聯繫甚至比希臘羅馬商人滲透到印度，並將他們的一些貨物運到遠東的日子還要密切。在三佛齊時代，出現一個連接半個世界的網絡。

第九章 「我即將跨越大洋」

一

三佛齊所處的貿易路線從亞歷山大港經紅海，繞過阿拉伯半島和印度，延伸到香料群島。在中世紀早期，紅海並非總是能保住它的重要地位，因為與之競爭的波斯灣也有過一段時間的繁榮。這兩個狹長的海域中哪一個更重要，取決於中東地區發生的政治動盪。但真正的關鍵點是海路本身，不管是透過亞丁前往埃及，還是透過荷姆茲海峽前往伊拉克和伊朗，一直都很繁忙。它不僅是一條傳遞東、西方精美商品的通道，而且是一條開放的管道，宗教和其他文化影響在其中流動：佛教的僧侶、典籍及藝術品；穆斯林布道者和聖書。伊斯蘭教是後來者，而佛教在中世紀早期就加強對東南亞的接觸和影響，因為佛教在印度、斯里蘭卡、馬來半島、印尼，以及太平洋沿岸的中國、朝鮮和日本的宮廷變得越來越受歡迎。在五世紀至七世紀，羅馬帝國在地中海的危機即使縮小了東方香水和香料在西方的市場，也沒有對普林尼和《周航記》時代形成的網絡造成致命破壞。總體而言，跨海聯繫是延續不斷的。

在伊斯蘭教於七世紀初出現之前的數十年裡，紅海南部是一個動盪不安的地區。[1] 紅海兩岸的王國具有完全不同的宗教認同。在非洲一側，在阿克蘇姆周邊，一個基督教王國，即衣索比亞，警惕地觀察著希木葉爾的發展。希木葉爾大致相當於葉門，那裡的統治者選擇接受猶太教，或他們有可能是古代猶太部落的後裔。優素福（Yūsuf）也被稱為「蓄著鬢角捲髮的人」（Dhu Nuwas），是希木葉爾的猶太教國王；他被指控屠殺數百名基督徒，並褻瀆了基督教堂。隨著這個說法的傳播，對猶太教徒發動聖戰的熱情在衣索比亞高漲。必須強調的是，這個說法是在基督教著作中發現的，而且（儘管好幾位現代歷史學家對於是猶太人無情地迫害基督徒，而不是反過來這一點眼睛一亮）沒有人知道這是否只是莫須有，以「聖戰」的名義合理化衣索比亞對阿拉伯半島南部的入侵。這場入侵可以算是一場「十字軍東征」。[2] 西元五二五年，衣索比亞統治者在拜占庭皇帝的鼓勵下，率領一支據說有十二萬人的軍隊入侵希木葉爾。衣索比亞建立一支強大的海軍，陸軍則從索馬利亞及紅海北端的艾拉（Ayla）❶出征。優素福命令在水面上拉起一條巨大的鎖鏈，以阻止敵人登陸，但這個計謀未能阻止衣索比亞人深入希木葉爾。基督徒以牙還牙，不僅摧毀猶太會堂，顯然還殺害了大批希木葉爾人。這場戰爭和其他穿越紅海南部的作戰肯定極大地擾亂交通。西元五二五年的戰爭肯定破壞該地區的穩定，使得該地區成為拜占庭帝國和波斯薩珊帝國這中東兩個大國之間的戰場。[3]

儘管發生這些嚴重的危機，但在關於地中海的文獻中，有夠多關於來自衣索比亞和葉門的旅行者到達艾拉以北的記載，表明紅海兩岸的聯繫仍然存在。此外，在艾拉發現的阿克蘇姆錢幣和陶器也佐證了文獻證據。這條貿易路線可能與經過著名城市佩特拉的陸路相通。在征服敘利亞和巴勒斯坦之後，哈里發歐麥爾（'Umar）在七世紀初將艾拉作為海上貿易中心加以扶持，並在拜占庭的舊艾拉港旁邊建造一個網格狀的新城鎮。艾拉可以很容易地獲取西奈半島（Sinai）和尼格夫的礦物，這些礦物在過去已經引起統治者（甚至可能包括所羅門王）的興趣。到了八世紀中葉，在經歷一些中斷之後，經過艾拉的貿易再次全面展開，對該地區（尼格夫沙漠）銅礦及黃金的開採也是如此。在乾燥的沙漠環境中，用棉花、亞麻、山羊毛和絲綢製成的紡織品的碎片得以保存至今，證明當時活躍的貿易可以到達葉門，並延伸到印度洋。一條陸路將艾拉與加薩連接起來，此時的加薩是一個重要港口，是地中海與印度洋之間的中介。[4]即使六世紀、七世紀和八世紀似乎是紅海貿易的一個相對平靜（但並非完全沉寂）的時期，但是連接地中海和印度洋的網絡已經奠定基礎，這個網絡在十世紀已清晰可見，並將在整個中世紀不斷擴大（因為地中海地區的需求也在不斷擴大）。[5]

二

但是用一句陳腔濫調來說，這個過程並非「一帆風順」。八世紀中葉，伊斯蘭哈里發國內部的分歧和爭鬥，導致伊拉克出現一個新的權力中心，即距離古巴比倫不遠的巴格達。巴格達的阿拔斯王朝取代大馬士革的倭馬亞王朝，它的最後一位成員逃之夭夭，在安達魯西亞（穆斯林治下的西班牙）建立科爾多瓦哈里發國。大馬士革曾是一座輝煌的城市，吸引來自印度洋的奢侈品和來自拜占庭的藝術家（例如

❶ 即約旦城市阿卡巴。

阿曼
阿拉伯海
門格洛爾
孟加拉灣
奎隆
斯里蘭卡
印度洋

巴格達
加薩
亞歷山大港
福斯塔特
艾拉
巴斯拉
埃及
古斯
庫賽爾卡迪姆
波斯灣
錫拉夫
尼羅河
艾達布
麥加
紅海
希木葉爾
葉門
亞丁
曼德海峽
阿克蘇姆
索馬利亞
0
500
1000 英里
0
500
1000
1500 公里

那些用鑲嵌畫裝飾大清真寺的藝術家）。巴格達早期的泥土建築沒有留下多少遺跡，但是新王朝比大馬士革的統治者更容易受到波斯文化的影響，阿拔斯王朝的宮廷得到全世界的關注和豔羨。這一點在西元八〇〇年左右的拉希德時代尤為明顯，他的統治正好與查理曼同時，曾致贈查理曼一頭大象和耶路撒冷聖墓教堂的鑰匙。[6]

詩人賀拉斯在談到羅馬時，寫道：「被俘虜的希臘俘虜了她粗魯的征服者。」阿拉伯人對波斯的入侵也可以說是這樣，波斯語沒有被取代，祆教也過了很長時間才逐漸失勢。[7]才華橫溢的服裝設計師、理髮師和合唱隊隊長齊里亞布（Ziryab），在八世紀將阿拔斯王朝的波斯時尚一直帶到西班牙，將腋下體香劑、蓬鬆髮型和朝鮮薊引入靠近西方黑暗大洋的蠻荒之地。不過，阿拔斯王朝的崛起對印度洋世界的影響甚至更大。波斯灣重新成為一條活躍的通道，將貨物從遠東運來，「波斯」商人在中國沿海城鎮也很常見，不過正如下文所示，中文古籍裡的「波斯人」是一個統稱，肯定也包括大量猶太人、阿拉伯人，甚至印度人。[8]這麼說並不是要否認抵達巴格達的大部分絲綢及許多香水、寶石和香料，都是透過波斯從陸路運來的。波斯以外的河中地區❷和烏茲別克有豐富的銀礦，其礦石在布哈拉被純化並鑄造成錢幣。這些地方與陸上商路，即絲綢之路關係密切，它穿越中亞的沙漠，通往中國唐朝。絲綢之路是一個相互連接的路線網絡，在這個時期仍蓬勃發展。[9]其他路線穿越西亞，通往斯堪地那維亞，將大量的白銀和中國絲綢運過保加爾人❸的帝國與信奉猶太教的可薩人❹的帝國，送往瑞典及其鄰國陰暗而冰冷的土地。[10]

從十世紀阿拉伯地理學家伊本·霍卡爾（ibn Hawqal）的一段話，可以看出當時的中東與中國確實有聯繫。他描述波斯灣的伊朗那一岸的錫拉夫港：

這裡的居民富得流油。我聽說，他們之中的一個人因為覺得身體不適而立下遺囑。他的財產的三分之一是現金，多達一百萬第納爾，這還不包括他給那些收佣金（commenda）協助經商的人的投資。還有拉米什特（Ramisht），伊斯蘭曆五三九年（一一四四年至一一四五年），我在亞丁見過他的兒子穆薩（Mūsā）。他告訴我，他擁有重達一千兩百曼恩的銀製餐具❺。穆薩是拉米什特的兒子中年紀最小的，擁有的商品最少。拉米什特有四個僕人，據說每個都比他的兒子穆薩更富有。我見過來自希拉（al-Ḥilla）鄉下的阿里・尼利（'Ali al-Nili），他是拉米什特手下的職員，而他告訴我，二十年前從中國回來時，他的商品價值五十萬第納爾；如果一個職員都如此富有，拉米什特自

---

❷ 譯注：河中地區（Transoxiana）是中亞的一個地區，在錫爾河與阿姆河之間，大致相當於今天的烏茲別克、塔吉克、吉爾吉斯南部、哈薩克西南部。古伊朗人稱該地區為「圖蘭」。河中地區的主要城市有撒馬爾罕和布哈拉等。

❸ 譯注：保加爾人是發源自中亞的游牧民族，為突厥人的一支，從七世紀起在歐洲東部和東南部定居，為巴爾卡爾人與保加利亞人、楚瓦什人和中國塔塔爾族的先祖。保加爾人後來逐漸斯拉夫化，現已消亡。

❹ 譯注：可薩人（Khazars，或譯作哈扎爾人）是一個半游牧的突厥民族，於六世紀末在今天俄羅斯的歐洲部分的東南方建立一個強大的國家。位於東西方貿易道路上的可薩汗國發展為繁榮的商業據點。十世紀末，基輔羅斯消滅可薩汗國。可薩王公在八世紀皈信猶太教。

❺ 譯注：曼恩（mann）為阿拉伯世界的重量單位，一曼恩約合一至一・五公斤。

己的身家又會有多少！把克爾白的銀質噴水口換成金質的人正是拉米什特，他還把克爾白蓋上中國布匹，其價值無法估計。總之，我不知道在我們這個時代，有哪一個商人的財富和聲望能與拉米什特相提並論。[11]

同一個拉米什特出現在開羅和印度的猶太商人所寫的信中，拉米什特是一個擁有大隊船隻的神話般富翁，他正是《一千零一夜》中頌揚的那種過著宮廷般奢華生活的商人（如滿載財富遠航歸來的水手辛巴達）。

錫拉夫商人在印度洋的許多角落都留下足跡：一些人到尚吉巴經商，而孟買附近塞莫爾（Saimur）的穆斯林社區負責人也來自錫拉夫。[12]其他阿拉伯作家描述了複雜的海上路線，滿載貨物的阿拉伯三角帆船走這些路線，從錫蘭島駛往香料群島和中國。一位九世紀的阿拉伯商人，他的名字可能是巴斯拉的蘇萊曼（Sulayman of Basra），對中國特別了解，他說錫拉夫是所有運送貨物到中國的船隻的出發點。這些船是否真的是中國的船，非常值得懷疑，而且它們是否經常一路駛往中國也是不確定的，儘管文獻提到有一艘船離開錫拉夫前往中國。正如同一份手抄本後來指出的（「這些天，從阿曼出發的商船一直到了卡拉，然後從那裡返回阿曼」），需要等待季風的長途航行最好分階段進行。不過蘇萊曼（或者不管他叫什麼）認為，很少有中國貨物到達他的家鄉巴斯拉或阿拔斯王朝的首都巴格達（這種說法和其他證據相反），而且從中國出口貨物的嘗試受到中國木製倉庫發生火災、沉船及海盜活動的阻礙。[13]

另一位作者，錫拉夫的阿布・宰德・哈桑（Abu Zayd Hassan of Siraf）為蘇萊曼的著作增加新的章節。哈桑在其中抱怨，西元八七八年一個名叫黃巢的反叛者攻陷廣州後，錫拉夫與中國的所有海上聯繫都斷絕了。「由於那裡發生的事件，通往中國的貿易航行被放棄了，國家本身也被毀了，它曾經的輝煌一去不復返，一切都變得非常混亂。」黃巢占領廣州後，發動無情的屠殺：「研究中國事務的專家報告說，不算當地的中國人，被他屠殺的穆斯林、猶太人、基督徒和祆教徒的人數多達十二萬人。」此外，這位征服者大肆破壞中國南部的貿易和手工業，因為他砍伐了生產生絲必需的桑樹：「由於桑樹被毀，蠶都死了，這又導致絲綢無處可覓，特別是對阿拉伯人來說。叛軍首領最後被打敗，但這麼嚴重的損失顯然不是一朝一夕就能彌補的。」[14]另外，哈桑對中國的銅錢非常熟悉，這些銅錢在錫拉夫出現，上面刻有漢字。讓他感到驚訝的是，中國人對金銀幣沒有什麼興趣，而是依賴大量低價值的錢幣串。中國人認為，如果錢是由一串串沉重的銅幣組成的，而每個銅幣只值一個金第納爾的一小部分，要偷大量的錢就會很困難。哈桑還熟悉中國的繪畫和工藝，認為中國的繪畫和工藝是世界上最好的。[15]

錫拉夫是一個特別有意思的地方，因為除了這些文獻之外，還有英國波斯研究所在一九六〇年代的考古發掘提供證據。錫拉夫的歷史比人們想像得還要久遠：在祆教徒居住的時代，這座城鎮就有了羅馬帝國獨特的紅陶；還出土一枚七世紀中葉拜占庭皇帝君士坦斯二世的金幣。錫拉夫的巔峰是在九世紀至十世紀，但在西元七〇〇年後不久，它就已經是一個活躍的商業中心。在八世紀，來自伊拉克、阿富汗、波斯，甚至西班牙的錢幣被埋在一處錢幣窖藏內，一千兩百年後才被重新發現。在發掘曾經的大清真寺平臺過程中，出土了大量同一時期的唐代陶器。但是西元九七七年的地震破壞了錫拉夫城，此後在波斯灣從事貿易的商人將注意力集中在基什島（Kish，或凱斯島〔Qays〕），該島也成為一個小而強的海盜王國的所在地。到了十二世紀末，錫拉夫從地圖上消失了。在拉米什特生活的時代，錫拉夫早已不復當年之盛。另一個因素則是，在埃及發生政治革命後，將香料帶入紅海的路線日益重要，本章下文將再次提到這個問題。錫拉夫在巔峰時期的面積還不到巴格達圓形內城的一半，但是考慮到阿拔斯王朝首都的龐大，這實際上說明錫拉夫的規模已經算很大了。在錫拉夫，商店和集市沿著海濱延伸一公里以上，大約是城市長度的一半。配備庭院的兩層建築可能是富商和官員的住所，但有一棟建築據說比英格蘭南部的哈特菲爾德莊園還要大（雖然這樣比較很奇怪），應該是巨賈拉米什特那樣的富人的豪宅。[16] 錫拉夫的自然條件不佳，乾燥而多石，在當地生產糧食並不容易。但是，正如幾個世紀後另一座位於岩石地帶的城市杜布羅夫尼克的一位公民認為的，恰恰是周圍鄉村的貧瘠使貿易成為重中之重。[17]

雖然低估波斯灣在十一世紀和十二世紀的重要性是個錯誤，但更西面的變化刺激了紅海商業從十世紀開始的復興。阿拔斯帝國開始解體，最大的挑戰來自什葉派法蒂瑪王朝的崛起。法蒂瑪王朝首先在突尼西亞崛起（在那裡建立凱魯萬城，並興建大清真寺。凱魯萬的意思是「商隊」），然後在開羅爭奪黎凡特❻的主宰權。部分由於這些政治變革，地中海開始再度甦醒，而這種甦醒又受到幾個基督教貿易共和國出現的刺激，首先是阿瑪菲和威尼斯，然後是比薩和熱那亞。它們熱切地購買東方香料，並透過海路傳到歐洲，然後沿著陸路和內河，把香料一直送到法蘭德斯、德意志及英格蘭。所有這些發展在印度洋也產生重大影響。跨越地中海的海路已經在《偉大的海：地中海世界人文史》一書中探討，[18] 現在我們要追溯的是一條從尼羅河一直通向印尼和中國的海路。

三

到了一〇〇〇年，波斯和美索不達米亞失去它們的首要地位。波斯灣並沒有完全淪為窮鄉僻壤，因為它是海盜王國基什的地盤，但是在阿拉伯半島的西岸，古老的希臘羅馬路線得到重生。紅海的復興從其沿岸的考古成果中顯而易見，從九世紀末開始，來自遙遠景德鎮的中國青瓷和白瓷碎片出現在紅海北部艾拉的遺址中。[19]蘇丹的金礦業開始獲得豐厚回報。埃及祖母綠被出口到印度方向，並由朱羅王朝的泰米爾人（Chola Tamils）賣到蘇門答臘和更遠的地方。中國的陶瓷也來到開羅，一個刻有鳳凰圖案的米白色水罐，於一〇〇〇年到達開羅，現存於大英博物館。開羅的中世紀遺址出土數十萬個中國罐子的碎片。隨著時間的推移，埃及對中國瓷器的強烈需求促使埃及陶工自行生產仿製品，但是這些仿製品始終不能與真品相提並論。[20]來自遠東的青瓷和白瓷在埃及越來越常見的另一個表現是，有人要求拉比法庭調查，如果處於經期的女人接觸瓷杯，是否會將猶太法律所規定的不潔之物傳遞給瓷杯。不同類別的商品（陶器、玻璃、金屬製品）被認為容易在不同程度上受到汙染，那麼來自東方的精美釉面瓷器呢？[21]

這個奇怪的要求出自所謂「開羅經塚文獻」（Cairo Genizah documents）的紙堆，或者說是紙的碎片，其中大部分於十九世紀末在福斯塔特（即老開羅）的本·以斯拉猶太會堂（Ben Ezra Synagogue）

❻ 譯注：黎凡特（Levant）是歷史上的地理名稱，一般指中東、地中海東岸、阿拉伯沙漠以北的一大片地區。在中古法語中，黎凡特一詞即「東方」的意思。黎凡特是中世紀東西方貿易的傳統路線必經之地。

閣樓儲藏室中被發現後，出售給劍橋大學。經塚不是一套有序的檔案，而是一個巨大的垃圾筐，是五花八門的廢棄文件，因為沒有人願意整理那些可能包含神名的文件（這種文件需要以敬畏之心保存下來，如果太過破舊，則應掩埋）。正是由於這個原因，這些文件，包括商人的信件、帳簿、拉比的裁決（responsa），以及魔法、醫學和宗教文本，為我們研究十世紀至十二世紀埃及猶太人和穆斯林的日常生活提供豐富的史料。特別是它們揭示埃及猶太商人如何經營商業，他們向西進入地中海，尤其是去突尼西亞和西西里島從事貿易。但在十二世紀末之前，他們在紅海和印度洋也有非常重要的貿易利益。[22]普林斯頓大學的S．D．戈伊坦（S. D. Goitein）是第一位深入研究這些材料的學者，靜態地看待紅海和印度洋的貿易，然而它們在十二世紀變得越來越重要，這是因為地中海地區對作為食品調味劑、染料和藥品的東方產品需求不斷成長。此外，熱那亞人、比薩人及威尼斯人在連接黎凡特和歐洲的香料貿易中日益占據主導地位，而且他們的海軍成功地控制地中海的海路。這促使埃及猶太商人遠離地中海，更關注紅海和從印度帶來香料的路線提供的機遇，他們之中的一些人甚至在印度定居。這些與亞丁和印度做生意的商人留下的信件，在他們的帳簿之外提供一幅詳細的圖景，揭示他們的日常生活、他們與穆斯林和印度教徒商人的接觸，以及那些試圖將貨物運過（對當時來說）非常遙遠距離的人們要承受的考驗與磨難。

十世紀末，長期作為開羅核心的福斯塔特被新的法蒂瑪王朝哈里發在幾英里外建造的新城市取代。新開羅位於托勒密時代的宏偉要塞巴比倫周圍。新首都的建立使福斯塔特變成一個非穆斯林居住的郊區：據說它的一座科普特（Coptic）教堂就在約瑟、馬利亞和耶穌逃到埃及後避難的地方。關於本·以斯拉會堂的多種互相矛盾傳說可以追溯到更久遠的年代，據說它就是摩西在埃及生活時使用的會堂。但它肯定是另一位著名的摩西，哲學家摩西·邁蒙尼德（Moses Maimonides）逃往埃及後的居住地，他從科爾多瓦和非斯（均由屬於強硬派的穆瓦希德王朝哈里發統治）一直逃到埃及。因此，經塚文獻中包含偉大的邁蒙尼德的幾封手寫信件和廢棄的筆記，就不令人驚訝了。他的兄弟大衛是去印度做生意的商人之一，當他於一一六九年在印度洋溺斃後，邁蒙尼德抑鬱長達數年。大衛的旅程是這樣的：他沿著尼羅河向南航行，然後在一支商隊的陪伴下穿越沙漠，到達艾達布❼。或者說，他希望如此；大衛和另一位猶太商人脫隊，不得不在沒有人保護他們免受強盜侵害的情況下前往艾達布。大衛回信給邁蒙尼德，承認因為他未謀而後動，旅程非常不順利：

> 當我們在沙漠時，對自己做的事情感到後悔，但局勢已經不在我們的掌控之中。不過，上帝讓我們得救。我們帶著全部行李安全抵達艾達布。我們在城門口卸下東西時，商隊也到了。商隊的客商遭到搶劫和毆打，還有些人渴死了。[23]

任何人在閱讀這些文件時，甚至在閱讀本書時，都可能會得出這樣的結論：強盜、海盜和颱風使得

❼ 譯注：艾達布（Aydhab）為古代紅海西岸的重要港口，其遺址在今天埃及與蘇丹的爭議領土哈拉伊卜三角區內。

這些長途旅行極其危險，誰敢嘗試就是有勇無謀。[24]大衛·本·邁蒙（David ben Maimon）❽從艾達布寫信給兄弟時，似乎就是這麼想的。他還對船的建造方式感到擔憂：看到阿拉伯三角帆船的木板是按照傳統方式用繩索捆綁在一起的，會讓熟悉「的黎波里之海」（即地中海）船隻的旅行者感到震驚：「我們乘坐的船沒有一根鐵釘，而是用繩索捆綁在一起；願上帝用祂的盾牌保護它！……我即將跨越大洋，它可不是像的黎波里之海那樣的海；我不知道我們還能不能再見面。」[25]兄弟倆沒有再見面，因為出海之後，大衛所搭乘的船就覆沒了。

經塚文獻改變了我們對印度貿易的認識，並表明被認為沒有價值而撕毀和丟棄的信件，其實有時比官方紀錄更能說明貿易的情況。這種材料雖然相當豐富，但是並非獨一無二。我們不禁要問：福斯塔特的猶太人是否是這個社會的典型，畢竟在這個社會裡，猶太人只是少數民族。例如，顯然猶太人對穀物貿易並不特別感興趣，但是對亞麻和絲綢非常有興趣。沒人說得清楚，穆斯林貿易家族中是否也有類似將西西里、突尼西亞、埃及和葉門的猶太貿易家族聯繫在一起的那種關係。可能性很小。這就是為什麼當紅海之濱庫賽爾卡迪姆的所謂「謝赫之家」（Shaykh's House）遺跡的發掘者發現大約一百五十份文件，會如此令人興奮。這些文件大多已被撕成碎片，但是可以復原。[26]這些資料的年代比經塚的大部分文件稍晚，我們現在應該把視線轉移到它們身上，因為沿著紅海進入印度洋的海上路線是分不同階段的。庫賽爾卡迪姆的文獻揭示，十三世紀初一位名叫阿布·穆法里傑（Abu Mufarrij）的商人的商貿活動，其中包含的資訊可以與考古成果比對，包括陶瓷從遙遠的中國抵達紅海的證據，以及黃金可能從基爾瓦島和尚吉巴沿著非洲海岸北上的證據。

謝赫[9]穆法里傑對麵粉和其他食品非常感興趣，使得他有別於經塚的猶太商人：「從南方交付給謝赫阿布・穆法里傑的商品有：一又四分之一船的穀物和一個濾油器，將裝在『喜訊號』（Good Tidings）船隻上。」[27]庫賽爾卡迪姆是貧瘠之地，因此需要不斷補充基本物資，當地的小麥比埃及大城市貴得多，也就不足為奇；在庫賽爾卡迪姆，小麥的價格可能是亞歷山大港小麥的四倍，是開羅小麥的兩倍。[28]庫賽爾卡迪姆的信件補充我們對該地區貿易的了解，因為這些信件將重點從經塚文獻列舉的香料和貴重商品，轉移到更普通但更重要的產品，如小麥、鷹嘴豆、豆子、棗子、油和米，這些是日常生活的主食。小麥有時以未加工的形式出現，有時被磨成麵粉之後送來。信中提到的小麥數量相當可觀：在一份文件中多達三公噸，足夠四、五戶人家吃上一整年。[29]由於庫賽爾卡迪姆所處的乾旱環境，糧食很可能是在遠方種植，可能是在尼羅河流域，透過古斯（Qus）運來；也可能是在葉門種植，即阿拉伯半島南部那個有季風降雨的角落。阿拉伯作家將庫賽爾稱為 Qusayr furda al-Qus，意思是「古斯的門戶庫賽爾」（furda 這個字有「政府檢查站」的意思，在這種地方，令人厭煩的海關官員會對所有來往的物品徵稅）。[30]因此，葉門當然被視為特別重要的交易夥伴。卒於一二二九年的希臘裔地理學家

---

❽ 譯注：即摩西・邁蒙尼德的兄弟大衛。摩西・邁蒙尼德是希臘和拉丁文的說法，他的猶太名字是摩西・本・邁蒙，意思是邁蒙之子摩西。

❾ 譯注：謝赫（Sheikh）是阿拉伯語中常見的尊稱，指「部落長老」、「伊斯蘭教教長」、「智慧的男子」等，通常是超過四十歲且博學的人。在阿拉伯半島，謝赫是部落首領的頭銜之一。南亞的穆斯林世界也用謝赫這個尊稱。

雅古特・魯米（Yaqut ar-Rumi）在談到庫賽爾卡迪姆時寫道：「那裡有一個港灣提供來自葉門的船隻使用。」[31]遺憾的是，我們很難搞清楚穆法里傑是從事出口或進口貿易。

利用庫賽爾卡迪姆的文獻，我們可以看到紅海上游的這個港口發生什麼事。庫賽爾卡迪姆港可以通往尼羅河上的埃及貿易站古斯，然後從那裡透過尼羅河到達開羅和亞歷山大港。[32]庫賽爾卡迪姆在紅海的所有港口中是距離尼羅河最近的一個，但這並沒有讓它成為一個真正的印度洋交通中心，因為它的一些業務被轉移到紅海的其他港口，包括庫賽爾卡迪姆正對面那些通往阿拉伯沙漠、指向聖城麥加的港口。由於環境貧瘠，麥加從庫賽爾卡迪姆和類似小港口獲取小麥與其他基本必需品。限制庫賽爾卡迪姆發展的一個因素是缺乏優質的水；在十九世紀，當地的飲用水是從六英里外的一口井運來的，有硫磺的臭味，而該地區的另一個泉眼產出的鹹水則含有磷，只能給牲畜喝。[33]儘管如此，我們還是不該低估庫賽爾卡迪姆的重要性：在那裡出土一些船隻的殘骸，有的被用來裝飾墳墓，這些殘骸來自類似阿拉伯三角帆船的縫合船和釘板船。[34]到達庫賽爾卡迪姆的船隻有時會被拆解，用駱駝背著穿過沙漠運到古斯，在那裡重新組裝，在尼羅河上再次下水。

謝赫穆法里傑得到忠誠僕人的支持，會定期寫信給他，報告他們派送貨物的情況：

真主保佑，真主保佑！您想要什麼，都請告訴我。主人，無論您需要什麼，請給我寫個備忘錄，讓搬運工送來。我將把您的訂貨運走。在按此訂單交付穀物後，您應將全額款項寄給我們。祝您平安。真主賜您憐憫和祝福。[35]

庫賽爾卡迪姆的實物遺跡證實，從印度洋各地運來的大量食物通過這個小城。我們發現一些芋頭的塊莖，這是一種東南亞蔬菜；還有椰子殼及枸櫞，這種檸檬形狀的柑橘屬大型水果在猶太社區很受歡迎，會在住棚節的儀式上使用。棗子、杏仁、西瓜、開心果、小豆蔻、黑胡椒和茄子，都出現在庫賽爾卡迪姆的出土物中。[36]我們從穆法里傑的書信裡了解的資訊得到考古證據的補充。杏仁和雞蛋占穆法里傑經營貨物的三分之一，書信表明該城購買新鮮水果和乾果，包括西瓜與檸檬。這些水果不用於出口，也許是為了供應停泊在港口的船隻。在庫賽爾卡迪姆遺址發現的種子，很好地佐證穆法里傑對糧食的極高需求。

穆法里傑的代理人也買賣一些平淡無奇的物品，如纜索和鶴嘴鋤；但是他們對香水和胡椒也很感興趣。數以千計的繩索碎片證明數個世紀以來繩索的重要性，而且許多繩索顯然是在船上使用的。[37]衣服也是如此，有些很普通，如優質的寬鬆長袍（galabiyah），有些則「用黃金和寶石裝飾」，或是用純絲綢織成，還有「衣索比亞長袍」。他對奴隸不是很感興趣。像猶太商人一樣，他熱衷於購買大量亞麻，也經營精美的珊瑚。珊瑚可能來自地中海，因為那裡最容易獲得優質的鮮紅色珊瑚。[38]穆法里傑的生意做得很大，肯定不止供應庫賽爾卡迪姆的雜貨店。他的興趣非常廣泛，而且他顯然是該城的主要供應商之一，為城市提供食品（特別是穀物）和在十九世紀被稱為「花哨商品」的東西。他還不時地表露，對更加雄心勃勃的貿易事業感興趣。一封寄給穆法里傑的信寫道，一些珍貴的波斯貨物很快將由幾艘船運到：「半寶石、珍珠和珠子。」[39]穆法里傑深諳當時的商業慣例，提供信貸和安排轉帳，從而避免直接經手現金。[40]

庫賽爾卡迪姆信件的魅力就在於它們的平凡。至少以那個炎熱、塵土飛揚的小城的標準來看，穆法里傑是個富人。將艾達布和庫賽爾卡迪姆與遠東連接起來的宏偉貿易路線，並不是他真正關心的。這些路線能創造巨大的利潤，但需要經營維持，而庫賽爾卡迪姆就是一個合宜的節點。它不是一個有高雅文化的地方，甚至不如它的古老前輩米奧斯荷爾莫斯（庫賽爾卡迪姆就在它的遺跡之上），或貝勒尼基（那裡有大量神廟，供奉許多神祇）。不過東方的影響已經滲入庫賽爾卡迪姆。一個刻有文字的鴕鳥蛋很好地體現庫賽爾卡迪姆與一個更富裕、更具異域風情的世界的聯繫，鴕鳥蛋上有一首葬詩：

> 離開你的故鄉去尋找繁榮；出發吧！旅行有五個好處：消除憂愁、賺錢謀生、尋求知識、學習禮儀、相伴良友。如果說，在旅行中有屈辱和艱辛，需要面對沙漠裡的搶劫，需要克服困難，那麼英年早逝也肯定比在誹謗者和嫉妒者當中過著墮落的生活來得好。[41]

也許曾有一位虔誠的朝覲者在往返麥加的途中死亡，有人在一個巨大的非洲鴕鳥蛋上寫下對死者的崇高讚譽。因為蛋是復活的象徵。在庫賽爾卡迪姆發現的中國陶器碎片，也充分體現當地與遙遠異國的聯繫。在當地發現的陶瓷類型非常典型：青瓷、白瓷或帶淺藍色的白瓷，這類瓷器在十一世紀、十二世紀和十三世紀在福斯塔特的街道上越來越常見。庫賽爾卡迪姆出土的中國物品實際上比人們預想得要少，因為大部分瓷器都是透過這個港口運往大城市，比如在福斯塔特發現大約七十萬塊中國陶器的碎片。[42]而雕版印刷也從中國傳到庫賽爾卡迪姆，在庫賽爾卡迪姆發現了一些阿拉伯文文本，是用雕版印刷的，同時期的中國印刷文本也是如此。有人認為，用於印刷的雕版是在中國製造的，然後在那裡印刷文本，並出口給中東的消費者。這些印刷品被當作護身符：「寫這個護身符的人和戴這個護身符的人都會安然無恙。」[43]有護身符似乎並不出人意料，因為祈禱平安是人們對遠海危險的一種自然反應。不過它們提醒我們，穆法里傑或經塚商人的帳本只是講述人類故事的一部分，即對於在一個危險的海洋世界（充滿風暴、暗礁、海盜及反覆無常的統治者）裡，該如何生存的擔憂。

四

從庫賽爾卡迪姆和艾達布往南走，連接紅海與印度洋的曼德海峽具有至關重要的戰略意義。過了海峽，船隻就進入一個小海灣（亞丁灣），那裡是進入印度洋的通道。在這個地區，亞丁是主要的交易中心。這座繁榮的城市位於一座死火山的火山口，地理位置優越，可以觀察海峽上的來往交通。[44]亞丁擁有自己的資源，這些資源部分來自海洋和海岸線：鹽、魚及非常珍貴的鯨魚產品龍涎香，龍涎香偶爾會被沖上岸，可用於生產香水。不過，亞丁的水很短缺，一項巧妙的宏偉工程利用該城位於火山口內的地理位置，將落在高處的水導入一連串的蓄水池，甚至還有過濾處理，可以在水往下流的過程裡，去除其中的一些雜質。[45]在內陸和朝向阿曼的沿海地帶，有一些土地肥沃、灌溉良好的地區，豐年時能生產大量的糧食，不僅可以供養亞丁，還可以供養更遠的地方，如麥加。[46]因此，亞丁的總體情況與錫拉夫並沒有太大區別：亞丁作為貿易中心而蓬勃發展，正是因為當地資源相當貧乏；而且它處於非常有利的位置，可以監管從紅海前往印度及東非海岸的交通。

這引起競爭對手們的嫉妒。基什島就在波斯灣內，島上的統治者希望控制幾條貿易路線，不僅僅是透過波斯灣的路線（因為該路線在十二世紀中葉就已經衰敗了），還有沿著阿拉伯半島的南翼，經過葉門和阿曼的路線。因此在一一三五年，基什島統治者襲擊亞丁，希望至少能奪取港口設施和海關。在此之前，亞丁由兩個堂兄弟共治，其中一個負責港口的管理，他先是詐降，然後用大量的食物和酒來誘惑攻擊者，當他的部下攻擊因為醉酒而步履蹣跚的大批入侵者時，入侵者毫無還手之力，據說有很多基什島人被斬殺，以至於這個地區從此被稱為「骷髏地」。事實是，亞丁被圍困好幾個月後，兩艘屬於錫拉夫的拉米什特的大船來援。亞丁部隊登上這兩艘船，從侵略者的背後發動攻擊；一位在亞丁的猶太商人在給埃及商業夥伴的信中這樣寫道：

> 最後，拉米什特的兩艘船到了。敵人試圖奪取它們，但風向有利，所以它們在海上被分散到左右兩邊。兩艘船安全入港，在那裡，部隊立即登船。在這個時候，無論是在港口還是在城裡，敵人都無計可施。47

亞丁的統治者很清楚，亞丁是他們王冠上的寶石。目光敏銳的海關官員對通過政府檢查站（furda）的商品進行檢查。海關官員當著無疑很不耐煩的商人面前，耐心清點每一塊布，作了詳細的紀錄，這是經塚商人在亞歷山大港海關時也不陌生的待遇。所有這些舉動都提醒我們，香料的價格之所以高昂，主要原因不是它多麼稀少，甚至也不是把它們運到亞丁和亞歷山大港的路途遙遠，而是因為運輸途中要向一個又一個政府，支付一連串費用，更不用說支付賄賂和好處費了。如果能知道當時有多少走私活動就好了，但亞丁看起來是有城牆環繞、戒備森嚴的城市，走私幾乎是不可能的。[48]理論上，猶太人、基督徒和其他非穆斯林應支付比穆斯林多兩倍的稅款，但是這項規則很少真正執行。從政府檢查站出來，一扇門通向港口，另一扇門通向城市街道，街道上有石頭建造的多層商人住宅。它們是否與現代葉門的排屋一樣高，尚不明確，但是最理想的住宅靠近大海，因為火山口的深處無法享受從海上吹來的涼風。[49]一般來說，不同族群在亞丁和平共處。但是十二世紀末氣氛突然轉變，當時的亞丁蘇丹堅持要求亞丁和葉門其他地區的所有猶太人皈信伊斯蘭教，而過路的外商似乎得到豁免（可能因為他們是其他統治者的臣民，蘇丹不想得罪其他統治者）。少數亞丁猶太人進行抵抗，慘遭斬首，但即使是猶太社區領袖也皈信了伊斯蘭教。這一事件轟動整個猶太世界。邁蒙尼德寫了一本著名的小冊子，勸告葉門的猶太人要有耐心，他認為這種強迫皈信是彌賽亞降世和以色列的救贖即將到來的跡象。不過後來亞丁政府減輕對猶太人的迫害，猶太人社區得以恢復。[50]

開羅商人也以亞丁為基地，從這裡向東方的印度發送信件，提供關於胡椒市場狀況的資訊。預測哪裡的胡椒價格有利可圖，是這些商人的基本商業操作，他們不僅僅是消極被動的中間商。[51]由於自然條件有利，從亞丁啟程的航行季節與地中海的航行季節很協調，船隻在秋季開始時，從亞丁出發前往印度，所以之前有時間從遙遠的西西里、突尼西亞和西班牙，將貨物運到地中海東部的目的地，然後從紅海南下。因此，亞丁不僅是印度洋海運網絡的一個節點，而且是（在發現美洲之前的）全球網絡（從大西洋之濱的塞維亞，延伸到印度洋的香料群島）的一個節點。一般來說，從八月底到隔年五月，亞丁的港口非常活躍。來自印度、索馬利亞、厄利垂亞和津芝（Zanj，即東非）的船隻聚集在亞丁。因此，亞丁成為非洲、亞洲和地中海產品的交易市場。[52]

五

埃及商人在亞丁停靠之後，進入印度洋，利用季風，穿越遠海前往印度。乍看之下，還原十世紀至十三世紀印度航海世界的機會似乎不大。除了一些銘文和偶爾的文獻記載之外，缺乏信件和帳簿似乎是難以逾越的障礙。但如果考慮到來自福斯塔特的猶太商人的信件，特別是曾在印度沿海生活的亞伯拉罕·本·伊朱（Abraham ibn Yiju）等人的來往信件，情況就不一樣了。福斯塔特商人與印度的王公、商人和船主有很多接觸。例如，皮德亞爾（Pidyar）是一位印度（也可能是波斯）船東，福斯塔特的猶太商人和他打過交道。他擁有一支小型船隊，並僱傭至少一名穆斯林船長（我們不知道這位船長是什麼種族）。[53]還有當地的猶太和穆斯林船東，例如葉門的猶太社區領導人，他的嶄新船隻名為「庫拉米號」（Kulami），在離開亞丁五天後沉沒，儘管它是與姊妹船「巴里巴塔尼號」（Baribatani）一起出發的：

「巴里巴塔尼號」的水手在夜裡聽到「庫拉米號」水手的喊叫，以及他們被水淹沒時的呼號和慘叫。天亮後，「巴里巴塔尼號」的水手們沒有找到「庫拉米號」的任何蹤跡，儘管從兩艘船離開亞丁時起，就一直保持著聯繫。54

雖然這很令人痛苦，但還不像伊本．穆卡達姆（ibn al-Muqaddam）的遭遇那樣悲慘。穆卡達姆的宗教信仰不詳。在從亞丁到馬拉巴海岸的幾次航行之後，他在海上失去自己的船隻，換了新船，然後又失去新船。這種事並不常見，我們是從隨後的法律文書中得知的，在猶太律法中，證明遭遇海難的人確已死亡是非常重要的，這樣寡婦才可以放心地再婚，而不必擔心如果第一任丈夫仍然活著，她再婚後生的孩子會被當作私生子。那種情況很嚴重，但是好在非常罕見。55

一些存世的重要印度銘文，讓我們能夠了解這一時期印度海岸的海上交通和城鎮生活。但是，這一連串用難懂的馬拉雅拉姆語（Malayalam）寫的銅板銘文非常難以解讀。它們是法律文書，如王室授予土地和向基督教會授予特權的文書。這些銅板的鐫刻時間是西元八四九年，地點是距離錫蘭不遠的印度西南部港口城市奎隆（Kollam 或 Quilon）。重要的特權被以這種永久的形式記載下來，以象徵它們將「在地球、月亮和太陽持續存在的時間裡」保持不變。這些銘文帶有多種文字的簽名，這個簡單的事實讓我們看到了這一時期印度沿海主要貿易城鎮的種族和宗教多樣性：這些銘文的二十五名見證人，用他們日常使用的字母和語言寫下自己的名字，其中有阿拉伯語和中古波斯語（用阿拉伯文書寫），還有猶太－波斯語（用希伯來文書寫）；有些見證人是猶太教徒，有些則是基督徒、穆斯林、印度教徒或祆教徒，其中祆教徒毫不客氣地將自己描述為「好的宗教的信徒」。銅板上提到兩個行會，它們將從奎隆出發從事貿易的商人組織在一起。一個行會被稱為「瑪尼格拉瑪姆」（Manigramam），專門從事蘇門答臘和馬來半島的貿易；另一個叫作「安庫萬納姆」（Ancuvannam），負責另一個方向，即阿拉伯半島和東非。前往蘇門答臘的商人本身就是南印度的泰米爾人，而前往西亞的商人則是阿拉伯人、波斯人和猶太人，也就是那些在銅板上簽名的人。這兩個行會在王室的監督下運作，正如其中一塊銅板所說的：「所有王家事務，包括商品訂價和類似的事務，都應由行會完成。」這意味著行會代理當地的王公，對進出港口和陸路城門的貨物徵稅。[56]這也表明王公相信他可以放心地讓本地和外國商人代理自己，並兢兢業業地為他辦事。他對外商表示如此熱烈的歡迎是很自然的，因為如果沒有他們，奎隆的地位將一落千丈，他自己的收入也會萎縮。

西元八五一年，差不多就在人們製作這些銅板銘文時，一位可能叫蘇萊曼（Sulayman）的穆斯林商人記錄他在印度洋和其他地方的航行經歷。他最遠到過中國，在書中用了最多篇幅來介紹中國。蘇萊曼很了解他所說的馬來亞的庫拉姆（Kūlam of Malaya，這裡的「馬來亞」是指馬拉巴，而不是馬來半島），也就是奎隆。他說，從阿拉伯半島東南部的馬斯喀特（Muscat）航行到奎隆需要一個月的時間。他知道有船隻從遙遠的中國來到奎隆。他認為奎隆是印度洋東部和西部貿易的主要中心，這與已知的兩個商人行會的活動吻合。[57]在他看來，這條海路是通往中國的顯而易見路線。毫無疑問，馬拉巴海岸的不同地方在不同時期都曾取得更大的成功。在蘇萊曼的時代，從錫拉夫和波斯灣到印度的航線特別熱鬧；但蘇萊曼是在埃及法蒂瑪王朝控制橫跨印度洋西部的海路之前就活躍起來的。因此，銅板銘文中提到波斯裔的穆斯林和猶太教徒並不奇怪；而在經塚信件的時代，出身於埃及甚至突尼西亞的猶太教徒和穆斯林，同樣有可能出現在南印度的沿海城市。[58]

儘管旅行的風險很大，但雄心勃勃的福斯塔特商人還是親身前往印度，而不是只依靠前往亞丁的印度和穆斯林航運商。風險越大，利潤就越高。在十二世紀中葉，一群猶太人，包括「領誦者之子」薩利姆（Salim 'the son of the cantor'）和幾名金匠，與非常富有的穆斯林商人比拉勒（Bilal）合作，從亞丁出發，前往錫蘭。錫蘭被認為是優質肉桂的產地。生活在福斯塔特的北非商人阿布－法拉吉・尼西姆（Abu'l-Faraj Nissim）去印度購買樟腦。他在寫給家人的信中表示，這次航行是一次可怕的經歷，但他設法買到大量樟腦，至少價值一百第納爾，並把這批貨安全送到亞丁。兩年過去，他杳無音信，所以是時候瓜分他這批貨的利潤了。[59]本・伊朱家族的運氣更好，他們在地中海貿易中非常活躍，但對印度的產品也非常感興趣。這個家族是一個極好的例子，可以說明香料如何從印度一路傳到地中海的主要城市，如巴勒莫和馬赫迪耶（Mahdia，突尼西亞海岸一個繁榮的交易中心）。亞伯拉罕・本・伊朱在大約一一三一年出發前往印度，一位通信夥伴對他的艱難旅程表示同情，祈求上帝「賜予圓滿的結果」，也就是帶來豐厚的利潤。[60]

一一三二年，本・伊朱抵達馬拉巴海岸的門格洛爾（Mangalore）。這一地區的名氣傳到中國。十三世紀初，中國地理學家趙汝适描述門格洛爾人膚色深棕，耳垂很長；他們戴著五顏六色的絲綢頭巾，出售在當地捕撈的珍珠，還有棉布；他們使用銀幣，購買從更遠的東方運來的絲綢、瓷器、樟腦、丁香、大黃和其他香料。但是在趙汝适的時代（這是他自己的說法）很少有船隻從中國踏上漫長而艱難的旅程前往門格洛爾。[10][61]這是一個消極的判斷，有意無意地呼應九世紀商人蘇萊曼對中國與伊拉克貿易所持的保留意見。但是在埃及和中東其他地區發現的中國貨物數量證明，中國與伊拉克的接觸密集又持續，而且非常有利可圖。本·伊朱在門格洛爾時，那裡就已經很繁榮了。他在當地買了一個女奴，然後賜予她自由，這在猶太律法中具有讓她皈信猶太教的效果（他為她取了希伯來語名字貝拉哈〔Beracha〕，即「祝福」），之後兩人結婚生子。同時，他在印度西部的海岸線上來回運送貨物；他在一一四〇年左右對亞丁進行一次長時間的訪問，但大部分時間待在印度，直到一一四九年。

本·伊朱建立一家工廠，生產青銅製品，如托盤、碗和燭臺。從一封來自亞丁，要求訂製一批金屬製品的信中可以看出，有的產品設計相當複雜。他從西方進口砒霜，因為得知錫蘭對砒霜的需求量很大，在那裡砒霜被用於製藥。他帶來埃及棉花，輸出鐵、芒果和椰子，與穆斯林、猶太人和印度教徒夥伴合作。本·伊朱的穆斯林夥伴，包括錫拉夫的富商拉米什特，他的大船很受信任。但是即便如此，也可能出大麻煩，因為有一封信說，拉米什特的兩艘船「全毀」了，船上就有屬於本·伊朱的貴重貨物。[62]富有的商人需要有一定的承受能力，不把所有雞蛋放在同一個籃子裡也很重要。這些商人對多元化的貨物感興趣不是沒有原因的，因為無論你多麼仔細地閱讀從巴勒莫、亞歷山大港、福斯塔特和亞丁寄出的信件，研究信中關於價格、政治條件及可以信任商人的資訊，都永遠不知道哪種貨物是最有利可圖的。

本·伊朱最喜歡的商品之一是紙張，紙在印度，甚至在亞丁都很短缺，因為正如他在亞丁的通信夥伴寫的：「兩年來，市場上一直弄不到紙張」。[63]像本·伊朱這樣的外商更喜歡用紙，而不是在棕櫚葉或布上寫字，而他有特別的理由想要更多的紙，因為在業餘時間是個詩人。即使他自己的詩寫得不好，也很欣賞那些同時代的偉大西班牙作家。這些作家正在創作優美的宗教詩歌，它們很快就會被納入猶太教的禮儀。本．伊朱涉獵猶太法，並參加印度的一個宗教法庭（bet din），而在印度西北角歷史悠久的印度洋貿易中心巴利加薩，似乎還曾有另一個猶太法庭。[64]所有這些都表明，他在門格洛爾絕非獨在異鄉為異客。在馬拉巴海岸各處還有其他猶太人，而且肯定還有更大的穆斯林商人社區，更不用說是向西航行的印度商人。印度商人還（和馬來人一起）確保印度與馬來半島和印尼，甚至中國的聯繫得以維持。他參與的資訊網絡從印度一直延伸到西西里島，也許還到了西班牙。現在他很富有，希望在馬赫迪耶或附近的某個地方安度餘生。但是就在他離開印度前往亞丁後，聽說西西里國王征服了突尼西亞海岸（他認為那裡發生屠殺，但是這次征服其實相對來說比較和平）。[65]今天的我們很難感受到，生活在離家萬里之遙的門格洛爾是什麼感覺；但是本．伊朱在發財後對北非的懷念表明，他把在印度的貿易活動視為自己的事業，如果運氣好的話，最終他能衣錦還鄉，帶著印度妻子和孩子返回祖先的土地，對他的妻兒來說，北非將是一個新世界。

---

❿ 譯注：原句為「國人紫色，耳輪垂肩。鑿雜白銀為錢，鏤官印記，民用以貿易。土產真珠、諸色番布、兜羅綿。土產之物，本國運至吉囉、達弄、三佛齊，用荷池、纈絹、甆器、樟腦、大黃、黃連、丁香、腦子、檀香、豆蔻、沉香為貨，商人就博易焉。其國最遠，番舶罕到。」見（宋）趙汝适著，楊博文校釋，《諸蕃志校釋．卷上　南毗國　故臨國》，中華書局，二〇〇〇年，第六八頁。

就像在羅馬時代一樣，馬拉巴海岸將目光投向兩個方向。中國地理學家趙汝适說，從三佛齊出發，「月餘可到」[11]印度的這一部分。[66]雖然不是很經常，但是有時猶太商人的活動範圍遠遠超過印度。十世紀有一本名為《印度的奇觀》（*Wonders of India*）的書籍，由名叫布祖爾格（Buzurg）的波斯作家創作，不過是用阿拉伯語寫成。布祖爾格講述一個「奇怪的故事」（這是他的原話）：猶太人以撒（Isaac）在阿曼被一個猶太同胞起訴，於西元八八二年左右逃往印度。以撒帶著自己的貨物逃走，三十年來西方沒有人知道他的下落。他在中國發了大財，在那裡被當成阿拉伯人（猶太商人經常被誤以為是阿拉伯人）。西元九一二年至九一三年，以撒再次出現在阿曼，這次是搭乘他自己的船，船上的貨物估計價值一百萬金第納爾，他為此支付一百萬銀迪拉姆的稅，可能相當於一二%左右的稅率。這讓當地總督很高興，但卻引起其他商人的嫉妒，他們沒有能力提供可與以撒媲美的寶物。（當時一個中下層家庭每年靠二十四第納爾就能較好地維持生計，所以一百萬第納爾大概相當於今天的近一百萬英鎊或超過一百五十萬美元，儘管這樣比較的意義不大。）[67]以撒帶到阿拉伯半島的珍奇貨物很多，絲綢、中國陶瓷、珠寶和優質麝香只是其中一部分。三年後，他不願繼續忍受在阿曼遭受敵視，於是買了一艘新船，裝滿商品，向東航行，希望再次到達中國。這意味著他必須經過瑟爾波札（Serboza），這一定是指海上王國三佛齊。那裡的王公看到一個發橫財的好機會，要求他繳納兩萬第納爾的費用，才准許他離開瑟爾波札前往中國。以撒拒絕支付，當晚就被逮捕並處死，王公侵吞這艘船和所有的商品。[68]

後人在進行這種雄心勃勃的航行時更加謹慎。經塚商人一般滿足於留在印度甚至亞丁，等待中國貨物到來。這些貨物包括釉面瓷碗，猶太人對這種瓷碗產生擔憂，因為經期婦女如果接觸到這些瓷碗，可能會造成儀式上的不潔。[69]印度是兩個，甚至三個貿易網絡的交會點：從埃及經亞丁到馬拉巴海岸，從馬拉巴海岸到馬來半島和印尼，並進一步延伸到泉州和中國的其他港口。[70]但如果考慮到交易的貨物，這看起來更像是一條連接地中海的亞歷山大港和中國的交通線。絲綢、香料、瓷器、金屬製品和宗教思想都沿著這條交通路線傳播，還有所有那些普通的商品，如小麥、大米、棗子等，庫賽爾卡迪姆的謝赫和其他許多人都主要經營這些商品。

六

十二世紀，在紅海通行的商人性質發生重要改變，儘管他們攜帶的貨物除了數量增加外，可能並沒有非常明顯的變化。穆斯林統治者對非穆斯林在紅海的活動越來越敏感，這在很大程度上是由於十字軍領主沙蒂永的雷諾（Reynaud de Châtillon）於一一八〇年代試圖在紅海派遣一支艦隊攻擊麥加和麥地那，並對紅海交通發動海盜式襲擊。雖然雷諾的活動被鎮壓，但他的海盜卻接近麥地那，對其構成威脅，導致非穆斯林被禁止進入紅海。[71]在埃及成立一個穆斯林商人法團，他們將老一代的經塚商人排除在印度貿易之外，這些被稱為「卡里米」（karimi）的穆斯林商人得到開羅政府的支持，因為開羅政府

⓫ 譯注：原句為「南毗國在西南之極。自三佛齊便風，月餘可到。」見（宋）趙汝适著，楊博文校釋，《諸蕃志校釋．卷上　南毗國　故臨國》，中華書局，二〇〇〇年，第六八頁。

不過埃及和印度之間的關係仍舊緊密，所產生的貴金屬往返流動可以比喻為一對河流在印度匯聚。印度一如既往地是一個貧富差距極大的國家，富裕的精英階層過著奢華生活，遠離窮人的日常勞作，如同古代中國。外商購買印度奢侈品，付款以金銀形式湧入印度王公們的國庫，這些收入中的一部分被用於宮廷的華麗排場和戰爭。但是，從西方和中國流入的金銀的「囤積」（借用一個方便好用的法語字thésaurisation）發展迅速，因為印度王公的國庫將進入本國的貴金屬收入庫中，而不使其進入流通，於是埃及、敘利亞和北非缺少小額支付所需的白銀，雖然有權宜之計，如使用玻璃代幣和鉛幣。在某種程度上，中東商人可以從伊朗北部獲得一定的白銀，但是伊朗的白銀通常流向巴格達；中東商人也可以從西歐獲得白銀，因為從十一世紀末開始，西歐對東方香料的需求不斷增加。所以威尼斯、熱那亞和比薩的商人熱衷於在亞歷山大港及其他黎凡特城市建立據點，並用白銀購買大量的胡椒、薑和其他印度或印尼貨物。我們還可以看到，大量的中國錢幣被帶出中國，流向周圍國家，包括日本和爪哇。人們常說，一隻蝴蝶拍打翅膀可以影響整個世界的氣候。我們至少可以說，從西班牙（最終是大西洋）到日本的一連串海上貿易路線上發生的交易，其連鎖效應能夠遠達貿易路線的下游。撇開歐亞非居民仍不知道的美洲不談（暫不考慮諾斯人在美洲的活動），一個全球性網絡已經形成。自希臘羅馬與印度展開貿易的時代以來，這個網絡的力量和持久性不斷增強。

第十章　日出與日沒

一

除了來自遙遠西方的商人和旅行者之外，來自更東邊的土地（日本與朝鮮）的商人和旅行者也匯聚到中國。長期以來，人們一直認為貿易對這個時期日本的日常生活沒有什麼影響。一篇關於一〇〇〇年左右日本的經典文獻簡單提到：「商貿在該國經濟中發揮的作用微乎其微。」[1]根據這種觀點，對此時的日本來說，重中之重是水稻和其他基本農作物的種植。我們看到一個透過控制土地來行使權力的社會逐漸成形，這種制度與中世紀歐洲的封建制有許多相似之處。但是這大為簡化一個事實上更複雜的圖景。朝鮮和日本的宮廷渴求中國文化，而這種接觸是透過海洋進行的，透過人員、物品和文本的轉移而實現。此外，中國文化的影響變得如此強大，以至於這些鄰國開始仿效中國朝廷，並開始自視為帝國。日本統治者憑藉其對朝鮮部分地區的主宰權（不管是真實還是想像的），在西元六〇七年寄給中國皇帝的一封信中，厚顏無恥地宣稱：「日出處天子致書日沒處天子無恙。」❶[2]即便如此，日本天皇還

❶ 譯注：見（唐）魏徵、（唐）令狐德棻撰，中華書局編輯部點校，《隋書．卷八十一　列傳第四十六　東夷．倭國》，中華書局，一九七三，第一八二七頁。

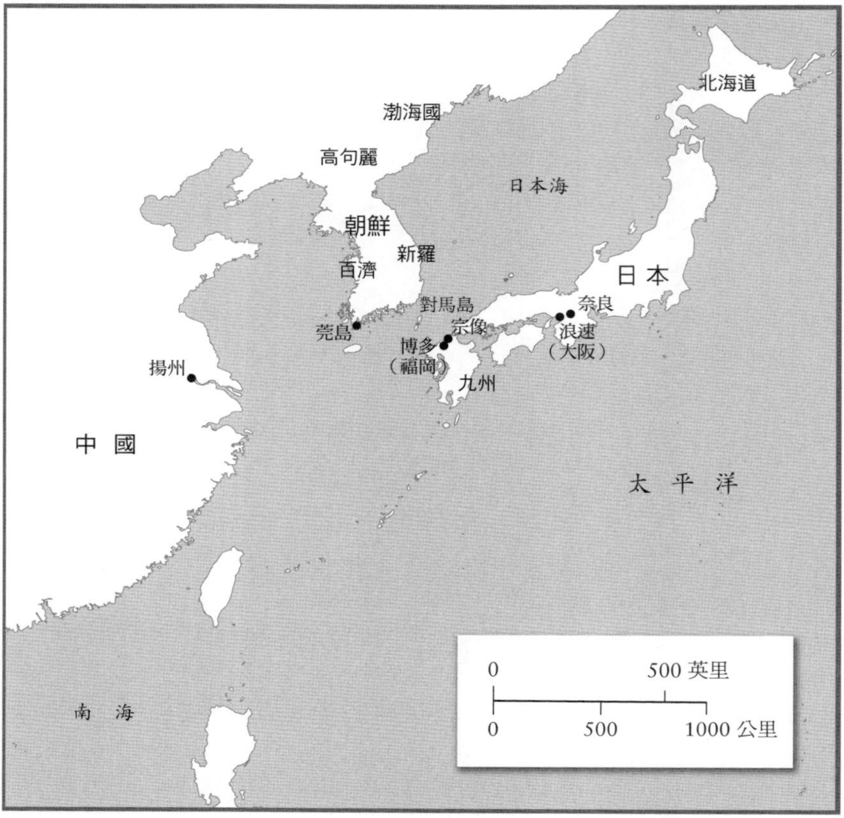

是很務實：他們仍然偶爾向中國皇帝進貢，儘管自認為可以和中國皇帝平起平坐。中國人對這些平等的主張不以為然，日本人認識到，在他們的使節提交的國書中，用日本人的用語 sumera mikoto（皇尊）來稱呼天皇是更圓通得體的做法，而中國人則假裝這只是天皇的名字。[3]

因此，中日關係的歷史從友好到疏遠，再到中斷，也就不足為奇了。從日本出發前往朝鮮和中國的水手是日本人與朝鮮人，需要跨越往往困難重重的海域。中國人又一次扮演消極的角色，很少派遣使團前往日本。[4]喬治・桑瑟姆（George Sansom）爵士指出：「日本閉關鎖國在其歷史上是較晚出現的現象。」[5]另一方面，對於西元一千紀之前日本與亞洲大陸的聯繫，我們知之甚少。西元前一世紀，日本跨海襲擾朝鮮，朝鮮官方編年史也有相關記載：「八年，倭人行兵欲犯邊，聞始祖有神德，乃還。」❷[6]在西元一千紀之初，日本與中國漢朝有一些接觸，一世紀就有日本使團到達中國和朝鮮，但是中國人對日本沒有很大的興趣：日本被視為一片有許多小國紛爭的土地（在後來幾個世紀裡，日本確實如此）；它的居民「性嗜酒」，但許多日本人活到一百歲，搶劫和偷盜也很少發生，❸看來當時日本的某些方面跟今天差不多。

早期日本的一個重要特徵是高度的民族多樣性，北部和南部（北海道與九州）的原住民一直拒絕服從中央權威。直到七世紀晚期，日本中部和南部的大部分（儘管不是全部）領主才開始使用「日本」（Nihon 或 Nippon）這個名字，即「旭日之國」，西方的「Japan」一詞就來源於此。即使在那時，愛努人（如今人數很少）的祖先也支配著北海道的寒冷地帶。朝鮮文化對早期日本產生巨大的影響，日本統治者和新羅統治者之間有密切但並不總是友好的聯繫。新羅是朝鮮的幾個王國之一，與九州隔海相

❷ 譯注：見金富軾撰，《三國史記・卷一　新羅本紀》。

❸ 譯注：參考（晉）陳壽撰，（南朝宋）裴松之注，中華書局編輯部點校，《三國志・卷三十　魏書三十　烏丸鮮卑東夷傳第三十・東夷・倭》，中華書局，一九八二年，第八五四－八五八頁。原句為「舊百餘國，漢時有朝見者，今使譯所通三十國」、「性嗜酒」、「其人壽考，或百年，或八九十年」、「不盜竊，少爭訟」。

望。靠近九州北部福岡的小島沖之島是一個宗教聖地，有漁民和其他水手來祭拜，因為海產品在日本人的飲食中一直很重要（大海也是優質珍珠的來源）。自古以來，日本男人會去沖之島，為海上的人祈禱平安（但女人不去）。島上的考古發現包括來自朝鮮，甚至中東的手工藝品，以及許多撇號形狀的玉石符號，其具體功能尚不清楚❹。宗像大社供奉著海神，今天仍吸引著各式各樣的旅行者，包括那些希望自己的汽車得到神靈保佑的人。[7]在沖之島以外，在通往朝鮮的半路上有一座對馬島，被認為是日本帝國的外部邊界。[8]在四世紀，對馬島是日本海盜的基地，他們從那裡不斷襲擊朝鮮沿海。[9]

不言而喻，日本的全部人口都是外來的，儘管日本人長期以來相信他們的天皇是天照大神的後裔，而貴族家庭則自稱是某些小神的後裔。[10]在好幾千年的時間裡，多個民族陸續來到日本列島的各個角落。從朝鮮遷移到日本最容易，只需穿過相對狹窄的水域。在四世紀和五世紀，朝鮮正處於動盪時期，一波難民從朝鮮來到日本。這些朝鮮難民得到日本朝廷的歡迎，因為他們帶來日本缺乏的技能。在那之前，日本主要是一個自給自足的小農社會。這些移民向日本人傳授養蠶的技術；他們還是經驗豐富的織工和金屬工人，還帶來了文字，儘管在這個階段，他們輸入的是漢字，並不適合在日本扎根的那種多音節語言。[11]朝鮮文化本身受到中國文化的深刻影響，所以朝鮮實際上是一個過濾器，更先進的中華文明透過它，塑造了日本的文化。不過到了九世紀，日本與中國越來越頻繁的直接接觸，減少日本對朝鮮這個中介的依賴。正如本章所示，日本的海洋視野需要許多個世紀才得以拓展。

對朝鮮的文化依賴並不等於政治依賴；後來的傳說認為，朝鮮半島的新羅、高句麗和百濟這三個王國在六世紀開始向日本進貢，九州以南的一些島嶼也是如此。這些故事越傳越神。有一種說法是，從三世紀到七世紀，日本早期的天皇統治著朝鮮半島的任那地區，早期的日本編年史家用這種說法來論證他們的天皇有權向朝鮮南部的居民徵稅。[12]這反映了日本歷史的一個基本悖論：一方面，日本人的島民身分強化了「日本是一個被眾神從人類其他地方分離出來的帝國」的想法；另一方面，日本人試圖將亞洲大陸最靠近日本的地區納入他們的影響範圍。這種「日本也是一個帝國」的感覺，被另一種意識破壞了，就是中國是一個更古老、更強大和更先進的文明，日本人竭力模仿中國。這種愛恨交加的關係在日本歷史上持續許多個世紀。

在七世紀，朝鮮與日本的接觸相當密切。日本人甚至在朝鮮半島南部的兩個王國新羅和百濟之間的武裝衝突中選邊站。新羅向中國的唐朝示好，而百濟則向日本求助；西元六六三年，中國和日本在朝鮮沿海的一場海戰，即白江口之戰，證明中國海軍相對於日本海軍的決定性優勢。此後，日本在這些水域的攻擊僅限於海盜式襲擊。[13]新羅成功壓制百濟，也成為一個重要的區域性強國。起初，新羅人沒有意識到，等到唐朝皇帝幫助解決朝鮮半島的其他王國，就會併吞新羅。不過在西元六六八年至七〇〇年間，有二十三個使團從新羅抵達日本，新羅開始試圖與中國統治者保持距離，所以將日本人視為有價值的盟友。這些外交聯繫是大陸的文化影響傳播至島嶼帝國（日本）的一個重要管道，新羅使團送給日本朝廷

---

❹ 譯注：應當是所謂勾玉，是中國、日本、朝鮮、琉球的一種首飾，呈月牙狀，形似標點符號的逗號。有首尾之分，首端寬而圓，有一鑽孔，可繫繩，尾端則尖而細。常見材質大多為翡翠、瑪瑙、水晶、滑石等，也有陶土製品，偶見有金屬製品，但流傳至今的不多。

的精美禮物（朝鮮、中國和東亞其他地區的奢侈品）可以理解為貢品（儘管新羅國王不這麼想）。西元六九七年，文武天皇甚至邀請新羅使者與日本北部的「蠻夷」一起參加他的新年覲見會。新羅使者很可能自己也不確定是該受寵若驚，還是對這種明顯企圖炫耀日本皇權的做法感到尷尬。西元七五二年，新羅王子金泰廉帶著七艘船和七百人來到日本，日本史書認為他的確切目的是向日本帝國進貢，因為據說他曾表示：

> 「新羅國王言日本照臨天皇朝庭。新羅國者，始自遠朝，世世不絕，舟楫並連……普天之下，無匪王土，率土之濱，無匪王臣。泰廉幸逢聖世，來朝供奉，不勝歡慶，私自所備國土微物，謹以奉進。」❺[14]

有一點很奇怪（或許也並不奇怪），就是新羅史書的記載雖然十分詳盡，卻沒有提到這次航行或新羅對日本的其他出使。新羅史書只提到金泰廉是西元七六八年反叛的領袖，最後這位王子被「誅九族」❻，這顯然是處置反叛者的傳統手段，北韓的金氏王朝至今依然如此。[15]不過新羅史書偶爾會提到日本：「倭國更號日本，自言近日所出以為名」❼，這確實是「日本」的字面意思。[16]新羅人還記載來自日本的使團，儘管這些日本使團實際上是奉命陪同拜見日本天皇的新羅使團回國的禮賓官員。儘管如此，新羅人並不覺得承認向中國的大唐朝廷派遣使團是有失尊嚴的事情。

最令人好奇的是西元七五三年到達新羅的日本使團，這肯定是陪同金泰廉回國的禮賓官員又一次造訪，但新羅人對某些事情感到不滿，也許是因為日本宮廷拖了很長時間才接待金泰廉。新羅史書記載：「十二年，秋八月，日本國使至，慢而無禮，王不見之，乃回。」❽到了九世紀，雙方關係有所改善，據說在西元八〇三年，兩國「交聘結好」❾，若干年後日本人向新羅國王贈送大量黃金。[17] 一切都取決於日本人是否對朝鮮半島的其他王國交好，而新羅人又是否熱衷於與唐朝交好。新羅與日本的關係基於「敵人的敵人就是我的朋友」這一原則。

大使們獻上的「微物」實際上並非微不足道。關於朝鮮使團的文獻提到相當奇怪的禮物：西元五九九年，百濟王國的使節向日本朝廷贈送一頭駱駝、一頭驢子、若干山羊和一隻白雉；西元六〇二年的百濟使團產生更持久的影響，因為這次一位名叫觀勒的僧人帶來涉及驅魔、天文學和曆法的激動人心的書籍。觀勒還留在日本，向三名日本追隨者傳授他的神祕知識。在他之後，還有來自朝鮮不同王國的其他佛教僧侶來到日本，他們多才多藝，不僅向日本人傳授如何製造墨水、紙張和著色材料，甚至還介紹如何建造水車的知識。新羅使團帶來金、銀、銅和鐵，以及一尊銅製佛像。朝鮮半島北部的渤海國延伸到

❺ 譯注：見《續日本紀．卷第十八　孝謙紀二》。

❻ 譯注：出自《三國史記．卷九　新羅本紀　第九》：「秋七月一吉飡大恭與弟阿飡大廉叛，集眾，圍王宮三十三日。王軍討平之，誅九族。」

❼ 譯注：出自《三國史記．卷六　新羅本紀　第六》。

❽ 譯注：出自《三國史記．卷九　新羅本紀　第九》。

❾ 譯注：出自《三國史記．卷十　新羅本紀　第十》。

今天北朝鮮的邊界之外，直到今天的海參威，向日本送來虎皮和其他稀有的動物皮毛，所以當日本畫家描繪老虎和豹子時，並不完全依賴中國的藝術藍本。六五九年，有人看到一位來自高句麗的特使在市場上用熊皮換取絲線，出於某種原因，日本人認為此事非常有趣，高句麗的特使這麼做也許是為了私人獲利。日本朝廷回贈給朝鮮人的禮物非常奢華，充分顯示日本天皇日益增長的財富：數十匹各種樣式和顏色的絲綢，還有麻布、毛皮、斧頭及刀子。[18]

日本與朝鮮的一些（也許是大多數）貿易活動，是在官方使團的狹小範圍之外進行的。西元七五二年的一份「從朝鮮人那裡購買的產品登記表」，列出來自東亞各地的產品，而不僅僅是來自朝鮮本身：黃金、乳香、樟腦、蘆薈木、麝香、大黃、人參、甘草、蜂蜜、肉桂、青金石、染料、鏡子、屏風、燭臺、碗和盆。這些進口商品的一個特點是，日本貴族可以向朝廷申請，請求允許他們購買陪同金泰廉的使節帶來的商品。日本貴族提交的申請書後來被用來裝飾屏風，這些屏風被保存在八世紀著名的皇室庫房「正倉院」，現存於奈良的東大寺。日本外交高度正規化的儀式似乎表明日本與朝鮮的交往是比較沉悶的，但是上述的申請書揭示一個並不沉悶的世界，因為官方造訪掩蓋一個更凡俗的現實：人們在朝廷的允許之下，自己做生意。[19]他們的貨物也有助於日本文明的發展，這點只要想想《源氏物語》時代宮廷貴族女子臉上塗抹的白鉛就知道了。

日本和朝鮮之間的交流必須透過海路進行，但是在當時並沒有持續跨越朝鮮海峽的航運。使團可能要等上幾個月，甚至幾年，最終卻被粗暴地趕走。當時根本沒有常駐外國首都的外交代表，[20]外交也不是朝鮮和日本接觸的唯一方式。所有這些關於使團的描述都低估了兩國之間海洋上的海盜活動和公開戰爭的規模。雖然我們對在這些水域作戰的船隻所知不多，但倭國（後來稱為日本）、新羅和該地區的其他國家，只要願意便可以調動海軍。日本對朝鮮的襲擊由來已久，而日本南部的九州被視為防備朝鮮侵略的防禦屏障。在七世紀和八世紀，數以千計被稱為「防人」的新兵駐紮在九州和對馬島，以保衛日本領土免受侵略者襲擾。日本人擔心九州很容易遭到大陸方面的入侵：「諸蕃朝貢，舟楫相望。由是簡練士馬，精銳甲兵，以示威武，以備非常。」❿一位八世紀的詩人描述離開家鄉和家庭（「慈母」與「嬌妻」）的痛苦，因為：

遠別嬌妻與慈母，
集結難波三津浦。
大船兩側櫓齊派，
航行計日求神速。
水夫朝發趁平波，
夕就滿潮競搖櫓。
乘風破浪船如梭，
早達築紫齊歡呼。

❿ 譯注：見《續日本紀・卷三十六　光仁紀六》。

遵奉聖名勤邊戍，
雄姿英發多威武。
完成使命速凱旋，
齋酒堂上同祝福。
翻疊長袖舒黑髮，
懸心兩地待歸夫。
若問煢煢待多久，
留守妻君人皆慕。[11][21]

二

金泰廉王子對日本的訪問持續許多個月。這些漫長、令人疲憊又不舒適的跨海旅行相當頻繁，所以日本朝廷在博多灣設立迎賓用的鴻臚館，位於現代大城市福岡（舊稱博多）的轄區內。我們不知道金泰廉是沿著什麼路線前往京城奈良（平城京）的，但他在返回博多時，曾在現代大阪的所在地難波停留，這表明他主要是透過海路旅行。在前往奈良的途中，「其在路不得與客交雜，亦不得令客與人言語。所經國郡官人，若無事亦不須與客相見，停宿之處，勿聽客浪出入。」[12][22]他的困難不在於如何去奈良，而在於如何離開博多。在那裡，他和隨行人員被關在專門接待（或軟禁）外國人的區域，受到嚴密監視。

這個區域位於一個舊棒球場的地下，考古學家於一九八七年至一九八八年進行發掘，發現七世紀末至九世紀的建築，以及大量中國陶瓷，其中最晚近的是十一世紀的。這個建築群即鴻臚館。在八世紀，即日本歷史上的「奈良時代」，可能有一條通道從鴻臚館通往大海，後來沉積作用使海岸線後退，也就是說中世前期的福岡距離海邊比今天更遠。鴻臚館包括兩個同樣大小（七十四公尺乘以五十六公尺）的院落。據推測，貴賓下榻在室內，大多數人則在大院裡睡覺，或甚至在門外或把他們送到博多灣的船上睡覺。對大院內廁所的分析表明，其中一個廁所使用者的飲食習慣與日本傳統以魚和蔬菜為主的飲食習慣相差無幾，而兩個供上流社會使用的廁所則顯示他們食用大量豬肉，包括野豬肉。運輸食品時附在貨物上的小木籌提供更有力的證據，表明每批貨物的內容及其來源（這些小木籌之所以能夠保存下來，是因為它們被用來擦屁股，然後扔掉）。這些小木條告訴我們，魚、大米和鹿肉是從九州北部與中部運到鴻臚館的。九州的中心有阿蘇山的巨大火山臼，提供豐富的火山土壤。海洋為八世紀至九世紀的九州居民提供重要的飲食：貝類，如牡蠣與鮑魚；以及水母、鮪魚、鯨魚、鮭魚；還有海藻，如海帶，和今天一樣。較顯赫的外國使節偶爾會被從鴻臚館召出，帶到太宰府參加宴會，九州地方官⓭是宴會的東道

⓫ 譯注：出自大伴家持的詩《追痛防人悲別之心作歌一首并短歌》。借用李芒譯本，《萬葉集選》，人民文學出版社，一九九八年，第二四八頁。

⓬ 譯注：出自《延喜式》卷二十一。

⓭ 譯注：可能指太宰府的長官「太宰帥」。

主。居住在鴻臚館的外國使節並非完全與世隔絕。[23]鴻臚館與中世紀地中海地區的旅館不同，後者一般位於港口內。博多灣在當時是一個空曠的地方，而鴻臚館並不是簡單的大型封閉式院落，而是孤立、偏僻的場所，在這個意義上，它也不同於更著名的出島。出島是長崎附近的一座島嶼，十七世紀和十八世紀時荷蘭商人被允許在那裡從事貿易。

鴻臚館很偏僻，所以日本當局不得不在行政中心太宰府（距海岸十三公里）對鴻臚館進行監督。太宰府同時是九州防務的指揮中心。所有這些都表明，日本人從內心深處擔心九州可能會落入外國人的掌控之中，所以它是一個需要持續保護的邊境地區。金泰廉和其他使者帶著七百多名隨從前來，讓日本人惴惴不安，因為這數百名外國人可能是和平使者，也可能是好戰的掠奪者。當日本禮賓官在博多與奈良之間來回奔波，傳遞朝廷是否歡迎使團的消息時，來訪者不得不忍受漫長的等待，讓他們感到很煩惱。[24]日本人害怕與外國人接觸，部分是因為害怕受到汙染。日本朝廷有一種日本民族獨有的純潔感，極致就是天皇本人的純潔性。這在一定程度上是對中國人對其他民族態度的借用，中國人將其他民族視為「蠻夷」。但日本人這種思想的另一個來源是神道教的凶穢概念，該概念往往與死者有關。我們必須將這些理論和實踐加以區分：隨著時間的推移，大量中國人將在博多定居，與日本人通婚。但日本朝廷在八世紀或九世紀已經認識到，在和外國的官方代表團打交道時，天皇及大貴族應當與外國人（特別是朝鮮人）保持距離，朝鮮人同時被認為是政治威脅和汙染源。[25]

到了八世紀末，新羅人明確否認他們與日本的官方貿易，意味著新羅在向一個更強大的國家進貢。朝鮮半島北部的渤海國與日本保持定期的官方接觸。渤海國延伸到今天的中俄邊境，一直存續到西元九二六年，在那一年被內陸的侵襲者推翻⓮。渤海國的居民出身各異，有些與蒙古人有親緣關係，有些則與朝鮮人血統更近。當新羅的統治者決定與唐朝而不是日本結盟（就像八世紀初那樣）時，渤海國人對新羅來說是有價值的盟友。但是渤海國能提供的禮物較少：只有毛皮，而不是絲綢，也無法像新羅那樣從更遠的南方和西方獲取香料。至少在日本朝廷的層面，並不鼓勵與渤海國展開貿易：在九世紀，渤海國的使團每六年才被允許訪日一次，這個間隔很快就增加到每十二年一次，因為渤海國人帶來的東西不是日本朝廷真正需要的。渤海國國王對這種安排很不滿意，但是繼續派出使團，哪怕他們不受歡迎。於是日本把渤海國的使團連同貨物送了回去。不過，西元八七七年渤海國使團的貨物包括兩個用龜甲製成、在「南洋」雕刻得非常漂亮的酒杯，日本宮廷裡的一些人很樂意把它們留下。[26]

朝鮮半島和日本之間的關係惡化了，但是在此之前，朝鮮半島已經將亞洲大陸文化的一些基本要素傳入日本列島，特別是佛教信仰。不過在渤海國淪陷之後，日本就對在亞洲大陸施加影響失去興趣。但是日本人還記得他們與朝鮮曾經的聯繫，十一世紀日本的偉大小說《源氏物語》一開頭就談到一個朝鮮使團。在這部小說中，一位精通中國詩歌的睿智朝鮮相士見識到一個年輕男孩的才華，他就是小說的主角光源氏。[27]正如下文所示，從長遠來看，日本與朝鮮關係的冷卻促進一種新型的跨海關係，這種關係是基於日常貿易，而不是正式的外交交流。但與此同時，日本及其近鄰之間關係的疏遠，使得日本海和東海成為有能力經營自己的艦隊，並擄掠商船的海盜肆虐場所。

⓮ 譯注：渤海國亡於契丹。

早期的日本統治者向中國人求助，以對付地方性競爭對手，求助的對象往往是治理中國在朝鮮半島領土的封疆大吏。[28]日本統治者後來越來越常直接求助於中國朝廷。不過日本人對此有一定保留：前往中國的旅程被認為是非常危險的，除了一個使團之外，所有赴華使團都在海上或陸上經歷嚴重的危險；而且他們對中國人自詡的優越感到不安，因為日本人更願意把自己視為一個獨立帝國的文明臣民，他們的帝國雖然在規模上比不上中國唐朝，但是地位與其平起平坐。[29]大海是日本人世界觀的重要組成部分，但這個世界觀仍然穩固地以日本列島為中心。最有說服力的是，出現在中古日本繪畫裡船隻在風暴中顛簸的戲劇性場景。[30]到了八世紀，向中國派遣使團（遣唐使）已是經過精心策劃的事務，需要整個團隊參與：一名正使和兩、三名副使；抄寫員和譯員；木匠與金屬匠人等工匠；占卜師（如果想在良辰吉日抵達中國宮廷，占卜總是有用的）。一百個人算是一個較小的使團。在這個時期，由四艘船（每艘能載一百五十人）組成的使團可能並不罕見（已知在西元六三〇年至八三七年間有十二個使團）。為了預防疾病，船上攜帶大量藥物，包括用犀角、李子仁和刺柏製成的藥丸，這些藥丸通常來自中國而不是日本。[31]

赴唐路線從大阪灣開始，穿過瀨戶內海，沿著朝鮮半島海岸航行。不過隨著日本航海家們經驗增長，直接前往長江口（靠近貿易城市揚州）的路線變得很常用。而且當新羅國王等當地統治者對日本懷有敵意時，航行經過朝鮮半島是有風險的。到了揚州之後，每個使團中的一部分人前往更遠的內陸地區，目標是位於長安的帝都，因此到達揚州並不意味著旅程結束。不過，揚州是從廣州走陸路或海路來的商品的集散地，所以遣唐使可以在揚州挑選沿印度洋航線來的奢侈品和沿著絲綢之路到達的貨物。回程也是充滿艱難險阻。西元七七八年，一位帶著禮物來日本的中國使節被驚濤駭浪沖下甲板，還有他的二十五名隨行人員和一位正在回家路上的日本使節喪生。這艘船斷成兩截，但是兩截都浮了起來，精疲力盡的倖存者最後在九州登陸。[32]

有了這樣的教訓，日本旅行者對海上旅行充滿敬畏，在出發前都要向海神祈禱；若能安然返回，則舉行宴會慶祝。在一項被稱為「大祓」的活動中，日本人吟誦一首詩，生動描繪日本航海的情況：「如同一艘停泊在大港口的巨輪，起錨駛向廣闊的大洋……所有的罪行也將被徹底掃除。」⓯在對太陽女神⓰的祈禱中，神道教神官描述大海賜給天皇的土地，「向伏限青海原者，棹柁不干，舟艫至極大海原」。⓱[33]

遣唐使為日本帶來的益處極大。僧侶的來來往往確保日本佛教牢牢扎根於中國和印度的大乘佛教。《妙法蓮華經》是佛祖關於極樂的長篇論述，在中國特別受歡迎，因此在日本也是如此。[34]跨海的文化影響不僅限於佛教。日本人從儒家那裡學到一些關於階級制度和孝道的知識，不過日本的科舉考試並不完全遵循儒家的思想：只有社會上層的子弟才有機會接受教育、成為官僚，科舉不是對所有人開放。在

⓯ 譯注：出自《延喜式》：「大津邊に居る大船を　舳解き放ち艫解き放ちて　大海原に押し放つ事の如く……遺る罪は在らじと。」

⓰ 譯注：應當是指天照大神，是日本神話中的高天原統治者和日神，也是地神五代之一。天照大神在《日本書紀》中被其弟素戔嗚尊以「姊」稱呼，因此一般被視為女神，但民間也有流傳天照大神本為男神的說法。

⓱ 譯注：出自《延喜式》卷八。

城市規劃方面，日本人也學習中國：位於奈良的壯麗新首都就像中國的主要城市一樣，是以網格為基礎建造的。在八世紀初，日本朝廷開始模仿中國的做法，發行銀幣，然後是銅幣，但是在與鄰國的高層交往中仍然使用絲綢作為交換媒介。[35]

即使日本藝術家擁有獨到的敏銳眼光，中國對日本藝術的影響仍是不可估量的。佛教僧侶學習的典籍是用中文寫的，創造一種可行的日本文字是後來的事；最終問世的日本語使用大量漢字，以及更適合日語語音的音節符號。在發明日文之前，中文是日本的行政語言。日本官吏、僧侶和學者熱情洋溢地閱讀關於天文、占卜、醫學、數學、音樂、歷史、宗教及詩歌的中文書籍。西元八九一年的「日本國見在書目錄」收錄一千七百五十九種中文著作。[36]與此同時，傳統的宗教信仰，即神道教，保證日本本土的傳統生生不息。不過，文化的流動幾乎都是單向的：如下文所示，在後來的若干世紀裡，有一些日本物品吸引中國買家的注意，特別是高級紙張，因為日本紙的製作配方與中國不同。但是日本人對中國文化的仰慕並沒有換得中國人對日本文化的欽佩，日本人無法擺脫被他們試圖仿效的中國人列為蠻夷的命運。日本人應對這種局面的一個有效方法是，把其他人（如朝鮮人）視為低於自己的蠻夷。

遣唐使留下的證據，能夠很好地衡量中國（對日本的）穩定增長的影響力，以及衡量日本海和黃海兩岸貿易與官方交流的成長。然而，就像日本和朝鮮的關係一樣，日本向中國朝貢的關係並沒有持續下去；西元八三八年之後，日本再沒有派出遣唐使。不過，遣唐使的派遣時間間隔非常長。西元八〇四年，桓武天皇派出遣唐使，距離上一次派遣間隔二十七年，距離下一次派遣間隔三十四年。這個使團留下非常詳細的紀錄，下文將會探討。在九世紀剩下的時間裡，日本人沒有再派出遣唐使。當日本人在西元八九四年決定派遣一個使團時，唐帝國已經開始瓦解。於是，被選為正使的顯貴菅原道真建議日本朝廷三思，該使團便被取消了：

> 去年三月附商客王訥等所到之錄記，大唐凋弊，載之具矣。更告不朝之問，終停入唐之人……度度使等，或有渡海不堪命者，或有遭賊遂亡身者……國之大事，不獨為身。[18][37]

或許我們對最後一句話不應該太當真，這位大使顯然不想拿自己的生命冒險。他是日本首屈一指的中國文化專家，也是一位技藝高超的詩人，喜歡與渤海國的大使交流詩句。[38]他不願意率領官方代表團這一點，掩蓋了跨海日常接觸的現實。在另一封信中，菅原道真報告說，「如聞商人說大唐事之次」[19]，因此跨海前往中國的人不止是他在向朝廷的呼籲中提到的王訥。私營商人來往日漸頻繁，而且從王訥的名字來看，很多或大部分，甚至全部商人都是中國人。因此在九世紀末，中國對日貿易正在發生本質上的變化。西元八九四年日本取消遣唐使並不是孤立主義的表現，恰恰相反，是因為這些由極其龐大的使團進行的非常正式貨物交流並不划算。日本正越來越融入「亞洲的地中海」[20]，它向南延伸到臺灣以

---

[18] 譯注：出自《菅家文草》卷第九。

[19] 譯注：出自《菅家文草》卷第十。

[20] 譯注：主要指黃海、東海、日本海。

外，並將南海與日本本土周圍的海域連接起來。

在日本宮廷送往中國的貨物清單中絲綢占主導地位，還有大量的白銀。日本人製造的獨特「和紙」也讓中國人留下深刻的印象，儘管它在此時更多是一種引起好奇的稀罕物品，而不是用於交換的常規商品。使團還把日本天皇授予每個成員的大量絲綢帶到中國，並把這些絲綢在使節造訪的港口和城市出售，以籌措路費。中國朝廷回贈的禮物，不僅僅有給日本天皇的，還有給使節們的，包括盔甲和書籍。一位日本人於八世紀初在中國逗留十八年，他帶回一本宮廷禮儀手冊，這本書在他的祖國肯定有很大的影響。[39]但中國和東亞其他地區對八世紀日本的影響的最佳證據，是來自日本新都奈良的東大寺保存至今的非凡文物收藏，這些文物每年都會展出一次。這批收藏品形成於西元七五六年，當時聖武天皇的遺孀將他的寶物獻給大佛。在接下來數十年，更多的禮物使得收藏品的數量超過一萬件。在模仿波斯、印度和中國藍本的設計（如令人想起唐代繪畫的彩繪屏風）裡，以及在漂洋過海的實際物品中（如來自阿富汗的青金石腰帶飾物），都可以看到西來的影響。八世紀的樂器，包括笛和琵琶、中國的棋類遊戲、文具盒、筆硯、家具、匣子、盔甲、玻璃、陶瓷及華麗的宮廷長袍，都反映了日本人收到的禮物和商品的品質，或是反映了日本藝術家如何忠實地複製他們看到的藍本。隨著時間的推移，日本藝術家還以獨特的本國方式修改這些藍本。[40]日本人越是研究中國藝術與風俗，越是傾向強調自己的特殊身分認同。與中國的物理阻隔意味著，中國對日本的深刻影響必定是在宮廷層面上。透過海路來回旅行需要跨越危險的水域，這就限制了接觸，但也維持來自擁有高雅文化的中國商品向日本的流動。奈良的天皇們暗自羨慕中國的高雅文化，從來不敢蔑視。

三

日本僧人圓仁（西元七九三－八六四）是重要的宗教領袖，後來被日本人稱為「慈覺大師」。他的朝聖之旅發生在西元八三六年至八四七年之間，他記錄這段旅程的日記為古代中日之間的微妙關係提供一份獨特的紀錄，並對跨越兩個帝國之間險惡水域的旅程有很多描述。該日記只有一份古代手抄本留存至今，它是在一二九一年，由一位名叫兼胤的僧人用顫抖的筆跡抄寫的。當時他已經七十二歲了，正在「拭老眼」㉑，這是他為文本中抄寫錯誤致歉的方式。之所以會有抄寫錯誤，是因為他抄寫的不是自己的母語日語，而是用中文寫的文本，中文在當時仍是奈良知識精英的文學語言。[41]當日本朝廷任命派往中國的使節時，圓仁已經四十一歲了，該使團由藤原氏的藤原常嗣領導。使團將在「知乘船事」㉒（這個頭銜表明他們負責貢品的裝載）的指導下，分乘四艘船出發。兩名知乘船事是新羅裔，還有一人自稱是過去某位中國皇帝的後裔。不過，使團裡也有熟練的航海家擔任船長，還有抄寫員和新羅譯員，他們的任務不是把日文翻譯成新羅文，而是把日文翻譯成中文。[42]使團成員的背景五花八門，包括一名來自

㉑ 譯注：原句為「於〔長樂寺〕坊拭老眼書寫畢。」見〔日〕圓仁著，白化文、李鼎霞、許德楠校注，周一良審閱，《入唐求法巡禮行記校注．卷四．會昌七年》，中華書局，二〇一九年十月，第五一三頁。

㉒ 譯注：見〔日〕圓仁著，白化文、李鼎霞、許德楠校注，周一良審閱，《入唐求法巡禮行記校注．卷一．承和五年》，中華書局，二〇一九年十月，第五一三頁。

高等學府的「權博士」[23]，他也是一名熟練的畫家，親自為大使服務。使團中的幾位弓箭手出身高貴，其中一位在皇室衛隊任職。不過也有許多工匠，包括木匠、搬運工和普通水手，他們的出身顯然比較低微。四艘船上總共有六百五十一人。從早期新羅派遣到日本的使團的規模來看，這是一支旨在讓人留下好印象的使團應有的規模。除了外交官及其輔助人員，這個龐大使團的另一些重要成員是前往中國進修佛學和中國藝術與文字的僧侶和俗家弟子。這些僧侶代表日本現有的各種佛教派別，因為日本佛教的一個特點是，不同的佛教派別，「大乘」和「小乘」相處比較融洽。「大乘」強調佛教在整個社會中的作用，「小乘」則更專注於內心的完善。[43]

「權」是一個臨時代理的稱呼，也就是還沒有正式成為博士。唐朝常有「權」、「假」、「借」這樣的臨時封號。這種沒有正式取得官位的權博士可能是還沒有正式冊封，或是由於官員名額等問題，之後可能會轉為正職，也就是直接稱為博士了。

這支隊伍從西元八三三年開始組建，但是花了幾年的時間才踏上旅程。因為除了要航行去中國的人在做準備之外，還有另一支龐大的隊伍在陸地上工作。船隻當時還沒有準備好，所以需要官員監督造船工程。日本朝廷也很清楚，能否讓唐朝皇帝留下好印象，取決於派往中國統治者御前人員的階級。因此在新年的授銜名單中，好幾位使節在日本複雜的宮廷階級制度中被提升到更高的階級。大使本人的階級現在達到「正四位下」，比中等銜級要高一些。在此之前，他的階級是「從四位上」，只有在擔任大使時才是臨時的「正二位」[24]。正常晉升的速度慢如蝸牛。使團的主要成員被賜予貴重的禮物，主要是絲綢和其他布料。皇恩浩蕩的一個原因是這次旅行被認為很危險，事實證明確實如此。[44]如果刮起逆風，船隻很有可能被吹到新羅海岸，所以日本朝廷又向新羅國王（日本當時與他的關係不好）派遣一個使團，以保證前往中國的日本使團能夠安全通過新羅海域。新羅人狠狠訓斥了日本使節，然後把這個使團遣送回國。此時新羅一派緊張的氣氛，好幾個競爭對手在爭奪王位，奪位鬥爭也影響到王宮本身。同時，一個叫張保皐的大海賊控制新羅南部海域，圓仁提到，張保皐可能會對運送日本使團的船隻構成威脅。對於張保皐的情況，留待下文再談。[45]因此，除了恢復與日本的關係，新羅人還有其他事情要關心。[46]新羅人甚至認為，抵達他們宮廷的日本使節紀三津是一個惡作劇的冒牌貨，當紀三津回到奈良後，他的失敗遭到嚴厲批評。[47]

在西元八三六年中期開始航行的第一階段很順利。四艘船從距離奈良不遠的難波出發，在瀨戶內海航行，四天後到達九州海岸。他們在西元八三六年八月十七日從九州出發前往中國海岸之後，麻煩開始增多。天氣晴朗，但是颱風季節即將來臨。一切都表明日本水手之前相信他們能毫髮無損地抵達中國大陸，是過於樂觀了。而且他們的專業知識僅限於在日本列島的島嶼之間進行短途航行。四艘船被暴風擊退，其中三艘再次在九州靠岸，第四艘被暴風擊碎。一艘載有十六名倖存者的木筏被沖上對馬島，隨後又有一些倖存者漂上岸，總共有二十八名倖存者。他們講述的故事令人毛骨悚然：船舵壞了，他們的船

㉓ 譯注：原句為「相公差近江權博士粟田家繼及射手（左近衛）丈部貞名等慰問請益僧。」見（日）圓仁著，白化文、李鼎霞、許德楠校注，周一良審閱，《入唐求法巡禮行記校注．卷二．開成四年》，中華書局，二〇一九年，第一六六頁。

㉔ 譯注：出自《續日本後紀》卷第五。

在大海上叫天天不應、叫地地不靈，船長命令船員和乘客把船拆散，這樣他們就可以乘木筏逃生；但是這些木筏幾乎都在海上傾覆，一百多人喪生。天皇聞訊之後，下令修理倖存的三艘船。藤原常嗣向天皇保證，儘管他和手下在經歷這些災難之後元氣大傷，但是仍然願意執行使命（他按照日本習俗，為這次失敗謙卑地承擔責任，儘管局面顯然超出藤原常嗣的控制能力）。西元八三七年，第二次前往中國的嘗試也沒有什麼好結果，船被吹回九州和日本附近的其他島嶼。朝廷向伊勢的天照大神宮（天照大神是太陽女神，也是日本皇室名義上的女祖先）送上祭品，但是毫無效果。48

前兩次航行都沒有得到諸神的祐助，因此在第三次出海之前，人們抓住機會加強宗教方面的努力。九州的佛寺和神社都參與進來，而在整個日本帝國，每天人們都要誦讀佛經《海龍王經》㉕。海龍王是在新羅、日本和中國部分地區受崇拜的神祇。使節們對能否再次出發感到非常懷疑：他們已經親眼目睹海上的危險，並在第一次嘗試渡海時損失一艘船。副使高村恰好在這時候「病倒」了。藤原常嗣雖然堅持他為了天皇效力，萬死不辭，但是他的副使和其他幾位高級使節卻因違抗朝廷命令而遭到流放。這至少比被勒死的命運來得好，因為天皇本來可以下令對他們處以極刑。49

上述內容都是基於圓仁日記的編者愛德溫．賴肖爾（Edwin Reischauer），根據日本官方檔案對事件的還原。但是從這裡開始，圓仁本人的聲音變得清晰可聞，他描述向中國海岸的第三次航行。這次他們橫越遠海，這樣日本船隻就不必沿著有些敵視他們的新羅海岸線行駛。不過在中國海岸附近，船隊遭遇猛烈的東風，圓仁的船被吹到一處淺灘，船舵成了碎片。雪上加霜的是，新羅譯員擔心他們已經錯過京杭大運河的入口，走大運河可以到達長江和揚州，揚州是他們在前往位於內陸的唐朝都城的途中會抵達的第一座城市。圓仁、大使和他們的同伴被困在一艘正在解體的船上。大使設法乘坐救生艇到達岸邊，但圓仁是留在船上的人之一：「不久之頃，舶復左覆，人隨右遷，隨覆遷處；稍逮數度，又舶底第二布材折離流去。人人銷神，泣淚發願。」㉖[50]

破船在泥漿中顛簸，圓仁和他的同伴被迫從船的一邊挪到另一邊，因為海浪把船體從一邊推向另一邊，而且「泥即逆沸」㉗。當一艘中國的小貨船接近時，船上日本人的第一個反應是把送給中國皇帝的「朝貢」轉移過去；但實際上他們距離岸邊已經很近了，最後他們終於登陸，把浸透海水的貢品晒乾，然後逆流而上，發現大使和祕書們已經熬過他們的悲慘經歷，正朝同一個方向走。另外兩艘船的航行比較順利，不過其中一艘也開始解體，並且好幾名船員死於神祕而凶險的「身腫」㉘，不過這兩艘船也得到中國船隻的救援。[51]日本僧侶很樂意向他們暫住的寺院贈送黃金，以感謝他們在海上的危險中倖存。在旅行途中，他們拜訪並用簡樸的素食宴請一些中國僧侶。[52]

海上的災難證明，日本人並沒有掌握造船技術。圓仁在描述自己遭遇的恐怖海難時，提到舵被海浪壓斷，也表明日本人對航海技術還很無知。圓仁在其他材料中也提到這兩點。日本人是一個海洋民族，

㉕ 譯注：出自《續日本後紀》卷第七：「壬辰。勅。自遣唐使進發之日。至皈朝之日。令五畿內七道諸國。讀海龍王經。」

㉖ 譯注：見〔日〕圓仁著，白化文、李鼎霞、許德楠校注，周一良審閱，《入唐求法巡禮行記校注．卷一．開成四年》，中華書局，二〇一九年，第七頁。

㉗ 譯注：同上。

㉘ 譯注：同上，第三〇頁。

但是他們的各個島嶼非常接近，所以很少進行跨越遠海的長途航行，不過有充分證據表明新羅人有能力進行更困難的航行。圓仁來中國是為了與中國的佛教僧侶建立聯繫，他沿著唐帝國的河流和道路旅行，遠離了海洋，但他說西元八三九年載著藤原常嗣回日本的一艘中國船船員是新羅人，而且那些船員對中國北方的海岸線和通往日本的最佳路線很了解。[53]雖然他們在出航時向神道教和佛教諸神祈禱並不奇怪，但日本人也願意依靠占卜師來了解天氣。圓仁描述一艘船上的水手在看不到太陽的情況下失去方向感，「漂蕩海裡，不任搖動」㉙；當他們看到陸地時，占卜師先說那是新羅，然後又說那是中國，直到他們找到兩個知道新羅實際位置的中國人，問題才得以解決。[54]日本人對遠海的態度可以用圓仁的簡短評論來概括：「望見東南兩方，大海玄遠。」㉚[55]也就是說，大海是一個不友好的地方。

在經歷前往中國途中的災難之後，只有一艘船倖存，因此使團必須在揚州僱用新船。揚州是一座偉大的商業城市，是中國通往大洋的門戶。找到「諳海路」㉛的人至關重要，所以日本使團僱用六十多名新羅水手和九艘新羅船隻。[56]這支船隊的規模比先前來得大，這表明船隻本身較小，又或是日本使團獲得大量禮物，並祕密購買大宗貨物，準備裝船。不過，當使團成員在揚州的市場做生意時，他們被逮捕並關押一夜，他們「緣買〔敕斷色〕」㉜。其他使團成員在被發現後，急於逃脫市場檢查員的追蹤，所以狼狽地留下兩百多貫錢，每貫由一千枚銅幣組成，透過中間的孔穿在一起。遺憾的是，沒有紀錄顯示他們想買什麼商品，也許包括日本的富裕消費者渴望的稀有藥品、香料和熏香。當他們出發時，船員們按照神道教的儀式舉行祓禊，向海神祈禱旅途平安。一名日本水手被阻止登船，因為他與另一名男子發生性關係，汙染了自己。船隻出海時，一名被認為即將死亡的水手被安置在陸地上，這樣他的屍體就不會汙染船隻。對於可怕的大海，必須一絲不苟地予以尊重。[57]

在最後一刻，圓仁和他的幾個同伴決定留在中國，這獲得藤原大使的批准，但是沒有得到中國方面的許可。大使警示圓仁，大唐朝廷會對他違反「立即離開」的命令感到憤怒，但大使明白圓仁的首要任務是學習佛經。於是，圓仁與新羅商人㉝祕密留在山東半島沿岸，山東半島位於新羅以西，從中國大陸向東延伸。圓仁用金粉和一條日本腰帶賄賂新羅商人，新羅人回贈細茶與松子。這樣的交換似乎很不公平。[58]不過，因為用於茶道而廣為人知的濃厚抹茶受到僧侶的重視，因為能讓他們在長時間的學習和冥想期間保持清醒。保存在奈良正倉院的文件顯示，在八世紀末，抹茶仍然非常昂貴，所以日本中部大寺院的住持會親自泡製，然後在天皇駕臨時獻上。[59]

圓仁認為把部分佛經送回日本很重要，要求把這些佛經裝在一個竹箱裡，放在一艘日本船上。[60]但是，這次出使並沒有滿足他對於深入了解佛教律法和學術的願望，他希望能到達中國的佛教聖地，所以和同伴們假扮新羅人。但是當他們遇到一些新羅水手時，怎麼能繼續假扮新羅人，這是一個謎。他們說

㉙ 譯注：同上，第一六〇頁。
㉚ 譯注：同上，第一二八頁。
㉛ 譯注：同上，第一二四頁。
㉜ 譯注：同上，第一一〇頁。指皇帝敕令禁止在對外貿易中買賣的物品，種類很多，在唐代各個時期和各個地方也不一樣。這種物品如果要買賣，必須奏請朝廷批准，不然就算犯法。
㉝ 譯注：按圓仁書中說法實際上是新羅語翻譯，「新羅譯語劉慎言」。

什麼語言，我們也不知道。他們還沒走多遠，就遇到一位名叫王良的村莊長老，王良寫了一封信：

> 和尚到此處，自稱新羅人，見其言語，非新羅語，亦非大唐語。見道日本國朝貢使船，泊山東候風，恐和尚是官客，從本國船上逃來。是村不敢交官客住。[34][61]

可見在中國就像在日本一樣，來自遠方的使節受到嚴格控制，並被從一個地方帶到另一個地方。當巡軍趕到時，圓仁聲稱自己患有腳氣病，並堅持會和同伴一起上岸是因為他身體不適；但是現在他們希望回到日本船上，並說這些船就停在不遠處。他們被護送到海龍王廟附近的一艘日本船，被送上船。[62]圓仁對自己的計畫失敗感到沮喪：「左右畫議，不可得留。官家嚴檢，不免一介。」[35][63]毫無疑問，圓仁之所以希望留在中國，也是因為他害怕再次穿越遠海時遇險。他回到船上之後，事實證明是霧而不是風，才是最大的危險。船隻因為無風而受困，日本乘客的給養不足，於是圓仁向神道教的海神獻祭，這一行為並不會被認為違背了他的佛教信仰。然後，他們遭遇風暴，船不得不在山東海岸附近避風。圓仁仍然不顧一切地想留在中國，於是他去了新羅的一座寺院，而船則在沒有他的情況下繼續前進。七艘船[36]用了三週左右就到達九州，但是第九艘船上的人花了九個月才找到日本，因為桅杆斷了，不得不在太平洋西部到處漂流，甚至可能漂到遙遠南方的臺灣，即「不知何一島，島有賊類」。[37][64]值得注意的是，這艘船的水手全部是日本人，其他船則有新羅水手。在遭到滿懷敵意的島民攻擊後，日本人利用毀壞的船體建造新的船隻，這群疲憊不堪的旅行者最終回到九州。

圓仁與中國朝廷的矛盾並沒有解決。幸運的是，他曾避難的赤山寺院的新羅住持願意幫助他留在中國。赤山寺院是由新羅的大軍閥張保皐建立，他向該寺院捐贈大批稻米。[65]不過在中國唐朝，儒家官僚主義作風嚴重，圓仁在獲得他需要的證書和旅行許可之前，不得不與一連串死板的官僚交鋒；起初，唐朝官僚基本上不理睬他希望學習佛法的意願。[66]圓仁在中國待了九年，在這段期間，他目睹唐武宗對僧尼的殘酷迫害。唐武宗是道教的狂熱支持者，他手下的「功德使」和其他朝廷官員對佛寺的鎮壓，甚至被描述為「整個中國歷史上最嚴重的宗教迫害」。[67]圓仁申請回國，但是大唐朝廷長期對他不理不睬，直到對佛教的迫害發展到外國僧人遭驅逐出境的地步。最終，有人為圓仁建造一艘船，準備送他回家，至少他是這麼說的，但他仍然遇到無盡的官僚主義阻礙。[68]他終於在西元八四七年離開中國，乘船返回日本，隔年抵達宮廷，被視為英雄，受到熱烈歡迎。與前往中國時經歷的考驗相比，他回國時途經新羅到博多灣的航程平安無事，而且我們知道他乘坐的是新羅船。[69]

圓仁對自己經歷的生動描述，不僅有助於我們了解中國唐代的社會史和宗教史，而且能幫助我們理

㉞ 譯注：見〔日〕圓仁著，白化文、李鼎霞、許德楠校注，周一良審閱，《入唐求法巡禮行記校注．卷二．開成四年》，中華書局，二〇一九年，第一三四頁。

㉟ 譯注：同上，第一三九頁。

㊱ 譯注：原文如此，疑為八艘。

㊲ 譯注：出自《日本文德天皇実録》仁壽三年六月二日條。

解這一時期日本和中國之間疏遠又緊張的關係。他對在中國、新羅和日本之間來回航行船隻的簡單描述，就打破了許多官方紀錄的沉默，表明儘管日本遣唐使的旅行並不頻繁，並且遣唐使專注於正式遞交貢品和接受豐厚的禮物，但是兩個帝國之間的水域確實有著航運，哪怕不是很繁忙。大部分航運是由新羅水手經營的，主要目的無疑是私營貿易。這些船隻在揚州或中國北部多座城鎮之間的海岸線，以及新羅和九州之間的海岸線上來回穿梭。不過，這些海域並不平靜：不僅有暴風和週期性的大霧，還有海盜活動，所以這些海域很危險。毫無疑問，有許多新羅船主在生意失敗後，很樂意轉向海盜活動。在新羅附近水域的海盜頭目裡，最有名的是張保皐。他在圓仁的日記中多次露面，新羅史書對他也有記載。

四

張保皐是今日韓國的民族英雄，甚至成為一部冒險電影的主角，以前甚至被當作神來崇拜。雖然是在一個非常注重身分階級的國度裡，他的出身卻不詳；我們知道他起初是為唐帝國效力的軍人，後於西元八二八年返回故土。那時他已經很富有了，在莞島清海鎮建立一支軍隊，據新羅史家說，這支軍隊有「萬人」[38]（這是虛指，意思是人數很多）。莞島是新羅西南部的一個軍事重鎮，就在連接新羅和唐朝的海路旁邊。[70]在十三世紀關於新羅古史的傳說中，張保皐被稱為「俠士弓巴」。[39][71]他在唐朝生活時，目睹中國商人進口大量新羅奴隸。在新羅國王的批准下，他將莞島作為攻擊奴隸販子的基地。新羅國王任命他為「清海鎮大使」，因此至少在官方看來，他是以王室代理人的身分行事的。問題是，隨著他在海上的權勢越來越大，他相對於新羅國王的獨立性也越來越強。他在莞島居住是為了鎮壓海盜，但最後成為最有勢力的海盜。在這個時代，強大的地方領主紛紛干預動盪的新羅宮廷政治，張保皋也想插手；他的與眾不同之處在於，他的權力更多是建立在海上而不是陸地上，而且他還在新羅呼風喚雨幾年，恰好就是圓仁在中國的時期。

圓仁認為張保皋作為一個不聽宣的軍閥，很有可能阻止他的海上航行。不過圓仁也要感謝張保皋，因為對方是一座新羅寺院的創辦人，當圓仁試圖留在中國並逃避中國當局的追蹤時，這座寺院庇護了他。張保皋既是軍閥，也是巨賈；他試圖建立連接中國、新羅和日本的三角貿易，但在西元八四一年被日本朝廷拒絕了，因為他屬下的商人被指控編造有關新羅局勢的故事，而後被禁止在日本經商。[72] 不過，他在上述寺院裡有自己的商業代理人，據圓仁記載，這個代理人的任務是在中國銷售商品。這位姓崔的代理人[40]成為圓仁的摯友，並提出用一艘新羅船載圓仁沿著中國海岸向南航行，前往他真正想要造訪的佛教中心。圓仁非常感動，儘管這個計畫並沒有實現。他向張保皋本人寫了一連串的信：

---

38 譯注：出自《三國史記・卷十　新羅本紀　第十》：「以卒萬人鎮清海。」

39 譯注：出自《三國遺事》卷第二。

40 譯注：原句為「夜頭，張寶高遣大唐賣物使〔崔兵馬司〕來寺問慰。」見〔日〕圓仁著，白化文、李鼎霞、許德楠校注，周一良審閱，《入唐求法巡禮行記校注・卷二・開成四年》，中華書局，二〇一九年，第一六四頁。

> 即此圓仁蒙恩，隔以雲程，不獲覲謁。瞻矚日深，欽詠何喻……庇蔭廣遠，豈以微身能酬答乎！深銘心骨，但增感愧……圓仁本意專尋釋教，幸聞聖境，何得不赴。緣有此願，先向台岳。既達誠約，言事不諧，深愧高情。[41] 73

圓仁甚至提出，他可以去清海鎮拜訪張保皐。不過在這個時候，即西元八三九年，張保皐在新羅的宮廷忙得不可開交。他幫助一位王室成員奪取王位，並聲稱：「見義不為無勇。」[42] 74 根據新羅人的說法，若不是新羅貴族極力反對國王迎娶一個普通「海島人」（意思是「下層平民」）的女兒，張保皐本來可以把女兒嫁給國王[43]。他為插手宮廷政治付出代價，在西元八四一年或八四六年遭到暗殺。一個新羅傳說描述他如何策劃一場針對國王的卑鄙政變，然後遭到他收留的一個名叫閻長的逃亡廷臣欺騙。張保皐沒有意識到，閻長逃離宮廷只是一個目的在騙取他信任的詭計：

> 長曰，有忤於王，欲投幕下以免害爾。巴〔張保皐〕曰幸矣。置酒歡甚。長取巴之長劍斬之。麾下軍士驚懾皆伏地。[44] 75

> 沒過多久，閻長就把自己的女兒嫁給了國王，並被提升為高官，因為在中世紀早期朝鮮的階級社會中，閻長出身高貴，而張保皐出身卑微。76

張保皐的生涯再次提醒我們，跨海的商業網絡往往是由夾在幾個大帝國之間的海洋民族，而不是由這些大帝國的居民維持的。北方的新羅和南方的三佛齊都是優秀水手的家鄉，他們在幾個偉大的文明（如中國唐朝）之間建立聯繫。唐朝關心陸權，但也看到有機會從海上獲得珍貴貨物，以及獲得外邦對唐朝政治權力的諂媚和認可。事實證明，朝鮮人、馬來人和印尼人是跨越遠海的真正先驅。

㊶ 譯注：同上，第二〇三頁。

㊷ 譯注：出自《三國史記・卷十　新羅本紀　第十》。

㊸ 譯注：出自《三國史記・卷十一　新羅本紀　第十一》：「七年，春三月，欲娶清海鎮大使弓福女為次妃，廷臣諫曰：『夫婦之道，人之大倫也。故夏以塗山興，殷以㜪氏昌，周以褒姒滅，晉以驪姬亂。則國之存亡，於是乎在，其可不慎乎？今，弓福海島人也，其女豈可以配王室乎？』王從之。」

㊹ 譯注：出自《三國遺事》卷第二。

第十一章　「蓋天下者，乃天下之天下」

一

「島國性」（insularity）一詞表達一種孤立和向內看的感覺。有時歷史學家會緊緊抓住任何以「性」（ity）結尾的詞，因為他們酷愛抽象用語，相信抽象用語會讓他們的著作顯得高明和有「理論深度」。但是本書到目前為止，所講的大部分內容都表明，島嶼社會並沒有所謂的「島國性」。即使島民與大陸的接觸受到宮廷或政府法令的限制，人們也能找到規避這些限制的辦法，而且官方的接觸有時既有重要影響又有利可圖。日本就是一個絕佳的例子，中世前期的日本並沒有所謂的「島國性」。在十二世紀，日本的海外聯繫發生性質上的重大變化，並留下豐富的史料。一個更開放的貿易新時代開始了，外商（幾乎都是中國人）的持續存在，成為日本生活中的一個重要組成部分，特別是在博多周邊地區。日本列島內的海上貿易也很繁榮。一一八五年起的政府所在地鐮倉擁有一個港口，並且消費大量清酒，以至於政府下令禁止銷售清酒，有三萬兩千兩百七十四瓶清酒被沒收。在瀨戶內海周邊，港口城市

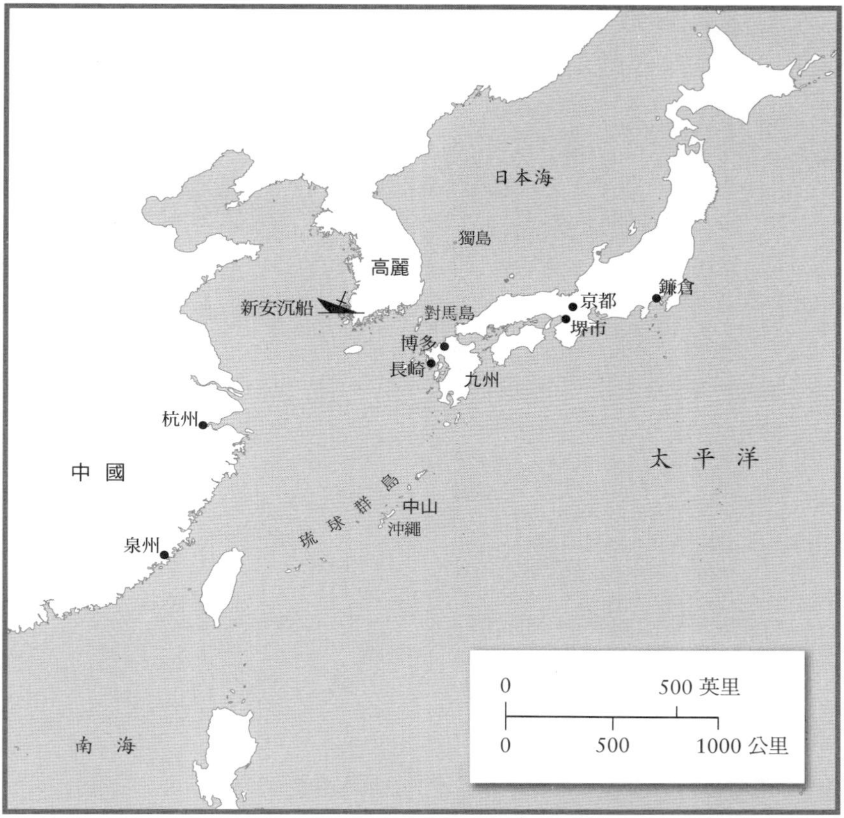

如雨後春筍般湧現，為京都這個大都市服務。日本人變得更擅長造船，不過他們的進步很慢，甚至到了十三世紀初，幕府將軍也只信任中國造船師來建造能夠到達中國的海船。[1]幕府對從博多途經瀨戶內海到鎌倉的貿易快速成長感到擔憂，部分原因是幕府想重點扶持官營船隻，而外來的中國人似乎即將贏得競爭，主宰這條海路。[2]有人認為日本社會較少參與和亞洲的海上聯繫，或不受其影響，事實恰恰相反，日本社會熱衷於對外交流，而在這個時期主要是與中國的交流。

　　對草根人民，像是為苛刻的主人（無論是好戰的貴族還是富有的寺院）種植水稻的農民，以及被稱為「海民」的漁民而言，海外交流沒有什麼影響。海民以海為生，但不屬於延伸到宋、元、明時期中國大城市的貿易網絡。海民向日本朝廷進貢海產品和鹽，因為富裕階層流行以魚為食。佛教不贊成殺生，使得魚更受歡迎了。在天皇、貴族和寺院住持的保護下，隸屬於他們的海民在近海航行。另外，在貴族和寺院住持的庇護下，行會（座）成為城市生活的一大特色。[3]這都是商業化進程的一部分。在大約一二〇〇年至一四〇〇年間，商業化進程改變了中世日本。漸漸地，市場和集市具有更多的世界性；人們可以買到紡織品、紙張及金屬製品，甚至有日本大城市製造的奢侈品和武器，偶爾還有中國產品。[4]

市場上主要是以物易物，但包括農民在內有越來越多的人逐漸轉向使用銅錢；這個時期的一個寺廟卷軸上，有一幅以賞心悅目的筆觸描繪的景象，是人們手持銅錢在市場上買賣。[5]對銅錢的依賴從十二世紀中葉或更早開始。這些銅錢來自中國，因為日本人很少鑄造自己的銅錢。十四世紀初曾有一個以天皇的名義鑄錢的計畫，不過計畫夭折了。日本政府也有疑慮，因為錢幣的大量湧入刺激了通貨膨脹。在鎌倉時代早期，日本政府試圖禁止從中國輸入銅錢，但沒有效果。到了一二二六年，日本政府轉而鼓勵在日常貿易中使用銅錢而不是布匹。日本考古學家發現一些裝有數萬枚中國銅錢的花瓶。[6]隨著經濟聯繫在日本越來越廣泛地建立，結算和貸款都用中國銅錢。與同時代的歐洲一樣，人們不知道是該佩服那些透過放貸累積財富的人，還是該譴責他們是剝削成性的高利貸放債人（不過有趣的是，佛教僧侶和神道教神官往往傾向支持放貸，與中世紀歐洲的天主教會不同）。[7]

中國銅錢不斷流入日本，以滿足日本日益成長的經濟需求；銅錢的外流讓中國人感到不滿，中國人指責日本商人在到達中國沿海城鎮的一天內，就吸走了所有的銅錢。中國試圖將每年可在其港口從事貿易的日本船隻數量限制在五艘，但是由於中國海關官員的腐敗，該法令無異於一紙空文，每年到中國的日本船隻數量接近五十艘。為了應付海關檢查，日本人可以將錢幣藏在船艙內，或者乾脆等海關官員離開之後再把錢幣搬上船。[8]日本人對中國銅錢這麼熱情，是因為它有一個簡單又顯而易見的特點：難以損耗。如果使用絲綢作為支付手段，絲綢容易被弄髒、撕裂或燒毀；如果用大米的話，則太笨重，也容易變質。銅錢的使用降低行商的交易成本，他們不再需要為了付款而把大量貨物搬來搬去。[9]此外，使用中國銅錢，能令人產生一種與中國文化相互聯繫的感覺，這種感覺在朝鮮半島、越南和日本都能體會到。中國銅錢可能並不稀罕，但並非可輕視之物。

日本朝廷的關注點從朝貢貿易轉向民間貿易，但這並不意味著他們高興看到外商出現在日本帝國的各個角落。在十世紀，對外來者的狐疑促使日本政府限制外商造訪日本的次數，中國人的到訪被限制為每三年一次，日本政府還非常不贊同日本商人到海外旅行。對於被日本當局阻止入境的中國商人來說，一個顯而易見的辦法是假稱遠海的猛烈洋流把他們的船送到九州。等他們到達九州，當地官員就會宣布中國商人必須等到風向轉變才能回去。這是一種禮貌的方式，允許中國商人留在日本，而不違反上述的陳規；或者中國商人可以自稱是替某位高官辦事。[10]博多灣仍是日本與中國交流的窗口，因為不再向唐朝朝貢，日本宮廷再也得不到唐朝饋贈的豐厚禮物。為了彌補這個損失，日本宮廷以自己規定的價格，從中國商人那裡強行購買需要的奢侈品。[11]

日本宮廷特別喜歡中國書籍，包括佛教典籍，如《法華經》及唐詩集。十一世紀初，攝政藤原道長三次獲得唐詩選集，並在一〇一〇年將一部印刷本注疏版唐詩選集送給天皇。到達日本的第一本印刷書是由一位名叫奝然的僧人於九八六年帶來，不久前在成都出版的重要佛經集，該書的木製雕版花了十二年的勞苦製作。此後，日本人便十分青睞印刷術。

佛教法事需要在不同場合使用特定的香水，因此日本人需要抓住每一個機會從海上獲得香水，高級香水在《源氏物語》中一再出現。[12]在日本對華貿易中，關鍵的一點仍然是日本人對中國文化的仰慕。在中古後期，一個變得更加自信的日本在宣稱自己在文化上與老師平起平坐時，就不像以前那樣尷尬了。但是日本對中國的商品仍然充滿渴望，貿易額有增無減，規模比九西元〇〇年左右大了很多。不過，隨著日本人開始用自己的文字和語言創作自己的宮廷文學，他們對中國書籍的胃口雖然依舊很大，但有所減弱。

中國對日本最深遠的影響之一是茶的普及。茶原本是一種非常特殊的飲料，禪宗信徒在十二世紀傳播飲茶的知識，將飲茶作為冥想的輔助手段。從鐮倉時代的一一八五年開始，茶會在上流社會成為一種時尚。在茶會上，人們品嘗由米飯、麵條、豆腐和異國水果組成的精美菜餚，並欣賞詩歌朗誦。日本開始生產自己的優質茶葉（早在西元八一五年，朝廷就要求以茶葉作為貢品），但在這些茶會上同時品嘗中國和日本的茶是很常見的做法，高級的建窯碗就是為了這個目的，從中國南方一路進口來的。後來在十八世紀，茶館和茶道開始流行，相應的儀式也被編纂成書。起初，飲茶的習慣是將茶葉或部分茶磚浸泡於水中，然後飲用。傳統上認為，抹茶，即口感濃烈的粉狀綠茶，是禪師榮西帶到日本的，他於十二世紀末在中國喝到類似的茶飲。但是文獻和文物（中國茶碗）都表明，這種類型的茶實際上在更早的時候就為日本人所知。[13]不過關鍵在於，連接中、日兩國的海路不斷為日本帶來多種思想和習慣。與佛教密切相關的茶葉是一個特殊的例子，但也有其他受人喜愛的奢侈品越過大海來到日本。進口的鸚鵡在十一世紀就已經讓平安時代的朝廷著迷，特別是牠們似乎完全有能力學會日語。即使大唐朝廷在官方層面不贊成民間的跨海貿易，但是對黃金的渴望使得大唐朝廷容忍這種貿易的存在（如馬可·波羅後來指出的，日本的黃金儲量勝過中國大部分地區）。珍珠也是中國人渴望的商品，產自本州或對馬島的珍珠在今天仍是日本的驕傲。[14]「賈船乘東北風至，襍貨具於左細色：金子、砂金、珠子、藥珠、水銀、鹿茸……」❶[15]這一列表還可加上漆盒和摺扇。[16]所有這些都表明，在圓仁時代困難重重、險象環生的中國之旅之後，日本商人和海員都更有信心跨越海洋。

事實證明，日本朝廷無力監管大量的在日外國商人。在鴻臚館的時代還很簡陋的博多開始發展為城鎮，還有一個龐大的中國人聚居地，其中一些人與日本女子結婚，於是出現一代混血兒，他們可以聲稱自己是日本人，因此不受朝廷對外國人限制的影響。人脈也很重要；一一五〇年，一個混血商人用中國書籍從日本宮廷的左大臣那裡換來三十兩砂金，並奉命把更多的中國書籍帶給他。在十二世紀，據說有一千六百個中國家庭居住在博多灣。與此同時，朝鮮人逐漸從海上貿易路線消失了。[17]在九州福岡市（中古時期的博多港後來成為該市的一部分）修建地鐵的挖掘過程中，發現三萬五千塊日本和中國陶瓷的碎片，其中的中國陶瓷主要來自中國沿海的磚窯。有些陶瓷的品質極高，如淡綠色的青瓷及越州的白

❶譯注：見羅濬等撰，《寶慶四明志》卷六，宋刻本。

瓷。越州白瓷有時被稱為秘色瓷，因為它原本專屬於中國皇室❷。到了博多之後，白瓷可能被運往京都（也被稱為平安京，在幾個世紀前取代奈良，成為政府所在地）的朝廷。[18]各方都試圖從這種貿易中獲利。在十一世紀初，藤原氏很樂意透過在九州的領土獲得毛皮、藥品和香水等外國商品，儘管直到不久前，朝廷還明令禁止與外商直接接觸。在這些進口奢侈品中，有一些顏料，如銅綠，這是銅氧化的一種副產品，用於製造綠色顏料。[19]

日本與亞洲大陸之間的貿易在中古時期經歷多個不同階段。到了十一世紀和十二世紀，有更充分的證據表明當時存在定期的商業交流。每年至少有一艘滿載的船隻到達博多，為日本上層人士運來奢侈品。[20]這聽起來好像不多，但博多的中國移民及堆積成山的陶器，都表明中、日之間的交通實際上比這繁忙得多。一些中國移民將他們的工匠技能帶到日本，如陶器、金屬製品及木製品的工藝，而且（正如奈良的正倉院藏品顯示的）日本宮廷不光蒐集來自亞洲遙遠地區的物品，對這些物品的本地仿品也感興趣。博多與位於奈良和京都的權力中心有一定的距離，與一一八五年後在鎌倉建立的政府相距更遠。鎌倉位於現代東京附近。在源氏和平氏之間發生短暫但激烈的內戰之後，鎌倉成為權力中心。[21]鎌倉幕府對九州日常事務的控制力較弱。外省貴族在遠離中心的地區獲得更大的權力，城鎮、貿易及集市在他們的庇護下不斷發展壯大。[22]

在今天的韓國海岸發現的一艘中式帆船殘骸，即新安沉船，為這種商業擴張提供有力的證據。許多個世紀以來，新安沉船船體的一半已被海浪摧毀；但甲板下的部分被泥土掩埋，而在艙口之下，在分成七個隔間的船體內，有大批中國貨物存世，堪稱寶庫，部分貨物仍然整齊地裝在木箱中。這艘船長二十八公尺，最大寬度約七公尺，可載兩百噸貨物。在船上發現一萬八千件陶器，主要來自中國（包括大約兩千九百件青瓷），還有中國製造的優質薄壁瓷碗和源於東南亞的帶底座花瓶。其中的淺綠色青瓷出自蒙古人統治中國的時期（元朝），包括配有可愛的龍形把手和花紋浮雕的罐子，以及經典的素碗，它們的特點是簡單樸素。沒有發現著名的青花瓷，這表明在當時青花瓷仍被嚴格限制出口。不久之後，青花瓷的生產就有了一個大發展，成為最受歡迎的中國產品，遠銷世界各地。[23] 新安沉船貨物另一個令人印象深刻的部分是十八公噸中國銅錢，總共超過八百萬枚，大部分成串，帶有寫著主人名字的木牌，這讓我們對中國銅錢外流的規模有一定的了解。[24] 還有一個箱子裝滿胡椒。發現的朝鮮貨物很少，所以儘管這艘船經過朝鮮半島的海岸，但是不太可能在那裡的港口停留很長時間。這艘船顯然是在從中國沿海的寧波駛向日本途中失事的。僱用這艘船的客戶是京都的東福寺，它的名字出現在好幾個木牌上，附有年號至治三年（一三二三年），這可能是這艘船失事的年分。東福寺是京都的大寺院之一，在新安沉船失事的幾年前燒毀了，正透過投資一次大規模的貿易遠航來為其重建工程籌資。[25] 韓國專家認為，該船在停靠一個日本港口（可能是博多）後，最終目的地其實是沖繩和東南亞。[26]

❷ 譯注：秘色瓷一名產生於晚唐時期，指越窯貢瓷。其性質是貢瓷，代表越窯的最高工藝水準。五代吳越時大量使用越窯青瓷向中原地區進貢，因此北宋時期就有學者認為是專供皇室使用的。現代有學者以為，「秘色」是某種植物的顏色，以其形容青瓷的釉色；或以為，當時唯越窯能燒成上品釉色，且釉色不能隨意控制，「秘色」有「神奇之色」之意；或以為，「色」有等級的意涵，與釉色無關，「秘色瓷」即上等的瓷器；或以為，「秘色瓷」得名與匣缽的使用有關。詳見鄭嘉勵，〈越窯秘色瓷及相關問題〉，《華夏考古》，二〇一一年第三期，第一二一－一二五頁。

來自對馬島和九州西部的海盜（被稱為倭寇）的活動，日益損害民間貿易；從十四世紀開始，這成為一個特別嚴重的問題，不過也進一步證明當時貿易的繁榮，因為海盜無利不起早。[27]在奪取別人的貨物之後，這些海盜就會搖身一變成為商人，銷贓獲利。從博多到京都附近港口的航運必須經過瀨戶內海，這是一個狹窄的空間，照理來說應當容易監管，但它卻是海盜特別猖獗的地區，這很讓人意外。長期以來，瀨戶內海一直是一個活躍的貿易區，大量的貨物，如大米，從四國島和九州運往奈良與京都所在的畿內地區。上文已述，日本人在短程航行方面有豐富的經驗，但在很長一段時間裡並不擅長遠海航行。不過到了中世晚期，一四四五年的海關登記簿中有大量的證據表明，在京都附近港口之一的兵庫有著繁忙的貿易。海關登記簿顯示，一年內有近兩千艘船隻通過同一個收費站，駛向京都方向。[28]一位歷史學家認為，日本自由貿易在十二世紀至十四世紀高度活躍，到了十五世紀達到巔峰，那時日本實現了貿易順差。

在中古時期末，日本、朝鮮和中國都發生革故鼎新的重大政治變動。一三六八年，蒙古族統治的元朝被國祚悠久的漢人統治的明朝取代。朝鮮的李氏王朝持續的時間更久。十四世紀的日本是敵對大名爭奪政治權力的戰場，不過他們爭奪的不是皇位，因為天皇已經被幕府將軍排擠到一邊，成為傀儡。日本國內的衝突實際上促進貿易，因為幕府將軍鼓勵貿易，希望從稅收中籌集更多的資金，而單靠土地無法滿足他們所需的軍事開支。在這個時期，位於大阪灣的沿海村莊堺市，憑藉其通往京都的便利道路，發展成一座商業城市，貿易範圍遠至中國，並得到足利將軍的支持。堺市不斷發展壯大，到了十六世紀初已有三萬人口；它保留一定程度的自治權，同時仍依賴於控制京都周邊地區的軍閥恩惠，而堺市恰好可以為這些軍閥服務。[29]

日本與中國的接觸並非總是和平的。明朝的開國皇帝洪武帝於一三六九年遣使到九州，送去一封痛訴日本海盜的信，對日本人進行嚴厲的批評。明使的到來絕不代表明朝在平等對待日本，事實上明朝皇帝決心在從爪哇與柬埔寨到朝鮮和日本的整個廣袤地區收回中國的宗主權；洪武帝出身農民，因此急於把自己塑造成遵循中國偉大傳統的帝王。不過自相矛盾的是，明朝皇帝禁止中國商人進行海外貿易，寧願恢復舊有的朝貢制度。明朝歡迎朝鮮使節每年來幾次，而來自其他王國（如琉球）使節朝貢的頻率則低得多。日本統治者對大明朝廷不斷發出的責備十分惱火，明朝甚至暗示要入侵日本：

> 大明禮部尚書：千數百年間，往事可鑒，王其審之。……必欲較勝負，見是非者歟？辨強弱者歟？至意至日，將軍審之！❸
>
> 懷良親王：乾坤浩蕩，非一主之獨權；宇宙寬洪，作諸邦以分守。蓋天下者，乃天下之天下，非一人之天下也。❹[30]

---

❸ 譯注：見（明）朱元璋撰，胡士萼點校，《明太祖集．卷十六　雜著．設禮部問日本國王》，黃山書社，一九九一年，第三八三、三八五頁。

❹ 譯注：見（清）張廷玉等撰，中華書局編輯部點校，《明史．卷三百二十二　列傳第二百一十　外國三》，中華書局，一九七四年，第八三四三頁。

日本很少對明朝抱持反抗態度，那只會使兩國關係更緊張。日本人知道，他們要付出的政治代價是，偶爾承認甚至日本天皇也是中國皇帝的附庸；不過承認了這一點，就可以帶來巨大的收益：在大約一四〇〇年的明朝早期遠航裡，中國人試圖從東亞和印度洋的廣大地區收取貢品。日本人服軟，換來了絲綢、白銀和漆器的獎勵，而且被准許維持對大陸的馬匹與軍械出口。後來，在一四三二年至一四三三年，日本的出口商品包括三千多把軍刀，到了一四五三年有近一萬把軍刀出口。此外，接受明朝的宗主權還有巨大的政治紅利，因為這有助於確保足利將軍對日本的統治，而明朝其實並不會干預日本。[31]

在這一時期，對亞洲沿海航道的控制權從主導這些航道幾個世紀的中國人手中轉移到其他民族手中，包括日本人，儘管其中有許多是倭寇。明朝禁止中國商人和水手出海，於是其他民族得以自由在海上航行，中國附近各島嶼（從日本到爪哇）的所有民族都抓住這個機會。一四〇〇年左右，來自暹羅和爪哇的船隻造訪日本。一四〇六年，一艘開往朝鮮的爪哇船載著鸚鵡、孔雀、胡椒和樟腦，不幸被日本海盜俘獲；不過五年後，一支爪哇使團安全抵達九州。[32] 琉球群島的自治王國發揮特別重要的作用；琉球位於「日本的地中海」的南緣，中心是沖繩，琉球為日本提供向南的聯繫，將日本海域與一些長距離的貿易路線連接起來，遠至麻六甲海峽（那裡有麻六甲、巨港和淡馬錫，其中淡馬錫就是現代新加坡的所在地）。麻六甲海峽在十五世紀再次成為一個非常重要的香料貿易中心。因此，中國人從大海撤退，反而促進海洋的開放。

二

雖然偶爾有朝鮮沿海海戰的記載，並且倭寇越來越令人擔憂，但日本、中國與爪哇之間水域的航海史主要是一部相對和平的歷史。從日本朝廷禁止日本商人展開私營貿易，以及中國朝廷試圖阻止中國銅錢外流裡可以看出，確實有過許多緊張局勢，但大規模入侵是罕見的。最大的例外是蒙古人對日本的攻擊。由於馬可．波羅的記載，這個消息一直傳到西歐；他的描述留下關於元日戰爭的珍貴細節。如下文所示，這些細節得到海洋考古學家和一二九四年至一三一六年間製作的精美繪圖卷軸的佐證。這些卷軸在幾個世紀裡被日本學者不斷製作副本。[33] 蒙古人之所以發動攻擊，既是因為蒙古人認為大汗是上天指定的統治者（而逆天者亡），也是因為蒙古人受到中國傳統觀念的影響，即認為中國是天朝上國。忽必烈接受並修改中國的這種觀念，他是蒙古王室的成員，於一二七六年征服南宋的都城臨安，統一中國，建立元朝。❺[34] 忽必烈還垂涎日本聞名遐邇的豐富黃金與珍珠。他希望如果可能的話，就透過徵收大量貢品來獲取日本的財富，但是如果辦不到，就用任何一位蒙古大汗都會提出的辦法：「戰爭」。

儘管有人對忽必烈汗和馬可．波羅見過面的說法表示懷疑，但是後者對日本的描述一定反映他在東方某地聽到的故事：

❺ 譯注：一二七一年，忽必烈建立元朝，隔年定都大都。一二七六年，杭州陷落，一二七九年南宋滅亡。

此島君主宮上有一偉大奇蹟，請為君等言之。君主有一大宮，其頂皆用精金為之，與我輩禮拜堂用鉛者相同，由是其價頗難估計。復此宮廷房室地鋪金磚，以代石板，一切窗櫳亦用精金，由是此宮之富無限，言之無人能信……亦饒有寶石、珍珠，珠色如薔薇，甚美而價甚巨，珠大而圓，與白珠之價等重。忽必烈汗聞此島廣有財富，謀取之。[6][35]

當時的日本僧人東嚴慧安認為，蒙古人對日本鎧甲的品質和日本弓箭手的優異表現感到敬畏：「日本弓箭兵仗武具、超勝他國、人有勢力、夜叉鬼神無由敵對……以彼軍兵、自迯降伏、天竺震旦、甚以為易。」他認為：「所聞無違、二國和合、衣冠一致。」[7][36]

即便如此，如果不是因為蒙古與高麗的關係破裂，忽必烈很可能不會攻擊日本，而會更關注越南（另一個讓他執迷的地方）。此時的高麗國王是整個朝鮮半島的主人。十三世紀初，隨著蒙古人的勢力向東、西兩邊的廣袤地區擴展，朝鮮人選擇與蒙古人合作，甚至在一二一九年出兵幫助蒙古人制服他們在中國北方的討厭鄰居。不過朝鮮人不得不向蒙古大汗進貢大筆財富，而蒙古人對朝鮮人的待遇也在兩個極端之間搖擺。朝鮮人對日本人也有不滿，因為倭寇對朝鮮半島的襲擊一直持續到一二六五年。[37]一個親蒙的朝鮮人趙彝向忽必烈提供情報，他對日本人複雜習俗的描述似乎讓忽必烈留下深刻印象。趙彝建議忽必烈汗向日本派遣一個試探性質的使團。一二六八年初，忽必烈汗的一封信被送到日本（儘管它實際上是在一二六六年八月寫的）。從蒙古人的角度看，這封信對日本人異常友好，儘管信中威脅，如果日本人不同意建立友好關係，蒙古人就會開戰，並提出一個措辭不那麼得體的問題：「以至用兵，夫孰所好。王其圖之！」[8][38]高麗國王寫信懇求日本人重視此事，並指出忽必烈無意干涉日本帝國的行政。在這個階段，除了溫和的威脅之外，忽必烈並不傾向進一步行動，他這時候還需要擊敗南宋，並在朝鮮建立自己的勢力。他可能只是覺得不應該無視日本，因為日本與他的敵人南宋之間有密切的貿易關係，日本人可能向南宋輸送必要的物資，如武器。到達日本的宋朝難民中有數十個非常有影響力的禪宗僧人。從某種意義上來說，當中國處於元朝統治之下時，日本人使宋朝文化得以延續。因為幕府，即日本的軍事精英，希望樹立自己是中國文化的高雅追隨者的形象，從而和京都幾乎與世隔絕的天皇宮廷的學者和詩人競爭。另一方面，忽必烈與日本素無冤仇，日本沒有對蒙古構成直接的軍事威脅。[39]

不過，幕府對蒙古人的詭計看得很清楚；正因為日本與宋朝有著跨海的定期聯繫，幕府將軍很清楚蒙古人想從日本得到什麼，特別是他們索取的巨額貢品。日本列島本身似乎很安全，蒙古人從未冒險渡海，為什麼要理睬忽必烈的空洞威脅呢？因此，鎌倉幕府選擇將蒙古使節送回，不作任何答覆。在京都，天皇宮廷的態度也是如此。儘管真正的權力掌握在幕府和將軍手中，但是如果日本要承認蒙古人的

---

❻ 譯注：引文借用馬可．波羅著，馮承鈞譯，《馬可．波羅行紀》，上海書店出版社，二〇〇一年，第三卷第一五八章，第三八七頁。

❼ 譯注：應出自東嚴惠安《蒙古降伏祈願文》。見《中世日本東アジア交流史に關する史料集成》、《正伝寺文書》。

❽ 譯注：見（明）宋濂等撰，中華書局編輯部點校，《元史．卷二百八　列傳第九十五．外夷一．日本》，中華書局，一九七六年，第四六二六頁。

優越地位，必須以天皇的名義進行。一二六九年，七十名蒙古人和朝鮮人來到對馬島，要求日本人答覆大汗的信件。幕府將軍再次不答。蒙古使團帶著幾名俘虜回國，俘虜被允許參觀忽必烈的宮殿，然後被送回國。蒙古人希望這些俘虜回國後向幕府報告大汗是多麼強大和輝煌，從而震懾幕府，迫使其作出反應。即使如此，日本仍然保持沉默。[40]在抵制大汗的試探，並獲得更多關於忽必烈性格和圖謀的情報後，日本人儘管在面對蒙古使節的時候貌似無動於衷，但實際上他們非常緊張。他們甚至終於起草一份回信，但它從未被寄出。日本人誦讀祈願和平的經文，並對蒙古人發出儀式性的詛咒。此外，日本人還制定突襲朝鮮海岸的計畫，以消滅任何用於建造艦隊攻擊日本的設施。事實證明蒙古人的威脅並非空穴來風，所以日本人判斷，攻擊朝鮮只會讓局勢更糟。

一二七四年十月，蒙古人對日本的第一次進攻開始了，由蒙古大汗的陸海軍和他的附庸高麗國王的陸海軍共同發起。不出意料，九百艘船經過對馬島，到達博多灣，這是從朝鮮半島南端出發的最短直接路線。[41]據說這些艦船運載著將近三萬人，這個數字並非完全準確。據說為了威懾敵人，蒙古人把日本婦女的裸屍釘在槳手座上。[42]博多被燒毀，但是日本人的抵抗非常頑強。武士竹崎季長在圖文並茂的卷軸中記錄他遇見另一位日本武士的經過，此人當日戰果頗豐：

> 經小松原而至赤阪。見一武者，乘葦毛馬，著紫逆澤瀉鎧並紅母衣，所率僅百餘騎，破敵陣而逐殘敵，太刀與薙刀前各懸敵軍首級，甚是威武。乃問何人，答曰：「肥後國菊池二郎武房是也，君複何人？」對曰：「同肥後國竹崎五郎兵衛季長是也。請視吾破敵。」言罷，突入敵陣。❾[43]

在與這些鬥志昂揚的英雄廝殺了一天之後，蒙古朝鮮聯軍心灰意冷地撤退了。[44]忽必烈在經歷一二七四年速敗的恥辱後，更加堅定征服日本的決心。但是目前他集中精力於一個更重要的目標，即征服中國南方。遠征日本慘敗之後的一二七六年，他取得占領臨安的功績。一二七七年，馬可．波羅自稱很熟悉的大港口泉州向蒙古軍隊投降，因為泉州官員意識到，如果蒙古人強行攻城，泉州必然會喪失其在海上貿易中的突出地位；一二七九年的崖山之戰中，蒙古人證明他們有能力在海上贏得一場重大的戰役：宋朝艦隊的九百艘艦船中，只有九艘逃脫被摧毀或俘虜的命運。宋朝的海軍統帥⑩背著小皇帝跳海自殺。宋朝就這樣滅亡了。[45]

蒙古人對日本的第二次進攻，發生在第一次進攻的六年半之後。為了對日本發動新的戰爭，蒙古人徵召大量的前宋朝軍人。這一次，大汗的目的不僅僅是將蒙古人的宗主權強加於日本，還要在這片土地定居，所以蒙古船上除了武器外，還載有農具。死刑犯只要同意在忽必烈汗正在建立的龐大軍隊中服役，就可以獲釋。但是，日本人仍然有一種似乎很荒唐的自信，相信自己能夠抵擋這次攻擊。他們決定在鎌倉接見蒙古使節，在蒙古人看來這似乎是個好兆頭；但使節一到，就被斬首示眾，於是蒙古人必然會發動進攻。[46]日本政府痛心地意識到，在一二七四年的短暫攻擊中，博多已被摧毀，於是下令在博多灣周圍修建一道十二．五英里長的石牆，部分石牆留存至今。[47]博多灣成為海上和陸上鏖戰的戰場，日

⑨ 譯注：譯文借用馬云超的〈《蒙古襲來繪詞》的基本內容與研究概況〉，《元史及民族與邊疆研究集刊》，二〇一四年第二期，第一三二—一三六頁。
⑩ 譯注：指陸秀夫。

本的艦船與地面部隊不斷騷擾從對馬島和壹岐島而來兵力更強的侵略軍，而第二波蒙古軍隊則聚集在九州西端沿海的竹島⓫附近。[48]

在眾多英勇壯舉中，河野通有的表現最突出，他在一二七四年就曾參與抵抗侵略者的戰鬥，這次他在防禦牆外直接與侵略者交戰，以展現他的勇敢。有一天，他看到一隻鷺撿起一支箭，扔到蒙古人的船上。他認為這肯定是日本人取勝的預兆，所以和伯父河野通時下定決心，是時候對蒙古艦隊的心臟發動攻擊了。他們乘坐幾艘小船穿過海灣，毫不費力地穿越蒙古艦隊，因為蒙古人認為他們一定是來投降的。他們來到一艘旗艦旁邊，河野通有殺死一個令人生畏的巨人士兵之後，這艘旗艦上的船員震驚地投降了。[49]河野通有俘虜一名蒙古將軍，不過自己的肩膀負傷，而且伯父陣亡了。在返回陸地後，河野通有寫了一首詩來紀念自己的功績。[50]這些戰功使他成為日本的英雄。在幕府的軍事統治下，對武士武功的推崇提升到新的高度，有一、兩位抗擊蒙古人的日本英雄甚至被後世當作神來崇拜。

但是，所有這些努力都不足以阻擋一波又一波的入侵者。朝鮮艦船抵達對馬島，島民試圖逃到山區，但是孩子的哭聲暴露他們的藏身之處，朝鮮人無情地屠殺了島民。侵略者隨後用投石機發射爆炸性的陶製彈丸，轟擊朝鮮和日本之間的下一座島嶼（壹岐島）的居民。但是蒙古船上過於擁擠，衛生條件惡劣，助長了疾病的傳播。正如中國史料指出的，蒙古軍隊因為疾病而損失三千人。蒙古指揮官們發現沒辦法協調從朝鮮和更遠南方趕來的不同部隊的行動，而且博多灣防守嚴密，不適合大規模登陸。已經抵達博多灣附近的海軍分隊將他們的船隻連接在一起，形成一條連續的戰線，就像一面壁壘，與日軍對峙，但是對下一步該怎麼做沒有非常明確的想法。[51]日本的小船像黃蜂一樣糾纏蒙古艦隊，擠滿了整個水域。竹崎季長描述博多灣的混亂情況：

「我是根據祕密命令列事。讓我上船！」

我把我的船帶到了高政那裡。

「守護沒有命令你來這裡。你的船快離開！」

我沒有辦法，只得答道：「如你所知，我不是守護召喚來的。我是副守護，但來得晚了。請聽從我的命令。」

「津森大人在船上。沒有更多的空間了。」[52]

最後，已受傷的竹崎季長被允許上船力戰。

儘管如此，對蒙古人來說進展相當順利，他們成功守住一個灘頭陣地，儘管後來被打回近海島嶼，但是他們並沒有被徹底擊退。威脅仍然存在。然後，守軍的祈禱似乎應驗了，「一條青龍從海浪中抬起頭來」，天空變暗，突然刮起猛烈的颱風。許多滿載士兵的船隻在海上被風暴席捲拋襲，或者被拋到陸地上，還有一些船隻相互碰撞。有人認為這不過是一場把蒙古人的船隻吹回亞洲大陸的東風，而他們

⓫ 譯注：原文如此，存疑。竹島（今天由韓國實際控制，稱為獨島）並不在九州島西端沿海，距離九州島甚遠，估計應為志賀島。

本來就打算撤退了。一些日本作家，特別是當時在場的武士竹崎季長，並沒有提到這場「神風」，[53]但下文會探討的考古證據講述一個與上述不同、更傳統的故事。日本、中國和朝鮮對此事件的描述基本一致，因此「神風」雖然是一個深入人心的日本傳說，但也有史實基礎。傳說有十萬人淹死，四千艘船沉沒，實際的數字可能更接近一萬人和四百艘船。[54]

威尼斯人馬可・波羅留下關於蒙古入侵日本的最有趣記述之一。他只了解蒙古人對日本的第二次攻勢，知道這支侵略軍的指揮官之一阿巴罕的名字，而中國人顯然把另一位指揮官的名字范文虎訛傳為「范參真」。[55]據馬可・波羅說，這兩位負責領導遠征的「男爵」關係不和。他們是「謹慎勇敢」的人，奉旨從刺桐（泉州）和行在（杭州）兩港出發，這兩地是中國連接東南亞的重要貿易中心。隨後他們在日本登陸，而馬可・波羅講述一個駭人的暴行故事：八個日本人被送去處決，但蒙古人沒辦法砍下他們的頭或對他們造成任何傷害，因為這些日本人的皮膚下嵌有魔法石，於是殘酷的蒙古人把他們活活打死了。不過不久之後，一場大風吹來，蒙古人被迫離開；許多船隻沉沒，但其中一位男爵指揮的三萬人在一座無人居住的荒島上避難，希望由另一位男爵指揮的艦隊殘部會來救他們。他們可以看到艦隊在全速航行，但「得脫走之男爵遂不欲回救其避難島中之同僚」。於是，日本人派自己的艦隊來到這座島上；流落至此的蒙古軍隊逃進山裡。在日本人尋找他們時，蒙古人悄悄地搶走日本船隻；然後他們打著日本人的旗號，駛向馬可・波羅所說的「大島」，他們在那裡被當作凱旋的日本英雄而受到歡迎。於是他們登陸並向日本都城進軍，奪取了都城。日本人發動反擊並圍困都城，七個月後，蒙古人同意投降，「條件是饒恕他們的生命」。兩位男爵的命運則更加悲慘：他們確實設法回到家鄉，卻被大汗處決了，因為其中一位臨陣脫逃，而另一位的罪名是「練達之將不能有此失也」。[56]

顯然馬可．波羅關於日本的故事就像他關於東亞其他地區的故事一樣，有虛有實。在他關於蒙古入侵的敘述中，有時聽起來這是一個童話世界，居然有魔法石，而且蒙古人還占領了京都或其他城市，事實上這從未發生。不過馬可．波羅對兩位蒙古指揮官之間爭鬥的描述當然是可信的。日本史書提到兩位蒙古指揮官的失蹤，據推測他們死在海上。根據日本史書，一位蒙古指揮官病倒了，另一位不知道如何是好；給人的印象是蒙古軍隊缺乏領導，一片混亂，而不是競爭對手之間發生爭吵。因此，馬可．波羅的說法也不應輕易忽視，但最好的證據還是蒙古陸海軍的實物遺跡。一條線索是在高島發現的一枚一二七七年的蒙古銅印，它屬於一位陸軍指揮官，第二波蒙古侵略軍在前往日本的途中曾到過高島。一隊潛水夫在海底發現的錨、投石機彈丸、陶器和其他設備，似乎是兵敗的蒙古艦隊的殘留物。從海底打撈出的木頭碎片被證明出自十二世紀或十三世紀，還發現中國南方的白瓷，似乎也證實這就是大汗從中國南方派來討伐日本的艦隊。這些船都非常大，長兩百英尺，主要是用樟木建造的。考古學家認定這不是一艘載有精美陶瓷的商船殘骸，因為他們發現劍、箭、弩箭，以及用瓦製成、裝滿碎彈片的炸彈，甚至還有一名士兵的部分骨骸，周圍還有他的頭盔和皮甲的殘骸。而且發現一些斷了纜繩的船錨，船錨指向海岸，表明這些船隻被風拋向海岸，被砸成碎片。事實證明，將艦船連接在一起，形成一道浮動壁壘，是一個災難性的決定。當一艘船被洶湧的海浪捲起時，把自己兩邊的船也帶走了。[57]但最具說服力的證據來自對船隻碎木片的分析。鏽跡顯示，這些木板是以一種相當雜亂的方式釘在一起的。要麼是這些船在之前的航行後沒有得到妥善修理，要麼就是一開始建造得不盡人意。在最後期限之前，趕時間準備一支龐大的艦隊，難免會導致艦船在沒有經過適當檢查的情況下就被批准服役，儘管在水下發現的一塊木頭是在某樣東西（很可能是船）被修理後頒發的檢查證書。船上的許多罐子品質很差，彷彿是在窯廠匆匆趕工完成的；用兩塊部件匆匆製成的大型石質船錨是否有效也值得懷疑。[58]因此蒙古艦隊很可能確實是被暴風雨摧毀的，這些艦船在颱風中倖存下來的機會很小，因為它們的品質太差，船體受壓後會解體。蒙古艦隊部分遺跡的發現，是海洋考古學的重大成就之一，與史書記載相符。

第二次進攻日本失敗後，忽必烈把他的主要注意力轉向越南和爪哇，但在那裡也沒有取得成功。馬可・波羅知道，忽必烈征服爪哇的努力失敗了。忽必烈之所以對爪哇感興趣，肯定是因為該島的財富及其與中國的密切貿易聯繫。馬可・波羅特別強調這一點。忽必烈對越南開戰的藉口是，大越為大宋朝廷的主要成員提供庇護，另一個中南半島王國占婆（Champa）則是一個重要的貿易和海盜基地。在一二八七年的白藤江之戰中，大越守軍也見證一支蒙古艦隊的毀滅。這場戰役是在河口進行的，大越人面對數萬，甚至數十萬入侵者；這一次是戰爭毀滅了蒙古艦隊，大越人用火箭攻擊蒙古艦隊，然後用燃燒的竹筏火攻蒙古艦船。[59]

不足為奇的是，元朝對自己在日本、越南和爪哇的令人尷尬海戰失敗避而不談。一二八一年之後，中國和日本之間的關係明顯迅速恢復。商船在兩國之間來回穿梭，彷彿什麼都沒發生，元朝政府還允許日本船隻定期造訪中國。不過日本人在逆境中取得的勝利，成為他們自豪感的來源，他們相信向神靈的祈禱得到回應。在京都的朝廷裡，有人認為伊勢神宮神官的祈禱說服了神靈，使萬里晴空中出現巨大的黑雲；從雲中射出的神箭像颱風一樣咆哮，在海面上引發海嘯，山峰般的巨浪將入侵的蒙古艦隊壓成碎片。[60]這場勝利不僅給日本天皇的朝廷和神道教帶來聲望，而且證明與禪宗聯繫緊密的鎌倉幕府有大智慧。因此，複雜的統治體系中的雙方（天皇和幕府）都受益了。不僅如此，由於蒙古人可能發動第三次入侵，很有必要持續進行動員，於是鎌倉幕府的權力就有正當理由擴展到日本更大的區域，包括四國和九州的部分地區。有人認為，「幕府直到這場戰爭之後才成為一個真正的全國性政權」。[61]而在將近七個世紀之後，日本的神風特攻隊飛行員也會援引「神風」的故事。

三

琉球群島（其中最著名的是沖繩島）是，「表面上微不足道的小群島利用中間位置獲得財富和影響力」的絕佳例子。琉球統治者知道他們生活在貧窮和貧瘠的島嶼上。正因如此，他們的臣民學會透過充當中、日與太平洋西岸其他地區的中介來獲利。一四三三年，琉球的中山國王寫信給暹羅國王表示：「本國稀少貢物」⓬，並向暹羅派出一艘船，船上裝的不是琉球貨物，而是中國瓷器。[62]琉球有一些本土產品享譽海外：駿馬、珍珠母和紅色染料，但琉球人在裝船時優先考慮中國和日本產品。[63]琉球人的獨特之處在於，他們抓住強大的鄰國明朝退出海洋的機會，主動出擊。在非常遙遠的過去，來自五湖四海的人們定居到琉球群島，但是琉球與日本的聯繫一直特別緊密。如果天氣晴朗，從琉球島鏈向九州航

⓬ 譯注：出自臺灣大學編集，《歷代寶案》，第一集。

行，一路都可以看得見陸地。許多個世紀以來，一直有人從日本南部來到琉球群島定居。七世紀初，也許是被這些島嶼是無憂仙境的想法誘惑，中國皇帝向這個方向派出一支遠征隊，並抓走許多俘虜。這一時期的中國錢幣證明，琉球在這個時期確實與亞洲大陸有接觸。[64]即便如此，直到七世紀末，日本官員才開始認真注意他們的南方鄰居。毫無疑問，這樣做的一個特殊原因是，日本天皇很想表明他和中國皇帝一樣，也接受下屬民族的朝貢。[65]

十二世紀中葉，日本的平氏和源氏這兩個貴族豪門之間的激烈爭鬥蔓延到琉球島鏈。平氏的一個死敵名叫源為朝，是技藝嫻熟的弓箭手。他在九州長大，參與源氏對京都的攻擊，但是不幸被俘。他很幸運地逃脫死刑，但受到的懲罰仍然很殘酷：他使用弓箭的那隻胳膊被挑斷臂筋，然後被送到本州之外的伊豆諸島，在那裡度過十四年沉悶的流亡生活。根據一個傳說，他的船被風暴吹到「鬼島」，這可能就是沖繩。他本來只打算在伊豆諸島的兩座小島之間做短途旅行，但是現在他抓住機會與琉球國王結交，並最終和國王的女兒結婚。他們的孩子名叫舜天，後來統治了琉球。但是源為朝一直希望重返戰場，因此拋下妻兒，駛回日本。伊豆的副總督擊潰了他的小股部隊。源為朝沒有屈服，而是切腹自殺，切腹儀式差不多在這個時期開始流行。這是一個傳說，但它可能反映一段實際上不那麼有戲劇性的歷史，即流浪武士當了琉球酋長的手下，而有部分日本血統的舜天成為琉球酋長之一。

日本的影響在琉球群島不斷擴大，標誌就是基於日文音節符號的文字被引入琉球。不過，琉球人並沒有採用已成為日文一部分的複雜漢字，而只依賴普通的音節符號。大多數人在看到今天的日本文字時，可能都會認為這是一個非常明智的決定。[66]十五世紀，日本的堺市與琉球有著非常密切的貿易關係，飲茶刺激了雙方的接觸。飲茶的習慣使得日本人對茶碗和其他茶具興致盎然，這種熱情也傳到琉球，而禪宗的素食主義似乎為琉球帶來新的飲食時尚和適合禪宗素食的新型擂缽。作為回報，日本人可以從琉球獲得中國的繪畫、陶器和金屬器皿。[67]我們不得不再次依賴較晚的說法：據說直到一二七〇年左右，一位名叫禪鑒的和尚因海難而流落到琉球後，佛教才開始在琉球傳播。[68]統一這些綿延數百英里的島嶼，超出沖繩島酋長的能力。沖繩島是琉球群島中最大的島嶼，與九州相比，更靠近臺灣。

十四世紀，日本政治權力的進一步分裂在琉球產生嚴重的後果。足利將軍承認九州的一個貴族家族為「南方十二島的領主」，儘管他們實際擔任此職務已經有一段時間了。這對解決琉球（「中山王國」）的內政問題毫無幫助，因為中山和日本本身一樣，處於軍閥割據的狀態。一個叫察度的軍閥在一三四九年中山國王駕崩後奪權。明朝在一三六八年推翻蒙古人的統治，一三七二年抵達琉球的明朝使團把察度迷得眼花撩亂。這個使團是來重申明朝的宗主權。察度顯然很喜歡從明朝使團那裡收到的禮物，他的兄弟前往大明朝廷後也獲贈厚禮。察度的兄弟帶著授職的印章回來，彷彿是明朝皇帝將琉球王位賜予察度，儘管他在明朝建立的將近二十年前就篡奪王位。琉球使節嚴格遵守朝貢使節的禮節，包括三叩九拜的大禮，贏得明廷的讚譽。琉球人是第一個接受明朝宗主權的民族，比越南人、暹羅人和其他國家的人都來得早，而且在許多世紀裡一直順從地納貢。[69]朝鮮王朝的國王給琉球中山國王的信中寫道：「率土咸寧，薄海內外，共為帝臣。」⓭這麼說不無道理。[70]

⓭ 譯注：出自《歷代寶案》，轉引自楊亮功等主編，《琉球歷代寶案選錄》，臺灣開明書店，一九七五年。

琉球向明朝稱臣納貢得到的回報是，可以透過官方管道展開繁忙的貿易，以及一定規模的祕密貿易，比如一三八一年，琉球使團的譯員被發現企圖從中國偷運大宗香料。其他珍貴的產品還有瓷器和絲綢。[71]不過，琉球人並非僅僅著眼於中國；他們自己的資源有限，能提供的商品很少，所以需要建立一個更廣泛的網絡，利用北邊的朝鮮和日本及南邊的南海的商品。這個網絡的建立是經過深思熟慮的。一四五八年，一口鐘被存放在琉球的一座寺廟內，鐘上刻著以下的文字：

> 琉球國者，南海勝地，而鍾三韓之秀，以大明為輔車，以日域為脣齒，在此二中間湧出之蓬萊島也，以舟楫為萬國之津梁。[14][72]

為了鑄造這口鐘，必須進口金屬，並學習青銅鑄造技術。而在十六世紀初，當中山國王準備向麻六甲派遣一支遠航隊時，他反思了琉球面臨的根本問題：

> 緣本國產物稀少缺乏貢物深為未便，為此今遣正使王麻不度、通事高賢等坐駕義字號海船一只，裝載瓷器等物前往滿剌加國出產地面，兩平收買胡椒蘇木等物，回國預備下等進貢大明天朝所據……[15][73]

琉球的都城首里城（在今天的那霸）成為一個繁榮的國際貿易中心，可與博多和麻六甲媲美。首里城有大量日本移民，而許多中國人（包括水手和文書人員）更願意住在他們自己的城鎮，即距離首里城稍遠的久米村。琉球國王總是挑選中國文書人員來起草與中國和東南亞的外交信函。隨著中國金屬流入沖繩島，琉球人仿照明朝錢幣鑄造琉球錢幣，因此琉球經濟越來越貨幣化，就像中古日本一樣。[74]對琉球群島十處遺址的發掘，出土來自四面八方的大量陶瓷：其中最精美的有來自中國的淡綠色青瓷、青花瓷和白瓷，以及來自日本的「伊萬里燒」青花瓷、高麗青瓷，還有泰國和越南的陶器。[75]在琉球島鏈的北端，人們建立一個與日本瀨戶內海展開貿易的基地。琉球人將東南亞的香料和其他奢侈品運到九州西部的長崎，獲得一系列供家庭消費的美味佳餚，其中有一些聽起來不太開胃，比如海蛞蝓、魚翅、鮑魚及海藻，另外還有武器和日本黃金。[76]

同一時期，中山國王與暹羅、麻六甲、印尼（包括巨港）和朝鮮這些鄰國通信。琉球檔案中已知最古老的信件是一四二五年的，記載一四一九年對暹羅的出使，不過有其他證據表明兩國的聯繫至少可以追溯到察度統治時期。[77]琉球檔案中曾有琉球國王和幾個鄰國用中文進行的大量通信；不過這些通信一直沒有得到仔細的研究，在第二次世界大戰期間毀於美國攻打沖繩的戰火。透過對腐爛的直接影印件和零散抄本進行耐心復原，我們逐漸了解到一個活躍的政治與商業聯繫網絡。在這個網絡中，琉球是王公貴族需求奢侈品的集散中心，也是商品再分配的中心。[78]瓷器、生絲、印度布匹和蘇木都被運到琉

⓮ 譯注：出自「萬國津梁之鐘」的銘文。

⓯ 譯注：出自臺灣大學編集，《歷代寶案》，第一集。

球，而一四七〇年琉球國王送給朝鮮統治者的禮物，包括孔雀羽毛、玻璃花瓶、象牙、烏木、丁香、肉豆蔻和一隻八哥。[79]對琉球人來說，暹羅特別有吸引力，因為那裡有香料、象牙和錫。一四二五年的信件講述暹羅人對琉球人的責備，因為琉球人試圖展開蘇木和瓷器的私營貿易，而暹羅國王認為這些商品是暹羅王室壟斷的。惱羞成怒的中山國王要求公平對待他的商人和水手：他希望「矜憐遠人航海之勞」，因為「歷（涉）風波，十分艱險」⑯。琉球人在到達暹羅後才發現，他們必須遵循暹羅官員的嚴格指示。[80]正如暹羅人在一四七八年發現的，這確實是一條危險的路線。這一年，琉球人向暹羅派遣一個使團，船毀人亡，隔年暹羅國王下令（由國王出資）準備一艘新船：「船近琉球，又遇風暴，船破財散……此乃天意。」[81]

隨著來自琉球的中式帆船在海路上越來越引人注目，大明朝廷開始向琉球船隻頒發執照。琉球王室覺得應當仿效此法，監督琉球人與外界的接觸，於是也開始頒發航行執照，其印章必須與政府的紀錄核對，以證明航行得到官方批准。中山朝廷還模仿中國和日本，給奉命出國執行公務的人授予特殊的銜級，這是為了讓他們在抵達暹羅宮廷或其他地方時得到更多的尊重。[82]一般來說，琉球船員包括日本人、中國人和琉球人，這反映琉球本身民族混合的狀況。十五世紀，琉球活躍的貿易網絡一度涵蓋蘇門答臘島，琉球島鏈和暹羅之間有數十次航行。[83]從一四三二年起，中山國王與遙遠的爪哇和新建立的馬來貿易中心麻六甲（通往印度洋的門戶）等地進行聯繫。一四六三年，中山國王又向這些地方派出商船隊，通常五十天就可以到達；不過在一四六三年至一五一一年間，在這個方向已知的二十次旅程中，有四次以海難告終。琉球人給麻六甲蘇丹送去青色緞子、腰刀、大青盤、扇子和類似物品作為禮物，懇

求他笑納，還對其大加奉承：「蓋聞交聘睦鄰，為邦之要，貨財生殖，富國之基，邇審賢王，起居康裕……」⓱[84][85]

一四三九年，琉球人在中國泉州建立一個永久性的貿易站，有倉儲、住宿和接待訪客的區域。此後，他們頑強地堅持下來，直到一八七五年，貿易歷史長達四百三十六年。這是琉球人吸收中國文化的基地。他們學習中國文化不僅僅是為了裝點門面。琉球發展出屬於自己的文化，受中國的影響比日本的影響更多。琉球的紡織品模仿中國樣式，而琉球布的設計、顏色和材料則受到馬來半島與印尼的影響。重要的佛教典籍從朝鮮和中國傳到琉球。在一四五七年至一五〇一年之間，《大藏經》曾五次被贈送給琉球派往朝鮮的使節。[86]一般來說，琉球是一個願意接受外來影響的社會，由一個明顯國際化的朝廷統治。琉球朝廷也深知貿易的重要性，所以中山國王認為向外國統治者象徵性地進貢不是屈辱，而是務實有利也不失身分的事情。

從琉球到麻六甲的最後一次航行於一五一一年九月獲得許可，載著瓷器，換取胡椒和蘇木。這次航行使琉球人第一次接觸到西歐人，具體來講是葡萄牙人。葡萄牙人在幾週前才剛剛占領麻六甲城，所以他們得勝的消息不可能在琉球船出航前就傳到中山的宮廷。琉球人對麻六甲政權的突然更迭感到驚愕，於是離開了，再也沒有回來。[87]

⓰ 譯注：同上。

⓱ 譯注：同上。

記錄葡萄牙在印度洋征服成績的編年史家多默・皮列士（Tomé Pires）寫道，他的同胞在麻六甲遇到一些叫果萊斯人（Guores）的人，他們來自被稱為萊基奧斯（Lequíos）的群島。考慮到字母「1」在漢語和日語中的發音方式，萊基奧斯聽起來像是「琉球」的變形。果萊斯人派了三、四艘中式帆船（他們最多就這麼大的能耐），沿中國海岸航行，在廣州附近從事貿易，還造訪了麻六甲。皮列士寫道：「他們是了不起的繪圖員和軍械匠」，以劍、扇子和鍍金箱而聞名。所以皮列士顯然以為，果萊斯人帶來的貨物是他們自己生產的。皮列士還寫道，他們誠實而有尊嚴，厭惡奴隸貿易。即便如此，「萊基奧斯人是偶像崇拜者；據說如果他們在航行中遇險，就會買一個美麗的少女作為祭品，在船頭將她斬首。」[88]這可能更多地說明皮列士與琉球人缺乏直接接觸，而不是真的了解他們的生活方式。

四

在中古晚期的日本，官方和非官方貿易之間仍有區別。但是到了這一時期，朝廷顯然無法阻止未經授權船隻的活動。在幕府將軍足利義滿的領導下，朝廷向前往中國的合法船隻頒發蓋有政府印章的執照，用不同顏色的印章來表示貨物是官方還是私人的。在這種體制下，一四〇一年至一四一〇年期間，每年有兩艘船跨海前往亞洲大陸。在整個十五世紀，幕府將軍和富裕的寺院，如奈良的興福寺，是這種大型商業活動的主要贊助者。雖然日本奢侈品貿易的重點是宮廷和大寺院，但貿易對中古日本更廣泛經濟的影響也不容小覷。研究日本歷史的法國學者皮埃爾－弗朗索瓦・蘇伊（Pierre-François Souyri）展示，貿易如何改變一個相當保守的社會。[89]除此之外，還應該考慮亞洲宗教的巨大影響和中國文化異常強大的影響：書籍、圖像、社會規範，所有這些東西都被帶到「日本的地中海」，並在中古早期的形成期受到仔細過濾。過濾的方式就是政府加強控制，並試圖將日本與亞洲大陸的接觸限制在仔細規定的範圍之內。結果是日本人創造一個獨特的社會，結合本土和亞洲大陸的特點。到了中古晚期，日本社會能夠生產大量亞洲大陸需要的商品，並扭轉貿易平衡，形成貿易順差。

第十二章　龍出海

一

當中國和日本的統治者考慮貿易問題時，他們始終能意識到朝貢貿易（接受朝貢者要回贈禮物）與民間貿易之間的區別。日本佛教比較鼓勵逐利，甚至佛寺也積極從事貿易，如京都的諸多寺院。在古代中國，人們的態度更為複雜。一些鴻儒認為，貿易本質上是相當不光彩的事情，這和古羅馬的態度一樣。不過，外邦的進貢也表達對中國（或日本）文明優越性的認可，並且符合儒家的華夷及尊卑觀念。各個國家必須像廷臣一樣被劃分為三六九等；稱許多國家為「蠻夷」背後的意思是，如果他們知禮的話，就應該進貢。中國人偶爾把日本和朝鮮當作文明國家對待，但這種認可不是自動產生的。中國人仍然堅信日本和朝鮮在文化上落後中國。上文提到的中國人對羅馬使節居高臨下的態度，既反映中國人知道遙遠的西方有另一個大帝國，也反映中國人不願意承認羅馬能夠與中國皇帝統治的天朝上國平起平坐。除了政治功能之外，貢品還有一個作用：中國宮廷渴望異國的奢侈品，要麼為了自己使用，要麼用來分配給宗親、大貴族和大群的士大夫，這些士大夫都是通過人類歷史上最難的考試，才在朝廷有一席

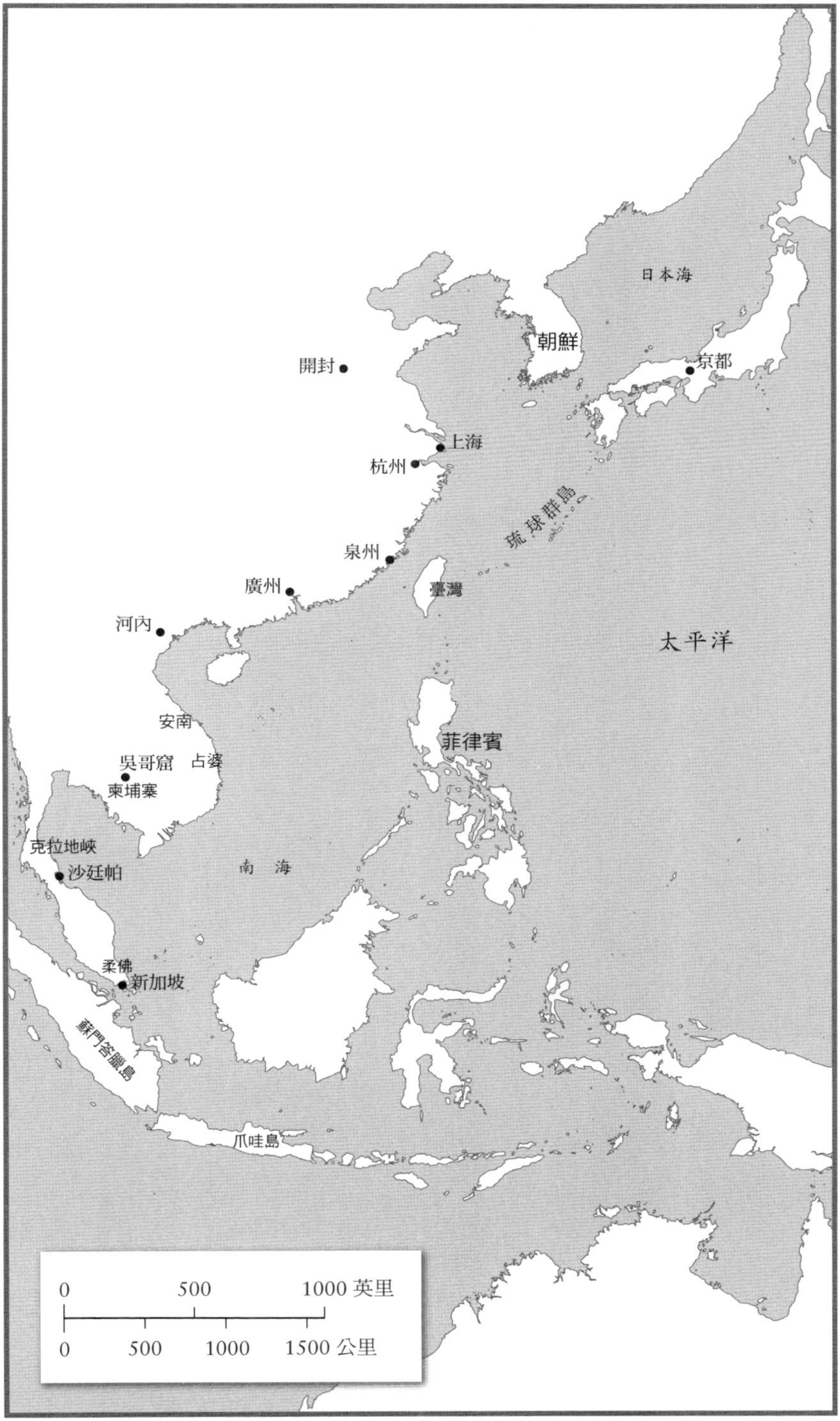

日本海
朝鮮
京都
開封
上海
杭州
琉球群島
泉州
廣州
臺灣
河內
太平洋
安南
吳哥窟
占婆
柬埔寨
菲律賓
克拉地峽
沙廷帕
南海
柔佛
新加坡
蘇門答臘島
爪哇島
0 500 1000 英里
0 500 1000 1500 公里

之地。朝廷對向廣大民眾提供外國奢侈品並不感興趣，何況皇帝的絕大多數臣民只能勉強維持生計。對他們之中的許多人來說，水運意味著數以千計的大型河船，將大量糧食從他們勞作的農莊運往大城市，特別是從十世紀開始，大城市在快速吞噬農民種植的大米等糧食。

但這並不是說，當中國皇帝要求以朝貢的方式進行商品交換時，就沒有商業貿易了。規模龐大的外國使團，其成員都會攜帶貨物，私下交易。此外，無論是中國人、日本人、朝鮮人，甚至是馬來或印度商人，都有很多機會逃避中國海關的監視。朝貢貿易與商業貿易不能並存，是中國朝廷在某些時期維持的一種虛幻概念。有些歷史學家對其信以為真，因為他們讀了太多官方文獻，卻沒有掌握豐富的考古證據。考古證據表明，大量的銅和瓷器透過海路離開古代中國，而且肯定還交易更多在地下或水下不那麼容易存世的貨物，特別是絲綢紡織品。實際上，在中國歷史上，沒有任何一個時期的海外貿易單純是朝貢貿易；中國朝廷也不希望如此，因為朝廷對來自印度洋、亞洲內陸和其他地區的異國貨物需求量非常大：僅舉幾類寶石為例，如祖母綠、石英、青金石。用於製造明代著名的青花瓷的優質鈷來自伊朗。雖然有些糖是中國自己生產的，但是最早在婆羅洲生產的糖也成為受歡迎的進口商品，因為物以稀為貴，而且它是中國貴族珍視的藥品。[1]

直到西元二千紀開始時，中國才開始大力建設一支龐大的海軍。與此同時，中國還重新提出被遺忘已久的對南海大部分地區的主張。[2] 但是在宋代（十世紀至十三世紀），中國確實曾經轉向海洋，並鼓勵海外貿易。一一二七年之後，宋朝失去了中國北方，「南宋」先在開封，而後在杭州統治❶，對貿易的興趣變得更加強烈。開封之所以聞名，有一個原因是它是猶太商人在中國的主要中心。幾個世紀以來，他們已經完全融入中國文化（但是仍然避免吃豬肉，這一點像穆斯林一樣，所以中國人經常將他們與穆斯林混淆）；這些猶太人似乎是從波斯和印度來的，幾個世紀以來，他們在內部一直講某種波斯語，有些猶太人被認為是透過海路來的，因為在泉州、杭州和其他近海城市或海濱城市也有一些猶太人社區。[3]這只是隨著中國向更廣闊的世界開放貿易，而湧入中國的不同民族和宗教團體的例子之一。[4]

與此同時，中國商人在海外港口建立自己的勢力，最南到了今天的新加坡；在那裡，他們毫不張揚，沒有遠航到中國從事貿易，而是在麻六甲海峽兩岸來回穿梭，造訪廖內群島（Riau Islands，今天是印尼的一部分）和柔佛（Johor，馬來西亞大陸最南端的省分），與馬來夥伴和不時經過他們那裡的中國大商人密切合作。中國在朝鮮的一個聚居區可以追溯到一一二八年。有時這些海外華人與當地女子結婚，就像在日本一樣。印度支那的占婆也有這樣的現象，在那裡的一些中國婦女夠富有，可以投資貿易，儘管她們不太可能親身冒險參加長途航海。[5]

宋代發生一場被稱為「商業革命」的活動，在此期間，泉州成為一個重要的國際貿易中心，下文會詳談；在這一時期，中央政府獲得可觀的稅收。[6]不過，我們不能誇大這種收入的規模。宋朝統治下所有土地的經濟活動的總稅率不到二％。[7]儘管如此，促進海外貿易發展的願望反映了朝廷新的態度：朝廷不僅需要奢侈品供自己消費，還必須找到手段來承擔異常沉重的財政開支，這些開支既要用於杭州和

❶ 譯注：原文如此。南宋以臨安（杭州）為朝廷「行在」，充當實際上的首都，名義上仍以東京開封府為京師，以示「恢復之志」。

其他權力中心的宏偉計畫，又要用於宋朝邊境的持續戰爭，特別是與控制中國北方的金朝的戰爭。透過鼓勵貿易和手工業（包括生產絲綢與瓷器，兩者都大量出口），以及建造船廠和港口，宋朝皇帝在縮小收入和支出之間的巨大差距方面取得一些進展。[8]

宋朝向海洋的轉向是逐漸發生的。宋太祖在西元九六〇年登基之前就有了海戰的經驗；他維持了一支海軍，並喜歡進行模擬海戰，不過這支海軍大多部署在河流沿岸和近海。針對安南和朝鮮的海戰發生在十世紀，這表明宋朝確實擁有遠洋航行的技術。不過，海軍被視為地位低於陸軍的輔助部門，主要任務是鎮壓海盜。有海盜就說明有貿易。這一時期從中國海岸出發的大多數航海活動動機，要麼是貿易，要麼是朝聖，而朝聖的人數比商人少得多。[9]西元九八二年，消費者抱怨無法買到渴望的外國芳香劑，朝廷不得不屈服於他們的壓力。寺廟祭祀對這些芳香劑的需求，無疑使朝廷取消了三十七種芳香劑的朝廷專賣。商人現在可以交易這些芳香劑，而無須把它們運到官方市場。這並不是商業革命的開端，但它標誌著朝廷對貨物流動的管控開始逐漸放鬆。在幾年內，朝廷將關稅從一〇%提升到二〇%，同時進一步減少對市場的管控。朝廷現在認為，從貿易中獲利的最佳途徑是商業稅收，而不是直接控制貨物流動。[10]

與此同時，發生一個觀念上的轉變：從依賴朝貢，到接受「海外貿易不僅對商人有利，也對政府有利」的理念。南海沿岸的港口越來越歡迎外商，而且從西元九八九年開始，中國商人獲得出海的自由。他們仍然必須登記到達和離開的情況，而且必須在九個月內回到最初出航的港口，以便對貨物進行稱重和徵稅。這意味著他們只能出國一個季風週期的時間，而且不能像自己希望的那樣，從麻六甲海峽進入印度洋。南海出現一個非常密集的交流網絡，中國商人與馬來人、暹羅人和其他民族一起做生意，大量的現金刺激該地區現有網絡的發展。[11]一開始，只有杭州和明州❷兩個港口被指定為出發港，後來又增加了廣州；但到了一〇九〇年，朝廷發現這些限制顯然弊大於利，於是此後船隻可以從任何願意發放許可證的州縣出發。據說在十一世紀中葉，正式輸入中國的外國產品價值超過五十萬貫，而且這個數字繼續上升，在一一〇〇年前達到一百萬貫。一〇七四年，持續了一個世紀的銅錢出口禁令被廢除，於是中國商人能夠滿足外國對中國貨幣的強烈需求。銅錢而不是以物易物，成為結算的一般手段，儘管朝廷不時發行紙幣，希望阻止銅錢外流，還計劃鑄造鐵錢供外商使用。[12]海上貿易的自由化成功了，一場商業革命正在進行。另一場商業革命同時在地中海和北歐（特別是在義大利與法蘭德斯）發生，這是一個奇怪的巧合。不過，這兩場商業革命將在印度洋和東南亞產生類似的影響：對香料與香水的需求成倍增長，東印度群島的產品被向北吸到中國，向西吸到紅海和地中海。

到目前為止，我們描述的不僅僅是經濟活動方向的改變，也是中國對外界態度的改變。穿越亞洲的漫長的陸上絲綢之路過於脆弱，無法承受游牧民族襲掠的壓力。陸上絲綢之路的重要性總是被一些浪漫的歷史學家高估，而實際上在宋代進一步降低，儘管後來在蒙古統治時期（從十三世紀末到十四世紀末）有所復甦。大海才是通衢大道，在宋代，中國人及馬來人和印度人都大規模使用海路。在延續三個世紀的宋代，中國比近代以前的任何其他時期都更開放，對與鄰國的聯繫更感興趣。這種開放雖然只是相對的，但在一一二六年之後變得更明顯。宋朝的首都開封在這一年被北方游牧民族女真族占領，女真

❷譯注：即寧波。

族在中國北方的大片土地上建立自己的帝國。大宋朝廷從開封撤走，將杭州作為行在。[13]中國北方正是受水災、旱災和戰爭影響的地區，其財富似乎在急劇萎縮，而南方蓬勃發展：新的灌溉工程提高水稻產量，刺激人口成長，而金、銀和銅從南方省分的納稅人手中流入國庫。[14]這對航海商人來說是好事，因為杭州靠近海邊，出發前往南海的船隻都要在杭州獲得批准。

朝廷對此時出現的機遇並非視而不見。帶來價值五萬貫外國貨物的商人可以獲得榮譽（即官階），而從大規模的乳香貿易中成功收取超過一百萬貫稅金的稅務官員也被授予更高的官階。朝廷編製經海路抵達的貨物種類清單，並根據價值高低實行不同的稅率。朝廷推翻早先透過徵收高額關稅來從海上貿易變現的決定，在一一三六年將關稅率降至一〇%，其中低價值商品的稅率降至六・六七%；這不僅沒有導致稅收總額減少，反而鼓勵私營船主，因此到了十二世紀中葉，朝廷每年從海上貿易中可獲得兩百萬貫的稅金。奇怪的是，朝廷需要的一些奢侈品，如犀角，在一一六四年被提高稅率，直到一二七九年蒙古人推翻宋朝，稅率仍保持在同一水準；但這只是促使航海商人更重視低價值商品，如藥品和香水，這些商品的流通量比奢侈品大得多，而且使用族群超出宮廷的狹窄範圍。[15]

城市發展對中國社會產生深刻影響。隨著人們向城市遷移和城鄉人口平衡的改變，城市對糧食的需求急劇增加。這也推動農村商業網絡的發展，因為農民是為城市的市場服務的。[16]外國對中國商品的需求刺激了中國最著名的行業：絲綢業和陶瓷業。其他出口到東南亞的產品，包括中國的金屬製品、鐵礦石（在沉船中發現一些），以及裝在陶罐中的米酒。[17]外國對於銅，無論是銅錠還是錢幣，都有持續的需求。[18]為了確保銅錢的外流不至於使中國沿海的財富全部流失，一種辦法是向外國市場傾銷大量陶瓷

（儘管經濟史學家喜歡用「傾銷」一詞，但我們不該認為傾銷的是劣質產品。這些陶瓷很受讚賞，只是數量很大）。[19]商業化進展迅速。海岸線作為統治者和被統治者的財富來源，其重要性日益突顯。中國正在發生變革。所有這一切似乎與中國自一九八〇年代以來發生的事情驚人地相似，儘管當代中國的經濟成長比宋代快得多，而且規模也大得多。

二

宋代發生的一個巨大變化是，湧現一大批願意到遠海冒險的中國商人。不過我們要記住，對「土生土長的中國人」這個說法，必須廣義地理解，因為一些巨賈和被委以商業重任的政府官員都是非漢族血統。其中有幾個人是穆斯林的後裔，要麼是阿拉伯人，要麼是波斯人，比如冷酷無情的蒲壽庚。當泉州在一二七六年落入蒙古人之手時，蒲壽庚是泉州市舶使❸，他投靠新主蒙古人，下令屠殺三千名宋朝宗室。[20]大宋朝廷除了傾向於照顧中國商人之外，也有政策鼓勵外商到中國。十二世紀初，中國商人蔡景芳招募外國人到泉州港，在一一二八年至一一三四年的六年間，他為泉州市舶司帶來九十八萬貫的利潤。他招募的人之中有一個叫蒲羅辛（Pu Luoxin，阿布·哈桑〔Abu'l-Hassan〕）的阿拉伯商人，專營

---

❸ 譯注：嚴格來講，蒲壽庚應在一二七四年任泉州提舉市舶使，一二七六年時任福建廣東招撫使。詳見毛佳佳，〈蒲壽庚事跡考〉，《海交史研究》，二〇一二年第一期，第二九－四二頁。

乳香，為泉州港帶來價值三十萬貫的乳香。大約在同一時間，從三佛齊進口的乳香價值一百二十萬貫。當時中國人對乳香的需求極大。大宋朝廷對蔡景芳的成功印象深刻，於是熱情地對那些說服外商向中國運送大宗貨物的中國商人授予官銜。[21]這個案例表明，民間商業對政府的刺激，使得政府進一步鼓勵民間商業活動。在宋朝的例子裡，我們看不到當權者貶責或反對跨海貿易。

在這個時期，大海得到前所未有的關注。中國人和外國人並肩工作，中國不只是被動地接受跨越南海的貨物。到達中國港口的大部分船隻都是外國的，但也有大型的中式帆船；這是一個技術革新的時代，在此期間，中國人發明一種使用懸掛在繩子上的磁化針的航海羅盤。十二世紀初的一篇文獻寫道：「舟師識地理，夜則觀星，晝則觀日，陰晦觀指南針。」❹[22]中國人對磁力和辨別方向的知識，可以追溯到西元前五〇〇年左右，因此這是一種隔了很久才得到應用的古老知識。在之前的幾個世紀裡，中國人對辨別方向的主要興趣在於占卜和風水，比如借助磁鐵的幫助，可以使建築物正確地坐北朝南。航海羅盤的發明這麼晚，表明對航海技術的需求是隨著中國人航海習慣的逐漸養成而增長的。與著名的中國科學史學者李約瑟（他在漫長的一生中，將毛澤東思想、道教和英國聖公會高教會派的思想結合在一起）的熱情信念恰恰相反，維京人、阿瑪菲水手及其他人對羅盤的使用，幾乎可以肯定是遙遠西方的獨立成果，而不是因為中國技術透過伊斯蘭土地傳播到歐洲。[23]毫無疑問，羅盤的使用解決了太平洋航海的一個長期問題，即多雨季節的陰天意味著在大海上很容易迷失方向。即使如此，上面引用的那段話也暗示中國人仍然喜歡貼近海岸航行。

許多外商聚集在同一個港口，這個港口的名聲一直傳到中世紀的歐洲，它的阿拉伯名字叫刺桐

（Zaytun）。我們不確定這個名字是如何產生的，中國人稱其為泉州（舊式的拼法是 Ch'üan-chou）。泉州位於臺灣海峽沿岸，它的崛起是因為那個地區出現權力真空。被納入宋帝國之後，它作為一個偉大的貿易中心持續地發揮作用。泉州最初是作為一個替代性的港口出現，商人在那裡可以逃避中國海關官員的監管，因為在十世紀中葉，泉州地區處於一個獨立軍閥政權❺的統治之下。不過，隨著這個地區被強行置於宋朝的統治之下，以及朝廷在該地區權力的增長，朝廷監督當地事務的能力也隨之增強。這對中央政府來說是非常有利的，因為它開始從泉州的對外貿易中獲得越來越多的稅收：西元九八〇年左右有五十萬貫，在十二世紀初達到一百萬貫，到了一一五〇年左右提高到兩百萬貫。商人可能要繳納約四〇%的稅，還要從負責海關的市舶司官員那裡領取許可證；但是即便如此，生意仍然興隆。[24]有些商人從遙遠的巴林來到泉州，但大多數船隻來自南海沿岸，包括菲律賓、蘇門答臘、爪哇和柬埔寨，也有從朝鮮來的，朝鮮商人運來金、銀、水銀和他們的絲綢織物。[25]

泰米爾商人也來到泉州，泉州的穆斯林社區擁有幾座清真寺，其中最古老的清真寺，即清淨寺或艾蘇哈卜大寺（Ashab Mosque），建於一〇〇〇年後不久，仍然存世，是中國最古老的清真寺。泉州的

---

❹ 譯注：出自（宋）朱彧撰，李偉國點校，《萍洲可談．卷二》，中華書局，二〇〇七年，第一三三頁。

❺ 譯注：指清源軍（九六四年後稱平海軍），是五代十國時期的藩鎮割據政權，其疆域包括現今的閩南和莆田，首府為泉州。清源軍由原閩國將領留從效建立，前後歷經四位節度使的統治。西元九七八年，節度使陳洪進主動向北宋投降，史稱「泉漳納土」。

墓碑上不僅有阿拉伯文，還有波斯文和突厥文，記錄來自西方遊客的資訊。[26]沙廷帕（Satingpra）是南海沿岸的一座暹羅港口，與泉州的貿易非常活躍，從泉州進口大量瓷器。沙廷帕靠近馬來半島的狹窄頸部，即克拉地峽，從那裡可以進入印度洋。[27]柬埔寨高棉帝國雄心勃勃的統治者鼓勵與宋朝展開海上貿易，這並不奇怪。十二世紀上半葉，高棉國王蘇利耶跋摩二世（Sūryavarman II）本身就是一位船主，也很樂意接受中國船隻運送到他的王國的絲綢和瓷器。在吳哥就有宋瓷出土。[28]泉州周邊城鎮的瓷器被運到琉球。[29]在泉州商業的示範作用下，宋朝皇帝在中國漫長海岸線的其他地方建造若干港口，例如在上海，以及廣州與河內之間怪石嶙峋的海岸，那裡的水下暗礁被清除，使得航運更安全。當颱風來襲時，這些港口也是至關重要的避難所。

泉州既是無可匹敵的貿易中心，也是配銷中心，貨物從那裡沿著中國東部的河流和運河一直輸送到大都市杭州，即南宋的都城。公共工程使南宋的經濟繁榮獲得進一步的動力：疏浚運河和河流、築防波堤、建造倉庫供外國與本國商人使用。隨著跨海交通越來越頻繁，海盜受到的誘惑倍增，所以有時朝廷會為商船提供護航；海軍應運而生，翁昭等指揮官奉命清剿長江口附近水域的海盜。❻海盜朱聰在一一三五年被擊敗後，麾下由五十艘船和一萬名水手組成的艦隊被納入宋朝海軍；朱聰被任命為水軍統領，其他人紛紛仿效。一首簡短的詩流傳下來：「欲得官，殺人放火受招安。」❼十二世紀初的一位官員指責朝廷提供如此慷慨的赦免條件，實際上是在鼓勵海盜活動：「官司不能討捕，多是招安，重得官爵，小民歆豔，皆有仿效之意。」❽商船離開港口時必須登記備案，並儘量組隊航行。朝廷小心翼翼地控制前往不同目的地的交通。朝廷規定，每年只允許兩艘船前往朝鮮，第二年再返回；前往朝鮮做生意的商人想必是非常富有的，擁有三千萬貫現金（真實數字肯定是三萬或三十萬）；不過，在朝鮮和越南也有泉州商人的聚居區。[30]

三千萬貫似乎是一個天文數字，不過且看泉州人王元懋的故事，他在十二世紀末成為巨富。泉州有幾座佛寺，常有富家子弟出家。王元懋原本是僕人或雜工，社會地位低下，但僧侶教他如何閱讀「南番諸國書」❾（也許是印度佛經）和中國書籍。他被派往中南半島的占婆王國。占婆是中國歷史悠久的交易夥伴，早在西元九五八年，占婆國王就派阿拉伯商人蒲訶散（Pu Hesan，阿布·哈桑〔Abu Hassan〕或阿布·侯賽因〔Abu Husain〕），帶著一份具有爆炸性的禮物去見中國皇帝：瓶裝類似希臘火的燃燒武器。在占婆，一般來講，精英階層是印度教徒，普通民眾是佛教徒，商人是穆斯林。一到占婆，王元懋就引起國王的注意，國王對他能讀懂中國和外國書籍肅然起敬，於是賜予他一個宮廷職位，甚至把女兒

---

❻ 譯注：原句為「紹興元年五月十七日，提領海船張公裕等言：『成忠郎翁昭於海洋五處分部控扼，至十一月末間，賊犯通、泰，賊船五十餘艘，編髮露頂，肆行摽略。昭同使臣鄭旻等領兵鏖戰，賊遂逃遁。續收復海門縣，擒到偽知縣姚漢傑、主簿錢德之、縣尉王貴。』翁昭等各轉一官資。」出自劉琳、刁忠民、舒大剛、尹波等校點，《宋會要輯稿．兵一四》，上海古籍出版社，二〇一四年，第八八九一頁。

❼ 譯注：見（宋）莊綽撰，蕭魯陽點校，《雞肋編．卷中．建炎後俚語》，中華書局，一九八三年，第六七頁。

❽ 譯注：出自李綱，《李綱全集》，岳麓書社，二〇〇四年，第八二九頁。

❾ 譯注：出自（宋）洪邁撰，何卓點校，《夷堅志．夷堅三志己卷第六．王元懋巨惡》，中華書局，二〇〇六年，第一三四五頁。

嫁給他，妝奩價值一百萬貫。王元懋在占婆十年後，「而貪利之心愈熾。遂主舶船貿易」。[10]不久後，中國的一些高官對他頗為青睞，並與他的家族聯姻。在一一七八年至一一八八年的十年間，他派遣一名代理人乘坐一艘船到海外經商。當船員回來時，「獲息數十倍」[11]。但是有一名水手試圖騙取他的一半利潤，於是發生爭執。這個水手後來被謀殺了，雖然不是王元懋所為，但是他也受到指責和羞辱。31

關於泉州商人的故事，強調頭腦靈活的商人可以實現的驚人社會流動性。這個時期的中國故事一再強調，被描述為「農奴」或「一文不名」的人如何擺脫卑微的出身，累積大量財富，並與豪門聯姻。這進一步佐證宋代泉州社會發生的轉變。這種經濟擴張的一個重要影響是，被稱為「奢侈品消費普遍化」的現象，因為那些在社會階梯上攀升的人對祖輩過的簡樸生活感到有些不屑：

> 余謂三世仕宦，子孫必是奢侈享用之極，衣不肯著布縷紬絹、衲絮縕敝、澣濯補綻之服，必要綺羅綾縠、絞綃靡麗、新鮮華粲、絺繒繪畫、時樣奇巧、珍貴殊異，務以誇俗而勝人。食不肯疏食菜羹、粗糲豆麥黍稷、菲薄清淡，必欲精鑿稻粱、三蒸九折、鮮白軟媚，肉必要珍羞嘉旨、膾炙蒸炮、爽口快意、水陸之品。人為之巧鏤簋雕盤方丈羅列。此所謂會著衣吃飯也。[12]32

可見大米、茶葉和胡椒這些曾經的高級商品，越來越被當作柴和鹽一般的生活必需品。33

不過，泉州所在的地區並不特別肥沃或富裕。雖然種植了一些高品質的農作物，如荔枝和橘子，但是由於缺乏大面積的耕地，而且土地的報酬率低，該地區不得不依賴進口大米和其他糧食。34當地缺乏良好的資源，往往能夠刺激商業擴張，這個道理是不言自明的。在同一時期，熱那亞和威尼斯正在成為偉大的貿易中心，但是由於附近地區的糧食供應有限，所以依賴進口的糧食。宋代的「商業革命」與中世紀地中海地區的「商業革命」之間的相似性是相當驚人的。[35]港口貿易是「泉州現象」的成因；但是隨著城市的發展，泉州在中國最著名行業中的作用也越來越大。儘管朝鮮和日本的絲綢來到泉州，但泉州還是成為絲綢生產中心。不過，泉州絲綢的生產規模無法與泉州腹地小城鎮生產的精美瓷器出口規模相比，這些瓷器被大量出口到中東：精美的青瓷上有淺浮雕的花卉裝飾，其中有許多是在泉州以北的山那一邊的德化鎮生產的。[36]

三

造船業是維持泉州繁榮的另一個行業。忽必烈的許多船隻就是在泉州建造的。[37]在通往泉州港的水道發現的一艘沉船被確認為中國帆船，可以確定沉船年代為一二七七年。船上的貨物主要是貴重木材，也有一些瓷器，上面有文字表明船主是「南家」，即宋朝宗室在這一地區的分支。[38]沒有證據表明船上的人溺死了，所以它的沉沒是一個謎。關於這艘船的一個相當有說服力的猜想是，它到達泉州時，

---

❿ 譯注：同上。

⓫ 譯注：同上。

⓬ 譯注：出自楊枋，《字溪集》卷九，清文淵閣四庫全書本。

正值蒙古軍隊攻占該城，於是船員將這艘船鑿沉，不讓它落入中國的新主人（蒙古人）或嗜血的蒲壽庚手中。船長超過二十四公尺，寬超過九公尺，有十三個船艙。[39]中式帆船沒有尖的船首，船尾也是扁平的。[40]

這艘沉船的有趣之處不僅在於它的物質遺存，還在於它和馬可・波羅在其遊記中的描述極為相似，可參見他描述刺桐／泉州之後的那一章。馬可・波羅談到有多達六十個船艙和兩、三百名水手的船隻，能夠裝載多達六千簍胡椒。相較之下，泉州的船隻能算中等大小，可能是馬可・波羅筆下與大船並排行駛的「小船」的一種。但是在他著作的某些版本中，提到圍繞十三個堆滿貨物的隔艙建造的船隻，隔艙的目的是提高船體的強度，減少船體被「饑餓的鯨魚撞擊」或被岩石刺穿後沉沒的危險（「鐵達尼號」上使用的類似技術並沒有發揮作用）。其他的中世紀旅行者，如十四世紀的阿拉伯探險家伊本・白圖泰（ibn Battuta），對這些中國大船的描述也非常類似。[41]馬可・波羅在其他方面對我們也有幫助，他對刺桐的描述不像對杭州（在中世紀歐洲被稱為Quinsay，即「行在」）的描述那樣熱情洋溢，但是與中國文獻和考古證據吻合。在刺桐，「印度一切船舶運載香料及其他一切貴重貨物咸蒞此港」；但蠻子（即中國南方）的居民也湧向這座城市，為的是寶石和珍珠，「我敢言亞歷山大或他港運載胡椒一船赴諸基督教國，乃至此刺桐港者，則有船舶百餘。因為刺桐是世界最大的兩海港之一。」⑬也許他認為「世界最大的兩海港」的另一個是他的家鄉威尼斯。他知道泉州附近一座城鎮生產的瓷器不僅品質上乘，而且價格非常便宜。他還描述當地一套有利可圖的稅收制度，顯然是蒙古人從宋朝皇帝那裡繼承的。[42]

不過當蒙古人於一二七七年攻克泉州時，泉州的巔峰期已經過了。泉州的相對衰落不能歸咎於忽必烈在他統治下的元朝，泉州仍然是一個重鎮。泉州衰落也不是因為海盜對泉州和其他港口的生意興隆商船隊的襲擊。南宋與金朝的戰爭當然是一個因素，但泉州衰落與其說是戰爭的結果，不如說是不斷的衝突（一一六〇年再次發生⓮）對國家財政造成的壓力所致。中國的蒙古族統治者的商業政策可能也負有一定的責任，一二八四年，元朝試圖禁止私營外貿，重新回到傳統的立場，即對外聯繫應當在國家主持下進行。不過儘管有嚴格的懲罰措施，但該禁令只執行了十年。（一二八四年的）二十年後，它又被重新實施，但隨後又被放鬆、恢復和最終放鬆（一三二三年），所有這些都產生巨大的不確定性。禁令頒布後，泉州成為泉州市舶提舉司所在地，該司負責監督政府資助的遠航商貿，但是泉州商人的行動自由受到限制。元朝的另一項發展是成立斡脫局。斡脫是一個由中亞商人組成的組織，得到蒙古統治者的積極支持。但在十四世紀初，斡脫商人發現自己受到宮廷中一些派別的挑戰，這些派別對斡脫商人嚴格控制中國貿易感到不滿。斡脫商人希望建立航運壟斷，但是他們沒有航海經驗，因此在很大程度上依賴他們在中國港口結識的阿拉伯和波斯商人。這些情況無疑表明，到了一三〇〇年，泉州貿易面臨越來越大的壓力。[43]不過，對泉州衰落的大多數解釋都強調宋朝財政政策的遺留問題。宋朝始終無法保證收支平衡，部分原因是宋朝建立的貿易體系存在一些根本性的缺陷。

泉州的成功導致銅錢大量外流，數以百萬計的數字很能說明問題，因為對印尼香料和印度洋珠寶的

⓭ 譯注：引文借用馬可．波羅著，馮承鈞譯，《馬可．波羅行紀》，上海書店出版社，二〇〇一年，第三卷第一五六章，第三七六頁。譯文略有改動。

⓮ 譯注：應當指金朝皇帝完顏亮全面攻宋，時間為一一六一年。

持續需求已經滲透到市民階層。到了十二世紀中葉，宋朝統治者試圖利用印刷術，發行紙幣來解決財政赤字問題。馬可・波羅描述中國蒙古族統治者發行的紙幣，這種紙幣在整個中國流通，完全取代了鑄幣。宋朝的紙幣本質上是欠條，即可以在未來某個時候兌換成通貨的信用票據。商人非常希望用銅幣支付，因為銅本身就是一種商品，有穩定的價值，而且日本和其他地方對銅的需求量很大。商人懂得如何將銅走私到小港口，官方在泉州檢查商人的大船是否攜帶金銀之後，商人就可以從小港口把銅運走。[44]朝廷抵擋不住印刷越來越多紙幣的誘惑，結果就是通貨膨脹，這在今天看來並不奇怪，但是當時讓毫無防備的宋帝國措手不及。朝廷在改善港口和疏通河道時制定明智的經濟政策；但涉及發行紙幣的影響時，朝廷就毫無經驗了，濫發紙幣的長期後果是抑制外商的熱情。這些在中國以外沒有價值的印刷品對外商有什麼用呢？但是還有其他因素使泉州的經濟更加困難。十二世紀末，蒙古人對朝鮮的攻擊破壞一條有利可圖的海上通道。占婆及其著名鄰國高棉帝國發生爭鬥，那裡的混亂使得中南半島的這一部分地區的吸引力大減。三佛齊在十三世紀中葉已經過了巔峰期，儘管在爪哇的香料商人還有很好的商機。[45]所有這些都意味著由泉州主導近三個世紀的海運網絡發生收縮，儘管肯定沒有崩潰。

我們仍不知道的是，泉州到底有多麼典型，又或者有多麼特殊。南宋的都城杭州是一座更大、更宏偉的城市；但是一切都表明，對於帶著宋朝統治者渴望的奢侈品渡海來華的商人來說，泉州才是進入中國的主要門戶。從遠離中國海岸的更廣泛的脈絡來看，泉州可以視為一個貿易和航海網絡的樞紐，這個網絡延伸到南海、東海及印度洋。十五世紀初，中國朝廷對這些水域的興趣開始復甦，結果和泉州的崛起一樣引人注目，但只是曇花一現。

第十三章　鄭和下西洋

一

如前文所述，中國皇帝往往將日本視為藩屬，但給予日本的榮譽超過給其他大多數王國的恩典。幕府將軍足利義滿因為承認自己是中國的藩屬，而遭到兒子兼繼承人的嚴厲譴責。在十五世紀初，足利義滿向大明朝廷寫信時自稱「日本國王」，而「國王」一詞被理解為他接受中國天子的宗主權。明朝的建文帝曾寫信給足利義滿：

> 踰越波濤，遣使來朝……貢寶刀駿馬甲胄紙硯，副以良金，朕甚嘉焉……盡乃心，思恭思順，以篤大倫。❶

❶ 譯注：見《善鄰國寶記》，東方學會印本，第五〇－五一頁。

在建文帝被推翻後，幕府將軍向明朝致信，新皇帝永樂帝收到這封信時十分感激：

> 日本國王臣源表臣聞：太陽外，天無幽不燭；時雨霑地，無物不滋……英恩天澤，萬方向化，四海歸仁。❷[1]

永樂帝是明朝（一三六八－一六四四）的第三位皇帝，他是一個非常有趣的人物。他本名朱棣，登基後定年號為永樂，意思是「永久的幸福」；明朝的名字「明」是「光明」的意思，是永樂帝的父親選定的。永樂帝是無情又雄心勃勃的統治者，有許多宏偉的計畫，除了海陸遠征外，還重修了北京城，以及積極贊助文化事業。他重修連接北京和好幾條河流的大運河，保障都城的糧食供應。[2]他指派鄭和領導的海外遠航的故事，不僅為現代人津津樂道，而且在明朝後期就已經廣為流傳。一個名叫羅懋登的人寫了一本關於明朝航海的小說，於一五九七年出版，書名為《三寶太監下西洋記通俗演義》。儘管小說有明顯的幻想成分，包括對冥界的造訪，但人們還是試圖把它當作可靠的史料，用以解釋鄭和下西洋的所有那些在官修史書和現存碑文中沒有記錄的方面。[3]正是因為明朝遠航的規模之大，鄭和吸引研究永樂時期的歷史學家大部分的注意力：根據一部鄭和傳記的作者愛德華．戴德（Edward Dreyer）的說法，鄭和的第一次遠航有兩百五十五艘船，第二次有兩百四十九艘，總共有七次遠航。根據戴德的統計，鄭和的最後一次遠航有兩萬七千五百五十人參加，與第一次大致相同。其中一些數字後來受到質疑；但是當後人讀到這些記載時，無疑仍會對船隻的數量和規模、船載的人數與航行的距離感到震驚：明朝船隻到達東非、葉門、霍爾木茲、錫蘭和南海周圍的土地，鄭和還在麻六甲建立一個大規模的基地。[4]

有人將明朝的航行與克里斯多福・哥倫布的遠航比較。相較之下，哥倫布就處於下風了，因為哥倫布的旗艦「聖瑪利亞號」（Santa María）的尺寸與鄭和的寶船相比微不足道，而且哥倫布的第一支船隊只有三艘船。這一比較的前提是假設哥倫布與鄭和的目標是相似的，但事實遠非如此。不過，明朝皇帝在一四三四年之後再也未能重啟這些代價昂貴的遠航，這就提出一個關於中國歷史的老生常談的問題：如果中國的技術在許多方面遙遙領先於中世紀晚期的西歐，為什麼中國未能建立一個世界帝國，或是進行一次工業革命，又或是向世界開放？這個問題是李約瑟受馬克思主義啟發而撰寫的《中國科學技術史》一書的核心。[5]李約瑟猜測，在明朝或其他時期，中國人遠航到了南美、澳大利亞，還繞過好望角、航向巴西；他對中國事物的熱情簡直無以復加。不過，鄭和的航行也被一個譁眾取寵的作家❸肆無忌憚地利用，他編織了一個龐雜的故事，說鄭和船隊不止到了非洲和阿拉伯半島，甚至走得更遠，在西班牙人、葡萄牙人、荷蘭人或英國人到來很久之前，就發現了南極洲、阿拉斯加、大西洋和世界的幾乎所有角落。他還表示鄭和到達義大利，開啟義大利文藝復興，儘管文藝復興在那時已經進行一段時間。不用說，這種「研究」完全是無稽之談，純屬幻想，而事實比這些幻想有趣得多。[6]同樣地，有人認

❷ 譯注：同上。

❸ 譯注：指加文・孟席斯，他著有兩部胡編亂造的偽史《一四二一：中國發現世界》、《一四三四：中國點燃義大利文藝復興之火？》。

北京
南京
長樂
泉州
琉球群島
孟加拉
孟加拉灣
暹羅
安南
南海
安達曼群島
蘇木都剌
麻六甲
巨港
洋
0
500
1000 英里
0
500
1000
1500 公里

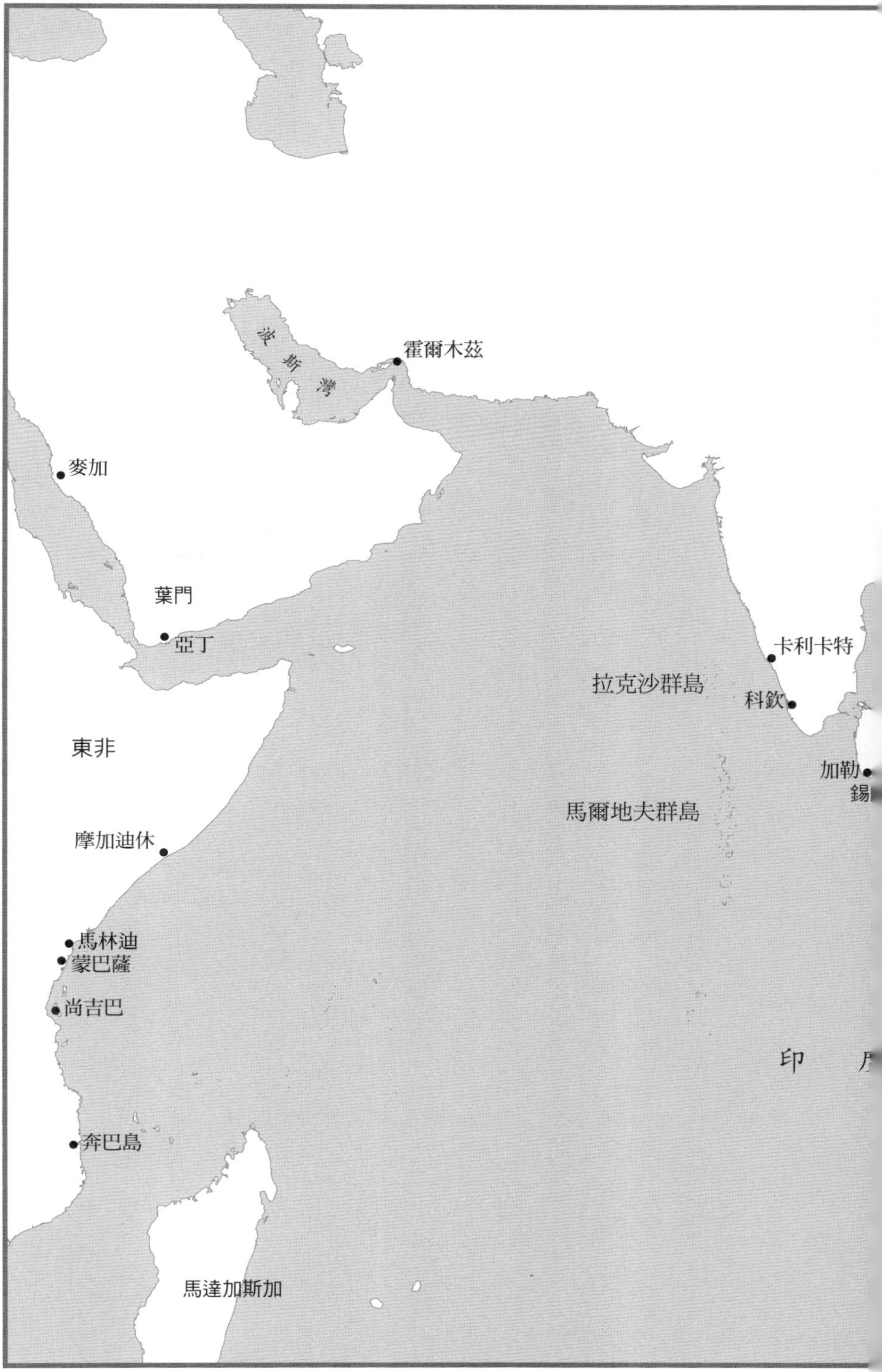

波斯灣
霍爾木茲
麥加
葉門
亞丁
卡利卡特
拉克沙群島
科欽
東非
加勒
錫
馬爾地夫群島
摩加迪休
馬林迪
蒙巴薩
尚吉巴
印
奔巴島
馬達加斯加

為馬可·波羅知道，甚至可能去過阿拉斯加，所以他是維京人之後第一個踏上北美土地（雖然是在北美的另一邊）的歐洲人。這種說法也毫無根據，不過它可能源自十六世紀的手抄本，而不是當代人的幻想。[7]

我們的第一個問題是，中國為什麼在一四〇五年至一四三四年發動七次大規模的遠航，而之前沒有嘗試過如此大規模的航行。在鄭和之前，明朝已經有一些航海活動。一四〇四年，即鄭和出發的前一年，中國特使、太監尹慶造訪麻六甲。尹慶代表永樂帝向麻六甲城的創始者和王公拜里迷蘇剌（Parameśvara）授予國王頭銜，將他作為麻六甲海峽及連接印度洋和南海的貿易路線統治者的地位合法化。[8]永樂帝還在陸路派遣使團，積極爭取中亞鄰國臣服，就像他在鄭和走的海路上贏得若干海洋國家臣服一樣。永樂帝希望遠在撒馬爾罕的內陸王國也接受中國文化。不過，撒馬爾罕的君主對自己被視為附庸並不滿意，嚴厲警告永樂帝不要再妄言成為世界的統治者，而應該成為穆斯林。

按照中國人的華夷觀念，永樂帝直接統治的中原王朝理應被一圈附屬的蠻夷國家環繞。他還決心收復曾經被中國統治的土地，並將其納入中國的文化圈。就像十三世紀中國的蒙古統治者一樣，他的目標是控制安南（大致在越南北部），儘管他的父親，即明朝的開國皇帝，曾警告不要嘗試實現這個目標（關於日本和琉球群島，他也提出同樣的建議）。[9]永樂帝建立一支大型艦隊，據說至少有八千六百艘從安南繳獲的艦船，但是安南人頑強抵抗，而且由於永樂帝在獲勝之後採取的一些措施，比如要求安南人穿中式服裝，抵抗越演越烈。[10]永樂帝覬覦的另一個適合從海上抵達的地區是孟加拉，他的大使干預當地局勢，避免孟加拉與鄰國發生戰爭。孟加拉統治者深深臣服於明朝皇帝，送來稀有的動物，其中一隻被認為是中國神話裡的麒麟，但其實是孟加拉統治者從遙遠非洲獲得的長頸鹿。[11]永樂帝曾在統治初期闡明他的目標：

上天之德，好生為大；人君法天，愛人為本。四海之廣，非一人所能獨治，必任賢擇能，相與共治……我皇考太祖高皇帝，受天明命，為天下主三十餘年，海內晏然，禍亂不作……❹[12]

一方面，中國皇帝是世界的主人；另一方面，他實際上無法統治整個世界。這是所有聲稱擁有普世皇權的人都不得不面對的困難，但是這並不意味著會放棄要求遙遠的異邦承認他的優越地位。中國人認為自己的道德力量具有優越性這一點，再次得到有力的體現：儒家思想與明朝之前的蒙古統治者思想融合，而蒙古統治者曾無情地要求所有人承認他們的「天命」。明朝的宮廷文化在很大程度上學習了蒙古人，包括許多宮廷服裝，以及明朝皇帝對狩獵和射箭的愛好。[13]

所以向海外派遣由鄭和指揮的船隊，是一種非常張揚和代價昂貴的手段，目的在於完成之前的中國皇帝一直努力做的事。一些歷史學家找到與之迥異的解釋，最奇特的一種解釋是，永樂帝這麼做是為了尋找他的前任兼對手建文帝。根據一個傳言，建文帝逃到海外的一座偏遠島嶼。[14]還有人提出一個簡單的解釋，認為鄭和下西洋的動機就是好奇心。換句話說，鄭和是一個比哥倫布更甚的探險家，畢竟哥

❹譯注：《明太宗文皇帝實錄》卷十六，中央研究院校印本。

倫布事先確定自己的目的地（中國或日本），並閱讀一本（馬可·波羅的）書，這本書告訴他會遇到什麼。[15]長頸鹿到達明朝宮廷後，會引起人們對牠的來源地（即所謂的「西洋」某地）的好奇心。[16]皇帝需要產自世界各地的珍奇貨物，所以貢品應該包含各色稀奇的寶物，如珍稀動物、貴重珠寶，以及香料和香水等消耗品，因此中國人的好奇心並不是對印度洋人文和自然地理的好奇心。中國在技術方面的進步，如發明航海指南針和雕版印刷，並不是為追求知識本身而進行更廣泛科學研究的一部分。

參與下西洋的人有很多令人激動的經歷可以回憶，兩位參加多次遠航的旅行者：阿拉伯語和波斯語譯員馬歡❺和軍人費信❻，留下篇幅不長的著作，對印度洋多個地區的習俗、宗教、物產及地理都有詳細描寫。[17]馬歡自稱出身貧寒，自號「山樵」❼，但他熟悉中國古籍，也讀過佛教經典。不過，他對「西洋」的描述花費幾年的時間才印刷出版（可能在一四五一年），而且很少有人閱讀。費信引起十六世紀中國學者的更多興趣，這可能反映後世對鄭和的持續關注。馬歡對鄭和的描述相當少，主要關注的是他造訪的印度洋國家。費信也注意到南海周圍的土地，這些土地作為中國的近鄰和曾經的軍事目標，引起他的特別興趣。[18]

有人認為鄭和下西洋的目的是建立貿易網絡，這種觀點站不住腳。在過去，朝廷對民間海上貿易的禁令被普遍無視，當發生爭奪皇位的鬥爭時更是如此。[19]永樂帝也禁止民間海上貿易，他只對朝貢貿易感興趣，而朝貢貿易主要是一種政治行為。誠然，有一種既定的習俗是，當朝廷索取其應得的數量之後，外國使團的成員可以用船上剩餘的貨物換取中國產品，所以參加朝貢使團十分有利可圖。例如，將中國的象牙帶到日本或爪哇的宮廷，可以獲得巨大的利潤，也能贏得一定的聲望。但永樂帝追求的聲望，是他自己作為中原王朝皇帝的聲望；他「且欲耀兵異域，示中國富強」❽，並派他的船隻「以次遍歷諸番國，宣天子詔，因給賜其君長，不服則以武懾之」。❾[20] 除了越南（它被視為中華文明的邊陲）外，「懾之」並不意味著明朝會派遣總督治理當地或將當地漢化。中國人只到那些承認中國宗主權的港口，所以那些不承認中國宗主權的港口就失去獲取中國貨物，以及與中國做生意的機會。[21] 除了上述幾種觀點之外，對鄭和下西洋還有其他一些解釋。比如，有人認為鄭和下西洋的時間，差不多也是麻六甲統治者皈信伊斯蘭教的時間，因此鄭和的遠航刺激伊斯蘭教在今天的馬來西亞與印尼傳播；但是這很值得懷疑，伊斯蘭教的傳播充其量只是鄭和下西洋的副產品，顯然不是其本意。也有人提出，鄭和下西洋的原因是佛教徒希望在錫蘭獲得聖物，但這種觀點沒有實際證據。[22]

---

❺ 譯注：馬歡，生卒不詳，回族，字宗道，號會稽山樵，浙江會稽（今紹興）人，信奉伊斯蘭教；明代通事（翻譯官），曾隨鄭和在一四一三年、一四二一年、一四三一年三次下西洋，親身訪問占婆、爪哇、舊港、暹羅、古里等國；並到麥加朝聖。他精通波斯語和阿拉伯語，著有《瀛涯勝覽》。

❻ 譯注：費信（一三九九－？），明吳郡昆山人，以通事（翻譯官）之職，四次隨鄭和等出使海外諸國，著有《星槎勝覽》，採輯二十餘年歷覽風土人物，圖寫而成。

❼ 譯注：見（明）馬歡著，馮承鈞校注，《瀛涯勝覽校注．序》，中華書局，一九五五年，第二頁。

❽ 譯注：（清）張廷玉等撰，《明史．三百零四　列傳第一百九十二　宦官一．鄭和》，中華書局，一九七四年，第七七六六頁。

❾ 譯注：同上，第七七六七頁。

伊斯蘭教在鄭和的生活中發揮什麼作用，這是一個有趣的問題。這位海軍統帥（儘管他實際上並沒有這樣的頭銜）於一三七一年出生在一個穆斯林家庭。他來自中國西南部的雲南，那裡有大量的穆斯林，他們是中古時期來華商人的後代。鄭和的家族背景相當顯赫：他們起源於布哈拉，所以與其說鄭和是海上絲綢之路之子，不如說他是陸上絲綢之路之子。鄭氏曾為早期的蒙古大汗服務，鄭和的父親與祖父一定是相當虔誠的穆斯林，因為他們被稱為哈吉，即「朝覲者」，這意味著他們都去過麥加。在鄭和小時候，父親在抵抗明朝軍隊對雲南的進攻時被殺。鄭和被俘，被閹割後送入皇宮，後來作為宮廷宦官嶄露頭角。宦官與皇帝的親密關係，常常讓那些希望得到統治者垂青的官僚惱火。[23]鄭和成為內官監太監，而內官監主要負責營造諸事。建築與造船一樣，需要使用大量木材。正是鄭和在組織建築工程方面的經驗，而不是作為海軍指揮官的經驗，使他成為領導皇家船隊的合適人選，因為他根本沒有海上經驗。[24]

鄭和與伊斯蘭教的聯繫一直以來肯定在弱化，而且像他周圍的其他中國人一樣，他的宗教信仰變得很隨意。在遠航開始時，他與船員一起向天妃（海洋女神）祈禱。他在一四三一年撰寫的碑文中有這麼一句：「敕封護國庇民妙靈昭應弘仁普濟天妃之神，威靈布於鉅海，公德著於太常。」⑩天妃在當地方言中也被稱為媽祖，據說曾是一個卑微漁民的女兒，出生於西元九六〇年，擁有預言的能力，因此能夠警示兄長，說他在海上有被淹死的危險，就這樣救了他的命。[25]鄭和成年後身材魁梧，據說「身長七尺，腰大十圍」⑪，不過當時中國的「尺」比今天的市尺來得短。他的鼻子很小，但顴骨很高，天庭飽滿。他的肖像和雕像有很多，但都是想像的產物，因為他死後被神化了，並且從那時起就被外籍華人當作守護神崇拜。在馬來西亞現存最古老的華人寺廟，即一六四五年建於麻六甲的青雲亭，對鄭和的崇拜延續至今。[26]

二

鄭和的故事越傳越神，因此我們就需要考慮到，船隊的規模和船上人員的數目是否被誇大了。羅懋登的小說對船隻的規模作了幻想，但是許多後來寫到鄭和下西洋的人都相信羅懋登擁有準確的資料。親身參加遠航的費信寫道，一四〇九年出發的船隊有「官兵二萬七千餘人」⓬，每次遠航的人數都大致相當。這種大數字只是中國人表達「極多」的虛指，所以實際人數應當沒有那麼多。如果真的有二萬七千餘人，就相當於一座龐大的中古城市在移動，這會造成一個無法解決的難題，即如何養活所有這些人，哪怕船隊每隔一、兩週就入港獲取給養。有趣的是，費信還提到「海船四十八號」⓭。如果真的有二萬

---

❿ 譯注：（明）鞏珍著，向達校注，《西洋番國志·附錄二　婁東劉家港天妃宮石刻通番事蹟記》，中華書局，二〇〇〇年，第五一頁。
⓫ 譯注：見胡丹輯考，《明代宦官史料長編·卷二　故馬公墓誌銘》，鳳凰出版社，二〇一四年，第八四頁。
⓬ 譯注：費信撰，《星槎勝覽》卷一，明嘉靖古今說海本。
⓭ 譯注：同上。

七千名官兵，再加上大量精美瓷器、絲綢及其他禮物（回國時貨物甚至更多，因為貢品中包括獅子、長頸鹿和斑馬等動物），四十八艘船太少了。[27]不過，對這些船隊的其他估算表明，至少有兩百五十艘船出海，所以我們姑且可以說，費信說的「四十八號」僅指寶船。我們必須將大型帆船與小舢板、駁船和補給船（包括那些裝滿淡水、拖在大船後面的小船）區分開來。根據馬可・波羅的記載，當時最大的中國船隻，每艘由兩百名水手操作。在他的遊記的一個版本裡，一艘船甚至需要三百名水手。他描述用來輔助這些大型帆船航行的拖船，每艘拖船上有五十或六十名水手划槳。據他所知，船是用冷杉木建造的，儘管水下考古和我們掌握的文獻表明，造船也經常使用雪松木與樟木，而且這兩種木料更耐用。元朝的造船業已經使中國的部分地區喪失森林資源，而永樂帝的計畫，如果規模真的像傳說中那麼大，一定會產生同樣的災難性後果。馬可・波羅描述的船隻很寬敞，比航行在地中海的船隻更大，其他看到或聽過這些船隻的人都說這些船隻有許多艙室，提供較富裕或較重要的乘客使用。它們似乎比歐洲船隻舒適得多，因為在歐洲船上，所有人都擠在露天下，生活、睡覺和做飯的空間都非常狹窄。[28]

戴德對這些船隊中最大的船隻（即所謂寶船）的尺寸進行還原，認為其長約四百英尺，寬約一百七十英尺，有九根桅杆。[29]人們普遍認為，建造這些船隻的工匠參考經常在長江和中國其他寬闊河流與運河上航行船隻的設計，並加以改良，內河船隻的底部比一般海船來得平坦，而且有很多桅杆。這個時期的造船業有詳細的紀錄存世，明朝造船業的規模之大令人印象深刻，即便如此，大多數船隻也從未涉足海洋。[30]適合在相對平靜、水淺的內河航行的船隻，肯定不適合在遠洋航行，因為遠洋船隻需要恰當的龍骨來保證船的穩定性，而且過多的風帆會使船隻在風暴中更難操控。寶船的排水量如果真的超過一萬八千噸，甚至兩萬四千噸，就是世上最大的木船，撇去一、兩艘為希臘化埃及的托勒密統治者建造用於誇耀的船不談，因為它們可能從未冒險離開亞歷山大港的碼頭。[31]

所有這些聽起來都令人難以置信，尤其是史料隻字不提鄭和下西洋期間，船隻在海上的損失情況，儘管肯定偶爾會有損失。所以，認為鄭和船隊的規模沒有傳說中那麼大、船上人員沒有傳說中那麼多的論點是令人信服的。如果船的長度為兩百至兩百五十英尺，由大約兩百名船員操作，就比較合理可信。[32]即便船隻尺寸、船隊規模及船員數量沒有傳說中那麼驚人，這樣一支強大的帝國海軍抵達麻六甲、卡利卡特或亞丁，仍是一件非同尋常、令人肅然起敬的大事：在近海，一艘又一艘船隻出現在人們的視線中，它們的索具很陌生，龍旗飄揚。即使我們把每次遠航的人數減少到比方說一萬人，仍然相當於一個規模龐大的中古時期城鎮在移動；而且在遠達非洲和阿拉伯半島的航行中，需要面對供應水與食物，以及維持船上紀律和人員健康等各種後勤問題。

三

鄭和的第一次遠航發生於一四〇五年至一四〇七年，在永樂帝掌握政權不久之後。在南京龍江寶船廠建造的六十二艘寶船沿著長江行駛到海上，成為船隊的核心。寶船裝載著給中國藩屬的禮物。第一站是占婆，對方很樂意承認永樂帝的權威，從而對抗鄰國和競爭對手安南。然後鄭和船隊前往爪哇，那裡的國王曾經給洪武帝製造許多麻煩，但是爪哇居住著大量的中國商人，替島上以香料和其他稀有商品為基礎的繁榮經濟服務。現任爪哇國王「侮慢不敬，欲害和。和覺而去」。[14][33]鄭和只要炫耀他的船隻，震懾爪哇人即可，因為他的目的是穿越麻六甲海峽，經過麻六甲城，繞過安達曼群島（被馬可・波羅描述為一個狂野和危險的地方），直接穿過孟加拉灣到錫蘭。他不指望得到錫蘭統治者的歡迎，所以繼續沿著印度西岸向科欽（Cochin）和卡利卡特前進。從馬歡的正面評價中可以看出，卡利卡特讓鄭和的官員們留下良好的印象：「人甚誠信，濟楚標緻」[15]。馬歡稱卡利卡特為「西洋大國」[16]，而費信則說卡利卡特是「西洋諸番之馬頭」[17]。馬歡還記載他在卡利卡特聽到一個關於「有一聖人名某些，立教化」[18]和金牛的瑣碎故事，他沒有意識到「某些」就是他的穆斯林教友敬仰的穆薩，即摩西。不過馬歡也認識到，卡利卡特有非常多的穆斯林；卡利卡特的一位先王曾說：「我不食牛，爾不食豬。」[19][34]

在卡利卡特度過一四〇六年至一四〇七年的冬季後，鄭和回到麻六甲，關注蘇門答臘島的動盪局勢，那裡有一個叫陳祖義的中國海盜控制巨港。三佛齊的舊都巨港不再是當年那個偉大的貿易中心，這個地位現在已經讓給麻六甲。但是在十四世紀末，隨著與中國建立更緊密的聯繫，巨港的地位有所恢復。[35]明朝對民間海上貿易的禁令似乎沒有對蘇門答臘產生任何影響，因為在山高皇帝遠的蘇門答臘，中國商人很容易無視來自北京的命令。不過一個強力的中國海盜出現，威脅到巨港與中國的特殊關係，鄭和決心在南海維護明朝的權威；因此，巨港的中國商人興高采烈地迎接明朝的船隊。當陳祖義前來投誠時，鄭和並不信任他。鄭和懷疑這只是一個詭計，陳祖義的目的是為了爭取時間，然後帶著海盜船隊溜走，於是鄭和襲擊了海盜，他們至少有十七艘船，但不是鄭和船隊的對手。永樂帝年間的一部正史記載稱，五千多名海盜被殺，陳祖義被押解回北京，被朝廷下令斬首；「由此海內振肅」。[20][36]鄭和下西洋的使命原本是和平的，但這次發生武裝衝突，或者說是展示明朝的強大力量，讓任何頭腦正常的人都不敢反對明朝皇帝。鄭和船隊利用季風來安排行程，但即使如此，在最後一段航程中還是遭遇一場大風暴，水手們嚇得魂飛魄散。他們虔誠地向天妃祈禱，得到回報，一道神奇的光亮落在一艘船的主桅頂上，他們知道這是天妃保佑的標誌（其實是聖愛摩火，海上風暴中常見的一種電效應）。後來，鄭和在一篇碑文中回憶他的首次遠航：

> 涉滄溟十萬餘里。觀夫鯨渡接天，浩浩無涯，或煙霧之溟濛，或風浪之崔嵬，海洋之狀，變態無時。而我之雲帆高張，晝夜星馳，非仗神功，曷能康濟。直有險阻，一稱神號，感應如響，即有神燈燭於帆檣，靈光一臨，則變險為夷，舟師恬然，咸保無虞……㉑37

---

⑭ 譯注：《明太宗文皇帝實錄》卷七十七，中央研究院校印本。但原文說的是錫蘭國王，不是爪哇國王。
⑮ 譯注：（明）馬歡著，馮承鈞校注，《瀛涯勝覽校注．序》，中華書局，一九五五年，第四五頁。
⑯ 譯注：同上，第四二頁。
⑰ 譯注：費信撰，《星槎勝覽》卷一，明嘉靖古今說海本。
⑱ 譯注：（明）馬歡著，馮承鈞校注，《瀛涯勝覽校注．序》，中華書局，一九五五年，第四四頁。
⑲ 譯注：同上，第四三頁。
⑳ 譯注：費信撰，《星槎勝覽》卷一，明嘉靖古今說海本。
㉑ 譯注：（明）鞏珍著，向達校注，《西洋番國志．附錄二　婁東劉家港天妃宮石刻通番事蹟記》，中華書局，二〇〇〇年，第五一頁。

一四〇七年十月，鄭和船隊回到南京，隨行的還有來自南海周邊及遙遠的卡利卡特與麻六甲的使者，他們向大明朝廷遞交貢品，並得到銅錢和紙幣的獎勵，儘管我們不清楚明朝紙幣在遙遠的異邦有什麼用處。[38]

永樂帝體認到金錢的饋贈並不完全符合外邦人的期望，於是開始籌劃鄭和的第二次航行（時間為一四〇七年至一四〇九年）。按照官方的說法，第二次航行的使命是向卡利卡特國王遞交任命書，以及一枚銀質的官印，並依明制向國王及其主要謀臣分別贈送絲綢長袍、帽子和腰帶。在鄭和前往卡利卡特的途中，暹羅、爪哇和麻六甲等國度的統治者也將得到皇帝的書信。[39]鄭和船隊可能分成若干分隊，造訪不同的港口，然後重新集結。不過針對爪哇需要特別示威，因為爪哇國王曾抵制中國的權威，現在他明智地同意納貢，並為過去的罪行給出賠償。[40]

在鄭和的第三次航行（一四〇九年至一四一一年）中，懲戒不願接受明朝宗主權的人的目的也很明顯，這一次鄭和船隊沒有避開錫蘭。錫蘭國王亞烈苦奈兒（Alagakkonara）被指責侮辱鄭和，甚至心懷不軌，企圖暗殺他。據說亞烈苦奈兒將鄭和誘向內陸，陰謀派遣自己的「番兵」突襲中國船隊。鄭和回船的路被伐倒的樹木阻斷了，不過他透過沒有被阻斷的另一條道路，向船隊發送消息。鄭和率領士兵穿過小徑，向錫蘭都城發動突襲。他擒獲錫蘭國王，將其押回中國，不過永樂帝認為對方只是一個無知的野蠻人，並沒有加以處決。為了彰顯明朝的權威，永樂帝選擇從錫蘭王室中提名一個新國王，「以承國祀」。[22][41]這些事件的僧伽羅版本與此大不相同，說明錫蘭朝廷試圖挽回面子：中國特使帶著禮物來到王宮，但這只是一個詭計，中國人進入王宮之後，就抓住國王並把他劫走。[42]

也有人認為鄭和攻擊錫蘭的真正目的是偷取一顆佛牙，這是島上所有佛教聖物中最重要的一件。一二八四年，忽必烈向錫蘭派遣船隻，要求交出佛牙，被錫蘭國王拒絕了。後來關於這次航行的記載確實說佛牙被帶回中國，並將元朝船隊經過海域的風平浪靜歸功於佛牙的神力。[43]這肯定只是一個傳說，但與認為永樂帝繼承他父親和忽必烈的政治野心的說法吻合。有人認為鄭和的第三次遠航是一項佛教活動，證據不過是鄭和在錫蘭海岸的加勒（Galle）留下的碑文，該碑文讚美了佛祖對船隊的眷顧：

> 謹以金銀織金紵絲寶旛、香爐、花瓶、紵絲表裏、燈燭等物，布施佛寺，以充供養。㉓[44]

但這只是中文的部分。碑文還用波斯文和泰米爾文重複一遍上述內容，這些文本裡歌頌的分別是伊斯蘭教的真主和一個印度教的神。中國人分別向真主、佛祖和印度教神祇提供「金壹阡錢、銀伍阡錢」㉔，以及絲綢、香水和寺廟裝飾品。一般來說，加勒碑文體現了「一次精心策劃的行動，以說服上天和各路神靈保佑中國的航海活動」。[45]這種兼容並蓄的折中主義，是中國人對待宗教的典型態度。

㉒ 譯注：《明太宗文皇帝實錄》卷七十七，中央研究院校印本。

㉓ 譯注：（明）鞏珍著，向達校注，《西洋番國志・附錄二　鄭和在錫蘭所立碑》，中華書局，二〇〇〇年，第五〇頁。

㉔ 譯注：同上。

四

鄭和的前三次遠航是接二連三地快速進行的。鄭和於一四一一年年中回國後，永樂帝被征蒙計畫分散注意力，直到一四一二年十二月才命令鄭和再次出發，為南海和其他地區的各路君王帶去禮物。鄭和造訪的地方包括巨港與取代它成為麻六甲海峽附近主要貿易中心的麻六甲，那裡的統治者是拜里迷蘇剌。鄭和在麻六甲留下的長篇碑文，包括一首慷慨激昂的詩：

西南鉅海中國通，
輸天灌地億載同。
……
王好善義思朝宗，
願比內郡伊華風。[25] [46]

麻六甲擁有重要的戰略地位，並且建立華人定居點，所以正在成長為鄭和所需的基地。鄭和需要找到一個能為船隊提供服務的地方，而麻六甲既是海軍基地，也是華人的一個貿易中心。[47] 因此，麻六甲的崛起在很大程度上要歸功於中國的影響，也要感謝鄭和的幫助。當時，王公拜里迷蘇剌正在建造這座城市。費信看到麻六甲時，它還「山孤人少」[26]，位於一個貧瘠的地區，房屋簡陋。而一旦鄭和將麻六甲納入中國主權範圍，並將其提升到明朝屬郡的地位，情況顯然有所改善。[48]不過麻六甲有一些競爭對手，其中最重要的是蘇門答臘島北端的蘇木都剌國㉗，「其處乃西洋之總路」㉘。從印度洋回到蘇門答臘後，鄭和又一次罕見地展示武力，派兵鎮壓針對蘇木都剌王的叛亂，從而顯示服從中國皇帝可以獲得什麼好處。[49]但印度不是中國人想去的目的地。中國船隊威風凜凜地般行過馬爾地夫群島和拉克沙群島（Laccadive Islands），目標是中國人在造訪卡利卡特時一定聽過的一個地方，即位於波斯灣門戶的霍爾木茲。[50]鄭和從卡利卡特到霍爾木茲的航行耗時三十四天，比正常情況下（大約二十五天）來得慢，這肯定是因為需要保持船隊的隊形，而且與阿拉伯和波斯的三角帆船相比，鄭和船隊中最大船隻的機動性較差。[51]鄭和想從霍爾木茲這樣一個距離中國萬里之遙的貿易城市得到什麼，是一個令人費解的問題。也許我們不應當完全排除好奇的因素，也不應當只關注明朝對貿易一貫的蔑視，因為中國宮廷對來自「西洋」和其他地方的珍奇貨物非常著迷。譯員馬歡對霍爾木茲印象深刻，對那裡的雜耍藝人、雜技演員和街頭魔術師，尤其是對能在幾根高杆上保持平衡，並在空中跳舞的雜技山羊，特別感興趣。[52]

㉕ 譯注：《明太宗文皇帝實錄》卷三十八，中央研究院校印本。

㉖ 譯注：費信撰，《星槎勝覽》卷二，明嘉靖古今說海本。

㉗ 譯注：蘇木都剌（Samudera）的譯名見《元史．外國列傳》，而《元史．武宗本紀》則譯作「八昔」，《嶺外代答》中稱為「波斯」（Pasai），《島夷志略》中作「須文答臘」、「須文答剌」，《瀛涯勝覽》中作「蘇門答剌」，《明史．外國列傳》中作「須文達那」。

㉘ 譯注：（明）馬歡著，馮承鈞校注，《瀛涯勝覽校注．蘇門荅剌國》，中華書局，一九五五年，第二七頁。

航行的成功促使大明朝廷一邊點算貢品、接待外國使臣，以及指派鄭和帶著任命書與官印回到遙遠的水域，一邊謀劃下一次航行。一四一七年夏天，鄭和第五次出航，途經泉州，留下一塊石碑，記錄他向天妃上香的經過。他這一次在船上攜帶大量瓷器，這一點下文會詳述。他奉命前往霍爾木茲以外阿拉伯半島南岸一個叫臘薩（Lasa）的城鎮，估計是葉門的一個港口。在羅懋登對這次航行的浪漫敘述中，鄭和進入未知水域時遇到很大的阻礙，不得不用大炮轟擊臘薩的城牆，儘管沒有其他證據表明發生這種戰事。[53]不過，一個更重要的目的地是葉門的拉蘇里王國（Rasulid kingdom），其首都亞丁在幾個世紀以來一直是通往埃及、東非海岸和印度西部（包括卡利卡特）的海上交通的中心。亞丁在十四世紀和十五世紀發展得繁榮昌盛，部分要歸功於開羅和亞歷山大港的埃及商人繁忙的印度貿易，也是因為亞丁擁有出人意料的肥沃腹地。上文已述，在亞丁很容易獲得乳香和沒藥。而中國人要從陸路或透過「海上絲綢之路」一連串的中間商那裡獲得這些奢侈品很困難，費用也很高昂，所以如果亞丁能用乳香和沒藥作為貢品，大明朝廷會很高興。埃及和敘利亞的馬木路克（Mamluks）統治者企圖將權力擴張到紅海沿岸，而亞丁統治者決心捍衛自己的獨立。對亞丁統治者來說，既然鄭和可以帶著大船隊一路來到亞丁，那麼接受中國的宗主權，隨後向北京派出一系列使團，似乎並不是一個荒謬的想法。[54]馬歡認為，亞丁「人性強硬」[29]，並說亞丁蘇丹擁有一支兵多將廣、訓練有素的軍隊。亞丁的財富讓他留下深刻印象，例如他稱之為「貓睛石」[30]的大寶石，以及婦女佩戴的精美金銀絲細工首飾。[55]

不過，鄭和的目的並不是要直接干預葉門的政治。他的船隊的目標是非洲；孟加拉王送來的長頸鹿抵達明朝宮廷，已經讓明朝對非洲的豐富物產有所了解。而且在過去的遠航中，中國人有很多機會接觸到非洲象牙和烏木。鄭和的任務之一是到達位於今天索馬利亞的摩加迪休，這是他的船隊到達的第一座非洲城市。中國人很不喜歡這座城市的乾旱環境，摩加迪休缺少木材，所以和中國城鎮形成鮮明對比的是，它完全由石頭建成，有的建築物有幾層樓高。中國人認為索馬利亞人相當愚蠢，只對當地物產感興趣：乳香、龍涎香及野生動物，包括獅子、豹子和斑馬。再往南，在卜剌哇（Brava）㉛，他們看到更多石屋，並獲得沒藥、駱駝和「駝雞」（即鴕鳥）。到達肯亞海岸的馬林迪（Malindi）之後，他們獲得非洲象與犀牛，以及備受崇敬的麒麟，即長頸鹿，因此返回的寶船一定很像滿載各種動物的諾亞方舟。[56]

中國人並不是完全不了解非洲。中國人對非洲最早的記載可以上溯到九世紀，其中就像鄭和下西洋的記載一樣，非洲之角被描述為一片乾旱的土地，居民被描述為游牧民族，他們從牛的血管中抽取血液，與牛奶混合飲用，馬賽人（Masai）一直以來就是這麼做的。到了十三世紀，中國人已經聽過尚吉巴；一二二六年，地理學家趙汝适將尚吉巴稱為「層拔國」，他甚至知道「尚吉巴」這個名字來自「津芝」（Zanj）一詞，意思是黑皮膚的人。趙汝适知道尼羅河和亞歷山大港（遏根陀）及其宏偉的燈塔，所以他的讀者都會明白亞丁如何與它北面的富庶之地往來。[57] 到了十四世紀，埃及已經成為中國陶瓷和

㉙ 譯注：（明）馬歡著，馮承鈞校注，《瀛涯勝覽校注・阿丹國》，中華書局，一九五五年，第五五頁。

㉚ 譯注：同上。

㉛ 譯注：即今天索馬利亞的港口城市巴拉韋（Barawa），《長樂山南山寺天妃之神靈應記》、《鄭和航海圖》、《星槎勝覽》作卜剌哇，《明史》作不剌哇。

金屬製品的重要消費者，以至於埃及人仿製中國青銅器（仿製的效果差強人意），以滿足日益成長的國內需求。[58]考古證據清楚地表明，還有大量中國瓷器抵達尚吉巴。趙汝适還考察了尚吉巴以南的海岸線，知道有一些黑皮膚的「野人」（他倨傲地如此稱呼這些居民）被大食（阿拉伯）的奴隸販子劫走。他猜測這些非洲黑人生活在馬達加斯加。不過他錯了，因為此時馬來人和印尼人仍在向馬達加斯加殖民。但他講述一種大鳥的故事，牠類似辛巴達故事裡的大鵬，巨大的翅膀遮天蔽日，體型大到可以吞下整隻駱駝。[59]在蒙巴薩（Mombasa）以北的海岸線出土的中國錢幣告訴我們，早在鄭和下西洋之前，非洲就已經是中國商人的目的地。一九四五年，尚吉巴的一位農民發現一批錢幣，其中有兩百五十枚唐宋錢幣，年代在西元六一八年至一二九五年之間。在摩加迪休發現六枚永樂年間的錢幣，所以它們很有可能是鄭和的船隊送來的。奔巴島和尚吉巴一樣是重要的瓷器貿易中心，在奔巴島出土宋代和明代的瓷器。非洲對中國陶器的需求在十四世紀有所成長。[60]但說中國人對非洲的產品感興趣，以及在非洲沿海地區發現中國的錢幣，並不等於說中國商人走得如此之遠。中國的銅錢在製造出來（通常是鑄造而不是敲打而成）很久之後仍在流通，所以宋代的錢幣可能是在明代到達非洲的。

鄭和再次將一批外國使節（包括霍爾木茲的代表）帶回明朝宮廷，但他們的回程要等上幾年。與此同時，從一四一九年十月起，四十一艘寶船被裝配完畢，打算在一四二一年年中的某個時候出發。不過皇帝對遠航失去興趣，而把精力集中在新都城北京的建設和針對蒙古人的戰爭。大約在同一時間，他下令暫停進一步的遠航，不過允許一四二一年這次的遠航按計畫啟動。進入「西洋」之後，這些船隻並沒有待在一起。一個叫周滿的太監帶領部分船隻前往亞丁，但是大部分船隻顯然留在印度，駐紮在卡利卡特。一四二二年九月，船隊返回中國，帶來暹羅、蘇木都剌國和亞丁的使節。但是在北京的建設上花費巨資之後，皇帝已經沒有財力為在全世界展示中國之輝煌偉大的遠航買單了。隨後在一四二四年，永樂帝又一次派鄭和出海，但是這次遠航的規模比之前小得多，僅僅走到巨港，對方很樂意承認中國的宗主權；鄭和交付任命巨港「宣慰使司」㉜負責人的信函和印章，這個官員負責管理那裡的大型華人社區。但是當鄭和回國時，他的恩主永樂帝已經駕崩了。[61]

鄭和的航海生涯並未就此完全結束。新皇帝洪熙帝在位只有幾個月，他對這些航海計畫充滿敵意，登基的當天就廢除了「下西洋」的計畫；一天後，他將鄭和的政敵夏原吉從監獄釋放出來，夏原吉一直認為遠航的費用過高。[62]洪熙帝的繼任者，即永樂帝的孫子宣德帝，對鄭和也有其他安排，比如讓鄭和在南京擔任南京守備太監和建造大報恩寺。大報恩寺的琉璃塔被譽為天下第一塔，大報恩寺成為重要的佛教學術機構和南京城的主要寺廟。就這樣，可能感到鬱鬱寡歡的鄭和被送去擔任建築計畫的領導者，並在雖然顯赫但在政治上不重要的使命中苦苦掙扎，而他的政敵夏原吉則向皇帝進言，勸他不要啟動新的遠航。身為戶部尚書的夏原吉認為下西洋的開支太大，沒有理由浪費那麼多資金。不過，夏原吉在一四三〇年二月去世，讓朝廷重新斟酌。宣德帝開始擔心帝國的威望受損，因為「諸番國遠處海外未有聞知」㉝他開創穩定而成功的統治。為宣德帝的遠航而建造的船隻名稱，足以說明他力圖宣傳的原則：其

㉜譯注：見《明太宗文皇帝實錄》卷五十二，中央研究院校印本。
㉝譯注：《明宣宗章皇帝實錄》卷六十七，中央研究院校印本。

一是「清和」；其二是「長寧」。[34][63]

鄭和再次出發，在西洋彼岸宣揚中國的霸主地位，並再次留下碑文，闡述此次遠航的宗旨。其中一塊碑位於長江邊劉家港的天妃廟內，這座廟是鄭和為了紀念他的守護神而新建的；另一塊碑則是船隊即將從中國海岸出發時，由距離劉家港四百英里的長樂的道長代表鄭和豎立。這兩篇碑文的年代都是一四三一年，都顯示這位穆斯林太監多麼樂意崇拜其他的神（無論是傳統的中國神祇或佛教神祇），而不是真主：「人能竭忠以事君，則事無不立，盡誠以事神，則禱無不應。」[35][64]鄭和在碑文中紀念他過去率領「官兵數萬人，海船百餘艘」，「奉使諸番」[36]的航行。我們可以舉例說明數字有多麼容易被誇大：鄭和提到自己造訪三千個國家，而現代學者認為他的意圖是寫「三十」。鄭和不反對「番人」之間活躍的貿易，甚至認為自己是其保護者：「海道由是而清寧，番人賴之以安業，皆神之助也。」[37][65]不過，第二篇碑文充分闡述明朝的獨特成就（至少碑文是這麼說的），認為明朝超越漢唐，囊括全世界的人民：「際天極地，罔不臣妾。」[38][66]世界人民得到的回報不僅僅是物質層面的禮物，更重要的是浩蕩皇恩。下西洋的物質利益從來都不如道德層面上的利益重要。

主力船隊首先前往占婆，然後穿過南海，前往爪哇島的泗水（Surabaya），這意味著中國人已經到達滿者伯夷（Majapahit）王國的中心地帶。他們在三月七日抵達，四個多月後才離開爪哇，這說明他們需要修理船隻及進行政治活動。他們接下來造訪蘇門答臘島，在巨港停靠，但在那裡僅停留三天，因為他們之前有足夠的時間在爪哇獲取補給。八月初，他們到了麻六甲，在那裡又停留了一個月，然後到了蘇木都剌國，在那裡停留大約七週。他們無疑曾考慮季風和颱風的影響，但在穿越遠海進入印度洋時，仍然遭到猛烈風暴的襲擊。鄭和在兩篇碑文中，誇張地描述天妃在先前的遠航中如何拯救他們，這似乎只是一廂情願。但他們在尼科巴群島（Nicobar Islands）找到安全的錨地，並從友好的當地人那裡購買大量椰子。風平浪靜之後，他們直奔科欽和卡利卡特，然後前往霍爾木茲。可能有若干分隊被派往更遠的地方，遠至亞丁，甚至東非，但是鄭和自己沒有前往。來自阿拉伯半島和索馬利亞的使節在霍爾木茲與鄭和的船隊會合後，是與鄭和一起前往中國的，不過肯定有人奉命來迎接他們。

早先，曾有幾艘中國船被派往孟加拉。孟加拉在明朝船隊前往印度的航線北面很遠的地方，但如上文所述，孟加拉王與大明朝廷建立友誼，甚至送了一隻長頸鹿給明朝皇帝。幸運的是，上一次去孟加拉航行的記錄者馬歡現在也在前往孟加拉的船隊中。他對這個國家的豐饒和精美的紡織品表示欣賞，但對炎熱的天氣不太滿意。費信享受一場烤牛肉和羊羔肉的盛宴，但是對賓客們不飲酒感到有些驚訝，「禁不飲酒，恐亂性而失禮」㊴，所以他們喝的是薔薇露和果子露。67

㉞ 譯注：出自王雲五主編，祝允明撰，《叢書集成初編二九〇〇前聞記》，商務印書館，一九三七年，第七五頁：「船號如清和、惠康、長寧、安濟、清遠之類，又有數序一二等號。」

㉟ 譯注：（明）鞏珍著，向達校注，《西洋番國志・附錄二　長樂南山寺天妃之神靈應記》，中華書局，二〇〇〇年，第五四頁。

㊱ 譯注：同上，第五一頁。

㊲ 譯注：同上。

㊳ 譯注：同上，第五三頁。

㊴ 譯注：出自費信撰，《星槎勝覽》卷四，明嘉靖古今說海本。

不過，最了不起的聯繫並沒有建立起來。在卡利卡特，中國人發現一艘開往默伽國，即麥加王國的船（途經紅海的吉達港）。一些中國人，包括馬歡，被允許上船，並帶著大量野生動物回來，其中有一些動物很奇怪，不是阿拉伯的（是長頸鹿和鴕鳥，雖然獅子在當時的中東仍然存在）。這些奇妙的動物是他們買的，而不是別人送的。除了珍奇動物外，還有帶著貢品的大使到鄭和船隊，至少中國史料是這麼說的。馬歡也是穆斯林，他稱麥加為「天方」，指的是克爾白聖地（克爾白確實是「方塊」的意思），還描述麥加大清真寺（禁寺）和朝覲的一些儀式。[68]不過，他似乎對伊斯蘭教不是非常了解，但也不像鄭和那樣與伊斯蘭教幾無關係。馬歡很少與阿拉伯半島的穆斯林打交道，但是指出他們在宗教上很守規矩，「不敢違犯」[40]。

一四三三年七月初，鄭和船隊回到了劉家港。船上有來自印度洋周邊十個國家的使節。宣德年間的正史引用皇帝本人的話，如果這句話不是出自皇帝之口，恐怕會被認為無禮：「遠方之物朕非有愛，但念其盡誠遠來，故受之，不足賀也。」[41][69]在恢復明朝的遠航之後，宣德帝沒有再派人要求印度洋各民族臣服。鄭和回國一、兩年後就去世了，大約在同一時間，宣德帝也去世了，留下權力真空，因為他的繼承人只有八歲。通常被認為喜歡揮霍的太監在宮廷失去影響力，朝廷對維持海軍的興趣驟減。仍有外國使節帶著禮物前來，明朝皇帝從暹羅、爪哇和其他一些地方收到貢品，卻沒有再主動派船隊去外國收取貢品。[70]中國的目光又一次從大海轉移。航海一直是有爭議的事情，即使是那些堅信中國於天下之特殊地位的人，也不一定相信遠航能帶來很多收益。上面引用的皇帝的話很可能是後來的史家杜撰的，他們想在不對皇帝表示不敬的前提下，對明朝的遠航是否明智提出質疑。

現代中國歷史學家喜歡說，鄭和的航行與葡萄牙人和西班牙人的航行（在一四二〇年代和一四三〇年代剛剛開始）有很大區別：伊比利人的航行旨在征服領土，若有需要不惜動武，並將貿易網絡置於他們的獨家控制之下；而明朝的航行基本上是和平的（剷除海盜的軍事行動除外），並且旨在彰顯國威，而不是建立殖民地。鄭和在「架空歷史」中被視為潛在的英雄。在有些架空歷史的故事裡，「瓦斯科．達伽馬及其後繼者發現一支強大的海軍控制著印度洋」；甚至「哥倫布在探索加勒比海時可能會遇到中國帆船」。[71]這種將歐洲與中國對比的做法，對伊比利人的遠航目標作了過度的簡化，他們的目標實際上是緩慢變化的；這種觀點還淡化了明朝遠航的帝國主義色彩。雖然派中國士兵和水手在外國定居並不在明朝的議程上，但是新的貿易城市麻六甲建立一個華人聚居區，並且明朝向爪哇和蘇門答臘的大量華人商賈提供支援。在巨港的華人是由一位「宣慰使」[42]管理的，他的管轄範圍顯然不止是華人。皇帝也期望、要求並得到外邦對其優越地位的承認。但這是有代價的，因為帶回的貢品並不能補償遠航的裝備費用，也不能補償皇帝向位於南海、印度、阿拉伯半島和非洲的藩屬慷慨贈予禮物的成本。不過，儘管鄭和下西洋的船隻比人們通常認為的數量要少，尺寸要小，但是對於一支對印度洋幾乎一無所知的海軍來說，這些航行仍是令人肅然起敬的技術成就。

[40] 譯注：（明）馬歡著，馮承鈞校注，《瀛涯勝覽校注．天方國》，中華書局，一九五五年，第六九頁。

[41] 譯注：《明宣宗章皇帝實錄》卷一〇五，中央研究院校印本。

[42] 譯注：《明太宗文皇帝實錄》卷五十二，中央研究院校印本。

第十四章　獅子、鹿和獵狗

一

各式商品透過一個巨大的貿易與朝貢網絡，被輸送到通往中國和印度洋，以及通往紅海與地中海的路線。在這個網絡的中心，有一個馬可．波羅所謂的「世界最大之島」，周長三千英里，由一位偉大的國王統治，號稱「不納貢他國」，這就是大爪哇。那裡居住著「偶像教徒」，「甚富，出產黑胡椒、肉豆蔻、高良薑、蓽澄茄、丁香和其他種種香料」。大批船隻來到這裡，在這裡從事貿易的商人，包括許多來自泉州和中國南方其他城市的商人，獲得豐厚的利潤。但實際上，從馬可．波羅對大爪哇規模的誇大可以看出，他混淆了真正的爪哇（小爪哇）和想像中位於南方的巨大而富庶的陸地（大爪哇）。[1] 在現代文獻中，爪哇通常被歸入因出產優質香料而聞名的龐大的東印度群島，那裡出產的部分香料最終到了威尼斯和布魯日的餐桌上。真相比這複雜得多，也有趣得多，特別值得注意的是這個真相有助於解釋海洋國家三佛齊的衰亡，以及新加坡與麻六甲作為印度洋和南海之間重要聯絡點的崛起。爪哇的成功建立在它與三佛齊的競爭之上，這兩個王國的統治者和商人，都致力於向北方的中國人與西方的印度人，以及更遙遠的鮮為人知的民族提供高級香料。起初，三佛齊比爪哇強大。一〇一六年，三佛齊人派出艦隊攻打爪哇，取得輝煌的勝利。這不是一場爭奪領土的戰鬥，而是為了爭奪橫跨南海的貿易路線，以及爭奪許多承認三佛齊或爪哇王公為更高權威的臣屬城鎮。

無論巨港的成功在三佛齊的貿易全盛時期有多大意義，到戰勝爪哇人時，它的光輝歲月就即將落幕了。原因之一是，三佛齊的成功使其不僅受到爪哇人的嫉妒，而且受到更西邊的一位南印度統治者的關注，他的臣民透過在蘇門答臘的活躍貿易，以及印尼人在講泰米爾語的朱羅王朝（Cōla 或 Chola）的繁忙貿易，對蘇門答臘有所了解。朱羅王朝的勢力範圍很廣，在克拉地峽（連接馬來半島和亞洲大陸的狹長地帶）出土可追溯到十世紀和十一世紀的朱羅王朝風格文物。一〇二五年，朱羅王朝國王對三佛齊發動猛烈攻擊，徹底摧殘三佛齊的貿易。麻六甲海峽以外的三佛齊基地也遭到攻擊。在朱羅王朝入侵之後，儘管土地沒有被永久占領，但是三佛齊再也不能指望其在蘇門答臘北部和馬來半島西部的藩屬。[2]此外，不知出於何種原因，三佛齊人將其首都從巨港轉移到另一座城市占碑。占碑利用靠近麻六甲海峽的位置優勢，成為一個新的貿易中心，儘管它也和河流出海口有一段距離（在濱海城市經常經歷突襲和反突襲的時代，把首都建在距離海岸較遠的地方是有道理的）。中國文獻繼續提到三佛齊，而且仍然有中國商人造訪占碑和巨港，但三佛齊王國的領導地位已經被競爭對手奪走。儘管如此，三佛齊的王公仍竭力促進與中國的友好關係，在一一三七年、一一五六年和一一七八年向宋朝皇帝進貢，同時三佛齊人還要求廣州海關將乳香的關稅從四〇%降至一〇%，這表明來自東南亞的芳香劑流通仍有部分由占碑控制。一一五六年，一位三佛齊人被邀請擔任廣州外商社區的官方負責人，有五位中國助手在他手下

南 海
太 平 洋
婆羅洲
伊里安島
蘇拉威西島
爪 哇 海
者伯夷
峇里島

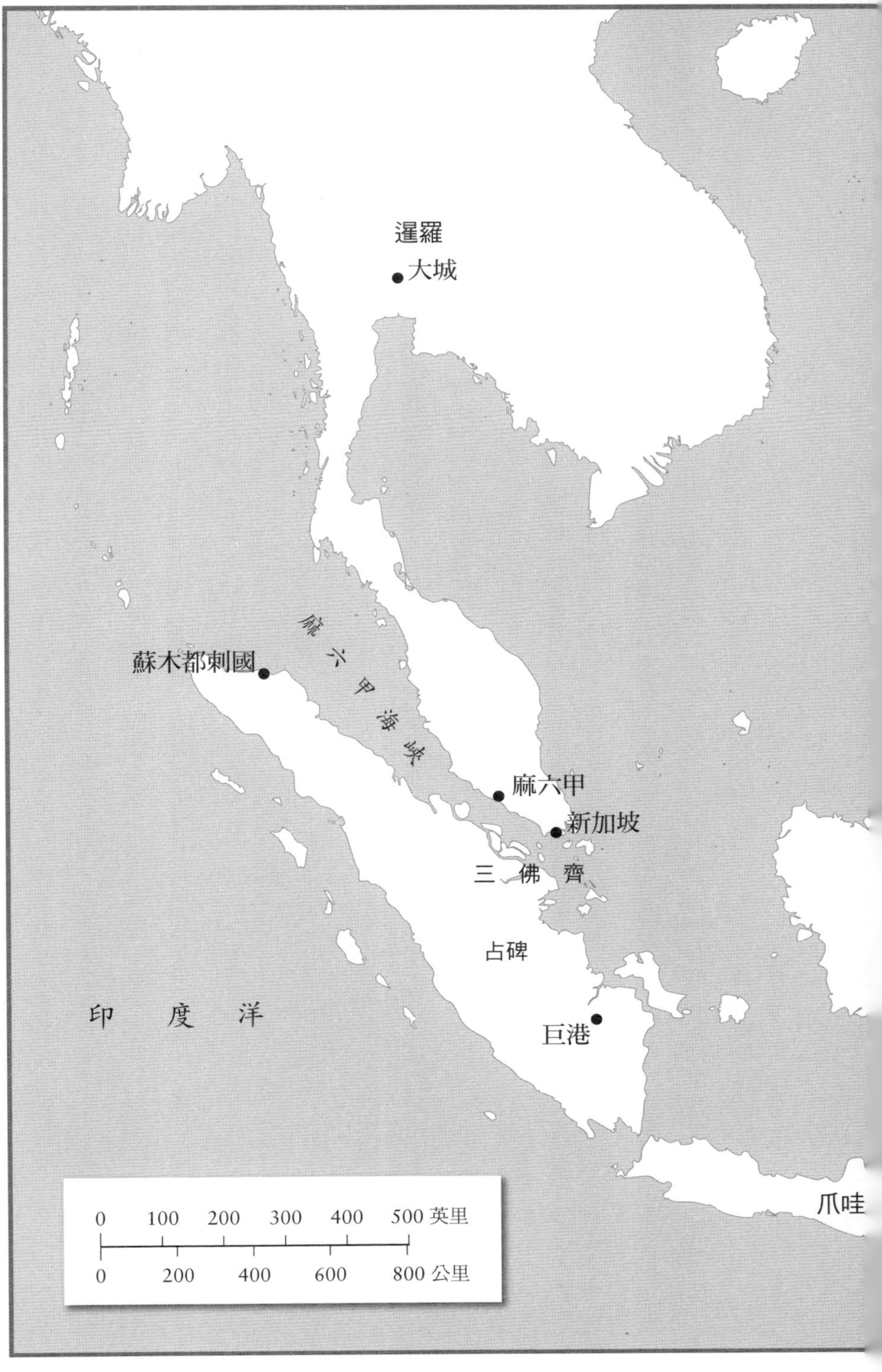
暹羅
大城
麻六甲海峽
蘇木都剌國
麻六甲
新加坡
三佛齊
占碑
巨港
印度洋
爪哇
0 100 200 300 400 500 英里
0 200 400 600 800 公里

工作。[3]

宋朝的貿易自由化有利於百花齊放：現在中國人和東南亞人都與三佛齊競爭，爭奪在海路上的主導地位。從中受益的是以前活在三佛齊陰影下的許多小國君主，特別是蘇門答臘島毗鄰印度洋那一端的蘇木都剌國的統治者。上文已述，鄭和與蘇木都剌的關係有時很緊張。根據傳說，蘇木都剌的第一位統治者在為新城市蘇木都剌選址時，目睹他的一隻獵狗遭到一頭鼷鹿襲擊，這被認為是吉兆。不過，關於其他一些新城市（特別是麻六甲）的選址也有類似傳說；這些傳說中出現了鹿、獅子和可能是紅毛猩猩的動物。

蘇木都剌國建立於十三世紀末，由兩個部分組成：一個是海岸的港口；另一個是和海岸有一段距離的都城八昔（Pasai）。蘇木都剌國是在一個曾經隸屬於巨港的地區發展起來的。不過，在越來越宏偉的蘇木都剌宮廷舉行精心設計的宮廷儀式，展現蘇木都剌統治者對蘇門答臘內地臣屬部落的統治權。這同時是為了表明，蘇木都剌國的蘇丹可以與東南亞其他可能想併吞他的領土的小國君主匹敵。據《馬來紀年》記載，八昔的首相建造一艘船，購買「阿拉伯商品」，穿上阿拉伯服裝，「當時所有蘇木都剌人都會說阿拉伯話」❶，並前往另一個王國執行祕密任務。這說明八昔與印度洋另一端土地的關係非常密切。[4]八昔的統治者可能在一三〇〇年已經皈信伊斯蘭教，不過沒有證據表明他的臣民也是如此。

蘇木都剌國是船隻深入香料群島途中的中繼站，但它也從自己的腹地提供胡椒，還從南海周邊地區收購其他香料供轉賣。它的位置正好可以為通過麻六甲海峽或繞過蘇門答臘南岸的船隻提供基本物資。蘇木都剌國財富的來源既包括出售奢侈的香料，也包括為水手和乘客提供大米、其他穀物及淡水。[5]

二

三佛齊和蘇木都剌國都有很多對手。十四世紀中葉，在曼谷附近的內陸地區出現一座重要的城市大城（阿瑜陀耶〔Ayutthaya或Ayudhya〕），由暹羅國王在一三五〇年左右正式建立。在四個多世紀裡，作為暹羅的都城，它不僅是政治首都，也是一個偉大的貿易中心，而且易守難攻，因為它坐落於一個河系中，從那裡能夠通往海洋，但是來自海上的襲掠者很難進入，通往大城的迷宮式水道本身就很危險。十六世紀中葉，葡萄牙詩人路易士・德・卡蒙斯（Luis de Camões）乘坐的船隻，在船長試圖向大城前進時誤入歧途。隨後船隻擱淺並解體，卡蒙斯很幸運地靠著一些漂流木逃脫，據說他在漂流時一直抓著《盧濟塔尼亞人之歌》（*Lusiads*）的手稿。[6]大城所處的洪泛平原在最近幾個世紀才從海中升起，所以當河流氾濫時，大城周圍的地區就會被完全淹沒。但這正是稻田所需要的，莊稼的頂端一直高於洪水的水平面，農夫可以方便地從船上收割穀物。周圍的村民住在高腳屋裡，在水位上升時也很安全。

大城並不完全是新建的，在這座城市建立的四分之一個世紀之前，一尊巨大的金佛被樹立在該地，以感謝暹羅對華貿易給該地區帶來的繁榮。就像它的鄰居們一樣，大城的建立很快就成為傳說的題材，在傳說的一個版本裡，在烏通（U Thong）王子建城之前，佛祖曾親自來過這裡。烏通展現自己吃鐵的本領，並說自己是一隻著名的螞蟻轉世，這隻螞蟻生活在佛祖的時代，曾因搬運一粒米而受到佛祖的讚

---

❶ 譯注：譯文借用敦・斯利・拉囊著，黃元煥譯，《馬來紀年》，學林書局，二〇〇四年，第七一頁。略有改動。

揚，因為這是螞蟻能夠做到的全部，而如果是一匹馬搬運一粒米，則不值得一提，因為馬根本無須費力。在另一個由荷蘭訪客記載的版本中，大城是烏通王子建造的，他其實是中國人，在勾引廷臣的妻子後，在國內聲名狼藉。他來到暹羅，據說還在那裡建立曼谷，當時的曼谷是大城下游的一個相當小的定居點。當他發現這個地方（也就是後來的大城的所在地）十分宏偉卻空無一物時，感到非常困惑。這裡為什麼空蕩蕩的？他得知有一條巨龍生活在沼澤地裡，噴吐著有毒的氣體；此地一個早期定居點的所有居民都被毒氣熏死了。不用多說，接下來烏通斬殺惡龍，排空沼澤地的水，在那裡建立自己的城市。[7]

大城是與中國的杭州、泉州及廣州這些官員和商人雲集的大港口完全不同的城市。大城的面積很大，但也出人意料的空曠：城市的周長有十一公里。大城的大部分都是神廟與亭子，有幾條街的商戶，然後就是大片的空地，依舊沼澤叢生。[8]大城是政府所在地，也是十四世紀暹羅統治者將其統治向東、西兩面擴張的基地。暹羅向東一直擴張到吳哥以東，因為此時偉大的高棉文明已經陷入困境。暹羅國王熱衷向周圍的世界展示他們是主人，希望那些與他們做生意的人，如日本以南的琉球群島居民，能向暹羅納貢。像該地區的許多統治者一樣，暹羅國王對貿易進行嚴密的控制，對最受歡迎的物品，如胡椒和蘇木實行壟斷。到了十七世紀，當荷蘭人在大城活動時，暹羅正在大量出口象牙：六十年間，荷蘭人向日本人出售五萬三千磅暹羅象牙，運往臺灣的數量也差不多。一種新奇的香水是用泰國的「沉香木」製成的，這是一種從腐爛的蘆薈木上刮下來的東西。暹羅的另一種極受歡迎的出口產品犀角，則是一味中藥。荷蘭人還買走數百萬張鹿皮。虎皮和鯊魚皮在暹羅對外貿易中也占有一席之地。[9]

用荷蘭資本大量注入暹羅時期的證據，來說明較早時期暹羅的情況可能不妥，但暹羅與中國有密切聯繫可不只是傳說。暹羅缺乏自己的航海傳統，暹羅國王很願意僱傭中國商人和水手，所以「暹羅船」實際上並不是由暹羅水手掌舵的。中國人會這麼樂意為暹羅服務，很容易解釋，因為大明朝廷禁止自己的臣民進行海外貿易，所以希望從事海外貿易的中國人就會在遠離家鄉的定居點生活，遠離大明朝廷的日常管控。因此在暹羅有很多中國商人，暹羅的鄰國更是如此。[10]在一三七〇年代，暹羅國王向中國派遣幾個使團，滿載著珍奇的禮物，如六腳龜和大象。暹羅國王這麼做不僅僅是出於對明朝之強大的敬畏，更不僅僅是因為中國皇帝承認他是合法國王能為他帶來榮耀，也是出於自己的商業本能，希望收到絲綢和精美的陶瓷，以及他的使團在回家路上可以在廣州市場買到大量理想的商品，其中一些用以轉賣給私營商人，獲取豐厚的利潤。在十四世紀的最後幾年和十五世紀上半葉，暹羅年復一年地派出使團，只有少數幾年例外。當十五世紀初太監鄭和指揮的大型中國船隊出現在南海時，暹羅與中國的聯繫進一步加強。[11]

在一七六七年被緬甸人洗劫之前，大城一直是暹羅的權力中心和南海貿易的一個中心。雖然文獻傾向記錄異域商品在中國和太平洋西部之間來回運送，但大城的另一個優勢在於當地資源，尤其是大米，暹羅船隻（在這個時期不是由中國水手操作）將大米運往馬來半島和印度支那的海岸線。這也有助於將大城納入一個海路網絡，該網絡在一個方向延伸到麻六甲海峽，在另一個方向延伸到東印度群島，再向北延伸到中國南部，甚至更遠的沖繩和日本。

三

無論三佛齊王國的首都在巨港還是在占碑，爪哇始終是三佛齊的競爭對手。一二七五年，爪哇東部的信訶沙里（Singhasari）王國的統治者派兵攻打占碑，將其洗劫一空。[12]同時，蒙古人征服宋帝國後，開始對東南亞的這些小國產生興趣。蒙古人並沒有等待這些國家的王公主動稱臣納貢。在一二九二年蒙古人對爪哇島發動渡海遠征之前，就已經向蘇木都剌等國的統治者下令，要求他們進貢。劫後重建的占碑在一二八一年至一三〇一年主動向元朝皇帝派遣三個使團進貢，而不是等待蒙古人命令他們進貢。但是如果三佛齊人希望獲得大元朝廷的青睞，並沒有證據表明他們成功了，因為蒙古人與三佛齊人不同，他們對貿易不是那麼感興趣，主要是對宣揚蒙古大汗的普世權威感興趣。蒙古人的統治並沒有為占碑、蘇木都剌或南海內緣的其他城鎮帶來明顯的好處。[13]對三佛齊來說，另一個強力威脅是暹羅，那裡的泰族統治者透過陸路和海路，將其影響力向南擴張到本章稍後會詳談的一座島嶼：淡馬錫（Temasek），它很快就會被稱為新加坡。根據蘇門答臘的一個傳說，一支由反叛的三佛齊王子帶領的暹羅軍隊洗劫了占碑。蘇門答臘的編年史家則讚揚蘇木都剌的各港口在擊退暹羅人進攻方面的努力。所有這些混亂的情況說明，那裡的海盜活動很猖獗，而且三佛齊的政治網絡四分五裂。據十四世紀初的中國作家汪大淵表示，當時的麻六甲海峽特別危險。[14]因此，將香料運到印度洋並不是一件容易的事情，而蘇木都剌國蘇丹的權威在這方面發揮一些作用。從長遠來看，解決方案是必須在麻六甲海峽本身建立一個控制中心。

爪哇王公是所有這些混亂的受益者。爪哇的滿者伯夷王國建立於十三世紀，大約與蘇木都剌國同時。蘇木都剌國的成功令人印象深刻，但其基礎是對本地區域的控制，而滿者伯夷試圖複製三佛齊的貿易帝國。在滿者伯夷的巔峰時期，它的附庸網絡一直延伸到新加坡。[15]滿者伯夷統治者尊崇印度教和佛教，喜歡把自己描繪成半神，讓臣民對他們滿懷敬畏。但他們也非常務實：沒有受到儒家對貿易的厭惡態度影響，而是熱衷於促進貿易，從而供養自己，並為雄心勃勃的建築計畫買單。雖然婆羅浮屠的大型佛教建築群建於西元八〇〇年左右，幾個世紀後被遺棄在叢林裡，但滿者伯夷王室對大規模建設的熱情並沒有消退，尤其是在爪哇東部。[16]港口、市場和道路是滿者伯夷王國的命脈，以至於十五世紀的一部爪哇史詩頌揚靠近王宮的一組十字路口的神聖性。[17]在滿者伯夷王國現存的文獻中，有一份年代為一三五八年的「漳沽渡口特許證」（Canggu Ferry Charter），這是王室向某人授予特權的法令，刻在金屬板上；為那些沿布蘭塔斯河（River Brantas）運貨到漳沽鎮的人提供保護。在馬歡關於鄭和造訪爪哇的敘述中，漳沽鎮作為一個值得注意的地方而被特別提到。透過這項法令，王室將漳沽鎮的渡船船夫從他們之前依附的貴族領主手下分離出來，置於王室的直接保護之下。當然，王室希望獲得這些渡船船夫從沿海地區運往國王宮殿的貨物。[18]爪哇的道路與河流網絡是滿者伯夷王國成功的關鍵。大米被從內陸運到海港，裝船，然後運到其他港口，通常是在爪哇島以外，在香料群島的最東邊，如蘇拉威西島（Sulawesi）、峇里島（Bali）和伊里安島❷。在那些地方，大米被用來交換胡椒、丁香和其他異國產

❷ 譯注：伊里安島（Irian）即新幾內亞島（New Guinea），在今天，其西部屬於印尼，東部是獨立的巴布亞紐幾內亞。

品，這些產品被運回馬可·波羅稱為「大爪哇」的地方，並在其北岸的港口銷售。換句話說，滿者伯夷王國的商業體系非常完整。統治者也很清楚其中的好處：銘刻在金屬板上的其他一些王家特許證提到應向王室繳納的稅款，而王室在商業活動中的利益甚至包括一座養魚場的部分所有權。[19]

滿者伯夷王國當時很富裕。在十四世紀的大部分時間裡，它也相當穩定。與中國一樣，滿者伯夷的成功依賴將各省的權力下放給當地貴族，他們通常是宗室成員。但當鄭和在第一次與第二次下西洋期間造訪爪哇島時，滿者伯夷內部的緊張關係是顯而易見的。十五世紀初，滿者伯夷國王哈揚·武魯克（Hayam Wuruk，卒於一三八九年）將國土分給一個兒子和一個姪子。後來這對堂兄弟之間爆發內戰，導致數百名中國商人喪生。鄭和在第一次下西洋期間沒有試圖干預這場衝突，儘管他提及其中一位國王對明朝皇帝的無禮。[20]在兩位爪哇國王中的一位被另一位俘虜並斬首後，永樂帝向勝利者索要六萬兩黃金作為賠償。❸[21]事實上，這位國王根本拿不出這麼多黃金。

在滿者伯夷的沿海地區，商人群體趁著爆發王位爭奪戰，奪回對自己事務的掌管權。各城鎮脫離中央政府的速度越快，高度依賴貿易的王室收入縮水就越嚴重。當地方貴族也利用政局混亂來宣稱自己的獨立性時，王室的麻煩就更大了。地方貴族有時與城鎮合作，向它們保證至關重要的糧食供應，以換取它們的幫助去對付競爭對手，但是港口城市也經常向貴族發動戰爭，以征服種植水稻所需的土地。[22]這一切意味著，爪哇的短暫強盛在十五世紀初就已結束。由於伊斯蘭教在印尼的傳播，半神般的國王權威被進一步削弱。隨著混亂的加劇，大明朝廷開始考慮如何確保南海的和平。維持南海穩定，也許是鄭和下西洋的目標之一，特別是能夠解釋大明朝廷與新城市麻六甲的密切聯繫。但在研究麻六甲的迅速崛起之前，我們有必要研究一下它在新加坡的前身。考古發現讓我們能夠了解麻六甲的前身，使我們對「海上絲綢之路」的認識發生變化。

四

福康寧山（Fort Canning Hill）是位於新加坡殖民時代舊城區中心的一座小山，高於所謂老新加坡的建築——亞美尼亞教堂、猶太會堂、萊佛士酒店，以及曾經將新加坡島的這一部分與大海相連的小溪和河流的遺跡。從福康寧山的小徑，可以看到對面的巨型辦公大樓和飯店，它們勾勒出新加坡新城區的天際線，新城區位於填海得來的土地旁。這座城市的歷史通常被認為始於十九世紀初，當時史丹佛・萊佛士（Stamford Raffles）爵士從一份候選名單中，選擇這裡作為英國貿易站的所在地，以控制麻六甲海峽的入口。不過，他選擇這裡的原因並不僅僅是它的地理位置很便利；他對東南亞歷史有濃厚的興趣，

❸ 譯注：出自《明太宗實錄》卷五十二：「爪哇國西王都馬板遣使亞烈加恩等來朝謝罪。先是，爪哇西王與東王相攻殺，遂滅東王。時朝廷遣使往諸番國，經過東王所治，官軍登岸市易，為西王所殺者一百七十人。西王聞之懼，至是遣人謝罪。上遣使齎勑諭都馬板曰：『爾居南海，能修職貢，使者往來，以禮迎送，朕嘗嘉之。爾比與東王構兵，而累及朝廷所遣使百七十餘人，皆殺此何辜也。且爾與東王，均受朝廷封爵，乃逞貪忿擅滅之，而據其地，違天逆命，有大於此乎？方將興師致討，而遣亞烈加恩等詣闕請罪。朕以爾能悔過，姑止兵不進，但念百七十人者死於無辜，豈可已也。即輸黃金六萬兩，償死者之命且贖爾罪，庶幾可保爾土地人民。不然問罪之師終不可已，安南之事可鑒矣。』」

這裡曾是一座貿易城市的事實令他著迷，儘管中世紀的新加坡已無跡可尋。[23]萊佛士找到一本關於馬來半島早期歷史的最重要編年史《馬來紀年》（*Sějarah Mělayu*），其書名更準確的譯法應當是《馬來王譜》，這部編年史記載關於建立新加坡和麻六甲的傳說，將事實與幻想交織在一起，頌揚那個建造這兩座城市的王朝。自馬來西亞獨立以來，《馬來紀年》一直是一部關鍵文獻，有些馬來西亞人運用它來支持馬來西亞的身分認同主要是馬來的（而不是印度或中國的）這一主張，並強調伊斯蘭教在馬來西亞歷史上的特殊地位。《馬來紀年》的一個不變主題是，足智多謀的馬來人如何戰勝在爪哇和暹羅的對手，甚至還有遠在中國的對手。雖然現有的《馬來紀年》文本形成於十七世紀初，但它包含大量更早的材料，可以追溯到幾個世紀以前。如果我們相信該書的說法，其中的歷史甚至可以上溯超過一千年。[24]

根據《馬來紀年》，麻六甲後來統治者的合法性可以直接追溯到亞歷山大大帝，他以「羅馬國王，名叫亞歷山大，封號為『雙角』，在馬其頓立國。他是達臘甫王的兒子」❹的形象出現。[25]這個所謂的「史實」體現了中世紀末期印度和伊斯蘭教對馬來半島強力的文化影響。漸漸地，該地區的歷史變得清晰可見。《馬來紀年》的作者講述一位叫蘇臘安（Rajah Chulan）的印度王公如何決定進攻中國，因為「所有天竺和身毒的國家都向他稱臣……從東方到西方各國國王，都被他征服」❺，不過臣服於蘇臘安王的「各國國王」不包括中國統治者。在《馬來紀年》中，中國統治者不是作為一位皇帝，而是作為一個假裝自己是「大地之主」的弱者出現的。但他知道，如果蘇臘安的陸海軍到達中國，「中國恐怕要生靈塗炭，玉石俱焚」❻。中國人的軍事力量不如蘇臘安強大，所以他們不得不依靠一個詭計。當蘇臘安王到了淡馬錫（後來被稱為新加坡）時，一艘中國船來迎接他。令印度人驚訝的是，船上有一群非常老邁的船員，而且船上有一些果樹。這些中國人說，他們在十二歲時就登上這艘船，當時這些樹還只是種子而已。從中國航行到麻六甲海峽竟然需要這麼長的時間！蘇臘安思考這個問題，認為「中國是太遙遠了。我們何年何月方能到達那裡呢？」❼於是決定放棄向中國進軍，轉而探索海洋。他製造一艘玻璃潛水艇，乘坐它造訪一些水下城市，並在一位海底君王的宮廷受到隆重接待。兩位國王成為好友，海底君王要把女兒嫁給蘇臘安；他們喜結連理，在海底生活了三年，生下三個兒子。然後，為了確保在陸地上的王國繼續由他的王朝統治，蘇臘安決定拋下悲痛萬分的海底親人。一匹長著翅膀的駿馬把他馱出大海。一回到家，他又娶了一位來自印度斯坦的妻子。[26]

這個寓言確實有一些出乎意料的歷史價值。至少我們可以從這個故事和同一本書的其他故事中知道，大海讓馬來人著迷。更具體地說，蘇臘安王被認為是馬來人對一一二六年攻打三佛齊的那位朱羅王朝國王的遙遠記憶。蘇臘安王的傳說不僅提到新加坡所在的地點，緊接著又講述一個關於三佛齊的舊都巨港的故事：「以前它是一座非常偉大的城市，在整個安達拉斯〔蘇門答臘〕都找不到這樣的城市。」在海底出生的三位王子被巨港的統治者收養，並都成為王公，其中最年輕的王公受到從海面泡沫中浮出

❹ 譯注：譯文借用敦・斯利・拉囊著，黃元煥譯，《馬來紀年》，學林書局，二〇〇四年，第二〇頁。
❺ 譯注：同上，第二五頁。
❻ 譯注：同上，第二九頁。
❼ 譯注：同上。

的神奇生物祝福，為自己取名為斯里·特里布阿那（Sri Tri Buana），這個名字具有強烈的佛教色彩，在梵文中意為「三界之主」；他在巨港居住，那裡的統治者讓位給他。[27]但有一天，特里布阿那表示：「我想找個好地方來建立都城，不知有何高見？」[8]然後他帶著一支龐大的海軍出發了：

> 船艇密密麻麻，不可勝數。船艇的桅檣如林，旌旗如雲；各王侯的華蓋，又像冉冉上升的雲卷。由於簇擁著國王的船艇眾多，海面顯得擁擠不堪。[9][28]

在旅行期間，特里布阿那曾去打獵。有一天，他在追趕一隻鹿時，爬上一塊高高的岩石，發現隔著大海的遠方有一片純白沙灘。[29]他問那是什麼地方，有人告訴他，那叫淡馬錫。考古證實，在中世紀，淡馬錫島的南岸應當有白色沙灘。事實證明，將淡馬錫與他所在的地方（應當是廖內群島的一座島嶼，今天屬於印尼）分開的海峽，比他想像中難走許多；一場風暴襲來，王公的船開始進水。水手們能做的就是把船上的所有貨物扔到海裡，以減輕船的重量；但是有一件東西，即王公的王冠，被留在船上。水手長堅持要把王冠也扔到海裡，特里布阿那答道：「那就把王冠拋入海裡去吧！」[10]就這樣王冠被扔了下去，風暴隨之減弱。

熬過這場風暴，特里布阿那毫髮無傷地來到陸地，看到一種比公山羊大的奇怪動物，牠有著紅色的身體、白色的胸部和黑色的頭。王公對此感到很困惑，後來得知這是某種獅子，儘管上面的描述與獅子並不相符，而且有人認為可能是紅毛猩猩。不管那是什麼動物，都被認為是一個吉兆。特里布阿那決定在這個地方建造一座城市，並將其命名為「新加坡」（Singapura），即「獅城」。與特里布阿那這個名字一樣，Singapura 是一個梵文而非馬來文的名字，旨在表明統治者及其宮廷與西方的佛教和印度教國家的先進文明有接觸。[30]「新加坡」是這一地區常見的城鎮名稱，但在一三〇〇年左右，這個地方確實出現一座新的城鎮。[31]《馬來紀年》寫道：「不久，新加坡這地方繁榮昌盛起來。四方商旅，雲集此地，好不熱鬧。這一海港，也變得一片興旺。」⓫[32]

對東南亞的某些人來說，新加坡的崛起不是好消息。在這個時期，滿者伯夷國王在《馬來紀年》的故事裡登場了。滿者伯夷國王「聽說新加坡國發展壯大，不向他朝貢」⓬，這讓他非常生氣，於是向新加坡國王送去一份奇怪的禮物，是一個長七德巴⓭的極薄木片，捲起來看上去像是一個女孩的耳環。特里布阿那起初感到困惑和惱怒，但他意識到必須證明手下的木匠和滿者伯夷的木匠一樣本領高超，於是命令一個木匠用錛子而不是剃刀給一個男孩剃頭，這證明新加坡木匠和爪哇木匠一樣善於使用錛子。滿者伯夷國王聽到這個消息後，立即認為新加坡的統治者威脅要入侵爪哇，並剃光所有爪哇人的頭，他下

❽ 譯注：同上，第四一頁。略有改動。
❾ 譯注：同上，第四一－四二頁。
❿ 譯注：同上，第四九頁。
⓫ 譯注：同上，第五〇頁。
⓬ 譯注：同上，第五五頁。
⓭ 譯注：一德巴約合六英尺。見敦・斯利・拉囊著，《馬來紀年》，學林書局，二〇〇四年，第三一頁注釋一。

令準備一支由一百艘戰艦組成的艦隊，向新加坡發動凶殘的攻擊。不過，他還是被擊退了。[33]後來凶惡的劍魚從海裡跳出來，刺向海邊的人們，但也被新加坡人趕走了。在現代，新加坡周邊水域曾有漁民遭這種魚襲擊而死，當牠們看到漁船上明亮的燈籠時，就會跳出水面，擋在面前的人就遭殃了。新加坡國王原本無法阻止劍魚的攻擊，於是數以千計的人死亡，直到一個少年建議新加坡人用海灘上的香蕉樹幹製作掩體，跳出水面的劍魚會將吻部插進樹葉裡，人們就可以將牠砍死。不過，新加坡國王嫉妒那個想出解決辦法的男孩，將他處死，之後「新加坡王朝罪孽又深一重」。⑭[34]這個故事預示新加坡未來的命運，那位有罪的國王很快就亡國了，新加坡被宿敵占領。

在爪哇人下一次進攻之前，發生了一段不愉快的插曲，這次進攻是由新加坡當時的統治者伊斯坎德爾·沙（Iskandar Shah）的宮廷紛爭引起的。國王的一個情婦，即財相的漂亮女兒，被指控和其他男人有染。國王暴跳如雷，命令將她押到城鎮的市場上，赤身露體地示眾。她的父親寧願將她處死，也不願意讓她蒙受這種羞辱，於是寄給滿者伯夷的王公一封信，承諾如果爪哇人再次進攻，他將裡應外合，從而報復國王。於是爪哇人準備三百艘大船和無數小船，運載（據說有）二十萬名士兵。他們到達後不久，財相就打開用來保護新加坡要塞的大門，爪哇人湧入城市；要塞被雙方戰死者的鮮血淹沒。[35]但國王僥倖逃生，逃離城市，新加坡落入滿者伯夷統治者的手中。這些事件意在說明國王缺乏智慧：沒有能力對付劍魚，還讓財相的女兒蒙羞，激怒忠誠的大臣，促使對方通敵。

這些不尋常的故事不僅建立一個（據說）可以追溯到古馬其頓的王朝譜系，還建立了若干城市的譜系：巨港是新加坡的母城，而新加坡本身又是麻六甲的母城，這一點下文會詳談。《馬來紀年》的作者把故事講到十四世紀末時，他對歷史的掌握變得更加精確。故事的魔幻氣氛逐漸消散，讓位給更真實的描述，雖然仍然不完全可信，但是至少不再有海底王子和從海中泡沫誕生的先知。由於考古學家發現破碎的陶片、殘破的碑文和零星的磚石地基，現在可以證實新加坡在十四世紀的總體形象確實是一個繁榮的商業中心。此外，還有來自新加坡以外的文獻證據，其中提到淡馬錫在獲得新名稱新加坡之前的情況，並表明它在十四世紀初已經成為一個貿易和海盜活動的中心。

五

商人汪大淵出生於一三一一年，曾在泉州居住。一三三〇年代，他兩次穿越南海，並在一本名為《島夷志略》的書中記錄他的印象。他雖然文筆欠佳，但喜歡作詩，而且是一位目光敏銳的地理學家。身為有經驗的航海者，他把世界分為兩個大洋，即東洋和西洋，分別對應太平洋與印度洋。在他看來，淡馬錫就是這兩個大洋的交會點。他描述曾拜訪的淡馬錫居民：他們把頭髮紮成髮髻，釀製米酒，身穿深藍色的廉價布衣[15]。淡馬錫被描述為一個可以交易黃金、絲綢、金屬容器和普通陶瓷的地方；不過，

---

[14] 譯注：譯文借用敦．斯利．拉囊著，黃元煥譯，《馬來紀年》，學林書局，二〇〇四年，第八一頁。

[15] 譯注：原句為「多椎髻，穿短布衫。繫青布捎。」（元）汪大淵著，蘇繼廎校釋，《島夷志略校釋．龍牙門》，中華書局，一九八一年，第二一三頁。

淡馬錫人交易的貨物「皆剽竊之物也」⑯。駛向印度洋的船隻可以不受干擾地經過淡馬錫，因為海盜們想等它們滿載而歸。當這些船隻在歸途中經過淡馬錫時，「船人須駕箭棚，張布幕，利器械以防之」⑰。如果順風，船隻可以直接度過淡馬錫，避開攻擊，但是如果淡馬錫海盜設法俘獲一艘船，就會無情地殺死船上的人，搶走他們的財產。最危險的地方是「龍牙門」，這是新加坡南端的一條狹窄水道，將一座小島與新加坡主島隔開。汪大淵還描述淡馬錫的總督如何要求每個人都應該「男女兼中國人居之」⑱，即讓當地人「與中國人友好相處」。[36]換句話說，在十四世紀初，處於爪哇人統治之下的淡馬錫有華人定居點。正因為位置暴露，淡馬錫城非常脆弱，但同時又能從經過它大門口的海上貿易中獲得巨大的利益。在早期，淡馬錫選擇透過海盜活動來獲利，儘管海盜活動也會將暹羅和滿者伯夷的陸海軍引向麻六甲海峽。淡馬錫人努力在該地區交朋友：有證據表明，他們曾向越南國王饋贈禮物。[37]最後，正如下文所示，是明朝的中國人解決了海盜的難題，不過不是在新加坡，而是在其後繼者麻六甲。

不過在此之前，明朝在該地區掀起一場危機。一三六八年，明朝第一位皇帝登基後，對海外貿易的限制越來越嚴格，針對的是中國商人或華僑，華僑被命令返回故土，但是他們顯然沒有這麼做。根據新的規定，中國信徒應當燒中國香，而不是外國香。這可能大幅緩解銅錢外流（在宋朝是一個嚴重的問題），但也破壞中國與爪哇和南海周邊其他國度，以及日本和朝鮮之間的關係。到了一三八〇年，爪哇和明朝的關係進一步惡化。爪哇人攔截並處死前往占碑的明使，他們奉命冊封三佛齊的大君為明朝的藩屬國國王。滿者伯夷的統治者認為，三佛齊的大君是滿者伯夷的附庸。三佛齊大君似乎希望透過轉向中國，擺脫爪哇的主宰。結果適得其反，爪哇控制了蘇門答臘。在這項暴行之後，明朝皇帝不想再和印尼各民族打交道。[38]於是，爪哇人可以無所顧忌地執行他們的對外侵略政策。

與此同時，蘇門答臘島也處於動盪之中。在巨港，一位名叫拜里迷蘇剌的王子掌握政權，他就是《馬來紀年》所說的伊斯坎德爾．沙。不過令人糊塗的是，真正的伊斯坎德爾．沙可能是拜里迷蘇剌的兒子。關於誰是誰，以及發生什麼事，有很多不同的版本，就像對於拜里迷蘇剌跌宕起伏的人生有許多不同的描述。如上文所述，巨港不再是三佛齊輝煌時期那個偉大的商業中心，拜里迷蘇剌的目標是擺脫爪哇人的統治。滿者伯夷海軍進攻巨港，拜里迷蘇剌在那裡執政僅三年，就向西逃亡，在新加坡登陸。他在那裡的統治也很短暫：敵人在一三九七年將他趕下臺，而他建立的麻六甲是他的第三個國家。[39]在介紹早期的麻六甲之前，我們需要先仔細觀察一下早期的新加坡。

《馬來紀年》描述特里布阿那是如何被埋葬在「新加坡山」上的，而《馬來紀年》的作者和其他作家還提到位於今天的福康寧山的其他王室墓葬。[40]關於這些墳墓的記憶延續至今，當萊佛士到達時，該地區被生活在那裡的人們稱為「禁山」；之所以是禁區，或許就是因為這些墳墓，而它也被認為是王宮的所在地。有一個故事說，早期的新加坡統治者禁止任何人上山，除非國王召見他們，還有一條王后洗澡的小溪也是禁地。在萊佛士時代，第一批對新加坡早期歷史感興趣的文物學者，在這裡發現傾頹的古

---

⑯ 譯注：同上，第二一四頁。

⑰ 譯注：同上。

⑱ 譯注：同上，第二一三頁。此處應該是作者理解有誤，原書的意思是這裡居住著當地的男女與中國人。

牆和磚砌的地基。由於大多數建築，包括王宮，都是木製的，而且許多建築都建在高架上，所以沒有大量遺跡存世並不奇怪。但英國統治新加坡之後，沒有人願意進一步調查。神聖的禁山成為英國人的大本營，那裡的地面被夷平。[41]多年來，還出土了其他一些文物，但都是意外發現的：一九二八年出土一些印度風格的精緻金飾，包括一個手鐲和耳環，顯然是屬於某個地位非常高的人。

英軍因為需要在新加坡河出海口附近興建一座新要塞，所以將一件可能很重要的石刻（所謂的新加坡古石）炸成碎片。新加坡古石現存的一小塊碎片如今被自豪地陳列在新加坡歷史博物館，上面的文字至今沒有得到破譯。[42]在新加坡，神話和歷史再次糾纏在一起。《馬來紀年》提到一個名叫巴當（Badang）的巨人，他來到新加坡，向附近羯陵伽（Kalinga）的一個壯士發起挑戰：

> 王殿前面有一塊大石頭，納迪（羯陵伽的壯士）對巴當說：「我們來舉這個大石塊吧，看誰的力氣大。舉不起的就算輸。」巴當答道：「好吧，你先舉一舉。」納迪捲起衣袖去舉，舉不起來。他再拼足全身力氣去舉，剛舉到膝邊，又再放下來。他對巴當說：「現在輪到你來舉。」巴當答道：「好的。」他一鼓作氣，把那塊石頭高舉過頭。並把它投到新加坡河口去。這就是新加坡海角石塊的由來。[19][43]

羯陵伽的壯士不得不交出他帶到新加坡的七艘滿載貨物的船隻，並灰頭土臉地返回家鄉。也許更重要的一點是，據說巴當在河口拉起一條鐵鏈，以阻斷通往新加坡港口的水道。這證明當時的新加坡人在努力建造一個港口，而且是一個在海盜或敵人海軍威脅下可以關閉的港口。[44]

直到一九八〇年代，考古學家才開始對福康寧山的遺跡進行認真調查，證實這裡在十四世紀是一個重要貿易中心。[45]證據主要包括成千上萬的陶器碎片，還有大量的玻璃珠和錢幣。這些都表明十四世紀的新加坡是一個重要的貿易中心，與中國、爪哇和南海周圍的土地，以及西方的印度洋有聯繫。福康寧山考古發現的最顯著特點是，中國陶瓷極多，甚至比當地陶瓷還多，而且來自中國的陶瓷幾乎都是元代的，也就是說在一三六八年明朝趕走蒙古人之前。[46]在那之後就較少有中國人的東西出現在新加坡，這反映了明朝對外貿的敵視；考古遺址裡的明代早期陶瓷很少。但在對華貿易中斷之前，新加坡人大量使用優質的中國瓷器：淺綠色的青瓷，其中一些來自福建泉州附近的地區；白瓷，非常典型的中國出口產品，在離泉州不遠的德化鎮大量生產；著名的青花瓷，其中一件特別引人注目，因為它帶有表示羅盤方位的漢字。[47]這種瓷碗更可能是用於占卜或風水，而不是用於航海，但至少可以看出它是走海路到達新加坡的。這些優質的碗、花瓶和杯子，都是在王宮所在區域出土，所以提供關於十四世紀新加坡宮廷生活水準的線索。

考慮到在福康寧山下的平地（如今被殖民時代的建築和新議會大廈占據），還出土少量陶器、玻璃和金屬製品，當時的新加坡很明顯是一個重要的地方，山上有宮殿，山下的河口旁有貿易區。新加坡統治者很好地利用它在貿易路線上的優越位置，而且根據汪大淵略顯晦澀的說法，新加坡似乎一開始是一

⑲ 譯注：譯文借用敦・斯利・拉囊著，黃元煥譯，《馬來紀年》，學林書局，二〇〇四年，第六〇頁。

個海盜基地，後來轉變為一個正經的貿易定居點。新加坡的發展招致爪哇和暹羅等強大鄰國的嫉妒，而明朝海禁對新加坡造成一定的打擊。

六

十六世紀的葡萄牙作家和旅行家皮列士在他的《東方志》（*Suma Oriental*）中，描述「巨港的國王拜里迷蘇剌」建立麻六甲的過程。拜里迷蘇剌（Parameśvara）這個字在梵語中的意思是「至高無上的主」，經常被用來指印度教的濕婆神，儘管還有一個同名的神，而且這個名字經常被王室成員使用。[48]所以與其說這是名字，不如說它是頭銜，表達地上的君王與天上的印度教神祇之間的聯繫。將拜里迷蘇剌相繼統治的巨港、新加坡和新城市麻六甲聯繫起來的故事，賦予麻六甲後來的統治者一種特殊的合法性，創造一個理論上可以上溯到古代三佛齊，甚至亞歷山大大帝的法統，因為《馬來紀年》不將他稱為拜里迷蘇剌，而稱他為伊斯坎德爾（Iskandar），即亞歷山大（Alexander）的阿拉伯文形式。[49]不過，皮列士筆下的拜里迷蘇剌和《馬來紀年》中的伊斯坎德爾一樣，都不是特別討人喜歡的人物。在顯然取材自爪哇故事的葡萄牙版本中，在十四世紀末，拜里迷蘇剌統治巨港，然後反抗他的宗主，即爪哇統治者。他大敗而歸，從蘇門答臘逃到新加坡，他在那裡謀殺當地王公並奪取權力，但是他在新加坡的統治最多只維持六年的時間。在他統治新加坡期間，拜里迷蘇剌依靠海盜「羅越人」（馬來語Orang Laut，意思是「海上民族」）的支持。羅越人實際上並不在新加坡，而是住在蘇門答臘島和新加坡之間的一座島嶼上，該島位於從南海到麻六甲海峽的主要貿易路線上，所以是劫掠商船的好地方。[50]

關於拜里迷蘇剌在新加坡的統治為什麼很短暫（大約在一三九六年結束），人們的猜測包括爪哇人的攻擊（這符合馬來人的說法），以及暹羅人的馬來盟友的報復性攻擊，因為暹羅人與新加坡前任統治者聯姻，從中獲益。[51]所有這些都說明海盜活動的猖獗和地方衝突的存在，而更強大的勢力，比如滿者伯夷的王公和以繁榮的大城為基地的暹羅統治者不時加入這些衝突，因為他們不能忍受自己的航運受到干擾。羅越人無疑曾與各鄰國達成協議，允許它們的船隻通過，以換取一些物質利益，但拜里迷蘇剌的到來標誌著新加坡創始者的海盜活動重新開始了：「他完全不做貿易，他的百姓只種植稻米、捕魚和劫掠他們的敵人。」⑳[52]明朝海禁使得外國較難以合法方式獲取中國商品，所以外國人更加渴望中國商品。

在麻六甲的建城傳說中有兩個名字，拜里迷蘇剌和伊斯坎德爾，這造成無盡的混亂，而且我們有理由相信真正的伊斯坎德爾實際上是麻六甲創始者的兒子兼繼承人。更讓人糊塗的是，麻六甲的建城傳說與蘇木都剌和新加坡的建城傳說很相似，這些傳說都包含在《馬來紀年》中。但即使《馬來紀年》是虛構的，它也確實記錄馬來半島居民相信的傳說，這些傳說甚至直到今天還在影響麻六甲早期歷史的書寫方式。在《馬來紀年》裡，拜里迷蘇剌被稱為伊斯坎德爾，書裡描述他被趕出新加坡後尋找新家的過程。他沿著馬來半島的海岸線前進，直到來到一個看起來很有潛力的河口。

---

⑳ 譯注：譯文借用皮列士著，何高濟譯，《東方志：從紅海到中國》，中國人民大學出版社，二〇一二年，第二二二頁。

> 在打獵時，他的獵狗突然被一隻獐鹿撞落水裡。國王說：「這是一個好地方，就連它的獐鹿都這麼厲害！我們就在這裡建築京城吧。」朝廷百官奏道：「陛下所說極是。」國王即命人搬運沙土，採伐木料，興工建造。國王問：「我們倚足而立的這棵樹，叫什麼樹？」眾臣奏道：「這是滿剌加樹。」國王說：「既然如此，我們在這裡建立的國家就取名為滿剌加〔麻六甲〕國吧。」[21][53]

這裡沒有提到的是，新加坡和麻六甲在地形、地貌上驚人的相似，麻六甲被描述為新加坡的「鏡像」。正如福康寧山聳立在新加坡城之上，較小且較低的聖保羅山是麻六甲的制高點。這些山丘是易守難攻的制高點，也是建造王宮的好地方，它們被視為神聖的場所，人們必須得到特別批准才能進入。此外，這兩座城鎮都靠近河口，為船隻提供便利的泊位。[54]

《馬來紀年》的作者很清楚，船舶改變了麻六甲的命運。書中描述麻六甲統治者在促進貿易方面的成功，這意味著麻六甲吸引許多外商和移民，他們在這裡受到歡迎。[55]麻六甲與海峽中的鄰國，如海對岸蘇門答臘島的錫亞克（Siak）的統治者，發生無休止的海戰。畢竟，大家都想控制來往於麻六甲海峽的有利可圖的貿易。從印度洋另一端抵達麻六甲的，不僅僅是商品。根據《馬來紀年》，拉惹登加（Rajah Tengah）是麻六甲建城者的孫子，「愛民如子，公正賢明，當時天下各國君王，沒有一人比得上他」[22]。因此，他被選中來完成麻六甲命運的重要一步。他做了一個夢，夢中拜訪他的不是別人，正是先知穆罕默德。先知向拉惹登加傳授穆斯林的信仰宣言，即「清真言」，並給他取了一個新名字：穆罕默德。先知告訴他：「明天昏禱時分將有一艘船從吉達駛來，船上將有一人上岸祈禱，你得聽他的話行事。」[23]當拉惹登加醒來時，發現自己已經受了割禮。他花了一天時間重複清真言，大臣們認為他瘋了。他們通知宰相，宰相不肯相信神奇的夢中割禮，但他同意如果在約定的時間有船從吉達來，就相信這個夢是真的。船真的來了，下船的人之一，長老賽德・阿都爾・阿席（Sa'id 'Abdu' l-aziz），開始在碼頭上向真主祈禱。

滿剌加人看了他的舉動，都感到奇怪。他們說：「這個人怎麼老是跪跪拜拜的？」於是大家都圍著爭看，人越聚越多，最後弄得水泄不通，吵雜聲傳到王宮內。國王聽了立即騎著大象出來，朝廷百官簇擁在後，國王看見長老在祈禱時的舉動，證明他的夢無誤。他對宰相和百官說：「這證明我的夢是真的。」[24][56]

長老被請上大象，與國王一起回到王宮。宰相和文武百官都成為穆斯林，「滿剌加國內男女老幼都皈依伊斯蘭教」[25]。

[21] 譯注：譯文借用敦・斯利・拉囊著，黃元煥譯，《馬來紀年》，學林書局，二〇〇四年，第八四頁。
[22] 譯注：同上，第八五頁。
[23] 譯注：同上。
[24] 譯注：同上。第八六－八七頁。
[25] 譯注：同上。第八七頁。

無論真相是什麼，麻六甲在過去始終是，而且今天仍然是一座有多種信仰的人群居住的城市。麻六甲的王公確實在十五世紀初成為穆斯林。皈信與其說是突發事件，不如說是麻六甲王公多年來接觸伊斯蘭教，對皈信的好處已經斟酌很久。在拉惹登加時代之前，麻六甲的王公們就已經與伊斯蘭教打交道了。不遠處的八昔有東南亞伊斯蘭教燈塔的美譽，拉惹登加／穆罕默德在皈信前，實際上已經與八昔的一位公主結婚。在生涯的早期，他曾因是否皈信伊斯蘭教，而與八昔蘇丹發生爭執。他試圖把經常與八昔做生意的爪哇穆斯林商人引向麻六甲，但是八昔蘇丹不願意讓穆斯林商人與麻六甲做生意，除非拉惹登加皈信伊斯蘭教。畢竟，如果爪哇穆斯林商人大規模與麻六甲做生意，這些商人對蘇木都剌國的稅收貢獻就會減少。拉惹登加暫時還不願意皈信，但是他與八昔蘇丹的爭吵沒有持續很久；最終，來自八昔的穆斯林商人如他所願去麻六甲生活，並建造該城的第一批清真寺。但是拉惹登加的野心更大：他鼓勵爪哇的穆斯林商人到他的城市。向伊斯蘭教靠攏也就是向貿易利潤靠攏。葡萄牙作家皮列士寫道：「貿易開始大增……麻六甲王……也獲得了大利和滿足……摩爾人成了國王的大寵信，得到了他們想要的東西。」[26][57]麻六甲的皈信是該城成為該地區商業中心的重要一步。[58]八昔蘇丹與剛剛改名的穆罕默德蘇丹結盟，默許蘇木都剌國在麻六甲海峽的主宰地位受到麻六甲的侵蝕，麻六甲這座新興城鎮掌握主動權。畢竟，它處於海峽內的位置更優越，不僅因為位於直接的貿易路線上，而且更有能力對抗海盜。[59]

這並不是說拉惹登加對新宗教不感興趣，他的皈信可能是一種投機，但也很可能是他想成為穆斯林的信念慢慢萌發的結果。除了妻子的影響外，拉惹登加還造訪中國，在那裡見到穆斯林統治者派往明朝的使節，包括八昔的使節。麻六甲人對每天「跪跪拜拜」五次的人非常熟悉。不過，這位王公和東南亞其他王公的皈信大幅改變東南亞的宗教平衡；佛教和印度教及本地的宗教崇拜已經交織在一起，宗教融合是普遍現象。而伊斯蘭教具有排他性，所以王公才堅持讓所有臣民皈信。雖然這些土地上還有印度教徒和佛教徒的空間，至少在官方層面，穆斯林不能分享他們的節日、習俗及某些食物。但是被視為整個地區的穆斯林商人的庇護者，能夠大幅提高麻六甲蘇丹的聲望，而且當麻六甲和暹羅之間爆發衝突時，他可以宣揚自己是全體穆斯林的捍衛者。

麻六甲國家安全的擔保人是明朝。麻六甲建立幾年之後，這座新城市就和中國建立聯繫。甚至在鄭和下西洋之前，明朝宮廷的太監尹慶就於一四〇四年到麻六甲進行友好訪問，向拜里迷蘇剌贈送王冠，拜里迷蘇剌則向大明朝廷進貢。[60]對拜里迷蘇剌來說，擺脫暹羅宗主權的辦法就是接受一個比暹羅強大許多的國家為自己的新宗主。但這麼做也有風險：暹羅是東南亞當地的勢力，而中國非常遙遠。鄭和下西洋的規模如此之大，即使有所誇大，仍意味著麻六甲人可以獲得一段時間發展貿易，並打擊當地的海盜，而不必太擔心暹羅的干預。在鄭和下西洋期間，中國人一次又一次地經過麻六甲，他們也透過掃蕩巨港、鎮壓蘇門答臘沿海的中國海盜和遏制爪哇人的行動，使麻六甲更安全。因此中國人的到來，發揮抑制競爭的作用。在十五世紀初之前，激烈的競爭使得麻六甲海峽成為該地區最危險的海上通道之一。明朝皇帝對海外貿易的厭惡反而帶來更大的航海自由，因為鄭和尋求貢品的航行宣示中華治世（Pax Sinica），即南海和其他地區的天下太平。這種太平被打破的時刻很快到來。當宣德帝暫停進一步的遠

㉖ 譯注：譯文借用皮列士著，何高濟譯，《東方志：從紅海到中國》，中國人民大學出版社，二〇一二年，第二二八頁。

航時，麻六甲蘇丹本人正在中國，希望向皇帝進貢。這是麻六甲統治者的第三次拜訪，他和其他使節（最遠的來自錫蘭）尷尬地滯留在離家萬里的地方。但宣德帝不久後就去世了，他的繼任者對花費巨資建立艦隊前往天涯海角不感興趣。

從十七世紀初回過頭來看，《馬來紀年》的作者不願意承認真相是上面那樣。從麻六甲人的角度來看，似乎統治大海的是麻六甲，而不是中國：

> 卻說滿剌加的威名傳到中國，中國國王決定派特使到滿剌加來。中國特使帶著滿滿一船的細針，還有許多綾羅綢緞及其他珍奇異寶，朝滿剌加駛來。船在滿剌加京城海濱靠岸後，滿剌加王蘇丹·芒速·沙叫人去迎接中國國王的書信，並捧著書信在全城遊行一周，其禮儀就像迎接暹羅王的書信。書信被迎入王殿後，由傳詔官接下來，然後交給誦經師宣讀，內容略謂：「天朝國王陛下致書滿剌加國王陛下：……普天之下，無一國王比吾人更強大者；吾國子民，任何人皆數不清。吾向每家每戶討一枚細針，即可裝滿一船。此船細針謹奉陛下為禮物。」㉗61

於是麻六甲國王回贈一船西米，使中國皇帝不得不承認：「滿剌加王的確是大國之君，他治下的老百姓也像我們一樣多。讓我把他招為女婿吧。」㉘62《馬來紀年》的作者很清楚，麻六甲王宮所在山丘的河對面有一個華人的貿易定居點，叫做武吉支那（Bukit China，意即「中國山」），可以追溯到明朝。在紀念鄭和下西洋的鄭和博物館周圍偶爾出土的文物，其中不僅有陶器碎片，還有似乎由華人社區使用的井，進一步證明了這一點。

對新加坡統治者來說，暹羅是眼中釘；對麻六甲王公來說，暹羅是肉中刺。要把《馬來紀年》中錯綜複雜的故事梳理清楚是很困難的，更有意義的做法是看一下麻六甲歷史的公認版本，即聖保羅山的麻六甲歷史博物館中精彩描繪的版本。一四四五年和一四五六年暹羅人的攻擊，被解釋為對麻六甲的繁榮與商業競爭的回應。據說在第二次進攻期間，麻六甲的宰相點燃了河口沿岸的樹木，讓敵人誤以為有一支龐大的部隊在守株待兔。敵人驚呼：「滿剌加的戰船多得不可數計，剛才那一艘船我們尚無法對付，如果全部開過來，我們如何是好？」[29]在那之後，暹羅人就遠遠避開麻六甲。[63]麻六甲的歷史學家喜歡展示一座英雄城市的形象，它捍衛自己的獨立，為一個由馬來民族組成的伊斯蘭國家奠定基礎；麻六甲的馬來人嚴格遵守伊斯蘭教遜尼派的規矩，但也允許印度教和道教的信徒定居，並在麻六甲建造那些屹立至今的古老神廟與道觀。但真實情況並不是這麼簡單，有時麻六甲人覺得向暹羅進貢比較有利（一度每年進貢四十盎司的中國黃金），有時不進貢也沒關係。一個被敵人包圍的富庶小城市，不可能宣布自己獨立於所有更高的權力。接受一個宗主要安全得多，只要對方不大肆干涉麻六甲的日常事務，這才是真正重要的。「大大小小的船隻數不勝數；因為當時僅算國王在城裡的臣民就有九萬人」，不過《馬來紀年》的作者寫下這些話之後，接著又說光是麻六甲城裡就有十九萬人，更不用說它控制的沿海地區，

㉗ 譯注：譯文借用敦·斯利·拉囊著，黃元煥譯，《馬來紀年》，學林書局，二〇〇四年，一三二－一三三頁。

㉘ 譯注：同上，第一三四頁。

㉙ 譯注：同上，第一〇七－一〇八頁。

而且外國人也湧向這座城市。[64]

麻六甲蘇丹開始在宮廷推行精心設計的禮儀，並在今天的聖保羅山上建造一座寬敞而莊嚴的宮殿，藉此提升他的國際地位。這座木製宮殿及其精美的雕刻飾板已不復存在，但有人部分根據《馬來紀年》的描述，對其進行還原。在宮殿舉行的儀式同時借鑑印度和中國的儀注。對於誰可以穿黃色長袍或用傘遮擋，有嚴格的規定，因為黃色是中國的皇室顏色，只有統治者的家庭成員能用。佩戴黃金飾品，包括腳鏈，是蘇丹和他的近臣的特權。蘇丹就像中國的皇帝一樣，坐在寶座上，大臣們坐在兩邊；每個被允許侍奉蘇丹的人都清楚知道，自己在金鑾殿應該站在哪裡或坐在哪裡。[65]麻六甲曾經是拜里迷蘇剌的海盜王國，而在幾代人之後就變成一個商業中心，將印度洋與香料群島和明朝連接起來。[66]

如果有外來勢力闖入麻六甲海峽，一切都會再次陷入混亂。葡萄牙人在十六世紀初到達時便是如此：「由果阿開來一艘佛郎機人的商船，到滿剌加來經商。佛郎機船長看到滿剌加這樣美麗富庶……」㉚這些是《馬來紀年》的佚名作者的話，但葡萄牙人也確實對麻六甲肅然起敬，正如皮列士所見證的，也正如葡萄牙最偉大的詩人卡蒙斯在描寫葡萄牙海外擴張的史詩《盧濟塔尼亞人之歌》中所寫的：「繼續向前，你們將使麻六甲／變成聞名四海的尊貴商埠，／整個太平洋地區豐富物產，都將以這裡做貿易集散地。」㉛[67]不久之後的一五一一年，葡萄牙人帶著一支艦隊返回麻六甲，經過一番激戰，占領這座城市。想了解他們是如何到達那裡的，我們有必要回到遙遠的大西洋東部水域。

㉚ 譯注：同上，第二五〇頁。

㉛ 譯注：譯文借用路易斯·德·卡蒙斯著，張維民譯，《盧濟塔尼亞人之歌》，中國文聯出版公司，一九八八年，第十章第一二三節，第四四九—四五〇頁。

第三部

年輕的大洋

大西洋

The Young Ocean: The Atlantic

西元前22000 — 西元1500

第十五章　生活在邊緣

一

大洋史可能會對哥倫布之前（或至少是十五世紀葡萄牙人發現一些遠離歐洲大陸的島嶼，並在那裡定居之前）的大西洋說得很少，並且只是一筆帶過地提到維京人在格陵蘭沿海迷路後到達美洲。如今「大西洋史」已經成為一個完整的領域，主要關注一四九二年之後，大西洋沿岸四塊大陸（北美洲、南美洲、非洲和歐洲）之間的聯繫。[1]乍看之下，在史前和古代，大西洋沒有什麼能與玻里尼西亞航海家的驚人壯舉媲美，也沒有什麼能與橫跨開闊印度洋的人們對季風的掌握相提並論。倒是有很多關於古埃及人或腓尼基人到過中美洲的瘋狂理論，海爾達就是這樣的瘋狂理論家之一。不過，西元前五千紀歐洲大西洋沿岸的人們，以及西元前二〇〇〇年加勒比海地區的人們，分別跨越大西洋的一部分，這對他們的社會和經濟生活產生巨大的影響（加勒比海地區將在後面的章節中描述）。想要還原這些世界，就必須依賴考古學，但不能只是個別地方的考古研究。只有透過觀察許多相隔甚遠的社會之間的聯繫（無論是貿易聯繫還是文化相似性，包括藝術和建築的相似性），才有可能了解當時正在發生的事情。好幾位

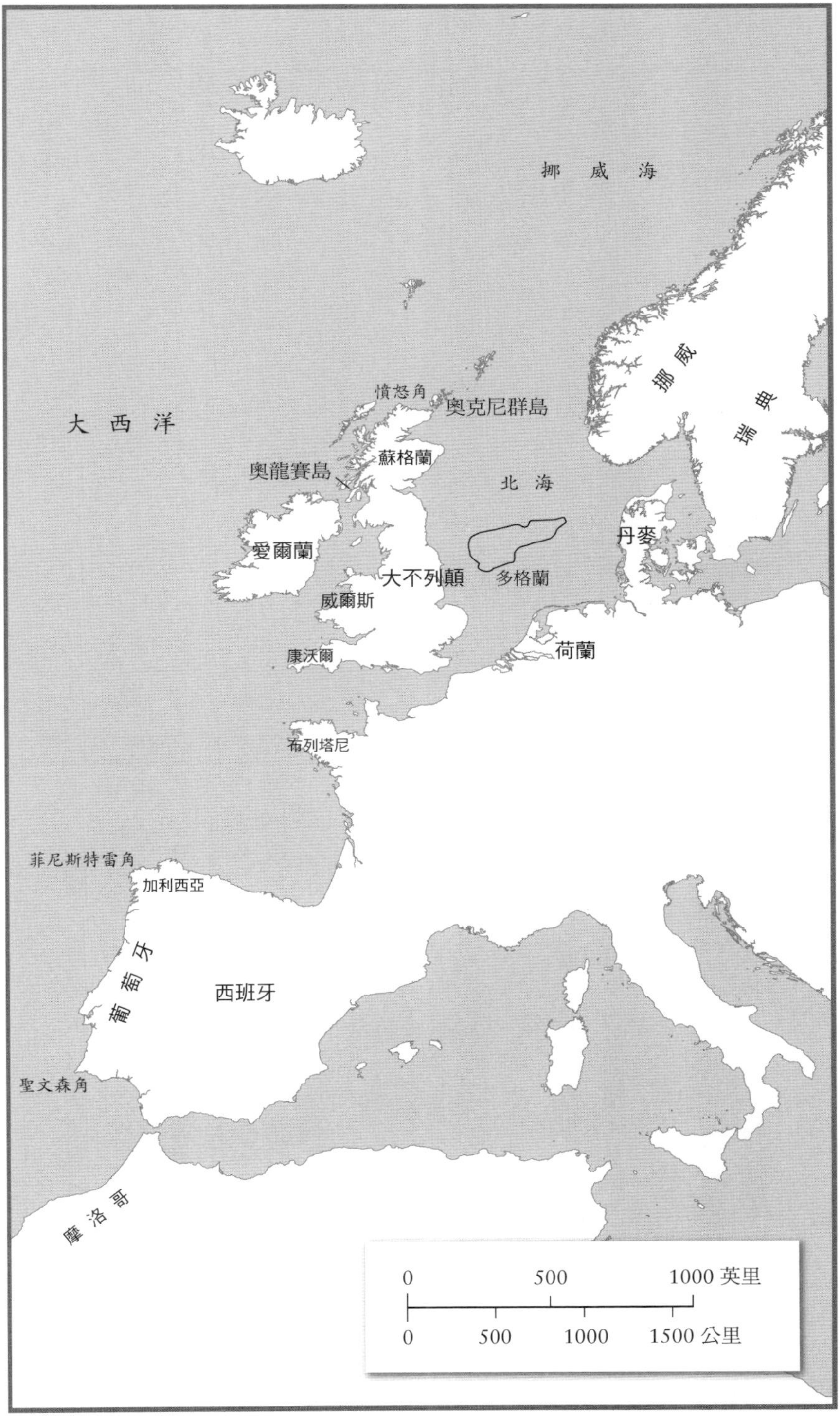
挪 威 海
大 西 洋
憤怒角
奧克尼群島
蘇格蘭
奧龍賽島
北 海
挪威
瑞 典
丹麥
愛爾蘭
大不列顛
多格蘭
威爾斯
荷蘭
康沃爾
布列塔尼
菲尼斯特雷角
加利西亞
葡萄牙
西班牙
聖文森角
摩洛哥
0 500 1000 英里
0 500 1000 1500 公里

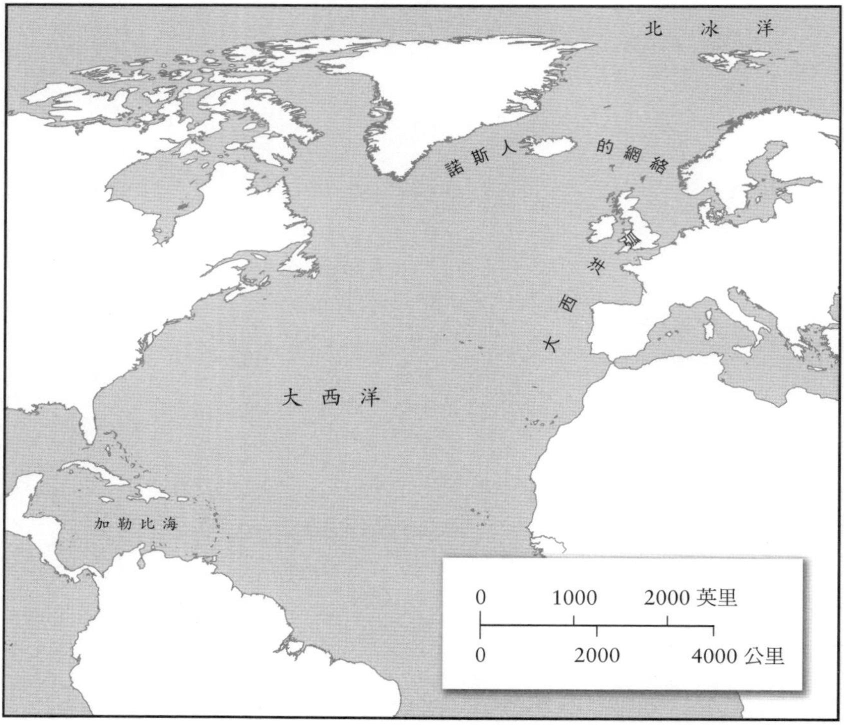

考古學家已經發現一個東北大西洋文化圈，它是由新石器時代生活在大西洋沿岸的若干社區構成，從最北方的奧克尼群島，經過愛爾蘭和大不列顛到布列塔尼、西班牙北部、葡萄牙，甚至到摩洛哥的大西洋海岸，距離約四千公里。一條支線順著英吉利海峽通向荷蘭、丹麥和瑞典，將波羅的海部分地區帶入這個被稱為「西方海路」的大西洋世界。[2]

葡萄牙的紀念性建築與蘇格蘭和愛爾蘭的紀念性建築類似，對於這一明確的事實，有幾種理論可以解釋。傳統的「傳播論」（diffusionist）在考古學界已經過時，「過程主義」（processual）考古學家更強調社會的內部動力，即相似的物質條件創造相似的解決方案：靠著大西洋的洶湧大海和崎嶇海岸討生活的加利西亞、布列塔尼與蘇格蘭北部的居民，找到同樣的方案來解決生存問題。當我們可以證明一些相隔數百，甚至數千公里的社區之間存在聯繫時，這是直接接觸的結果，還是手工藝品與思想從一個地區到另一個地區，再到下一個地區的緩慢傳播？然後還有一個問題就是如何保持接觸？無論是在岸邊的定居點之間，還是需要跨越遙遠的距離。顯然從布列塔尼到不列顛和愛爾蘭需要堅固的船隻，而且我們有充分的理由假設，布列塔尼和加利西亞之間的聯繫往往也是透過海路進行。我們並不排除透過陸路接觸的可能性，但是下文要研究的沿海社區並不容易從陸路進入：加利西亞有深邃的峽灣和陡峭的山坡，布列塔尼或威爾斯的環境與之類似。甚至康沃爾也不像不列顛東南部那樣容易進入，因為有相當難走的荒地把康沃爾的丘陵地帶與不列顛其他地區隔開。這樣看來，水上旅行更快速，並且如果要運輸大量貨物，水路也比陸路輕鬆得多。海洋有它的可怕之處，但是隨著人們對它的了解加深，以及天文知識的增加，人們發現即使是大西洋東部的不可預測的水域也可以應付。[3]不過，人類與大西洋的互動在不同時期的狀況不同，對海產品的依賴可能被對畜牧業、農業和狩獵的依賴取代。新石器時代和青銅時代常見的貿易聯繫，可能在鐵器時代就凋零了。這不是一部「逐漸緊密的聯繫將這條漫長的海岸線結合在一起」的歷史，而是一部「聯繫在數千年間被創造、破壞又重新創造」的歷史。

為了理解下文將要描述的空間性質，我們必須擺脫對古代歐洲的大陸性思維的印象，然後想像由巨大的突出海角點綴的漫長海岸線。[4]從南開始，這些海角包括葡萄牙南部的聖文森角（Cape St Vincent）、加利西亞的菲尼斯特雷角（Cape Finisterre）、布列塔尼、康沃爾，以及蘇格蘭北端的憤怒角（Cape Wrath）。憤怒角這個地區的特點是眾多的岩石島嶼，在那裡很容易開採花崗岩，而花崗岩一直是許多蘇格蘭人青睞的建築材料。來自大西洋的強風帶來大量的降雨，這對那些試圖在海岸線的低窪地帶種植農作物的人有好處。當金屬加工技術在青銅時代和鐵器時代廣泛傳播之後，優質礦石的現成供應，包括威爾斯的銅和金、康沃爾的錫，以及伊比利的銀、錫和銅，刺激了連接這些地方的貿易網絡建立，也連接其他在金屬方面相當貧乏，但是對這些金屬有需求的地方（如蘇格蘭西部）。[5]

當地資源的情形差不多便是這樣，接下來重要的是弄清楚開發這些資源的人是誰，以及他們是否有共同的祖先或文化。即使是對出土物最冷靜的描述，也會與這樣的想法糾纏在一起，即這個大西洋弧❶地帶的居民是「凱爾特人」，他們的祖先起源於歐洲中部的某個地方，並逐步遷移，直到無路可走。古典時代的作家用「凱爾特人」這個詞彙來描述生活在西歐大片地區的多個民族，並不是說「凱爾特人」是一個精確的民族標籤。至於他們說什麼語言這個有爭議的問題，將在後面的章節中討論。[6]對於海洋如何吸引那些基本上自給自足的史前社區，學界也沒有多少共識。即使是一些靠近大海的社區，也會依靠從陸地上覓得的食物生存。不過他們也會利用海洋，它是一個絕佳的食物來源。在海岸邊可以獲得一些食物，如軟體動物，牠們的殼被傾倒在巨大的、山一般的貝塚（midden）中，為海岸線的景色添上人類的烙印。漁民也會用網和鉤來捕捉沿海水域裡成群的大魚。因此，這是一個與那些在太平洋以及最終在印度洋的遠海上，進行的偉大海上探險相當不同的故事。它從一連串地方性連接的歷史開始。

二

大西洋比太平洋或印度洋更明顯感受到海平面下降和上升的影響，海平面的下降和上升對歐洲邊緣的居民在舊石器時代與中石器時代的定居方式產生巨大影響。大約一萬一千五百年前發生重大的地質變化，地質學家將其標記為全新世時期的開始，該時期一直持續至今。「全新世」（Holocene）的意思是「全新的」，被認為是持續的冰河時期中間的一個暫時的溫暖階段，（理論上）冰河時期有一天會回歸。溫度會變化，比如在西元前一千紀早期，即大西洋青銅時代結束時，溫度下降大約攝氏二度，當時較高的溫度並沒有使奧克尼群島等地的氣候呈現得非常溫和，但是確實有利於作物生產，從而促進人口成長。[7]除了地質變化外，當時還發生氣候變化。在全新世很久以前，遠在兩極之外的大量積冰已經吸走各大洋中的水，使海平面下降三十五公尺以上，導致今天的北海等淺海露出海底。波羅的海最初是一個淡水湖，只是在水淹沒今天的丹麥和瑞典之間的陸橋後，才與鹹水的海洋相連。北海被連接不列顛東部和歐洲大陸的廣袤的多格蘭（Doggerland）部分土地阻擋，後來多格蘭沉入海浪之下，成為今天的多格灘（Dogger Bank）。冰河時期結束後，隨著融化的冰塊回歸大海，海平面上升，氣候對西元前八〇〇〇年左右居住在歐洲的少數人類更有利，多格蘭就是他們繁榮發展的地區之一。[8]不過，變化過程有更複雜的一面，冰的重量曾將一些地區，比如蘇格蘭的土地壓低幾百公尺，而隨著重量的消除，土地

❶ 譯注：大西洋弧（Atlantic arc）即歐洲西部毗鄰大西洋的弧形地帶。

本身也開始上升。大不列顛至今仍在緩慢地傾斜，結果是東英吉利（East Anglia）❷的海岸正在逐漸落入大海。[9]當時沒有冰的不列顛海岸周圍的幾座島嶼，因此與歐洲大陸連接幾個世紀。當時的人們有可能在一段時間內從蘇格蘭走到奧克尼群島，或者至少涉水穿越潮汐水域。[10]在歐洲大西洋沿岸的其他地區，冰川在地貌上留下深深的裂痕，這些裂痕在挪威南部和西班牙西北部加利西亞犬牙交錯的西海岸至今仍可以看到，在加利西亞形成下海灣（Rías Baixas）的戲劇性風景。大西洋風和海浪剝去較軟的石頭，留下加利西亞海岸線的堅硬岩石，使其外觀更加突出。下文會詳談這個地區，因為加利西亞提供豐富的證據，證明當地的史前社區開發了海洋，與大西洋海岸線的其他地區也有聯繫。

對歐洲的人類來說，冰河時期也是一個滅絕和復甦的時代。在冰河時期，歐洲的寒冷環境中尚且能夠生存的舊石器時代晚期的尼安德塔人，到了西元前八〇〇〇年早已滅絕。[11]在全新世早期，現代人類仍然非常稀疏地分布在歐洲各地，但是一些家庭開始到達大西洋沿岸，那時的大西洋海岸超過今天法國、英國、荷蘭、德國和丹麥的海岸線。在這些土地上出現的文化被寬泛地描述為「中石器時代」文化，但這是一個麻煩的用語。它表明這些人保留舊石器時代生活方式的許多特徵，特別是他們對狩獵和採集食物的依賴，如採集沿海地區的海產品。「中石器時代」這個用語承認人類在工具製造方面有一些創新，因為我們對這些社會的了解大多來自對石器的仔細檢查。這些石器越來越小，甚至非常小（稱為細石器）；刀片、魚叉、箭頭和刮刀成為中石器時代獵人工具箱中的日常物品。這些變化經歷許多個世紀，但是它們或多或少在西歐的一個又一個地區依序發生，表明技術知識是透過獵人群體之間的接觸傳播的。工具品質的提高反過來又表明，中石器時代人類執行的任務變得更加複雜，例如將動物皮縫在一起，以製作功效更好的衣服，以及利用細石器製作由木材、蘆葦和骨頭製成精緻的輔助工具。在一些地區，人們還發明簡單的陶器。歐洲大西洋沿岸地區是學習西元前十二千紀中東地區的技術，還是獨立發展出類似的技術，這是一個有爭議的問題。在中東，中石器時代的居民透過人工栽培他們自古以來一直在採集的野草，逐漸對耕作產生興趣。大的村莊，甚至設防城鎮，吸引越來越多以土地為生的人。但是在西元前五〇〇〇年左右的伊比利半島大西洋沿岸，人們與土地的關係則有所不同。草籽構成相當豐富飲食的一部分，但人們仍然只是隨意採集在田野和草地上野生的草籽，以及漿果、球莖（特別是洋蔥）和莢果。12

各地環境不盡相同，各地區的人群都在利用無須與鄰居發展密切的互動，或者無須進行食品貿易就可以獲得的東西。毫無疑問，其他形式的互動，如交換新娘或為爭奪富含野味的山谷而進行的戰爭，是相當頻繁的。在中石器時代，人口變得更加定居化，村莊開始出現。居民會畫出他們開發領土的邊界，儘管他們不太可能認為這是對一整塊土地的統治。他們尋求的是對土地出產的東西，而不是對土地本身的控制。四季代序，在嚴寒的冬天或酷熱的夏天，資源可能會突然減少到危險的程度。從這個角度來看，居住在海邊和河口是明智的策略；依賴一種主食，不如利用飲食的多樣性。棲息地越多樣化，人類就越容易生存，這使得歐洲的沿海邊緣成為最具吸引力的定居地。此外，沿海地帶也是人們在陸地能走到的最遠地方。因此到了西元前五千紀，這些緊靠海岸的地區已經有了相當密集的定居。隨著人口的

❷ 譯注：東英吉利地區在英格蘭東部，大致包括諾福克郡、薩福克郡和劍橋郡。

成長，食物供應壓力增大，這再次促進遷移。多餘的人自願或被迫離開，前往新的土地。隨著時間的推移，移民需要到更遠的地方尋找空地，無論是沿著海岸線跋涉，還是乘坐用獸皮、柳條或砍伐的樹木製成的船隻在海上冒險，由於船隻的證據來自青銅時代，所以下文再談他們的船隻設計。[13]

遺憾的是，關於這些海岸居民的最豐富線索現在大都被埋在海底，因為他們熟悉的海岸線已經被淹沒了，而看起來是海岸社區的遺跡往往來自和海岸有一段距離的陸地。但是也有例外，因為冰的融化也會使一些地區的陸地上升。由於這個原因，在蘇格蘭北部有許多這個時期的考古遺址倖存，包括貝塚，即食物殘渣堆。瑪律島（Mull）以南的奧龍賽島（Oronsay）是蘇格蘭西部的一座小島，在中石器時代已經矗立在近海。考古學家能夠推斷出一年中捕獲被稱為綠青鱈（saithe）那種狹鱈的確切時間，因為牠的耳骨是按照嚴格的時間表生長。研究表明，古人從一個貝塚移動到另一個貝塚。要麼這些人是奧龍賽島上的居民，他們在幾個世紀裡消費大量的魚和貝類；要麼考慮到奧龍賽島的微小面積，他們是從附近更大的島嶼（艾拉島、朱拉島等）季節性地遷移過來的，因為他們知道奧龍賽島的潮間帶是貝類的最佳繁殖地。[14]

布列塔尼也是豐富的資訊來源，那裡有大量含有海產品殘骸的貝塚，這說明到西元前五〇〇〇年，那裡的居民已經在大量食用海產品。他們把貝殼整齊地堆放在一起，這表明他們不是簡單地在海灘上尋找食物、吃完即棄，而是把捕獲的東西帶到家人可以享用的地方。他們居住在海岸邊的小島上，如埃迪克島（Hoëdic），在那裡，除了用網捕鳥或向鳥兒射擊外，沒有什麼狩獵活動，但是有大量來自海洋的食物，還有合適的岩石用以打造工具。這些早期的布列塔尼人吃各式各樣的貝類，如濱螺、蝛、鳥蛤、貽貝及多種類型的螃蟹。他們利用大西洋的潮汐穿過沙地，採集大海的豐富產品。他們還食用海藻，如海蘆筍，以及生長在海邊的植物，如海芥藍，所以海邊成為非常有吸引力的居住地。[15]

在歐洲大西洋沿岸的一些地方，溫和的氣溫導致森林急劇成長，而由於鹿等野生動物被樹木擠出牠們的棲息地，狩獵的機會變少了，這促使人們越來越向沿海地區遷移，遠離樹木密不透風的內陸。在丹麥，在一個今天被稱為艾特博勒（Ertebølle）的地方，中石器時代晚期的居民獵殺他們能找到的任何動物，甚至包括猞猁、狼和松貂。但他們也喜歡吃魚，鯡魚、鱈魚和比目魚是他們的最愛；他們還開發淡水產品，從河流與湖泊中捕撈鰻魚和狗魚；也從海裡捕食海豹。他們坐著木船划來划去，有的木船至少有十公尺長。他們用柳條編成魚梁，這類有機物在丹麥的沼澤地中倖存，被格洛布教授（他因為發現迪爾蒙而聞名）及其同事發掘出來。然後是一堆又一堆的牡蠣、烏蛤、貽貝和濱螺。借用坎利夫的精練描述，這就是「從高風險、高收益、高能源消耗的狩獵策略，轉變為低風險、中等收益、低能源消耗的策略」。[16]畢竟，去海灘覓食比捕捉鹿、麋鹿和原牛來得省力，因為獵人可能一連幾天找不到這些動物。我們還可以更進一步地猜想：這些人對海產品的依賴一定影響他們的價值體系，從而減少對與狩獵相關的武術技能（投矛、射箭等）的強調，而更強調掌握近海水域所需的航海技能。

三

到了西元前五千紀，隨著新技術開始在歐洲和世界其他許多地方傳播，以及人類逐漸馴化動物和發展農業，改變的不僅僅是飲食。這個時期經常被描述為「新石器時代革命」，儘管這個名詞時而流行，時而落伍。事實證明，這是一場非常緩慢的革命，而且越來越明顯的是，它的許多表面上的創新其實可以追溯到中石器時代晚期，特別是在中東地區。耕種土地會鼓勵人們定居在永久的村莊裡（放牧也許不會鼓勵定居），即使早期的農民普遍遵循火耕的做法，這也往往能鼓勵定居；火耕指的是清除森林，培植土壤，以及在原來的土地養分耗盡後，再耕種另一片被清除的森林。以穀物為基礎的新飲食不一定更健康：人類的身體尺寸似乎從舊石器時代晚期的男性平均一百七十公分和女性一百五十七公分，縮小到新石器時代的一百六十七公分與一百五十四公分。縮小的幅度似乎不算顯著，但是骨骼殘骸也顯示出，牙齒健康水準的下降和與營養不良相關疾病的增加，特別是在兒童當中，當時的嬰兒死亡率很高，預期壽命很低。[17]隨著社會中的任務變得更加專業化，出現政治精英，他們組織生產並保衛社區的領土。一位傑出的考古學家說，在西元前四八〇〇年至前二三〇〇年期間，大西洋沿岸出現「人口壓力」。[18]

這就留下一個重要但有爭議的問題，即大西洋沿岸及整個西歐的新石器時代人類來自哪裡？這個問題的前提是，假設他們是外來人群，而不僅僅是中石器時代老居民的後代學會新技能（這些技能從一個社區滲透到另一個社區，並被現有的人口掌握）。解決這個難題的最簡單辦法，也無疑是最準確的答案，就是在不同的時間、不同的地點，這兩種猜想都是正確的。[19]我們很難期望在中石器時代晚期，比如說西元前八〇〇〇年，從伊比利到蘇格蘭的海岸線上發展的所有社區，都以相同方式因應農業的到來，因為這些社區各自開發海洋、河流和森林邊緣的不同資源。有一個例子乍看之下令人驚訝，但實際上非常合理，就是在西元前四〇〇〇年左右，隨著中石器時代逐漸讓位給新石器時代，布列塔尼的飲食發生變化。透過對骨骼進行研究可以得知，前面提到的埃迪克島人失去對海鮮和海鳥的興趣，而改為偏好穀物、乳製品、肉類及其他非海洋產品，這些食物都是新石器時代的時尚。也有可能是這些地區被來自內陸的移民占領，這可以解釋為什麼埃迪克島人對海洋的興趣減少了。[20]

即使這些早期的布列塔尼人對海上的收穫不太感興趣，他們可能仍然熱衷於渡海，要麼是為了在其他土地定居，要麼是為了獲得他們在當地無法獲得或生產的物品。布列塔尼這個大三角朝向好幾個方向，阻擋從法國西南部到英吉利海峽的直接海上通道。考古學家可以看到西元前六千紀到前四千紀，布列塔尼海岸線上的海上聯繫，他們不排除這樣的強烈可能性：這些海上聯繫是始於中石器時代，甚至舊石器時代晚期的海上聯繫的後續發展。西元前四〇〇〇年左右，蘇格蘭的一座小型石隧墓（passage tomb），為布列塔尼的跨海聯繫提供一個絕佳例子。所謂石隧墓是由一條走廊進入，裡面鋪滿石頭，是下文即將討論的「巨石」（megalithic）文化的一大特徵。我們要說的這座石隧墓位於阿克納克里比格（Achnacreebeag），在距離奧本（Oban）不遠的蘇格蘭西岸。它最顯著的特點是，當陶器藝術在蘇格蘭還不為人知時，裡面就有陶器。墓中發現的陶器來自布列塔尼和下諾曼第，它們在某一時刻被帶過遠海，很可能沿著愛爾蘭海，直接到達蘇格蘭西部，因為考古學家在愛爾蘭東北部也發現一些類似的陶器碎片。考古學家設想的情況是，在西元前四〇〇〇年左右，也就是在布列塔尼開始流行這種類型的墓葬時，一小群布列塔尼人向北航行。[21]其中一些布列塔尼人最遠到達蘇格蘭；另一些人可能在大約同一時間，在愛爾蘭登陸，還經過康沃爾、威爾斯和曼島（Isle of Man）。早在中石器時代，所有這些地方就有使用類似的「塔德努瓦」（Tardenoisian）燧石工具的人居住。[22]

同時，來自伊比利的物品在布列塔尼出現，並被當作殉葬品。[23]雖然這些物品可能是透過陸路抵達法國海岸，但是顯然新石器時代早期的旅行者擁有穿越大西洋部分海域的技術：如果布列塔尼人可以透過海路到達蘇格蘭，他們也可以到達西班牙。而且西班牙處於一個更大的關於新石器文化爭論的中心，即關於巨石的爭論。[24]在西班牙和葡萄牙沿海及內陸地區發現的大型石製結構，以及在布列塔尼，更不用說在法國北部和英國部分地區發現的大量石製結構，其起源一直存在爭議。我們最好將其描述為大型石製結構，而不是由大石頭製成的結構，因為它們使用的石頭並非全部都是「巨型」（mega）的。[25]這些結構中最著名的巨石陣（Stonehenge）距離海洋很遠；不過，即使拋開一些比較怪異的論點（比如巨石陣是新石器時代的電腦）不談，巨石陣和其他新石器時代的結構也揭示，石器時代晚期英格蘭南部的水手、祭司和統治者肯定對天體有一定的認識，並對這種知識加以利用。

大多數這樣的石製結構被歸類為墳墓，儘管它們是否真的為墳墓，或單純只是墳墓，是一個複雜的問題。傳統的假設是，在新石器時代，歐洲大西洋沿岸地區出現兩種不同類型的墳墓：一種是石隧墓（passage grave），包括一條通往內室（通常為圓形）的走廊，都是用大塊石頭精心建造的；另一種是石廊墓（gallery grave），沒有內室，但也用石頭建造，通常用土覆蓋。有人認為這兩種墳墓代表不同的文化，並在這種觀點的基礎上建構複雜的理論。現代利用碳十四和其他方法進行的測算表明，迄今發現最早的石隧墓（在布列塔尼發現）可以追溯到西元前五千紀。另一方面，西班牙南部的一系列石隧墓是在此大約一千年後建造。[26]這種殯葬建築風格並非只是短暫流行，石隧墓在蘇格蘭北部與愛爾蘭的北部、中部和東南部、布列塔尼，以及從那裡向南的沿海地區都有發現；從加利西亞到西班牙南部的伊比利海岸也有；它們也出現在丹麥和德國北部，光是在丹麥就有七千座，這個數字可能相當於四千五百年前數量的三分之一。[27]這些石隧墓的年代從西元前四八〇〇年到前二三〇〇年不等，而且都在距離大西洋或北海海岸三百公里以內。[28]但它們並不是在同一時間發展，而是在不同的地方以不同的方式起源。在大不列顛，西元前四〇〇〇年左右的習俗是建造無墓室的長形墳塚，這仍是英國景觀的一個特點，這些墳墓後來發展成為石隧墓。與此同時，布列塔尼人比其他人更早建造更宏偉的墳墓。認為「關於這些布列塔尼紀念性建築的知識，影響英格蘭或伊比利的石隧墓」，與認為「是擁有同一祖先和語言的同一民族建造所有這些古蹟」，是兩回事。學界普遍認為，不同的地方獨立發展這種風格的紀念性建築，布列塔尼是第一個。等到巨石結構成為西歐沿岸的常見景觀之後，不同的社區就會相互借鑑設計和結構的細節，以使自己的紀念性建築更加完美。[29]

說到完美，位於奧克尼群島的斯卡拉布雷（Skara Brae）的巨石文化定居點特別值得關注，這不僅是因為它保存得非常好（梅斯豪〔Maes Howe〕的石隧墓保存得特別好），還因為它位於西元前三六〇〇年至前二一〇〇年期間其他重要的新石器時代遺址之中。西元前三六〇〇年左右，奧克尼群島的第一批新石器時代定居者（假設他們不是中石器時代奧克尼群島居民的後裔），帶著他們的動物（牛、羊和鹿），從蘇格蘭海岸來到這裡，並利用島嶼周圍的優質漁業資源。[30]奧克尼群島中的韋斯特雷島（Westray）上有非常多的鹿，可能是有人放牧，而不是完全野生的。捕捉鳥類和收集鳥蛋，是保障高蛋白飲食的另一種辦法。與歐洲大西洋沿岸的其他地方一樣，這裡的貝類消耗量也很大。我們可以從幾個方面來解釋蠣的主導地位。由於這是一種低營養的貝類，所以島民對牠的依賴可能表明，在食物匱乏或饑荒時期，島民依靠這種二流食品存活；或者牠們可能被用作魚餌，這種做法在該地區至今尚存。島民捕獲的魚可能不僅用於人類消費，還用於生產魚粉。我們在關於印度洋的章節已經談過那種魚粉，它被當作動物飼料。[31]

這種生活方式非常穩定，大概持續了半個千紀。島民用很容易獲得的石板來建造房屋，所以奧克尼群島有一些非凡的考古遺址，能夠幫助我們清晰了解那裡的居民如何生活。我們不僅擁有關於奧克尼古人如何處理死者的證據，還可以比較詳細地了解他們的日常生活。在奧克尼群島主島上的斯卡拉布雷，古人建造了六、七座或更多的石屋，這些石屋略微沉入土中，配有石製櫥櫃和架子，很可能還有箱式床、長凳及壁爐，甚至還有被認為是梳妝檯的東西，它也可能是展示櫃，其功能之一是讓訪客留下深刻印象。儲藏箱被放置在地面上，其中一個儲藏箱裡有珠子、吊墜、別針和一個用鯨魚脊椎骨製成裝有紅色顏料的盤子。這些石屋構成一個緊湊的建築群，由半地下的通道連接起來。[32]斯卡拉布雷的另一座建築顯然是作坊，古人在那裡用複雜的技術敲打燧石，使用的技術包括加熱燧石來製造石器。[33]

奧克尼群島的居民生活在分散於各島的小社區裡，而且肯定有足夠的食物和原料來源。關於他們的社會和宗教生活仍有許多謎團，謎團之一是：為什麼他們的墓室裡經常有大量散架的人骨，但是許多骨頭卻不見了：在伊斯比斯特（Isbister），有許多腳骨和頭骨，但手骨很少。古人任憑屍體腐爛分解，然後收集骨頭並重新分配，這表明存在精心設計的儀式，在這些儀式中，骨頭被重新排列。也許這是一個比較有效的分類過程，讓各個墓室專門儲藏人體的特定部位。這無疑表明，這些墓葬並不是長期埋葬個人的地方，而是被視為一個更大殯葬紀念性建築的一部分，它橫跨整座島嶼，在某種意義上代表該島的精神。

斯卡拉布雷的房屋已經很了不起了，而梅斯豪的墓室被認為是「新石器時代歐洲的最高成就之一」，甚至讓維京人留下奇怪的印象。數千年後，維京人在該墓室的牆上刻滿盧恩文，並在《奧克尼薩迦》（*Orkneyinga Saga*）中提到：「在一場暴風雪中，首領哈拉爾（Earl Harald）和他的手下在梅斯豪避難，其中兩個人在那裡發瘋了。」[34]梅斯豪墓室的工藝品質非常好：石頭被整齊地組合在一起，並被仔細地修整，從而在通往紀念性建築核心的低矮走廊上形成平整的表面，在中央的「大廳」裡也是如此，儘管一些用來砌牆的石頭重達三公噸。[35]梅斯豪的島民精通天文學，他們小心翼翼地將梅斯豪的紀念性建築與二至點對齊，這表明島民在這裡舉行與日、月有關的儀式。這並不罕見，最偉大的巨石紀念性建築之一，愛爾蘭的紐格萊奇墓（New Grange），也是以類似方式排列，其石頭上的裝飾也與梅斯豪一致，所以奧克尼群島和愛爾蘭之間的聯繫一定很密切，奧克尼人會經常造訪愛爾蘭。[36]奧克尼群島提供新石器時代航海家曾使用這些海路的證據：他們要到達奧克尼群島就需要渡海，而且所有的證據都表明，儘管奧克尼群島的氣候在不列顛不算宜人，但人們在那裡還是發展得很興旺。不僅如此，與愛爾蘭和其他地方相比，奧克尼群島提供被大海分隔的社區之間發生文化接觸的證據。這些社區之間不僅分享藝術，而且分享宗教儀式。這些島嶼社區相當自給自足，但是並沒有與外界隔絕。

在遠離奧克尼群島的地方，我們依靠的是墓葬的證據，或乍看之下是墓葬的結構。廊道墓和石隧墓一度成為普遍的時尚，這一點是毫無疑問的，但是什麼導致墓葬方式的這種改變，目前還不清楚。考古學家傾向將其與來自地中海東部的證據比較（其中一些證據實際上要晚得多，但是測定年代的方法需要時間改進），認為廊道墓和石隧墓的風俗，從東方透過馬爾他島、薩丁島和巴利亞利群島傳播，這幾個地方都有令人印象深刻的石製紀念性建築。這也很容易讓人聯想到對地母神或大地女神的崇拜，西元前四〇〇〇年左右，馬爾他的大石廟裡很可能就有對地母神的崇拜。[37]無可否認地，薩丁島的努拉吉（nuraghi）大石塔要晚得多，而且有一種微妙的區別導致梅諾卡島（Minorca）及其鄰近地區的史前石製紀念性建築（talayot）被歸類為「獨眼巨人式」（cyclopean）❸，而非「巨石文化」的。但是我們很容易在地圖上畫線，顯示大西洋的巨石文化如何從地中海向伊比利傳播，然後又從伊比利向布列塔尼和不列顛群島傳播。英國專家則禮貌地表示不同意西班牙考古學家的意見，因為西班牙考古學家帶著民族主義心態，堅持加利西亞和葡萄牙北部是尋找新石器時代西歐巨石文化起源的明顯地點。不過，西班牙墓葬的年代相對較晚，最早的是西元前四千紀末。可以肯定的是，在西班牙南部巨石紀念性建築中發現的墓葬物品，顯示大西洋和地中海兩方面的影響，西班牙南部畢竟是大西洋世界和地中海世界交會的地方。[38]

最後，研究巨石文化的舊的「傳播論」方法，即認為它是由來自地中海的移民傳播，甚至被其曾經的擁護者，如劍橋大學的考古學家格林・丹尼爾（Glyn Daniel）放棄了。他在電視時代的早期為推動考古學發展做出很大貢獻。[39]碳十四定年法產生一些出人意料的結果，將這些紀念性建築的年代往前推許多，所以我們不能將它們視為金字塔的大幅縮小模仿版，這種看法一直是沒有什麼道理的。不過，這些不同意見在一點上趨於一致：巨石墓是大西洋沿岸地區的特色。此外，它們確實有一些共同的特點。在幾個地區都發現刻有似乎是船、斧頭、蛇及波浪線圖案的牌匾，在加利西亞、布列塔尼和愛爾蘭海峽都有類似的蛇形圖案，而且在安格爾西島（Anglesey）的石隧墓中，發現刻在石板上的蛇形圖案與加利西亞巨石建造者使用的圖案有相似之處。加利西亞人是多才多藝的建造者，在其建築中使用雕刻和繪畫。[40]與其說巨石傳統從地中海慢慢傳播到西班牙南部和北部，不如說所有這些都表明，伊比利、布列塔尼及不列顛之間有大量來往，因此西班牙的西北角、法國的西北角和愛爾蘭海都透過定期的海上航行聯繫起來。布列塔尼位於這個大西洋世界的中心，在使用巨石建築方面，比在北方和南方的海上鄰居更早熟。

這些紀念性建築是墳墓嗎？在一些巨石結構中，沒有發現人類遺骸。但即使有埋葬的證據，也不意味著巨石塚的主要目的是為了體面地處理死者。在新石器時代，當定居化程度更高的人群開始考慮土地本身的所有權，而不僅僅（像中石器時代那樣）開發資源時，巨石塚也可能是用來標示領土，或者說這就是它們的主要功能。這說得通，因為農業的出現將人類與土地聯繫在一起，狩獵－採集社會的人不會這樣與土地聯繫在一起。這些都是小型的、當地語系化的社會，因為沒有證據表明有大型的權力中心，也沒有類似於新石器時代早期在中東出現的城鎮的大型定居點。在這樣一個支離破碎的社會中，由於農業和畜牧業帶來的人口成長，社會受到持續的壓力，所以知道誰屬於哪裡很重要。為社區領袖的祖先建

---

❸ 譯注：「獨眼巨人式」砌體結構（cyclopean masonry）是邁錫尼文明中的一種建築形式，用巨大的石灰岩堆砌而成，著名的例子是邁錫尼的城牆。之所以會用這個名字，是因為古典時代的希臘人相信只有獨眼巨人有這麼大的力氣能搬運如此巨大的石塊。

造的紀念性建築（往往包含他們的遺骸），就有了特殊的重要性。出於這個原因，在這些人精心建造的墓室上堆起大土丘是有意義的行為。無論巨石塚是矗立在領土的邊緣，以標明邊界，還是位於中心，作為崇拜中心和社區領導者宣布重要決定的神聖場所，都是為生者與死者服務的地方。如果沒有證據表明它們是用來埋葬死者的，它們仍有可能是為了紀念祖先而建造，有些祖先的年代太過久遠，以至於沒有遺骨存世；或者巨石塚可能是為了紀念在海上失蹤的人，他們的遺體根本無法埋葬。很多時候，巨石結構的走廊是敞開的，人們可以進出內室。[41]對我們來說，它們也開啟一扇門，一扇進入這些早期大西洋社會的政治世界的門。

第十六章　劍與犁

一

在西元前二千紀，新石器時代的大西洋社會幾乎沒有留下任何表明曾發生重大變化的證據。此時正值偉大的青銅時代文明在地中海東部和中東興起的時期：希臘與安納托利亞有米諾斯人、邁錫尼人及西臺人，更不用說埃及、巴比倫和印度河流域的高級文明。歐洲的大西洋沿岸地區仍依賴高品質的石頭作為工具，並且只有村落社區，其規模和先進性都無法與東方的城市、宮殿和神廟相比。大西洋社會沒有文字，儘管有人聲稱在法國發現的陶器上刻的符號是一種初級文字。[1]就連青銅器的使用，也沒有大幅改變大西洋沿岸地帶的生活。在西元前一二〇〇年至前九〇〇年之間，青銅器從歐洲腹地流入沿海地區，但這一時期的外來商品出土數量很少，這表明它們是透過禮物交換而來，為當地精英成員所擁有，而不是日常商品。[2]青銅時代希臘的貿易路線沒有到達義大利以西，儘管邁錫尼的物品偶爾會出現在西班牙南部，偶爾也會出現在遙遠的不列顛群島：德文郡托普瑟姆（Topsham）的一把銅斧被確認為邁錫尼的物品。[3]有一些物品在各地流傳，最終到達大西洋，這並不奇怪。抵達大西洋沿岸時，它們會被視

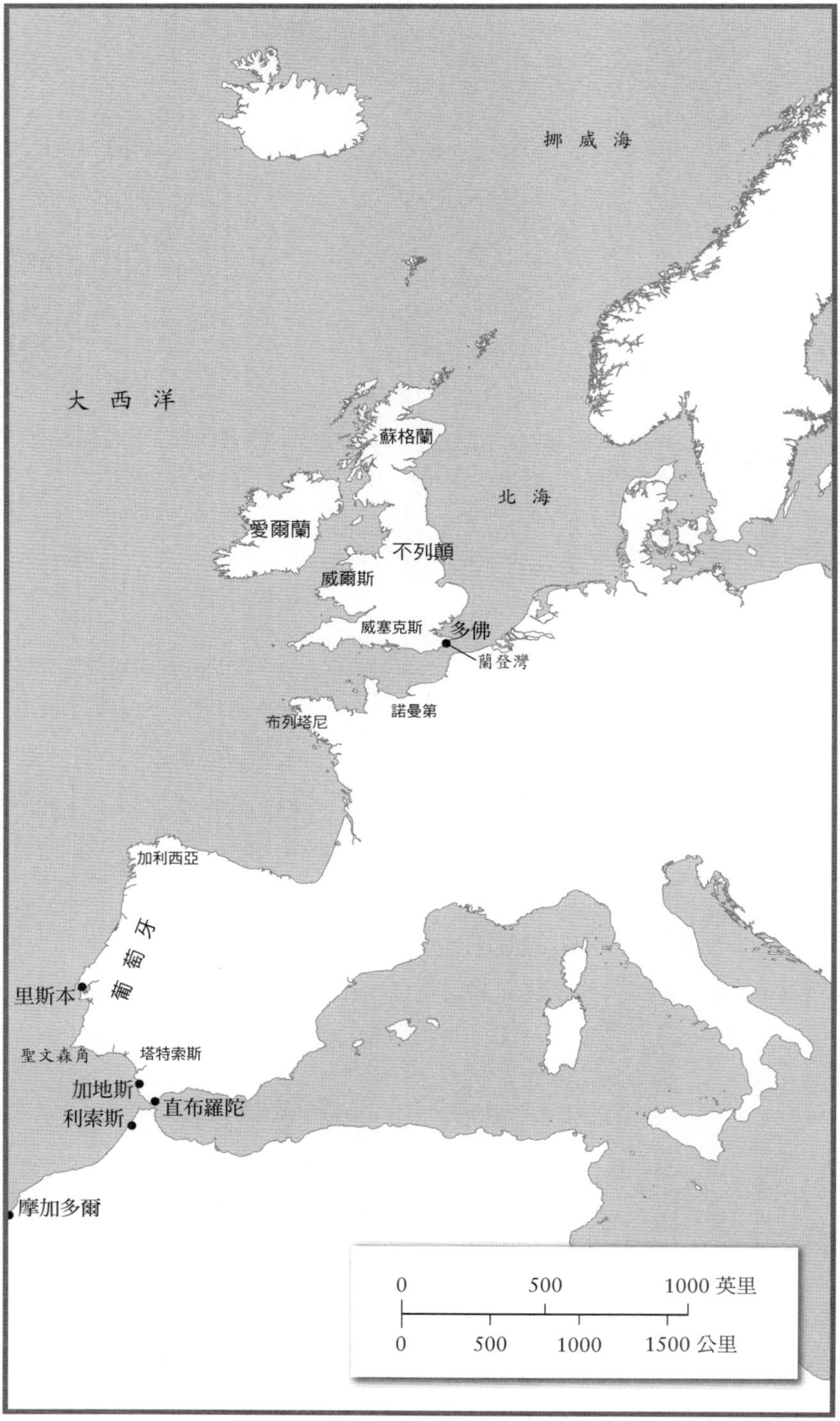

挪威海
大西洋
蘇格蘭
北海
愛爾蘭
不列顛
威爾斯
威塞克斯
多佛
蘭登灣
諾曼第
布列塔尼
加利西亞
葡萄牙
里斯本
聖文森角
塔特索斯
加地斯
直布羅陀
利索斯
摩加多爾
0
500
1000 英里
0
500
1000
1500 公里

為來自未知世界的異國奇珍。然後，隨著西元前十二世紀地中海東部的青銅時代文明經歷嚴重的危機，大西洋沿岸失去與地中海東部曾經繁榮的土地建立聯繫的機會。

大西洋的青銅時代與地中海東部的青銅時代不是同時的。根據考古學家的粗略定義，大西洋的青銅時代一直持續到西元前六〇〇年左右，那時鐵器技術在大西洋地區的傳播變得更加廣泛。青銅時代的高潮，即青銅時代晚期，是從西元前九〇〇年開始的最後三百年。青銅時代晚期是整個歐洲氣候（在經歷幾個比較溫暖乾燥的世紀之後）一個較冷的時期。這一點可能重要，也可能不重要，儘管氣候變化對歐洲大西洋地區和地中海地區的影響不一定相同。[4]正是在這個時期，古代義大利或希臘開始進入鐵器時代。當然，這種以其成員製造工具的材料來定義社會的方式是粗暴和片面的。使用青銅器的一個很好的理由是，在大西洋地區可以隨時找到銅和錫：在伊比利的西北部可以找到錫，在西南部可以找到銅，而在羅亞爾河出海口的南特周邊地區，這兩種金屬都有，後來南特周邊地區還出現一種獨特的劍。[5]雖然青銅器不如最好的鐵器堅固，但是早期的煉鐵技術並不成熟，在兩者的比拼中，鐵劍和青銅劍一樣容易碎。其他許多標準，如政治和社會組織，不能作為定義某個社會的標籤，因為很難找到證據。另一方面，幾乎可以肯定的是，青銅武器的出現和傳播有政治層面的原因。正是因為青銅仍然很珍貴，而且能製作更鋒利的武器，所以擁有青銅製品的人應當是武士階層的成員，或是向武士階層出售金屬製品的商人。這意味著在歐洲大西洋地區出土的青銅器，儘管數量很多，但更多體現的是王公貴族（偶爾還有商人）的生活，而不是絕大多數民眾的生活，因為他們仍然依賴傳統的石製工具。[6]

儘管一些考古學家熱衷於將大西洋弧視為一個單獨的文化交流區域，但在葡萄牙南部（受到來自地中海的影響）和北方的土地（如布列塔尼或愛爾蘭）之間存在巨大的差異。大體上，愛爾蘭、威爾斯和不列顛南部顯示出差異，但有很多共同點。布列塔尼與不列顛群島關係密切，但有自己強烈的特性。在伊比利內部，我們可以將加利西亞和葡萄牙北部與葡萄牙南部區分開來，但伊比利海岸地區也有很多共同點。一般來說，我們可以在地圖上畫出一個大西洋世界，從蘇格蘭群島延伸到聖文森角，儘管蘇格蘭與這個世界的融合程度不如梅斯豪時代；布列塔尼以南的法國西部則奇怪地與這個網絡脫節。[7] 這些相連地區的金屬製品風格相似，在外觀上卻與法國內陸和德國西部生產的金屬製品截然不同。德國西部是骨灰甕文化（Urnfield Culture）的發源地，稍後會有更多的介紹。即便如此，從歐洲大陸帶入不列顛的武器和器具很可能被熔化，並按照島上的傳統風格重新製作。[8] 這裡的重要問題是，這些社會是否仍然保持著彼此之間的海上聯繫，或者說在地中海內的貿易和聯繫發生大幅衰退的同時，大西洋沿岸社區之間的聯繫是否發生相應的衰退。

青銅時代大西洋社會的某些特徵顯示新的儀式實踐。將珍貴的青銅器（如盾牌和劍）投進河流和湖泊的習俗，大概有強烈的宗教意義，這些物品不是被人們簡單作為垃圾丟棄的。建造由大型墳塚覆蓋的巨石墓室習俗被放棄了，這也同樣令人費解，因為我們不知道此時的人們如何處理死者。火化似乎是明顯的答案，但是與中歐大量的骨灰甕葬（這使得中歐的整個文化被稱為「骨灰甕文化」）相比，大西洋青銅時代社會沒有採用骨灰甕，所以骨灰一定被散落了，很可能和剛才提到的一些青銅器一起散落到河裡。當儀式發生重大變化時，特別是從土葬到火葬的轉變，我們很容易認為這是因為移民的到來，他們與原有人口結婚，人數超越或完全取代原有人口。但是我們稍微思考一下最近幾個世紀的宗教變化（如新教的興起），就應該明白激烈的社會變革並不意味著人口的構成必定會發生突然變化。DNA測試表明，英格蘭西南部，特別是切達（Cheddar）附近地區的相當一部分居民，是新石器時代居住在那裡的人類的後代。一些專家想要宣稱，將大西洋諸民族團結起來的是凱爾特語言；但由於缺乏書面證據，這只是一種假設。[9]

西元前九五〇年之前的時期是一個相當平靜的交流階段。在那之前的交流證據，只有愛爾蘭釜和葡萄牙或不列顛的肉鉤等不同的青銅器，劍柄的特定設計則往往顯示出重要的長途交流。釜的重量和所需的工藝使其成為非常珍貴的物品，在威爾斯南部、泰晤士河下游地區，以及加利西亞和葡萄牙北部，都發現這樣的釜，儘管加利西亞與葡萄牙北部的設計往往略有不同。[10]在法國內陸發現的釜很少，所以顯然它們是透過海路到達伊比利的，要麼經由不列顛，要麼直接到達，而在泰晤士河下游地區經常發現的那種劍，則到達威爾斯南部和愛爾蘭。它們證明這樣一個大西洋社會的存在，這個社會以高貴的饗宴為樂，大塊的肉在釜裡燉著，人們用鉤子把肉從釜裡取出來，這些鉤子有時精心裝飾著類似天鵝和渡鴉的鳥類形象，牠們的脖子與喙被巧妙地塑造成鉤狀。[11]

一定有相當部分的釜是酋長們互相贈送的厚禮。伴隨著禮物交換的盛宴說明權力中心之間的溝通，以及武士們會進行短途或長途旅行，以建立聯繫，因為這個精英階層不僅僅是地方性的貴族，這些釜是大西洋弧共同文化的證據。我們聽不到這些武士的聲音，但是在盎格魯撒克遜時代英格蘭的文學作品，如《貝奧武夫》（*Beowulf*）或冰島薩迦中看到的東西，可能描繪一種類似的文化：人們喜歡吹嘘和炫耀，並且無疑消費大量的啤酒與蜂蜜酒。在這種文化裡，用劍和長矛作戰是高貴武士的標誌。近身搏鬥需要良好的防護，因此鎧甲（通常是厚皮革，而不是青銅）是武士裝備的重要組成部分。生產或獲得這些物品的費用拉大負擔得起它們的人與廣大民眾之間的距離。劍成為名貴商品。優質武器的設計有明顯的文化偏好，就像在後來的若干世紀裡，土耳其人喜歡彎刀，西班牙人喜歡直劍一樣。換句話說，武器的設計暗示一種共同的身分意識，至少在使用這些精美武器的武士精英中就是如此。為了在社會上得到尊重，遵循不列顛的傳統是很重要的。不列顛人不熟悉的歐洲大陸習俗，是不會被不列顛社會接受的。

大西洋沿岸各社會廣泛接觸的最佳證據，是所謂的「鯉魚舌劍」，因為這些劍上的羅紋與鯉魚舌的外觀略有相似。有人說，「鯉魚舌劍」是「真正的大西洋武器」。[12]這種羅紋大大加強劍身，因此它既有美觀性，也有實用性。由於這些劍在外觀上差別不大，而且被認為是優質的產品，因此從它們在法國西北部首次出現，到它們透過貿易和隨後的技術傳播擴散到其他地方，有一段完整的歷史可供還原。很快地，不列顛東南部也開始生產這種劍，儘管伊比利遵循的設計與北歐不完全相同。即便如此，伊比利和北歐的劍之間仍有夠多的相似之處，這體現了沿大西洋弧的文化影響與海上貿易，以及透過海上接觸了解到的模式，對當地需求和條件的適應。在西元前八世紀末，這些接觸最遠到達西班牙西南部大西洋沿岸的韋爾瓦灣（Bay of Huelva），一九二三年在那裡的水下發現大量的青銅器。這批青銅器中有大量的鯉魚舌劍，可能是一艘遇難船隻的遺物，船上的金屬製品是在西班牙鑄造的，正被運往海上，而不是從遠方運來，儘管其中混雜來自遙遠的賽普勒斯的斗篷別針（fibulae）；另一種觀點認為，這不是斗篷別針，而是一種神聖的物品，如獻給海神的供品。[13]發現鯉魚舌劍的地方很多，比如德國北部和葡萄牙南部，地中海地區也有。[14]

一般來說，到了西元前六〇〇年，布列塔尼和不列顛與西班牙和葡萄牙之間的聯繫增加了，或者說是恢復了。[15]青銅時代的船隻經常穿越英吉利海峽，因此布列塔尼和諾曼第（阿摩里卡）及英格蘭南部（威塞克斯〔Wessex〕）一直保持著密切的聯繫，但是沒有失去自己的文化特性，例如它們有不同的葬禮儀式。與遠離大西洋的法國東部相比，法國西北部和英格蘭南部有更多的共同點。在威塞克斯出土布列塔尼的雙錐形甕。[16]

二

跨英吉利海峽的海上貿易，也得到復甦的遠途交流的滋養。在多佛（Dover）附近的蘭登灣（Langdon Bay）的一處重大發現，以及在德文郡的摩爾桑德（Moor Sand）的一處類似但較小的發現，揭示大西洋水域內外貿易的特點。觀察沉船證據的最大優勢是，我們可以看到運輸中的貨物，它們聚集在一起，而且在這些情況下顯然是為了貿易。在蘭登灣，水下考古學家發現四十二件「中翼」（median-winged）斧頭、三十八件青銅鑿（palstaves，另一種類型的斧頭）、八十一把匕首的刃和其他多種青銅製品。在摩爾桑德發現七件法國青銅器，包括四把匕首。[17]這艘青銅時代的船隻（目的地很可能是今天的多佛港），可能是被風暴吹離了目的地並不幸沉沒，若非如此，這些斧頭就不會出現在蘭登灣的海底。透過仔細研究這些物品的來源，考古學家得出結論，這些貨物是在塞納河河口聚集起來的，因為它們並非來自同一個地方：帶翼的斧頭顯然來自法國東部，青銅鑿則來自布列塔尼。帶翼斧頭屬於一種在不列顛群島不曾發現的類型，所以這些斧頭並不是為了使用而進口的，儘管它們在船隻沉沒時似乎還處於良好狀態。這些青銅器的價值在於其金屬含量，在收到後會加以熔化，做成青銅時代不列顛人（Britons）❶喜歡的那種青銅器。蘭登灣和摩爾桑德的商人是廢金屬商人，不過他們無疑攜帶各種易腐壞的商品，如食品和紡織品，這些東西都已經腐爛分解了。[18]在大西洋沿岸交易的食品中有鹽，在未來的許多個世紀也是如此，而這些東西遭遇海難後，在海水中都無法保存。[19]

在大西洋沿岸地區流動的一些青銅貨物，有可能不是作為工具和武器，而是作為支付手段來使用的標準重量的銅錠，因為正如我們在印度洋看到的，貨幣的歷史並不是從錢幣的發明開始。這些銅錠的現代記載始於一八六七年，當時一個名叫路易·梅納爾（Louis Ménard）的木屐鞋匠發現第一堆銅錠，他的朋友認為這是黃金，但他堅持要把銅錠送到當地博物館。[20]截至目前為止，在距離大西洋海岸不遠的地方，一共發現三萬兩千件源自布列塔尼和諾曼第的帶插孔斧頭，有好幾種不同的設計。一般用布列塔尼的古名「阿摩里卡」（Armorica），稱它們為「阿摩里卡斧」。它們出現在英國南部、愛爾蘭及荷蘭和德國北部的海岸，但是沒有出現在加利西亞和葡萄牙。在西元前七世紀末，這些斧子是用鉛銅合金而不是錫銅合金製造的，這讓它們作為工具或武器的效率極低，但能夠支持它們是一種儲蓄手段的論點。許多這樣的斧頭被發現裝在地上的圓柱形洞裡，或裝在罐子裡，整齊地排成圓圈，刃口朝內。在菲尼斯特雷（Finistère）❷的兩處窖藏中發現八百把這樣的斧頭，而在另一處遺址，考古學家在幾處窖藏中發現超過四千把斧頭。它們被稱為「貨幣斧」，用途廣泛，既可以作為一種貨幣，也可以作為銅錠，在某些情況下還可以作為工具。[21]

來自定居點的證據很少，但是它讓考古學家能夠更了解這些大西洋沿海居民的家庭生活。在遠離海岸的地方，堤岸和溝渠將土地分開，表明領土現在有了明確的所有權劃分。這種土地劃分方式是在靠近大西洋的地區建立，後來才在歐洲大陸變得普遍。大西洋弧的沿線有銅礦和製造青銅合金所需的錫，這創造專業化的生產活動——採礦、熔煉、製造、交換和銷售，刺激了社區生活。正如政治精英透過獲得更鋒利的武器和更堅固的鎧甲，而變得更加顯赫與強勢，鐵匠和商人在這些社會裡也獲得獨特的身分，社會也變得越來越複雜。[22]這種複雜性的一個體現是，人們建立堅固的圓形村莊，其乾砌房屋的地基本身是圓形的，並有堅固的圍牆。圓形石屋並不是什麼新鮮事物，在奧克尼群島的斯卡拉布雷就已經出現了。新穎之處在於這種類型的結構從英國和愛爾蘭，一直傳播到伊比利海岸，儘管很遺憾，但布列塔尼的圓形石屋遺存很少。一方面，這種類型的村莊體現一種不安全感，村民擔心好戰的鄰居前來爭奪土地，或害怕強盜搶劫貨物。畢竟，正如刀槍劍戟所顯示的，這是一個由武士主導的社會。另一方面，這種類型的定居點具有永久性，說明人們打算長居此地。有趣的是，圓形村莊是大西洋弧的特徵，而在中

---

❶ 譯注：不列顛人是在青銅時代、鐵器時代、羅馬時代和之後一段時期，生活在今天的不列顛的一些凱爾特族群。五世紀，盎格魯－撒克遜人開始定居不列顛後，不列顛人要麼被同化吸收，成為後來的「英格蘭人」的一部分；要麼退居到威爾斯、康沃爾、蘇格蘭等地，也有的遷徙到今天法國的布列塔尼。

❷ 譯注：菲尼斯特雷（Finistère）是法國布列塔尼大區的一省，字面意思是「大地的盡頭」，取義於該省位於法國歐洲大陸部分的最西部。

歐，人們更傾向長方形房屋。因此，圓形村莊應該是一種共同文化的產物，這種共同文化包括不列顛群島、法國、西班牙和葡萄牙的大西洋沿海地帶。這種文化深深扎根於新石器時代的歐洲，讓歐洲大西洋邊緣的定居點具有不同的外觀，表達一種獨特的身分，而這些居民是否說共同的語言就不太清楚了。[23]

從蘭登灣和摩爾桑德的考古發現來看，當時有幾條水路，包括從布列塔尼到英格蘭西南部的路線，以及從塞納河河口向東北方到多佛海峽的路線。英吉利海峽受到大風和強勁潮汐的影響，因此最佳穿越路線不一定是最短的，而且即使走這些較長的路線，一般也不會沿著直線前進。[24]西班牙的一些石刻讓我們對這個時期船隻的外觀有一些了解，儘管這些石刻很難確定年代，而且輪廓也很粗糙：有幾幅圖像是帆船，而且至少有幾幅是帆和槳結合的船隻。[25]現已發現鐵器時代不列顛用木框建造、獸皮包裹的堅固防水船，其中一些相當大，不太可能是鐵器時代發明的；下文會談到尤利烏斯．凱撒（Julius Caesar）對這些船的描述。[26]在英格蘭東部彼得伯勒（Peterborough）附近發現的一些獨木舟可以很好地說明，什麼樣的船可以在河流和開闊水域（如沃什灣）使用。在法國塞納河的一條支流也發現類似的船，可以直接追溯到新石器時代中期（約西元前四〇〇〇年）。[27]我們不知道這些船能夠離開海岸多遠。這些船的靠岸地點是在現成的天然港灣內，因為沒有證據表明這一時期已經建立人工港口。丹麥、瑞典或加利西亞偶爾發現的石刻，提供划槳船和帆船的粗糙輪廓。

船隻建成之後，就被最大限度地利用，用於貿易、捕魚和運送人員。人們也在不斷地移動。倫福儒列出史前歐洲人旅行的十一個理由：獲取貨物、出售貨物、社交聚會、出於好奇或為了獲取異國資訊、作為朝聖者前往聖地、學習或培訓、找工作、當僱傭兵、探訪親友、當使者，以及尋找配偶（倫福儒認為這是最重要也最容易被忽視的理由之一）。[28]不列顛群島是一個獨特但並非完全與世隔絕的文化世界，這個事實簡單證明青銅時代的水手在許多個世紀中，隨時可以穿越英吉利海峽。

三

大西洋世界這幅已經支離破碎的圖景中缺少一個元素，就是大西洋與地中海之間的聯繫。因為儘管地中海東部在其青銅時代與伊比利幾乎完全沒有直接接觸，但在克里特島的米諾斯人和希臘的邁錫尼人（他們是堅忍不拔的航海家）的時代，腓尼基人從西元前九〇〇年起建立的地中海貿易和定居網絡橫亙地中海，甚至超出地中海。傳說腓尼基人在加地斯島建立貿易定居點的時間是西元前一一〇四年，這當然太早了，但是加地斯，即腓尼基人口中的加地爾（Gadir），無疑在西元前九世紀就已經開始運作，遠早於那艘載著青銅貨物，可能來自伊比利的船在韋爾瓦灣沉沒的時間。腓尼基人被吸引到這個地區並不奇怪，因為它提供通往伊比利南部腹地富含白銀的塔特索斯（Tartessos）地區的通道。韋爾瓦灣周圍有豐富的鹽和魚類供應，人們受到吸引而來，建立幾個定居點，它們至少在新石器時代末期就繁榮起來了。而腓尼基人則受到伊比利和更遠的大西洋地區的錫的吸引，他們是否像人們常說的到達康沃爾，還很不清楚。他們在經過直布羅陀時，仍要面對相當大的挑戰，即與相反的水流和通常很強的風進行鬥爭（從西面進入直布羅陀海峽總是容易許多）。一些腓尼基人在直布羅陀巨岩的一道裂縫，即戈勒姆岩洞（Gorham's Cave）停留，在進入大洋之前向神靈祈禱，留下陶器和祭品。[29]

腓尼基商人沿著摩洛哥的海岸向南、北兩個方向航行。他們的目標包括收集骨螺，用以製作紫色染料，希臘人以此命名他們為腓尼基人（Phoinikes，字面意思為「骨螺紫」）。按照腓尼基人的習慣，他們在一座近海小島建立基地，控制摩加多爾（今天的索維拉〔Essaouira〕），這為他們與當地柏柏爾人從事貿易提供一個大本營。摩加多爾位於加地斯以南一千公里處，顯然是腓尼基人定期貿易的最遠界限。從加地斯南下或從地中海出來的商人，可能會季節性地到訪摩加多爾，它既是一處營地，也是一個定居點。商人以貝類或甚至鯨魚肉為食，並留下大量的殘骸，這很可能就是希臘作家稱為克爾內（Kernê）的地方。如果是這樣，我們就有了關於這些商人如何運作的可靠描述：他們乘坐大型商船抵達，搭建可供居住的棚屋，並卸下他們運到南方的陶器、香水和其他精品。他們把這些貨物裝到小船上，小船帶著商人和貨物去見非洲大陸上的「衣索比亞人」。商人用從加地爾帶來的產品換取象牙，以及獅子、豹子和瞪羚的皮。人們認為，根本不可能走得比克爾內更遠。[30]

摩加多爾在西元前七世紀末和前六世紀初蓬勃發展，卻從未像腓尼基人在直布羅陀海峽入口兩側建立的城鎮那樣成功，即加地爾／加地斯和現代拉臘什（Larache）附近的利索斯（Lixus）。不過，貨物從遙遠的賽普勒斯和腓尼基來到摩加多爾。希臘和腓尼基的罐子透過加地爾轉運而大量抵達摩加多爾，一些罐子上有「馬岡」（Magon）的名字，他無疑是一個富有的商人。[31]因此，加地爾是一個由腓尼基商人主導的貿易網絡中心，他們在西元前五五〇年左右發展得欣欣向榮。此後，來自東方，即波斯人和亞述人的壓力破壞了腓尼基人在地中海內外的貿易，儘管這使得迦太基人（他們也是腓尼基人的後裔）得以從殘局中建立自己的繁榮網絡。不過，摩洛哥的定居點沒有恢復。

地中海的手工藝品偶爾也會到達西班牙大西洋沿岸地區（除加地爾以外）的遺址，因為已經出土的文物只是有待發現東西的一小部分，而有待發現東西也只是原先所有東西的一小部分，所以即使在地中海的青銅時代，這種接觸也不應被忽視。在西班牙和葡萄牙，有幾個發現地中海貨物的遺址，如維列納（Villena）、巴約斯（Baiões）、佩尼亞內格拉（Peña Negra），它們都位於內陸，無論是乘船還是沿著陸地小路，都可以沿著河流逆流而上到達。而里斯本以南不遠處的羅薩杜卡薩爾杜梅爾羅（Roça do Casal do Meiro）的一處墓葬就在水邊。這座拱形的墳墓裡有兩具遺體，周圍都是來自地中海的墓葬物品，如象牙梳和斗篷別針。該墓葬的年代不確定，可能早至西元前十一世紀，也可能晚至前八世紀。這座墓可能是對死前已經走到這裡的地中海航海商人的紀念，因為它在葡萄牙青銅時代的墓葬當中不具有代表性。巴約斯位於內陸，是一個錫礦資源相當豐富的地區，這會吸引腓尼基人或其他訪客。在那裡發現的一處窖藏（遺憾的是，很難確定其確切的年代），再次顯示此地與地中海的聯繫，包括與賽普勒斯出土物類似的青銅有輪容器和一個連接到青銅鑿子上的鐵鑽頭。這把鑿子來自大西洋沿岸，但鐵鑽頭是地中海的，因此有人創造這種複合工具，甚至在鐵器加工技術開始在伊比利傳播之前就已經做到了。這種交通也不是單向的，在賽普勒斯也發現一根大西洋風格的烤肉叉。

大西洋與地中海之間的中介很可能是薩丁島，因為從大西洋進入地中海的船隻可以利用盛行的風把它們帶到那個方向。薩丁島是青銅時代和鐵器時代富饒而神祕的努拉吉文化的故鄉。在西元前一〇〇〇年左右，薩丁島西向西班牙，東望黎凡特（努拉吉一詞源於數以千計的史前城堡，至今仍遍布該島）。薩丁島的典型重劍遵循大西洋模式，儘管它是使用島上豐富的銅在當地製造的。因此，「鯉魚舌劍」一直傳播到薩丁島，而大西洋沿岸風格的鐮刀也出現在薩丁島。[32]儘管薩丁島所使用大部分的銅是當地的，錫卻不是：錫必須從西班牙和法國南部等地獲得，這可以解釋地中海的這個部分與伊比利之間商業和文化接觸的強度。

薩丁島與新石器時代和青銅時代伊比利文化的其他相似之處，包括在結構上與大西洋巨石結構沒有很大區別的石墓（巴利亞利群島也是如此），以及由圓形房屋組成的有圍牆的村莊，其排列方式與西班牙和葡萄牙大西洋沿岸地區的堡壘（castros和citânias）相似（關於這些，下文會詳談）。[33]這種觀點得到證明：直布羅陀海峽並非不可逾越的障礙，大西洋世界延伸到地中海。不過就目前我們了解的情況而言，這個大西洋世界是否也包括摩洛哥的大西洋海岸還不確定。但是我們很難想像，腓尼基人不費吹灰之力就能進入的摩洛哥大西洋沿岸地區，能逃脫與伊比利的大西洋文化和延伸到不列顛群島的大弧線密切接觸。將青銅時代的歐洲大西洋沿岸地區視為一個由共同文化連接起來的地區，這種想法很有道理，但也是一種大可不必的歐洲中心主義做法。生活在伊比利南部的人沒有歐洲的概念，而且對他們來說，航行到摩洛哥比到薩丁島更容易。

我們可以且應當對「新石器時代」、「青銅時代」和「鐵器時代」這些用語（至少在大西洋地區）的價值提出質疑，因為生活在大西洋沿岸的人們生活逐漸發生變化。銅和青銅的出現絕對沒有讓傳統的石材切割工藝消亡。墓葬習俗發生變化，巨石建築被遺棄。新的武士精英出現了，儘管還不能確定他們是原住民還是外來移民。不過我們始終很清楚，所掌握的情況是建立在些微證據之上，首先是殯葬，然後是關於青銅武器的證據，而這就為希望全面了解這些社會的人帶來煩惱。海上交通當然是大西洋弧生活的一個重要特徵。不過只有到了鐵器時代，大約從西元前六〇〇年開始，「生活在大西洋沿岸的人們是誰」這個疑問的答案才略微清晰，儘管還不是非常明確。到了這個階段，終於有了可以與印度洋的《周航記》相提並論，來自旅行者的證據，還有在伊比利發現備受爭議的銘文證據。

第十七章　錫商

一

到了西元前一千紀的後半期，大西洋弧已經不再是一個將西歐海岸線相距遙遠的若干地區聯繫在一起的活躍網絡。它成為一個新世界的外緣，這個新世界的主要活動中心位於歐洲大陸的中心地帶。這是被稱為哈爾施塔特（Hallstatt）文化和拉登（La Tène）文化這兩個相繼存在文化的時代，它們與地中海地區的各民族（如伊特魯里亞人）有著緊密的互動，並掌握高超的冶鐵技術。鐵器在大西洋沿岸基本上不受青睞，可能是因為它在那裡不像在歐洲中部那樣容易獲得，這也表明海岸線如何與內陸的發展脫節。[1]伊特魯里亞銅俑出現在德文郡，希臘錢幣出現在布列塔尼，或者伊比利斗篷別針在康沃爾出土，都是令人興奮的考古事件，因為在西元前五〇〇年之後，這些有異域風情的物品變得越來越稀罕；我們看到從摩加多爾的情況來看，腓尼基人滲透到大西洋的巔峰可以追溯到西元前六世紀。[2]

海上交通當然沒有停止，但是從奧克尼群島的鐵器時代遺址發現非常有限的「異國」貨物，即非奧克尼群島的貨物來看，一些最令人印象深刻的聯繫，如連接奧克尼群島與愛爾蘭海及其他地區的聯繫，

挪威海
昔德蘭群島
赫布里底群島
奧克尼群島
大西洋
加洛韋
北海
丹麥
愛爾蘭
曼島
彭布羅克
康沃爾
聖邁克爾山
韋桑島
勒約藏
布列塔尼
加利西亞
維亞納堡
葡萄牙
塔特索斯
加地斯
0
500
1000 英里
0
500
1000
1500 公里

要麼被切斷，要麼變得不那麼有規律。與蘇格蘭的海岸一樣，奧克尼群島諸島嶼的海岸在這個時期遍布著小城堡（broch），其功能與薩丁島的努拉吉一樣是個謎，它在外觀上與努拉吉也很相像。[3]從葡萄牙到昔德蘭群島，沿大西洋弧的所有定居點都有石製圓屋，但不像小城堡那樣雄偉壯觀。[4]一般來說，我們的感覺是大西洋社會此時正在變得向內看，而當地社區的生計既依靠陸地，也依靠海洋。在不列顛群島，這些社區以小型定居點為基地，很難稱得上城鎮，不過在加利西亞和葡萄牙北部沿海地帶發現的幾個大型定居點，可以稱為城鎮。布列塔尼可能也擁有一些靠海的大規模定居點。凱撒在描述他對高盧西北部的入侵時，將布列塔尼的威尼蒂人（Veneti）的定居點描述為「城鎮」，是為了想讓讀者覺得他的征服規模很大，從而對其肅然起敬。如果羅馬軍隊為了控制幾個分散的海邊村莊也要花費那麼大的力氣，就太不像話了。

跨海貨物交換的證據極少，以至於關於沿歐洲大西洋海岸上下接觸的論點，只能依賴這樣的證據，即從葡萄牙到蘇格蘭北部一路走來，各地的文化有相似性。陶器的裝飾有廣泛的相似性，在石頭地基上建造由圓屋組成村莊的做法也很普遍。布列塔尼文化和康沃爾文化之間的相似性，以及它們與法國和英格蘭其他地區的不同，說明我們不應低估跨海聯繫。[5]在大約西元前六〇〇年至前二〇〇年之間，大西洋海岸線的大片地區有一個引人注目的共同特徵，即人們建造俯瞰大海的海角要塞；這種要塞的雙層或三層的牆，將小海角的頂端隔斷。關於它們的功能，目前尚無定論，它們不太可能是貿易中心的標誌，因為基本上都在高處，不靠近明顯的港口。對這些海角的發掘幾乎沒有發現有證據表明它們曾被持續居住，它們更可能是避難所和軍事據點，武士及他們的家屬在戰爭時期可以撤退到那裡。凱撒在《高盧戰記》（*Gallic Wars*）中描述布列塔尼海角的防禦性用途：

> 他們的市鎮，所處的位置總是一個樣子，一般都坐落在伸到海中的地角或海岬的尖端，因為洋中來的大潮，一天二十四刻時中總要湧進來兩次，所以步行不能到達；而且因為潮水總得退去，船隻會觸在礁石上碰傷，因此也無法乘船前往。[❶][6]

另一方面，這些要塞不可能全都擁有潮水帶來的便利，它們一般從愛爾蘭西部、蘇格蘭西南部的加洛韋（Galloway），或威爾斯的彭布羅克半島（Pembroke peninsula）向西望去。康沃爾和布列塔尼有非常多這種要塞，北大西洋的島嶼上也有，比如昔德蘭、奧克尼群島、赫布里底群島（Hebrides）和曼島。[7]這表明，它們有時可能具有宗教而非防禦用途，是祭祀海神或風神的地點，因為那裡主要吹西風。北大西洋沿海社區的另一個共同特徵是所謂的souterrains，即用石頭精心建造的地下走廊。它們的功能也不清楚，也許是用於儲存，也許是用於躲避，儘管它們在地面上是清晰可見的，所以很難看出這能帶來什麼好處。我們再次從英吉利海峽兩岸都有相同的地下建築（而不是地下文物）這一點，發現兩岸的互相影響。

遠至伊比利南部，都可以發現由圓屋組成的規模不等的定居點。加利西亞和葡萄牙的堡壘往往是占

❶ 譯注：譯文借用凱撒著，任炳湘譯，《高盧戰記》，商務印書館，一九八二年。卷三，第十二節，第六八－六九頁。

據良好戰略位置的相當大的定居點。其中一個例子是位於聖露西亞（Santa Luzia）的規模可觀的堡壘，它俯瞰著現代葡萄牙城鎮維亞納堡（Viana do Castelo）；不幸的是，為了建造一家豪華飯店，該遺址的大部分在二十世紀初被毀，但有夠多的遺跡表明，這是一座「城鎮」，而不是「村莊」。它俯瞰利米亞河（River Limia）注入大西洋的地方，是一個極好的防禦陣地。古人是否充分利用其通往大西洋的便捷交通，尚不清楚。古人在聖露西亞最終建造三道城牆，城牆內的區域有數十座密密麻麻的圓形房屋，還有建在護土牆上的堅固塔樓。這些房屋（其中幾間帶有前廳）的入口面向西南或東南，因為朝南的入口更可以避開從相反方向襲來的風雨。雖然牆壁是石製的，但這些房屋的圓錐形屋頂應該是用木頭建成，上面覆蓋著稻草。在那裡發現織布機的配重部件，表明紡織是當地的一項產業，這也在意料之中。除此之外，居民主要的生計來源是農業和畜牧業。[8]

考慮到從葡萄牙到蘇格蘭群島的圓屋定居點之間的文化相似性，問題就來了：這些地方的居民是否擁有共同的起源？一些考古學家和語文學家認為，將這些人團結起來的是「凱爾特」（Celtic）的身分。語言和種族是完全不同的東西，具有相似血統的人群可能會換新的語言，因此這些群體的「原始」語言不可能確定。「凱爾特人」這個詞彙有好幾種貌似合理的含義：指古希臘人稱之為 Keltoi、古羅馬人稱之為 Galli 的民族；指歐洲中部的哈爾施塔特文化和拉登文化的人群，有人假設他們本質上是「凱爾特人」；指講凱爾特語言的民族，其中有幾種語言至今仍在使用。[9]有人提出，不僅在蘇格蘭、愛爾蘭、威爾斯和布列塔尼，而且在加利西亞，人們使用的都是凱爾特方言。加利西亞的現代居民抓住他們的「凱爾特人」身分，爭取從馬德里政府那裡獲得更大的自治權，儘管現代加利西亞人對風笛的喜愛能否證明他們的凱爾特人身分，是一個有爭議的問題。除此之外，在伊比利的西南部，在腓尼基人曾造訪的富含銀礦土地上，有一個被希臘人稱為塔特索斯的地區。

大量的塔特索斯銘文保存至今，用一種獨特的文字書寫，其遙遠的起源也許可以追溯到腓尼基人。即使像約翰·科克（John Koch）說的，這些銘文是用某種凱爾特語書寫的（這種觀點存在爭議），也只是略微支持這樣一個論點，即大西洋弧的土地共用一些文化特徵，同時與西歐和中歐其他地區的文化有些隔絕。如果能知道talainon的意思確實是「受祝福的岬角之國」就好了，這種解釋是從一個意為「有美麗的眉毛」的原始凱爾特語詞推斷出來的。但是因為資料匱乏，所以這些解釋顯得很牽強。[10]另一方面，愛爾蘭在使用一種被稱為Q－凱爾特語的古老凱爾特語，後來在不列顛最北部也有使用，這部分是由於愛爾蘭人在蘇格蘭的定居。這意味著在西元前一千紀，「大西洋原始凱爾特通用語」是一種共同文化的特徵，該文化在愛爾蘭海周圍以及往南至少到布列塔尼的地區蓬勃發展。只是在威爾斯和康沃爾及後來在布列塔尼，Q－凱爾特語被較晚形成，被稱為P－凱爾特語的多種語言取代，後者更接近古代高盧居民使用的語言。

如果能了解這些人是誰，當然很好。我們還不確定，他們在多大程度上把自己視為與大海緊密聯繫的人。但有趣的是，「阿摩里卡」一詞是布列塔尼的古名的拉丁化，意思是「海邊的居民」。凱撒在羅馬征服高盧的戰爭（西元前五八－前五〇）中遇到的一些人是優秀的水手。上文提到的凱撒對其勝利的誇耀性回憶錄中的一個著名段落，描述他在西元前五六年遇到的阿摩里卡的威尼蒂人的船隻。據說它們的建造方式與羅馬船隻截然不同，威尼蒂船隻的龍骨更平直，因為必須應對水位變化很大的潮汐水域；

它們有高高的船頭和船尾，利於穿越洶湧的大海和風暴；它們有堅固的坐板，用很粗的鐵釘釘在一起；船體用堅固的橡木製成，可以承受遠海的驚濤駭浪；它們有懸掛在鐵鏈上的錨；它們的帆是用皮革製成的；總之，它們比羅馬船隻更適合因應開闊大洋的狂風巨浪。[11]

還有一些較小的船隻，足以抵禦海浪的衝擊。十九世紀末，一位愛爾蘭農民在德里郡（County Derry）的布羅伊特爾（Broighter）耕地時發現一批黃金工藝品，年代大約是凱撒在高盧作戰的時期，也可能更晚。其中最驚人的是一個微型船模，長二十公分，用黃金製成，細節精美。該模型包含九個供槳手使用的長凳和十八支精緻的槳，以及船尾的舵槳、一根桅杆和一個錨（或抓鉤）。據估計，按照這種規格建造的船有十二至十五公尺長。[12]這種類型的船是用柳條編成的，柳條圍繞著木質框架，然後用獸皮覆蓋，塗上動物油脂，形成堅固的防水船體。從史前時代到今天，這種船在世界各地都有建造，包括美索不達米亞的圓形河船、威爾斯的小圓舟（coracles，也是圓形的）和愛爾蘭的克勒克艇（currachs），上述的黃金模型是克勒克艇的一個非常古老的例子。[13]凱撒對堅固的威尼蒂船隻的描述是強力的證據，表明大西洋沿海地帶確實是由海路連接起來。除了凱撒以外，希臘旅行者也提供證據，特別是無畏的馬賽的皮西亞斯（Pytheas of Marseilles）。

二

對大西洋感興趣的希臘旅行者與馬薩利亞（Massalia）有密切聯繫，這並不奇怪。這個港口在今天被稱為馬賽，是由來自小亞細亞的弗凱亞（Phokaia）的移民和商人建立。根據一種相當可疑的說法，他們先是逃離波斯國王的征服大軍，然後又逃離在科西嘉島建立的殖民地❷。在西元前五四一年的一場大海戰中，伊特魯里亞人和迦太基人將弗凱亞人趕出這個殖民地。在那時，法國南部已經是伊特魯里亞商人的目的地，他們與內陸的高盧人接觸，從西元前七世紀中葉開始向他們出售大量的葡萄酒。馬薩利亞在西元前六世紀經歷一個黃金時代，因為它能夠滿足法國中部對葡萄酒和其他地中海商品的需求。當時法國中部有所謂的哈爾施塔特文化，該文化由強大的王公主導，他們的財富足以購買地中海商品。長期以來，地中海商品被視為社會地位的重要標誌。但是後來大約在西元前五〇〇年，在中歐範圍內，經濟中心，可能還有政治權力中心，向東轉移到拉登文化的零散村莊，於是馬薩利亞失去特殊優勢，儘管它始終是一個重要的貿易中心。[14] 雖然馬薩利亞人肯定利用橫跨高盧的陸路和隆河的河道，但是他們的航海技術讓他們對直布羅陀海峽和位於加地爾的腓尼基人基地以外的土地充滿好奇。最吸引馬薩利亞人的，是有可能獲得生產青銅製品所需的錫。要知道，鐵的到來絲毫沒有減少人們對青銅的需求，這一點可以從此時地中海地區生產的大量青銅俑和器皿中看出（例如在法國中部塞納河畔維克斯出土龐大的希臘調酒器皿，其年代也許早至西元前五三〇年）。

---

❷ 譯注：古典時代的殖民地大多是與母邦（metropolis，英語中「大都市」一詞即來源於此）領土不接壤的海外殖民城邦的形式。殖民城市與母邦之間的聯繫十分緊密，但與近代的殖民主義不同的是，這種聯繫並不以母邦直接控制殖民城市的形式存在，母邦與殖民地也不是剝削與被剝削的關係。

大約在這個時候，一位不知名的希臘水手編纂一本航海手冊，即《周航記》❸，描述從加利西亞通過直布羅陀海峽一直到馬薩利亞的海岸線。今天，《周航記》是我們了解希臘人對大西洋知識的主要資料，就像在它的時代，它顯然因其對大西洋和地中海西部水域的描述而受到珍視。在四世紀末，這本書還有人閱讀，比如生活在北非，水準一般的多神教徒詩人阿維阿努斯（Avienus），他的作品《海岸》（*Ora Maritima*）的大部分內容是基於《周航記》；如果沒有阿維艾努斯（他的作品在一四八八年由一位威尼斯印刷商出版），《周航記》現在就失傳了。[15]《海岸》是一種重寫本（Palimpsest），因此我們必須在阿維艾努斯蹩腳拉丁文的字裡行間，確定那位古希臘旅行家（即《周航記》作者）的觀點。這並不難，因為《周航記》的作者沒有提到幾個後來變得很重要的地方，所以我們對《周航記》成書年代的古早充滿信心。同時，他認為幾個港口已經衰敗，後來的考古學也證實這一點，即腓尼基人在大西洋的網絡已經過了巔峰，開始走下坡。[16]

《周航記》的作者對於可以獲得錫的地方的描述，對西元前六世紀的馬薩利亞居民來說特別寶貴。[17]阿維艾努斯詳細地談到塔特索斯（它在西元前五世紀也已經過了鼎盛期），並自信但錯誤地將其與加地斯混為一談（「這裡是加地爾城，以前叫塔特索斯」），同時認為，「現在它很小，被拋棄了，是一堆廢墟」；[18]他描述塔特索斯人如何與鄰人做生意，以及迦太基人如何到達這些水域。他指出一座閃閃發光的山，那裡盛產錫，早期商人會對此非常感興趣。[19]

阿維艾努斯表示，錫和鉛也是一群廣泛分布的島嶼的重要資產，這些島嶼被稱為俄斯特里梅尼德斯（Oestrymenides，字面意思是「極西方」），位於一個巨大的海角之外。一些評論家認為，這是指大不列顛和愛爾蘭。不過，我們有很好的理由認為俄斯特里梅尼德斯其實是加利西亞，它被一些近海島嶼環繞，而且有人指出，加利西亞是「歐洲錫產量最多的地區」。[20]阿維艾努斯很可能把不同來源的資料混在一起。他聽說過康沃爾、布列塔尼和加利西亞出產錫，因此把它們與俄斯特里梅尼德斯島嶼和大陸混為一談。俄斯特里梅尼德斯的居民讓阿維艾努斯筆下的旅行者留下深刻印象：

> 這裡的人們堅忍不拔，充滿自豪感，勤奮又有效率。他們始終關注商業。他們搭乘用獸皮做的小船，在波濤洶湧的大海和充滿怪物的大洋中航行，因為這些人不懂得如何用松木或楓木製作龍骨。他們不像其他人習慣的那樣，用冷杉樹製造帆船。他們總是巧妙地用連在一起的獸皮製造船隻，並經常駕著獸皮船劈波斬浪。[21]

這首詩還寫道，希爾尼人（Hierni）居住的「聖島」距離產錫的群島有兩天的路程，而「阿爾比恩人（Albioni）的島」也在附近，這些顯然是指愛爾蘭和大不列顛。阿維艾努斯相信迦太基人和塔特索斯人曾在遠到俄斯特里梅尼德斯的地方從事貿易。[22]特別神祕的是接下來的內容，即對傳說中的迦太基航海家希米爾科（Himilco）探索過的大西洋更廣闊空間的描述。阿維艾努斯描述平靜的海面和無風的日子，以及被大量海藻堵塞的水域。不過一般來說，阿維艾努斯畢竟是來自地中海的作者，所以他對大

❸ 譯注：注意與上文提到的《厄利垂亞海周航記》不是一回事。

西洋的描述自然而然強調，任何勇於冒險進入大西洋的人都會遇到的巨浪、強風和海洋怪獸。根據他的說法，大西洋上有一些荒涼的島嶼，也有一些神奇的地方，如薩圖爾島（Saturn），它長滿了草，但擁有一種奇怪的自然力量：如果有船靠近，該島和周圍的海面就會劇烈震顫。[23]

阿維艾努斯確實知道一條沿著葡萄牙海岸，經過聖文森角的路線：「在星光落下的地方高高升起，富饒歐洲的這個盡頭延伸到充滿怪獸的大洋的鹹水中。」[24]阿維艾努斯寫道：「那是拍打遙遠世界的大洋。那是巨大的深海，那是環繞海岸的浪潮。這是內部鹹水的來源，這是我們的海的母親。」[25]這是地中海居民對受到暴風雨和潮汐深刻影響的大西洋的看法。為阿維艾努斯提供創作材料的那位水手顯然經歷一次驚心動魄卻極具教育意義的航行，前往產錫的土地。他至少和西元前四世紀的那個馬薩利亞人皮西亞斯一樣配得上先驅的稱號。皮西亞斯更有名，但並沒有留下更多的紀錄。他追隨阿維艾努斯筆下那位水手的腳步，然後冒險走得更遠。

三

皮西亞斯既是探險家，又是作家。他的作品寫於西元前三二〇年左右，因為這部作品只是他的片面之詞，所以後來的希臘作家在描述世界、涉及大西洋時，認為自己可以無所顧忌地嘲諷皮西亞斯的說法。這些希臘作家包括波利比烏斯，他是一位嚴肅的歷史學家，在西元前二世紀寫作；以及史特拉波，一位同樣嚴肅的地理學家，在一世紀初寫作。要了解皮西亞斯，我們必須先過濾波利比烏斯和史特拉波對他的敵意評論，以及比史特拉波稍晚一些的老普林尼的言論。[26]儘管皮西亞斯的作品在古典時代遭到批評，但是兩位研究古代探險的現代歷史學家大膽地表示，皮西亞斯「在古代旅行者中最有資格與現代的偉大發現者相提並論」。[27]他甚至被描述為「發現不列顛的人」，儘管阿維艾努斯筆下的旅行者早在幾個世紀前就知道不列顛。[28]問題在於，皮西亞斯的作品已經佚失，所以很多人根本不把他當真，有人指責他「肆意欺騙」。[29]史特拉波和波利比烏斯都認為，皮西亞斯的航行根本不可信：「一個普通人，而且是一個窮人，怎麼可能透過乘船和步行走完這麼遠的路？」皮西亞斯聲稱自己到達「宇宙的邊界。就算是荷米斯這麼說，人們也不會相信」。[30]

皮西亞斯遠赴不列顛，甚至更遠，其動機似乎很明顯。他與後來的競爭對手埃拉托斯特尼（Eratosthenes）和史特拉波一樣，對人類可居住世界的形狀充滿好奇心。這是偉大的亞歷山大港世界測量家們的時代。即使在遙遠的馬薩利亞，人們也一定知道並讀過主要的希臘 historia（意為「調查」）著作，尤其是希羅多德對希波戰爭的描寫，其中也包含對蠻族土地的詳細描述，如黑海以北的斯基泰人的領土。還有一種可能性是，皮西亞斯熱衷促進貿易，或者想要查明哪些地方可以建立有價值的貿易聯繫。我們已經看到，隨著阿爾卑斯山以北拉登文化的興起，透過法國南部運送希臘和伊特魯里亞貨物的貿易路線已經向東轉移，這對義大利北部和亞得里亞海上游的伊特魯里亞與希臘城鎮有利。歐洲大陸對希臘和伊特魯里亞貨物仍有強烈的需求，但問題是從馬薩利亞的角度來看，新的交通路線很不方便。因此，有人認為皮西亞斯帶著一支龐大的艦隊出發，目的是打破迦太基人對大西洋錫貿易的壟斷。但更有可能的是，他是一個孤獨的旅行者，而正因為他是孤獨的，才能走得如此之遠，蒐集關於不同地方、距離和產品的資訊，這些資訊對他的同胞來說很珍貴，[31]而且去哪裡尋找錫的問題始終存在。北歐的布列塔尼和康沃爾的岩石海岬在召喚著他。[32]

儘管以波利比烏斯和史特拉波為代表的質疑聲不絕於耳，但我們沒有理由懷疑皮西亞斯在西元前四世紀從馬賽出發，至少走到不列顛群島的說法，也沒有理由懷疑他利用當地的船隻，而不是自費改裝船隻。以帆和槳為動力的船隻非常適合在地中海沿岸航行，但是我們無法想像一艘三列槳座戰船在比斯開灣和英吉利海峽的遠海上艱難掙扎，而不被迅速淹沒與下沉。[33]另一個複雜的問題是，在西元前四世紀，迦太基人控制著西班牙地中海海岸線上的關鍵點，他們不太可能允許希臘船隻自由經過卡爾佩（Kalpe）巨岩，也就是後來的直布羅陀。[34]雖然皮西亞斯顯然知道卡爾佩和加地斯／加地爾（馬薩利亞人都知道它們的存在），但他更有可能主要沿著陸路從馬薩利亞到高盧的大西洋海岸，然後在那裡登上一艘高盧船隻。畢竟，這些從法國南部出去的陸路路線，與連接馬薩利亞城與義大利、西班牙和地中海諸島的海路一樣，本身就是馬薩利亞的意義所在。坎利夫認為，皮西亞斯確實從家鄉走海路出發，但是只航行了一小段路：在坎利夫看來，皮西亞斯經過位於今天朗格多克（Languedoc）南部的希臘人定居點阿格德（Agde），然後到達「當地港口」納爾博（Narbo，即今天的納博訥〔Narbonne〕）。他從那裡前往在高盧人定居點布林迪加拉（Burdigala，即今天的波爾多）附近流入大西洋的河系，這段旅程可能只需要一週。[35]

經過三天的海上航行，他到達布列塔尼西端的烏伊西薩姆（Ouexisame），即今天的韋桑島（Ushant），但他在那裡做了什麼，甚至他是否在那裡停留較長的時間，我們都只能猜測。坎利夫認為他到了布列塔尼北岸，到了戒備森嚴的鐵器時代港口勒約戴（Le Yaudet），它位於雷吉埃河（Léguer）的出海口，是跨越英吉利海峽前往不列顛南部貿易的其中一站。[36]沒有證據表明皮西亞斯到過不列顛南部，但是如果他去過，就會發現高盧北部或不列顛南部沿海的各個港口，與他繁華的家鄉馬薩利亞（那裡有巍峨的石製神廟外觀與宏偉又有天棚的市場），形成鮮明對比。這種對北方諸民族更原始生活的困惑，反映在一篇對早期不列顛人簡樸生活的浪漫描述中。該描述由希臘作家西西里的狄奧多羅斯（Diodoros the Sicilian）在一世紀寫下，可能源自皮西亞斯的著作《海洋》。狄奧多羅斯寫道，不列顛人「遠離今人的狡猾和奸詐」，住在泥籬牆的小屋裡，食用他們種植穀物熬成的濃粥。狄奧多羅斯筆下的純真形象構成一個偉大文學傳統的一部分，該傳統一直延續到中世紀和文藝復興時期，頌揚清貧，抨擊財富帶來的腐敗。[37]希臘人在這些大西洋旅行中遇到的民族，並沒有因為他們的質樸而遭到嘲笑，反而被希臘人認為非常值得稱讚。

英吉利海峽的各港口是錫貿易的一個重要環節，錫貿易從不列顛一直延伸到地中海。有一份關於不列顛西南部錫貿易的記載保存至今，也是出自狄奧多羅斯之手，並可能反映佚失的皮西亞斯著作的內容。[38]狄奧多羅斯描述一個名為貝勒里昂（Belerion）的海角，那裡的錫礦很容易開採。錫被加工成指關節骨的形狀，然後被運到一座名為伊克提斯（Ictis）的近海島嶼，該島嶼透過一條在漲潮時會被淹沒的天然堤道，與不列顛主島相連。整車的錫在退潮時被運到伊克提斯，然後賣給商人，他們先把錫運過英吉利海峽到高盧，然後從陸路一直運到隆河河口，可能從那裡再運到馬薩利亞。老普林尼提供的資訊略有不同，他稱那座島為米克提斯（Mictis），並指出不列顛人是用覆蓋著獸皮的柳條船，而不是透過堤道把貨物運到米克提斯。伊克提斯也許就是康沃爾海岸外的聖邁克爾山（St Michael's Mount），不過並未發現那個時期的遺跡可以證實這種猜想。[39]

更具猜測性的是，皮西亞斯沿著不列顛海岸向北的路線。他乘坐不列顛船隻跨越各個島嶼，走向已知世界的邊緣。在試圖弄清他的去向時，一切都取決於他後來的讀者（如史特拉波）引用的正午時分太陽高度的測量值（史特拉波等人對皮西亞斯的評價往往很刻薄）。史特拉波自己搞錯北歐土地的方向，甚至將愛爾蘭置於大不列顛以北。他認為，不列顛東岸與今天的法國北部和荷蘭平行。但史特拉波對愛爾蘭有一種古怪的看法，他認為愛爾蘭是世界的最邊緣，「只是勉強可以居住」。[40]皮西亞斯和史特拉波之間的區別是，皮西亞斯造訪過他描述的大部分土地，而史特拉波則是沒有真正去過那些地方的空想家，後者對於這一點心知肚明。皮西亞斯很可能到過的一個地方，就是蘇格蘭西北岸的路易斯島（Isle of Lewis）。老普林尼曾對奧克尼群島作過非常簡短的描述，而他也許就是從皮西亞斯那裡得到這些資訊。[41]問題在於，皮西亞斯在奧克尼群島之外還走了多遠。老普林尼重複皮西亞斯的說法，即在不列顛以北六天航程外有一座名叫泰爾（Tyle）的島嶼，在那裡，一年之中有一半的時間看不到太陽，而在另外六個月則能持續看到太陽（這是對永晝現象的誇飾）。[42]皮西亞斯旅程中最引人關注的部分，莫過於他造訪戲劇家和思想家塞內卡（Seneca）❹後來稱為「最遠圖勒」（Ultima Thule）的地方，這讓人聯想到世界最邊緣的一片遙遠而無人居住的土地。史特拉波駁斥皮西亞斯到過圖勒的說法，表示這是謊言。[43]另一方面，中世紀早期的作家，如愛爾蘭僧侶迪奎爾（Dicuil）將「圖勒」與冰島聯繫在一起。他是一位敏銳的世界測量家，於九世紀初在法蘭克皇帝、查理曼之子「虔誠者」路易（Louis the

Pious）的宮廷寫了《論地球的測量》（*On the Measurement of the Globe of the Earth*）。此時，一些愛爾蘭僧侶正在造訪冰島，九世紀第一批到冰島的諾斯移民發現那裡有愛爾蘭僧侶。[44]不過，圖勒也很可能是其他地方，如昔德蘭群島或法羅群島（Faroe Islands），因為沒有跡象表明皮西亞斯筆下的圖勒是冰島這樣規模的大島。

更重要的問題是，皮西亞斯是否真的環繞不列顛，然後進入北海。針對這個問題，只有一些一筆帶過的文字可供參考，其中一處文字可能與肯特有關，這表明他從東邊通過英吉利海峽。老普林尼根據皮西亞斯的作品，對一個名叫阿巴魯斯（Abalus）的島嶼所作的描述十分引人注目，其中說阿巴魯斯堆積著從一個大河口流出來的琥珀。那裡的居民對琥珀不感興趣，用它來代替木柴。但是住在一天路程之外大陸上的條頓人（Teutoni）卻很重視琥珀，樂於向阿巴魯斯人購買。[45]老普林尼知道，琥珀是一種樹脂，它被沖到北歐的部分海岸。[46]說到琥珀，我們又只能猜測，所以關於這是波羅的海琥珀還是日德蘭琥珀的爭論（日德蘭琥珀的可能性似乎更大）；以及關於這條大河是萊茵河，還是沿著低地國家和丹麥之間的海岸流入北海的幾條河流的爭論十分激烈。看來在皮西亞斯的時代，日德蘭琥珀的供給正在減少。而且正如他尋找錫的來源一樣，他可能打算蒐集關於琥珀來源的資訊。波羅的海琥珀此時仍占據主導地位，已經向南滲透，因為波羅的海人用琥珀換取來自遙遠地中海的伊特魯里亞城市的青銅貨物。其

---

❹ 譯注：此處指小塞內卡（約西元前四－西元六五），羅馬斯多葛派哲學家、政治家、戲劇家、幽默家。他是尼祿皇帝的教師和謀臣，後因被懷疑參與刺殺尼祿的陰謀而被強迫自殺。他的父親老塞內卡是著名修辭學家和作家。

中一些琥珀到達現代的斯洛維尼亞，這表明運送琥珀的路線是陸路的，而且路線在從馬薩利亞可以到達的路線以東很遠的地方。這是一個古老的問題，即地中海產品的需求中心向東轉移，造成馬薩利亞陷入困境。[47]

也許皮西亞斯是一個刺探商業情報的間諜，但是透過狄奧多羅斯和老普林尼的轉述，他留下對大西洋世界的簡短記述。最重要的是，與地中海、黑海、紅海和印度洋相比，大西洋還是一個陌生的世界。因為歐洲的大西洋海岸線仍是已知世界的外緣，而印度洋已經成為連接地中海和南海，以及連接羅馬帝國的先進文化和遠東先進文化的橋梁。

第十八章　北海襲掠者

一

地中海旅行者對北歐水域的描述，往往忽略當地居民的視角。儘管文字（其形式為盧恩文，可能源自伊特魯里亞文或另一種北義大利的文字），越過阿爾卑斯山向北傳播，但在西元初的幾個世紀，大西洋沿岸沒有任何文字存留。相關的考古學證據很零散。在積水和沼澤土壤中保存木船，甚至獻祭犧牲品遺跡的地區，考古學證據最為豐富，例如丹麥的格洛布教授研究的「沼澤人」。丹麥出土相當豐富的證據，因為丹麥有許多島嶼和大量可用作港口的海灣。在西元前七千紀和前六千紀，隨著北極冰的融化和海平面的上升，丹麥的土地從海中升起。撇開日德蘭內陸不談，這是一片最適合海上旅行的土地，與斯堪地那維亞半島的聯繫也很便捷。最早的船是用椴樹、櫧木或橡樹的樹幹做成的，挖空後變成小漁船，也許只適合幾個人乘坐。從距離丹麥波恩荷爾摩島（Bornholm）二十公里的波羅的海中撈出的一個罐子可以看出，到了西元前四千紀中期，已經有船隻向開放水域航行。[1]

除了魚以外，這些船還運載著「北方的黃金」，即琥珀，它不僅被當作首飾，還被用來供奉神靈。

挪威
瑞典
波羅的海
波恩荷爾摩島
0 100 200 300 400 500 英里
0 200 400 600 800 公里

挪威海
北海
日德蘭
羅馬的不列顛尼亞行省
薩頓胡
弗里西亞
烏德勒支
多雷斯塔德
多佛海峽
澤蘭
法蘭德斯
波切斯特
佩文西
昆托維克
比利時高盧
科隆
特里爾
布列塔尼
南特

西元前四千紀的一個罐子裡裝著一萬兩千八百四十九顆琥珀珠子，不過沒有一顆是大的（這麼多珠子的總重量只有四公斤）。上文已述，到了一世紀，日德蘭琥珀的供應量在減少，這激發人們對波羅的海琥珀的興趣。波羅的海在經歷漫長的幾個世紀的落後之後，開始煥發生機。琥珀是太陽的禮物，到了西元二千紀，它已經成為陸路貿易中最受歡迎的商品之一。透過這種陸路貿易，古人在地中海與北歐之間分階段地來回運送貨物。[2]丹麥與波羅的海世界透過中歐和東歐的河流，長期與南方的土地聯繫在一起，其密切程度不亞於或甚至超越長途海路，直到維京時代依然如此。[3]羅馬貨物確實進入古代斯堪地那維亞半島，其中丹麥收到的貨物超過總量的一半、挪威超過五分之一，以及瑞典超過六分之一。但是，這些羅馬貨物並沒有在海上運輸很遠的距離：它們是從特里爾和科隆等主要羅馬城市向北運來的。[4]但是在波羅的海地區，波恩荷爾摩島位於連接丹麥東部和更東地區的海路上，地理位置十分便利。從將當地名流埋葬在船形墳墓中的習俗來看，波恩荷爾摩島是一個重要的航運中心。

大約在皮西亞斯航行的時期，有證據表明北歐人在戰爭中使用小船。這並不意味著發生海戰，即使在維京人的時代，海戰也很罕見。在北歐，船隻主要被用於運輸，無論是運送武士還是商人，或者用來追擊敵人（在中世紀冰島最偉大的文學作品之一《尼亞爾薩迦》〔*Njál's Saga*〕❶中，追擊敵人的任務被託付給名字令人不安的「不洗澡的烏爾夫」〔Ulf the Unwashed〕），但是船隻並不經常在海上作戰。[5]西元前四世紀末，在阿爾斯島（Als Island）發生一場戰鬥，在那之前還發生可能來自今天德國北部（阿爾斯位於丹麥東部，就在今天德國邊境以北不遠處）的襲掠：至少有三艘，也許多達六艘，長約二十公尺的作戰划艇撲向丹麥海岸，每艘船上有二十名以上的武士，裝備長矛、長槍、標槍和劍，有些

20. 根據愛爾蘭傳説，無畏的航海家聖布倫丹率領僧侶駛入大西洋，尋找能夠讓他們遠離塵囂的偏遠島嶼。

21. 一件黃金船模，長 20 公分，發現於北愛爾蘭的布羅伊特爾，年代為西元前一世紀或一世紀。早期的愛爾蘭船隻是用柳條編織而成的，上面覆蓋獸皮。

22. 葡萄牙北部維亞納堡的鐵器時代定居點，位於大西洋之濱，包括數十座圓屋，外有圍牆，設有瞭望塔。

23. 在西班牙西南部韋爾瓦灣發現的一處青銅器窖藏，內有多把「鯉魚舌」劍，這種劍在約西元前 800 年在大西洋沿岸很流行。

24. 挪威的奧塞貝格船，約西元 820 年，用橡木製成，雕工精湛。該船被用於一位王后或高級女祭司的葬禮，載有多種墓葬器物。

25. 維京人的帆是用布條編織而成的，排列成菱形。維京人的畫像石經常表現乘船前往來世的景象。

26. 出自丹麥南部海塔布的錢幣，在瑞典中部的比爾卡發現，提供這些早期維京城鎮之間貿易的證據。

27. 格陵蘭的因紐特人雕刻品，有人認為它們描繪因紐特人接觸的諾斯定居者。

29. 出自格陵蘭的十五世紀服裝，反映當時歐洲的時尚。

28. 加達主教奧拉維爾（卒於 1280 年）的主教牧杖，它被從斯堪地那維亞帶到格陵蘭。

30. 十三世紀或更晚，兩個諾斯格陵蘭人航行到北緯 72.55 度，用盧恩文記錄他們的到訪。

31. 呂貝克富商在海濱建造華美的房屋，內設辦公室、倉庫和宿舍。

32. 約拿和鯨魚，出自十五世紀初的一部荷蘭手抄本。圖中的船很像這一時期漢薩同盟的柯克船。

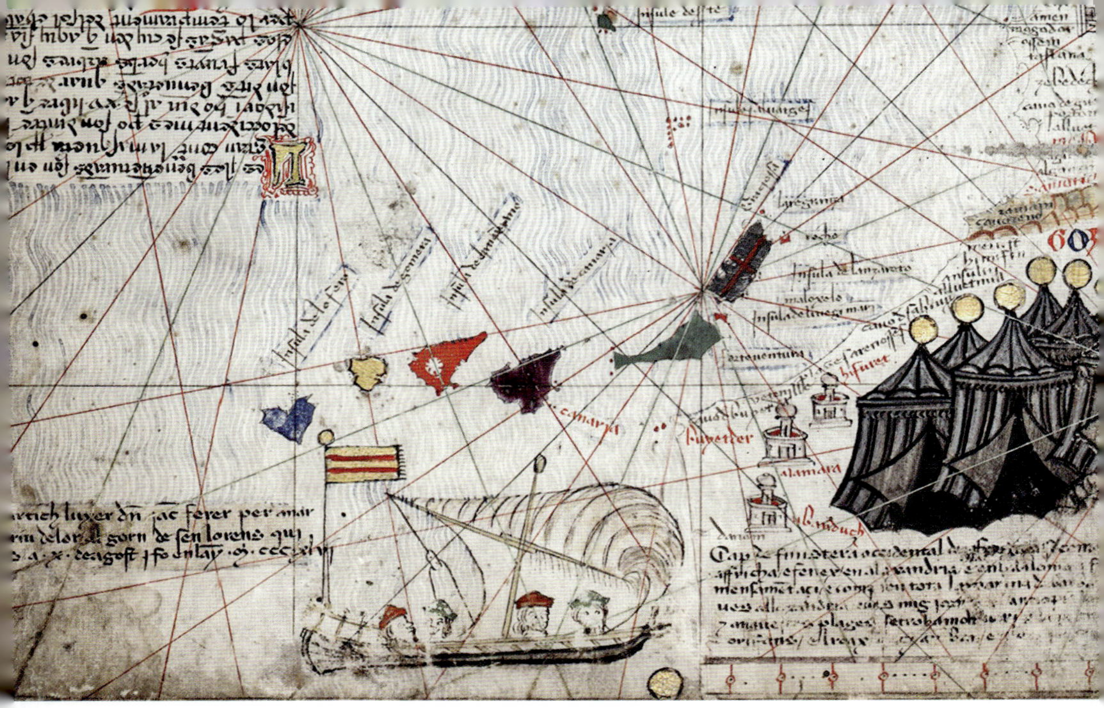

33. 1375 年的《加泰隆尼亞世界地圖集》，紀念 1346 年馬略卡的費雷爾尋找黃金的航行，他經過圖中顯示的加納利群島，然後沿著非洲海岸南下，一去不復返。

34. 十六世紀末的圖像，展現加納利群島戈梅拉島的貴族女子。該島居民為多神教徒，大多赤身露體，對金屬一無所知，這令歐洲探索者大吃一驚。

35. 出自十五世紀馬拉加（位於格瑞那達的穆斯林王國）的精美上釉瓷碗，描繪一艘葡萄牙卡拉維爾帆船在航行。

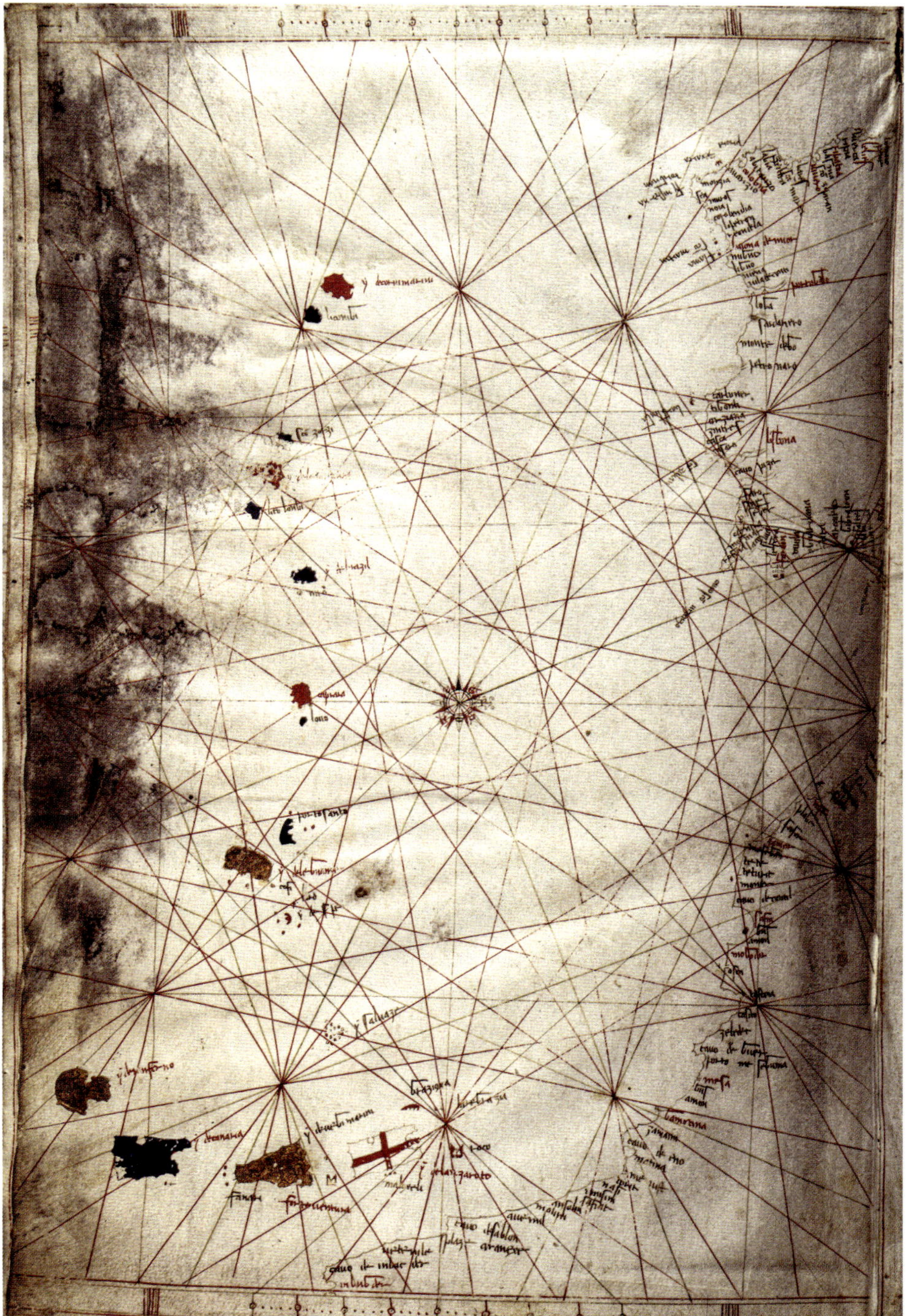

36. 十五世紀初的一部威尼斯地圖集，展現若干分散的大西洋島嶼，包括馬德拉群島（在圖中央羅盤的西南方）、加納利群島和好幾座幻想中的島嶼。

37. 位於迦納埃爾米納的葡萄牙要塞是黃金與奴隸貿易的中心，該要塞建於1482年，用從葡萄牙運來的石料建成。

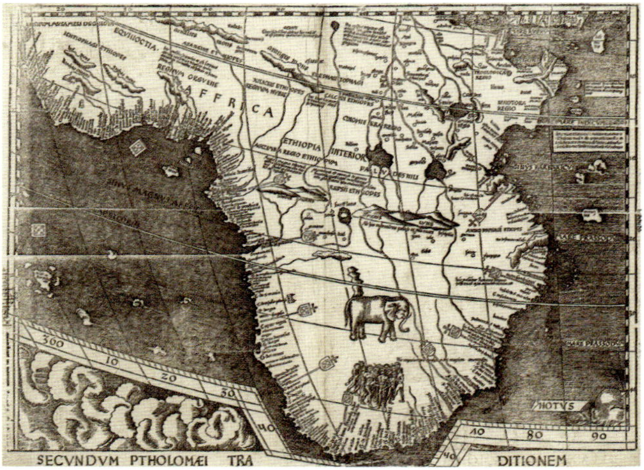

39. 瓦爾德澤米勒的 1507 年巨幅世界地圖上也出現葡萄牙發現碑，就在非洲南部沿海。

38. 標誌葡萄牙人於 1486 年抵達十字角的發現碑。1894 年，德國殖民納米比亞之後，將這座發現碑運往柏林。2019 年 5 月，德國同意將其歸還納米比亞。

還穿著鏈甲。入侵者很可能被徹底打敗，因為他們在這場戰鬥中留存下來的只有一堆殘缺不全的武器，它們被獻祭在一處沼澤中，他們的一艘船也被拖進沼澤。[6]由於該地區的物理形態，船是早期斯堪地那維亞半島日常生活的一個重要元素。從西元前二千紀起，就有描繪長而窄船隻的雕刻。有時正如瑞典東約特蘭（Östergötland）的一個例子所示，船上的人物似乎正在交媾。這背後意味著什麼是一個謎，不過這些場景可能來自關於眾神的神話故事。

即使在西元初的幾個世紀，帆的力量也很少被使用，而且它不是很有效，船的動力主要是由槳（有的有槳架，有的沒有）提供的。一世紀，塔西佗在《日耳曼尼亞志》（*Germania*）中提到一個叫綏約內斯人（Suconcs）的民族的船，他們顯然生活在瑞典南部和丹麥附近，這些船是用槳划的：

> 在這些部落之外則有綏約內斯人，他們住在海中，不僅人多兵強，而且還有很強的海軍。他們船隻的形式是很特殊的，兩端都有一個船頭，準備隨時可以靠岸。他們的船不張帆，兩旁也沒有排槳，槳位的排列是不固定的，好像內河的艇子一樣，可以隨著需要左右變換方向划動。綏約內斯人更重視財富……❷[7]

❶ 譯注：《尼亞爾薩迦》是十三世紀冰島的薩迦傳奇之一，也是最長和發展最完善的一部薩迦，講述兩個家族之間的世代血仇。

❷ 譯注：譯文借用塔西佗著，馬雍、傅正元譯，《阿古利可拉傳．日耳曼尼亞志》，商務印書館，一九八五年，第四十四章，第七八頁。

在發明更高的乾舷、更堅固的龍骨及新龍骨，能支撐更大的桅杆和風帆之後，風力才能完全發揮作用，這個時間可能晚至維京時代。但是在西元初的幾個世紀裡，船舶設計肯定在發生變化。在丹麥的尼達姆（Nydam，距離阿爾斯很近）發現一艘戰船在服役數十年後，於西元三五〇年左右被作為祭品，連同大量武器一起沉沒。這艘船是用橡木製成的，有一個錨，船頭和船尾沒有五個世紀後建造的那些著名維京船那麼陡峭，但已經不是一根挖空的樹幹。正如在北歐水域經常發生的，這艘船是瓦疊式外殼（Clinker built）的，即由重疊的木板建造。它是現存最古老瓦疊式外殼的船，長二十三公尺，最寬處為四公尺，每邊用五塊大木板建造，每塊木板長約十五公尺，用鐵釘將木板固定在一起，不過列板（strake）、肋骨（rib）和龍骨（keel）是用纖維捆綁在一起的，使得船體具有更大的靈活性。船上有十五對槳的空間，還有一個側舵（side rudder）。[8]我們不知道這艘船的沉沒是否表明它是在戰爭中被敵人繳獲，或者當時的人們是否認為，這對一個忠誠服務多年、值得信賴的海上夥伴來說是最好的歸宿。它是於西元三二〇年左右，在距離尼達姆不遠的地方建造的，因為是用來自日德蘭或什列斯威（Schleswig）的木材製成。

還有兩艘松木船，只出土了一些碎片，似乎也是四世紀的。船的長度和寬度都不大，可能是從挪威、瑞典，甚至不列顛而來，因為阿爾斯島周邊地區的松樹很少。[9]不過，如果因為丹麥沼澤地的居民不怎麼使用船帆，就認為當時沒有人這麼做，那就錯了。在布魯日（Bruges）發現的一艘平底船，可以追溯到二世紀或三世紀，很可能是商船，適合北海的條件，有足夠的空間裝貨，有一面大的中央帆，它沒有龍骨，適合在沙洲之上航行，退潮時可以在那裡休息。這個時期的萊茵河駁船遺跡，通常包括用於插入桅杆的階形梁（stepped beam），而且羅馬人肯定在他們以科隆為基地的萊茵河艦隊中曾使用帆船。[10]依賴風力的麻煩在於，較難控制何時出發和去哪裡。如果目的是為了發動突襲，使用槳就會更有意義。

阿爾斯島和尼達姆的考古發現讓人覺得，這是一個經常發生跨海襲掠的世界。由此產生的問題是，這些襲擊總體上是局限於個別區域，還是更有野心的、橫跨北海的遠征？這就涉及盎格魯人、撒克遜人和朱特人的身分問題（這是很棘手的問題），他們從出土上述船隻的地區出發，在後來被稱為英格蘭的土地上定居，他們是一世紀以來活躍的日耳曼襲掠者的後繼者。關於日耳曼海盜的最早記載，來自塔西佗對羅馬將軍阿古利可拉（Agricola）平定不列顛的描述。一些來自被塔西佗稱為烏西皮人（Usipi）部落的日耳曼人叛變了，奪取一些槳帆船，向北逃竄，繞過不列顛，與其他日耳曼人發生衝突，最後在他們家鄉附近的某處落腳，那裡位於萊茵河下游的弗里西亞❸。弗里西亞人殺死一些烏西皮人，奴役剩餘的人。烏西皮人並不是熟練的航海家，這趟旅程稱得上悲慘：食物吃完後，發生彼此相食的慘劇。[11]此時萊茵河河口的構造與後來幾個世紀非常不同，有許多海灣深入到今天的比利時和荷蘭境內；而在東面，一直到丹麥的邊界，延伸著沙岸和一排排的小島嶼。想要在這些濕地居住，只能在潛在的洪水線之上建造土丘（terpen）。沿海的一些村莊不僅作為漁港，而且作為接收羅馬玻璃製品和金屬製品的貿易中心而繁榮。今天德國北部的主要羅馬城市之一——科隆就在萊茵河上，而羅馬治下的不列顛就在北海

❸ 譯注：弗里西亞（Friesland或Frisia）是一個歷史地區，在北海南岸，今天大部分在荷蘭境內，小部分在德國境內。

對面不遠處。弗里西亞人在中世紀早期的北海貿易裡非常活躍，他們在這個地區和其他日耳曼群體並肩生活，特別是那些被塔西佗稱為考契人（Chauci）的人群。[12]

「考契人」這樣的部落標籤到底是指什麼，這是研究古代和中世紀的歷史學家樂於思考的難題。我們所知的盎格魯人和撒克遜人這波更大的移民浪潮，是由多個群體組成的，考契人就是其中之一。在一世紀，考契人的海盜活動令羅馬人惱火，於是羅馬艦隊奉命討伐，為此，羅馬人甚至調動在科隆的船艦。有一段時間，考契人由一位野心勃勃，名叫甘納斯庫斯（Gannascus）的日耳曼軍閥領導，他對比利時高盧省（Gallia Belgica）發動大膽的海上襲擊，最終在西元四七年被羅馬人俘獲並處決。[13]不過，他的失敗進一步刺激考契人。在一世紀下半葉，與比利時高盧接壤的土地多次爆發衝突。在西元一七五年的襲擊之後，考契人不再在史料中出現，無疑是因為他們從此被稱為「撒克遜人」。在一次交戰中，日耳曼人乘坐五花八門的船隻，有些是從羅馬人那裡繳獲的，有些則是傳統日耳曼風格的划槳船；他們也會把自己五顏六色的斗篷掛起來，把大量船隻變成簡單的帆船。[14]告訴我們這些故事的塔西佗，並不掩飾自己對日耳曼諸民族的活力與自由的欣賞，以及對羅馬皇帝和其將軍們未能馴服他們而感到喜悅。儘管他有所偏頗，但他的記述一般來說還是值得信賴的，即當時羅馬人一次又一次被生活在羅馬帝國邊緣的巴達維亞人（Batavians）和其他民族打敗，這往往發生在日耳曼輔助士兵叛逃到敵對羅馬的海軍之後。[15]到了大約西元二〇〇年，住在海邊已經不安全了。布列塔尼的一些別墅被燒成灰燼，錢幣被埋藏在布列塔尼海岸的一些地方，切爾姆斯福德（Chelmsford）和撒克遜人稱為埃塞克斯（Essex）的不列顛部分地區村莊遭到嚴重破壞，這些都有力地證明，是來自海上的襲掠，而不是內部衝突，讓海岸線變得不安全。[16]

到了三世紀，襲掠已經變得很嚴重，因此羅馬人在不列顛尼亞行省東部海岸和比利時高盧海岸建造要塞。「撒克遜海岸」在其指揮官的領導下，成為抵禦從海上來的日耳曼襲掠者的第一道防線，儘管還是有很多人能越過界牆（Limes，即羅馬治下日耳曼尼亞行省與鄰近民族的邊境）發動襲擊。這些襲掠者有時會被羅馬人招安，但是也可能結盟反對羅馬人，比如在後來的歷史中被稱為法蘭克人（意思是「自由人」）的大型族群和撒克遜人，就是這樣結盟而成的。撒克遜人當時生活在北海附近，他們的聯盟（包括考契人）是在塔西佗於一世紀寫完《日耳曼尼亞志》之後才出現的，因為塔西佗提到許多部落，但是並未提到撒克遜人。不過，托勒密在二世紀中葉就已經知道撒克遜人了。無論這些部落是否貪戀邊境對面高盧，和海對面不列顛的羅馬土地的財富，從三世紀開始，他們一直承受很大壓力：上升的海平面正侵蝕他們在法蘭德斯和弗里西亞之間海岸的宜居土地，這種原因不明的現象被稱為「敦克爾克二期海侵」（Dunkirk II Marine Transgression）。土地的喪失促使人們遷出曾由考契人和他們的撒克遜後裔定居的土地。同時，沼澤地的出現促使羅馬人從他們位於比利時高盧的要塞撤退，於是那裡的土地被法蘭克部落占領。

對於那些被迫越來越依賴海洋生存的人來說，海盜活動成為謀生的手段。有時陸上襲掠和海上襲掠結合，例如在三世紀中葉，法蘭克人對羅馬帝國的第一次大規模襲掠中，法蘭克人最遠到達西班牙的塔拉戈納（Tarragona），然後奪走在塔拉戈納港口發現的船隻，之後襲掠北非。後來，另一支法蘭克人隊伍甚至到達黑海。這些人的適應能力極強。這種高調的冒險刺激羅馬作家的想像力，但真正影響到北海和英吉利海峽的，是日耳曼人對布列塔尼和比利時高盧的一連串襲擊，這些襲擊使幾十個村莊（vici）持續遭到破壞或陷入貧困，我們可以找到相關的考古證據。[17]在羅馬的不列顛尼亞行省南部的波切斯特（Portchester）和法國西部的南特（Nantes）等地沿海岸線，修建的要塞究竟有多大效果，是一個存在爭議的話題。令人震驚的是，日耳曼人的襲擊能夠深入南特，說明襲擊的範圍非常大。誠然，這些要塞的目的不只是充當瞭望塔：它們還是羅馬艦隊的基地，可以從那裡出發攻擊敵人，也可以從那裡監視鄰近的海域。同樣地，不列顛尼亞行省的東側有大片區域暴露在閃電般的襲擊之下。有人認為，只有在多佛海峽，羅馬帝國才能指望控制跨海交通，但即使如此，控制也不是很成功。在四世紀初期至中期，在哈斯汀附近的佩文西（Pevensey）建造的巨大要塞表明，保衛不列顛南部需要更強大的防禦工事。

海防是一個牽連甚廣的問題：當經驗豐富的海軍指揮官卡勞修斯（Carausius）在北海建立活躍的巡邏隊，並似乎遏制來自海盜的威脅時，皇帝出於嫉妒而反對他，甚至指控他與法蘭克人勾結（為了取得這樣的好成績，除了使用軍事手段，卡勞修斯肯定也用了外交手段）。卡勞修斯的回應是在西元二八六年宣布自己為不列顛和高盧北部的皇帝，羅馬陸軍和海軍在接下來的十年裡，努力爭取重新征服不列顛。不過，這確實促使羅馬人建立一支龐大的艦隊，而且在收復不列顛後似乎一直維持著這支艦隊，因為海盜活動雖然有所減少，但卻沒有消失。大約在這個時候，劍橋附近的高德曼徹斯特（Godmanchester）的居民慘遭襲掠者屠殺，襲掠者一定是從海上進入東英吉利的河網。[18]到了四世紀末，撒克遜人及其鄰人對不列顛的襲擊並沒有減少，而皮克特人（Picts）和蓋爾人（Scots）的陸路襲擊則進一步加劇不列顛尼亞居民的痛苦。晚期羅馬的歷史學家阿米阿努斯·馬爾切利努斯（Ammianus Marcellinus）寫道，包括不列顛尼亞在內的整個羅馬帝國的邊境地區「不斷受到困擾」。一旦襲掠者在西元三六七年開始互相合作（在馬爾切利努斯看來，這是「蠻族的大陰謀」），羅馬在不列顛的統治就走到崩潰邊緣。[19]

我們有理由相信，撒克遜人來到不列顛時的身分既是襲掠者，也是定居者。而且因為出土撒克遜風格的陶器碎片，甚至有人認為，羅馬帝國向負責抵禦海上襲掠者的防禦網絡的指揮官授予「撒克遜海岸總司令」稱號，這反映了撒克遜人是這片海岸的定居者，而不是襲掠者。[20]但實際上，羅馬人的力量正在崩潰，撒克遜人的襲擊越來越肆無忌憚，甚至到了羅馬不列顛尼亞行省邊界之外的奧克尼群島。因此隨著西元四一〇年羅馬軍團撤離不列顛，以及大家都體認到羅馬不再能掌控不列顛的命運，不列顛的大門就敞開了：來自今天丹麥南部和德國北部的盎格魯人，以及來自日德蘭的朱特人，與撒克遜人一起對不列顛進行殖民。隨著海洋淹沒北歐沿海地區的更多土地，這些民族自己的土地持續減少，於是加速殖民不列顛的過程。[21]關於盎格魯撒克遜人在後來的英格蘭定居，仍有許多未解之謎。DNA證據表明，入侵者往往娶了不列顛女子為妻，或者可能與被奴役的不列顛女子生下孩子，而被稱為 wealhas 的不列顛奴隸勞工的下層階級存在幾個世紀。wealhas 這個字的意思是「外國人」，講日耳曼語的人用這個字指代多種異族人，特別是後來被稱為威爾斯地區的居民。不列顛西部和極北部成為凱爾特人的避難所，而在這些地區之外，入侵者人數眾多，足以將他們的日耳曼語言和多神教信仰，強加給曾經講凱爾特語言並日益基督教化的人群。

任何對維京人襲擊有所了解的人，都會發現撒克遜人及其鄰人對羅馬晚期不列顛的襲擊，還有他們對不列顛部分地區的征服，和丹麥人與諾斯人在九世紀和十世紀的活動有著驚人的相似。儘管正如下文所示，維京人的造船技術已經有了相當大的發展，但海盜活動、對沿海地帶的暴力攻擊和隨後的拓殖，是許多世紀以來，北海世界的一個長期特徵。只是在維京時代，一些長期存在的東西更顯突出。此外，斯堪地那維亞半島常常是蹂躪法國北部海岸的艦隊來源地，有時這些艦隊還滲透到萊茵河三角洲複雜的河系中。記載最詳細的攻擊是由一個名叫海格拉克（Hygelac）的丹麥國王所發動，發生在西元五一六年至五三四年間，目標是法蘭克人的領土。襲掠者擄走一些貨物和人口，但是法蘭克人的國王——墨洛溫王朝的提烏德里克（Theodoric），派他的兒子帶著一支軍隊（顯然是在海上）攻擊丹麥人。法蘭克人取得勝利，海格拉克喪命，據說所有的戰利品和俘虜都被法蘭克人收回。[22]這場衝突被人們長期銘記，因為它出現在偉大的盎格魯撒克遜詩歌《貝奧武夫》中，該詩是在海格拉克襲擊的至少一百年之後，也許是四百年後寫成的。在殺死怪物格蘭德爾（Grendel）之後，英雄貝奧武夫得到海格拉克在最後一次襲擊期間佩戴的項圈，因為海格拉克是貝奧武夫的親戚：「我是海格拉克的外甥并家將，少年時代，便以奇功聞名。」❹詩人回顧海格拉克在「弗里西亞」的一場戰鬥中死亡的悲劇。貝奧武夫也參與那場戰鬥，他背著作為戰利品繳獲的一大堆鎧甲遊走，逃離險境（這並不奇怪，他的所有成就都是超人才能做到的）。[23]

這個關於跨北海交流的敘述並不完整。到目前為止，呈現的歷史都是暴力及其後的拓殖，其規模之大足以抹去羅馬不列顛尼亞行省文化的大部分痕跡。在這片土地上，即使是已經出土的船隻，一般也是戰船。不過，正如來自布魯日的船表明的（儘管它的年代很早），貨物與襲掠者一樣來回流動，襲掠者自己也經常透過市場交換他們繳獲的貨物。正是因為他們渴望得到在家鄉不容易得到的產品，才開始海盜式襲擊。他們的一些墓葬用品，表明他們多麼珍視羅馬各城市製造的產品。[24]正如下文所示，在七世紀確實有一個連接北海沿岸土地的商業網絡，但很難說這樣的網絡在撒克遜人襲擊的時代就已經存在，在那個時期，城鎮作為貿易和手工業中心已經衰落，或者更誇張地說，西羅馬帝國在衰亡。[25]

二

盎格魯人、撒克遜人和朱特人來到不列顛後，毫不意外地帶來他們的儀式性船葬習俗。最令人印象深刻的例子是，一九三九年在薩福克發掘的奢華的薩頓胡船葬（Sutton Hoo ship burial），儘管船的結構只剩下釘子。這座墓葬的年代是七世紀初，顯示出基督教影響的痕跡，因此它似乎記錄基督教逐漸浸潤一個仍然遵守多神教價值觀社會的時期。奢華的船葬儀式清楚地表明，多神教習俗仍然盛行。該遺址可能是強大的東英吉利國王雷德瓦爾德（Redwald）的墳墓；在他死前，似乎已經在英格蘭南部眾多互相競爭的盎格魯撒克遜國王中，確立自己的領導地位。在駕崩的若干年前，他確實接受洗禮，但也保留一個多神教的神龕，因此他皈信新信仰似乎是一種投機，是為了討好不遠處信奉基督教的肯特國王。在薩頓胡墓葬物品中，有拜占庭式的銀盤。薩頓胡的船長二十七公尺，寬四公尺，從它的木頭在土壤中留下的印跡來看，這是一艘經歷維修的大船。在它的瓦疊式外殼結構中使用的列板，不是單一的木板，而是

❹ 譯注：譯文借用馮象譯，《貝奧武甫》，生活·讀書·新知三聯書店，一九九二年，第四〇八－四〇九行，第二二頁。

由幾根長木頭相互黏合而成的複合木條。這種技術在北歐還是首次出現，不過我們不知道這種方法是在尼達姆船和薩頓胡船葬之間的哪個階段首創的。船頭和船尾的柱子比龍骨高出四公尺，令人印象深刻。如果曾經有一個桅杆座（mast step）的話，它顯然被拆掉了，以便在船中間為國王安放一個墓室。遺憾的是，同一時期在日德蘭和東英吉利的其他考古發現，仍然無法讓我們搞清楚船隻推進力的問題。但是我們很難繞開這樣的結論：當風的條件合適時，風帆至少是一種輔助動力來源。由於使用風力會使航行時間大幅縮短，風帆的存在與否，對盎格魯撒克遜人定居的新土地和他們的舊家園之間的聯繫是否方便有著重大影響。事實甚至有可能是，前幾代人懂得的航海技術已經失傳，因為隨著羅馬政權和羅馬城市的萎縮，以及對奢侈品需求的急劇下降，對以風為動力的貨船需求也大為減少。羅馬政權崩潰的一個後果是，人們放棄精心建造帶有碼頭的港口，而改用海灘來裝載貨物和乘客。需要停在沙灘上的船隻，在構造上也和需要始終浮在水面上的船隻不同。例如，需要停在沙灘上船隻的龍骨不應過於突出，否則很可能會失衡。[26]

盎格魯撒克遜人的航運史可以從船葬以外的證據得到還原。盎格魯撒克遜文學的一個顯著特徵是對海上旅行的書面描述，得以保存至今。大量用典的頭韻詩讚美航行和航行者。在〈流浪者〉（The Wanderer）中，一個流亡者講述無法回家的人的艱難生活：

> Ond ic hean bonan wod wintercearig ofer wabema gebind...
>
> 我淒涼地離開了，

厭倦了冬日，越過海浪的界限；
我在沉悶中尋找賜金者的大廳，
我可以在遠處或近處找到
在宴會廳可能會注意到我的
那個人，
他可以為一個沒有朋友的人提供慰藉。
贏得我的歡呼。[27]

另一首筆力雄勁的詩〈水手〉（The Seafarer）打動了艾茲拉．龐德（Ezra Pound），讓他寫出自己的奇異版本。〈水手〉講述每個旅行者在出發前，必須經歷的恐懼：

Forþan cnyssaðnu heortan gepohtas þæt ic hean streamas...
現在，思緒來了，
敲打我的心，想到我將再次越過的
高高的浪和猛烈的鹽水之峰。
心中的欲望使人瘋狂，隨著我的呼吸移動
出發的靈魂，尋找道路

到一個遙遠的洪荒之外的國度。
因為沒有一個人是如此的心情舒暢，
如此裝備齊全，如此迅速地行動，
如此青春強健，或有如此強大的主
於是在航海之前，他一點兒也不畏懼
那主最後領他去的地方。[28]

無論這首詩是否像人們所說的那樣記錄一次真實的海上航行，或傳達暗含的基督教訊息，對海洋及其危險的認識都成為盎格魯撒克遜人生動文學作品中的一個共同主題。他們仍然清楚地記得自己的海洋傳統。

《貝奧武夫》的作者也非常熟悉海洋，以及海格拉克的家鄉，即丹麥的土地。貝奧武夫是一個「高特人」（Geat），這是作者對丹麥人的稱呼。這部最古老的英格蘭史詩不是關於英格蘭的，故事開始於一場船葬，不過與那些已經發掘出來的船葬不同，這場船葬是在海上進行的。人們都知道，這是紀念一個人最受歡迎的方式，因為他（或她）的崇高地位為其贏得一場船葬：

港口，等著一只曲頸的木舟，
他們主公的靈船，

遍被冰霜，行將遠航。
他們把他放入船艙，項圈的賜主
驕傲地靠著桅杆，
四周堆起八方收歸的無數繳獲——
我從未聽說，
世上的戰艦，哪一艘
用冑甲和刀劍裝飾得這般漂亮！……
他們還在他頭頂上，懸一面金線繡成的戰旗，
讓浪花托起他，將他交還大海。
人們的心碎了。❺[29]

在謝默斯．希尼（Seamus Heaney）優美的《貝奧武夫》現代英文譯本中，還有對準備離港戰艦的精彩描述，「周身箍緊了的木舟」、「極像一隻水鳥，項上沾著泡沫，乘風而去了！」❻[30]這些船是有帆的：

❺ 譯注：譯文借用馮象譯，《貝奧武甫》，生活．讀書．新知三聯書店，一九九二年，第三二—四九行，第三—四頁。
❻ 譯注：同上，第二一六—二一九行，第一二頁。

他們張開風帆，駛向萬頃碧波，
纜繩抓緊了大海的斗篷。
航船劈浪，吱呀作響，
狂風留不住它，它已昂首向著航道
頂起雪白的泡沫，攀上驚濤，
這曲頸的木舟，駕馭了滾滾洋流！
終於，他們遠遠望見了高特的峭崖，
熟悉的海岬。藉著風力
戰船急衝向前，停到岸邊。❼[31]

然後有一名海港警衛來迎接這艘船，並確保它被用錨索固定在海灘上，「以免波濤不羈，撞壞了歡樂的戰艦」❽。在這個世界裡，英格蘭人和丹麥人克服對大海的恐懼，因為意識到在他們擅長建造（及描述）的巨大木製海鳥（船）的幫助下，大海是可以駕馭的。在這個社會裡，地位較高的人之間交換禮物，從而確定人際關係，比如貝奧武夫的項圈就是一位王后饋贈的禮物。在這個社會裡，襲掠被大家所接受，在襲掠中表現出實力，是贏得財富，也是贏得榮譽的一種方式。

三

跨越北海的行動並不僅僅是由戰船執行的。早在六世紀，乘船的商人就從一個被統稱為「弗里西亞」的地區出發。該地區從日德蘭南部一直延伸到今天德國北部和荷蘭遍布沼澤的海岸。這不是一個軍隊可以輕易征服的地區，這裡水網複雜，還有幾塊土地的地勢接近海平面，所以容易被海水淹沒。土地不斷增減，因為三角洲不斷變化，河床移動使得不斷變化的沖積土壤中，時而出現新的水道。對試圖在那裡生活的人來說，最好是在 terpen（水面之上的土丘）定居。其中一些土丘演變成港口（vici）。考古學家在那裡找到金、銀幣，這說明 terpen 絕不是孤立的社區。「大海」可以說「無所不在」：水呵水，到處都是水❾。不過水提供寶貴的資源，如鹽和魚。弗里西亞人還利用為數不多的旱地放牧，所以能夠交易羊毛和皮革，這些成為他們船上的常見貨物。對他們來說，牛和船一樣重要，因為他們的飲食中富含肉類與牛奶。弗里西亞人既是商人又是農民，他們開發利用當地的資源，同時建立越來越遠的聯繫網。[32]建造船隻需要大量的木材，木材必須從萊茵河運來，穀物和他們難以生產的其他主食也要從萊

❼ 譯注：同上，第一九〇五—一九一三行，第九九頁。

❽ 譯注：同上，第一九一八—一九一九行，第九九頁。

❾ 譯注：這是柯勒律治的名詩《古舟子詠》中的名句：「水呵水，到處都是水，／卻沒有一滴能解我焦渴。」譯文借用華茲華斯等著，顧子欣譯，《英國湖畔三詩人選集：詩苑譯林》，湖南人民出版社，一九八六年，第一七二頁。

茵河運來。因此，早期的弗里西亞人提供一個極好的例子，說明不平衡的地方經濟和專業化的必要性如何刺激貿易。他們從事貿易，並不是為了累積財富和過上奢侈的生活，而是為了確保生存。他們成功地保障基本生存條件，這就為更加雄心勃勃的貿易航行提供基礎。如下文所示，他們向北海周邊的消費者提供葡萄酒、紡織品和其他製成品。[33]

這是一片頑固的土地，不歡迎征服者，海格拉克國王就死在這裡。這個地區早先是盎格魯人和其他入侵英格蘭（這是那片土地後來的名字）的民族的家園。弗里西亞語至今仍是與盎格魯撒克遜語，乃至現代英語最接近的日耳曼語言。這些居民即使皈信基督教，也仍被認為是「凶殘的」。他們的生活基本上不受外界干擾，直到法蘭克人的「宮相」（墨洛溫王朝的實際統治者）鐵錘查理（Charles Martel）對「最可怕的種族」，即弗里西亞人發動一場雄心勃勃的戰役。[34]不過基督教在弗里西亞有立足點，因為早期的約克大主教威爾弗里德（Wilfred）在七世紀晚期向弗里西亞居民傳教；另一位傳教士威利布羅德（Willibrord）則在七世紀末從愛爾蘭出發，完成弗里西亞人皈信基督教的進程。傳教運動是從不列顛群島發起的，這個事實已經證明弗里西亞和北海對岸的土地之間存在交通。[35]

這種交通是雙向的：在英格蘭北部寫作的尊者比德（Venerable Bede）⑩知道，在西元六七八年，一個來自諾森布里亞（Northumbria）的貴族戰俘伊瑪（Imma）被帶到倫敦，賣給一個弗里西亞商人。這位商人心地善良，允許伊瑪去肯特找人贖他，而伊瑪也成功地做到了。如此一來，伊瑪重獲自由，弗里西亞商人也沒吃虧。[36]到了八世紀晚期，在維京人第一次襲擊英格蘭的前夕，有很多弗里西亞商人居住在英格蘭，特別是在約克、伊普斯威奇（Ipswich）和漢威（Hamwih，今天的南安普頓），以及法國北部和萊茵河下游地區。弗里西亞鑄造的銀幣在英格蘭東部多次出土，在奧斯陸附近的考邦（Kaupang）和日德蘭的耶靈（Jelling）也發現弗里西亞鑄造的金幣，這些金幣的年代是六七〇年代。在弗里西亞發現來自斯堪地那維亞的胸針，在斯堪地那維亞也發現來自弗里西亞的胸針。[37]弗里西亞的一個特別重要的貿易中心，位於萊茵河三角洲內烏德勒支（Utrecht）附近的多雷斯塔德（Dorestad）。到了西元六〇〇年左右，在布洛涅上游幾英里處，在一個叫昆托維克（Quentovic）的地方出現另一個貿易中心。法蘭德斯地區及其周圍的一些弗里西亞基地曾是羅馬的貿易中心，而另一些則是新出現的，或至少是復甦的貿易港口。在這些地方，人們可以買到羊毛和羊毛織物、獸皮與奴隸。高級的萊茵蘭陶器、玻璃器皿和優質的磨石，也順著注入北海的河流而來。[38]

在海洋和陸地交融的方面，沒有哪個國家能與荷蘭相提並論。位於多雷斯塔德的弗里西亞主要港口，將海洋世界和陸地世界聯繫在一起。雖然多雷斯塔德在羅馬時代晚期就已經以某種形式存在，但是在中世紀早期，它經歷特別快速的成長。在八世紀末，它的面積達到兩百五十公頃。在多雷斯塔德，商人的房子是長長的大廳式結構，周圍有柵欄，柵欄範圍內有水井和垃圾坑。房屋透過長長的木製防波堤

---

❿ 譯注：比德（六七二－七三五），英國盎格魯撒克遜時期的編年史家及神學家，亦為本篤會修士，著有《英吉利教會史》，被尊為「英國歷史之父」。他的一生似乎都是在英格蘭北部韋爾茅斯－雅羅的修道院中度過的。據盎格魯撒克遜人的文獻記載，比德精通語言學，對天文學、地理學、神學，甚至哲學都深有研究。傳聞就是他發現地球是圓的這個事實，此事記載於他的作品《論計時》中。

與流經該城的河流相連。在這裡，裝滿萊茵蘭葡萄酒的桶或罐子被運往海岸的小港口。這片海岸向北延伸至日德蘭，然後進入波羅的海，遠至哥特蘭島和瑞典東部，那裡出土大量萊茵蘭陶器碎片和玻璃碎片。在多雷斯塔德發現的陶器有八〇%不是本地，而是外國的，主要來自萊茵河流域。不過，包括多雷斯塔德在內的弗里西亞城鎮雖然富裕，外觀卻很普通：「從宏偉程度上來看，它們遠遠談不上令人印象深刻。對來自科隆甚至圖爾（Tours）的遊客來說，多雷斯塔德看起來非常功利，儘管它作為城市中心比圖爾更活躍。」[39]九世紀初，從科隆前往丹麥的船隻會經過多雷斯塔德，它是連接萊茵蘭和北海的關鍵通道。多雷斯塔德在八世紀和九世紀初也是一間特別重要的鑄幣廠所在地，這很合理，因為它在貿易中的突出地位，為該城帶來大量的金銀，於是成為查理曼帝國境內最重要的鑄幣廠所在地。查理曼改革了帝國的貨幣，放棄金幣的鑄造，而選擇更容易獲得的白銀。[40]在加洛林王朝的統治被強加給該地區後，多雷斯塔德、昆托維克和其他城鎮因為與駐紮在當地的法蘭克王室官員關係而受益，這幾個地方的繁榮的高潮恰好與加洛林王朝國運的高潮一致。將近九世紀中葉時，加洛林帝國四分五裂，這些城鎮的重要性也隨之減弱。[41]這表明加洛林統治者的宮廷是最好的利潤來源之一，眾所周知，加洛林統治者歡迎商人，如來自地中海的猶太人，加洛林統治者試圖透過奢華和富麗的生活方式，將自己打扮為新一代的羅馬皇帝。

弗里西亞人不僅是北歐貿易網絡的主宰，也是航海專家。從他們的錢幣上的圖像來看，他們建造一種圓底船，吃水很深，適合在遠海進行中程航行，可以一直航向英格蘭，這種船可能就是中世紀晚期被稱為hulk的貨船的祖先。靠近海岸或在河流上航行的船隻是平底的，有較高的船舷，類似於另一種中世紀晚期的貨船，即柯克船（cog）。除了錢幣上的示意圖外，還有一九三九年在烏德勒支出土的一艘弗里西亞船的證據。利用碳十四分析，現在能確定它的年代為大約西元七九〇年，即弗里西亞商業活動的高峰期。這艘船外形類似弗里西亞錢幣上的香蕉形船，用橡木製成，長近十八公尺，最大寬度為四公尺，排水量約為十噸。關於它擁有什麼桅杆和船帆，學界爭論不休，而如果不解答這個問題，就無法確定這艘船是否能在遠海航行。[42]這是一艘原始 hulk。但是在瑞典比爾卡（Birka）發現的弗里西亞錢幣也描繪平底柯克船，它們有很大的中央桅杆、索具和大型方帆。無論弗里西亞水手使用哪種類型的船隻，他們都喜歡盡可能緊貼海岸航行，並在前往丹麥和更遠的地方時，在北弗里西亞群島中的瓦登海（Wadden Sea）躲避風雨。這樣他們就可以一直航行到丹麥西南部的里伯（Ribe），而不需要向黑爾戈蘭島（Heligoland）以西的遠海航行。向西走也有島嶼的庇護，這些島嶼現在已經成為歐洲陸地的一部分，位於今天荷蘭的澤蘭省（Zeeland）。按照這個路線，弗里西亞水手可以從多雷斯塔德幾乎一直航行到昆托維克。他們在遠海旅行時似乎是以船隊形式進行，而且不會在冬天出發，因為海上旅行有嚴格的季節性。他們在北海貿易中占據主導地位，所以同時代的人將弗里西亞和英格蘭之間的水域稱為「弗里西亞海」。[43]

儘管弗里西亞商人顯然會互相合作（正如他們組成船隊、集體航行所表明的），但是沒有確切證據表示當時存在貿易公司，商人顯然是個體之間進行交易。有人認為，他們有柵欄的房屋表達強烈的個人主義：在多雷斯塔德，「萊茵河邊的房屋密密麻麻，但是每間都自成一島」，因此他們同時擁有「土丘（terpen）所能提供的對外聯繫和私密性」。[44]無論如何，他們將貨物儲存在自己的房子裡，而不使用公共倉庫，這表明他們有強烈的私有財產意識。另一方面，他們可能是創建商人行會的先驅，這構成後來在布魯日、根特和其他法蘭德斯城市蓬勃發展的著名城市行會的基礎。[45]無論是否存在這種程度的延續性，關於弗里西亞商人最重要的一點是，他們確實為中世紀法蘭德斯的巨大貿易網絡奠定基礎。他們在後來屬於法蘭德斯伯國的城鎮經商，對新機遇抱持開放態度。他們的城鎮吸收來自法蘭克、英格蘭和斯堪地那維亞的移民，還在遠離弗里西亞的地方建立自己的貿易站，如奧斯陸峽灣內的考邦和斯德哥爾摩城外的比爾卡，這兩個地方將在下文詳細介紹。九世紀初，維京海盜開始掠奪弗里西亞和盎格魯撒克遜貿易世界的財富，與此同時，弗里西亞商人對日德蘭半島另一側的波羅的海出現的絕佳新機遇抱持開放態度。到了十世紀，「弗里西亞人」一詞已經成為泛指商人的詞彙，就像在墨洛溫時代的高盧，「敘利亞人」甚至「猶太人」表達同樣的意思。因此，儘管弗里西亞人起源於他們的土丘，但他們探索的世界和遠離家鄉的經歷，產生一種世界性的身分，使他們能夠成為北海沿岸各民族之間的中介。

一邊是八世紀弗里西亞的和平商人，另一邊則是從今天的日德蘭和德國北部出發、將羅馬不列顛尼亞行省的大部分地區轉變為盎格魯撒克遜時代英格蘭的侵略者，本章將這兩群人並置。但是，海盜和正經商人之間的界線一直都很模糊。隨著新一波斯堪地那維亞襲掠者進入北海和大西洋，襲掠者和商人之間的區別變得更含糊。如同下一章所示，在某些方面，維京人也是這樣。但是在其他方面，比如他們的攻擊規模和新航運技術的發展，維京人的世界與以前的世界有很大的不同。

第十九章 「這條鑲鐵的龍」[1]

一

船舶設計的變化將斯堪地那維亞襲掠者的威脅提升到新的水準。這一點可以從挪威和丹麥的重要考古發掘中看出，這些發掘讓沉沒與被埋藏的船隻重見天日，而瑞典哥特蘭島的紀念石上有船隻的圖像，其中包含關於未能存世的部件（如船帆和索具）的豐富資訊。還有考古學證據表明，斯堪地那維亞人的城鎮和貿易網絡遠離他們的家鄉，這有助於解釋他們的攻擊是否有經濟動機。[2]

另一個引起持續關注的證據，是描述「丹麥人」首次抵達英格蘭海岸，以及描述僧侶和其他人對「異教徒」與「丹麥人」首次出現感到多麼驚恐的文獻。「丹麥人」是一個泛指，也包括來自「北方之路」（即「挪威」這個名字的含義）的襲掠者，偶爾也包括來自瑞典的襲掠者。這些關於謀殺和偷竊的記載，穿插在關於盎格魯撒克遜時代英格蘭諸王之間同樣血腥衝突的記載中，因此主要的資訊來源——《盎格魯撒克遜編年史》（*Anglo-Saxon Chronicle*，有好幾個版本）讓讀者難以理解，英格蘭究竟是如何在盎格魯撒克遜人的統治下，成為一個繁榮和秩序良好的國家？《盎格魯撒克遜編年史》告訴我們：

挪
威
奧蘭群島
舊拉多加
比爾卡
哥特蘭島
羅斯基勒
波羅的海
沃林
0 100 200 300 400 500 英里
0 200 400 600 800 公里

挪 威 海
赫布里底群島
奧克尼群島
北 海
考拼
林迪斯法恩
雅羅
愛爾蘭
曼島
丹麥
約克
海塔布
弗里西亞
倫敦
威塞克斯
謝佩島
普利茅斯
波特蘭
諾 曼 第

在西元八七八年，威塞克斯有「很大一部分居民」逃到海的對岸，而英格蘭人的國王阿爾弗雷德在樹林和沼澤地裡避難。[3]英格蘭的繁榮是吸引維京人的原因之一，維京人也許意識到，不該殺死下金蛋的鵝，儘管一些關於維京人恣意破壞的描述給人的印象是，大片領土被「騷擾」到了毀滅的程度。

根據《盎格魯撒克遜編年史》，維京人對英格蘭的襲擊始於西元七八九年，當時挪威人，也可能是丹麥人，對今天多塞特郡的波特蘭（Portland）發動一次小規模襲擊：「這是第一批來到英格蘭的丹麥船。」[4]但真正恐怖的襲擊發生在西元七九三年，這一年出現顯著的凶兆（「有人看到火龍在空中飛行」），發生嚴重的饑荒，異教徒來到諾森布里亞海岸的林迪斯法恩（Lindisfarne）修道院（諾森布里亞教會的榮耀），將其夷為平地。隔年，雅羅（Jarrow）的僧侶遭到攻擊，儘管編年史家滿意地記錄道，一些丹麥船隻在暴風雨中損毀，許多丹麥人被淹死或殺死。[5]維京人的襲擊在八三〇年代變得密集，這些襲擊的一個顯著特點是範圍很廣：西元八三五年，肯特近海的謝佩島（Isle of Sheppey）遭到攻擊；西元八五五年，一群維京人在那裡過冬；他們也出現在普利茅斯（Plymouth）附近，丹麥人在那裡與康沃爾不列顛人結盟；西元八三八年，威塞克斯的愛格伯特（Egbert）國王在普利茅斯取得一場勝利，這場勝利格外令人滿意，因為在前一年，愛格伯特被一批丹麥人擊敗，這些丹麥人乘坐三十五艘，或者可能是二十五艘船抵達薩默塞特（Somerset）附近。[6]丹麥人襲掠隊伍的規模有多大，一直是個有爭議的話題。《盎格魯撒克遜編年史》的作者多次提到西元八六五年到達英格蘭的「異教徒大軍」（mycel hæþen here），不過大規模的丹麥艦隊在更早時也有記錄，例如在西元八五一年，三百五十艘維京船隻進入泰晤士河，肆虐倫敦，然後向內陸進軍，後來被徹底擊敗。這正好是西元八四三年記錄的船隻數量的十倍，所以要麼是攻擊的規模發生巨大變化，要麼是著史的僧侶變得越來越喜歡誇張。[7]維京人已經了解到，在英格蘭及法蘭克帝國的北部沿海地區可以找到豐富的戰利品，而且他們的野心開始向新的方向擴展：在肯特，撒克遜人承諾給維京人金錢，希望能夠保持和平，但是撒克遜人低估戰利品的誘惑力，維京人拿到錢之後，還是蹂躪了肯特東部地區。[8]

隨著一批批斯堪地那維亞定居者的到來，以及征服英格蘭部分地區的計畫獲得發展，丹麥人的野心越來越大。九世紀初，丹麥人的襲掠還只是一群志同道合的武士在戰爭領袖的帶領下，出發尋找戰利品和冒險，船隻的數量往往只有幾艘。後來變成由國王和其他大領主領導的更大規模遠征。不過早在西元八一〇年，丹麥國王古德弗雷德（Godfred）就率領兩百艘船入侵附近的弗里西亞，並從查理曼帝國最繁榮的省分之一帶走兩百磅白銀作為貢品。每艘船能有一磅白銀的利潤，這無疑具有一定的吸引力，何況籌組如此龐大的艦隊的費用也很高。不過，這次襲擊必須從區域政治的角度來理解，因為這是一場鄰國之間的衝突。但是它表明丹麥國王有能力調動大型艦隊；而在更遠的挪威，王室還沒有強大的權力，所以私掠才是常態。[9]一個斯堪地那維亞人的王國在約維克（Jorvik，即約克）建立，而阿爾弗雷德國王在九世紀晚些時候，同意與維京人統治者古思倫（Guðrum）分享英格蘭的大部分地區，不過古思倫接受了基督教洗禮。英格蘭方面體認到，海上的預防性行動比試圖在陸地上打敗異教徒大軍更有效。阿爾弗雷德新建立的艦隊在西元八八二年成功擊敗一支小型丹麥艦隊。此役的結果之一是「異教徒大軍」離開阿爾弗雷德的領地，轉而沿斯海爾德河（River Scheldt）而上，在法國北部和法蘭德斯惹是生非。[10]到了西元八九六年，阿爾弗雷德國王建立海防，在一些關於英國海軍歷史的記載中，這就是英格蘭海軍創立的時刻：

國王令人建造「長船」抵禦丹麥戰船。這些戰船比別的船幾乎長一倍，有的有六十根槳，有的更多。它們既更快更穩，又比其他的船高。它們既非按弗里西亞船仿造，又非按丹麥船仿造，而是按他本人認為最能起作用的格式造的。[11]

這些船究竟是什麼樣子的，仍然是一個謎，因為我們只知道它們不是什麼樣子，而它們的尺寸聽起來很驚人。此後，一直到艾塞斯坦（Athelstan）國王的統治時期，盎格魯撒克遜王國的海岸都能得到一支英格蘭海軍的保衛。但是有一個問題，即襲掠不僅僅是從斯堪地那維亞發起的。[12]西元九一一年，法蘭克人統治者把後來稱為諾曼第的地區控制權讓給諾斯人（諾曼第的名字就是從他們的名字而來）。在此之後，仍然有海上襲掠者從法國北部抵達英格蘭南部，沿著塞文河（River Severn）航行。他們還襲擊了威爾斯海岸，因為凱爾特人的土地，特別是愛爾蘭，一直是維京人襲擊的目標，而且維京人在都柏林周圍的地區長期定居。[13]

關於維京人襲擊英格蘭的詳細紀錄表明，即使斯堪地那維亞的基督教化正在進行，襲擊也沒有停止。十一世紀初，八字鬍斯文（Svein Forkbeard）和他的兒子克努特（Cnut）來到英格蘭，隨後英格蘭臣服於這些統治者。克努特建立一個包括英格蘭、丹麥和挪威在內的帝國，但這並不表示斯堪地那維亞人不再襲擊英格蘭。[14]一〇六六年，挪威國王「無情者」哈拉爾（Harald Hardraða）帶著英格蘭王位宣稱者托斯蒂格（Tostig）渡海來到英格蘭北部。在那裡，兩人都被托斯蒂格的兄弟哈洛德．戈德溫森（Harold Godwinsson）國王擊敗並殺死。此時，諾曼第公爵威廉（他本人也是斯堪地那維亞人的後裔）對英格蘭南部發動進攻。[15]維京人的襲掠只是隨著時間流逝而逐漸平息，因為當他們發動襲掠的動機並非征服土地時，總是可以給予他們豐厚的賄賂，然後請他們離開。就像所有形式的勒索一樣，後來被稱為「丹麥金」（Danegeld）的贖金變成一種邀請，吸引維京人以後再來並索要更多。

截至目前為止，我們按年分描述維京人襲掠行動中最凶殘的一些，這是一個關於謀殺、偷竊和最終部分征服英格蘭的故事。但這並未解釋襲掠者是什麼人，以及他們為什麼要發動攻擊。甚至「維京人」（Viking）這個詞彙也一直是辯論的主題，最合理的解釋是，它的意思是「vik 的人」，vik 就是襲掠者出發的小海灣，無論那是挪威雄偉陡峭的峽灣，還是丹麥和瑞典南部的低窪小海灣。在斯堪地那維亞半島，vikingr 一詞指的是海盜，這些人在海上進行 i viking，即跨海襲掠，紀念他們的石碑上有歌頌的盧恩文。[16]「維京」這個詞彙被用得太廣泛了，因此即使是中世紀晚期格陵蘭的斯堪地那維亞人定居點（下文詳談），也經常被稱為「維京的」。「維京」這個詞彙最好只用於指本章描述的襲掠者。在波羅的海地區，瑞典維京人襲擊波羅的海南岸，並乘船沿著東歐的河系抵達「大城市」（Mikelgarð，指君士坦丁堡）。這些維京人經常被稱為瓦良格人（Varangians），這是另一個來源不明的用語，源自希臘語的 Varangoi，特指受到拜占庭軍隊高度重視的斯堪地那維亞和盎格魯撒克遜僱傭兵。在十一世紀晚

❶ 譯注：譯文借用壽紀瑜譯，《盎格魯－撒克遜編年史》，商務印書館，二〇〇九年，第九六－九七頁。

期，波羅的海地區的襲掠並未停止。後來瑞典沿著今天波羅的海三國的海岸展開的征服戰爭，與早先幾個世紀的瓦良格人襲擊有很多共同之處，不過瑞典的征服戰爭有時會有強烈的基督教傳教因素。[17]

顯然這些襲擊沒有一個單一的原因，試圖把它們歸結為斯堪地那維亞半島內部人口過剩或政治紛爭（導致異議者大量出走），可能符合一些證據，但是不能解釋維京人襲擊的巨大多樣性：有的是來自海上的閃電式襲擊，目標是富裕的修道院，襲掠者可以在那裡奪取大量的金銀財寶；有的是政治征服的嘗試；有的是拖家帶口一起渡海的遷徙（如冰島和其他一些地區的情況）；此外，還有乘坐下文描述的那種船隻的和平貿易遠航。[18]向冰島的移民顯然是在金髮哈拉爾（Harald Fairhair）國王於九世紀晚期控制挪威的大片土地，並要求繳納新的賦稅之後發生的，那些之前不受王室干預、如今心懷不滿的諾斯人，開始在大洋彼岸幾乎空無一人的土地上建立自己的新國度。[19]但我們不能忽視維京人（這個詞彙用來指那些發動襲掠的特定群體）社會的一個非常獨特的特點，維京人非但不認為偷竊財寶和殺人是可恥的，反而為自己的「成就」感到自豪，他們闡釋一種對暴力英雄的崇拜：

牛會死，親戚也會死。
就這樣，人也會死。
但高貴的名字永遠不會消失，
如果一個人獲得好名聲。[20]

好名聲是透過英雄事蹟贏得的，戰死沙場能夠帶來名聲和榮耀，這些比生命本身更有價值。

最大的榮耀是好名聲，不僅要做偉大的戰爭領袖，還要當慷慨的東道主。如果不發動襲掠，就不可能成為慷慨的東道主。滿載著戰利品回到家鄉，並向自己的追隨者分發戰利品，這標誌著維京人一年生活的高潮。《奧克尼薩迦》描述一個十一世紀的維京人，名叫斯文．阿斯萊法松（Svein Asleifarson），他曾經帶著哈康（Hakon，他的父親是奧克尼的雅爾❷）參加襲掠，「一旦他夠強壯，可以和成年男子一起旅行……就盡其所能建立哈康的聲譽」。阿斯萊法松每年冬天都會在奧克尼群島度過，「他在那裡自掏腰包，招待大約八十個人」。經過一個冬天的縱酒狂歡，以及一個春天的播種，他就會在春末和秋天各出擊一次，到達赫布里底群島、曼島和愛爾蘭。除了在陸地上搶劫外，阿斯萊法松和他的手下還會襲擊商船，例如他們在愛爾蘭海發現的兩艘英格蘭船隻；這些船隻載著大量精美布匹，維京人奪取這些布匹，並懸掛一些色彩鮮豔的帆布，炫耀他們的成功。[21]海盜行為和掠奪維持著這種貴族生活方式，一個人的偉大程度是由他的慷慨和戰爭事蹟來衡量的，而這種慷慨又只能透過戰爭獲得資金來維持。

維京人的「戰爭與盛宴」文化影響在北海周圍的鄰居，這些鄰居包括盎格魯撒克遜人，以及蘇格蘭

---

❷ 譯注：古代斯堪地那維亞的頭銜 jarl（音譯為「雅爾」），意為「酋長」、「首領」等。在斯堪地那維亞，雅爾的地位有時相當於國王；而在中世紀挪威，雅爾是國內僅次於國王的大貴族，一般來說，挪威在任一時間都只有一位雅爾。後來挪威不再使用「雅爾」的頭銜，而開始用「公爵」等。挪威的屬地奧克尼的統治者也被稱為雅爾。Jarl 這個字傳入英格蘭之後，演化為英語 earl，在諾曼征服之後，earl 相當於歐洲大陸的 count，即伯爵。本書中維京人的 earl／jarl 和奧克尼 earl／jarl 與後來的貴族頭銜「伯爵」不是同一回事，所以音譯為雅爾。

和愛爾蘭的凱爾特民族，維京人經常與他們通婚。奧克尼群島等地的斯堪地那維亞人掠奪挪威，就像襲擊蘇格蘭群島或愛爾蘭一樣習以為常。斯堪地那維亞半島的維京人有共同的語言（已經分裂成多種方言，但是可以相互理解），可能也能聽懂盎格魯撒克遜語。維京人和鄰居之間的主要區別不在於民族血統，也不在於盛宴與戰爭的文化，而在於維京人信奉多神教。對受害者來說，西元七九三年襲擊林迪斯法恩，以及後來數十年襲擊愛爾蘭修道院的襲掠者的最重要特徵，不是他們來自斯堪地那維亞，而在於他們是多神教徒，毫不尊重基督教聖地，以及盎格魯撒克遜和愛爾蘭教會累積的財富。[22]不過到了十一世紀，斯堪地那維亞國王已經接受基督教（這並不是說國王的所有臣民都放棄多神教）時，維京人的襲擊仍在繼續。《奧克尼薩迦》認為，信仰基督與襲掠生活之間並無矛盾。十二世紀奧克尼的雅爾羅格瓦爾德（Rognvald）曾去耶路撒冷朝聖，從海上出發，經羅馬回國。襲掠文化根深蒂固。

二

整個歐洲和西亞經濟關係的變化，是否刺激了維京人的劫掠行為，這點還不得而知。只要横跨波羅的海和順著河系的路線是開放的，瓦良格人就能與歐亞草原上繁榮的城市化社會取得聯繫，並以錢幣或銀條（包括碎銀，即切成碎片，並按重量計價的銀製品）的形式，向北輸送大量白銀。瓦良格商人最遠到達裏海沿岸。一些被廣泛閱讀的阿拉伯作家注意到瓦良格人的特殊習俗，包括船葬和在主人的葬禮上獻祭一個女奴的習俗（在獻祭前，主人的夥伴會輪流性侵她）。[23]在斯堪地那維亞半島已經出土超過十萬枚伊斯蘭世界的錢幣，而且數量還在不斷增加。[24]透過裏海，維京人可以進入伊朗北部，那裡有銀礦，再往前就是阿拔斯帝國統治下的伊拉克。

所有這些活動，都發生在斯堪地那維亞半島出現第一批城鎮的同時。瑞典最古老的城鎮是比爾卡，它位於梅拉倫湖（Lake Mälaren）的一座小島上。梅拉倫湖是一個大湖，有眾多島嶼，從今天的斯德哥爾摩向西延伸。在這個時期，梅拉倫湖的許多島嶼還沒有從海中升起，或者比今天小得多（比爾卡所在的島在當時只有今天的一半大小）。梅拉倫湖是鹹水湖，實際上是波羅的海的延伸。在斯德哥爾摩群島的數千座島嶼上，出現一些小型定居點，它們透過船隻相互交流，每個社區都有自己的小船隊，從小型漁船到適合維京人襲掠或長途貿易的大型船隻都有。所有這些都意味著，從遠海很容易乘船到達比爾卡。該城受瑞典中部的國王保護，他在比爾卡對岸較大的霍高爾登島（Hovgården）擁有一座莊園。如果沒有國王的保護，誰能確保比爾卡的船隻安全穿過密集的島嶼網絡？這些島嶼都遠在瑞典的海岸線之外，每一座島嶼都可能成為維京海盜的基地。不過，如果能安全穿越波羅的海，傳說中的財富就唾手可得：在舊拉多加（Staraya Ladoga）這樣沿著通往基輔羅斯的河流只需一點距離就能到達的地方，可以輕易獲得羅斯的毛皮和東方的白銀。到了十世紀，比爾卡的人口大約有一千，他們是造船工人、工匠、水手和商人，住在小塊土地上的堅固木屋裡。距離現代奧斯陸不遠的無名貿易中心也很類似，它面向北海，考古學家稱為考邦（意思是「貿易中心」），是挪威的第一座城鎮。[25]

另一座城鎮海澤比港（Hedeby，即海塔布〔Haithabu〕）的歷史，有助於我們將波羅的海與北海世界聯繫起來。海澤比港位於什列斯威的波羅的海一側，在今天丹麥和德國的交界處。有人說：「海塔布的遺跡位於整個歐洲最豐富的考古區域之一。」[26]它附近可能曾經存在一個更早、規模小得多的貿易定居點。海塔布本身的建立可以可靠地追溯到西元八一〇年左右，丹麥國王古德弗雷德和鄰居查理曼之間的戰爭，因為在發掘現場發現的木材是西元八一〇年或那不久之後的。在丹麥東部與查理曼的盟友作戰時，古德弗雷德襲擊奧博多里特人（Obodrites，斯拉夫人的一支）在今天呂貝克（Lübeck）附近建立的一個港口，並將那裡的商人驅逐到自己的新城鎮海塔布。奧博多里特人曾向來自北海的弗里西亞商人和他們在法國北部的客戶，提供經波羅的海運來的貨物，其中最重要的是毛皮和琥珀。[27]古德弗雷德想建立一個位於丹麥的轉口港，掌控波羅的海和北海之間的交通。查理曼認為這是不可容忍的干涉，於是率領軍隊出發（隨行的還有巴格達的哈里發拉希德送給他的大象）。古德弗雷德加強防禦，但是由於宮廷中發生爭鬥，他被敵對的丹麥人殺害了。

儘管如此，海塔布仍然殘存下來，並欣欣向榮，特別是在大約西元八五〇年至九八〇年間。它是一個琥珀工藝中心，人口混雜，包括斯堪地那維亞人、斯拉夫人和弗里西亞人，他們發現該城的位置比以前的任何地方都來得好：它位於一個距離日德蘭半島西側很近的海灣，因此在北海卸下的貨物可以非常輕鬆地輸送到海塔布。我們可以將海塔布比作古代地中海面向兩個方向的科林斯（Corinth）。海塔布在陸地那一側有一道堅固的防禦牆，而它的港口為來往船隻提供大量的碼頭。到達這個港口的貨物，包括可能來自西班牙或英格蘭的錫和水銀。[28]一條運河穿過該城的中部，與多雷斯塔德一樣，該城的房屋用木材和荊條建成，每座房屋位於各自的小塊土地上，彼此之間由狹窄的小路連接。海塔布的擴張標誌著一個商業網絡建設的第一階段，該網絡將兩個正在經歷急劇經濟成長的地區——北海和波羅的海聯繫起來。[29]

波羅的海開始活躍，海上的許多小島鏈促進海上交通的發展。瑞典和芬蘭之間的奧蘭（Åland）群島，成為來自西方的斯堪地那維亞人與來自東方的芬蘭－烏戈爾人（Finno-Ugrians）的交會點。直到十九世紀才被記錄下來的芬蘭民族史詩《卡勒瓦拉》（*Kalevala*）中的許多故事，可能就起源於這些島嶼周圍的水世界。[30]瑞典南岸近海的哥特蘭島最能體現波羅的海網絡的興旺。比爾卡的衰落使哥特蘭島脫穎而出，因為該島地理位置優越，透過海路可以輕鬆到達波羅的海的所有海岸。在哥特蘭島的帕維肯（Paviken）發現阿拔斯王朝哈里發國的迪拉姆（dirhams）銀幣，而帕維肯只是哥特蘭人眾多貿易中心裡的一個。[31]哥特蘭人囤積的更多是日耳曼錢幣和歐洲大陸其他地區的錢幣，大量透過貿易或掠奪而來的金銀湧入哥特蘭，發生囤積，肯定對西歐和西亞的經濟造成相當嚴重的壓力。有異域風情的奢侈品有時會與白銀一起到達斯堪地那維亞半島，最著名的例子是一尊在喀什米爾鑄造的小佛像出現在瑞典中部。[32]

一般來說，來到斯堪地那維亞的伊斯蘭迪拉姆銀幣的命運是被熔化，因為在十世紀末之前，唯一的維京人錢幣是在海塔布建立不久後，製作的一些加洛林貨幣的仿製品。[33]有時正如盎格魯撒克遜史詩《貝奧武夫》的作者表明的，貴金屬被用於禮物交換，因為國王與著名的武士會相互授予臂環和其他顯示地位的物品。歐洲的錢幣也經常被送回日耳曼地區，作為購買萊茵蘭葡萄酒的付款，因為維京人世界一個不變的特點是喜愛烈酒，在斯堪地那維亞半島發現的大量萊茵蘭酒罐碎片證實了這一點。海塔布、比爾卡和哥特蘭的商人知道，英格蘭、法國及其他地方的人對他們在波羅的海承運的貨物有持續需求，而滿足這種需求則是這些商人的生計所在。

這種貿易顯然是透過海路進行的，但是斯堪地那維亞要與穆斯林世界建立聯繫，就只有借助向南流向歐亞草原的河系，並且要在基輔出現一個由瓦良格人統治的政體，即羅斯公國之後才辦得到。到舊拉多加和諾夫哥羅德（Novgorod）做生意的斯堪地那維亞商人，開闢進入羅斯內陸的路線，獲得幾乎無限的毛皮供應，毛皮在德意志漢薩同盟的全盛時期會再次變得很重要。[34]連接波羅的海和歐亞大陸的一個重要城鎮是沃林（Wolin），它位於今天德國和波蘭的邊界。沃林從十世紀至十二世紀一直很繁榮，而且像海塔布一樣，它不是一個普通的村莊：它的房屋沿著四公里長的木製道路排列，這些房屋是令人印象深刻的建築，規模相當大，裝飾華麗。沃林向波羅的海和其他地區提供來自內陸的貨物，反之亦然，但是它也有自己活躍的陶器、琥珀作坊和玻璃製造商。在十一世紀末寫作的不來梅的亞當（Adam of Bremen）聲稱，「它（沃林）確實是歐洲所有城市中最大的一個」，並認為沃林的居民裡甚至包括希臘人。但是當地居民「仍然都被他們的異教邪說所桎梏」，他對此表示遺憾，因為他們在其他方面都是值得信賴和友好的。在沃林的基督徒最好對自己的信仰保密。[35]不來梅的亞當寫了一本關於漢堡大主教的史書，大肆宣揚基督教會在擊敗對手可憎的多神教信仰方面取得的成功，他以駭人聽聞的方式寫下烏普薩拉（Uppsala）的維京人的人祭。他生活的地方距離沃林不遠，不過他是喜歡誇大其辭的人。無論如何，沃林的重要性是有事實根據的。

三

船隻對維京人的榮耀特別重要。緬懷已故武士的紀念石往往描繪了維京人的長船，上面滿載武士，掛好大方帆。哥特蘭島出土大量這樣的紀念石，描繪武士進入瓦爾哈拉和北歐神話的其他場景。還有一塊紀念石展示一艘雄偉的船隻、戰鬥場景和祭壇上的人祭犧牲品。瑞典的一部名為《哥特蘭人薩迦》（*Gotlanders' Saga*）的哥特蘭島簡史，也講述整座島嶼的最高議事會舉行的人祭。[36]哥特蘭紀念石的年代大約從西元四〇〇年開始，所以是在維京時代之前。哥特蘭人起初將這些石頭當作墓碑，但是和瑞典各地發現刻有盧恩文的石頭一樣，它們越來越多被設置在路邊，以吸引人們對它們紀念之人的關注。在維京人的世界裡，即使不是每個人都有資格得到像英格蘭的盎格魯人那樣精心的船葬，前往另一個世界的旅程也應該在船上進行，這是完全合情合理的。如果一個人不能被埋在船上，退而求其次的選擇就是被埋在一塊用鮮豔顏色展示船隻的石頭之下或其附近。在青銅時代（大約在西元前五〇〇年之前），哥特蘭人已經將死者埋葬在用石頭砌成的船形墳墓中，而在哥特蘭島和大陸上，畫有划槳船圖案的岩石雕刻很常見。維京時期的石畫描繪船帆和索具，其細節足以表明船帆是由布條編織而成的，因為當地的織布機無法生產單塊夠寬的布作為船帆，編織是一種比縫合更有效的連接布條的方法，因為它沒有接縫，風不會把船帆撕碎；在一九八〇年代，人們復刻一艘哥特蘭船，一直航行到伊斯坦堡，它的編織船帆雖然很重，卻能勝任這項工作，沒有解體。用來製作船帆的布條有不同的顏色，排列成菱形或棋盤狀。現代電影製作人喜愛的條紋船帆確實曾經存在，但不是那麼常見。[37]更重要的是，承載這些船帆的桅杆要夠結實，使帆在風向合適時可以作為主要推進力。

航運技術的這些進步，讓維京人得以在北海和大西洋展開偉大航行。維京人延續用瓦疊式外殼造船的傳統，先用重疊的板條建造船體，然後再插入相對較輕的框架，用鉚釘或釘子將框架與船體固定。[38]如上文所述，用這種方法建造的船隻比較靈活，能夠很好地適應大西洋的驚濤駭浪。幸運的是，有幾個大型樣品殘存下來，其中最古老的是挪威的奧塞貝格船（Oseberg ship），它是在西元八二〇年左右用橡木建造的，大約在十四年後被用於船葬。在船上發現的兩具骸骨中，有一具是八十歲左右去世的婦女，她一定是王后或高級女祭司。[39]奧塞貝格船在二十世紀初出土，原船幾乎完整地保存至今；除了裝飾船頭和船尾的精美雕刻外，它還有一個墓室，裡面有各式各樣精美的墓葬物品。另一方面，它的桅杆不可能特別堅固，而且船舷很低，不適合在遠海航行。有人推測，這是一艘「王家遊艇」，用於展示，很少出海。它長二十一．五公尺，最大寬度四．二公尺，每側有十五個槳孔，還有一支舵槳，因此很容易計算出船員的數量。[40]另一艘非常好的船是戈科斯塔德（Gokstad）船，大約在同一時期出土，略長也略寬一些，每邊多一個槳孔；這艘船建於九世紀末，在西元九一〇年左右被埋葬。它的船舷建得相當高，而且每個槳孔上都有小的圓形百葉窗，在遠海航行時可以關閉，這表明這艘船確實曾在大洋上冒險，其桅杆和龍骨的強度足以承受大型重帆的壓力。[41]與奧塞貝格船相比，它的適航性更強，但這是反映造船業的日益成熟，還是反映不同船隻具有不同用途，我們無法確定。

在九世紀初，維京人的船隻很可能被不加選擇地用於襲掠和貿易。奧塞貝格船、戈科斯塔德船及其他船隻有足夠的空間來儲存貨物，無論是透過貿易獲得的貨物，還是繳獲的戰利品。「長船」很適合在遠海進行快速和攻擊性的冒險，可以深入泰晤士河與塞納河等河流，使其船員能在內陸大肆破壞。最堅固的維京戰船到達西班牙，並進入地中海。十二世紀中葉，在穆斯林統治下的西班牙（安達魯西亞）寫作的地理學家祖赫里（az-Zuhrī）知道維京人的戰艦早先發動過襲擊：

過去，從這片海域〔大西洋〕來了一些大船，安達魯西亞人稱之為 qarāqīr。它們是配方帆的大船，可以向前或向後航行。他們由被稱為 majūs 的人駕駛，他們凶猛、勇敢、強壯，是優秀的水手。他們每隔六、七年才出現一次，從來沒有少於四十艘，有時甚至達到一百艘。他們戰勝在海上遇到的所有人，搶劫並俘虜他們。[42]

qarāqīr 一詞在歐洲語言中被稱為「carracks」（克拉克帆船），不過克拉克帆船是中世紀晚期的貨船，外觀與維京長船有很大的不同。使用 majūs 一詞來描述這些人，進一步強調他們的凶悍可怕，因為該詞彙最初指的是祆教的祭司（Magi），此處是指來自已知世界邊緣的殘酷無情的異教徒，他們製造的恐懼一直傳播到西班牙南部。[43] 西元八四四年，他們途經里斯本和加地斯，航行到瓜達爾基維爾河（Guadalquivir）河口，然後乘船前往塞維亞，據說他們在那裡搶劫了整整一週，抓走或殺害許多男人、婦女和兒童。不過現代的研究表明，古人對維京人如何為非作歹的駭人聽聞描述，往往是對真實發生過的某次攻擊的極大誇張。[44]

維京人有能力到達西班牙南部，後來還到過地中海，說明他們的航海技術很先進，但一種使用天然磁石（leiðarstein，即 lodestone）的非常基本的羅盤，在十四世紀或更晚的文獻中才提及。諾斯人使用太陽石（sólarstein）導航的可能性更大一些，不過它也是在中世紀晚期的文獻中才首度被提及：太陽石是對光敏感的堇青石晶體，讓水手即使透過厚厚的雲層也能找到太陽。冰島的一個薩迦故事講述一位國王命令某個西居爾（Sigurð）告訴他，在飽含雪花的雲層上，太陽究竟在哪裡。西居爾說他知道，於是國王要求把「太陽石」拿來，用它驗證西居爾的說法：「然後國王讓他們取來太陽石，把它舉起來，看到光從石頭上放射出來，從而直接驗證了西居爾的預測。」維京航海家在夜間透過密切觀察北極星來幫助他們前進，而法羅群島的居民懂得如何測量一年中太陽的赤緯（Declination），不過他們的維京祖先可能不知道這種辦法。[45]

在丹麥羅斯基勒（Roskilde）附近的斯庫勒萊烏（Skuldelev）發現的一組船隻，增進我們對這個時期使用的船隻類型和功能的了解。羅斯基勒位於一個短而淺的峽灣的末端，在維京時代的某個時刻，有幾艘船在這裡被鑿沉，以阻斷通往羅斯基勒的海上通道。[46]與奧斯陸保存的船隻相比，這些船隻更為殘破，建造時間比奧塞貝格船和戈科斯塔德船來得晚，其中幾艘的建造時間大約是在諾曼人征服英格蘭時。貝葉掛毯（Bayeux Tapestry）上有一些船隻的圖像，與羅斯基勒的船隻相差不大，不過羅斯基勒的一艘特別大的長船，可能是在十一世紀早些時候為丹麥、挪威和英格蘭的統治者克努特國王或其繼承者之一建造的。[47]貨船不會讓人想起維京海盜，所以受到的關注較少。但在斯庫勒萊烏出土一艘貨船，長十一公尺，於十一世紀初在挪威西部建造。學界認為它只需十幾名槳手操作，不過它也有一根桅杆，而且吃水很淺，所以很適合在丹麥和弗里西亞海岸的沙洲與小海灣航行。斯庫勒萊烏的另一艘在十一世紀初用挪威松木建造的船，載重量約為二十五噸，吃水較深，因此在造訪海塔布或其他港口時需要利用當地的碼頭。海塔布已經出土一艘也許能裝載多達六十噸貨物的商船的碎片，這是一種被稱為克諾爾船（knǫrr）的船隻，它們是遠洋貨船，很適合航行到冰島和更遠的地方，不僅可以供殖民者搭乘，還可以裝載牛，甚至是家具。克諾爾船的吃水較深，在不可預測的海面上更安全。[48] 斯堪地那維亞的船隻，無論是為戰爭還是貿易而建造的，都擁有靈活的外殼，這種外殼在後來的幾個世紀中似乎沒有被延續下來。隨著船隻尺寸增大，有必要把它們建得更堅固，於是船隻的輕便性讓位給堅固性。

在維京人襲掠的早期，輕型長船最適合打了就跑的襲掠策略，比如襲擊諾森布里亞的修道院或法國北部的小港口。隨著海塔布的發展和一個活躍的貿易網絡出現（它在某些方面複製弗里西亞商人的貿易網絡），從海平線上探出色彩斑爛的斯堪地那維亞風帆，更有可能屬於一艘相當短粗的貨船，其乘客願意為他們想要的東西付錢，而不是搶奪，並且他們是基督徒，而不是多神教徒。此外，這些船無論是長船還是貨船，都在進行越來越雄心勃勃的航行，越過蘇格蘭頂端，離開北海，向奧克尼群島、昔德蘭群島、法羅群島、冰島及更遠的地方前進。在北歐神話中，這是被米德加爾德（Miðgarðr）巨蛇的龐大身軀環繞的大洋。當這個怪物從嘴裡放出尾巴時，世界就會走向滅亡。這些都是危險的水域。[49]

第二十章　新的島嶼世界

一

上文已述，西元七九三年維京人對林迪斯法恩修道院的襲擊引起人們的特別關注，因為這是多神教襲掠者對基督教聖地的褻瀆。這並不是說維京人襲掠的歷史始於英格蘭北岸。維京人很可能在襲擊英格蘭之前，就已經穿越北海，到達奧克尼群島和昔德蘭群島，甚至西元七九三年的襲掠者可能是從蘇格蘭群島，而不是從挪威出發的。維京人開始向西騷擾赫布里底群島，並進入愛爾蘭水域，最南到達曼島和愛爾蘭西部。《阿爾斯特編年史》（*Annals of Ulster*）指出，在西元七九四年，「異教徒蹂躪了不列顛的所有島嶼」。奧克尼群島和昔德蘭群島上的維京人墳墓，以及在昔德蘭群島發現的一批銀器，可以追溯到西元八〇〇年左右，而昔德蘭群島雅爾斯霍夫（Jarlshof）的斯堪地那維亞人定居點，包括一座可追溯到九世紀初的大型農舍。[1]這並不能證明這些北方島嶼在維京人開始襲擊英格蘭之前就已有人定居，對這些島嶼的定居很可能發生在維京人襲擊和探索的時期之後，所以我們可以有把握地說，在整個不列顛群島，維京人最早抵達的地方是群島的北端，而且他們的後代直到十五世紀都會對挪威王室保持忠誠。他們建立一個海洋帝國（如果這麼說不嫌誇張的話），這個帝國一直延伸到愛爾蘭海，並在不同時期由奧克尼的雅爾（earl 或 jarl）及曼島的國王統治。

新石器時代的奧克尼群島擁有豐富的考古遺址，位於一直延伸到葡萄牙海岸的「大西洋弧」的末端。在中世紀早期，奧克尼群島的重要性不在於它位於一條線的末端，而在於它位於一條線的中間，這條線連接著挪威、蘇格蘭、愛爾蘭、法羅群島、冰島及更遠的地方。這些島嶼提供大量的牧草，因此養羊可能是當地的主要產業，而不是捕魚或農業。不過從前述阿斯萊法松的經歷可以看出，生活在奧克尼群島的維京人很注意播種和收割，阿斯萊法松就是在春、秋兩季的襲掠活動之間耕作的：「他一直待到收割莊稼，穀物被安全地放入糧倉，然後他會再次出擊。」[2] 隨著維京人的統治範圍從奧克尼群島和昔德蘭群島，擴展到蘇格蘭的部分地區，食物供應肯定是充足的，同時可以用當地綿羊的羊毛生產厚重的布料。當諾斯殖民者到達後，奧克尼群島和昔德蘭群島的燕麥產量明顯增加，這是因為燕麥既可作為人類的食物，也可作為牲畜的飼料。燕麥是一種堅韌的穀物，非常適合北方的環境。從出土的魚骨來看，貝類被食用，而鱈魚變得越來越受歡迎。從奧克尼群島的克伊格魯（Quoygrew）的考古證據來看，亞麻也是足以耐寒的植物，所以能在這麼北邊的地方生長。[3] 這些島嶼的最大優點是其戰略位置，無論是從制海權的角度，還是從商業網絡的角度來看都是如此。在諾斯人的統治下，這些島嶼與愛爾蘭和冰島、挪威和約克的貿易聯繫得到發展。[4]

奧克尼群島的早期歷史被記錄在《奧克尼薩迦》中，細節很豐富，這是所有冰島薩迦中最生動的一部。當然，問題就出在這裡，因為它是在大約一二〇〇年，在距離奧克尼群島很遠的地方寫成的，這意味著它對十二世紀事件的記述，如雅爾羅格瓦爾德的朝聖是有根據的；但對奧克尼群島第一批雅爾祖先的描述，卻讓人想起在遙遠的北方，由芬蘭人和拉普人（Lapps）及諾斯人居住的半神話的多神教世界。不過，《奧克尼薩迦》中關於挪威國王如何在蘇格蘭群島獲得宗主權的故事是可信的。在九世紀，挪威國王金髮哈拉爾被維京襲掠者激怒了，這些襲掠者從他們的冬季基地奧克尼群島和昔德蘭群島出發，一直到達挪威本土。國王決心給這些襲掠者一個教訓，於是奪取一些西方土地的控制權（比任何一位前任的領土都更靠西），一直到曼島。他任命一個叫西居爾的人為奧克尼群島和昔德蘭群島的雅爾，西居爾的姪子羅洛（Rolf）後來成為諾曼第的第一位諾斯統治者，西居爾隨後繼續推動在當地的帝國建設。於是，奧克尼群島以南的蘇格蘭海岸，即凱瑟尼斯（Caithness），落入諾斯人的統治之下。[5] 隨著時間的推移，奧克尼雅爾承認蘇格蘭國王是他們在凱瑟尼斯的宗主，同時繼續接受挪威國王為他們在奧克尼群島的宗主。由於蘇格蘭人和挪威人聯姻，所以這一點較容易做到。真正的問題不是這兩位國王之間的競爭，儘管這確實爆發了，而是蘇格蘭內部的紛爭，波及範圍有時遠至奧克尼的國度。用「國度」一詞是恰當的，因為挪威國王的權力是透過所謂「間接領主制」來行使，西居爾的後代只需要承認挪威的宗主地位，就可以在很大程度上自治。這種狀況一直持續到一一九五年，挪威國王將這些島嶼置於自己的直接控制之下為止。「雅爾」（jarl或earl）的頭銜可譯為「酋長」或甚至是「王公」，雅爾的地位與國王沒有多大區別。奧克尼雅爾和挪威國王一樣，為了獲得並保住權力，與對手展開殘酷的鬥爭。如同北歐世界其他地方的統治者，在自己的房子裡被燒死是奧克尼雅爾的職業風險。[6]

西居爾在蘇格蘭的征服，讓他與蘇格蘭人的雅爾梅爾布里格特（Mælbrigte，《奧克尼薩迦》這樣

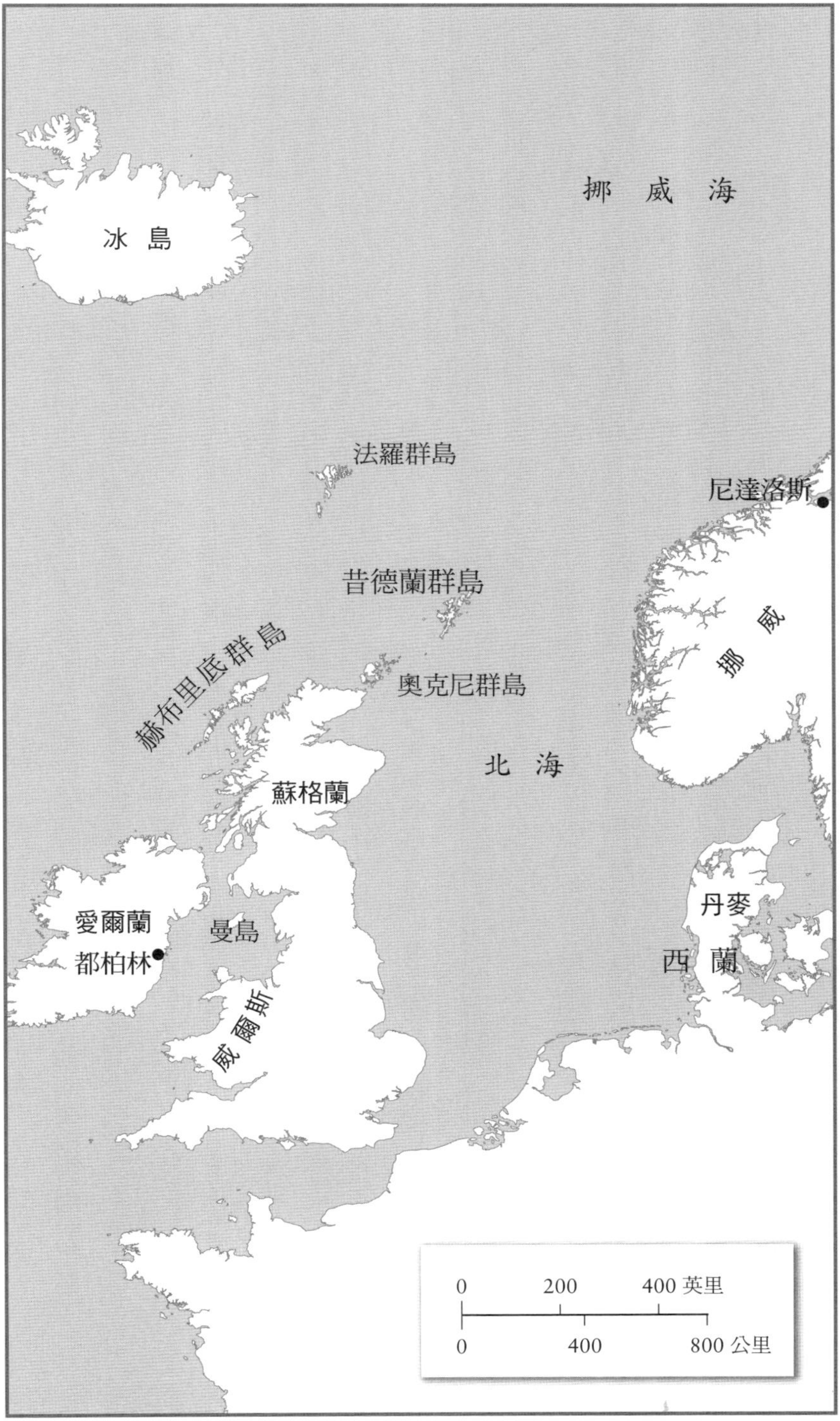
挪 威 海
冰 島
法羅群島
尼達洛斯
昔德蘭群島
赫布里底群島
奧克尼群島
挪 威
北 海
蘇格蘭
丹麥
愛爾蘭
曼島
都柏林
西 蘭
威爾斯
0
200
400 英里
0
400
800 公里

稱呼他）的關係變得緊張。他們的爭端只能透過戰鬥來解決。勝利後的西居爾將梅爾布里格特斬首，並將對方的頭綁在自己的馬鞍上。當西居爾帶著這個可怕的戰利品到處騎行時，他的腿被梅爾布里格特的牙齒擦傷，引發敗血症。西居爾很快就死了，雖然繼承問題得到解決，但是奧克尼群島成為一群掠奪成性的丹麥人和挪威人的獵物，他們有「樹鬍子」與「壞蛋」這樣的綽號。他們在奧克尼群島居住，並從那裡發動維京式襲掠。[7]秩序恢復之後，在奧克尼群島的諾斯人以經常襲掠而聞名：「哈瓦德（Havard）雅爾有一個叫奶油麵包埃納爾（Einar Buttered-Bread）的姪子，他是一位德高望重的酋長，有很多追隨者。他經常在夏季出去襲掠。」[8]在十世紀末，奧克尼雅爾捲入比控制蘇格蘭北部更大的問題，因為軍閥奧拉夫．特里格維松（Olaf Tryggvason）在不列顛群島燒殺搶掠，一方面是為了自己的利益；另一方面是為了支持丹麥國王八字鬍斯文。斯文最終戰勝盎格魯撒克遜王國，並把它交給他更知名的兒子克努特。

特里格維松接受洗禮（如果《奧克尼薩迦》可信的話，地點是錫利群島〔Scilly Isles〕），並突然決定對他的臣民也進行洗禮。特里格維松占據挪威王位直到一〇〇〇年，在爭奪挪威王位的過程中，他的五艘長船到達奧克尼群島，在那裡遇到現任奧克尼雅爾（也叫西居爾）率領的三艘船正在進行維京式襲擊。西居爾被召喚到特里格維松的船上。「我希望你和你所有的臣民都接受洗禮，」特里格維松要求，「如果你拒絕，我就立刻讓人殺了你。我發誓，我將用火與劍蹂躪每座島嶼。」「此後，」《奧克尼薩迦》簡短敘述道：「整個奧克尼群島都接受了基督教信仰。」皈信之後的西居爾就可以娶蘇格蘭國王馬爾科姆（Malcolm）的女兒。西居爾的母親是愛爾蘭基督徒，斯堪地那維亞人和凱爾特人之間的這種跨民族婚姻在愛爾蘭也很常見，這進一步證明維京襲掠者往往是斯堪地那維亞人、凱爾特人及凱爾特－斯堪地那維亞人的混合體。西居爾的母親在《奧克尼薩迦》中被描述為「女巫」，她沒有摒棄魔法，而是將一面神奇的「鴉旗」賜予兒子。這面旗幟會為它代表的人帶來勝利，但是攜帶它的人會死亡。西居爾接受洗禮後，在愛爾蘭征戰，但追隨者中沒有人願意攜帶鴉旗；他決定親自舉旗，於是他母親的預言成真，他戰死沙場。[9]

奧克尼群島的領主靠海軍保住自己的地位，並將他們的長臂伸到曼島。十一世紀的奧克尼雅爾托爾芬（porfinn）用「五艘兵員精良的長船」，保衛他在凱瑟尼斯的領地，薩迦中說這是「一支相當強大的力量」。對托爾芬來說，不幸的是，蘇格蘭國王卡爾．亨達森（Karl Hundason，可能就是那個被稱為馬克白的國王）帶著十一艘長船迎戰托爾芬的艦隊，雙方的海軍短兵相接：

面對敵人，托爾芬的
五艘船組成的艦隊
在憤怒中堅定地
衝向卡爾的水手們。
戰船糾纏在
一起；隨著敵人倒下，汙血
沐浴了硬鐵，

被蘇格蘭人的血染黑；
弓弦在歌唱，鮮血
四濺，鋼鐵在咬齧；
儘管明晃晃的劍尖在飛舞，
卻不能滿足托爾芬。[10]

這是一場真正的海戰，戰船相互靠近，用抓鉤抓住敵船。經過艱苦的戰鬥，托爾芬的人試圖抓住卡爾國王的船，托爾芬跟隨旗幟登上卡爾國王座艦的甲板。卡爾逃脫了，但是他的大部分船員被殺。

即使考慮到薩迦對這場戰鬥可能帶有一些藝術性的誇飾，此處對海上戰鬥的描述也是很重要的，因為它證明戰船不僅被用來快速運輸武士及其戰利品，也可以被當作在開放水域進行激烈戰鬥的平臺。如果我們拿奧塞貝格船的尺寸作一個非常粗略的參考，可以估算每艘船大約有三十名槳手，但是船上肯定還有其他士兵，隨時準備換班。這樣一來，托爾芬的部隊大約有三百名武士，而卡爾國王艦隊中的武士數量是其兩倍以上，因此可能有大約一千名士兵參與這場海戰，至少也有五百人。托爾芬成為奧克尼群島最成功、最強大的雅爾之一，在赫布里底群島，甚至在北愛爾蘭的部分地區行使控制權。他的生涯表明奧克尼群島是很好的基地，從那裡能夠控制更廣闊的海洋空間。

挪威國王並沒有忘記奧克尼群島的戰略意義。一〇六六年，挪威國王無情者哈拉爾決定支持托斯蒂格，托斯蒂格正在挑戰其兄弟戈德溫森對英格蘭王位的權利。哈拉爾乘船前往昔德蘭群島和奧克尼群島，在那裡招募新兵，然後一路南下，卻於一〇六六年十月在斯坦福橋（Stamford Bridge）戰敗身亡。當時，奧克尼群島的權力由兩兄弟分享；他們也陪同哈拉爾前往約克郡，並在戰鬥中倖存，但被後來的挪威國王「赤腳王」馬格努斯（Magnus Barelegs，卒於一一〇三年）擊敗。「赤腳王」馬格努斯決定將挪威的統治，強加於遠至安格爾西的大片領土。他於一〇九八年率領一支艦隊出發，將兩位雅爾驅逐出奧克尼群島，並讓自己的小兒子取而代之，不過他將奧克尼群島的管理權交給攝政者。他推翻早先讓雅爾們負責奧克尼群島和昔德蘭群島日常管理的政策，因為他有更大的雄心，需要一個海軍基地，從那裡控制更遠的土地。他帶著奧克尼雅爾領地的幾個繼承人前往威爾斯，其中一個叫馬格努斯・埃蘭德松（Magnus Erlendsson）的繼承人很討厭，因為他不肯與「赤腳王」馬格努斯合作：

> 當部隊為戰鬥準備好武器時，馬格努斯・埃蘭德松在主艙裡安坐，拒絕披掛備戰。國王問他為什麼坐著不動，他的回答是，他與那裡〔威爾斯〕的任何人都沒有恩怨。「這就是為什麼我不打算戰鬥，」他說，「在我看來，這與你的信仰無關。」國王說：「如果你沒有膽量戰鬥，你就到下面去。不要躺在大家的腳下。」埃蘭德松拿出他的《聖詠經》，在整個戰鬥中吟唱「詩篇」，但拒絕躲避。11

這是埃蘭德松要成為聖人的早期跡象。若干年後，在奧克尼群島，由於與另一位奧克尼雅爾發生爭執，對手的大廚打碎他的頭顱，於是埃蘭德松被視為殉道者，據稱能夠創造奇蹟。無論他的生平是否像支持者堅稱的那樣神聖，在奧克尼群島建造的大教堂就是以他的名字命名，他殘破的頭骨也在教堂裡出土。[12]儘管年輕的埃蘭德松是「赤腳王」馬格努斯的侍酒官，但「赤腳王」「十分不喜歡他」。當艦隊向北經過蘇格蘭時，埃蘭德松在夜間偷偷溜走，游到岸上。他穿著睡衣，光腳在灌木叢中跌跌撞撞地走著，受了許多傷。隔天吃早餐時，國王發現他不在，就派人到他的鋪位尋找。當他們發現他已不在船上時，就派人到陸地上帶著獵犬搜尋。但年輕的埃蘭德松爬到一棵樹上，把發現他的那隻狗嚇跑了。他一路來到蘇格蘭宮廷，然後來到英格蘭和威爾斯，在那裡受到款待，並等待馬格努斯國王的死訊。[13]

不過，馬格努斯國王對獲得安格爾西島更感興趣，「它位於之前挪威歷代國王統治地區的最南端，相當於威爾斯的三分之一」，至少佚名的薩迦作者是這麼認為的。[14]馬格努斯對曼島的干預，是對這塊面積小卻有戰略價值的領土（曼島控制著通往愛爾蘭中部和南部的路線）控制權的廣泛爭奪的一部分。曼島有一位國王叫戈德雷德·克羅萬（Guðroð Crovan），他於一〇七九年至一〇九五年在位，是諾斯和愛爾蘭混血兒。島上的碑文中發現的蓋爾語名字足以表明，曼島的主要人群要麼是該島的老居民，要麼是愛爾蘭定居者。在克羅萬死後，馬格努斯看到奪取曼島的機會，但是他的計畫受到愛爾蘭對手的挑戰。到了一一〇三年，克羅萬的兒子掌管曼島，建立一個延續到一二六五年的家系。[15]不過，曼島只是控制更廣大空間的鑰匙，而挪威國王馬格努斯是野心勃勃的人。甚至有人說，挪威國王急於入侵英格蘭，為他的祖父「無情者」哈拉爾之死報仇。後來在一一〇三年，馬格努斯在阿爾斯特❶戰死。[16]「赤腳王」馬格努斯是歷任挪威國王中的一個，這些國王在十一世紀將維京人以掠奪為目的、分散的襲掠，轉變為一個協調有力的計畫。戰利品和榮耀仍然很重要，但諾斯人的遠征越來越受到中央集權的控制，襲掠現在是王室權力擴展到整個北大西洋的手段，儘管其成功程度值得懷疑：「赤腳王」馬格努斯被殺後，奧克尼群島重新由當地雅爾統治。

諾斯人的統治如何影響奧克尼群島，以及其他在挪威王權控制下的不列顛島嶼，如赫布里底群島，並不完全清楚。先前的當地人口很可能被奴役，或透過通婚被同化。古代凱爾特人的土地劃分制度被延續下來。另一方面，沒有證據表明凱爾特人的基督教在諾斯人的征服後，在這些島嶼繼續存在；就像盎格魯撒克遜人征服英格蘭一樣，多神教在一段時間內取得勝利，西居爾的皈信不可能使古老的崇拜終結。在這方面更重要的是聖馬格努斯崇拜的傳播，給予奧克尼群島和奧克尼人一種獨特的宗教身分。奧克尼群島和昔德蘭群島的諾斯特色並不是現代人捏造的，這一點從諾恩語（Norn，諾斯語的一種方言）在島上的長期存在就可以看出。諾恩語直到十九世紀中葉才消亡，而且在中世紀的凱瑟尼斯，即奧克尼人統治的蘇格蘭土地上，人們似乎也講海洋對岸的諾恩語。[17]

諾斯文化和凱爾特文化的獨特混合，在愛爾蘭體現得淋漓盡致，愛爾蘭這個名字就是維京人取的。[18]我們與其記錄維京人對愛爾蘭一波又一波攻擊的流水帳，不如看看諾斯人侵襲該國的模式。引人注目的是，早期的襲掠在八世紀末從北方而來，維京人的船隻沿著連接挪威峽灣和奧克尼群島與赫布里底群島的大弧線向南，一直到阿爾斯特，最南到了聖派翠克島（Isle of St Patrick 或 Inispatrick），它靠

❶ 譯注：阿爾斯特在愛爾蘭島東北部，是愛爾蘭歷史上的四個省之一。其中六個郡組成北愛爾蘭，是英國的一部分，其餘三郡屬於愛爾蘭共和國。十七世紀起，有大量蘇格蘭新教徒移民到阿爾斯特。

近都柏林，即後來諾斯人在愛爾蘭的權力中心。毫不奇怪的是，維京人的早期目標包括修道院，不過他們也擄走婦女和兒童，加以奴役。這些婦女之中有許多人生下新一代的維京人，他們是混血兒。一個主要的定居點位於都柏林（Duibhlinn），意思是「黑池」，除此之外，全島的其他許多城鎮都是維京人的傑作。因此他們既是破壞者，也是創造者。由於斯堪地那維亞定居者的參與，愛爾蘭不同國王之間的區域性戰爭變得更加複雜。斯堪地那維亞定居者有時是愛爾蘭人的攻擊目標，但越來越開始在凱爾特人裡選邊站。西元八七一年，誇誇其談的斯堪地那維亞軍閥伊瓦爾（Ivar）自稱為「整個愛爾蘭和不列顛的諾斯人的國王」。不過到了十世紀中葉，愛爾蘭的諾斯人卻互相廝殺，但都柏林作為愛爾蘭海內的一個巨大的貿易中心而繁榮。可以肯定的是，其中有一些商品是維京人不斷深入該島和跨海向威爾斯襲掠得來的戰利品，因為都柏林的奴隸市場上有大量的威爾斯俘虜。19

維京人的襲掠對愛爾蘭島上興旺的凱爾特教會造成巨大的破壞，不過斯堪地那維亞人從擄掠的精美手抄本的複雜裝飾風格中學到一些東西；「維京藝術」受到凱爾特人的影響。一〇一四年，當愛爾蘭國王兼「大祭司」布萊恩·博魯（Brian Boru）率軍在克朗塔夫（Clontarf）戰勝諾斯人（儘管他陣亡）之後，諾斯人並沒有被逐出愛爾蘭。他們繼續融入愛爾蘭社會，而同化的最重要標誌之一，就是他們接受自己曾經無情掠奪的宗教。基督教在愛爾蘭全島得到恢復。但我們需要指出的是，愛爾蘭國王們也將愛爾蘭富裕的修道院視為獵物，而愛爾蘭編年史所報導的破壞，有的是諾斯軍隊造成，有的實際上則是凱爾特人自己造成。20

二

諾斯定居者在北大西洋的一些早就有人居住的土地（如奧克尼群島）和幾乎無人居住的土地（如冰島和格陵蘭，諾斯人在那裡的處女地上創造全新的社會），締造一個複雜的海上世界。我們是否可以認真地用「維京」這個詞彙來描述這個海上世界是存疑的。當格陵蘭和北美被發現時，維京掠奪者的時代遠遠尚未結束。但是諾斯人在格陵蘭居住四百多年，也早已超過維京人暴力襲掠的時代。此外，「維京」這個詞彙有些負面影響，因為它強調暴力的形象，而暴力對那些喜歡血腥歷史的人有吸引力。當然，在冰島，生動的薩迦故事中充斥著鄰居之間的血腥衝突，這表明諾斯男人，甚至諾斯女人，完全有能力在家鄉製造混亂，而不需要帶著武器穿越遠海。不過在大西洋上確實出現一些定居社會，它們透過貿易實現繁榮，比如法羅群島、冰島和格陵蘭。

對法羅群島的定居，據說是在九世紀末金髮哈拉爾的時期開始，比維京人第一次襲擊英格蘭晚了一百年，所以可能是哈拉爾國王試圖在挪威的大片土地實行統治的結果，也是因為一些桀驁不馴的諾斯人決定逃避他試圖強加的稅收。[21]另一方面，在雜亂無章的薩迦紀錄中，提到的第一個法羅群島殖民者是格里姆．坎班（Grim Kamban）。「坎班」是蓋爾語，這再次表明自從斯堪地那維亞人進入不列顛水域以來，就有凱爾特人的血液不斷注入諾斯社區，這說明法羅群島的許多早期定居者並非來自挪威，而是來自蘇格蘭群島、愛爾蘭和日益成長的「維京人流散地」。「法羅」這個名字的含義就是「羊島」（Færeyjar），這一連串岩石島嶼的明顯吸引力是其牧場。[22]法羅群島的可耕地非常有限，今天只占總面積的五%。雖然有大量的漂流木從美洲過來，但是品質更好的木材必須從挪威或不列顛運來。法羅群島沒有什麼東西可以作為戰利品讓維京人帶走。雖然地處非常偏北的地方，但是法羅群島的氣候比人們想像來得溫和，因為該群島沐浴在橫跨大西洋的暖流中。[23]

無論幾個世紀前皮西亞斯是否看過這些島嶼，當諾斯定居者開始對它們感興趣時，唯一的常客是愛爾蘭隱士，他們可能在西元七〇〇年就已經生活在法羅群島。從一些泥炭灰和燒過大麥粒的碳測定結果來看，法羅群島在四世紀至六世紀就有定居者，此後的幾個世紀中再次出現定居者，但他們的存在幾乎可以肯定是零星的，可以想像他們是從昔德蘭群島北上的季節性移民，[24]不像林迪斯法恩等修道院那樣坐擁大宗財富。不過根據愛爾蘭僧侶和地理學家迪奎爾的說法，在法羅群島的僧侶也會感受到維京人偶爾造訪他們的偏遠隱居地而帶來的威脅：

> 在這些島嶼上，從我們的國家斯科舍〔愛爾蘭〕駛來的隱士已經生活近百年。但是，正如這些島嶼從世界之初就一直被遺棄一樣，由於諾斯海盜的存在，隱士們離開了這些島嶼，現在那裡成為無數的綿羊和各式各樣海鳥的家園。[25]

綿羊應當是隱士帶到島上的，這些羊與海鳥、蛋和魚一起，為他們提供豐富的食物。此外，羊的幾乎每一部分都可以用，無論是織布；用骨頭製作工具；製造乳酪、奶油和動物油脂；還是烤羊羔肉的盛宴（僧侶不太可能這樣饗宴）。十三世紀，法羅群島的一部法典說，鯨魚被驅趕上岸，一旦牠們處於高水位線以上，那片土地的主人就可以得到鯨魚的大部分，而獵人只能得到四分之一。[26]

古書裡提到古代隱士，這就引發關於愛爾蘭僧侶航行的問題，這些問題雖然沒有多大的實際意義，但是人們對其興趣盎然。僧侶之一聖布倫丹（St Brendan）曾被認為是第一個橫跨大西洋的航海家，因此愛爾蘭人的航行已經和「誰最先到達美洲」這個古老的、在很多方面都沒有啟發性的問題糾纏在一起。愛爾蘭聖徒的傳記描述一些有冒險精神的僧侶，他們為了避開塵世、覓得清靜，至少從六世紀起就乘坐小型獸皮船前往遠海上的島嶼。引用一份被稱為《安格斯連禱文》（*Litany of Oengus*）的古老文獻，「有六十個人與布倫丹一起去尋找應許之地」。聖布倫丹與愛爾蘭和蘇格蘭西側的許多地方都有聯繫，據說他在六世紀初去過這些地方。這些地方的清單非常長，聽起來好像是由「歷代愛爾蘭航海家的集體航海經驗」形成的，這表明確實曾有一位愛爾蘭聖人到過這些地方。[27]換句話說，「航海家聖布倫丹」不是一個人，而是幾個人，不過他是以真實的克朗弗特（Clonfert，一所修道院學校的所在地）的布倫丹的形象為基礎，這個布倫丹激勵追隨者與他一起乘船駛入大洋。他出身於愛爾蘭芒斯特（Munster）王國的貴族家庭，出生時就伴隨著奇蹟和預言。[28]

布倫丹尋找天堂的過程，被記錄在題為《布倫丹遊記》（*Navigatio Brendani*）的短文中，講述布倫丹如何從另一位僧侶的海上冒險故事中得到啟發，尋找一些據說散布在開闊大洋上的社區。他決定帶著十四名僧侶進行探險，尋找「聖人的應許之地」，但文中所有的細節都是很籠統的：有著陡峭懸崖的岩石島嶼；擠滿成群純白綿羊的島嶼；一座被證明是鯨魚背部的荒島；一座島上有鳥兒連續一小時唱著讚美耶路撒冷的詩篇；但是也有一座由虔誠的僧侶居住的島嶼，他們從未罹患疾病，也從未變老；還有一座由三個階層居住的島嶼，分別是男孩、青年和老人——沒有女人這一點讓人不禁懷疑男孩是哪裡來的。《布倫丹遊記》生動地描繪海上的危險，如大霧和海龍捲風，更不用說在遙遠的海岸與海怪和憤怒的野蠻人作戰；以及「最悲慘的人猶大」，他遭受地獄的折磨，只在每個復活節得到一天的休息。[29]布倫丹的航行故事不該解讀為一次真實的橫跨大西洋的旅行，而更像是一系列關於一個虔誠的修道士應該過什麼樣生活的勸誡。

確實有一些僧侶還不知道自己要去哪裡就出發了，希望找到「海洋中的沙漠」，比如一個叫拜丹（Baitán）的人；還有科馬克·列爾薩尼（Cormac ui Liatháin），他多次乘坐克勒克艇，從愛爾蘭一直航行到奧克尼群島；列爾薩尼還深入大西洋，但是沒有找到陸地，遇到一大群紅色水母時就折返了。[30]另一位無畏的僧侶聖高隆（St Columba），根據他的愛爾蘭傳記作者表示，航行「穿過大洋中的所有島嶼」。在他曾造訪的礁石和近海島嶼上也建立一些僧侶社區，包括哥爾韋（Galway）近海飽受海風勁吹的阿倫群島（Aran Islands），與蘇格蘭西部的斯凱島（Skye）。這些成就當然比被歸功於聖布倫丹的成就更可信；而且執行這些航行的不僅僅是聖徒故事歌頌的著名僧侶，還有船員（估計是僧侶），因為要在偏遠島嶼上建立孤獨的隱居地，團隊合作必不可少（這有點矛盾）。另一方面，聖布倫丹的故事廣為流傳，激發人們對大西洋上事物的猜測。而所謂神佑群嶼（Islands of the Blessed）的故事，在古典著作和基督教著作中不斷流傳，在整個中世紀繼續吸引航海家們，例如很多人相信加納利群島就是聖布倫丹造訪過的島嶼。[31]但愛爾蘭僧侶發現的，不是已經有柏柏爾人居住的陽光明媚的加納利群島，而是北大西洋明顯更冷的島嶼：首先是法羅群島，然後是冰島。

僧侶的定居顯然無法產生永久性的殖民地，除非有源源不斷的新人到來（就像阿索斯山的修道院維持至今一樣）。對僧侶們來說，不幸的是這些新來的人雖然帶來婦女，但他們是信奉多神教的斯堪地那維亞人。法羅群島的第一批諾斯定居者的多神教信仰反映在首都托爾斯港（Torshavn）的名字上，意思是「托爾的港口」。不過到了十一世紀初，法羅群島已經接受基督教，可能是在特里格維松的堅持下，他是奧克尼群島基督教化的策劃者。法羅群島最終被尼達洛斯（Niðaros，今天的特隆赫姆〔Trondheim〕）大主教控制，這是世界上最北端的大主教區。基督教的這種擴張反映十二世紀晚期挪威君主國在北大西洋的權力不斷增長，但是在那之前，法羅島民在年度議會（Þing）上管理自己的事務，該議會由當地最富有的家族主導。法羅群島不像奧克尼群島那樣，擁有吸引挪威宮廷密切關注的戰略優勢。即使當從挪威到冰島的航運變得非常有規律時，直接航線也繞過法羅群島。不過從挪威到格陵蘭的航線建立後，法羅群島是其中一站。所有這些都可能讓我們得出這樣的結論：法羅群島並不具有重大意義；它的意義僅在於，人們在一片空曠（綿羊除外）的土地上建立一個全新的社會，這種社會實驗將在冰島進行更大規模的重複。[32]

三

冰島被描述為諾斯文明的「最高點」，不僅僅因為諾斯人抵達後沒有傷害原住民（當地也沒有原住民可供傷害），而且因為它的文化成就，以傑出的薩迦（Saga）文學為代表。冰島人利用黑暗的冬季來回憶和編織他們過去的歷史，以及他們在斯堪地那維亞半島的祖先的歷史。薩迦是中世紀的偉大文學成就之一，而且是在當時拉丁基督教世界的幾乎最外層邊緣產生的，所以更顯非凡。[33]發現冰島的諾斯人可能是從法羅群島出發的。關於冰島的發現，現存的故事無疑更多是關於它們被編纂的時代，即十二世紀、十三世紀和十四世紀的紀錄，而不是關於九世紀的紀錄；更多是在說一座受到挪威王國日益威脅的島嶼，而不是在說一個早期由獨立農民和水手組成的社區。因此，在冰島薩迦的許多文本中都強調挪威國王金髮哈拉爾的暴政，但也許其作者想到的是當時的挪威國王。[34]

在一部關於冰島「定居」（Landnám）的史書中，有一個比較可信的版本，故事如下。一個名叫納多德（Naddoð）的法羅群島定居者，在九世紀初因為風暴而偏離航線，來到遙遠的北方。他注意到山上有雪，便將其命名為Snæland，即「雪國」。另一個故事講述一個在海上漂泊的瑞典人加達・斯瓦瓦爾松（Garðar Svávarsson），他住在丹麥的西蘭（Sjælland）島上，不過他的妻子來自赫布里底群島。他聽過「雪國」，他的母親是個女巫，勸他去尋找它。他繞著冰島航行，證明它是一座島嶼，然後在那裡的一間陋室裡度過一個（肯定很艱難的）冬天。後來，他的兒子來到冰島，希望挪威國王能任命他為冰島的雅爾，就像挪威國王曾經任命奧克尼雅爾那樣，但是其他定居者不同意，和他一起來到冰島的這些人，小心翼翼地希望與挪威國王保持距離。

納多德和加達都很重視他們發現的這片土地。「偉大的維京人」弗洛基・維爾格達松（Flóki Vilgerðarson）卻不是這樣，他對冰島的造訪以災難告終，因為他的手下沒有準備乾草，所有綿羊都因缺乏飼料而死亡；他和同伴忙於以魚為食，沒有考慮他們的牲畜。「當被問起這個地方時，他給它取了個壞名字。」冰島這個名字流傳至今。最後，根據冰島作家的說法，一個叫英格爾夫．阿納爾松（Ingolf Arnarson）的人受到維爾格達松的啟發，去尋找冰島，他發現冰島南岸後返回挪威，然後和義兄弟，一個名叫希約萊夫（Hjǫrleif）的維京襲掠者一起回到冰島，時間大約是在西元八七〇年；阿納爾松在出發前留意向神靈獻祭，而且接近冰島海岸後，就把在家鄉房子裡安裝的高座柱子扔進海中，這種柱子被放置在諾斯人一家之主的儀式性座位的兩側，可能被刻上托爾和其他神祇的圖像。阿納爾松注意觀察柱子靠岸的地點，因為這將顯示出神明要把他送到哪裡，它們最終在今天冰島首都雷克雅維克（Reykjavik，意思是冒煙的海灣，無疑是以其溫泉中升起的蒸汽命名）所在的地方靠岸。義兄弟希約萊夫沒有向神靈獻祭，後來遭到他的奴隸攻擊。奴隸們怒不可遏，因為希約萊夫缺乏足夠的牛（只帶了一頭），於是把奴隸拴在犁上，讓他們代替牛耕地。奴隸們搶走希約萊夫船上的婦女和貨物；但當阿納爾松的奴隸發現希約萊夫殘缺不全的屍體時，阿納爾松大驚，追趕那些造反的奴隸，將他們全部殺死。[35]我們無法證明這些故事是真實的，但一艘船帶著牲畜、補給物資、奴隸和婦女（可能是自由人，也可能是女奴）來到冰島的故事是可信的。

他們發現的土地位於北美和歐洲板塊之間，不過這並不代表冰島的一半在地質上是美洲的一部分，因為該島（就像法羅群島一樣）是由火山爆發而被噴出海面的，這些火山活動持續至今。與其他火山地區不同，由於地處北極圈以南不遠處，冰島的土地並不特別肥沃；但諾斯定居者到達時，島上的牧場比今天要多得多，而且很快就出現過度放牧，因為牧場幾乎沒有時間從島上的嚴冬中恢復。農民收割青草，將其製成乾草。島民也生產一些大麥，但仍需進口糧食，否則就得靠羊群和當地豐富的野味來養活自己，野味包括海鳥及鳥蛋、海豹，還有鯨魚。「索爾吉爾斯（Þorgils）勤於覓食，每年都去冰島北端的海灘。他在那裡收集野味，發現了鯨魚和其他漂流物。」有一年夏天，他發現一頭擱淺的鯨魚，但有兩個不誠實的商人，都是沒有土地的人，乘著他們的貨船來到這裡，試圖奪走索爾吉爾斯和同伴還沒有切割的那部分鯨魚。戰鬥爆發了，索爾吉爾斯被殺。[36]鯨魚的價值在於鯨脂和肉，而海象除了肉和油脂之外，還能提供海象牙。[37]

第一批冰島定居者離開挪威時不是乘坐維京人的長船，而是乘坐短粗的克諾爾船（Knǫrrs），這種帆船能夠裝載三十公噸貨物、綿羊和殖民者為了白手起家而需要的其他東西。他們要永遠地離開故鄉，有些定居者是乘坐自己擁有的船隻而來，所以這些人並不是貧窮的難民，他們似乎是在逃離金髮哈拉爾的暴虐統治。[38]大約西元八七〇年至九三〇年之間，可能有兩萬人（肯定超過一萬人）移民到冰島，主要來自挪威，不過定居者也包括瑞典人、丹麥人，以及北歐和凱爾特混血兒。DNA檢測徹底改變我們對冰島人祖先的了解，特別是現在可以追蹤母系和父系的祖先（分別透過對粒線體DNA和Y染色體的分析）。大約有三分之二的現代冰島男性似乎是諾斯人的後裔，三分之一則是凱爾特人的後裔；但是當我們看一下母系血統時，比例就顛倒了。這證實凱爾特血統的因素是多麼重要，凱爾特血統來自女奴（自由人與女奴生下的孩子能被冰島社會接受），以及來自蘇格蘭諸島和愛爾蘭的維京人的凱爾特妻子。在法羅群島和蘇格蘭的西部群島（Western Isles）也可以看到類似情況（但在奧克尼群島和昔德蘭群島則不然，那裡居民的母系和父系血統在同等程度上來自挪威，這表明整個家庭都是從挪威移民過來的，而不僅僅是男性武士）。[39]冰島最精彩薩迦之一的英雄Njáll（尼亞爾）的名字就來自愛爾蘭語的Niall或Neil。十二世紀和十三世紀冰島的定居紀錄也提到Iskr，即愛爾蘭定居者，比如一個叫凱迪爾（Ketill）的人；大多數被強迫來到冰島的奴隸可能也是凱爾特人。[40]現在學界普遍認為，到了十一世紀末，大約有四萬人生活在冰島，人口甚至可能達到這個數字的兩倍。在中世紀的這個階段，冰島的氣候相對溫和，居民的生活比較容易。但是即便如此，火山灰造成的饑荒、氣候較差的夏季及無法從挪威獲得補給的事情也時有發生。冰島人的生活並不完全是險象環生的，但（就像西歐大部分地區一樣）很容易出現糧食不足的情況。[41]

如同在法羅群島，第一批定居者在冰島發現一些已經在那裡的居民，他們稱之為「帕帕爾」（Papar，即「神父」）。這些人也是凱爾特人，主要是愛爾蘭隱士，他們在冰島留下的印記不是在血統上，而是在地名上，如帕佩島（Papey），這是冰島南部附近的一座小島。一些愛爾蘭隱士每年乘坐簡單的皮船來回遷徙，避開冰島的冬天，他們的航行可能更依賴的是信仰，而不是先進的航海技術。上文已經引用愛爾蘭僧侶迪奎爾對法羅群島的描述，他對冰島的永晝感到驚異：「人可以想做什麼就做什麼，甚至可以從襯衫上去除蝨子，就像太陽還在空中一樣。而且如果一個人站在山頂上，也許他還能看到太陽。」[42]從冰島回來的愛爾蘭僧侶可能帶來關於冰與火的國度的故事，滿足愛爾蘭聽眾的胃口。有人認為，當北極的海市蜃樓將冰島海岸的影像投射到遙遠南方的法羅群島時（在該緯度，這種情況在黎明不久後可能發生），愛爾蘭僧侶第一次知道冰島的存在。[43]

諾斯人對土地的定居（landnám）在後來的冰島薩迦中得到非常細緻的記錄，因為土地是按照嚴格的規則劃分的；一個奇怪的傳說將土地劃分制度歸功於，他們試圖逃避的挪威國王金髮哈拉爾。據說他說服定居者，「每個男人可以占據土地的上限，是他和船員在一天內可以運載火種的最大面積」。儘管女性定居者也受到歡迎，但她們最多只能獲得在春天的一天裡，帶著一頭兩歲的奶牛走一圈的面積。[44]基本原則是，每個地主都可以自由地管理自己的事務，但要遵守在阿爾庭議會（Alþing）上商定的法律。該議會從西元九三〇年起，每年六月在天空有充足光亮時召開，參加會議的是被稱為goðar（字面意思是「神」）的有權有勢地主；他們不僅是政治領袖，也是祭司，負責代表他們的社區維持祭祀和其他儀式。這並不是許多人想像中民主的人民大會，但是讓這座偏遠的島嶼能夠按照自己居民制定的法律來自治，除了承認挪威國王的最鬆散的宗主權之外，沒有任何其他的法律。因此，將冰島描述為一個「共和國」或「聯邦」是完全說得通的。[45]

在冰島歷史的第一個世紀裡，大多數冰島人都是多神教徒；但是也有基督徒生活在那裡，包括許多來自愛爾蘭的定居者和奴隸。「傻瓜凱迪爾」（Ketill the Fool）是一位諾斯基督徒，他之所以會叫這個名字，是因為多神教徒鄰居嘲笑他的信仰。他住在教堂農場（Kirkjubœr），那裡早先是一個愛爾蘭隱士的居所。傳說多神教徒不能住在那裡，凱迪爾死後，一個多神教徒來到這裡，占據他的農場，但這個多神教徒剛越過邊界就死了。[46]冰島在一〇〇〇年皈信基督教，但阿爾庭議會的議員們並沒有被取代；地主們建造自己的教堂，視為私人財產，就像多神教聖所曾是他們的私人財產一樣。挪威國王特里格維松知道冰島依靠與斯堪地那維亞半島的貿易來維持生計，因此只要冰島人仍是堅定的多神教徒，他就禁止與冰島貿易。這一點，再加上島上長期存在的基督徒，阿爾庭議會決定進行緊急討論，結論是如果多神教徒拒絕和基督徒共同生活，大夥都會遭殃。阿爾庭議會頒布通行的法律，規定洗禮將是普遍性和強制性的，儘管個人仍然可以繼續私下崇拜多神教的神祇；他們也可以繼續吃馬肉，這是少數被西方天主教禁止的食物之一。十一世紀中葉，冰島才有了主教，在那之前，阿爾庭議會議員保留他們的宗教職能，為新宗教服務。就像世界上其他地方一樣，宗教思想漂洋過海，改變了它們滲透的社會。這並沒有讓冰島人變得更和平，我們可以從薩迦中的爭鬥和暴力故事中看出這一點，這些薩迦故事來自一個已經接受基督教的世界，但仍然清楚意識到自己的多神教往昔，依舊對諾斯諸神的故事著迷。[47]

法羅群島和冰島是一種現象的早期例子，到了中世紀末期，這種現象在將在大西洋地區普遍存在：在無人（或幾乎無人）居住的島嶼上建立全新的社會。十五世紀，葡萄牙人成為開發島嶼處女地的先驅者。斯堪地那維亞人和葡萄牙人都建立在某些方面與母國相似，卻擁有非常獨特特徵的新社會。這些新社會不是舊世界的複製，冰島的政治結構圍繞著在強大的阿爾庭議會議員們領導下的地方自治原則而建立，表達對王室干預的有意識拒絕。島民們試圖創造一個理想化的社會，以他們理想化的挪威為基礎，也許他們想像自己的祖先在王室權力開始侵入峽灣之前，曾經擁有那樣一個理想化的社會。即便如此，他們還是了解到，為了確保因為仇殺和爭奪領土而陷入困境的社區，要有一定程度的秩序，有必要召開年度議會和建立共同的法律體系。雖然他們為自己的自治感到自豪，但冰島人也對自己的諾斯祖先歷史著迷，以至於在冰島接受基督教很久之後，還在慶祝維京人的襲掠和他們的多神教崇拜。冰島人講述關於挪威國王的故事，他們的精神視野延伸到君士坦丁堡、西班牙和波羅的海。下一章會介紹，冰島人的精神視野還向西延伸，直接跨越大西洋。

四

海洋為許多冰島薩迦提供持續的背景，無論這些薩迦是關於挪威和歐洲，還是關於冰島和它西面的土地。由於這些薩迦是在十三世紀以後成書的，所以告訴我們的，實際上更多是中世紀中葉和後期的冰島人如何看待他們與海洋的關係，而不是關於最早定居冰島時的情況。最著名的薩迦之一《埃吉爾薩迦》（*Egil's Saga*）寫於十三世紀初，其中充滿血腥的背叛和光榮的忠誠的故事，情節中交織著對主要人物從挪威到冰島的海上情況的描述，據說時代背景是金髮哈拉爾正在將他的意志強加於挪威人，迫使對手遠走他鄉。比如故事裡寫到，船長克維爾德烏爾夫（Kveldulf）死在船上，屍體被裝在棺材裡，扔進大海。這艘船與一艘同行的船接近冰島，進入一個峽灣，但在船員們能夠登陸之前，大雨和大霧將兩艘船分開，它們走散了。然後當天氣好轉時，船員們等待潮水把船漂到河流上游，然後把船拉到沙灘上，卸下貨物。當他們探索海岸線時，發現克維爾德烏爾夫的棺材被沖刷上岸，於是把它放在一個石堆下面。[48]這一連串事件的講述，為一個關於定居者之間競爭的更宏大故事增添地方色彩，肯定反映從挪威到冰島的旅行者經歷。

另一個值得注意的故事是，有一艘從昔德蘭群島開往冰島的船，船員以前沒有走過這條路線。他們被風吹過大洋，很快就到達目的地，但是後來被逆風吹到冰島以西，向西航行。[49]如下文所示，這些逆風或濃霧導致人們在冰島以西海域有了一些非比尋常的發現。一幅肯定出自十三世紀的圖像顯示商船如何抵達冰島，並停泊在河流、水道和小溪內。[50]另一幅圖像則可能來自更早的幾個世紀，顯示維京人埃吉爾向波羅的海發動燒殺搶掠的遠征，沿著庫爾蘭（今拉脫維亞境內的）海岸行動。到了十三世紀，斯堪地那維亞人（主要是丹麥人和瑞典人）仍在襲擊波羅的海海岸，不過是打著十字軍的旗號。據說埃吉爾燒毀一間正在和同伴喝酒的富裕庫爾蘭農民的房子，所以他顯然是個殺人不眨眼的傢伙；他繳獲一個寶箱，裡面全是白銀。之後他逃到丹麥：「他們全都在這一年夏季的晚些時候乘船前往丹麥，伏擊商船，大肆擄掠。」[51]還有一次，埃吉爾拜訪英格蘭國王艾塞斯坦，國王向他贈送「一艘上乘的商船和一批貨物，其中大部分是小麥與蜂蜜。」[52]這個故事和其他冰島薩迦一樣，充滿海洋的氣息。

不過冰島在這一時期還沒有城鎮，也不存在一個完全以貿易為生的商人群體，儘管襲掠者也從事貿易，但有時是為了出售掠奪得來的東西，有時是為了順便賺取一些利潤。[53]維京時期的挪威確實很少有城鎮，在今天的特隆赫姆所在地建立尼達洛斯是王室有意為之，為挪威教會脫離隆德（Lund）教區的監督提供機會。隆德教區雖然現在屬於瑞典，但當時位於丹麥境內。當時有一、兩個貿易站，如奧斯陸附近的考邦，它的位置很好，在維京時代早期可以獲得透過東歐河流運來的白銀和其他精美物品。到了十三世紀，卑爾根已經成為挪威王室權力和北海貿易的一個重要中心，擁有五千至一萬名居民，並成為冰島貿易的主要港口。[54]冰島貿易有好幾個奇特之處。冰島人不鑄造錢幣，不過很樂意使用碎銀。如果想在冰島購買貨物，通常會採取以物易物的方式。但是隨著十一世紀和十二世紀冰島與挪威貿易的發展，顯然需要某種價值的度量標準。斯堪地那維亞半島需要的冰島產品主要是被稱為瓦德瑪律布（vaðmal）的厚毛料織物，至今仍是冰島最貴重的出口產品。所以它被選中當作一種貨幣。瓦德瑪律布有很好的保暖性，彌補它在柔軟性方面的不足。厄爾（ell 或 øln）是布匹的標準度量單位，據說厄爾的基礎是英格蘭國王亨利一世（Henry I）的手臂長度，即從肘部到指尖的長度。兩個厄爾折合一碼。阿爾庭議會法令規定，所有在冰島編織的瓦德瑪律布都是兩厄爾寬。一塊兩厄爾乘以六厄爾的布，相當於一「法定盎司」的白銀，不過隨著時間的推移，兌換率有變化，厄爾的長度也有變化。這裡最重要的一點是，早期冰島的「貨幣」是編織的布塊。文獻中有時提到瓦德瑪律布是一種貨幣單位，有時則是一種貿易實物。[55]一般來說，這個制度似乎運作良好，無論如何比依賴進口（或掠奪）的白銀來得好。所以可以說，綿羊是冰島的銀礦。

在羅斯基勒附近發現的克諾爾類型的貨船（「斯庫勒萊烏一號」〔Skuldelev I〕）可以裝載大約三公噸瓦德瑪律布、三十公噸細粉穀物或五公噸未經碾磨的粗大麥。穀物是冰島人渴望的歐洲產品之一，因為冰島國內缺乏合適的土壤。冰島人熟悉各種船隻，這些船隻越來越多由挪威人而不是冰島人操作。畢竟，冰島的木材供應不足，用於製作釘子和鉚釘的金屬，以及造船所需的其他許多東西也很匱乏。除了克諾爾船之外，還有「布扎船」（búza或buss），這是一種高船舷的船，更適合波濤洶湧的海面，在十一世紀初開始流行。高船舷意味著它的船艙更深，有更多的載貨空間，但是貨物更重，吃水就更深，使得這類型船隻的速度更慢，而且不適合克諾爾船能夠停靠的淺水。不過使用更大的船隻，表明貿易額正在增加。[56]最重要的是，在海盜猖獗的時代，這完全是合法的貿易，而且是在挪威國王的保護下進行，具共和主義思想的冰島人對挪威國王也有利用價值。大約在一〇二二年，挪威國王與冰島簽訂一項商業條約，為冰島人用羊毛織物換取糧食的貿易做了擔保。造訪挪威的冰島人將獲得與自由挪威人相同的特權，甚至可以從國王的森林中獲取木材和水。造訪冰島的挪威人的利益也得到保護，例如倘若他們在冰島死亡，他們的財產將得到保護。誠然，冰島人確實需要在挪威支付相當高的登陸費（如果他們願意，可以用瓦德瑪律布支付）。但是即使他們與第三國做生意，挪威國王也不會干涉。這項條約在隨後的幾個世紀裡一直有效，其根源無疑在於國王試圖以最善意的方式展示他對冰島的權威。[57]

隨著挪威人口的成長和新城鎮的糧食供應的壓力增大，挪威人對為冰島提供糧食越來越不感興趣；英格蘭人出手相救，向挪威出口糧食。如前所述，埃吉爾從英格蘭國王那裡得到的臨別禮物是一艘主要裝載小麥的船。[58]一一八九年，一名神父乘坐一艘從英格蘭出發的船來到卑爾根，船上載著糧食、葡萄酒和蜂蜜。神父打算一直航行到他的家鄉冰島，結果發現貨物被盜。[59]挪威可以從許多來源獲取厚重布匹，挪威與冰島的關係對冰島人來說至關重要，但對挪威人而言卻無關緊要，不過還是有其他一些物品讓挪威人覺得值得冒險航海去冰島（這條海路只能在春末和整個夏季使用）。冰島是北歐唯一的硫磺產地，而且歐洲各大宮廷都需要冰島隼和格陵蘭隼。[60]有人認為，北極熊有時會乘坐浮冰抵達冰島附近，被捕獲並被帶到歐洲。奧敦（Auðun）想獻給丹麥國王的那隻白熊的有趣故事，下文會詳談。海象牙可能是在這個階段從格陵蘭運到冰島的，因為冰島人似乎在他們到達後的數十年內，就把島上的海象消滅一空。由於冰島缺乏可靠的鐵資源，不得不從挪威進口當地或轉口貿易而來的鐵，同時還進口各種工具和衣物。[61]

從挪威到冰島的海路構成一個了不起貿易網絡的一部分，在維京海盜成為記憶之後，這個網絡仍然存在。正如冰島薩迦表達的，這是一個非常強大的網絡。不過這個網絡還延伸到更遠的地方，橫跨北大西洋，一直延伸到北美海岸。

第二十一章　白熊、鯨魚和海象

一

格陵蘭經常被描述為世界上最大的島嶼。[1]但在地質學上，它是北美洲的一部分，把巴芬島（Baffin Island）算作諾斯航海家在美洲的發現之一，而把格陵蘭排除在外，是另一個可以稱為「大洲的社會建構」的例子。即使在十六世紀，人們有時也認為格陵蘭以某種方式與亞洲連接在一起。在十一世紀晚期，不來梅的亞當就是這麼認為的，而在一三〇〇年左右，一位冰島地理學家表示，「有些人認為」美洲大陸實際上是非洲的一部分；另一方面，不來梅的亞當則認為它是亞洲的一部分。這種觀點一直延續到哥倫布和卡博特的時代之後。[2]不過，航海家們很少為這個問題煩惱，環繞格陵蘭的海洋很不安全，因為這裡的環境被巨大的冰帽主宰，對人類充滿敵意，難以通行。格陵蘭島只有一小部分適合定居，這要歸功於第一批諾斯探險家的堅毅，他們找到通往草地的峽灣，儘管它們位於該島的西側。

乘坐諾斯人使用的那種船到達這些遙遠的地方，是對毅力的挑戰：紅髮埃里克（Eirik the Red）於西元九八六年左右率領第一批定居者渡海前往格陵蘭，帶著一支由二十五艘船組成的船隊從冰島出發，但只有十四艘抵達格陵蘭，有些船沉沒了，有些不得不折返。[3] 雖然晚上會搭起棚子保護船員和乘客，但船艙裡的空間狹小，尤其是當人畜擠在一起時。從挪威到冰島東岸估計需要航行七天，從冰島西部到格陵蘭的諾斯人定居點需要四天，而從冰島到愛爾蘭則需要五天。到了十三世紀，諾斯船隻已經發現比冰島更北的土地，到達揚馬延島（Jan Mayen Island）和斯匹次卑爾根島（Spitsbergen，位於冰島以北四天的航程之外），不過這兩座島的環境太惡劣了，不是探險家們試圖定居的地方。另一個非常惡劣的環境是格陵蘭東岸，儘管從冰島到那裡最快只需要一天。一旦與格陵蘭的交通開始變得規律，挪威船長也學會完全繞過冰島，從挪威一個叫赫納爾（Hernar）的地方出發，向正西航行，在昔德蘭群島和法羅群島之間直行，「這樣的話，大海彷彿在半山坡」，然後不在冰島的任何港口停靠，直接前往格陵蘭。[4]

從薩迦來看，諾斯人發現格陵蘭是一個偶然。考慮到那些船隻被風吹向西方的故事，這就非常合理了。十世紀初，冰島發現者之一納多德的姪子貢比約恩・烏爾夫－克拉庫松（Gunnbjorn Ulf-Krakuson）在從挪威到冰島的航行途中被風吹得偏離方向，他看到冰島以西的一群小石島，以及遠處的一片陸地。今天我們認為他看到的實際上是北極的海市蜃樓，但即使他真的看到格陵蘭，也會發現它陡峭的東岸非常令人生畏。[5] 雖然他沒有進一步探索，也沒有興趣建立定居點，但是烏爾夫－克拉庫松的家人似乎對他取得的成就非常自豪，繼續談論西方的土地。在九七〇年代，烏爾夫－克拉庫松家附近的定居者紅髮埃里克，顯然對這個故事很重視。埃里克和他的父親因為犯法而被逐出挪威，他們來到冰島，妄想獲得早期諾斯定居者獲得的那種大面積地產。但是當他們到達冰島時，最好的土地早已被阿爾庭議會的議員及其追隨者占據。[6] 埃里克在挪威殺了一個人，沒過多久又捲入冰島的仇殺。到了西元九

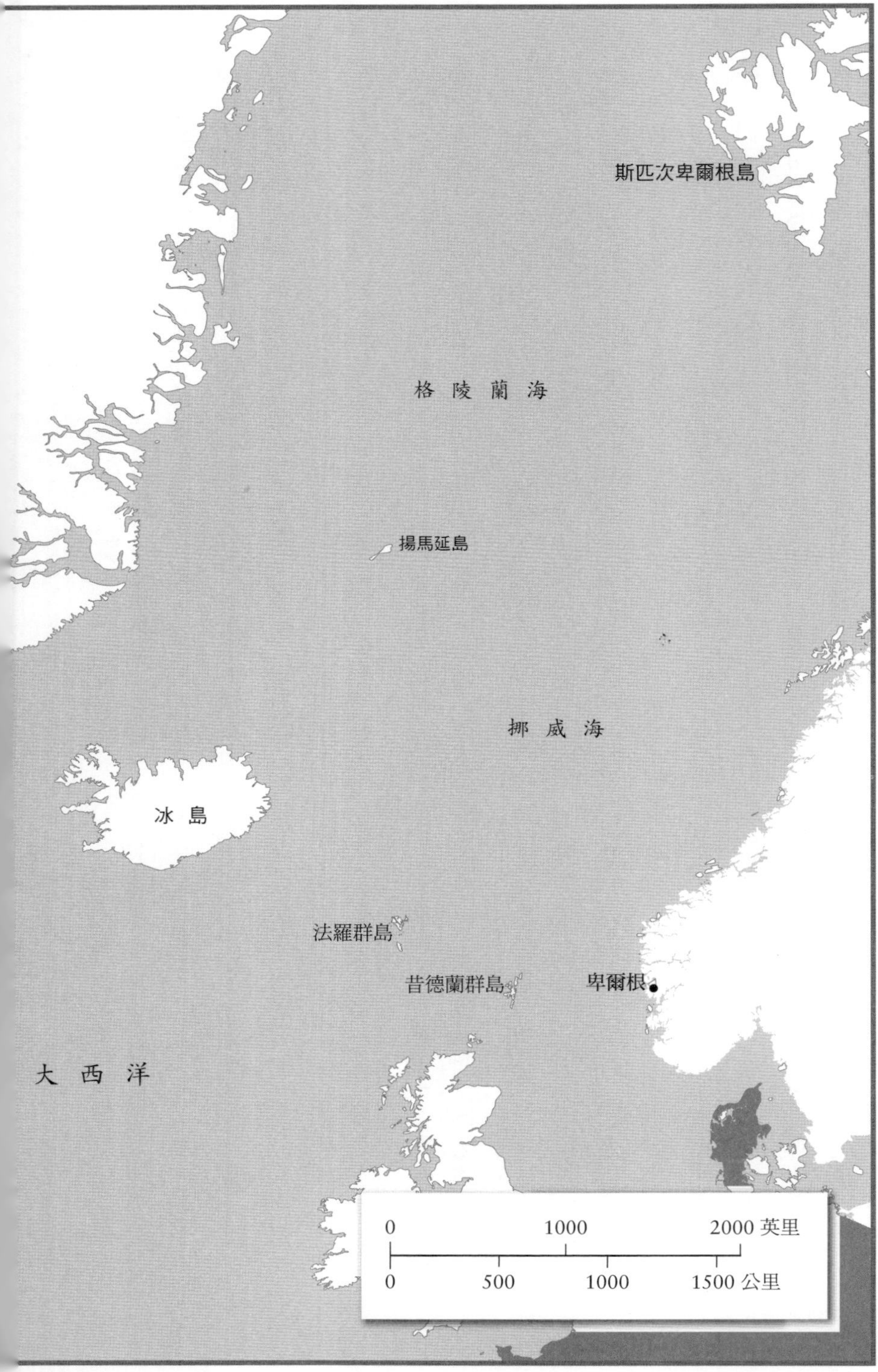

斯匹次卑爾根島
格 陵 蘭 海
揚馬延島
挪 威 海
冰 島
法羅群島
昔德蘭群島
卑爾根
大 西 洋
0
1000
2000 英里
0
500
1000
1500 公里

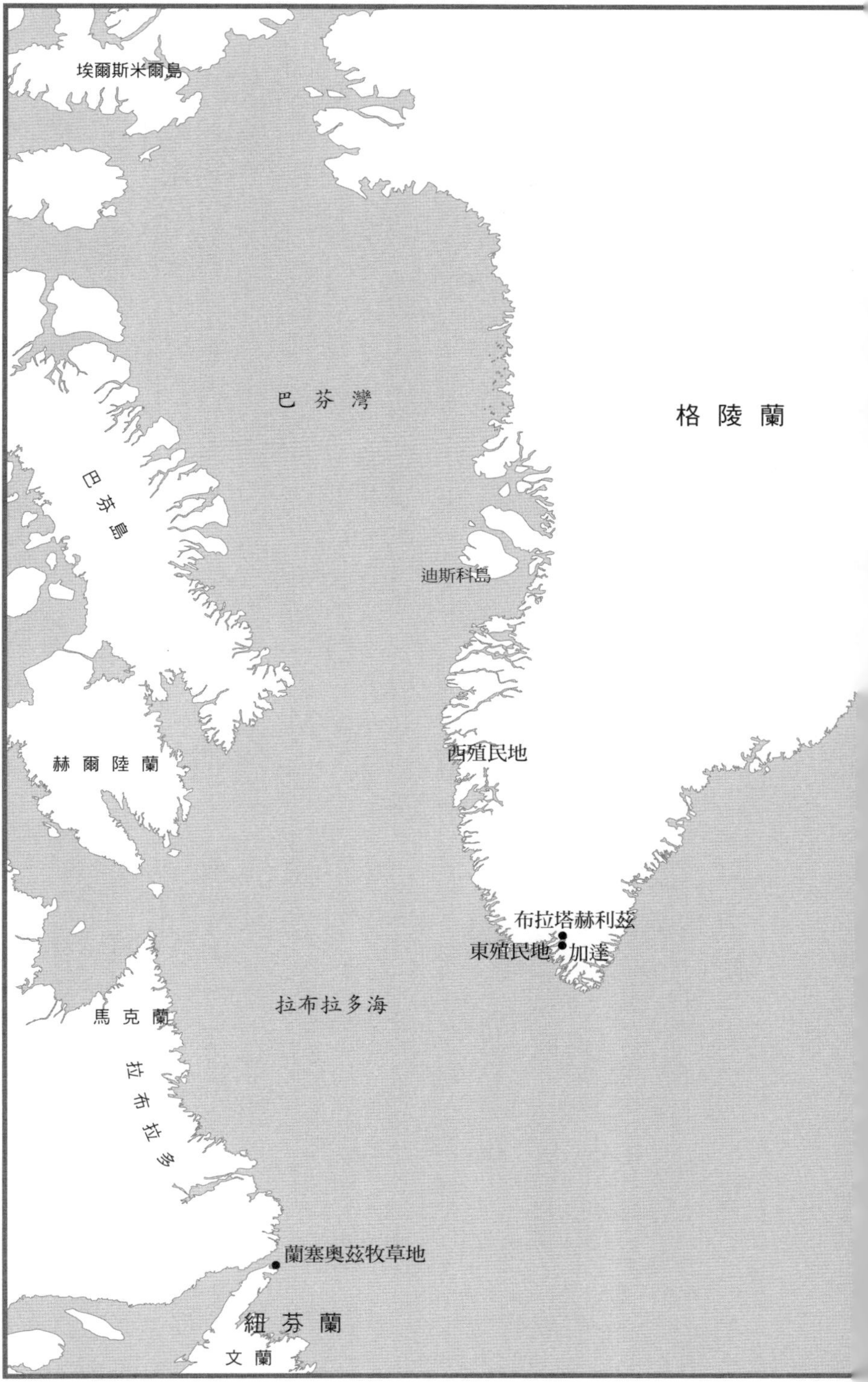
埃爾斯米爾島
巴芬灣
格陵蘭
巴芬島
迪斯科島
西殖民地
赫爾陸蘭
布拉塔赫利茲
東殖民地
加達
拉布拉多海
馬克蘭
拉布拉多
蘭塞奧茲牧草地
紐芬蘭
文蘭

八三年，他被從冰島流放，刑期三年；如果他在冰島公開露面，人人皆可誅之而不受懲罰。

他想要土地，因此離開冰島是顯而易見的選擇。所以埃里克選擇的不是不列顛群島上的諾斯人土地，而是烏爾夫－克拉庫松看到的遙遠的冰封之地。格陵蘭東岸有高聳、冰雪覆蓋的懸崖，相當不適合定居。許多關於諾斯水手被海浪沖到這片海岸的故事流傳下來，其中一些人很幸運地被人發現，還有一些人試圖越野跋涉到定居點，但是被寒冷打敗，他們的屍體在十四年後被發現並確認身分。在一個案例中，還發現了蠟板，上面記錄一個卑爾根旅行者在前往冰島的旅途中遭遇的挫折。[7]埃里克避開這些後來被稱為「無人定居的荒野」的地方，繞過格陵蘭南端，找到兩個適合定居的地區：在南部，沿著遠離岩石海岸的水道，經過棲息著大量鳥類的島嶼，他發現後來被稱為格陵蘭東殖民地的草地（儘管它被稱為南殖民地可能更好）。在東殖民地以北四百英里處，他發現另一個地區，那裡更涼爽，他認為是狩獵探險的好基地，這就是所謂的格陵蘭西殖民地，一直比更南面的主要基地小。他很可能從西殖民地滿載著海豹皮、海象牙和其他極地戰利品回來，他的發現宣傳熟練的獵人可以從這個地區獲得怎樣的財富。格陵蘭東殖民地的潛力及其翠綠的田野，讓他把這塊土地命名為格陵蘭（字面意思為「綠色的土地」），「因為他認為，如果這塊土地有一個吸引人的名字，人們就會被吸引到那裡」。[8]使用格陵蘭這個名字其實並非不誠實，因為他提議的殖民地點確實是綠色的，而且全球氣溫的上升使得這塊土地更加碧綠。三年後，他回到冰島，不再是一個流放犯；西元九七六年的一場嚴重饑荒使得冰島人士氣低落，埃里克大肆宣揚格陵蘭的美妙，幾乎不費吹灰之力就從冰島招募到大約四百名定居者。[9]

按照慣例，當埃里克接近為格陵蘭東殖民地標出的土地時，他將自己的高座柱子扔到海裡，觀察它們會被沖到哪裡，所以他是依靠神靈告知在哪裡定居。他選擇的地方——布拉塔赫利茲（Brattahlíð），已經被確認和發掘出來，因為它有人定居的時間長達數百年。布拉塔赫利茲位於一片距離海岸較遠的寬闊平原，該平原一直通往海邊的峽灣。這些定居點就像冰島的定居點一樣，並不是真正的城鎮。格陵蘭東殖民地有近兩百座分散的農場，西殖民地有九十座農場。其中一些農場被後來的定居者占據，他們聽到這片新土地可以提供機遇的好消息，於是紛紛趕來。[10]在諾斯定居者皈信基督教之後，格陵蘭東殖民地的加達（Gardar）還有一座主教座堂，其他定居點也有幾座教堂。在東、西兩個定居點的堅韌不拔居民，有時會乘坐六支槳的小船往北走，許多農民都擁有這種船。他們可能最遠到達迪斯科島（Disko Island，北緯七十度），尋找海象、北極熊和獨角鯨，在歐洲，人們通常認為獨角鯨的長牙是獨角獸的角。著名的路易斯島西洋棋就是用海象牙製成，不過實際上應該是在挪威海岸的尼達洛斯製作的。

十四世紀中葉，海象牙貿易開始衰敗，可能是因為對海象牙資源的過度開發，致使海象數量開始銳減。另一種解釋是，歐洲人越來越容易從西非和紅海獲得象牙。但至少就西非而言，這是十五世紀而不是十四世紀的事情。海象皮在北歐受到珍視，因為它可以被擰成堅韌的繩子。保存在丹麥國家博物館的兩個小護身符，分別是一隻北極熊和一隻海象的形狀。[11]十三世紀，義大利南部酷愛獵鷹的皇帝腓特烈二世（Frederick II）收到的一件完美禮物是一隻格陵蘭隼；據說一三九六年勃艮地公爵的兒子參加十字軍東征被土耳其人俘虜後，他的贖金就是十二隻格陵蘭隼。[12]所以，格陵蘭在中世紀的國際貿易裡擁有一定的地位，絕不只是由諾斯流亡者居住的與世隔絕的土地。十三世紀的一位挪威作家解釋，航行到格陵蘭有三個很好的理由：好奇心、尋求名望，以及尋找財富。正是因為格陵蘭如此遙遠，而且比其他地方更少有人去，所以提供「豐厚的利潤」。這不僅僅是因為格陵蘭是罕見的北極產品的來源；商人還可以從格陵蘭對鐵和木材的需求中謀利，因為「改善（格陵蘭）土地所需的一切都必須在國外購買」。[13]

格陵蘭和冰島的最大區別在於，在諾斯定居者第一次抵達格陵蘭時，這片廣闊土地的西岸部分地區已經有人居住，不是像冰島那樣只有少數貞潔的神父居住，而是由愛斯基摩諸民族居住。「愛斯基摩人」（Eskimo）這個詞彙已經過時了，因為它是一個美洲原住民的詞彙，意思是「吃生肉的人」（有輕蔑之意）。但本書用「愛斯基摩人」這個詞彙泛指擁有不同文化的多個民族：所謂的多塞特人（Dorset people），得名自巴芬島附近的一座小島；然後是我們更熟悉的因紐特人（Inuit），他們至今仍然居住在格陵蘭，有時被稱為「新愛斯基摩人」。「因紐特」一詞的意思是「人類」，因為許多民族除了「我們自己」之外，沒有詞彙來指代自己（這是相當合理的）。[14]在諾斯人發現格陵蘭時，多塞特愛斯基摩人可能還在格陵蘭，因為《冰島人之書》（*Íslendingabók*）中提到，埃里克與同伴「朝東和朝西發現許多定居點，還有皮船和石器的遺跡」；《冰島人之書》的作者假設，曾經生活在這些地方的人與埃里克，後來在美洲大陸東側南部的文蘭（Vinland）遇到的難對付原住民是同族。[15]考古證據不太支持這點，《冰島人之書》很可能是用很久之後蒐集到的資訊，對埃里克的發現加油添醋；儘管如此，多塞特愛斯基摩人可能一直存在於格陵蘭，直到一〇〇〇年左右，但他們生活的地方比諾斯移民定居的兩個地區更北邊。在下一波愛斯基摩定居者（因紐特人）中流傳的傳說，記錄這樣的故事：在格陵蘭和加拿大大陸之間的巴芬島上獵海豹的居民，被新來的因紐特人驅趕向南。被因紐特人驅趕的這些前輩應該是乘坐皮艇（kayak）渡海抵達格陵蘭，但他們並不是真正的海洋民族，而且後來被格陵蘭的自然條件打敗了：他們住在結構簡單的房子裡，用開放式爐灶取暖，而在格陵蘭這樣缺乏木材的地方很難找到燃料。[16]

因紐特人學會用不斷改良的皮艇在北極的水路中航行，並從西伯利亞和阿拉斯加沿著加拿大的遠北海岸與島嶼，進入格陵蘭西北部。他們大約在一〇〇〇年進入格陵蘭，那正是諾斯人定居格陵蘭的時間。到了一二〇〇年左右，這些因努蘇克因紐特人（Inugsuk Inuits，這是他們的準確名字）已經和格陵蘭的諾斯居民打過照面。與愛斯基摩人居住在用冰塊建成冰屋中的普遍印象相反，因紐特人實際上居住在略微下沉的房屋裡，透過狹窄的通道進入，房屋用石塊、石片、草皮和鯨骨堆積而成。與諾斯人一樣，他們狩獵海象和海豹；他們是非常活躍的捕鯨者，裝備著沉重但工藝精美的魚叉，甚至能捕獲巨大的鬚鯨。在格陵蘭的因紐特遺址發現源自諾斯人的物品（一塊有對稱裝飾的海象牙、一塊青銅勺碎片和一個青銅壺碎片等），表明諾斯人和因紐特人社區之間有貿易往來（或掠奪）。隨著因紐特人慢慢南移，以及諾斯探險家不斷北上，雙方的接觸變得更加頻繁，但在格陵蘭的諾斯人遺址發現的因紐特物品非常少。[17]

在較大的格陵蘭東殖民地，人們更希望建立一個自給自足的社區。和在冰島一樣，自給自足其實是不可能的，因為無法大面積播種穀物，而格陵蘭定居者的主要生計來源是羊群。十三世紀的挪威文本《君王寶鑑》（*King's Mirror*）描述格陵蘭定居者如何獲得大量乳酪和奶油、養牛吃肉，以及狩獵馴鹿、鯨魚和海豹，從而獲取肉或油脂，並捕獵當地的魚（特別是鱈魚）和北極兔。被稱為斯基爾（skýr）的乳質飲料是他們最喜歡的食物之一。當地木材稀少，品質差，即使是順著洋流從西伯利亞漂來的漂流木也不適合造船，不過可以當作燃料，因此他們不得不四處尋找木材。如下文所示，這迫使他們不得不進一步向西走。但他們和冰島人一樣，生產厚重的毛料織物，它們出現在貿易路線各處；在格陵蘭發現的一個織布機配件（warp weight）上裝飾著一把錘子，這是托爾神的象徵，表明多神教神祇對格陵蘭的諾斯定居者仍有吸引力。格陵蘭的糧食產量很少，以至於（如果《君王寶鑑》是可信的）大多數格陵蘭人都不知道麵包是什麼。[18]這些定居者很強悍：當紅髮埃里克拜訪親戚「遠行者」托基爾（Þorkell the Far-Travelled）時，托基爾需要招待他晚餐，但他的羊群在一英里外的小島上，而他當時沒有船。於是他游到島上，宰殺一隻公羊，把牠背在背上，再一路游回來，為埃里克準備一頓烤羊肉。[19]

格陵蘭的第一批諾斯定居者是多神教徒，而格陵蘭皈信基督教的情況並不清楚。根據《紅髮埃里克薩迦》（*Saga of Eirik the Red*），埃里克是一個虔誠的多神教徒，當發現家人熱衷於接受新的信仰時，他感到很不安。他的兒子「幸運的」萊夫（Leif the Lucky）曾在挪威國王特里格維松的宮廷待過一段時間。國王勸他回到格陵蘭，在那裡傳播基督教。萊夫說這是一項困難任務時，無疑想到自己的父親。但國王很堅持。萊夫先是被風吹到北美，然後抵達格陵蘭，立即讓他的母親皈信基督教，於是她拒絕與埃里克一起生活，「這讓他非常惱怒」。當他的家人建造一座小教堂（只有六公尺長、三公尺寬，在布拉塔赫利茲被發掘出來）之後，埃里克就更加惱怒了。[20]特里格維松國王使格陵蘭皈信基督教的說法可能誇大，關於他參與其中的故事，是為了進一步提高他在十三世紀形成的諾斯基督教之父聲譽。他並未成功地將新宗教強加給挪威那些較偏遠的角落，也沒有成功地在冰島和格陵蘭根除多神教；但人們逐漸被爭取過去，從加達主教座堂的遺跡和格陵蘭主教斷斷續續的繼任譜系中可以看到這種影響，這些主教從十二世紀初開始被派往格陵蘭東殖民地工作。由於缺乏良好的木材，布拉塔赫利茲的教堂是用大塊草皮圍繞著簡單的木質框架建造，其建造方式與格陵蘭和冰島的農舍相同。[21]在很長一段時間裡，格陵蘭並非冰島的附屬國。格陵蘭的政府體制仿效冰島，有一個召集主要居民的「庭」（ping），庭在法律發言人（Law-Speaker）的指導下通過法律。格陵蘭與挪威的關係，和冰島與挪威的關係一樣模糊不清。到了一二六一年，格陵蘭與冰島一樣，接受挪威國王的權威，但挪威國王無法對其事務施加過多的控制。

一個來自中世紀冰島的迷人故事，講述冰島人奧敦的經歷，他從挪威一路走到格陵蘭，在那裡用所有的錢買了一隻熊，那「絕對是個寶貝」。他決定返回挪威，然後向南旅行，目的是將熊獻給丹麥國王斯文。但當他到達挪威時，挪威國王哈拉爾（他是丹麥國王的對手）聽說奧敦到達，就把他召到宮中。國王彬彬有禮地問奧敦：「你有一隻熊，絕對是個寶貝？」奧敦含糊其辭，因為他能猜到接下來會發生什麼。「你願意以買牠的原價賣給我嗎？」奧敦禮貌而堅定地拒絕了。於是，國王問他打算如何處理這隻熊。當他聽說奧敦想把牠送給丹麥國王時，便告誡道：「難道你是個大傻瓜，沒聽說我們兩國處於戰爭狀態嗎？」不過，哈拉爾國王還是很客氣地放奧敦離開，只要奧敦答應在回來時告訴他，斯文給奧敦的獎勵是什麼。奧敦繼續往南走，但發現自己已經沒有錢了，也沒辦法養活自己和熊。他勸說丹麥國王的管家賣給他一些食物，但是奧敦要付出這隻熊的一半所有權。畢竟，管家說得很清楚，如果不達成交易，熊就會餓死，到那時奧敦還會有什麼好處？「當他明白這一點時，覺得管家說的很有道理，所以他們就這樣決定了。」

奧敦和管家一起來到丹麥國王面前，解釋他的來意，並說現在有一個新的問題：他不能把熊獻給國王，因為他只擁有牠的一半。國王責備管家對帶著這麼好的禮物來到宮廷的旅行者不夠慷慨，因為就連斯文的敵人哈拉爾國王都讓奧敦安全上路了。管家立即被流放，而奧敦被邀請留在宮廷，只要他願意，無論待多久都可以。過了一陣子，奧敦對旅行的熱愛再次體現，他決定和一群朝聖者一起去羅馬，國王表示大力支持。但是當奧敦回到丹麥時，再次變得一貧如洗，在宴會廳外徘徊，不敢穿著破衣爛衫露面。最終，國王發現有一個人在後面徘徊，並知道他是誰。奧敦再次被邀請在宮廷度過餘生，但是奧敦對旅行的渴望又一次壓倒一切：「陛下，您給我的榮譽，上帝都會獎賞您，但我真正想要的是回到冰島。」他擔心母親在冰島過著貧困的生活，而他卻在宮廷裡狂歡。

在春末的一天，斯文國王走到碼頭，那裡正在檢修船隻，準備航行到許多地方，如波羅的海、德意志、瑞典和挪威。他和奧敦來到一艘非常好的船前，人們正在為那艘船的出航做準備工作。國王問：「奧敦，你覺得這艘船怎麼樣？」他回答：「非常好，陛下。」國王說：「我打算把這艘船送給你，作為你送我那隻熊的報答。」

但是丹麥國王擔心這艘船會在危險的冰島海岸失事，所以給了奧敦一個裝滿白銀的錢包和一個他自己戴著的金臂環，要求奧敦只能把金臂環交給一個對他特別有恩的人。

奧敦首先航向哈拉爾國王的宮廷，受到熱烈歡迎。他告訴國王，他的對手斯文非常樂意收下那隻熊，並給予豐厚的禮物作為回報。奧敦說：「您有機會剝奪我的這兩樣東西——我的熊和我的生命，其他人可能會要我的命，您卻讓我安全地離開了。」說著，他把丹麥國王的臂環送給哈拉爾國王，然後啟程前往冰島，在那裡「他被認為是最幸運的人」。[22]遺憾的是，故事沒說那隻熊的結局是什麼。不過，奧敦的故事並不只是提供古人捕獲格陵蘭北極熊的證據，這些北極熊被一直帶到斯堪地那維亞半島。故事還描繪一個將格陵蘭和挪威聯繫在一起的貿易世界，有時是透過冰島的中介，有時是直接聯繫。向偉大的君主贈送北極熊的故事有史實基礎：十一世紀的德意志皇帝亨利三世（Henry III）和被稱為「耶路撒冷旅行者」的挪威國王西居爾（Sigurð）都收到這樣一份禮物，西居爾曾在十二世紀初前往聖地，參加十字軍東征。格陵蘭人向這位挪威國王饋贈這份禮物，是希望他能夠支援建立一個格陵蘭主教區。[23]

二

格陵蘭和歐洲之間的接觸在十四世紀開始減少了。即便如此，接觸的程度仍比過去想像中來得高，這證明在四百多年的時間裡，格陵蘭透過定期貿易與歐洲聯繫在一起。到了中世紀晚期，每年只有一艘克諾爾船到達格陵蘭，甚至可能連一艘都沒有，因為在一三四六年至一三五五年間，沒有一艘船隻到達格陵蘭。這恰恰是好事，因為就在歐洲被黑死病蹂躪時，格陵蘭與挪威斷了聯繫。到了十四世紀，只有獲得王家許可的船隻才被允許前往格陵蘭做生意。不過，這也表明挪威國王看到格陵蘭貿易的真正價值，並希望從中獲取大量的收益。來自格陵蘭的船隻抵達，往往會被記入挪威的史冊，比如一三八三年，一艘滿載北極貨物的船隻直接從格陵蘭抵達卑爾根（船主是冰島人）；它帶來格陵蘭主教幾年前去世的消息，這表明雙方的聯繫是斷斷續續的。事實上，這艘船的船長從未獲得在格陵蘭從事貿易的王家特許狀；但船員們堅持，這艘船是被風意外地吹向格陵蘭的，那並不是他們真正的目的地。稅務部門選擇相信這個很有可能是虛構的故事，因為船上的貨物太令人感興趣了。這類事情發生好幾次，挪威當局對此睜一隻眼，閉一隻眼。一三八九年，另一個冰島人帶著四艘滿載挪威貨物的船抵達格陵蘭。這位冰島商人漫不經心地聲稱，是格陵蘭人在挪威國王派駐格陵蘭官員的領導下，要求他卸下貨物，並把北極貨物搬上船的。[24]

但是格陵蘭人要求獲取歐洲商品，恰恰表明雙方的接觸沒有以往那麼密切。格陵蘭的最後一位主教從一三六五年至一三七八年在那裡任職。格陵蘭與歐洲接觸減少，可能有幾個原因：在中世紀末，氣溫可能有所下降，大塊的浮冰出現在比以往更南的海域，因此前往格陵蘭的航行變得越來越危險；格陵蘭人越來越不願意支付教宗徵收的所謂「彼得稅」（用瓦德瑪律布或海象產品支付）；挪威國王手頭拮据，並開始高度依賴德意志漢薩同盟的商人，他們過去沒有參與橫跨北大西洋的雄心勃勃的航行；黑死病於一四〇二年傳播到冰島（比傳播到斯堪地那維亞半島晚得多），導致前往格陵蘭的航行至少在一段時間內暫停。[25]從約西元八〇〇年到約一二〇〇年的溫暖期已經結束，所以浮冰肯定是一個日益嚴重的問題：大約在一三四二年，挪威神父伊瓦爾．鮑札爾松（Ívar Bárdarson）被派往格陵蘭，負責照看加達主教的田產，鮑札爾松描述從冰島到格陵蘭的海路。他把幾個世紀前烏爾夫－克拉庫松無意中經過格陵蘭時發現的小岩礁作為參照。神父知道以前的航海路線，因為他接著寫道：「這是舊的路線，但如今冰從西北方向的海灣下來，離上述小岩礁如此之近，所以任何人沿著舊的路線航行都會遇到極端危險，可能從此音訊全無。」[26]

格陵蘭西殖民地因為天氣惡化和因紐特人與諾斯人爭奪狩獵場而衰亡；因紐特人不斷向南遷移，因為他們追獵的海豹試圖逃避極北地區的嚴寒天氣。當挪威神父鮑札爾松在一三四二年造訪格陵蘭西殖民地時，他發現那裡只有「馬、山羊、牛和綿羊，都是野生的，沒有人，無論是基督徒還是多神教徒都沒有」，儘管他聽到一些傳聞，說斯克賴林人（Skrælings），即因紐特人，一直在騷擾諾斯定居點的居民。[27]格陵蘭西殖民地存在的理由，始終是為了獲取海象牙和其他北極產品，然後將其輸送到歐洲。長期以來，學界一直認為這個較小的定居點在一三四二年便不復存在。不過，考古學證據完全推翻了這一點。一九九〇年，因紐特人發現所謂的「沙下農場」，隨後考古學家進行發掘。該農場從十一世紀一直維持到十五世紀。沒有發現家具，這表明最後一批居民在離開時帶走他們的絕大部分財產。不過動物繼續在農舍中遊蕩，因為考古學家在一堵內牆邊發現一隻未被埋葬的山羊遺骸，牠被主人留下，後來餓死或凍死了。[28]

儘管一四九二年教宗的一封信宣稱，自十五世紀初以來，便不再有船隻前往格陵蘭，但考古證據表明事實並非如此：在格陵蘭一座教堂的牆壁上發現十五世紀的萊茵蘭陶器碎片。在赫約爾夫斯尼斯（Herjólfsnes）的一座農場墳墓中發掘出值得注意的服裝表明，格陵蘭東殖民地，或者至少是它的一些住戶，在十五世紀與外界一直保持著聯繫：出土的一個頭飾反映十五世紀晚期的勃艮地時尚，而且剪裁基本符合十五世紀歐洲的風格。赫約爾夫斯尼斯的港口是船隻在接近格陵蘭東殖民地時可能會遇到的第一個停靠港，因為它的位置很不尋常，位於海岸線上，而且比其他定居點更靠南。[29]出自十四世紀初的一個小銀盾上有坎貝爾氏族（Clan Campbell）的紋章，說明格陵蘭與不列顛群島之間有某種聯繫。顯而易見的結論是，即使挪威船隊未能前往格陵蘭，並且格陵蘭與冰島的聯繫一度中斷多年，也有其他訪客來到格陵蘭，很可能是英格蘭和巴斯克水手，他們在中世紀末開始探索北大西洋資源豐富的漁場。到了一四二〇年，英格蘭船隻主宰通往冰島的航線。[30]

不過，格陵蘭的諾斯人定居點還是衰亡了。赫約爾夫斯尼斯的一個集體墓地可能說明，當黑死病從挪威和冰島蔓延到格陵蘭（這幾乎不可避免）時，消滅大量人口。所有可能的解釋，包括黑死病或其他疾病、饑荒、營養不良、氣候變化、因紐特人的攻擊、歐洲人轉而偏好象牙、格陵蘭無法吸引到歐洲物資，都能很好地解釋它的衰亡，簡直就像阿嘉莎．克莉絲蒂（Agatha Christie）的懸疑小說。[31]一七六九年，來自挪威北部的路德宗牧師尼爾斯．埃格德（Niels Egede）記載他在格陵蘭聽到的一個傳說。在這個傳說中，因紐特人與諾斯定居者做生意。有一天，三艘小船運來一些因紐特人，他們襲擊了諾斯人，不過諾斯人成功擊退他們；因紐特人嚇得逃走了。一年後，一支艦隊從海上駛來；襲掠者屠殺了諾斯居民並擄走他們的牲畜。隔年的另一次襲掠之後，因紐特人回到海岸，看到被蹂躪的諾斯定居點；因紐特人找到一些諾斯婦女和兒童，把他們帶走了；諾斯婦女嫁到因紐特人社區，從此和諧共處。過了很久，一個「英格蘭私掠船主」來到這個地區，因紐特人很高興地發現對方只是想和他們做生意。由於這個傳說裡描述的定居點就在海岸，所以人們再次假定它就是赫約爾夫斯尼斯。這是一個非常晚近的口述證詞，可能經過幾個世紀的加油添醋，並由埃格德進一步潤色，而他一定受到所處時代的影響，因為當時英格蘭海盜在大西洋上遊蕩。[32]即便如此，因紐特人和諾斯人以外的第三方，在格陵蘭定居點的衰落過程中發揮作用的猜想，是對上述謎團的一種有趣解答。

在通往格陵蘭東殖民地主要部分的一個峽灣盡頭的一座農舍考古發現，讓這個謎團更加複雜。這是一座相當大的建築，有十五個房間。在一條通道裡發現一個頭骨和若干人骨，由此出現一種無法證實的說法：也許這是最後一個格陵蘭諾斯人，沒有人埋葬他——頭骨已被確認屬於一個諾斯人。如果我們相信來自冰島的約恩·葛籣蘭德爾（Jon Grønlænder）的報告，這些證據就變得更神祕了。葛籣蘭德爾在一五四〇年左右乘坐一艘德意志船前往他的家鄉，但船隻被風吹向格陵蘭。在那裡，在一個峽灣的深處，他看到沿著海灘排列的房屋，以及晒魚用的小屋；然後發現一具穿著毛料衣服和海豹皮大衣、戴著精美兜帽的屍體，對方似乎就在那裡倒下並死亡。[33]所以這個死者可能才是最後一個格陵蘭諾斯人，不過他也可能是來自歐洲某地的訪客，甚至可能是一個找到歐式服裝的因紐特人。因紐特人肯定會襲擊諾斯人的農舍，這很容易做到，因為諾斯定居者一直生活在分散的住宅，而不是在城鎮裡。例如在一三七九年，斯克賴林人殺害十八個格陵蘭諾斯人，並抓了兩個男孩為奴。[34]

一個簡單但重要的問題是，為什麼因紐特人能在格陵蘭生存和發展，而諾斯人卻消失了？事實證明，因紐特人的適應能力比諾斯人強得多：他們把格陵蘭西部的整條海岸線，以及格陵蘭之外的一些北極島嶼作為自己的領地，而格陵蘭東殖民地的傳統經濟更多是基於在一小片真正有綠色的地區從事畜牧業，而不是狩獵和捕魚。[35]長期以來，人們認為諾斯人在格陵蘭的殖民地之所以滅亡，是因為不均衡的飲食讓人的身體虛弱，在赫約爾夫斯尼斯發現的幾具骷髏的糟糕狀況就是一個證據。據說可以從格陵蘭人的小尺寸頭骨看出這種退化（學界已經分析四百五十七具骨架）。這項研究大部分是基於值得商榷的假設，不僅是關於屍體的年代，而且是關於他們在更廣泛人口中的代表性，以及關於想像中六英尺高的維京武士和實際從地下挖出較矮的人之間的差異。畢竟，在中世紀歐洲的任何墓地中都有可能找到類似身體不健康的證據，但這不能說明歐洲人口的健康水準在不斷退化。另一方面，在墳墓中發現的年輕婦女比例之高，表明格陵蘭婦女死於難產的比例比西歐高，或者也可能是婦女留在原地，而男子去了更遠的地方。針對這一點，稍後會有更多解釋。從骨骼中找到營養不良的證據極少。對於格陵蘭殖民地的滅絕，最令人信服的人口學解釋是緩慢而穩定的對外移民，因為格陵蘭居民，特別是年輕的男性，會去冰島或挪威尋找更有利可圖的生計。[36]在這種情況下，運送北極產品回歐洲的船隻也很可能載著格陵蘭人，他們無意返回祖先自一〇〇〇年以來一直生活的土地。此外，因紐特人切斷進入狩獵場的通道，所以諾斯人更難獲得北極產品，他們很樂意用熊皮和海象牙做交易，但需要的不止是凝乳與毛料織物。同時，人力成為一個主要問題：紅髮埃里克原先的定居點布拉塔赫利茲周圍的田地被允許恢復為草地，這表明耕作的人越來越少，也許要養活的人也越來越少。一些格陵蘭諾斯人可能已經融入因紐特人，因為因紐特人有關於異族通婚的故事流傳至今。有人認為，有些格陵蘭諾斯人去了美洲大陸，尋找新的牧場，這種觀點可以追溯到十七世紀的一位冰島主教，他還認為格陵蘭的諾斯人都變成多神教徒。[37]

從冰島到格陵蘭，以及從挪威到格陵蘭的路線，在整個十一世紀至十四世紀的夏季一直正常運作。雖然偶爾會有中斷，但教宗亞歷山大六世（Alexander VI）在哥倫布抵達加勒比海的那一年，表達他對格陵蘭人的宗教關懷，這表明歐洲人對這座巨大島嶼的記憶並沒有消失。亞歷山大六世寫道：「加達的教堂就在世界的盡頭。」[38]到了一四九二年，格陵蘭的諾斯定居點已經荒廢。但如果它們是在那時滅亡的，那麼已經存在五百年，大約與從葡萄牙人在十六世紀初重新發現格陵蘭到本書寫作之間的時間一樣長。

三

歐洲與格陵蘭的貿易規模，以及在格陵蘭建立的諾斯人殖民地的規模，可能都很小，但關於北大西洋的知識在北歐出版的地理著作中得到廣泛傳播，格陵蘭及其以外地區的發現在兩部薩迦中得到敘述，即《格陵蘭人薩迦》（*Greenlanders' Saga*）和《紅髮埃里克薩迦》，這兩部薩迦在幾個世紀中被抄寫和編輯，導致一個不幸的結果，就是從後來的修飾中難以恢復故事的原貌。[39]這些薩迦中關於諾斯人發現後來被稱為美洲地方的資訊，比關於格陵蘭的資訊更豐富。即便如此，它們也只揭示接觸的第一階段。在萊夫·艾瑞克森（Leif Eiriksson）於一〇〇〇年左右沿著北美海岸航行之後，諾斯航海家肯定會繼續造訪拉布拉多（Labrador），以尋找木材和其他原料。儘管諾斯人在冰島的定居被證明是永久性的，在格陵蘭的定居也持續了幾個世紀，但事實證明，他們在北美頂多只有臨時性的定居點。諾斯人前往美洲的航行證明這些航海家的高超技能，但這些航行卻是無用功。

在探討更著名的前往美洲東岸（諾斯人稱為赫爾陸蘭〔Helluland〕、馬克蘭〔Markland〕和文蘭）的航行之前，我們需要談一下從格陵蘭向北的航行，這些航行將諾斯人帶到加拿大北極地區的邊緣。這裡有許多大小不一的島嶼，從巴芬島和埃爾斯米爾島（Ellesmere Island）到極小的多塞特島，為格陵蘭西殖民地的人們提供尋找獨角鯨、海象牙、北極熊、海豹或鯨魚脂肪（用於照明，也可作為食物）的機會。在十三世紀或更晚的時候，格陵蘭諾斯人至少有一次深入到北緯七十二．五五度，留下盧恩文銘文：「埃爾林．西格瓦德松（Erling Sigvaðsson）、比亞德尼．索爾達松（Bjarni Þordarson）和恩里迪．阿松（Enriði Ásson）在小祈禱日〔四月二十五日〕前的週六，建造這些石堆。」一二六六年，一支前往北方的探險隊看到因紐特人的房屋，但是被大群北極熊嚇跑了，牠們阻止諾斯人的登陸。在格陵蘭西部的遺址中發現的幾個小型因紐特雕刻，被認為是描繪一個歐洲人，因紐特人與他有過接觸。[40]在格陵蘭西殖民地的一座農場發現的一個箭頭，是用格陵蘭西北部的隕鐵製成的，這表明諾斯商人有時從因紐特人那裡獲得鐵，而不僅僅是從挪威商人那裡獲得。[41]有人認為，諾斯人去過一個環境好得出乎意料的地方，即北緯八十三度的埃爾斯米爾島。它是世界上最北端的大島之一，基本上沒有雪（不過有冰），而且在過去的年代裡，這裡有大量的麝牛，還有豐富的植物和地衣供牠們食用。在埃爾斯米爾島的某些地區，夏季溫度在攝氏十度至十五度之間。在埃爾斯米爾島上一座因紐特人房屋遺跡的地下，發現諾斯人的鏈甲碎片和一個鐵鉚釘；儘管一些作家給出熱情洋溢的猜想，但這些碎片不能證明諾斯人去過那裡，更可能是諾斯人與前往埃爾斯米爾島的因紐特人做過生意。[42]毫無疑問，在一些極端的情況下，格陵蘭人的冒險精神使他們走出通常的狩獵區，但到迪斯科島的旅行更頻繁：會有大量的漂流木從西伯利亞漂到這裡。[43]

有一塊微小的落葉松碎片被認為來自一艘船，它講述的故事本身就像上述兩部薩迦一樣細節豐富。這塊碎片是在格陵蘭發現的，出自一種不生長在格陵蘭、冰島或挪威的樹木，但是這種樹在加拿大東北部有很多。[44]它不是漂流木，因為漂流木在水中會退化，其品質不足以建造任何大型和堅固的東西。然後是在格陵蘭西殖民地的「沙下農場」發現的微小痕跡：熊毛皮的碎片，不是來自當地的北極熊，而是棲息在加拿大北部的黑熊或棕熊，以及野牛毛皮的碎片。在同一地區的墳墓附近發現的一個箭頭，起源於哈德遜灣（Hudson Bay）附近。此外，兩套冰島編年史講述有一艘船從格陵蘭之外一個叫馬克蘭的地方意外抵達冰島的故事。那是在一三四七年，這艘船被吹離了航線：「還有一艘船從格陵蘭來，尺寸比冰島的小船來得小；它來到外斯特羅姆峽灣（Straumfjord），沒有錨。船上有十七個人。他們曾航行到馬克蘭，後來被風暴吹到這裡。」[45]估計這艘船曾航行到馬克蘭尋找木材。冰島人，甚至斯堪地那維亞人，都會對馬克蘭這個地名感到熟悉。

冰島的一些地理著作認為，格陵蘭以西的土地屬於非洲。這些著作似乎可以追溯到十二世紀，不過現存的文本只能追溯到一三〇〇年左右。其中寫道：

> 挪威以北是芬馬克〔Finnmark，即拉普蘭（Lapland）〕。從那裡，土地向東北方和東方延伸到比亞馬蘭〔Bjarmaland，即彼爾姆（Permia）〕，那裡的人向普魯士國王進貢。從彼爾姆開始，無人居住的土地一直向北延伸，直到格陵蘭。格陵蘭以南是赫爾陸蘭（意為平石之地），然後是馬克蘭。從那裡到文蘭就不遠了，有些人認為它是從非洲延伸過來的。[46]

這段文字描述一個封閉的大西洋（就像托勒密假設存在一個封閉的印度洋一樣），格陵蘭透過一片北極大陸與歐洲相連。這種說法可能比一二〇〇年左右的《格陵蘭人薩迦》，和十三世紀中葉成書的《紅髮埃里克薩迦》還要早。《格陵蘭人薩迦》聲稱記錄發現赫爾陸蘭、馬克蘭和文蘭三塊土地的關鍵人物之一——托爾芬．卡爾塞夫尼（Þorfinn Karlsefni）的回憶，而《紅髮埃里克薩迦》顯然更富於幻想，例如其中寫道，一個獨腿人（一種被認為生活在非洲的單足人形動物）對這些新土地上的諾斯訪客發動攻擊，因此這也意味著薩迦作者假定文蘭是與非洲相連的。這不僅顯示中世紀動物寓言集和其他幻想文學的影響，也顯示古典作家的影響，因為冰島人正以其他地方幾乎無法比擬的熱情，大量閱讀來自歐洲的拉丁文文獻（一個可能的資訊來源是塞維亞的伊西多祿，他寫作的時間大約是西元六〇〇年）。[47]

中世紀關於西方土地的幻想，現代則有關於誰「發現」美洲的幻想。諾斯人曾到過北美洲，這是毫無疑問的。在故事的一個版本中，諾斯人最遠到達今天的明尼蘇達州，那裡有一塊明顯是十九世紀製造的假符石，「證明」諾斯人在一三六二年就已經到了明尼蘇達州。在另一個故事中，耶魯大學在不仔細加以甄別的情況下，購買的一張偽造的十五世紀地圖，據說證明了十五世紀歐洲人對北美部分地區的確切了解，這些資訊可能傳到哥倫布的耳裡，他可能在年輕時曾到訪冰島。一九五七年在緬因州的一個美洲原住民遺址發現的一枚十一世紀末的諾斯錢幣，可能會引起更多的關注；它引起人們的極大興趣，但它被穿了孔，當作首飾。幾乎可以肯定它是沿著現有的貿易路線一路南下，從一個人手中傳到另一個人手中。[48]我們最好還是去讀薩迦，然後嘗試弄清楚它們講述的內容，以及薩迦與北美的考古證據是否相符。

四

在《格陵蘭人薩迦》中，我們了解到格陵蘭以西的新土地是由比亞德尼·赫約爾夫松（Bjarni Herjólfsson）首度發現，他在西元九八五年左右試圖從冰島前往格陵蘭，但是被風吹偏了方向。他意識到映入眼簾的山丘和林地不可能是崎嶇、冰冷的格陵蘭，於是乾脆拒絕登陸去尋找淡水和木材。他還看到自己認為「毫無價值的」土地，那裡有山脈和冰川。然後他在赫約爾夫斯尼斯靠岸，這是以他父親赫約爾夫的農場命名的。「人們認為他非常缺乏好奇心，因為他對這些土地一無所知」，但是，「現在有很多關於發現新土地的討論」。[49]對新土地最熱情的格陵蘭人是萊夫，即格陵蘭殖民地創始者紅髮埃里克的兒子，埃里克現在已經太老、太疲憊了，無法參加新的冒險。萊夫被描述為「出色的水手，據說是第一個在格陵蘭、蘇格蘭、挪威之間直接航行並返回的船長」。[50]薩迦對前往新土地的遠航有六次還是三次的說法不一，《紅髮埃里克薩迦》甚至沒有提到缺乏好奇心的赫約爾夫松。

萊夫和手下首先來到赫約爾夫松認為沒有價值的土地，他們同意這一觀點，並把這塊土地命名為赫爾陸蘭，意思是「平石之地」。不過再往南，他們發現了白色沙灘，沙灘環繞著平坦的森林地帶，這塊土地被他們稱為「馬克蘭」。再經過兩天的航行，他們到達一座島嶼和一個海岬。「在這個地方，白天和黑夜的長度比在格陵蘭或冰島都更均衡」，他們看到的河流裡有很多鮭魚。這裡水草豐美，有天一個叫蒂爾克爾（Tyrkir）的德意志奴隸，因為吃了太多的野葡萄而醉醺醺地回到營地，於是他們決定把這塊土地稱為「文蘭」，即「葡萄酒之鄉」。他們建造一些大房子，並在文蘭過冬。[51]

在這一點，我們可以看到薩迦作者或他的消息來源如何為故事增添色彩。吃葡萄並不會使人醉倒，不過那些生活在距離葡萄酒產地很遙遠北方的人有這樣的想像，也是情有可原。這片土地的命名和蒂爾克爾的故事引發一場關於諾斯探險家在哪裡登陸，以及文蘭（Vinland）中的 vin 是否真的代表「葡萄酒」的辯論；表示「肥沃土地」的 vin 一詞有時被認為是真正的詞源，但在古諾斯語中，母音 i 和 í 是截然不同的，而且看起來旅行者確實到達一片土地，那裡大量生長的水果至少看起來像葡萄。有一種說法是，他們發現的實際上是醋栗，而醋栗確實很像一種毛茸茸的葡萄，或者古諾斯語混淆了醋栗和葡萄。另一方面，如果他們確實發現野葡萄，那麼一定到達今天的新斯科舍（Nova Scotia）南部，或加拿大與美國的邊境地區，最南甚至可能到了今天的波士頓。[52]

由萊夫的兄弟托爾瓦爾德（Þorvald）率領的第二支探險隊，回到萊夫在文蘭的房子，這裡似乎很適合定居，直到他們發現三艘覆蓋獸皮的小船，它們翻倒在沙灘上，每艘船下面有一個人。沒有證據表明這些人有惡意，但托爾瓦爾德的隊伍殺了兩個人，另一個人逃脫了。於是托爾瓦爾德等人意識到，不遠處有某種定居點。不久他們就遭到一群獸皮船的攻擊，這些獸皮船的船員被他們稱為「斯克賴林人」，他們也用這個詞彙指因紐特人。「斯克賴林人」的意思大致是「可憐蟲」。[53]萊夫因為在格陵蘭附近救下一些遭遇海難的船員，而獲得「幸運」的稱號。托爾瓦爾德的稱號應該叫「不幸的」，因為他在離開萊夫的營地時，被一支箭射中，箭穿過他的船舷和盾牌之間的狹窄開口，托爾瓦爾德死在文蘭；這預示著格陵蘭人和美洲原住民之間會有麻煩。[54]

不久之後，在格陵蘭，成功的挪威商人卡爾塞夫尼來到萊夫那裡，愛上美麗的寡婦古德麗德

（Guðrið），與她結婚。他們成為一對令人敬畏的夫妻；文蘭的故事不斷被人提起，古德麗德敦促丈夫建立一支探險隊。他招募到六十名男子和五名婦女。「他們帶著各種牲畜，因為如果可能的話，他們打算在那裡建立一個永久的定居點。」他們以萊夫的營地為基地，砍伐一批樹木，在這片土地上過著舒適的生活。過了一個冬天之後，他們才遇到斯克賴林人。起初，局勢很不妙。不過，諾斯定居者帶來一頭公牛，這頭公牛被突然從樹林中出現的大批斯克賴林人激怒，於是衝著他們大吼大叫，並衝向他們，把許多人嚇跑了。

好奇心和交易（而不是戰鬥）的願望占了上風，斯克賴林人回來了，提供毛皮和皮草以換取武器。卡爾塞夫尼明智地預見到，武器貿易會為將來幾代的北美定居者帶來麻煩，他規定諾斯人只能提供牛奶。諾斯定居點的婦女把牛奶拿給斯克賴林人，他們很高興，「斯克賴林人把他們買的東西裝在肚子裡帶走了。」[55]為了防止雙方的關係變糟，卡爾塞夫尼在定居點周圍建了一道柵欄，而古德麗德生下已知第一個在美洲土地上出生的歐洲人。不過，斯克賴林人越來越愛惹麻煩，他們在偷竊武器時被抓。不久之後，諾斯人和斯克賴林人之間爆發一場戰鬥。卡爾塞夫尼的商人本能開始發揮作用，他決定是時候把收集的大量毛皮和皮草裝上船，返回格陵蘭了。最終，卡爾塞夫尼把貨物一直帶到挪威，在那裡賣出，「他和他的妻子得到這個國家最尊貴的人的青睞」。[56]

當卡爾塞夫尼準備返航回到冰島時，一個來自不來梅的德意志人前來拜訪，想要購買卡爾塞夫尼船上展示的一個裝飾性木雕。卡爾塞夫尼回答：「我不想賣。」德意志人說：「我可以給你半馬克的黃金。」卡爾塞夫尼認為這是一個很好的報價，於是同意了；但他不知道這是什麼類型的木材，只知道

「它來自文蘭」。[57]也許這是一個美洲原住民的作品，那是吸引不來梅商人的地方。

後來又有一次在萊夫營地定居的嘗試，這次是紅髮埃里克的私生女弗蕾迪絲（Freydis）與定居者一起去的。這一次，麻煩是在定居者內部爆發，有一群人因為在萊夫建造的房子裡存放貨物而受到指責。他們離開了，在距離萊夫定居點不遠的地方建立自己的定居點，但生性殘暴的弗蕾迪絲（她是堅定卻善良的古德麗德的反面）殺了這些人，當她發現男性同伴中沒有人願意殺死受害者的女性同伴時，就拿起斧頭把五個女人也殺了。這是一場「滔天罪行」，她在格陵蘭從未因此受到懲罰，但卻成為千夫所指的人物。她逃脫懲罰的一個原因，或許是她在面對斯克賴林人的攻擊時表現的英雄氣概。《紅髮埃里克薩迦》這樣敘述這個故事，也許帶有幻想色彩：「當斯克賴林人向她衝來時，她從緊身內衣裡拉出一個乳房，用劍拍打它。斯克賴林人看到這一幕，很害怕，於是逃回船上，匆匆離開。」她真是布倫希爾德❶轉世。不過薩迦中說：「儘管這塊土地很好，但是由於原住民的存在，他們無法安全地生活在那裡，也無法免於恐懼，所以他們準備離開這個地方，返回家園。」在路上，他們在馬克蘭抓了幾個斯克賴林男孩，把他們帶回家，了解一些斯克賴林人的風俗。這些男孩很可能是因紐特人，但在更遠的南方，諾斯人可能遇到米克馬克印第安人（Mic-Mac Indians）。米克馬克印第安人下一次見到歐洲人，是在一四九七年卡博特在紐芬蘭登陸時。[58]古德麗德的生活比弗蕾迪絲來得體面，最終去了羅馬朝聖。我們已經基本上確認她從文蘭和格陵蘭返回冰島後居住的長屋。她以隱士的身分在冰島度過晚年，因其對基督教的虔誠而受到讚譽。因為她在美洲生下兒子斯諾里（Snorri）和另一個孩子，她也是幾代傑出的冰島人的祖先。[59]

《格陵蘭人薩迦》中包含的資訊就這麼多，在某種程度上，《紅髮埃里克薩迦》的資訊也就是這些。即便如此，書中的奇幻元素還是讓讀者感到困惑。索爾斯坦・埃里克森（Þorstein Eiríksson）和妻子格莉希爾德（Grimhild）是否真的在死於瘟疫後，仍然筆挺地坐在床上？索爾斯坦的船員都死於這場瘟疫，也許是在美洲染上的某種疾病，[60]而且這還是關於文蘭的兩部薩迦中幻想元素較少的那一部裡的故事。對於文蘭的所在地，考古學再次發揮作用，儘管實物遺跡沒有格陵蘭的遺跡那麼令人印象深刻。黑爾格・英斯塔（Helge Ingstad）和安妮・斯蒂納・英斯塔（Helge and Anne Stine Ingstad）花了很多年的時間，在以格陵蘭為圓心的合理範圍內的北美地區搜尋，最終於一九六〇年將紐芬蘭島北端的一個遺址確定為諾斯人的定居點，儘管諾斯人在那裡居住的時間顯然只是十一世紀初的數十年。將蘭塞奧茲牧草地（L'Anse aux Meadows）確定為萊夫的紮營地點，這是一種很誘人的想法，儘管該地點與薩迦中的描述不一致：這裡和可以找到野葡萄的地區有一定距離，而且有人對它是否適合作為港口、冬季氣候有多溫和提出疑問，這都是薩迦對萊夫營地的描述中提到的。但蘭塞奧茲牧草地肯定曾經是一個港口，因為出土的東西包括可以存放相當小的船隻的船棚。如上文所述，從格陵蘭西殖民地北上的諾斯獵人經常使用這種船隻。

蘭塞奧茲牧草地無疑是一個諾斯人的遺址。除了澡堂之外，還有一個炭窯和一個鍛爐；該遺址有一

❶ 譯注：布倫希爾德（Brünhilde）是日耳曼神話傳說中的女英雄。在諾斯傳說中，她是一位女武神（valkyrie），故事見於多部薩迦和《艾達》。在德意志神話中，她是一位強悍的女王。

個沼澤鐵礦，這可能是諾斯人在此定居的原因，因為北美原住民從未使用鐵，而如果有鐵和冶煉設施，在這裡建立定居點就會更有優勢：可以修理船隻，可以製造工具，總之，讓定居者減少對格陵蘭的依賴，何況格陵蘭也無法為他們提供鐵。一個紡錘的螺盤（spindle whorl）表明有婦女居住在這個地方，因為紡線是婦女的工作。當然，這些建築有可能是另一群格陵蘭人建造，而不是我們在薩迦中聽到的那些人。但可能性最大的情況是，薩迦認為文蘭的資源狀況相當理想，至少對萊夫定居點周圍的地區是這麼看的，這樣看來蘭塞奧茲牧草地確實是探險家們建立基地的地方。定居者確實從這個基地進一步向南旅行，因為在這個遺址發現不在如此高緯度地區生長的奶油南瓜的遺跡。因此，即使這個定居點曾是萊夫的營地，它後來也成為南下路線上的一個服務站；但諾斯人是否在南方建立其他定居點，或者只是為貿易而旅行（就像他們在格陵蘭北上是為了打獵一樣），這是一個有待解決的問題。他們是否將這個地區算作馬克蘭或文蘭，也沒有定論。[61] 一個顯而易見的結論是，在一個短暫時期內確實存在美洲毛皮的貿易，（根據薩迦）諾斯人越來越傾向用布條交換毛皮和皮草。但是和斯克賴林人打交道並不簡單，而且諾斯人很快就認為這麼做的風險多於好處。此外，諾斯人在美洲大陸停留的時間太短，以至於沒有必要建立一個墓地：在蘭塞奧茲牧草地沒有發現任何骸骨。

　　無論諾斯人是否到達遙遠北方的埃爾斯米爾島，可以肯定的是，馬克蘭為格陵蘭人提供木材。沿著從兩個格陵蘭定居點向北的洋流，然後繞道而行，可以很容易地抵達馬克蘭，然後把用馬克蘭木材建造的船隻帶過巴芬島，到達拉布拉多海岸，最終可到達靠近大海的森林地區。因此，與連接格陵蘭和冰島及挪威的航行不同，諾斯人到文蘭和馬克蘭的航行並不規律，而且在飽含敵意的原住民中定居也不是好主意。諾斯商人在美洲的存在並沒有像五百年後哥倫布、卡博特和韋斯普奇的探險那樣改變海洋世界，但歐洲與北美洲的聯繫並未停止。諾斯商人不知道馬克蘭和文蘭並非冰島與格陵蘭那樣的大島，也許還認為馬克蘭和文蘭是亞洲的一部分，但這並不是他們非常關心的事情。

第二十二章　來自羅斯的利潤

一

在冰島貿易和格陵蘭貿易存續的幾個世紀裡，在更東方的波羅的海與北海相連的空間，即「北方的地中海」，更密集的海上網絡正在發展，上一章討論的北極奢侈品透過卑爾根被送入這個空間。[1]這是一個有組織的空間，商人的活動受到一個鬆散的城鎮聯盟越來越嚴密地控制，這個城鎮聯盟本身也是從商人法團發展出來的。在這個時期，即從一一〇〇年至一四〇〇年左右，地中海成為熱那亞人、比薩人、威尼斯人和後來的加泰隆尼亞人之間競爭的舞臺，他們有時聯合起來對付拉丁基督教世界在伊斯蘭世界與拜占庭的敵人（不管是真實的敵人還是想像的），有時則相互挑戰。[2]相較之下，在「北方的地中海」，商人的目標驚人的一致。他們之間當然也有競爭，並且努力排斥來自英格蘭或荷蘭的外來者，但合作才是常態。

來自波羅的海和北海沿岸城鎮及北德廣袤腹地的商人組成的聯盟，被稱為德意志漢薩同盟。「漢薩」（Hansa或Hanse）這個詞彙泛指一群人，例如一支武裝部隊或一群商人。在十三世紀，Hansa一詞被用來指來自不同地區（如科隆周圍的威斯特法倫諸城鎮，或由大城市呂貝克領導的波羅的海諸城鎮）的不同商人群體，包括德意志人或法蘭德斯人。但在一三四三年，瑞典和挪威國王向「德意志漢薩的所有商人」（universos mercatores de Hansa Teutonicorum）發表談話，此後「這是一個超級漢薩，囊括所有的小漢薩」的想法就開始傳播。[3]「德意志漢薩」（中古低地德語 dudesche hanze，現代高地德語為 Deutsche Hanse）這一片語是非正式的；但是早期漢薩（有時被稱為 Hansard）商人在他們成功扎根的地方，如挪威的卑爾根或瑞典的哥特蘭島，用於自稱的官方術語則相當不同：在拉丁語為 mercatores Romani imperii，在低地德語為 coepmanne van de Roemschen rike，意思都是「羅馬帝國的商人」。[4]因為即使是在遠離萊茵河和多瑙河，從未落入羅馬人統治之下的德意志土地上，貴族、騎士和商人也對中世紀德意志國王的帝國權威感到自豪，大多數德意志國王都獲得神聖羅馬帝國的皇冠。波羅的海地區的主要漢薩城市呂貝克，在一二二六年被皇帝腓特烈二世提升到自由帝國城市的特殊地位。其實呂貝克在十二世紀已經從祖父腓特烈．巴巴羅薩（Frederick Barbarossa）那裡獲得一些特權。由於丹麥國王一直在爭取控制呂貝克和鄰近的什列斯威的土地，巴巴羅薩明白贏得呂貝克人的忠誠有多麼重要。[5]

對漢薩歷史的描述受到現代政治的深刻影響。十九世紀晚期，俾斯麥和德皇夢想著將德國打造成一個能夠在海上與英國對抗的海軍強國。困難在於，德國似乎缺乏英國擁有的那種海軍傳統。不過只要稍加探究，就會在漢薩城市的船隊中發現這種傳統。漢薩是德意志的，或者至少是日耳曼的，這一點很容易證明：確實有法蘭德斯、瑞典和其他非德意志的城鎮參與漢薩同盟的貿易，但這些人有共同的日耳曼血統，而且在維斯比（Visby）和斯德哥爾摩等中心的德意志商人構成當地最早商人群體的核心。第

波斯尼亞灣
維堡
芬蘭灣
塔林
諾夫哥羅德
愛沙尼亞
斯德哥爾摩
立伏尼亞
哥特蘭島
里加
波羅的海
馬爾堡
魯士
0 100 200 300 400 英里
0 200 400 600 公里

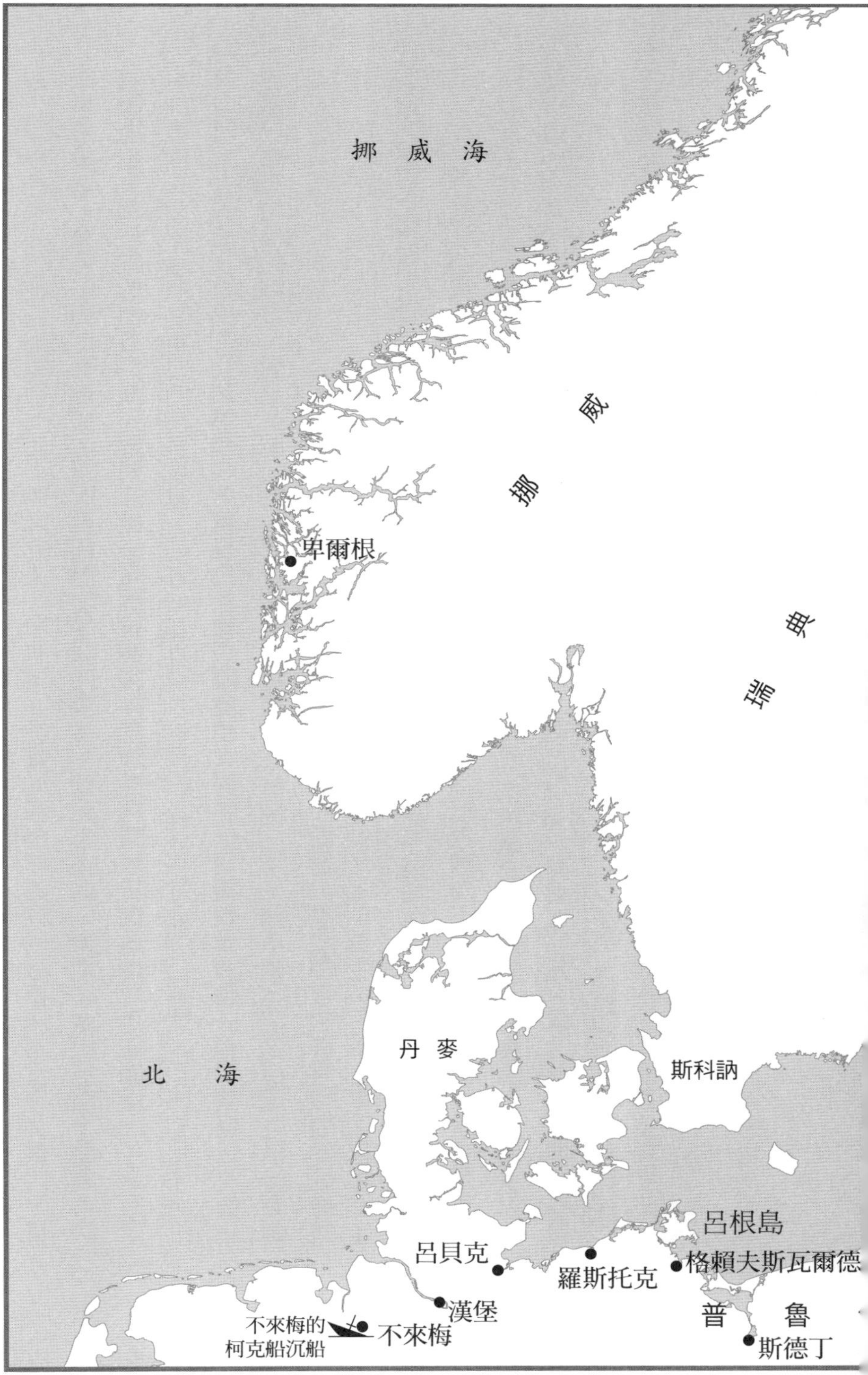
挪威海
挪威
瑞典
卑爾根
丹麥
北海
斯科訥
呂根島
呂貝克
羅斯托克
格賴夫斯瓦爾德
漢堡
普魯
斯德丁
不來梅的
柯克船沉船
不來梅

三帝國的歷史學家對這種想法有了進一步的闡發。在他們的筆下，漢薩同盟不僅與種族純潔性聯繫在一起，還與德意志的征服聯繫在一起，因為商人和十字軍在波羅的海沿岸建立的城市（下文會詳談），可以被描繪為「東進」的閃亮燈塔。按照納粹歷史學家的說法，德意志人的「東進」曾經征服，並將再次征服斯拉夫和波羅的海各民族。即使在第三帝國覆滅後，對漢薩同盟歷史的政治化仍在繼續，不過有了新的方向。由於幾個最重要的漢薩城鎮，如羅斯托克（Rostock）和格賴夫斯瓦爾德（Greifswald），位於現已消失的德意志民主共和國海岸，所以民主德國歷史學家對漢薩同盟很感興趣。他們贊同馬克思主義關於階級結構的觀點，對這些城市的「資產階級」特徵大加渲染。這些城市基本上是自治社區，直到十五世紀還能抵制當地王公將其納入他們的政治網絡的企圖。民主德國的歷史學家也非常重視漢薩城鎮工匠階層發出政治抗議的證據，從而考慮這些地方是否出現早熟的原始資本主義（不管這個詞彙究竟指的是什麼）。[6]

在名譽掃地的民主德國政權垮臺後，對漢薩同盟歷史的闡釋已經轉向不同的方向，德國歷史學家再次發揮主導作用。漢薩同盟如今被視為區域一體化的典範，是一個跨越政治邊界的經濟體系，將德意志、英格蘭、法蘭德斯、挪威、瑞典、後來的波羅的海國家，甚至羅斯❶，聯繫在一起。愛沙尼亞總理安德魯斯・安西普（Andrus Ansip）在慶祝國家加入歐元區時，宣稱：「歐盟是一個新的漢薩同盟。」現代德國對漢薩同盟的描述幾乎沒有掩飾自己的洋洋得意，即德國在歐洲的經濟主導地位似乎可以追溯到中世紀鼓舞人心的先例：德意志漢薩同盟鼓勵成員之間的自由貿易，並構成一個「商業超級大國」。[7]漢薩同盟甚至還有一定程度的政治一體化，因為同盟的商業法律遵循的是為數不多的幾個範本：起初許多航海城市遵循哥特蘭島上維斯比的海洋法，後來呂貝克的商業法律成為標準。不過，研究漢薩的著名法國歷史學家菲力浦·多林格（Philippe Dollinger）對「漢薩同盟」這一常見用語抱持反對意見，因為德意志漢薩並不是一個擁有中央組織和官僚機構的聯盟，而是多個聯盟的混合體，其中一些只是在短期內為處理特定問題而建立的聯盟。他非常明智地建議，「漢薩共同體」一詞最適合。[8]

所有這些解讀漢薩歷史的方式，都以一種大致相同的方式扭曲了它的過去。德意志漢薩同盟並不僅僅是一個海上貿易網絡。到了十四世紀，它已經成為一支重要的海軍力量，能夠擊敗對手，也能控制成員從事貿易的水域。在科隆的領導下，一些內陸城市在漢薩同盟與英格蘭的貿易中發揮非常重要的作用，不過這一點經常被忽視。[9]漢薩同盟在其城市網絡之外的三個主要貿易站（即漢薩商人被允許在一座城市中建立自己聚居區的地方），一個是諾夫哥羅德，位於內陸，不過另外兩個——卑爾根和倫敦，只能從海路進入。漢薩同盟既是一個陸地「強國」（也許應該說是河流「強國」），也是一個海上「強國」，它有能力將德意志腹地的城市和有出海口的城市的利益結合起來，所以漢薩同盟具有強大的經濟實力。它是奢侈品的供應來源，如羅斯的毛皮、黎凡特的香料（透過布魯日而來），以及波羅的海的琥珀。但它的成員更積極地運送不計其數的鯡魚、大量風乾的鱈魚，或在波羅的海沿岸條頓騎士團領土上

---

❶ 譯注：本書為了方便起見，將莫斯科大公伊凡三世（即伊凡大帝，一四四〇—一五〇五，莫斯科大公國統一羅斯的首任君主）時代之後的那個東斯拉夫民族及國家稱為「俄羅斯」，而將之前的相應的民族和多個政權稱為「羅斯」。當然，「俄羅斯」和「羅斯」的不同譯名，實際上是漢語經蒙古語翻譯造成的。

生產的黑麥。漢薩同盟與這個十字軍騎士團（普魯士和愛沙尼亞很大部分地區的領主）的聯繫是如此密切，以至於德意志騎士團（這是該騎士團的正確名稱）大團長也是漢薩會議的成員。除了為漢薩城市提供它們生存和發展所需的大部分糧食外，條頓騎士團大團長還是德意志商人在波羅的海南岸建立的幾座城鎮的宗主。[10]

一個十字軍軍事修會參加德意志漢薩同盟會議，這一點提醒我們，中世紀歐洲基督徒對波羅的海的征服不僅僅是商人努力的結果。正如熱那亞人、比薩人和威尼斯人充分利用地中海的十字軍東征，在地中海東部的貿易中心安家落戶一樣，德意志商人來到普魯士、利伏尼亞（大致相當於今天的拉脫維亞）和愛沙尼亞，是由於「北方十字軍東征」的勝利。「北方十字軍東征」是針對多神教徒，有時也針對東正教羅斯人的戰爭。在這些戰爭中，兩個德意志軍事修會，即寶劍騎士團和條頓騎士團，以及丹麥和瑞典國王，都發揮重要作用。寶劍騎士團於十三世紀初成立，當時阿爾伯特・馮・布克斯赫夫登（Albert von Buxhövden，一位與漢堡—不來梅大主教有密切親戚關係的雄心勃勃教士）帶著二十三艘船，載著五百名十字軍戰士，來到拉脫維亞。他的目標始終是在該地區建立一支永久性的德意志勢力，因此他於一二〇一年在里加（Riga）建立一個貿易中心。這裡也成為寶劍騎士團的基地，他們的任務是使當地的利伏尼亞人（一個與芬蘭人和愛沙尼亞人有親緣關係的民族）皈信基督教，如果有必要的話，可以動用武力。「北方十字軍東征」借用更有名的巴勒斯坦聖地的十字軍東征的概念和詞彙，將北方的廝殺描述為保衛獻給聖母的土地的戰爭，就像遠征耶路撒冷是為了保衛上帝之子的遺產一樣；後來，條頓騎士團將他們在普魯士的指揮中心命名為馬爾堡（Marienburg），即「聖母馬利亞的要塞」。如果沒有漢薩船隻橫跨波羅的海持續運來最先進的武器裝備，這些對抗狡黠、訓練有素、頑固的原住民的戰爭幾乎沒有成功的機會。德意志人的凶猛攻擊更多的是使反對勢力團結起來，而不是將其擊垮。[11]

很快征服利伏尼亞土地就成為目的，而西方對利伏尼亞人精神生活的興趣也減弱了，如果德意志人確實曾經有過這樣的興趣的話。當時的一位名叫海因里希的作家寫了一本關於征服利伏尼亞的編年史。他認為，所有針對利伏尼亞人的暴力都是出於善意。作為多神教徒，利伏尼亞人曾搶劫、殺人、犯下變態的性罪行，包括亂倫，但在受洗之後，他們要接受神聖的矯正，這似乎常常奏效。有一次，與愛沙尼亞多神教徒作戰的寶劍騎士團，連續幾天圍攻一個多神教徒的據點，當著被圍困者的面前冷酷無情地殺死俘虜，直到愛沙尼亞人受不了：「我們承認你們的神比我們的神更偉大。祂透過戰勝我們，使我們的心傾向於敬拜祂。」就像斯堪地那維亞人皈信時一樣，這裡傳達的資訊是，基督是一位武士，應受到高於所有其他權威的尊重。[12]寶劍騎士團是里加主教的追隨者，直到騎士團開始干涉從愛沙尼亞劃出的丹麥領土，包括丹麥人在那裡建立的貿易城市烈韋里（Reval），即今天的塔林（Tallinn，意思可能是「丹麥人的城堡」）。[13]到了一二三七年，這個醜聞和其他醜聞都傳到教宗耳中，結果是寶劍騎士團被強行併入規模更大、組織更好的條頓騎士團。但是那時寶劍騎士團已經將德意志的軍事存在，以及德意志的貿易存在，沿著波羅的海南岸擴張得很遠。[14]

正如塔林的建立表明的，十三世紀對波羅的海的征服並不僅僅是由德意志人完成的。丹麥國王和瑞典國王往往水火不容的政治野心，也改變了這個地區，並為德意志商人帶來更多的機遇。從一二五二年左右，斯德哥爾摩的建立開始，德意志商人就在這座島嶼城市受到歡迎，因為瑞典統治者明白，他們的征服戰爭需要的資源，在很大程度上來自貿易的利潤。瑞典國王透過襲掠控制芬蘭海岸，而愛沙尼亞一度落入丹麥人的統治之下，直到它被交給條頓騎士團。在不違背考古證據的情況下，我們可以將這些攻擊視為過去的丹麥和瑞典統治者，以及維京襲掠者進行戰爭的延續，那時海塔布和沃林是坐落在多神教國家邊緣的主要貿易基地。

這個時期的歷史，我們主要是從對多神教鄰居抱持激烈批評態度的基督徒，所寫的德語和斯堪地那維亞語言的著作中得知的。這段歷史太容易被表述為無情的十字軍陸海軍向東進入波羅的海地區的單向運動。當地的實際情況更為複雜。到了十二世紀和十三世紀，居住在波羅的海沿岸的斯拉夫人、波羅的海人及芬蘭－烏戈爾人（大部分是多神教徒），對德意志和丹麥的船隻與定居點發動維京式襲掠。正如盎格魯撒克遜人曾經祈求從諾斯人的憤怒中得到解救，中世紀的丹麥人也祈求從庫爾蘭襲掠者（即生活在今天拉脫維亞西岸的多神教徒）手中獲得解救。一一八七年，愛沙尼亞襲掠者最遠到達梅拉倫湖上的重要貿易基地錫格蒂納（Sigtuna），他們智取瑞典守軍後洗劫了那裡。這項壯舉足以與在早先幾個世紀沿著塞納河或瓜達爾基維爾河航行的維京人的遠征媲美，那些維京人的目的是洗劫法國和西班牙的富庶城鎮。[15]再往後，瑞典國王比爾耶爾（Birger）在一二九五年通知漢薩同盟，他已經征服了芬蘭南部的卡累利亞人（Karelians），並使他們皈信基督教；他認為這是完全正義的，因為卡累利亞人一直在對基督徒的航運發動海盜襲擊，並經常將受害者開腸剖肚。比爾耶爾還在維堡（Viborg）建造一座城堡，「為了上帝和光榮的聖母的榮譽，為了保護我們的王國，為了海員的安全與和平」。在維堡，比爾耶爾國王提議密切關注對羅斯的貿易，甚至限制可以登上波羅的海船隻的羅斯商人數量。他的真正目的是在羅斯的毛皮貿易中占有一席之地，並將政治控制權擴展到芬蘭南岸。[16]隨著跨海貿易規模的增加，德意志和斯堪地那維亞船隻成為各種形式的襲掠者的目標。因此在這些危險的海洋上建立秩序，會帶來豐厚的回報。無論是在波羅的海還是在地中海，貿易都和十字軍東征緊密地糾纏在一起。當然，在瑞典的十字軍國王們的算計中，政治野心也占了很大比重。

二

為什麼德意志人會在波羅的海和北海成為主宰？這是一個很好的問題。畢竟在一一〇〇年左右，德意志船隻在北海或波羅的海並不像斯堪地那維亞船隻那樣經常出現，而法蘭德斯人在北歐的河道上引人注目，在德意志更南的地方則有繁忙的猶太商人社區，他們特別活躍於葡萄酒貿易。無論是因為遭到故意排斥，還是對遙遠的北方不感興趣，德意志猶太人都沒有參與漢薩同盟領導對波羅的海和北海的改造。[17]在呂貝克於十二世紀開始繁榮之前，波羅的海之濱沒有德意志城鎮，而後來成為德意志民主共和國的地區確實有著與德意志其他地區不同的身分：後來成為德意志民主共和國的地區的居民是多神教徒斯拉夫人，特別是文德人（Wends）❷，即索布人（Sorbians），他們今天仍然生活在柏林附近的施普雷

❷ 譯注：文德人不是單一民族，而是日耳曼民族（斯堪地那維亞人、德意志人等）對居住在他們附近的斯拉夫人的泛指，所以文德人包括多個民族和部落群體。對斯堪地那維亞人來說，文德人是波羅的海南岸的斯拉夫人；對中世紀神聖羅馬

瓦爾德（Spreewald）。呂貝克的前身柳比策（Liubice），或稱老呂貝克（Alt-Lübeck），包括一座由易北河畔斯拉夫人的王公建造的要塞，而不遠處的另一個非常小的斯拉夫人定居點位於羅斯托克，在奧博多里特人（Abotrite）的領土上；再往東有魯吉人（Rugians）、瓦格利亞人（Wagrians）和波美拉尼亞人（Pomeranians）。靠近現代德國和波蘭邊境的斯塞新（Szczecin，德語名字是斯德丁〔Stettin〕），因其三座多神教神廟和堅固的城牆而聞名。[18] 這裡有大量不同的民族，說著不同的語言或方言，他們分裂成許多小群體，所以在德意志人和丹麥人有組織的攻擊面前更顯得脆弱。但是也有很多和平的接觸；這些斯拉夫民族中的一些人樂於從事跨海貿易，羅斯商人也曾到過這裡，他們抵達瑞典附近的哥特蘭島，並於一一五七年到達什列斯威。他們進入波羅的海的時間無疑更早，因為波羅的海與羅斯的聯繫可以追溯到斯堪地那維亞王公成為基輔統治者的時期；來自瑞典的瓦良格商人長期以來一直熟悉延伸到南方的河道，這些河道穿過烏克蘭，然後再經過一小段陸地，到達黑海。不過，十二世紀的羅斯商人來自諾夫哥羅德，而不是基輔，他們出售來自北極邊緣的毛皮和皮草，這些商品此時已經出現在諾夫哥羅德當地。[19]

不過，波羅的海地區的變革是德意志人的功勞，這裡的「德意志人」指的是一組語言的使用者，這些語言（在中世紀晚期的書面形式）被稱為中古低地德語，乍看之下，更像荷蘭語而不是南邊的高地德語，這意味著說中古低地德語的人比較容易維持與法蘭德斯人和荷蘭人的關係。在漢薩同盟的早期，有兩個地方主宰著波羅的海：哥特蘭，特別是它最大的城鎮維斯比及呂貝克。維斯比根本不在德意志土地，而在瑞典的一座島上，這似乎很奇怪；但是如上文所述，呂貝克也幾乎不在德意志土地上，如果

「德意志」是指說德語的人居住的地區的話。呂貝克與柳比策舊城的位置並不完全相同，後者更靠近大海。[20]呂貝克新城的建立是分階段進行的，首先是柳比策在斯拉夫人和德意志人之間的戰爭中被摧毀，然後是一一四三年霍爾斯坦（Holstein）的統治者阿道夫．馮．紹恩堡（Adolf von Schauenburg）建立一座新城市。這是一個糟糕的時機，因為不久之後，教廷宣布在三條戰線上展開十字軍東征：不僅僅是鼓動法蘭西國王和德意志國王到敘利亞，妄想征服大馬士革的第二次十字軍東征；還有基督教軍隊在西班牙向穆斯林的進攻；以及對多神教徒文德人的戰爭，教宗希望德意志國王也加入。

教宗擔心，兩位國王同時參加東方的十字軍東征，只會彼此妨礙。他的擔心不無道理。一一四七年，在德意志人針對文德人的戰爭中，奧博多里特人的統治者尼克洛特（Niklot）襲擊呂貝克，但是呂貝克已經有足夠的防禦能力來抵禦。另一方面，事實證明，要抵禦獅子亨利（薩克森公爵，德意志最強大的王公之一）日益增長的權力更加困難，他在一一五九年重建呂貝克，並授予它「最尊貴的城市權利憲章」（iura honestissima）。儘管德意志皇帝巴巴羅薩在一一八〇年代擊敗了獅子亨利，但巴巴羅薩也

續

帝國的居民來說，文德人是奧德河以西的斯拉夫人。文德人不斷與他們的鄰居德意志人、丹麥人和波蘭人發生衝突。一一四七年的文德十字軍東征是北方十字軍東征的一部分，有強迫異教徒文德人皈信基督教的因素，也有經濟掠奪和攫取土地的因素。著名的薩克森公爵獅子亨利和第一代布蘭登堡邊疆伯爵「大熊」阿爾布雷希特一世參加此次東征。十二世紀至十四世紀，德意志人不斷向文德人的土地移民和擴張。大部分文德人被德意志人消滅或同化，今天只剩下一支文德人，即生活在德國東部的索布人。今天德國的一些地名和姓氏起源於文德人的語言，如萊比錫和柏林這兩個地名就很可能源自文德人的語言。

承認呂貝克的上述權利。「最尊貴的城市權利憲章」向呂貝克的顯要市民授予立法權，使他們成為城市精英。[21]德意志編年史家博紹的赫爾莫特（Helmold von Bosau）認為，獅子亨利只對賺錢感興趣，並非真正關心周圍農村的斯拉夫人是否變成基督徒；但獅子亨利肯定清楚地知道，怎樣才能讓他的新城市繁榮發展：

> 公爵（獅子亨利）向北方的城鎮和丹麥、瑞典、挪威和羅斯等國家派遣特使，與這些城鎮及國家議和，並給予它們自由進出他的呂貝克城的權利。他還在呂貝克建立一家鑄幣廠和一個市場，並授予該城最高的特權。從那時起，該城就繁榮興旺，人口也大幅增加。[22]

獅子亨利特別熱衷吸引來自維斯比的商人，因為他知道一個連接哥特蘭（位於波羅的海中部）和呂貝克（可以從那裡通往內陸）的網絡將會非常有利可圖。從一一六三年起，哥特蘭人被允許去呂貝克，免收通行費。獅子亨利希望呂貝克人在造訪哥特蘭時享有對等的權利。呂貝克不斷發展壯大；雖然我們對一三〇〇年之前的人口規模只能猜測，但是有人認為呂貝克在十四世紀初有一萬五千名居民，而在十四世紀末（當時歐洲大部分地區都爆發瘟疫）的人口可能達到兩萬人。[23]

呂貝克面向兩個方向。向西，一條較短的陸路路線將這座新城市與漢堡連接起來，使其能進入北海，這一點在一二四一年呂貝克與漢堡之間的正式協議中得到保證；到了十四世紀，穿越松德海峽（Øresund，在丹麥與今天的瑞典南部之間）的狹窄海上通道，成為優先選擇。當然，使用這條路線要獲得丹麥國王的批准，而呂貝克和丹麥人之間的關係並非總是那麼友好。在早期，獅子亨利透過與丹麥國王瓦爾德馬一世（Valdemar I）密切合作，征服從呂貝克向東延伸至呂根島（Rügen Island）的海岸線，讓呂貝克得到發展。呂根島被征服後，島上斯拉夫人的神祇斯凡特威特（Svantovit）雕像被「砍成碎片並投入火中」。然後，丹麥國王奪取在呂根島發現的神廟財寶。丹麥國王一直試圖將這些海岸納入帝國。這些征服的一個重要結果是，在呂貝克的商業勢力範圍內建立一些衛星城鎮，這些城鎮遵循呂貝克的法律；上文已經提到羅斯托克，始建於十三世紀初，而但澤和其他地方也有類似的建城故事，這些城鎮得到當地領主的允許。這些領主，無論是德意志人還是斯拉夫人，都熱衷從不斷擴大的貿易中獲取利潤。新的城鎮庇護著德意志中心地帶不斷成長的人口，他們趁機在農村定居，與現有的斯拉夫人一起生活或是取代他們。尼德蘭人最遠到達易北河上游，在那裡介紹他們在自己的沼澤地學到的排水技術，並留下在二十世紀初仍然可以聽到的荷蘭語方言。這種「東進」（Drang nach Osten），既是海上的，也是陸地的。[24]

丹麥的沿海帝國（有一段時間甚至包括呂貝克）的崛起看似不可阻擋，直到一二二六年才被一場失敗阻止。德意志皇帝腓特烈二世袖手旁觀，帶頭攻擊丹麥人的是施威林（Schwerin）伯爵（皇帝不安分的臣民之一）和呂貝克人。[25]不過，丹麥人拒絕停止干涉。一三四〇年至一三七五年在位的丹麥國王瓦爾德馬四世·阿道戴（Valdemar IV Atterdag）的野心，促使各個漢薩城市團結起來。他毫不留情地企圖打敗維斯比和哥特蘭，並在那裡建立一個波羅的海擴張基地，直到一三六一年慘敗之後，他的野心才受到遏制。圍攻維斯比的丹麥軍隊留下殘缺不全的可怕骷髏，如今是瑞典若干博物館的恐怖展品。[26]一三七〇年，各個漢薩城市終於在施特拉爾松德（Stralsund）與丹麥人議和，漢薩同盟甚至能夠要求瓦爾德馬四世的繼承人在獲得加冕之前，必須得到漢薩同盟批准。對漢薩同盟來說，這是一個很光榮的戰果，但是還有其他更有價值的獎賞：丹麥人被迫將控制著狹窄的松德海峽交通的城鎮赫爾辛堡（Helsingborg）、馬爾默和其他地方，割讓給漢薩同盟。[27]

漢薩同盟的前景一片光明，呂貝克人斥巨資用磚頭建造的美觀哥德式建築反映了漢薩同盟的勝利。這些哥德式建築當中有宏偉的教堂，如呂貝克的馬利亞教堂（Marienkirche）和聖彼得教堂（Sankt Petri），也有帶山牆的商人住宅組成的街道。這些建築都成為羅斯托克、格賴夫斯瓦爾德、不來梅，以及從布魯日延伸到塔林的大弧線上一座又一座城市的石匠們模仿的對象。這些房屋的設計是由一個簡單的需求決定的，就是需要將倉庫、辦公室和生活區結合在一起，因為漢薩商人照管他們的貨物，而不是像地中海商人那樣將貨物存放在中央倉庫。不過，非常富有的漢薩商人也會用哥德式褶邊和其他華麗的裝飾，來炫耀他們的財富，例如用進口的石頭裝飾外牆，使他們的住宅與鄰居房屋的正面區分開來。[28]來自呂貝克的藝術家，如伯恩特・諾特科（Bernt Notke）和赫爾曼・羅德（Hermen Rode，大型雕刻祭壇的創造者），在遙遠的瑞典中部也很受歡迎，因此柯克船有時不僅運送黑麥與鯡魚，還運送精心包裝的祭壇畫到斯德哥爾摩和其他地方的教堂。[29]共同的法律標準，即呂貝克的海事法，確保在相隔甚遠的地方都能透過類似的方式來解決商業糾紛。共同的語言，即低地德語，取代了拉丁語，成為記錄商業交易的媒介。漢薩城鎮的中產階級學習識字，不是為了研究聖奧古斯丁或多瑪斯・阿奎那（Thomas Aquinas）的思想，儘管呂貝克和其他城市都有一些富裕的修道院，而且羅斯托克和格賴夫斯瓦爾德分別在一四一九年與一四五六年建立存續至今的大學；讀寫能力為商業之輪提供潤滑。[30]

三

中世紀晚期的呂貝克以「漢薩之首」（Caput Hanse）的稱號為榮，但在德意志漢薩同盟的早期，維斯比比呂貝克更有影響力，因為它在波羅的海南部中央的位置非常有利。[31]一個由德意志商人組成的自治團體開始在維斯比凝聚起來，它在印章上自豪地宣稱自己是universitas mercatorum Romani imperi Gotlandiam frequentantium，即「造訪哥特蘭的羅馬帝國商人的法團」。universitas 這個字在當時還沒有「大學」的意思，它保留「社區」、「法團」的一般含義，與低地德語的用語Hansa差不多。在十三世紀，有夠多的德意志人在哥特蘭島永久定居，於是形成第二個平行的自治團體，使用類似的印章，但用manentium（「居留於」）取代了frequentantium（「造訪」）。德意志人在維斯比有自己非常宏偉的教堂，即德意志人的聖馬利亞教堂，今天是維斯比的主教座堂；德意志人還按照當時的習慣，把這座教堂作為儲存貨物和金錢的安全場所。除了長度超過兩英里（約三．五公里）的相當雄偉的城牆外，維斯比還有十幾座規模較大的中世紀教堂，但是隨著該城在中世紀末期的衰落，除了聖馬利亞教堂外，所有的教堂都年久失修。比爾卡可能是瑞典的第一座城鎮，但維斯比是瑞典的第一座城市。

維斯比最宏偉的教堂之一——聖拉斯教堂（Sankt Lars），顯示出羅斯建築風格的影響，而哥特蘭島南部的一座小教堂，有拜占庭－羅斯風格的壁畫；維斯比還有一座羅斯東正教教堂，現在被埋在一家咖啡館的地下。哥特蘭島是接收毛皮和蠟等羅斯貨物的大型商業中心，這些貨物有一部分是透過河流運輸，經過拉多加湖和涅瓦河進入波羅的海，然後穿越可能很危險的水域，到達哥特蘭島。在這條路線的另一端，即諾夫哥羅德，哥特蘭人擁有自己的貿易定居點，或稱「哥特蘭庭院」，其中包括一座供奉挪威國王聖奧拉夫（St Olaf）的教堂，大約在一〇八〇年就已存在。[32]諾夫哥羅德的意思是「新城」，從這裡就可以看出它不是一座古老的城市：在一九五〇年代發掘的中世紀諾夫哥羅德的木製街道上進行檢測表明，該城的歷史最遠只能追溯到西元九五〇年。[33]因此，與波羅的海的聯繫對諾夫哥羅德非常重要，正如與羅斯的聯繫對哥特蘭非常重要一樣；獅子亨利和呂貝克人很想利用這個聯繫。起初，德意志人利用哥特蘭人。一一九一年或一一九二年，諾夫哥羅德大公雅羅斯拉夫三世（Yaroslav III）與哥特蘭人和德意志人簽訂一份條約，但其中提到一份現已佚失的更早條約，其中是否涉及德意志人不得而知。[34]

二十年後，諾夫哥羅德的另一位王公康斯坦丁（Konstantin）授權德意志人在諾夫哥羅德建立自己的貿易站，即獻給聖彼得的彼得霍夫（Peterhof）。德意志人在此之前就已經在諾夫哥羅德設立自己的機構，並建造一座石製教堂。使用石頭很奢侈但有必要，因為商人會在教堂儲存財富。然後，他們會在每年冬天結束時回到維斯比，帶著裝有社區資金的箱子，直到隔年夏天返回諾夫哥羅德。在冬季和夏季之間，德意志商人不在諾夫哥羅德，因為冬季的貂皮和其他北極貨物的貿易很活躍，而夏季是收集蠟並購買從黑海和更遠地方輾轉運來奢侈品的好時機。也有人試圖與羅斯的其他城市建立聯繫，但是從未像與諾夫哥羅德的聯繫那樣成功。諾夫哥羅德的優勢是距離海岸不算太遠。大海只是更廣闊的故事的一部分，因為科隆吸收很多這樣的羅斯產品，然後將其賣給法蘭德斯和英格蘭商人。[35]整個歐洲對優質的羅斯蠟有巨大的需求，這些蠟大部分被用於教堂儀式；而且從羅斯和芬蘭可以獲得的毛皮種類是別處難以比擬的：不僅有大量廉價的兔子與松鼠毛皮，還有松貂、狐狸及最頂級的白色貂皮（在帝王的宮廷是絕對必需品）。

四

早期的漢薩商人受益於他們與德意志諸城市（最遠可達科隆）的聯繫，能夠為他們進入羅斯的雄心勃勃的商業活動籌集所需資金，並透過具有法律約束力的合約，精心管理這些資金，所以他們比傳統的斯堪地那維亞商人更有優勢，後者的經營方法沒有那麼先進。漢薩商人可以購買船舶的股份，而不是整艘船的所有權，這樣就可以將海上航行的相關風險分散到多項投資中。與羅斯的貿易為德意志漢薩同盟的崛起提供必要條件；但波羅的海和北海對漢薩商人來說越來越重要，因為英格蘭和挪威成為他們遠途航行的重點，而在波羅的海之內，隨著德意志諸城市的發展和它們對食物的持續需求，超過當地的資源供給能力，黑麥、鯡魚和其他基本食品變得越來越重要。這些德意志城市是作為貿易和手工業中心建立的，發展起來之後就成為農產品的主要消費者。這對生產食物的人非常有利，尤其是條頓騎士團大團長，他是大量莊園的主人。在那些莊園，古普魯士人和愛沙尼亞人像奴隸一樣為基督教征服者勞動。糧食貿易，主要是黑麥貿易，成為遙遠的法蘭德斯和荷蘭諸城市的生命線，而且這種依賴性在隨後幾個世紀裡不斷增加。當條頓騎士團大團長在普魯士和其他地方成為遙遠記憶時，法蘭德斯與荷蘭的城市仍然依賴來自波羅的海地區的糧食。[36]

漢薩商人在早期使用的船隻主要是柯克船，它們吃水淺，但載貨量大，在北海和波羅的海已經發展了幾個世紀。一九六二年在威悉河（River Weser）的淤泥中，發現一艘十四世紀末的柯克船，不來梅港（Bremerhaven）的德國海事博物館對其做了精心修復。根據木材的年輪判斷，這艘船可以可靠地追溯到一三七八年。它長二十四公尺，最大寬度八公尺，載重約一百公噸，原本擁有一面方帆和一個位於船尾中央的舵。船上除了造船匠的工具之外，基本上沒有發現其他東西，所以我們推測它從未出過海，很可能是在潮汐湧動時沉沒的。它的結構略顯怪異（在龍骨周圍是外板平接結構，木板是齊平地連接起來的，而不是北歐常見的瓦疊式外殼）。但到了一三八〇年，這已經是一種相當老式的船：漢薩同盟越來越多使用更大的船隻，船首和船尾分別安裝有「艏樓」和「艉樓」，這就是該地區許多中世紀城鎮印章上的「大船」。[37]所有這些都引發關於什麼樣的船才算真正柯克船的技術爭論，儘管結構上的怪異肯定是存在的。柯克船（Kogge）一詞是一個統稱，這些船與同一時期的威尼斯槳帆船不同，並不是在裝配線上生產的。柯克船並不像現代城市電車那樣整齊劃一，但人們一眼就能看出它們是同一類船隻；重要的是，它們把適航性放在載貨量之前。[38]

無論是否典型，不來梅港的這艘柯克船都代表漢薩同盟航海活動的日常現實。絲綢和香料肯定會到達德意志北部的諸港口，無論它們是沿著中世紀晚期威尼斯、加泰隆尼亞和佛羅倫斯的槳帆船喜歡的長長海路，從地中海一路運來，還是自威尼斯的德意志人倉庫（Fondaco dei Tedeschi）從陸路運來，經過波札諾（Bolzano），越過阿爾卑斯山口，直到抵達德意志南部的富裕城市（紐倫堡、奧格斯堡、雷根斯堡），然後再踏上旅途，到達呂貝克及其鄰近地區。到呂貝克的現代遊客，如果不參觀尼德艾格（Niederegger）家族於一八〇六年創辦的著名杏仁膏商店，就會錯過這些美食。但是在尼德艾格家族之前，這座城市就吸引了生薑、糖、丁香和杏仁，而且（很可能在漢薩同盟的黃金時代）北德人發現可以利用到達他們城市的異域商品，製作甜食和辣味香腸。美味的香腸是漢薩同盟的遺產。

不過，漢薩同盟的財富並不是用杏仁膏和薑餅賺來的。魚、糧食和鹽，這些看似不起眼的動物、植物及礦物食材，當它們被德意志漢薩同盟以驚人的數量進行交易時，利潤還是非常豐厚的。在遠至加泰隆尼亞的歐洲基督徒的飲食中，鯡魚占有特殊的地位，因為大齋節期間禁食肉類，人們可以用鯡魚完美地替代肉類，而且保存鯡魚的方法變得更加先進。鯡魚的麻煩在於牠是一種非常油膩的魚，而油膩的魚會比那些脂肪含量很低的魚（如鱈魚）腐爛得更快，因此才能生產風乾的鱈魚，這種魚（經過浸泡）在多年後仍可食用；而鯡魚在捕撈後必須儘快用鹽醃製。[39]據傳在十四世紀，來自澤蘭（Zeeland）的尼德蘭水手威廉·巴克爾斯（Willem Beukelszoon）改變了鯡魚漁業的未來。他設計出一種方法，醃製除去部分內臟的鯡魚，並放在大桶中的鹽層之間。這套操作必須在鯡魚被撈上甲板後立即進行（祕訣是保留肝臟和胰腺，以改善口味，同時去除其餘內臟）。這似乎已經是漢薩同盟的標準做法，但在法蘭德斯直到一三九〇年左右才被採用，當時北海的戰鬥中斷向法蘭德斯輸送鯡魚的航運。[40]無論巴克爾斯是先驅還是剽竊者，他都被評為歷史上第一百五十七位最重要的荷蘭人，這在一個如此熱愛醃鯡魚（Nieuwe Haring）的國家並不奇怪，也紀念荷蘭人在後來幾個世紀中，透過出口這種不起眼的魚而獲得的財富。

不過在波羅的海，鯡魚最多的地方是鯡魚的產卵地——斯科訥（Skania）近海。斯科訥今天是瑞典最南的省分，但是中世紀一般都在丹麥統治之下。據說在斯科訥，人們可以涉足海中，用手把鯡魚從水裡撈出來；與其說是海，不如說是大量蠕動的魚。一位中世紀早期丹麥作家如此寫道：「整個海裡都是魚，以至於船隻經常被攔住，費盡力氣也難以划開。」[41]這對斯科訥海岸舉行的集市極為有利，集市上有許多商品，但最有名的是鯡魚市場。到處是臨時棚屋，為前來參加集市的數千人提供住宿，同時也為醃製、烘乾及用無數其他方式處理魚的勞動提供操作間。隨著歐洲人對鯡魚的需求擴大，以及斯科訥作為這一行業無與倫比中心的聲譽提高，斯科訥集市成為一個越來越有吸引力的貿易中心：訪客從法國北部、英格蘭，甚至冰島來到這裡。[42]

在十五世紀，鯡魚開始向更北的地方聚集，原因不明（也許與氣候條件有關），斯科訥集市的輝煌也隨之結束。但在它的高峰期，比如一三六八年，僅在呂貝克就有兩百五十艘滿載鯡魚的船隻進港，這在當時是稀鬆平常的事，光是呂貝克一年的總量就可能達到七萬桶。[43]不過如果沒有鹽來保存收穫的銀色鯡魚，這一切都不可能發生，一些荷蘭人甚至不那麼有詩意地稱鹽為「金礦」。呂貝克的巨大優勢就在這裡。在距離呂貝克不遠的呂訥堡石楠荒原（Lüneburg Heath）附近，有豐富的濃鹵水，可以透過煮沸它來製鹽；不過這不是最便宜的工藝。當十五世紀初，法國西部的競爭對手開始向市場大量拋售更便宜的鹽（有時即使經過長途運輸，價格仍然只有呂訥堡鹽的一半）時，呂訥堡就陷入衰退。而漢薩商人為了尋找便宜的鹽，很樂意到更遠的地方，一直到布林訥夫灣（Bay of Bourgneuf），甚至伊比利。[44]

於是，這個既有爭鬥又有合作的漢薩世界，將目光遠遠投向波羅的海和北海之外。上文已述，為了尋找廉價的鹽，德意志船隻一直到了法國西部。在那裡，他們可能會遇到葡萄牙人的船隻，葡萄牙人正在學習如何繞過大西洋：葡萄牙人在法蘭德斯的基地位於米德爾堡（Middelburg），靠近現代比利時和荷蘭的邊界。但是到了十五世紀，漢薩商人走得更遠，到達葡萄牙本土，他們認識到葡萄牙（包括里斯本周圍的平地）也是鹽的來源；還認識到葡萄牙缺少糧食，而他們可以很容易地用波羅的海的豐富儲備向葡萄牙輸送糧食。他們為葡萄牙帶來各式各樣的其他食物，包括啤酒和甜菜根，甚至還有鹹魚，這是葡萄牙人可以自己大量供應的東西。一四一五年，葡萄牙人占領摩洛哥的休達港，在這場戰役中，航海家恩里克王子首戰告捷。此役之後，德意志船隻開始把糧食運到休達，因為休達與仍在穆斯林統治下的肥沃糧田隔絕，所以急需給養。德意志人能這麼做並非偶然：對葡萄牙感興趣的漢薩商人包括但澤市民中的精英，他們對與蘇格蘭、英格蘭、法蘭德斯和法國的貿易很有經驗。[45]隨著葡萄牙在十五世紀成為一個重要的海上強國，與漢薩同盟的關係讓它能進入一個比伊比利附近水域更廣闊的世界。

第二十三章　魚乾和香料

一

從一三四七年至一三五一年左右，黑死病率先襲擊地中海地區，然後席捲北歐，隨後每隔一段時間，就會爆發腺鼠疫和肺炎性鼠疫。嚴重的人口損失（在某些地區，多達一半的人口死亡）減輕最基本的食品，特別是穀物的供應壓力，但卻扭曲了食品的生產和分配。大片土地無人耕種，因為村莊失去勞動力，無以為繼。農民向工匠短缺的城鎮遷移，改變城市和農村人口之間的平衡，因此西歐與北歐多達九五％的人口在農村生活和工作的說法不再是事實；即使那些留在農村的農民，也往往能設法擺脫農奴制的殘餘枷鎖。這是一場偉大經濟變革的開始，但是資源的重新配置需要能夠便捷地運輸大量糧食。海上運輸變得至關重要，因為它使糧食、魚乾、乳製品、葡萄酒、啤酒，以及其他必需品或非必需品的大量運輸成為可能。而漢薩商人利用這些機遇的能力意味著，對他們來說，就像對大西洋和地中海其他許多地區的商人一樣，一四〇〇年左右（通常被視為瘟疫之後的深度衰退期）是一個有可能獲得豐厚利潤，並與統治者抗衡的時期。直到那時，統治者一直將商人視為相當令人討厭、貪婪和不可靠的傢伙，商人唯一的價值是提供名貴奢侈品。

因此在黑死病爆發之後的幾年內，漢薩商人開始更緊密地組織起來，定期舉行會議，即所謂「漢薩會議」（Hansetage）。這也是呂貝克和其他一些主要城市展示實力的機會。這通常被解釋為從「商人的漢薩」到「城鎮的漢薩」的轉變，甚至被視為「漢薩同盟」的建立，（按照這種觀點）這是當時德意志帝國四分五裂的領土上出現的許多城市聯盟之一，其中最著名的（因為它存在至今）是德意志南部的城市和農民社區的聯盟，即今天的瑞士。不過這些城市聯盟並不謀求國家的地位，這對漢薩商人來說並沒有多少意義。此外，漢薩同盟和其他聯盟不同，因為它包括位於神聖羅馬帝國之外的許多地方，如里加和塔林。[1]由於海盜襲擊、商人受侵害而無法得到賠償，以及與法蘭德斯伯爵和布魯日城的關係破裂，第一屆漢薩會議於一三五六年在呂貝克舉行；各城市之間的團結，是迫使法蘭德斯人恢復漢薩商人權利的最佳途徑。[2]如下文所示，漢薩同盟和布魯日之間的關係總是很微妙，因為雙方都需要彼此，但對於濫用現有權利的抱怨比比皆是，所以漢薩同盟一次又一次地威脅要把生意轉移到布魯日的一個較小競爭對手那裡。這個形勢將各漢薩城市聯繫在一起，到了一四八〇年已經舉行七十二屆會議，其中有五十四次是在呂貝克舉行，這不足為奇；除了在科隆舉行過一次會議外，這些會議總是在濱海城鎮或距離海岸較近的城鎮舉行，如不來梅。[3]

這並不意味著漢薩同盟已經成為一個類似國家的實體，它仍是一個鬆散的超級聯盟，其成員城市來自不同地區，如科隆占據主導地位的萊茵蘭地區、呂貝克主宰的波羅的海南部（或稱「文德」的波羅的海），以及以里加為代表的波羅的海東部的較新城市。漢薩會議的會議紀錄被保存下來；但漢薩同盟

波斯尼亞灣
芬蘭灣
塔林
斯德哥爾摩
諾夫哥羅德
塔圖
立伏尼亞
斯比
哥特蘭島
里加
波羅的海
但澤
0 100 200 300 400 英里
0 200 400 600 公里

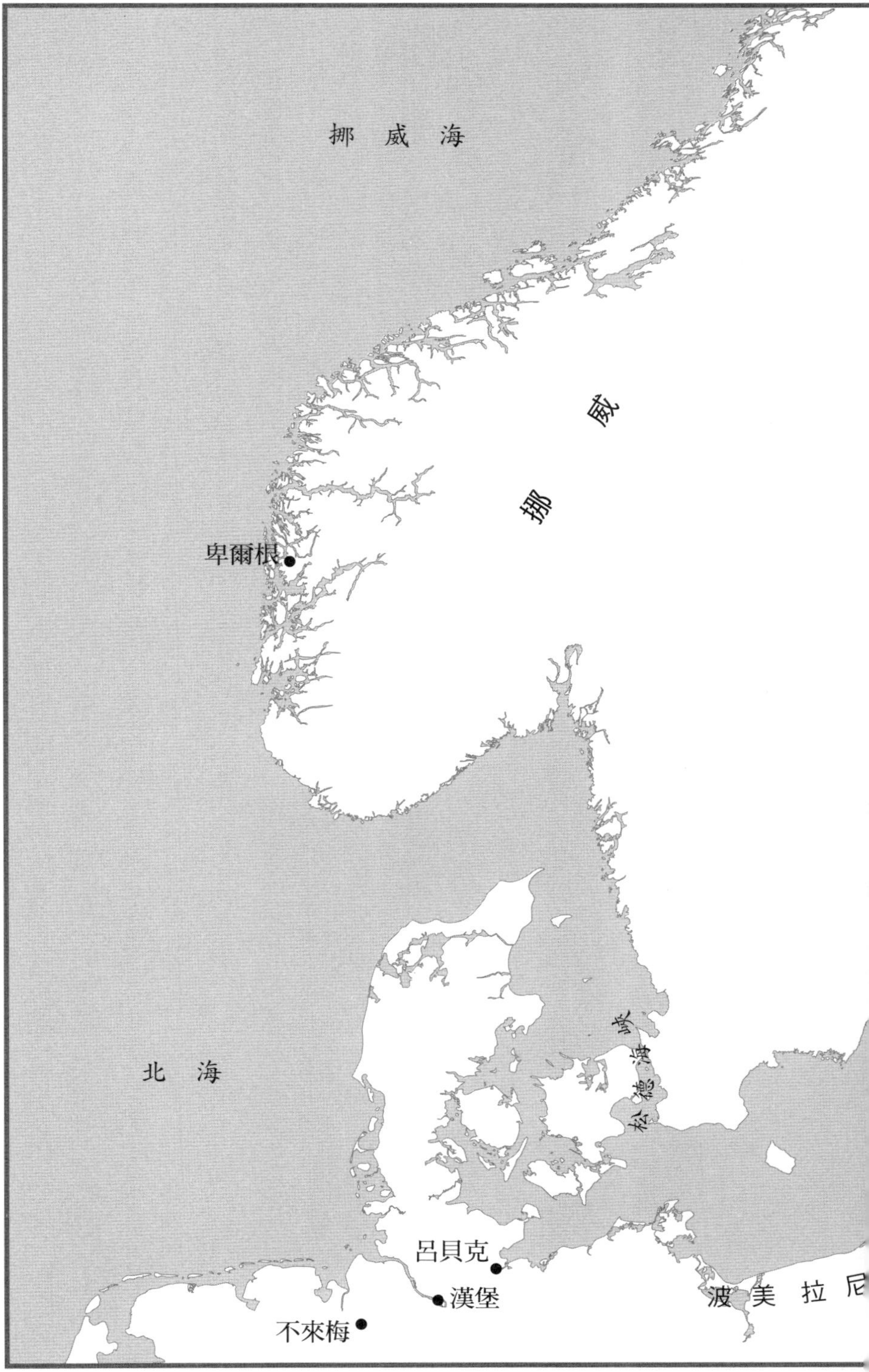
挪 威 海
挪
威
卑爾根
北 海
松德海峽
呂貝克
漢堡
不來梅
波 美 拉 尼

沒有行政機構，也沒有入盟的正式條約，或許這正是漢薩同盟之所以強大的原因之一。不過由於缺乏憲法，呂貝克的公民可以利用他們對漢薩同盟的實際領導權為自己謀利。儘管但澤和科隆曾發出抱怨，但呂貝克的特殊地位從未受到真正的威脅，它的規模、財富和位置讓它具有極大的優勢。如果我們將每個曾在某一階段被視為「漢薩城市」的城市都計算在內，那麼漢薩城市的總數約為兩百個，多到呂貝克的好市民提供的集會大廳無法容納；大多數成員城市都太小，無法發揮任何政治影響，它們尋求的是稅收優惠和貿易機遇。許多內陸城鎮尤其如此，例如因花衣魔笛手而聞名的哈梅恩（Hamelin），或當時還無足輕重的柏林。波羅的海之濱的成員城市在數量上要少得多，但由於呂貝克、但澤、里加和維斯比的存在，它們的數量雖少，卻極其重要。[4] 此外，各成員城市的政治制度差別極大。再往東，條頓騎士團對當地有宗主權，而那些偶爾派代表參加漢薩會議的內陸城市基本上都受制於當地的公爵或伯爵，這在一四〇〇年左右並不是一個大問題，因為當時德意志的王公權力非常薄弱；然而，一旦王公們在十五世紀中葉開始奪回權力（有時會禁止城鎮派代表參加漢薩會議），問題就變得更嚴重。[5]

一三五六年之後，漢薩同盟展現更多的實力，不僅抵抗丹麥人，還抵抗被稱為糧食兄弟會（Vitalienbrüder）的海盜，這幫海盜在十四世紀末製造很多事端，「糧食兄弟會」這個奇怪的名字可能是緣於一三九二年丹麥人圍攻斯德哥爾摩期間，他們作為私掠船主為斯德哥爾摩供應糧食。這次圍攻是一場繼承戰爭中的戲劇性時刻，從這場戰爭結束到十五世紀初，斯堪地那維亞的三個王國成為共主聯邦；但是戰爭蔓延到波羅的海，因為戰爭的主要參與者，包括梅克倫堡公爵和一位特別能幹與堅定的女王，即丹麥的瑪格麗特女王❶。瑞典王位繼承的一個問題是，如果一位北德公爵成為瑞典國王，就會進一步擴大德意志在瑞典的強大影響力，這種影響力已經透過居住在繁榮城市斯德哥爾摩的規模相當大的德意志社區強烈地體現出來。不過，瑪格麗特女王意識到她應該拉攏漢薩城市，雖然這些城市不願意被直接捲入一場可能重繪北歐政治地圖的衝突。她已經將丹麥的權力擴張到瑞典南部（斯科訥），這個地區在過去幾個世紀的大部分時間裡都是由丹麥統治。[6]斯德哥爾摩圍城戰結束後，糧食兄弟會繼續使用船艦襲擊波羅的海上的漢薩船隻和其他船隻。鯡魚漁場受到威脅，使得數年內世界其他地區的鯡魚供應出現問題。瑪格麗特女王甚至呼籲英格蘭國王理查二世提供海軍援助，以幫助清剿波羅的海海盜，從而重新保證鯡魚供應。這個呼籲失敗了，頂多不過是刺激人們去北海尋找優質鯡魚。誠然，北海鯡魚的品質從來不像波羅的海鯡魚那麼好，但是得益於巴克爾斯的加工方法，北海鯡魚可以被很好地保存。

瑪格麗特女王最後成功獲得斯堪地那維亞三國的控制權，她的親戚波美拉尼亞公爵埃里克❷於一三

---

❶ 譯注：瑪格麗特一世（一三五三－一四一二）是丹麥、瑞典和挪威的統治者，她原本是丹麥公主，之後嫁給挪威國王哈康六世（也是瑞典國王）。她與哈康六世的兒子奧拉夫隨後繼承三國的王位，但奧拉夫英年早逝，隨後瑪格麗特成為三國的女王。她建立「卡爾馬聯盟」，將丹麥、瑞典（包括今天芬蘭的大部分地區）和挪威（包括冰島、格陵蘭等）三個王國，透過「卡爾馬聯盟」聯合起來，形成共主邦聯。三國在法律上仍是獨立主權國家，但遵奉同一位君主。三國之所以聯合，主要是為了對抗德意志人的漢薩同盟向北歐的擴張。但最後因為國王希望三國聯合，貴族希望獨立，導致卡爾馬聯盟在一五二三年分崩離析。

❷ 譯注：波美拉尼亞的埃里克（一三八一或一三八二－一四五九）是波美拉尼亞公爵的兒子，也是丹麥、瑞典與挪威女王瑪格麗特姊姊的外孫。瑪格麗特女王選擇埃里克為繼承人。他於一三九七年被加冕為丹麥、瑞典與挪威國王，但瑪格麗特繼續實際掌權到於一四一二年駕崩。埃里克後來在三個國家都被廢黜，回到波美拉尼亞，擔任波美拉尼亞－斯武普斯克公爵。

九七年被加冕為這個北歐聯盟的統治者。那時波羅的海的魚仍受各方覬覦：一三九四年，是條頓騎士團，而非瑪格麗特女王，將糧食兄弟會逐出哥特蘭島，儘管十五年後，條頓騎士團將該島賣給瑪格麗特女王和埃里克。這些年來，條頓騎士團無事可做，因為立陶宛大公國（一直延伸到白俄羅斯❸和烏克蘭的大部分地區）的統治者，終於在一三八五年接受基督教，這是立陶宛大公與波蘭鄰居簽訂的婚姻條約的一部分。儘管東正教羅斯現在作為異端的土地進入條頓騎士團的視野，但條頓騎士團還是發現自己征服東方多神教徒土地的藉口越來越少。納粹把中世紀的條頓騎士團視為英雄，但幾個世紀以來，糧食兄弟會的形象更浪漫，大量的小說和電影把他們的海盜領袖克勞斯·施多特貝克（Klaus Störtebeker）描繪得比實際情況更正面。當波羅的海變得過於危險時，糧食兄弟會逃到北海的東弗里西亞群島，在那裡繼續從事掠奪。大約在一四〇〇年，施多特貝克被抓獲，他和數十個同夥被滿腹怨恨的漢堡市民以殘酷的手段處決。即便如此，海盜活動仍是北海的一大隱患，下一代海盜會於一四四〇年在遙遠北方的卑爾根鬧事。[7]

因此，漢薩會議有真正的政治和軍事（或者說是海軍）要務需要討論。[8]漢薩會議期望能做出一致決定，但代表團往往會堅持他們無權支持某一特定立場。漢薩會議不是一個提出、討論和解決共同問題的議會，而是一個記錄與宣布決定（通常是呂貝克及其政治盟友的決定）的地方。這就是中世紀晚期議會的運作方式。有些城市可能懶得派代表參加漢薩會議，而較大和較有實力的城市更願意與會。不過人們一定覺得，漢薩會議似乎是呂貝克炫耀其領導地位的機會。漢薩同盟的強大源於其城市中商人的專業知識，而不是仍然很脆弱的政治結構。

二

組成漢薩同盟的不同社區因為旅行商人而聯繫在一起，一些商人短暫地經過，另一些人則與他們的漢薩夥伴一起定居。在北歐廣大地區的許多港口，漢薩商人都有一種賓至如歸的感覺。十五世紀初，希爾德布蘭德・費金許森（Hildebrand Veckinchusen）和西弗特・馮・費金許森（Sivert von Veckinchusen）兩兄弟與家族成員及代理人一起，在倫敦、布魯日、但澤、里加、塔林和塔圖（Tartu，也稱多爾帕特〔Dorpat〕），以及科隆和遙遠的威尼斯經商，有同樣的職業道德、商業手段與文化偏好。一九二一年，有人在一個箱子裡發現費金許森家族成員之間的五百多封信件，這些信件被埋在一堆胡椒裡，今天被保存在塔林的愛沙尼亞國家檔案館。此外，費金許森家族的帳本也得以存世。除此之外，再沒有其他漢薩商人留下如此豐富的文獻紀錄。費金許森家族之所以令人感興趣，正是因為他們並非總是成功，他們的職涯清楚地表明，如果要保持貿易路線的活力，就必須承擔一定的風險。因為當時海盜仍是持續的威脅，丹麥人在波羅的海耀武揚威，英格蘭水手正試圖在市場上尋求一席之地，而且漢薩城鎮緊張的內部關係有可能把一切都搞砸。[9]

費金許森兄弟出身於今天愛沙尼亞的塔圖，不過他們最終成為呂貝克公民。[10]我們知道他們於一三

❸ 譯注：雖然白俄羅斯政府要求使用的官方中文譯名是「白羅斯」（這從歷史角度也更有道理），但是因為「白俄羅斯」的譯名在中文中根深蒂固，因此暫時仍用舊譯。

八〇年代在布魯日工作。因此，他們在北歐兩個最重要的貿易中心之間經商，這兩個中心透過松德海峽的漢薩海路聯繫在一起。[11]布魯日的漢薩社區的運作方式，與諾夫哥羅德、倫敦和卑爾根相當不同，在這幾個地方，德意志商人擁有自己的活動空間，並且緊密地集中在一起。而布魯日是一個吸引來自西歐各地（特別是熱那亞和佛羅倫斯）的商人，以及波羅的海商人的國際大都市，所以漢薩商人分散在布魯日城的各個角落，住在租來的房子裡，不過他們在加爾默羅會（Carmelite）修士的修道院租用一個會議場所，也在加爾默羅會的教堂做禮拜。一四七八年，漢薩商人開始建造美觀的「東方人之家」（Oosterlingenhuis），我們今天仍然可以在布魯日老貿易區的中心看到（不過經過大規模重建）。它擁有自己的院子，位於幾年前市政府官員分配給漢薩同盟的一塊土地上。於是，他們有了開會的場所和一些辦公空間，鄰近波爾蒂納里（Portinari）家族（揚．范．艾克〔Jan van Eyck〕的贊助人）名下偉大的佛羅倫斯貿易公司的房子，也靠近熱那亞領事館。這個領事館是一棟精美的哥德式建築，今天更加輝煌，成為比利時國家炸薯條博物館。大家都希望在布魯日有一個基地，在一五〇〇年左右，英格蘭人、蘇格蘭人、葡萄牙人、卡斯提爾人、比斯開人、盧卡人、威尼斯人、熱那亞人、佛羅倫斯人，無疑還有其他人，都在布魯日市中心擁有商業房屋。[12]這些社區中的許多人，包括大多數的漢薩商人，僅在幾年後就搬到安特衛普。隨著通往遠海的水道淤塞，以及國際政治（當時哈布斯堡王朝逐漸強盛）有利於交通更方便的安特衛普港口發展，布魯日的商業吸引力越來越小。[13]

在此之前，各處商人的匯集為布魯日提供存在的理由。按照中世紀的標準，布魯日是一座非常大的城市，在黑死病爆發前夕，居民多達三萬六千人。儘管這裡的居民確實享用大量波羅的海黑麥和鯡魚，但布魯日本地市場並不是商人來到這裡的首要目標。在十五世紀，布魯日商人的主要功能之一是結算帳單。這座城市是北歐的主要金融中心，這意味著即使港口淤塞、透過該城的貨物減少，那些精通會計業務的人仍然有很多工作。費金許森家族主要從事貨物買賣，但貨幣兌換和提供信用狀也是他們與同行的利潤來源，儘管漢薩商人把類似國際銀行的工作主要留給義大利人，比如梅迪奇家族在布魯日就有一個重要的分支機構。[14]一般來說，漢薩商人會懷疑信貸的作用，這意味著他們的金融手段從未達到佛羅倫斯人和熱那亞人的先進水準。即便如此，中世紀晚期的布魯日對歐洲大部分地區的經濟來說，就像現代倫敦在全球經濟中的地位一樣。[15]

從漢薩同盟的角度來看，這既有好處，也有壞處。一連串時常發生的問題，如貨物被沒收、關於免稅權的爭吵、居民社區權利的保障、法蘭德斯伯爵及其強大的繼承者瓦盧瓦家族的勃艮地公爵的橫加干涉，都使得漢薩同盟和布魯日之間的關係惡化。在十四世紀末，漢薩商人認真考慮將生意從布魯日向北轉移到多德雷赫特（Dordrecht）。一三八〇年代，漢薩商人在布魯日不僅失去了財產，還失去了生命，這段時期的革命和動亂以勃艮地公爵「勇敢的」腓力（Philip the Bold）掌權而告終。不過，腓力並不願意滿足漢薩商人的索賠要求，所以在一三八八年，漢薩商人真的轉移到多德雷赫特。那裡並非窮鄉僻壤：一三九〇年，希爾德布蘭德從多德雷赫特將法蘭德斯的布匹和相當數量的葡萄酒一直送到塔林。又過了幾年，漢薩同盟與布魯日的關係有所緩和，希爾德布蘭德成為布魯日的漢薩社區的議員；他贏得足夠的信任，被任命為度量衡檢查員，這項任務需要與當地官員合作。[16]因為實際上，漢薩商人和布魯日市民樂於密切合作。

費金許森家族並沒有與布魯日人聯姻，希爾德布蘭德的新娘是一個來自里加富裕家庭的年輕女子。[17]希爾德布蘭德的一個兄弟安排他去里加結婚，使他有機會體驗前往諾夫哥羅德的路線。在里加，漢薩貿易站繼續蓬勃發展。希爾德布蘭德在里加買了十三匹伊普爾（Ypres）的布，數量不少，而且是當時的法蘭德斯織布機生產最好的毛料織物，每匹布應該有二十四碼長和一碼寬（大約二十二公尺乘以〇．九公尺）。他用這些布換了六千五百張毛皮，這不僅說明法蘭德斯布的價值高，也說明在十五世紀的羅斯，松鼠、兔子和更精細的皮毛很容易獲得。還有一次，他的兄弟西弗特將一萬五千張毛皮從愛沙尼亞運到布魯日，希爾德布蘭德在布魯日重新站穩腳跟。一四〇二年，他在城裡租下一棟樓，包括倉庫以及提供妻子和七個孩子居住的公寓。[18]年景好時，費金許森家族可望獲得一五％至二〇％的利潤。[19]與此同時，移居到呂貝克的兄弟西弗特警告他，承擔太多的金融風險：「我一再警告你，你的賭注太高了。」於是希爾德布蘭德把妻子和孩子送到呂貝克居住，但自己仍留在布魯日賺錢。[20]希爾德布蘭德在商業交易中的頑固態度，在接下來幾年裡讓他損失慘重。

儘管曾對兄弟提出警告，但西弗特自己也面臨不確定的未來。西弗特在呂貝克城的聲譽很高，因為他受邀加入「圓圈社團」（Society of the Circle），這是一個有影響力的俱樂部，只有商人精英才能加入。不過，呂貝克正面臨著與布魯日、巴塞隆納、佛羅倫斯和一四〇〇年前後的其他許多歐洲城市一樣的政治紛爭。[21]例如，呂貝克的屠夫在一三八〇年代領導兩次起義，即「屠夫起義」，但都沒有成功。起義能否成功，在很大程度上取決於起義者是否團結。一四〇八年，一個由該市各行會派代表參加的新議事會挑戰現有市議會的權威。現有市議會被視為一個奢靡和封閉的精英集團，更多是為圓圈社團而不是為全體市民說話，並且未能對十四世紀末的經濟變革做出反應。在黑死病之後的幾十年裡，人口壓力的減輕使人們能獲得更好的食物和更高的生活水準，城市中產階級日益繁榮，他們要求在市政府中有更大的話語權。新議事會試圖保持成員的廣泛代表性，因此天生同情舊秩序的西弗特也被選入新議事會，但他隨後跟隨舊議會的許多成員流亡到科隆。於是，神聖羅馬帝國皇帝盧森堡的西吉斯蒙德（Sigismund of Luxembourg）面臨一個棘手的問題，即誰來管理帝國自由城市呂貝克，這對漢薩同盟的其他成員來說非常重要，因為呂貝克是漢薩同盟的名譽首腦。西吉斯蒙德無視原則，傾向於看呂貝克的哪一方能給他更多的錢；當新議事會未能滿足他貪得無厭的要求（兩萬四千弗羅林）時，他站到舊議會那邊，不過舊議會的成員明智地將一些對手吸收到接下來幾年成立的和解政府裡，這有助於恢復呂貝克急需的穩定。[22]

與此同時，西弗特將注意力轉向德意志和義大利之間的陸路聯繫，在科隆成立一家「威尼斯公司」（Venedyesche selskop），為義大利人提供毛皮、布料和波羅的海琥珀（條頓騎士團的壟斷產品）製成的念珠。他的兄弟希爾德布蘭德也加入這家公司。有一段時間，生意前景大好，但是後來情況開始變得不妙：有人欠公司的錢不還，同時兄弟倆在（透過海運和陸運）往呂貝克與北方輸送的商品品類，以及往威尼斯輸送的商品品類的問題上作出不智的選擇，事實證明他們誤判威尼斯人對毛皮和琥珀的胃口。西弗特不得不向他的兄弟報告，家族應該繼續做最熟悉的業務，即從布魯日到波羅的海東部的海上貿易。西弗特抱怨道：「真希望我從來沒有參與過威尼斯的生意。」[23]但即使是費金許森家族的波羅的海貿易也沒有預期那麼好：發往利伏尼亞的毛料織物被發現有很多蛀洞，而從布魯日運到但澤的大米被水淹壞。不管是什麼原因，一四一八年前後的幾年裡，無論是在但澤、諾夫哥羅德還是德意志的內陸城市，市場條件都很差，所以費金許森家族並不是唯一的受害者。市場上的商品似乎已經飽和，所以從一四〇八年至一四一八年的整個十年間，利潤都很低。[24]一四二〇年，希爾德布蘭德聽說通常在布林訥夫灣採集的鹽已經沒了，所以認為可以透過搶購利伏尼亞的鹽，並將其向西送到呂貝克來翻身；但是希爾德布蘭德的利伏尼亞資訊來源很差，而且其他商人也有同樣的想法，所以他壟斷市場的嘗試失敗了。[25]

希爾德布蘭德回到布魯日，試圖向義大利人的貸款來維持生意，但他無力償還，於是逃到安特衛普，妄想躲避債權人。朋友們承諾幫他整頓財務，誘使他回到布魯日，卻將他扔進債務人監獄裡，他在痛苦中徘徊了三、四年，在這段期間，就連西弗特都不願意給他任何幫助；與此同時，西弗特過得相當不錯，被選入呂貝克的圓圈社團，這個富人和權貴的俱樂部幾年前曾接受他的兄弟加入。[26]在債務人監獄裡，如果有錢購買食物和支付單人牢房的租金，條件不算太差；但是希爾德布蘭德在一四二六年獲釋時，顯然已經崩潰。一個老夥伴憐憫地寫道：「你遇到這種情況，願上帝憐憫你。」[27]希爾德布蘭德啟程前往呂貝克，但是沒過幾年就死了，紛至沓來的磨難讓他精疲力盡。[28]他雖然雄心勃勃，卻從未取得相應的成功。

希爾德布蘭德的家人辜負了他，而家庭團結是這些漢薩貿易家族成功的關鍵。費金許森家族的興衰絕非單一的例子；貿易永遠有風險，在一個有海盜和海戰的時代，商人不可能一直穩賺不賠。費金許森家族最感興趣的地方是臨海或近海的城市，儘管他們曾經嘗試打入漢薩同盟的內陸城市科隆的市場，和透過德意志南部城市到威尼斯的陸路交通。這表明跨海航線是漢薩同盟的命脈，而漢薩同盟中的許多北德城鎮主要對穿越波羅的海和北海的貨物感興趣。當德意志第二帝國時期的歷史學家把所有重點放在漢薩艦隊上，而忽略了內陸城鎮時，他們並沒有完全歪曲德意志漢薩同盟的特點和歷史。

三

挪威北部的鱈魚漁場，以及在冰島，甚至格陵蘭島附近的開闊大西洋上捕撈鱈魚的機會，為漢薩同盟和挪威統治者帶來繁榮。風乾和鹽漬的鱈魚有好幾種，但在挪威沿海的小港灣裡，大西洋的風把這些大魚柔軟的肉，變成堅韌如皮革的三角形肉板。風乾技術創造一種可以保存數年而不腐爛的商品，滿足黑死病疫情結束後，少數人群對高蛋白食品日益成長的需求，他們有能力負擔這種食品。挪威也成為乳製品的絕佳來源，因為挪威的糧食產量很低，山區牧場卻很多，挪威乳製品被用來換取進口的黑麥和小麥。飲食改善了，漢薩商人和挪威國王的收入也隨之增加。長期以來，德意志商人一直認為卑爾根是集中其大部分北海業務的中心。卑爾根有一座王宮，而如果沒有國王的保護，商人就不可能有什麼成就。這座城市在十二世紀就已經出現了。根據傳說，它是由挪威國王「和平的」奧拉夫在一〇七〇年建立，但考古證據表明，卑爾根海岸上的木製結構是在一一二〇年左右開始建造，這組建築被稱為布呂根（Bryggen），意思是「碼頭」，是漢薩商人在這座城市的家。布呂根發生許多次火災，甚至在非常晚近的時代也發生過。不過卑爾根的繁榮並不是由德意志商人創造的。他們之所以選擇這裡作為基地，是因為這裡早就是一個繁榮的毛皮、魚類和海豹產品的交易中心，也是更北方的森林、峽灣及遠海的所有其他產品的交易中心；這裡是往返冰島的船隻所用的港口，是一個「天然門戶」和「轉運的節點」，這是一位挪威歷史學家對該城起源的描述。[29]

卑爾根不僅僅是德意志人的貿易中心，更是挪威的一個貿易中心。這方面有一些意想不到的證據，即發掘出數十根十四世紀的木條，上面竟然刻有盧恩文，而盧恩文學家認為彼時盧恩文早已絕跡。有些木條只是標籤，與現代的行李標籤沒有太大區別。在兩個案例中，標籤上的文字表明，它們是被附在成捆的紗線上。銘文甚至出現在一個海象頭骨上，簡單的意思是「約翰所有」；即使這個頭骨只是一個珍奇的玩物，也可以作為證據，證明有一對真正貴重的海象牙從遙遠的北方運到卑爾根，很可能來自格陵蘭。還有一些經過仔細檢查的收據，上面標有（盧恩文）uihi，這被認為是拉丁文 vidi 的訛誤形式，即「我看到了」，是現代符號✓的起源。還有幾封較長的信件，其中一封是托羅爾．費爾（porer Fair）從挪威南部給他的搭檔哈弗格里姆（Havgrim）寫的，語氣很沮喪：「搭檔，我的情況很糟糕。我沒有弄到啤酒，也沒有弄到魚。」他擔心托爾斯坦．朗格（porstein Lang，估計是他的贊助人）會知道自己的失敗；費爾似乎受到寒冷的折磨，他補充道：「給我寄一些手套！」但卑爾根盧恩文中也包含簡短的情書：「來自法納❹的腰帶讓妳更漂亮。」用盧恩文寫的一些拉丁文詩歌的片段也保存至今。所有這些都表明，書寫能力並不僅存於小規模的商人網絡；很多人都會閱讀和書寫盧恩文，而盧恩文的筆畫主要是筆直的，可以輕易地刻在木片上。即使我們對貿易站中的德意志人有更多的了解，而且德意志人在卑爾根的經濟中越來越占據主導地位，也不應該低估卑爾根的挪威社區的活力。[30]

在黑死病爆發之前的幾年裡，隨著歐洲人口的成長，糧食供應的壓力越來越大，在一三一五年左右達到高峰。在十二世紀和十三世紀，英格蘭的小麥與大麥會定期出口到卑爾根。一一八六年，挪威國王斯韋雷（Sverre）在卑爾根發表演講：「我們感謝所有英格蘭人，因為他們來到這裡，帶來了小麥、蜂蜜、麵粉和布匹。我們還要感謝那些帶來麻布、亞麻、蠟和燒水壺的人。」同時，他感謝所有來自北大西洋島嶼的人，如法羅群島和奧克尼群島的居民，「他們為這個國家帶來不可或缺的東西，這些東西對我國非常有用」。他對德意志人的態度就不那麼正面了：「許多德意志人乘著大船來到這裡，帶走奶油和鱈魚，而他們的出口對我國有很大的破壞作用。」國王對德意志人的「侵擾」感到反感，不僅僅是因為他們拿走挪威能提供的最好東西，更因為他們的船帶來危險的產品：葡萄酒。卑爾根人已經開始酗酒：「許多人失去生命、有些人失去肢體、有些人終身殘廢，還有一些人蒙受恥辱、受傷或被毆打，這一切都是因為飲酒過度。」[31]國王這段豐富多彩的演講被記錄在一部冰島薩迦中。我們很難知道在多大程度上可以把這段演講當真（儘管薩迦的作者認識國王本人），但這裡有一個有趣的暗示，即在卑爾根的德意志人的貿易網絡延伸到德意志中部的葡萄產地；科隆及其鄰近地區會將葡萄酒送到萊茵河下游，在那裡，葡萄酒被納入早期漢薩同盟的北海網絡。

不過，英格蘭也開始感受到人口成長的壓力，在國內糧食供應經常捉襟見肘的情況下，英格蘭人更不願意將糧食出口到北海。挪威國王對他們的德意志客人變得更加慷慨，因為國王開始看到德意志商人的存在變得多麼重要。波羅的海黑麥正在變成黑金。一二七八年，馬格努斯六世（Magnus VI）國王向德意志人（兩名來自呂貝克的商人代表）保證，挪威歡迎他們來卑爾根，並鼓勵他們購買獸皮和奶油。德意

❹ 譯注：法納（Fana）是貝根的一區。

志商人得到挪威王室保護，國王要求對「呂貝克的公民給予一切可能的恩惠和善意」。[32]即便如此，漢薩商人在挪威並沒有得到完全的自由行動權。到了一二九五年，雖然挪威王廷進一步保證賦予漢薩商人豁免權，但還是禁止他們從卑爾根北上，進入挪威商人獲取商品的地方，並禁止漢薩商人在一年裡的特定時間裡出口魚，除非他們將價值相當的穀物運到卑爾根：「在冬季枯坐而不帶來麵粉、麥芽或黑麥的外國人，在十字架彌撒期間（九月十四日至隔年五月三十日），不得購買奶油、毛皮或魚乾。」[33]

到了一三〇〇年，卑爾根的德意志人社區不僅包括每年春天從海上抵達的人，還有「在冬季枯坐的人」，包括鞋匠和其他至少從一二五〇年就開始在該城定居的德意志工匠。到了一三〇〇年，卑爾根的漢薩商人已經體認到，挪威國王的猜疑和歡迎夾雜的態度，充分說明漢薩商人互相之間的合作有多麼重要。在卑爾根的漢薩商人成立一個法團，並得到挪威王廷的認可：一三四三年，漢薩商人首次被描述為「德意志漢薩同盟商人」（mercatores de Hansa theotonicorum）。在接下來幾年裡（肯定在一三六五年之前），出現所謂的貿易站（Kontor），這是一個受到嚴格控制的組織，為透過卑爾根從事貿易的德意志商人談判，並管理他們的生活。實際上，這是一個呂貝克人的機構，根據呂貝克的商法運作，儘管也有來自漢堡、不來梅和其他地方的成員：「貿易站是呂貝克的一個分支機構辦公室」，實際上是呂貝克在卑爾根的有治外法權的飛地。[34]德意志人根據自己的法律生活，這只是他們與卑爾根其他居民分隔開的標誌之一。但在十四世紀中葉之後，在卑爾根的絕大多數漢薩商人都住在布呂根，住在港口邊上密密麻麻的木屋裡，形成一塊德意志飛地。[35]

這種飛地是中世紀貿易世界的一個常見特徵（可能是猶太人隔都的雛型）。上文已經談過諾夫哥羅德的彼得霍夫的例子，倫敦鋼院（Steelyard）的例子會在下文探討。這種飛地使統治者能夠監視商人社區，但是也為商人的母城（在這個例子裡是呂貝克）提供建立管理機構的機會，在社區內部徵稅來承擔營運成本，並根據成員熟悉的法律制度提供司法。最重要的是，當這些社區的成員認為他們的利益受到當地統治者威脅時（這在卑爾根時常發生），就可以建構統一戰線。[36]在地中海地區，這些飛地通常是由國王或蘇丹下令建立，但卑爾根的漢薩飛地的建立是一個漸進的過程，因為德意志商人在碼頭區獲得越來越多的房屋；而且至少在一百年裡，該地區的一些房屋仍然屬於挪威人。此外，德意志人的倉庫所處地塊是從當地貴族或教會那裡租用的。[37]

布呂根是一個人口稠密的地方；在一四〇〇年左右，卑爾根全城人口有一萬四千人，其中德意志人大約有三千人。許多人都是相當年輕的學徒和熟練工，他們在七至十年的時間裡面臨著艱難的生活，遵照嚴格的階級制度，從地位卑微的小廝（Stubenjunge）攀升到地位尊貴的大師（Meister）。學徒的生活受到嚴格控制，一年中的相當時間基本上都被限制在他們居住的房子裡。這些定居點只有男性，學徒住在狹窄的宿舍裡，每天工作十二個小時，不包括吃飯時間。許多人在夜間悄悄溜出去，來到位於漢薩商人聚居區後面的紅燈區；但這就需要避開布呂根區域周邊的大群看門狗，這些看門狗不僅是為了擋住入侵者，也是為了防止有人逃跑。漢薩商人之所以會擔心生活在貿易站的人與挪威婦女發生關係，是因為害怕他們把知道的商業機密洩露給當地的婦人或妓女：他們可能「在當地婦女的魅力和酒的影響下，告知一些她們最好不知道的事」。要是有誰被發現與「蕩婦」私通，就要繳納一桶啤酒的罰款；而女人的遭遇更糟，會被扔進港口。熟練工要接受殘酷的入會儀式，其中可能包括被吊在煙囪裡用火烤、在港口被淹得半死，以及遭到儀式性鞭笞等「有益於健康」的「娛樂活動」。不過在熟練工受到這些虐待之前，都會允許他們喝得半醉，這是仁慈的表現。[38]這些是貿易站生活消極的一面，而在老家呂貝克，到了十六世紀中葉，有人擔憂這些入會儀式已經變得太瘋狂。考慮到宗教節日和貿易不景氣的時期，以及漢薩社區內強烈的共同體意識，貿易站的生活可以被描述為嚴酷和艱苦，但並非不堪忍受。貿易站是德意志商人學習正經貿易技能的地方。在這裡，他們充分意識到自己首先是漢薩商人（大部分是呂貝克人），其次才是卑爾根的居民。

第二十四章　英格蘭的挑戰

一

在十五世紀，漢薩同盟的統治地位受到來自兩方面的挑戰：一方面是尼德蘭，那裡已經有一些漢薩城鎮；另一方面則是英格蘭王國，它是漢薩同盟在北海最喜歡的貿易目的地之一。漢薩同盟的所謂壟斷（其實壟斷性並不強）正在被慢慢打破，儘管它在之前已經承受一些壓力，比如科隆或但澤挑戰呂貝克，或糧食兄弟會騷擾波羅的海和北海的航運。為了理解這些新挑戰，我們最好暫時將目光停留在漢薩同盟，看看他們在英格蘭建立的基地，不僅是在倫敦的，還有在林恩（Lynn）、波士頓（Boston）❶、赫爾（Hull）和拉文瑟（Ravenser，赫爾附近的一個港口，很久以前就毀於海浪）的。

倫敦是當時英格蘭最大的城市，漢薩同盟在英格蘭的總部當然設在倫敦。他們在泰晤士河之濱的貿易站經營，那個地方被稱為「鋼院」（Stahlhof）。這個名字似乎是Stapelhof一詞的變形，意思是「交

❶ 譯注：此處是指英格蘭東岸林肯郡的一個城鎮和港口。美國麻塞諸塞州的波士頓即得名自英格蘭的這座城鎮。

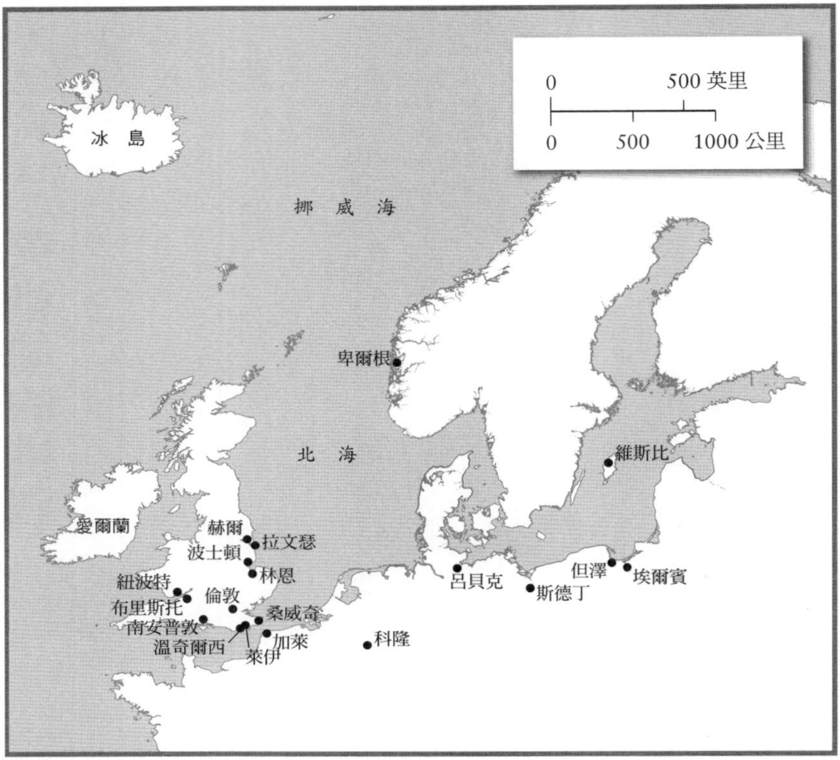

易日用品的院子」，與鋼鐵無關。倫敦的德意志貿易站遺址，已被十九世紀中葉建造的坎農街火車站（Cannon Street Railway Station）覆蓋。火車站的建造者拆除了整個鋼院，包括地基。在一九八七年的發掘過程中發現的東西很少（就連發現的陶器都被證明主要是英格蘭的）。不過，有一些十六世紀的圖紙和描述存世。鋼院有三個門、有大廳、倉庫和寢室，還有行政辦公室。儘管如此，與倫敦其他地方的庭院和方庭（例如現在已經成為律師活動場所的律師學院）相比，鋼院並不是一個特別氣派的地方。它比較擁擠，是一個幾乎沒有浪費一寸空間的商業區。漢薩商人想要的是特權，而不是精美的建築。

與在卑爾根的情況一樣，漢薩商人的倫敦貿易站形成一塊特權飛地，既享有英格蘭王家的保護，又享有自治權。而且與卑爾根的定居點一樣，它也是在相當長的時間裡慢慢形成的。在倫敦，對德意志商人特殊地位的承認並不是由於呂貝克人的努力，而是因為科隆和哥特蘭的商人。在十三世紀，英格蘭王家行政當局談到幾個漢薩（hanses），用這個詞彙指法蘭德斯人的團體，以及那些後來成為漢薩商人的人。對法蘭德斯商人和德意志商人來說，英格蘭是一個非常理想的市場。英格蘭供應優質羊毛，法蘭德斯各城市的織布機如饑似渴地消費這些羊毛，而英格蘭人很早就對萊茵蘭葡萄酒產生興趣。不過，葡萄酒絕不是從德意志穿越北海送往英格蘭的最重要物品。歐洲大陸對英格蘭產品的需求如此強烈，以至於大量的白銀湧入英格蘭王國，所以在歐洲其他地區透過添加卑金屬不斷貶值其銀幣時，英格蘭能夠在十三世紀保持高品質的銀幣。歐洲沒有任何一個其他王國的白銀資源如此豐富，也沒有任何一個其他王國可以說其錢幣的銀含量從九世紀至一二五〇年一直保持穩定。到了一二〇〇年，白銀（主要來自德意志開採的豐富礦藏）大量湧入英格蘭，導致相當嚴重的通貨膨脹，影響食品等基本商品的價格。[1]英格蘭標準純銀（Sterling silver）在今天被規定為九二五‰的含銀量，這是有悠久歷史的。不足為奇的是，北歐唯一能與英格蘭錢幣品質媲美的地方是科隆的鑄幣廠，因為科隆是英格蘭商品發往歐洲大陸各地的集散中心。即使科隆當地有白銀供應，也無法阻止德意志其他地方錢幣品質的嚴重下降。

英格蘭國王認為白銀的流入是理所當然的，當他們向科隆商人施予恩惠時，是對他們作為優質葡萄酒經銷商成就的認可。到了十二世紀中葉，科隆人得到英格蘭王室的保護，被保證有權以與法國酒商相同的條件出售自己的葡萄酒。科隆人在倫敦已經擁有一個營運中心（domus），後來被描述為他們的gildhalla，即「行會」，意味著這不是一群零散的訪客，而是一群有組織的人。這個行會大廳到底在哪裡並不清楚；意料之外的事件為在倫敦的德意志商人帶來新的好處。英格蘭國王理查一世參加第三次十字軍東征，未能收復耶路撒冷，在回家途中被德意志皇帝——霍亨施陶芬（Hohenstaufen）家族的亨利六世囚禁。科隆大主教是願意向理查一世提供幫助的德國諸侯之一，因此心懷感激的英格蘭國王在一一九四年擴大科隆商人的特權，讓他們從此免於納稅和進貢。他們還可以在彼此之間實行自己的內部海關制度，這對於承擔行會大廳的營運成本是非常重要的。後來的英格蘭國王對這種慷慨贈予的態度有所動搖，但是政治動機從未消失：約翰國王也依賴他與科隆大主教的聯盟。在亨利六世皇帝駕崩之後，約翰國王和科隆大主教支持同一個人登上德意志皇位（此事對英格蘭國王造成災難性後果）。因此，即使是貪財的約翰國王也有意讓科隆商人保留他們的特權。這些科隆商人擁有自己的海船，還租用法蘭德斯船隻，在連接英格蘭和法蘭德斯紡織城鎮的羊毛貿易裡充當中間人。[2]

漸漸地，倫敦的德意志社區的服務對象擴大了，不再僅限於科隆商人，因為有訪客從維斯比、呂貝克、不來梅和漢堡來到這裡。他們不僅來到倫敦，還到了英格蘭東岸一些交通便利的地方，如林恩和波士頓，呂貝克人於一二七一年在那裡購買羊毛。[3]當皇帝腓特烈二世在一二二六年授予呂貝克特權時，他認為在英格蘭從事貿易的呂貝克商人應該免於向科隆商人納稅。在接下來幾年裡，與德意志皇帝有姻親關係的英格蘭國王亨利三世，也將呂貝克人納入他的保護之下。[4]科隆商人對這些競爭對手的存在感到不滿，這提醒我們，家族糾紛經常會破壞漢薩同盟的兄弟關係。這些群體建立自己的法團，或稱漢薩。因此在十三世紀的英格蘭，漢薩商人不是一個統一的團體，而是好幾個爭奪英格蘭王室寵愛的小漢薩。倫敦市民抱怨，德意志人在倫敦比倫敦市民擁有更大的自由。

當英王愛德華一世試圖將歷史上對造訪王國的商人的所有授權合理化時，漢薩同盟明確表示支持。一三〇三年，他頒布《商人憲章》（Carta Mercatoria），該法對外商徵收的稅款高於本國商人，但德意志人認為這是一項相對不錯的交易；他們想要的是保障和穩定，並且現在明白他們應當互相合作，而不是忍受科隆、呂貝克和其他對手的傲慢。不幸的是，故事還沒有結束，因為下一任國王——倒楣的愛德華二世，在一三一一年取消他父親的法律。漢薩商人堅持索要他們的豁免權，而愛德華二世希望從臣民那裡榨取盡可能多的金錢，用於針對蘇格蘭的戰爭。儘管如此，到了十四世紀中葉，漢薩商人在經歷各種暫時的挫折之後，還是零零散散地重新獲得在一三〇三年曾擁有的許多權利。[5]

之後也並非一帆風順。愛德華三世掌權後，就在法國發動雄心勃勃的戰爭，這些戰爭經常擾亂海上交通。法蘭德斯航線可能被切斷，船隻可能遭受敵方海軍的襲擊，英吉利海峽和北海成為重要又危險的戰場。[6]對商人們來說，幸運的是愛德華三世需要貸款。在一三四〇年代耗盡佛羅倫斯幾家大銀行的資金後，他向德意志銀行家索要貸款，以王權之物作為抵押；這意味著他必須對來自德意志的商人客客氣氣（有趣的是，他的債權人包括猶太銀行家，在過去半個世紀裡，他們被排除在英格蘭之外）。不過也發生一些醜陋的事，德意志人被指控對穿越北海運送英格蘭羊毛的船隻發動海盜式襲擊，導致德意志人在英格蘭王國的一些財產被沒收，這可以說是殺雞儆猴。當時，漢薩同盟和英格蘭王室之間的關係並非融洽，但是一般來說，雙方都需要對方，不僅僅是白銀，毛皮、蠟和魚乾的需求量都很大。到了一四〇〇年，英格蘭人已經開始體認到，波羅的海鯡魚有多麼受歡迎。到達赫爾的許多船隻裝載的唯一貨物就是鯡魚，由英國進口商出資購買。在過去，這些貨物很多都是由挪威人提供，但德意志人越來越參與進入這項業務。到了一三〇〇年，他們已經在卑爾根取得主導地位。法蘭德斯的情況也差不多，漢薩同盟的柯克船在法蘭德斯海岸和英格蘭之間來回穿梭，而法蘭德斯人更傾向集中力量生產紡織品。

在十五世紀，英格蘭和波羅的海東部之間的整個空間都充滿貿易的氣息。英格蘭與但澤和普魯士沿海的各城鎮（當時普魯士包括但澤）建立聯繫，英格蘭東部和波羅的海更遠地區之間的直接聯繫變得司空見慣。不僅僅是但澤或埃爾賓（Elbing）的有進取心的公民造訪英格蘭，普魯士人也經常抱怨他們的城鎮受到英國布商的「入侵」。[7]這反映中世紀末期英格蘭貿易性質的一個重要變化。雖然英格蘭一直在出口品質非常高的成品布，但在十二世紀和十三世紀，英格蘭真正的專長是出口羊毛，法蘭德斯和其他地方的人把羊毛變成北歐著名的精美毛料織物，這些織物可能會再被運往摩洛哥和埃及。十四世紀初，英格蘭與法蘭德斯的貿易戰偶爾會阻礙英格蘭對法蘭德斯紡織品的進口，即使在貿易戰結束後，高額的關稅也使這種紡織品的進口失去吸引力。這就強烈地激勵英格蘭人在國內生產紡織品，而不是依賴進口。法蘭德斯人被鼓勵前來英格蘭定居，向英格蘭人介紹法蘭德斯紡織業的祕密；東英吉利的富裕城鎮成為許多法蘭德斯織工的家。到了十四世紀末，富有進取心的英格蘭人促進自己紡織業的發展，為其注入新的活力。英格蘭的毛料織物，而不是未經加工的羊毛，成為出口的首選。英格蘭正在從一個專注於原料出口的國家轉變為專注於成品出口的國家，這個過程可以粗略地稱為原始工業化。[8]

正如法蘭德斯的紡織品被送到波羅的海的遙遠角落並一直送到地中海一樣，在距離東英吉利和科茲窩（Cotswolds）❷的羊毛城鎮很遠的地方，也能找到英格蘭紡織品。越來越多的英格蘭人出現在普魯士，這並不令人驚訝；當生意進展順利時，來自林恩和波士頓的英格蘭人租用漢薩同盟的船隻，將英格蘭的紡織品一直運送到但澤，甚至更遠。在但澤，來自林恩的理查・肖頓（Richard Schottun）為英格蘭商人帶來惡名。他吹噓自己無視稅收規定，帶回被稱為 wrak et wrak-wrak 的劣質木材，假裝這些是從但澤購買的木材，但實際上可能來自腐爛的船體或漂流木。他和另外三個英格蘭人在但澤買了一艘船，即「克里斯多福號」（Krystoffer），但是他的生意過度擴張，在但澤有人向他追債。即便如此，他與但澤的聯繫仍持續了十年之久，看來他的名聲還沒有壞到迫使他離開這座城市的地步。從存世的紀錄來看，到了一四二二年，有五十五名英格蘭商人經常到但澤港。由此，英格蘭的普通民眾有機會與遠在普魯士的人建立婚姻關係。著名的英格蘭神祕主義者瑪潔・坎普（Margery Kempe）的兒子娶了一位但澤女子，瑪潔麗本人也拜訪過這座城市。[9]

普魯士也是英格蘭十字軍戰士最喜歡的目的地之一，加入條頓騎士團在多神教徒領土的掃蕩，被認為是很好的軍事娛樂，不管它對你的靈魂有沒有好處。參與者包括德比伯爵亨利，他回到英格蘭之後，從日益暴虐的理查二世手中奪取英格蘭王位；亨利到達斯德丁（斯塞新）時帶著多達一百五十名僕人和

❷ 譯注：科茲窩是英格蘭中南部的一個地區，跨越牛津郡、格洛斯特郡等地，歷史悠久，在中古時期已經因羊毛相關的商業活動而蓬勃發展。此地出過不少名人，如作家珍・奧斯丁（Jane Austen）、藝術家威廉・莫里斯（William Morris）等。該地區風景優美，古色古香，是旅遊勝地。

新兵，因此對那些把他運過海的人來說，維持他的供給是一筆大生意。一四二〇年代，條頓騎士團大團長仍然對英格蘭人很友好，儘管漢薩同盟的普魯士成員嚴厲要求逮捕英格蘭人，以報復他們對在英格蘭的德意志商人的所謂侮辱。[10]在一四一〇年的坦能堡戰役中，條頓騎士團愚蠢地對抗至少名義上皈信天主教的波蘭－立陶宛，結果一敗塗地。此後漢薩同盟和條頓騎士團的關係一落千丈，波蘭－立陶宛國王、條頓騎士團和漢薩同盟的普魯士成員之間，進行三方面的權力角逐。外來者發現陷入與自己無關的競爭之中，這種事情在歷史上並不罕見。[11]

一四六九年至一四七四年，英格蘭和漢薩同盟的關係惡化到雙方處於交戰狀態。科隆不出意料地反對戰爭，但呂貝克和但澤鼓吹對英作戰，因為這兩座城市都吃過英格蘭海盜的苦頭。英格蘭人雖然闖入波羅的海，但與北海聯繫更緊密的漢薩城市對此滿不在乎。[12]這一切的背後是一個簡單的事實：人們更願意確立和平、恢復良好關係，而不是發生衝突。如果為了和平需要對英格蘭人進入波羅的海的權利做出妥協，也只能接受。一四七四年，漢薩同盟和英格蘭王室在烏德勒支簽署和約，隨後是十年的和平。實際上，英格蘭人在海上已經有了無法撼動的一席之地。特別是布里斯托人已經眾所周知、肆無忌憚地航行在北海和大西洋的廣闊海域。[13]到了一四九〇年代，德英貿易的黃金時代顯然已經接近尾聲。不僅僅經濟環境很困難，而且都鐸王朝早期政治的複雜性，使得來自神聖羅馬帝國的商人，也就是亨利八世的對手查理五世的臣民，不禁懷疑他們在英格蘭海岸是否還受歡迎。[14]

不過，有些東西仍然延續下來。曾在一個短時期被英格蘭王室沒收的鋼院，於一四七四年被歸還漢薩商人，直到一五九八年才被伊莉莎白一世女王關閉。《烏德勒支和約》首次將漢薩商人在倫敦的場所，以及漢薩同盟在林恩和波士頓的財產全部物歸原主。林恩的新鋼院被委託給但澤的商人管理，因為漢薩會議認為，「你們的商人比其他漢薩商人更常去林恩，因此這件事對你們來說比對其他任何人都更重要」。[15]漢薩商人在林恩的建築屹立至今，不過今天被改成當地政府的辦公室。但它的外部木質框架和內部的梁柱，仍足以證明它是英格蘭唯一依然存在的漢薩建築。它由七間房子連接而成，原本包含廚房、大廳和院子。林恩的最大優勢是，從那裡可以接觸到東英吉利的財富。如上文所述，東英吉利正從毛料織物生產中汲取巨額財富。拉文納姆（Lavenham）和朗梅爾福德（Long Melford）的大型羊毛教堂❸見證該地區的繁榮，而這種繁榮在很大程度上取決於從英格蘭東部出發的海上貿易。

二

在中世紀，除漢薩商人之外，還有很多人被羊毛吸引到英格蘭。十三世紀末，從地中海到北海的海路開通，這與義大利對優質羊毛的需求激增密切相關。佛羅倫斯在十三世紀從相對默默無聞的狀態脫穎而出，憑藉著優質布匹及一二五二年新推出的金幣，很快聞名於世。隨著紡織業的發展，佛羅倫斯人從

❸ 譯注：羊毛教堂（wool church）之所以得名，是因為出資建造的是由於中世紀羊毛貿易而致富的商人或養羊場主。英格蘭的科茲窩和東英吉利地區有很多羊毛教堂。一五二五年至一六〇〇年間，羊毛貿易衰敗，再加上英格蘭宗教改革的影響，人們不再修建羊毛教堂。

對別人的布進行加工（對來自法蘭德斯和法國的布進行清洗和染色），發展到自己用羊毛生產布，因為他們明白只有用最好的羊毛，才能與法蘭德斯的優質產品媲美，即使這意味著要去遙遠的英格蘭獲取優質羊毛。佛羅倫斯沒有自己的艦隊，但是到了一二七七年，熱那亞水手已經學會如何通過直布羅陀海峽的危險水域，然後向法蘭德斯航行。從一二八一年起，馬略卡人和熱那亞人的船隻開始從地中海到達倫敦，開闢了一條新航線。在十四世紀和十五世紀，熱那亞人及後來的威尼斯人、加泰隆尼亞人和佛羅倫斯人都一直時斷時續地維持著這條航線。據了解，一二八一年停在倫敦港的船隻在出發前都裝滿羊毛，這條新航線能將更多的英格蘭羊毛運入地中海，或是讓從布魯日外港出發的船隻將更多的英格蘭細布運入地中海地區。十五世紀從威尼斯和佛羅倫斯的港口比薩派出的大型槳帆船，將糖、香料、精美陶瓷與異國絲綢運到北歐，包括從穆斯林的格瑞那達王國的港口或塞維亞外港收集的貨物，塞維亞已經成為連接地中海和大西洋貿易的樞紐。十三世紀末，來自盧卡、佛羅倫斯和其他地方的義大利銀行家在英格蘭展開業務，此時的義大利人在英格蘭宮廷獲得相當大的影響力，直到英法戰爭產生呆帳，一定程度上導致一三四〇年代義大利人遭受的大規模破產。[16]

倫敦是義大利人的一個目標，但對那些希望造訪法蘭德斯的人來說，在英格蘭南岸的某個地方停留更有意義，而這刺激南安普敦（Southampton）的發展，它已經與法國建立密切的聯繫（南安普敦的「法國街」紀念了這段歷史）。[17]與地中海的城市或較大的漢薩城市相比，南安普敦很小：一三〇〇年，人口約為兩千五百人，而在黑死病疫情結束後，一三七七年下降到僅一千六百人。[18]此時顯赫的熱那亞使者雅努斯·因佩里亞萊（Janus Imperiale）來到愛德華三世的宮廷，建議將南安普敦宣布為羊毛出口港，成為外商獲取羊毛的唯一地點。熱那亞人顯然希望壟斷市場，但在一三七九年八月二十六日晚間，有人在因佩里亞萊位於倫敦的住宅前門外發現他的屍體。他是被英格蘭對手暗殺的。英王已經占領加萊（Calais），並將其確定為羊毛出口的主要港口，而刺殺因佩里亞萊的凶手認為，熱那亞人的計畫將破壞他們的地位。[19]不過在十四世紀末和十五世紀初，義大利人繼續湧向南安普頓。有五十至一百名義大利人在該城居住，不過他們沒有專門的聚居區。有的義大利人，比如佛羅倫斯商業代理人克里斯多福·安布羅斯（Christopher Ambrose，義大利語名字是 Cristoforo Ambruogi），認為自己在較寒冷的英格蘭更有前途，於是申請入籍，不過也有一種適合其他很多人的中間身分，即擁有居住權的「居民」。安布羅斯甚至成為南安普頓市長。[20]

倫敦有義大利人來，也有西班牙人來。加泰隆尼亞人乘坐槳帆船，從巴塞隆納和馬略卡來到倫敦，但海盜襲擊常常讓他們畏縮不前。[21]大多數伊比利訪客來自西班牙北部海岸，他們帶來鐵、菘藍和皮革，而不是義大利槳帆船經過格瑞那達王國時收購的糖、陶瓷和絲綢。[22]來自西班牙大西洋沿海地帶的坎塔布里亞人（Cantabrians）、加利西亞人和巴斯克人在伊比利半島周圍的水域航行，也深入地中海；他們沿著法國西側，向布林訥夫、諾曼第和布魯日前進。[23]早在一二七〇年，安德列斯·佩雷斯·德·卡斯楚赫里斯（Andrés Pérez de Castrogeríz）等西班牙人就從布爾戈斯（Burgos）來到倫敦，他還在英格蘭統治下的加斯科涅（Gascony）從事貿易，那裡是英格蘭市場的主要葡萄酒來源；後來有許多西班牙人仿效他。他們的辛勤工作得到回報，英格蘭王室授予他們在倫敦和南安普敦免稅的特權，英格蘭國王希望他們繼續來這兩地做生意。[24]在十五世紀初，一位打油詩詩人，即《對英格蘭政策的控訴》

（*Libelle of Englyshe Polycye*，一部頌揚英格蘭對外貿易的詩體著作）的作者，寫道：

> 美味的無花果、葡萄乾、葡萄酒、次等酒和棗子，
> 還有甘草、塞維亞橄欖油和 grayne，
> 卡斯提爾的白肥皂和蠟。

然後繼續讚揚西班牙提供的鐵、藏紅花和水銀（grayne 即 graine，不是指小麥，而是指 grana，一種由粉碎的昆蟲製成的紅色染料，是西班牙的特產）。[25]

在倫敦最突出的外商群體是熱那亞人和德意志人，但十五世紀的倫敦是相當國際化的。拉古薩商人從遙遠的杜布羅夫尼克出發，乘坐著自己或威尼斯人的船來到倫敦，船上帶著從希臘運來甜美的馬姆齊酒（Malmsey wine）。拉古薩人伊萬・馬內維奇（Ivan Manević）特別有進取心，他成為英格蘭王國的歸化臣民和地主，還擔任包稅人，替王室徵收英格蘭南部大片地區紡織作坊的稅賦。到了十六世紀初，得益於他們與君士坦丁堡的鄂圖曼宮廷的友好關係，拉古薩人成為英格蘭與地中海東部的紡織品貿易的主宰者。[26]這可能會讓人覺得，英格蘭人扮演相當被動的角色，他們歡迎漢薩商人和熱那亞人，在一定程度上也歡迎西班牙人，而自己在海上並不十分積極。即便英格蘭人曾是這樣，但他們在中世紀晚期肯定不是如此，溫奇爾西（Winchelsea）和布里斯托的例子就清楚表明這一點。

三

溫奇爾西是「五港」聯盟的成員❹，自十一世紀以來，「五港」被賦予保衛英吉利海峽東端的任務。今天溫奇爾西距離海岸有一段路程，但它在歷史上曾位於形狀不規則且不斷變化的沼澤地海岸線旁邊。一二八〇年代，該城在王廷的命令下遷移到一個地勢較高的地方，遠離不斷侵蝕陸地的海浪，但仍是一個港口。溫奇爾西新城的街道格局呈正方形，是以英格蘭人和法國人在法國西南部的爭議領土上建造的設防城鎮（bastide）為藍本，英王愛德華一世對這種設防城鎮非常熟悉。[27] 溫奇爾西與附近萊伊（Rye）的居民利用相對和平的時期，對英吉利海峽的航運發動襲擊，因此海盜活動和貿易造就新址上出現的富裕社區。威廉．朗格（William Longe）是十五世紀初的一名英格蘭議會議員，也是奉命在英吉利海峽巡邏以防海盜的萊伊官員之一，但他監守自盜，襲擊佛羅倫斯和法蘭德斯的船隻。法庭不能坐視不管，朗格被送進監獄一段時間，但是他的聲望越來越高，一次又一次地被選入下議院。[28] 海盜活動和官方認可戰爭之間的界限，始終是很容易跨越的。

---

❹ 譯注：五港（Cinque Ports）是歷史上英格蘭東南沿海若干城鎮組成的聯盟，起初有軍事和商業功能，今天僅有象徵意義。五港聯盟原本包括赫斯廷斯、新羅姆尼、海斯、多佛、桑威治；另有兩個所謂「古鎮」負責支持五港，即萊伊和溫奇爾西。萊伊原本只是新羅姆尼的一個附屬港口，在一二八七年新羅姆尼毀於風暴後取而代之，成為五港之一。除了五港和兩個「古鎮」外，五港聯盟還包括七座所謂「分支」城鎮。

英格蘭和西班牙雙方都犯下暴行。一三四九年，一位卡斯提爾海軍將領在加斯科涅近海扣押裝載葡萄酒的英格蘭船隻，他的突然襲擊在英格蘭引起恐慌。一年後，復仇的時機到來了，一支滿載西班牙羊毛的卡斯提爾船隊在前往法蘭德斯途中通過英吉利海峽。英格蘭人對此的理解是，卡斯提爾人侮辱英格蘭人，侮辱他們在與法蘭德斯的羊毛貿易中的主導地位。在來自溫奇爾西的龐大柯克船「湯瑪斯號」（Thomas）的帶領下，英格蘭人在卡斯提爾船隊從法蘭德斯返回時發動猛攻。儘管來自桑威奇（Sandwich）、萊伊和其他地方的船隻也參與戰鬥，但這場戰役還是被稱為溫奇爾西之戰。卡斯提爾的船隻比英格蘭船大，但英格蘭人還是大獲全勝。這可能是西方第一次使用大炮的海戰。英格蘭人打贏這場戰役，但用老生常談的話說，他們並未打贏整個戰爭：英吉利海峽仍是一個不安全的區域。為了避免被法國人或他們的卡斯提爾盟友襲擊，英格蘭人不得不以大型船隊的方式航行。不過這並不足以保護溫奇爾西，一三八〇年，這座城鎮遭到卡斯提爾襲掠者洗劫。[29]

留存至今的溫奇爾西石砌酒窖，無疑一度經常被用來儲存海盜的戰利品；但這裡並不是海盜的巢穴，因為這裡有很多合法的貿易。溫奇爾西的公民是葡萄酒商人，在一三〇三年至一三〇四年，溫奇爾西的十二艘船前往波爾多，在那裡收購一千五百七十五桶葡萄酒，大約相當於四千加侖。溫奇爾西的葡萄酒貿易曾是這條海岸線上所有城鎮中最成功的，今天的萎縮狀態讓人很難想像它曾是一個與海外聯繫緊密的繁榮港口。[30]但最適合葡萄酒貿易的那座城鎮擁有更光明的未來：就是布里斯托，它很快成為英格蘭王國的第三大城市。

四

布里斯托原名 Brig-stowe，即「橋之地」，是世界上最不尋常的港口之一，它位於雅芳河（River Avon）的峽谷之外。在與雄壯的塞文河（River Severn）交會的地方，雅芳河會變窄。當漲潮時，水位會驚人地上升，有時高達十二公尺，即四十英尺；前往布里斯托的船隻會等待漲潮，然後被潮水沖向城市。退潮時，港口的泥濘海底會暴露出來，船隻的龍骨在柔軟泥地上保持平衡。[31]布里斯托位於英格蘭的一個富饒地區，早年與威爾斯和愛爾蘭的貿易為該城帶來一些財富。但即使在十四世紀，它與愛爾蘭做生意的船隻仍然很小（這種船的載貨量一般在二十至三十公噸左右），反映出業務量相對較小。隨著中世紀末期，愛爾蘭亞麻布手工業的興起，這條外貿航線上的商機確實得到改善。但船隻本身大多數都是愛爾蘭人自己的，布里斯托的繁榮更多得益於與更遠的地方展開貿易。[32]布里斯托港口貿易成長的一個原因是，英格蘭紡織業的興起，因為在製造高級布料方面，布里斯托以東的科茲窩各村莊是東英吉利羊毛城鎮的有力競爭對手；而用雪花石膏（英格蘭人用這種石膏狀石頭雕刻精美的祭壇）雕刻的物品則從科芬特里（Coventry）運來，再從布里斯托運往國外。布里斯托商人還與南安普頓保持聯繫，因此即使他們不透過母港運送布匹，也可以穿越索爾茲伯里平原（Salisbury plain），將布匹運往在南安普頓等待的義大利槳帆船。同時，布里斯托的布匹也被運往倫敦，賣給漢薩商人，據說他們開出的條件比英格蘭同行更好。[33]

不過，布里斯托成功的真正原因在於葡萄酒貿易。[34]這種成功除了商業因素外，還得益於政治因素：十二世紀，亨利二世與亞奎丹的艾莉諾（Eleanor of Aquitaine）結婚後，英格蘭獲得加斯科涅。儘管如此，加斯科涅葡萄酒的名聲還需要一段時間才能建立起來。到了十三世紀末，在波爾多商人的鼓勵下，波爾多地區的平地幾乎全部被用於種植葡萄樹。這不僅是因為波爾多的土壤適合種植用於釀酒的葡萄，還因為葡萄酒可以順著吉倫特河（Gironde）的小支流輕鬆地運往波爾多。波爾多商人為自己創造一個壟斷區，讓他們可以在葡萄酒經過該城時大肆徵稅。加斯科涅雖然處於英格蘭統治下，但行政管理是自治的，所以英格蘭商人不得不忍受這些稅收。他們的反對意見在一四四四年傳到英格蘭下議院，不過這些反對意見有點誇大其辭，英格蘭商人事實上並沒有為他們輸入加斯科涅的貨物支付任何稅費，而且在英格蘭和波爾多之間來回穿梭的船隻絕大多數都屬於英格蘭人。十五世紀初，每年大約有兩百艘船從波爾多出發，滿載葡萄酒，在秋季或早春抵達，在十二月或三月離開，一趟航程通常需要十天左右。[35]

波爾多人的財富取決於葡萄的好收成，以及能否用這些葡萄酒換取主食。在以穀物為主食，且人口增加對糧食供應造成壓力時，與布里斯托的聯繫為波爾多提供一條生命線，讓波爾多人可以從英格蘭南部購買糧食。哪怕是在英格蘭國內糧食短缺的情況下（這在十四世紀初很常見），英格蘭商人也盡一切努力將糧食送往加斯科涅。船運葡萄酒的規模越來越大，直到一四五三年法國占領整個加斯科涅（英法百年戰爭就此結束）為止。一四四三年秋天，單單是六艘布里斯托船從波爾多運出的葡萄酒數量，就差不多相當於十五世紀初一整年的裝載量。由於英格蘭紡織品主宰北歐市場，紡織品也成為運往加斯科涅的重要出口商品，而加斯科涅人以向布里斯托提供大量的菘藍染料作為回報，這種染料是法國西南部的特產。[36]英格蘭的戰敗並未終結這種葡萄酒貿易，因為法王路易十一不會拒絕從該貿易中徵稅的機會。到了十五世紀末，儘管葡萄酒貿易及波爾多本身的巔峰期已經過了，但據說仍有多達六千名英格蘭商人湧入波爾多購買葡萄酒。

其他的機會在向布里斯托水手，或希望在布里斯托銷售產品的外國水手們招手。十五世紀，巴斯克船隻和來自西班牙北部海岸其他地區的船隻有越來越多來到布里斯托。布里斯托商人認可巴斯克人的高超航海技術，所以有時會將自己的貨物裝在巴斯克船上；巴斯克人和布里斯托人都對開闊的大西洋及其魚類資源有著強烈的興趣。巴斯克人的家鄉資源貧乏，所以他們將目光投向開闊的大海，並發展捕鯨的專業技術，使他們成為十六世紀的捕鯨高手。考古學家在拉布拉多近海精心發掘出一艘十六世紀的巴斯克捕鯨船。[37]

在布里斯托海灣對面的威爾斯城市紐波特（Newport）的地下，出土一艘一四五〇年左右的巴斯克船船體；據說這是迄今為止發現最大的十五世紀船體，可以裝載一百六十公噸貨物（很可能是葡萄酒）。在現場發現的錢幣和陶器表明，它最遠到過葡萄牙，而葡萄牙在十五世紀中葉是英格蘭最密切的交易夥伴之一。有一段時間，這艘船可能主要由西班牙或葡萄牙船員操作，但在一四六九年左右，在紐波特的船廠接受維修時，它的主人可能是英格蘭商人（甚至可能是一位英格蘭貴族）。[38]英格蘭商人曾明智地試圖插手西班牙北部的葡萄酒貿易，我們幾乎可以肯定這艘船載運的就是西班牙北部的葡萄酒。但前往西班牙北部的交通並不完全是為了貿易，布里斯托的船隻還搭載著乘客，即前往聖地亞哥德孔波斯特拉（Santiago de Compostela）的朝聖者，駛向西班牙西北角的加利西亞，這些朝聖者不願意在著名的聖地牙哥朝聖之路（Camino）上徒步跋涉，所以選擇坐船。除了卡斯提爾統治下的土地，英格蘭商人在葡萄牙也有很好的商機，葡萄牙王室與蘭開斯特王室有姻親關係。隨著葡萄牙本身成為一個海上強國，英格蘭人能夠利用它的成功，從葡萄牙本土進口葡萄酒，甚至透過中間商從馬德拉（Madeira）購買糖。39

所有一切為布里斯托帶來巨大的財富，從宏偉的聖馬利亞紅崖教堂（St Mary Redcliffe）可以看出當地的富庶，富有的船東威廉・坎寧斯（William Canynges）在這座教堂為自己與妻子建造禮拜堂和墳墓。他對教堂慷慨的捐贈源於個人的不幸：兒子們先他而去，所以他沒有繼承人，於是布里斯托市成為他的繼承人。他出身貿易世家，該家族的成員自十四世紀末以來，一直以紡織品為生（十九世紀的英國政治家喬治・坎寧〔George Canning〕就是這個家族的子弟）。坎寧斯家族起初與巴約訥（Bayonne）和西班牙做生意，但是到了十五世紀中葉，當坎寧斯年富力強時，坎寧斯家族將目光投向更遠的地方：他向波羅的海和冰島，以及葡萄牙、法蘭德斯與法國派遣船隻。40

另一位布里斯托商人則是因為失敗而被人記住。羅伯特・斯特米（Robert Sturmy）透過為駐加斯科涅的英格蘭軍隊提供糧食而致富。一四四六年，他的野心轉往一個全新的方向：地中海。41 到了十五世紀中葉，布里斯托的船東和海員已經計劃航行到已知世界的極限：到普魯士、葡萄牙、冰島，並最終跨越大西洋。地中海是他們更熟悉的地區。斯特米收到消息說，富庶的威尼斯商人群體被逐出亞歷山大港。他希望利用這個機會，建立從黎凡特到英格蘭的直接香料貿易。他有一艘船，即柯克船「安妮號」（Anne），並準備用這艘船執行這次冒險。他獲得將羊毛一直出口到比薩（供佛羅倫斯的織布機使用）的許可證，並打算隨後向東前往聖地。他的船員有三十七人，船上還有一百六十名購買單程票的朝聖者，他盤算著回程時，船將裝滿東方的香料，而不是乘客。朝聖者在雅法（Jaffa）上岸後，一路向耶路撒冷前進。但是他的船員在耶誕節臨近時，試圖穿越地中海東部，這表明他們缺乏經驗。他們無疑認為地中海的風暴永遠比不上大西洋遠海的驚濤駭浪，但是當他們接近位於伯羅奔尼撒半島南端的威尼斯海軍基地莫東（Modon）時，開始刮起暴風雨。「安妮號」不幸失控，在岩石上被撕成碎片，無人倖存。[42]

斯特米一直待在家裡，沒有在船上，他的財富也沒有受到致命的打擊。在接下來幾年裡，他在布里斯托擔任高階職務，還被選為市長。當英格蘭議會要求他在打擊海盜的戰爭中出力時，斯特米出資建造一艘新船。在此期間，他一直留意來自黎凡特的消息，包括一四五三年君士坦丁堡被土耳其人攻陷的消息。他希望隨著地中海東部出現新的政治格局，終於可以闖入利潤豐厚的黎凡特貿易。因此在一四五七年，他又準備一批貨物，運往義大利和黎凡特，包括小麥、錫、鉛、羊毛及布，僅僅布的價值就高達兩萬英鎊。所有這些貨物都將由「凱薩琳·斯特米號」（Katharine Sturmy）「通過摩洛哥（Marrok）海峽〔即直布羅陀海峽〕運到山外」。這艘船在前一年已經證明了實力，一路航行到加利西亞，運送朝聖者到聖雅各的聖地。「凱薩琳·斯特米號」到達黎凡特，在那裡不僅裝載香料，還裝載青椒種子，人們希望這些種子能在英格蘭土地上發芽。不過在一四五八年的歸途中，斯特米的船在馬爾他附近被熱那亞水手扣押，貨物被劫。這個暴行激起英格蘭人對義大利人長期的敵意；在倫敦的熱那亞人被集體逮捕。斯特米的損失從未得到充分賠償，他在這一年年底去世。[43]英格蘭商人意識到，試圖進入葡萄牙以外的地區實在太冒險了。又過了半個世紀，從英格蘭到黎凡特的定期交通才建立起來。而大西洋的大片區域，包括冰島周邊和冰島以外的地區，還有待探索與開發。

五

十五世紀，英格蘭人，特別是布里斯托的商人和船主，決心利用冰島的日益孤立，打破挪威對冰島貿易的壟斷。冰島在一二六二年臣服於挪威，條件是挪威人每年向該島派出六艘船，但遙遠的距離意味著挪威國王很難對冰島發生的事情進行嚴格控制；冰島人一次又一次地抱怨挪威人沒有依約派船到冰島。[44]以卑爾根為基地的漢薩商人將冰島的貨物運往歐洲，但他們被禁止進入冰島海域。不過他們偶爾也會冒險前往冰島，因為似乎沒有人阻止他們。

在這種情況下，冰島人非常歡迎從卑爾根以外地方來的滿載食品和其他所需物資的船隻。挪威國王埃里克寫信給冰島人，抱怨他們與「外國人」做生意。其實，英格蘭人也開始在冰島水域捕魚，島上總督（hirðstjóri）已經開始自己頒發捕魚和貿易許可證。總督親自把這封信帶到埃里克國王的宮廷：

> 我們的法律規定，每年應該有六艘船從挪威來冰島，但這已經很久沒有發生了，這使陛下和我們可憐的國家遭受最嚴重的傷害。因此，我們信賴上帝的恩典和您的幫助，與那些和平來此做合法生意的外國人進行交易，我們也懲罰了那些在海上搶劫與製造混亂的漁民和漁船主。[45]

他的辯解無效；他也沒有被送回冰島。禁止對外貿易對冰島人民的生存不利，特別是如果十五世紀惡劣的天氣條件，真的使前往冰島（和格陵蘭）的航行更加困難的話。英格蘭船隻勇於承擔這些風險，哪怕一天內有二十五艘船在風暴中沉沒。在林恩，有一個與冰島做生意的英格蘭商人組成的社團，[46]吸引他們的是向冰島附近水域遷徙的成群鱈魚。

到了一四二〇年，形勢已經變得非常嚴峻。一位德意志商人去冰島為漢薩同盟和埃里克國王刺探情報，並認為如果國王不採取果斷行動，冰島就會被英格蘭人占領。這聽起來可能有點誇張，但英格蘭海盜確實入侵該島，「排成整齊的戰鬥隊形，號角齊鳴，旌旗招展」。他們的目標之一是埃里克任命的丹麥籍總督，他試圖維持對冰島經濟的嚴格控制，引發英格蘭人的強烈不滿。總督記錄英格蘭商人的罪行，這些商人搶奪島民的牛羊，甚至破壞島上的教堂。愛抱怨的總督被英格蘭人抓獲，並被帶到英格蘭，他在那裡對英格蘭人於冰島的行為作了長篇大論的控訴，導致英格蘭宮廷陷入尷尬，並且造成英格蘭當局在一四二六年試圖禁止與冰島的貿易，此舉引起林恩的商人激烈反對。前往冰島的航行仍在繼續。英格蘭走私者（從某種意義上說，他們確實已經變成走私者）與港口官員鬥智鬥勇，而在英格蘭港口偶爾沒收冰島貨物，並未影響冰島貿易，因為走私者經常使用像康沃爾的弗維宜（Fowey）這樣的偏僻港口，不過在布里斯托、赫爾和其他地方也能買到冰島魚乾。但其實英格蘭人仍有可能獲得英格蘭的官方批准去冰島做生意。向王廷申請許可證需要花錢，但這筆錢也可以看作是防止貨物被沒收的保險。斯堪地那維亞國王也提供這個服務。例如在一四四二年，有十四艘英格蘭船隻獲得前往冰島的許可；它們裝載的貨物幾乎無所不包，從燒水壺到梳子，從啤酒到奶油，從手套到腰帶，應有盡有。[47]在接下來數十年裡，英格蘭宮廷、英格蘭商人、丹麥宮廷及漢薩商人之間的爭論持續不斷。一四六七年，英格蘭襲掠者殺死冰島總督，這無助於解決問題。英王理查三世向漢堡市抱怨，三艘英格蘭船隻在冰島被漢薩商人奪走了；但漢薩商人也有話可說，因為布里斯托水手也在冰島水域攻擊漢薩船隻。[48]

解決這些持續不斷糾紛的辦法之一是，不管冰島的魚有多受歡迎，都放棄冰島，轉而尋找北大西洋其他盛產鱈魚的地方。在一四八〇年代，布里斯托的船主們就是這麼做的，而最大的問題是，在這個過程中他們是否遠航到拉布拉多附近的漁場。關於英格蘭水手在一四八〇年代到達美洲的說法，並不是簡單的猜測。在卡博特於一四九七年航行到紐芬蘭後不久，一個名叫約翰·戴伊（John Day）的英格蘭人給西班牙的一位海軍將領（可能是哥倫布）寫了一封信。戴伊寫道：

> 可以肯定的是，布里斯托人在其他時代發現上述土地〔紐芬蘭〕的海角，他們還發現了「巴西」，這一點閣下是知道的。它被稱為「巴西島」（Ysle of Brasil），人們認定並且相信，它就是布里斯托人發現的大陸。[49]

（此處的「大陸」並不意味著整個大陸，可能只是指一座大島。）注意：不要將這個「巴西」與現代巴西混淆，後者是由葡萄牙人在一五〇〇年發現的，因為該地區盛產巴西木，這是一種非常貴重的染料，所以葡萄牙人將那片土地命名為巴西。而上文中的「巴西」是中世紀晚期地圖上，大西洋的一座傳奇島嶼，可以追溯到中世紀早期愛爾蘭航海家編的關於大洋中一座島嶼的故事。

比「巴西」這個名字更重要的證據是，布里斯托水手在一四八〇年代確實曾經深入大西洋。[50]一四八〇年七月十五日，約翰・傑伊（John Jay）從布里斯托派出一艘船，船長是聲名顯赫的水手斯洛伊德（Thloyde），或勞埃德（Lloyd），目的地是「愛爾蘭西部的巴西島」。但在海上航行九週後，由於天氣惡劣，這艘船被迫一無所獲地返回愛爾蘭。[51]傑伊或一個與他同名的人（傑伊家族是一個著名的貿易家族），在一四六一年從挪威進口鱈魚乾。[52]一四八一年，也就是斯洛伊德航行的不到一年之後，同樣來自布里斯托的「聖三一號」（Trinity）和「喬治號」（George）揚帆起航，「去搜索和尋找一座名為巴西島的島嶼」。[53]儘管這兩艘船的船主都認為這不是一次貿易航行，但兩艘船都裝載了鹽，讓人覺得其目的是捕魚，然後立刻把魚醃起來。沒有證據表明這兩艘船找到它們要尋找的東西。「聖三一號」和其他開往「巴西」船隻的船長用虛構的目的地掩蓋其真實目的地，這種情況並不罕見。一四九八年，卡斯提爾的天主教雙王斐迪南和伊莎貝拉收到在英格蘭代理人的報告，報告稱，七年來，布里斯托人多次派兩到四艘船尋找巴西和「七城」，即大洋上的另一個神話國度。[54]如果尋找魚是他們的目的，那麼他們的野心與卡博特非常不同。卡博特在一四九七年出發，想要獲得中國和東方神話般的財富，與哥倫布一樣，他認為向西航行就能到達亞洲。由穆斯林入侵西班牙時的基督教難民所住的七城之島這樣的神話仍然很有影響力，尋回失散多年的基督教兄弟的浪漫夢想也很有吸引力。同樣在十五世紀的最後十年，為葡萄牙國王服務的法蘭德斯人斐迪南・范・奧爾曼（Ferdinand van Olmen）從亞速群島出發，希望能找到七城之島；後來他音訊全無。[55]

還有其他的可能，即布里斯托的船隻可能到了格陵蘭。儘管格陵蘭的諾斯人到那時可能已經消亡了，但是關於格陵蘭的消息肯定流傳下來。布里斯托水手可能終於明白，順著洋流南下到拉布拉多海岸，他們會有更大的收穫。也可能有更簡單的解釋。直到一四九〇年，丹麥國王才放鬆對英格蘭人直接到冰島從事貿易的禁令。根據布里斯托的海關紀錄，一四八一年，確實有一些船隻從布里斯托出發前往冰島；但是仍有一些人不願意花錢買正式的許可證。[56]即便布里斯托人確實抵達拉布拉多，無人知曉的發現就不能算是發現。布里斯托商人關注的另一個大西洋目的地是葡萄牙的馬德拉島，那裡有大量的優質糖。一四八〇年，他們用布列塔尼的船隻將貨物運往那裡，再往後是亞速群島；他們計劃建立一條通往摩洛哥的航線，但是葡萄牙人反對，就像一四八一年英格蘭商人考慮前往西非時遭到葡萄牙人阻撓一樣。[57]現在我們來看看葡萄牙人在大西洋水域在做什麼，以及他們的小王國如何成為一個大帝國。

第二十五章 葡萄牙崛起

一

在中世紀末期，大西洋東北部正在成為一個內部聯繫相當緊密的海域。但是如果我們不關注更南邊的海岸線，就無法書寫早期大西洋的歷史。即便如此，從加納利群島到非洲南端的廣闊區域的歷史仍然是空白的。加納利島民的祖先無疑是透過海路到達那裡，但當歐洲探險家在十四世紀偶然發現他們的島嶼時，加納利人已經不會航海了。撒哈拉以南非洲的各民族沒有冒險出海，沿著西非海岸的長途海路是由歐洲人開闢的，葡萄牙人在十五世紀下半葉開闢這些海路。葡萄牙人沿著非洲海岸向南和向西前往大西洋諸島的雄心勃勃的航行，令葡萄牙和西班牙在大西洋沿海地區的早期航海史黯然失色。因為當航海家恩里克王子發起第一批南下的探險時，葡萄牙水手的主要興趣在北方水域，即布魯日、米德爾堡和英格蘭。[1]本章的第一個目的，是了解葡萄牙的航海史是否真的早在十五世紀之前就開始了。

在葡萄牙人和卡斯提爾人在大西洋派遣艦隊之前（他們有非常能幹的熱那亞海軍將領），伊比利半島附近的大西洋海域就已經比一般人想像得活躍許多。維京人對西班牙的襲擊促使安達魯西亞統治者建立一支大西洋艦隊，並更加重視可能來自大西洋的危險。西元八五九年，穆斯林艦隊在船上攜帶希臘火和弓箭手，出發挑戰維京襲掠者，搜尋範圍遠至西班牙北部海岸的海域。這些「摩爾人」（Mauri）的出現，與維京人的到來一樣，讓統治西班牙北部的基督徒感到震驚。穆斯林艦隊不斷追擊，取得一連串勝利，最終在直布羅陀附近擊毀十四艘維京船隻。西元九六六年，一支來自塞維亞的穆斯林艦隊嚇退一直滲透到錫爾維什（Silves）的維京人。錫爾維什是一座重鎮，位於今天葡萄牙阿爾加維（Algarve）地區的河流出海口的上游不遠處。[2]這表明，以塞維亞為基地的穆斯林完全有能力建立大西洋艦隊。此外，由於維京人的襲擊是閃電式的，所以上述的穆斯林艦隊並不是專門為迎戰維京人而建立，而顯然是安達魯西亞的埃米爾和哈里發常備軍的一部分。

追蹤穆斯林艦隊及穆斯林商人在大西洋水域活動的困難是證據非常少，主要包括二手或三手的戰鬥故事，或提到從安達魯西亞運到伊斯蘭中心地帶的稀有貨物的文獻。[3]誠然，塞維亞主要關注東方，將西班牙南部的橄欖油透過直布羅陀海峽送往地中海東部；但這並不意味著大西洋的資源被忽視了。在穆斯林統治時期，直到十三世紀初，葡萄牙海岸和安達魯西亞的大西洋海岸的人們都在尋找被稱為龍涎香的鯨魚嘔吐物。儘管來源不雅，但龍涎香長期以來一直是昂貴的香水原料，人們可以在海岸上收集被沖刷上岸的富含脂肪的塊狀龍涎香。龍涎香與大西洋珊瑚一起，被一直運到埃及。同時，大西洋魚類也得到開發，在當地市場出售。在加地斯和休達附近捕獲的鮪魚特別名貴。漁民既有穆斯林，也有莫扎拉布人（Mozarabs），也就是阿拉伯化的基督徒，他們主要由前伊斯蘭時代的西班牙人和葡萄牙人後裔組成。在阿爾加維可以找到適合造船的木材。錫爾維什的居民將他們精美的陶瓷製品遠銷海外，該城在十

英格蘭
米德爾堡
聖地亞哥德孔波斯特拉
維亞納堡
波多
孔布拉
葡
萄
牙
錫爾維什
拉哥斯
聖文森角
薩格里什
塔維拉
納瓦拉
卡
斯
提
爾
阿拉貢
塞維亞
格瑞那達
加地斯
休達
丹吉爾
塞拉
非斯
亞速群島
馬德拉島
蘭薩羅特島
特內里費島
富埃特文圖拉島
大加那利島
波哈多角
廷巴克圖
大 西 洋
0
500
1000 英里
0
500
1000
1500 公里

一世紀擁有自己的兵工廠，當時塞維亞的穆斯林國王統治著該城。[4]安達魯西亞的居民也沒有忽視摩洛哥海岸，在十二世紀就航行到拉巴特（Rabat）對面的塞拉（Salé）。而摩洛哥海岸的其他港口，包括阿西拉（Arzila），可能還有摩加多爾，安達魯西亞人在九世紀就去過了。[5]雖然伊比利半島大西洋沿岸的交通密集程度上比不上地中海，但大西洋對穆斯林來說並不是一片神祕的海域。

摩洛哥和茅利塔尼亞沿海水域的相對平靜，與伊比利沿海水域基督徒和穆斯林之間日益活躍的交往形成鮮明對比。在十二世紀，隨著信奉基督教的葡萄牙伯國（後來成為王國）在伊比利半島西部的波多（Porto）和孔布拉（Coimbra）附近開疆拓土，穆斯林不得不面對葡萄牙人的海陸兩面挑戰。這時在原教旨主義的穆瓦希德王朝（Almohads）的領導下，伊比利半島的穆斯林勢力似乎恢復元氣。穆瓦希德王朝的激進復興主義運動，最初受到阿特拉斯山脈（Atlas Mountains）的柏柏爾人影響。穆瓦希德王朝哈里發面臨的第一個衝擊，是一支相當強大海軍對里斯本的突然襲擊。據說這支海軍在第二次十字軍東征的號召下，於一一四八年從英格蘭的達特茅斯（Dartmouth）出發前往聖地，艦船數量在一百六十四艘以上。當這支艦隊到達波多時，該城主教言辭激昂，讓十字軍艦隊裡的英格蘭、法蘭德斯和德意志水手知道，在進入地中海之前會航行經過穆斯林控制的海域。十字軍相信攻擊里斯本將有助於偉大的十字軍聖戰。此時不僅在敘利亞，而且在與德意志接壤的文德人領土和與加泰隆尼亞接壤的穆斯林領土，都在進行十字軍聖戰，因此十字軍急切地加入葡萄牙人對里斯本的遠征，並在經歷血腥的廝殺之後，迫使該城投降；十字軍破城之後，將其洗劫一空，就連城內的莫扎拉布基督徒的主教也被殺害。[6]攻占里斯本後，葡萄牙人在伊比利半島南部有了一個極好的基地。十三世紀，橫跨西班牙和北非的穆瓦希德帝國的衰弱和崩潰，使得葡萄牙人可以自由地在阿爾加維攻城掠地。到了一二四二年，葡萄牙人已經成為錫爾維什的主人。

不過早在那之前，葡萄牙船長們就已經在騷擾穆斯林的船隻和海岸。為了因應穆瓦希德海軍對葡萄牙中部的不斷襲擊，葡萄牙人建立一支艦隊，因此穆瓦希德王朝的政策似乎適得其反，讓葡萄牙人以前所未有的方式組織起來。到了一一七〇年代末，無畏的海軍將領堂·福阿什·魯皮尼奧（Dom Fuas Roupinho）將戰艦開進大西洋，並領導對穆瓦希德王朝統治下的安達魯西亞進行攻擊，一直打到塞維亞附近的海岸，還攻擊摩洛哥北端的休達。在一一七七年或一一七八年至一一八四年期間，雙方進行一場被一位法國歷史學家稱為「名副其實的大西洋之戰」的戰鬥，其間發生一些戲劇性事件，如一一八〇年葡萄牙人俘虜穆瓦希德海軍的旗艦和另外八艘船。但葡萄牙人並非總是占上風：一一八一年，魯皮尼奧的二十艘或四十艘船被穆瓦希德軍隊俘獲，他自己也丟了性命。三年後，穆瓦希德軍隊從海上襲擊里斯本，但他們無法像三十六年前的十字軍那樣成功占領里斯本。[7]穆瓦希德王朝在西班牙的勢力直到一二一二年才被打垮，在一二一二年的拉斯·納瓦斯·德·托洛薩（Las Navas de Tolosa）戰役中，卡斯提爾、阿拉貢、納瓦拉和葡萄牙的國王們一反常態地擱置分歧，對這個柏柏爾人的帝國發動聯合攻擊，而之前穆瓦希德王朝已經受到過度擴張的影響，並且放棄建國時的嚴苛教條。

二

十三世紀末，人們對連接地中海與英格蘭和法蘭德斯的航線越來越關注，里斯本與西班牙北部的港口也從中獲益：從這時起，巴斯克水手在文獻記載中變得越來越引人注目，而跨海前往卡斯提爾治下的聖地牙哥的朝聖者越來越多。儘管在中世紀，人們對葡萄牙葡萄酒的需求不斷增加，但其內陸資源依然貧乏。港口，特別是里斯本和波多，還有一些較小的地方，如該國北部的維亞納堡（Viana do Castelo），才是真正的經濟活動中心。葡萄牙國王們體認到這些地方的重要性，所以授予它們一項又一項特權：一二〇四年和一二一〇年的王室信件提到「船舶指揮官」（alcaide dos navios）。大約在同一時間，葡萄牙商人在英格蘭受到一直在尋找財源的約翰國王歡迎。約翰國王的兒子亨利三世則慷慨地為葡萄牙商人頒發安全通行證，光是在一二二六年一年就發放一百多項這類特權。[8] 一三〇三年，英王愛德華一世向所有外商授予《商人憲章》之後，葡萄牙人和其他所有人一樣，必須支付更高的關稅，但是英格蘭變得比以往更有吸引力，因為商人們現在得到王室的保護。為了這一點，花錢也是值得的。一三五三年的商業條約之後是一三八六年的《溫莎條約》（Treaty of Windsor），葡萄牙和英格蘭結成政治聯盟，這反映兩個王國在百年戰爭期間的共同利益，以及英格蘭對一三八三年奪取葡萄牙王位的阿維斯（Aviz）王朝的支持（主要是為了防止葡萄牙王位落入他們討厭的鄰居卡斯提爾人手中）。蘭開斯特的菲利帕（Philippa of Lancaster）與葡萄牙國王結婚後，婚姻關係也將兩個王國聯繫在一起；大西洋探索的先驅「航海家恩里克」王子和佩德羅王子都是她的兒子。[9] 英葡聯盟就這樣建立了，在後來的許多世紀裡，雙方都願意相信兩國的盟約從來沒有中斷。

葡萄牙國王比外國的商業夥伴更熱衷促進葡萄牙貿易，這也是理所當然。迪尼斯一世（Dinis I）國王在一二九三年設立一個很新穎的保險計畫。根據該計畫，海上的風險將由貿易界共同承擔。他明白，在動亂時期需要一支有戰鬥力的艦隊，所以在一三一七年聘請熱那亞海軍將領埃馬努埃萊·佩薩尼奧（Emanuele Pessagno）建造一支艦隊，卡斯提爾人甚至法國人的艦隊也很仰仗熱那亞的人才。[10]早在一二○○年，葡萄牙的產品就已經流入布魯日。該市的一位市民寫道：「從葡萄牙王國來的貨物，有蜂蜜、獸皮、蠟、穀物、軟膏、油、無花果、葡萄乾和細莖針茅。」[11]到了一三三七年，里斯本的王家兵工廠已建成一段時間。我們不可以說葡萄牙此時已經是一個主要的海上強國，而且不能斷定這些成就必然會導致葡萄牙在十五世紀的大西洋取得成功。但是如果沒有迪尼斯一世等人的奠基，葡萄牙恐怕很難成為一個規模與其本土面積和自然資源完全不成比例的海軍強國。

如果葡萄牙要作為商業中心蓬勃發展，吸引資本到里斯本是至關重要的事情，而顯而易見的資本來源是義大利北部各城市。因此，葡萄牙王室很想讓義大利商人在首都感到舒適。一三六五年，葡萄牙國王慷慨地向來自熱那亞、米蘭和皮亞琴察（Piacenza，一個銀行業中心）的商人授予豁免權，使他們不受監督貨物裝船的王家官員管轄。葡萄牙國王明白，必須鼓勵葡萄牙境內最富有的商人透過里斯本從事貿易。幾年後，當葡萄牙海盜襲擊熱那亞人的船隻，將船隻連同珍貴的法蘭德斯和法國布匹一起劫走時，葡萄牙國王向熱那亞人道歉。葡萄牙國王們為在里斯本的熱那亞人和其他人提供特權，而沒有將這些特權授予本國的其他港口。里斯本成為幾個最有權勢的熱那亞家族的分支所在地，如洛梅利尼

（Lomellini）家族和斯皮諾拉（Spinola）家族。[12]里斯本正在慢慢轉變為一座重要的港口城市。

儘管葡萄牙王室採取這些舉措，但對海洋的興趣取決於船東、水手和商人的積極性，他們從里斯本和其他港口出發，既有前往法蘭德斯和英格蘭的，也有前往更南方的溫暖水域的。到了十五世紀，葡萄牙船隻經常出現在地中海，透過直布羅陀海峽帶來乾果和其他相對較便宜的貨物，摩洛哥北端富裕的穆斯林城市休達則雄踞於直布羅陀海峽之上。[13]來自伊比利半島大西洋沿岸的船隻出現在地中海，不僅有葡萄牙船隻，還有加利西亞和坎塔布里亞的船隻，包括許多巴斯克船隻，這表明直布羅陀海峽不再是一道障礙，而是成為連接地中海世界與大西洋網絡的活躍貿易鏈的一個環節。[14]從印度洋東端到紅海，從埃及和敘利亞到威尼斯、熱那亞與巴塞隆納，從這幾個地方通過直布羅陀海峽到大西洋水域，一直到布魯日，再從布魯日到呂貝克、但澤和里加，貨物被分階段輸送。葡萄牙的港口特別適合從這些世界性貿易中獲益（至少在歐洲人還不知道美洲的時代，這種貿易可以算是世界性的）。激發他們興趣的一個原因是，地圖繪製者能越來越準確地勾勒歐洲海岸和更遠的土地。到了十四世紀中葉，馬略卡島、熱那亞和其他地方繪製的地圖顯示大西洋上有一些很有意思的島嶼，這些島嶼尚未有人定居：其中肯定有馬德拉島，也許還有亞速群島。亞速群島距離歐洲大陸更遠，這說明無論是透過征服還是貿易，歐洲人在進行相當大膽的嘗試，橫掃大西洋東部，尋找可供開發的土地。

對非洲海岸的探索在一二九一年就開始了，當時熱那亞的維瓦爾第（Vivaldi）兄弟從馬略卡島和直布羅陀海峽出發，尋找一條直通印度的海路。他們在非洲近海的某個地方失蹤，無疑被海浪淹沒，或者在仍無地圖，因此極其危險的海岸觸礁沉沒。有人認為維瓦爾第兄弟是哥倫布的老前輩，向西前往大西洋的對岸（以及他們認為是中國的地方）。這種想法是不成立的，不過即使在兩百年後的哥倫布時代，熱那亞人仍對維瓦爾第兄弟未完成的探索驚嘆不已，並作了許多猜測。當船隻開始經過休達，前往摩洛哥海岸的港口時，歐洲人更加強烈地感受到更遠方有某種東西在召喚他們。早在一二六〇年，卡斯提爾國王出動一支艦隊對付塞拉，這個位於現代拉巴特對面的港口在幾個世紀以來一直是海盜巢穴。阿方索十世國王未能占領塞拉，也未能攻入摩洛哥，但是加泰隆尼亞船隻的和平貿易表明，在摩洛哥海岸有賺錢的好機會。非斯（Fez）周圍種植大量的穀物，這也解釋有船隻從巴塞隆納和馬略卡抵達摩洛哥諸港口的原因。那麼問題來了：更遠方是什麼？來到摩洛哥的歐洲商人不可能不知道，摩洛哥與更南邊的土地有著密切的聯繫，透過來自撒哈拉以南非洲的運送黃金和奴隸的商隊路線連接起來。加泰隆尼亞地圖繪製者推測，有一條「黃金河」橫跨撒哈拉，沿著非洲海岸行駛的船隻可能會到達「黃金河」。熱那亞探險家蘭切洛托・馬洛塞洛（Lançalotto Malocello）在一三三六年到達加納利群島，該群島最東邊的蘭薩羅特島（Lanzarote）就是以他的名字命名。[15]

幾個世紀以來，加納利群島一直被模糊地稱為「幸福之島」（Insulae Fortunatae），但歐洲人很少到訪那裡。十二世紀的地理學家伊德里西出身休達，但在西西里島的諾曼人國王羅傑二世的宮廷避難。伊德里西提到，穆斯林曾嘗試征服加納利群島，但是失敗了，不過這在很大程度上仍然是神話。他表示，加納利群島有一座奇怪而宏偉的神廟，那裡的居民向前來做生意的西北非洲的拉姆圖納部落柏柏爾人（Lamtuna Berbers）出售琥珀。[16]加納利島民也是柏柏爾人，早在伊斯蘭教席捲北非之前就到了加納利群島，並喪失航海技術，因此他們在加納利群島的七座主要島嶼上與世隔絕（而且實際上還處於石器時代）。這些島嶼彼此之間甚至都沒有往來。最著名的群體是特內里費島（Tenerife）的好戰的關切人（Guanches），該島的巨大火山泰德峰（Mount Teide）從很遠處就能看到，但丁・阿利吉耶里（Dante Alighieri）在《神曲》（*Divine Comedy*）中提到這一點。[17]馬洛塞洛肯定遇過蘭薩羅特島和富埃特文圖拉島（Fuerteventura）的馬霍人（Majos）與馬霍雷洛人（Majoreros），他們和關切人一樣都是驍勇的武士，儘管加納利島民還在使用硬木與石頭製成的武器。[18]

馬洛塞洛到達加納利群島後，各方勢力對加納利群島的爭奪開始了。一三四一年七月，一支探險隊從里斯本出發，顯然是由義大利人資助的。探險隊由三艘船組成，船員是葡萄牙人、卡斯提爾人、加泰隆尼亞人和義大利人。身處佛羅倫斯的大作家喬瓦尼・薄伽丘（Giovanni Boccaccio）根據在里斯本的聯絡人那裡得到的資訊，寫了一封信，描述這支探險隊的經歷。[19]探險家們帶著馬匹和重型武器，因為他們誤以為需要攻打防守嚴密的城鎮與要塞。當他們第一次看到加納利島民時，不禁感到很驚愕：那裡的岩石上和森林裡居住著赤裸的男人與女人，他們形容這些人「舉止粗魯」。探險隊員得到一些簡陋的貨物：山羊皮、海豹皮和油脂；但是他們沒有興趣在那裡建立基地，於是繼續航行。他們真正想要的是撒哈拉以南非洲的黃金，這些黃金在馬略卡島和其他地方正在製作的世界地圖上占據重要位置。他們對加納利群島可能有豐富黃金的幻想很快就破滅了。

繼續前進，小艦隊到達第二座島嶼——加納利島（Canaria），即今天的大加納利島（Grand Canary），比前一座島來得大。他們的船停在近海，吸引原住民的注意。探險家們看到一大群男人和女人聚集在一起，是來圍觀歐洲人的。大多數原住民，包括未婚女性，都赤身裸體。有些人穿著染色皮革製成的短裙，顯然地位更高。島民似乎很歡迎歐洲人，於是二十五名武裝水手上岸；他們表現出後來在歐洲海外征服史上一再重演的那種莽撞，闖入一些石屋，其中一間是用加工過石塊砌成的神廟，他們從裡面偷走一尊裸體男子的雕像。薄伽丘顯然認為這尊神像與他在家鄉托斯卡納見過的古典雕像相似，這幾乎是完全不可能的。探險家們還說服或脅迫四名年輕的加納利人，與他們一起返回葡萄牙；這些加納利人相貌英俊，舉止優雅，從他們的短裙來看，一定是加納利人的精英。在船上，大家發現這些加納利人顯然從未見過麵包或葡萄酒，而且令探險家們失望的是，加納利人也從未見過黃金和白銀；這表明「黃金河」並不在加納利群島。薄伽丘說：「這些島嶼似乎並不富裕。」那些籌劃此次探險的人不得不透過出售在加納利群島獲得的山羊皮、牛油和染料來回收投資。[20]葡萄牙人此次航行的結果令人失望，但並沒有讓馬略卡島的加泰隆尼亞國王海梅三世（James III）灰心喪氣，這位精神不正常的統治者夢想建立一個包括巴利亞利群島和加納利群島的島嶼帝國。海梅三世向加納利群島派出全副武裝的探險隊，一三四三年，他被親戚阿拉貢國王趕下王位，在那之後，加泰隆尼亞－阿拉貢在大加納利島設立一個負責傳教的主教職位。[21]

一三四一年的航行標誌著中世紀西歐人第一次接觸到與世隔絕的石器時代社會，薄伽丘的敘述編織一個理想化的社會，它存在於人類墮落之前的純真狀態中，人們對裸體不感到羞恥就是這種純真的清晰而美麗的標誌。不過也有更黑暗的說法：生活在加納利群島的各民族是森林中的野人，處於原始和赤裸的野蠻狀態。這是薄伽丘的朋友和文學同行彼特拉克（Petrarch）的觀點。這種觀點可以用來為歐洲人在這些島嶼的征服行為辯護，還有為後來歐洲人征服美洲大陸辯護。[22]一三四一年，葡萄牙航行的另一個黑暗後果是，在歐洲商人的腦海中植入這樣一種觀念：可以毫無顧忌地帶走並奴役這些原始人。四名被帶回里斯本的加納利人的命運無從知曉，但是十四世紀晚期的文獻經常提到加納利島民在馬略卡島的莊園當奴隸，這種現象從一三四五年開始，即馬略卡人第一次遠征加納利群島的僅僅三年之後。在一三四七年黑死病橫掃歐洲，並導致大約一半人口死亡之後的數十年裡，人力短缺刺激加泰隆尼亞人和卡斯提爾人從加納利群島擄掠人口的活躍的奴隸貿易，他們毫無顧忌地綁架加納利島民。對加納利群島的密集襲擊，使得蘭薩羅特島十室九空。一四〇〇年左右，諾曼冒險家奪取蘭薩羅特島和富埃特文圖拉島，打算在那裡建立一個獨立的領地，讓情況變得更糟。十五世紀初，教宗表達嚴重關切，因為有人試圖擄走已經接受傳教士洗禮的加納利島民。23

歐洲探險家更感興趣的是找到一條通往「黃金河」的海路，以及想辦法繞過穿越撒哈拉沙漠去廷巴克圖（Timbuktu）的駱駝商隊路線，基督教商人被禁止使用這些路線。歐洲探險家對前往偏遠島嶼的低利潤航行不太關心，因為這些島嶼的資源只有難以管教的奴隸，和一種不太有價值的藍紫色染料，即地衣紅（orchil），這種染料是用加納利群島的地衣製成的。一三四六年，馬略卡島的探險家豪梅．費雷爾（Jaume Ferrer）進行一次探險，很可能到達非洲海岸較南部的一些地方，預示著葡萄牙人將在十五世紀努力克服波哈多角（Cape Bojador）的障礙。費雷爾的航行沒有留下確鑿的文獻證據，但是一張又一張的加泰隆尼亞地圖都紀念了他，比如一三七五年獻給法國國王的精美泥金裝飾地圖集，現存於法國國家圖書館。在這本地圖集裡，費雷爾那艘堅固的船（uxer）正在向南航行，船上不僅有商人和士兵，還有準備傳播基督教的神父。24

後世葡萄牙人對非洲黃金的迷戀，是一種更長期和更廣泛傳統的一部分，即希望走海路到達黃金產地。即便如此，葡萄牙並不打算把重點從較冷的大西洋水域轉向非洲海岸。葡萄牙與英格蘭和法蘭德斯的聯繫，透過條約敲定，並以聯姻加強，旨在確認葡萄牙在北大西洋的政治和貿易中日益成長的重要性。但在一三八〇年代，葡萄牙的政治動盪使得一個新王朝，即阿維斯王朝掌權。在這場動盪期間，葡萄牙人無力挑戰正在干涉非洲海域的卡斯提爾人、加泰隆尼亞人和諾曼第人。到了大約一四〇〇年之後，隨著葡萄牙的新王朝站穩腳跟，尤其是得到城鎮居民的接受，葡萄牙才有了新的遠航計畫。這些計畫揭示一個處於歐洲邊緣的王族，是如何夢想以上帝的名義，同時也是為了自己的利益，爭取更大成就。

三

休達位於一條狹長的地帶，是海克力斯雙柱中較小的那一根，即今天的雅科山（Mount Hacho）與非洲大陸相連之地。令人印象深刻的休達城牆保存至今，部分城牆可以追溯到阿拉伯人長期統治休達的時期，即從七世紀末至一四一五年；易守難攻的雅科山成為俯瞰直布羅陀海峽的燈塔（Hacho）。小小的休達地峽兩側是熱鬧的港口，在刮東風或西風時為船隻提供庇護。許多船隻從休達出發，沿著摩洛哥海岸航行，穿過直布羅陀海峽的複雜水域，然後停靠在塞拉等港口，在那裡裝載來自非斯周圍平原的糧食。休達有許多糧倉（休達及其周邊地區有四十三座磨坊），前來購買糧食的客戶中，最熱心的是熱那亞和巴塞隆納的商人，如果不用西西里島、薩丁島和摩洛哥的小麥供應他們的城市，國內將面臨嚴重的糧食短缺。[25]早在十二世紀，每當頻繁發生的政治危機切斷獲取西西里諾曼王國所產糧食的海路時，熱那亞人就會前往休達，以彌補短缺。[26]除了糧食之外，休達的其他商品也很有誘惑力，比如美麗諾（Merino）綿羊的精細羊毛和羊皮。這種羊得名自摩洛哥馬林王朝（Marinid dynasty）的名字，不過後來卡斯提爾也大量飼養這種羊。[27]休達曾是駱駝商隊的重要目的地，這些商隊攜帶金粉穿越撒哈拉沙漠，換取歐洲紡織品和地中海的鹽，不過我們不太確定到了一四〇〇年左右是否仍然如此。[28]

在十三世紀晚期和十四世紀初，休達由當地的阿札菲德家族（'Azafids）控制，在一段時間內享有實際上的獨立。當卡斯提爾人試圖征服直布羅陀隔壁的阿爾赫西拉斯（Algeciras）時，阿札菲德家族阻止他們。阿札菲德家族在十三世紀控制摩洛哥的馬林王朝和統治格瑞那達的奈斯爾王朝（Nasrid dynasty）之間，成功地維護自己的獨立，延續好幾十年。海克力斯雙柱的另一根，即直布羅陀巨岩，就在格瑞那達境內。[29]休達公共建築的木質裝飾碎片表明，當地的宮殿和清真寺相當豪華。此外，據說這座城市有數十所伊斯蘭學校，而且有一些著名學者，如十二世紀偉大的地理學家伊德里西（他後來流亡到西西里島），和哲學家伊本·薩賓（Ibn Sab'in），他曾（以相當高傲的方式）與十三世紀的神聖羅馬帝國皇帝兼西西里國王腓特烈二世通信。[30]

休達的戰略價值是顯而易見的，它一直是歐洲多國海軍及馬林王朝和奈斯爾王朝的目標。到了一四〇〇年，當從義大利和加泰隆尼亞地區透過直布羅陀海峽前往法蘭德斯與英格蘭的交通變得相當穩定時，休達就開始繁榮起來，令人垂涎。即便如此，當葡萄牙宮廷決定將休達作為大規模海上十字軍聖戰的目標時，還是讓歐洲和伊斯蘭世界感到驚訝。休達與葡萄牙隔著大海，而且固若金湯，其他國家都無法征服休達，而葡萄牙似乎並沒有跨海作戰並征服這座城市所需的資源。由於葡萄牙王室對遠征的目的地嚴格保密，所以大家看到葡萄牙人的目標是休達時就更驚愕了。從一四一三年開始，里斯本顯然正在籌劃著什麼。大家似乎都沒有理解的一點是，葡萄牙國王若昂一世（João I）下旨禁止與北非的貿易，不僅禁止向伊斯蘭國家出口武器（教宗長期以來一直要求這麼做，但也一直白費口舌），還禁止向北非出口葡萄牙一直出售的乾果和其他的普通產品。[31]這道禁令幾乎不可能撼動休達、丹吉爾（Tangier）或葡萄牙的其他交易夥伴的根基，但是至少可以防止葡萄牙商人在戰爭期間滯留在摩洛哥的城市。

有人猜測，葡萄牙人打算在北大西洋發動襲掠，遠至法蘭德斯或法國北部，也許會與即將打響阿金庫爾（Agincourt）戰役的英格蘭國王亨利五世聯手。可能性更大的是，葡萄牙人要攻擊西班牙的最後一個穆斯林王國格瑞那達，儘管伊比利半島的統治者們之間存在一個長期協議，即格瑞那達被保留為卡斯提爾國王的未來戰利品。儘管兩個王國之間的敵意在一三八四年卡斯提爾人圍攻里斯本時達到頂峰，但葡萄牙人還是在一四一一年與卡斯提爾人簽署一份條約。[32]葡萄牙宮廷和卡斯提爾宮廷之間來回傳遞信件，葡萄牙人提議幫助進攻格瑞那達，而卡斯提爾人當時正忙於其他事務，所以沒有答應。[33]此外，葡萄牙宮廷中的一些人，特別是恩里克王子，仍然對卡斯提爾的意圖深表懷疑，一四一一年的條約減輕卻未能消除兩國之間的緊張氣氛；引用一位十五世紀葡萄牙國王的話說：「兩個王國惡戰了二十年，所以和約並不能從人們的心中消除如此巨大的仇恨和惡意。」[34]恩里克和他的兄弟對十字軍聖戰與十字軍騎士的成就充滿熱情，決心在戰場上證明自己，所以不斷催促採取行動。

一四一五年的遠征花費三千三百六十萬白里爾（reais brancos，意思是「白色的王家錢幣」），儘管這是一種嚴重貶值的貨幣，約二十八萬金多布拉（dobras），但仍是一筆巨款。這只是直接支出，遠征的成本還包括貸款和賒購。為了籌集這筆軍費，葡萄牙王室要求所有擁有銀或銅（白里爾錢幣的成分）儲備的人將其上交給王室；王室還以人為的低價購買大量的鹽，然後以更高的價格出售。這是中世紀國王快速賺錢的經典手段。即便如此，也很難相信這樣的命令會有多大效果；國王搜刮了最後一點家底。[35]

然後還要組織艦隊。王室徵用葡萄牙各港口內的船隻。一四一五年八月出發的艦隊，有一半是非葡萄牙籍的船隻。許多船隻來自西班牙西北部和比斯開灣，因為加利西亞與巴斯克的水手在前往地中海的路上，把里斯本和波多作為停靠點。也有二十二艘法蘭德斯和德意志船隻，上文談到德意志漢薩同盟與葡萄牙有相當密切的關係，有一艘來自法蘭德斯的「大船」，排水量為五百噸；還有十艘英格蘭船隻。除了船隻外，海員也被徵召，其中有幾百人不是葡萄牙人。戰鬥部隊中也有一些北歐騎士。英格蘭人儘管與葡萄牙結盟，但因為亨利五世在法國的戰爭而未能參加葡萄牙人的遠征。亨利五世在法國登陸的那幾天，葡萄牙艦隊正朝著目的地前進。[36]

來自葡萄牙以外的騎士的參與，揭示這場戰爭的一個動機。占領一座富有的城市固然是一個目標，但這場戰爭是一場十字軍聖戰，是伊比利半島的基督徒和穆斯林之間衝突（所謂的西班牙「收復失地運動」）的延續。此時小小的格瑞那達王國是西班牙土地上僅存的穆斯林國家，「收復失地運動」已經接近尾聲。西班牙人早就打算在整個伊比利半島處於基督教領地之後，或甚至在那之前，就繼續在非洲展開十字軍聖戰。問題是，卡斯提爾把摩洛哥確定為自己的目標，阿爾及利亞則屬於阿拉貢，這就沒有為新來者葡萄牙留下任何空間。由於並不與穆斯林領土接壤，葡萄牙國王不得不以基督的名義，在自己的邊界之外尋求光榮的勝利。因此，葡萄牙陸海軍在阿爾加維附近聽取國王的告解神父，關於十字軍聖戰的宣講，神父把這場戰役說成是若昂一世國王的懺悔行為，因為他與卡斯提爾的戰爭導致太多基督徒流血喪命，但是與異教徒的戰爭就沒有這樣的道德問題。

八月初，葡萄牙艦隊從阿爾加維地區的拉哥斯灣（Bay of Lagos）向東南運動，駛入直布羅陀海峽的麻煩水域。由於被風和水流沖散，只有部分艦船能夠靠近休達。不久，一場風暴將艦隊吹回阿爾赫西拉斯海灣，該海灣的西部在卡斯提爾治下。卡斯提爾國王對葡萄牙的計畫產生懷疑，禁止其官員為葡萄牙人提供任何幫助。由於天氣惡劣，一些葡萄牙指揮官提出，直布羅陀就在海灣對面，而且也是格瑞那達領土，是一個更容易接近的目標，所以不如改為攻打直布羅陀。但其他人，特別是恩里克王子，對休達念念不忘；此外，幾天前的失敗嘗試，讓葡萄牙艦隊有機會觀察休達在雅科山上的防禦工事，看到該城擁有什麼樣的陸牆。現在世人皆知休達是葡萄牙人的預定目標，所以如果他們選擇其他目標，在他們的基督徒鄰居眼中就會顯得很愚蠢。還有一個他們不知道的利多是，休達的總督（qadi）已經認定，既然葡萄牙艦隊被吹回西班牙，那麼來自葡萄牙的威脅已經消退了，於是他遣散從摩洛哥帶來的部隊，也沒有試圖派軍艦環繞和守衛城市。葡萄牙人在戰役的早期階段確實犯下錯誤，但休達人犯的錯誤更嚴重。一四一五年八月二十一日，葡萄牙人捲土重來，休達總督讓他的軍隊從城垛上下來，阻止葡萄牙人登陸。然而反登陸失敗了，還導致守軍自己的部分防線暴露。

爭奪休達城的戰鬥持續一整天，到了晚上，休達已經落入基督徒手中。從那以後，休達一直被基督徒控制，只是在十七世紀從葡萄牙人手中轉到西班牙人手中。但是如果葡萄牙人期望獲得一座繁榮和交通便利的城市，他們馬上就會感到失望。這次攻擊已經使得絕大部分的休達人逃往摩洛哥腹地；他們也許想要返回，但是葡萄牙人的勝利把他們嚇跑了——畢竟，大清真寺被改成主教座堂。不僅是穆斯林，在這座城市的商業生活中發揮重要作用的熱那亞人也消失了。他們看到的情況很難感到鼓舞：一位葡萄牙貴族沒收居住在休達的一位西西里商人擁有的所有糧食，然後對他施以酷刑，直到他簽署一份契約，交出在遙遠的瓦倫西亞（Valencia）儲存的金幣為止。[37]葡萄牙人把休達變成一座有兩千五百名士兵居住的駐軍城市，並把各種不受歡迎的人送到那裡，於是它成為葡萄牙的西伯利亞。休達曾是馬格里布（Maghrib）地區的偉大城市之一，但在葡萄牙人接手之後，實際上就不再算得上城市，風光不再。由於與內陸地區沒有聯繫，休達不得不從葡萄牙阿爾加維地區的塔維拉（Tavira）獲得供給，這就會持續消耗公共財政。[38]葡萄牙人的這次勝利激怒卡斯提爾人，驚動摩洛哥人，不過提高了葡萄牙王室，特別是國王的第三個兒子恩里克王子的威望。他在休達的巷戰中表現得極為勇敢，到了莽撞的程度，甚至一度被困在穆斯林士兵當中，被一名忠誠的騎士救出來，但是這位騎士在過程中失去生命。當艦隊返回塔維拉後，恩里克王子受封為騎士，並被任命為休達總督，作為對他勇敢的獎勵。正如他的傳記作者彼得．羅素（Peter Russell）爵士展示的，恩里克王子對騎士精神和十字軍聖戰的痴迷貫穿他的一生，這讓老一輩的葡萄牙歷史學家感到驚愕，他們把他視為後來世界性葡萄牙帝國的第一位建設者。

不過最重要的問題是，一四一五年的事件是否真的標誌著「歐洲對外擴張的起源」，這是在休達舉行紀念其被征服六百週年會議的主題。鑑於摩洛哥對北非海岸的兩座城市（現在屬於西班牙）❶的敏感度，這次會議相當低調。要擺脫對葡萄牙帝國使命的執念並不容易，在十六世紀葡萄牙文學的最偉大作品——卡蒙斯的《盧濟塔尼亞人之歌》中就可以看到這種執念：

看吧，一千條戰船展翅翱翔，
劈開忒提斯洶湧的銀色海浪，
乘著那座赫拉克勒斯❷樹立的
世界之邊緣的石柱所在駛去……❸39

有一個具說服力的觀點是，葡萄牙人想要的不是向全世界擴張，而是從摩洛哥北端的這個立足點，沿著海岸線向丹吉爾和靠近直布羅陀海峽的其他城市擴張。一四三七年葡萄牙人對丹吉爾的進攻是一場徹底的災難，葡萄牙幾乎被逼到用休達換取恩里克的一個被俘兄弟的境地；但恩里克寧願讓兄弟死在摩洛哥的監獄裡，因為他愛休達勝過愛自己的兄弟。葡萄牙人不斷進攻摩洛哥，一直到十六世紀晚期。塞巴斯蒂昂（Sebastian）國王以救世主的熱情，領導針對伊斯蘭世界的十字軍聖戰，當他在一五七八年死

❶ 譯注：這兩座城市指的是休達和梅利利亞，都在北非海岸，至今仍屬於西班牙。
❷ 譯注：即海克力斯。
❸ 譯注：譯文借用路易斯·德·卡蒙斯著，張維民譯，《盧濟塔尼亞人之歌》，中國文聯出版公司，一九八八年，第四章第四十九節，第一七二頁。

於「三王之戰」之後，他的王朝就滅亡了。[40]在摩洛哥的十字軍聖戰是葡萄牙外交政策的最重要目標。

對恩里克王子的傳統看法是，他促進航海科學的發展，在海事方面的地位相當於義大利文藝復興時期的偉大文化人物。據稱，他在位於葡萄牙南端聖文森角附近的薩格里什（Sagres）宮殿建立一所革命性航海學校，並得到一位名叫豪梅．德．馬略卡（Jaume de Mallorca）的馬略卡猶太人（可能皈信基督教）的幫助，他將馬略卡猶太人至少從一三〇〇年起就開始累積的製圖學和天文學知識帶到葡萄牙。恩里克王子可能確實把著名的製圖世家克雷斯克斯（Cresques）家族的一名成員帶到葡萄牙，但在薩格里什有一所成熟學院的神話是站不住腳的。[41]說恩里克是一個徹頭徹尾的現代人，不過是一種迷思。恩里克的雕像聳立在里斯本附近貝倫（Belém）的碼頭上，為他的航海家們指明遠洋的方向。該雕像是一九四〇年為一個展覽而建造的，一九六〇年為紀念恩里克去世五百週年進行重建。與其說它講述的是恩里克王子時代的葡萄牙，不如說它是薩拉查博士❹統治時期葡萄牙的帝國迷思的化身。

---

❹ 譯注：安東尼奧．德．奧利維拉．薩拉查（António de Oliveira Salazar，一八八九－一九七〇）於一九三二年至一九六八年擔任葡萄牙總理。他建立一個名為「新國家政體」的獨裁政權，該政權統治葡萄牙，直到一九七四年的康乃馨革命。此後葡萄牙成為民主國家。薩拉查是經濟學家出身，反對民主、共產主義、社會主義、無政府主義和自由主義，他的統治在本質上是保守與民族主義的。

第二十六章　島嶼處女地

一

否認葡萄牙人攻占休達是「歐洲擴張」的起點，並不意味著否認恩里克王子在開闢大西洋水域方面的關鍵作用。他的雄心所指不止休達一處；一四二四年，他對加納利群島發動進攻，但被島民擊退，他可能知道葡萄牙人曾在一三四一年遠征加納利群島，並隨後對這些島嶼提出宣稱。可以肯定的是，他一直在尋找一片土地，能讓自己成為獨立的統治者，而僅僅承認葡萄牙的鬆散宗主權。在恩里克王子漫長的生涯中（於一四六〇年去世），他在摩洛哥的十字軍聖戰、對加納利群島的野心、對新殖民的大西洋諸島的管理，以及為尋找黃金而對西非海岸進行的探索之間遊刃有餘，儘管他本人從未航行到休達以外的地方。這幾個目標並非沒有關聯：黃金可以支付十字軍聖戰的費用；在大西洋諸島開始蓬勃發展的製糖業帶來的利潤也可以充當軍費。他是基督騎士團（Order of Christ）的領導者，這是一個十字軍騎士團，是在十四世紀初被解散的聖殿騎士團的基礎上成立的。葡萄牙王室把聖殿騎士團在葡萄牙的財產移交給新的基督騎士團之後，以其名義進行大西洋航行。

落入葡萄牙手中的那些無人居住的大西洋島嶼，有一個方面特別需要關注。與太平洋的島嶼一樣，在這些地方，人類的存在決定性地改變環境，人類利用或在某些情況下破壞當地環境的肥力。在這些地方，定居者遠離家鄉，在簡單的條件下生活。家鄉的王國政府無法關注這些遙遠島嶼的日常事務，所以定居者必須創造一個能夠有效運作的社會。它們也是不同人群混合的地方，比如熱那亞人來到馬德拉島；法蘭德斯人來到亞速群島；改宗猶太人、黑奴和葡萄牙罪犯來到最偏遠的聖多美島（São Tomé）。從這些島嶼，我們還能了解到歐洲人從非洲經營的奴隸貿易的最早期階段。在維德角群島的考古發掘之後，我們對奴隸貿易還會有進一步的了解。這是一個乾淨的新世界，是第一個新世界，比即將被發現的新大陸還新，因為除了加納利群島之外，大西洋東部的所有島嶼群都無人居住。貪婪的歐洲人對這片處女地的侵犯，是本章的主題之一。

地理學家給這些分散的島嶼取了一個共同的名字——「馬卡羅尼西亞」（Macaronesia），源自希臘語「幸福之島」（Μακάρον Νῆσοι、Makarōn Nēsoi），這個詞彙在古代被用來描述加納利群島；馬卡羅尼西亞聽起來像macaroni（通心粉），經常被縮短為「Macronesia」，與太平洋的密克羅尼西亞（Micronesia）類似。一些歷史學家傾向使用「大西洋的地中海」（Méditerranée Atlantique）這個用語，認為大西洋東部諸島是一個相互聯繫的世界。隨著商人和移民走出地中海與大西洋東部海岸線的熟悉水域，擴張到十四世紀之前很少有人航行的遠海，「大西洋的地中海」世界就出現了。[1]第一批有人定居的大西洋島嶼是馬德拉群島。雖然在後來的傳說中，有一對遭遇風暴、命途多舛的英國戀人被海浪沖到馬德拉島，但當恩里克王子的侍從，獨眼的若昂·貢薩爾維斯·札爾科（João Gonçalves Zarco）和

大西洋
特塞拉島
聖米格爾島
亞速群島
里斯本
阿爾加維
格瑞那達
休達
聖港島
馬德拉島
加納利群島
維德角群島
聖地牙哥
舊城
幾內亞海岸
迦納
埃爾米納
貝南灣
費爾南多波島
普林西比島
聖多美島
剛果
安哥拉
0 500 1000 英里
0 500 1000 1500 公里

同僚特里斯唐·瓦斯（Tristão Vaz）於一四二〇年探索馬德拉群島時，這些島嶼還是無人居住的。靠近馬德拉島的地勢較低的聖港島（Porto Santo），被置於一位名叫佩雷斯特雷洛（Perestrello）的船長管轄之下，他的家族起源於義大利北部的皮亞琴察，但在葡萄牙定居。後來哥倫布與這個家族的女子結婚，很可能透過研究這個家族保存的資料，而獲得關於大西洋海域的知識。[2]

十四世紀的義大利和加泰隆尼亞航海家已經知道這些島嶼：馬德拉島在波特蘭海圖❶上被稱為「木之島」（Legname），這正是葡萄牙語「馬德拉」（Madeira）一詞的含義。劫掠奴隸之後，從加納利群島航行回來的人，都會知道如何透過繞向西北方來利用當時的風向，這將使他們看到馬德拉島，而如果繞一個更大的彎，航海者就可能來到亞速群島。一個非比尋常的事實是，人類在太平洋的定居已經隨著大約一個世紀前紐西蘭的定居而完成，而大西洋島嶼的定居卻遠遠落後。部分原因是大西洋的島嶼較少，而且更分散，還有部分原因則是造船業的發展相對緩慢。最終，葡萄牙卡拉維爾帆船（caravel）成為早期葡萄牙探險家的標誌性船隻。這種配有三角帆的多功能船隻的排水量大約五十噸，龍骨較淺，適合在內河逆流而上，這對那些在西非尋找「黃金河」的人來說是一個重要的優勢。與那些往返於北方水域的克拉克帆船和柯克船相比，或者與威尼斯人和佛羅倫斯人連接法蘭德斯與義大利的遠洋槳帆船相比，卡拉維爾帆船的小尺寸還有其他優勢。葡萄牙的木材資源有限，而且（事實證明）最好的木材不在葡萄牙本身，而是在大西洋上。

馬德拉島的殖民化真正開始於一四三三年，當時老國王若昂一世駕崩，恩里克王子完全掌管該島。即使如此，他為自己僭取的權力也比王室願意讓出的權力更大，恩里克和葡萄牙國王之間關於馬德拉島管轄權的爭執到一四五一年仍在繼續。[3]如果我們相信恩里克的傳記作者的話，馬德拉這座小島能夠成為強大的經濟體，要感謝恩里克。根據祖拉拉❷的說法，恩里克為第一批馬德拉定居者提供支援，為他們送去種子和工具。他對該島的興趣越來越大，因為他想在摩洛哥進一步站穩腳跟的嘗試完全失敗了。一四三七年在丹吉爾戰敗後，他把注意力轉向大西洋諸島。雖然他把這些島嶼主要視為收入來源，但他向教宗吹噓，他把馬德拉島的居民從穆斯林的統治下解放出來，並使他們恢復基督教信仰。這種無稽之談揭示的更多是他對自我推銷的熱愛，而不能說明針對穆斯林的十字軍聖戰的情況。[4]

馬德拉到摩洛哥的距離約三百五十英里，和到加納利群島的距離差不多。島上豐富的硬木是其最好的出口產品之一，據說這種硬木非常結實，里斯本的居民可以用來為房屋建造新的樓層。[5]硬木對不斷擴張的葡萄牙艦隊具有重要價值，馬德拉和里斯本都成為造船中心。探險家們瓜分馬德拉的土地。獨眼札爾科在「茴香之地」（O Funchal，今天的馬德拉首府豐沙爾〔Funchal〕）建立自己的基地，他和追隨者在這裡發展得風生水起。馬德拉肥沃且灌溉良好的土壤，自從該島從海中升起後就一直無人打理，

---

❶ 譯注：波特蘭海圖（portolan chart）是寫實地描繪港口和海岸線的航海圖。自十三世紀開始，義大利、西班牙、葡萄牙開始製作描繪大西洋與印度洋海岸線的波特蘭海圖，並視為國家機密。這些資料對於航海事業起步較晚的英國和荷蘭而言，是具有無上價值的珍寶。Portlan一字源自義大利語的形容詞portolano，意思是「與港口或海灣相關」。

❷ 譯注：戈梅斯．埃亞內斯．德．祖拉拉（Gomes Eanes de Zurara，約一四一〇－一四七四）是地理大發現時代的葡萄牙編年史家，他的作品《幾內亞的發現和征服編年史》是關於在西非活動的葡萄牙人的現存最早史料，對航海家恩里克王子的生平也有記述。

現在產出大量的小麥。由於定居人口不多（據祖拉拉說，一四五〇年有一百五十戶），馬德拉島為里斯本提供一條生命線。正值葡萄牙人對馬林王朝發動戰爭之際，里斯本因無法獲得摩洛哥的糧食而煩惱。恩里克王子麾下的威尼斯船長阿爾維塞・卡達莫斯托（Alvise da Cà da Mosto或Alvise Cadamosto）說，一四五五年左右，馬德拉每年生產六萬八千蒲式耳的小麥。因此，馬德拉的生態在第一批人類定居者到來之後，肯定發生巨大的變化，葡萄牙人定居的其他大西洋島嶼情況也是如此。[6]

儘管如此，在這樣一座多山的島嶼上，要找到適合種植小麥的平地並不容易，而且恩里克王子還有更宏偉的計畫。卡達莫斯托乘坐一艘開往法蘭德斯的威尼斯槳帆船，經過聖文森角時暫時靠岸。恩里克王子向卡達莫斯托展示馬德拉島出產的糖的樣品（這對任何義大利商人都有誘惑力），引誘他為自己效力。[7]歐洲對糖的需求很旺盛，而且當時地中海東部的糖供給正受到土耳其向君士坦丁堡進軍的威脅；王公貴族和富裕商人熱衷於消費奢侈食品，包括蜜餞與裝在小箱子裡的白糖塊。[8]西西里島、瓦倫西亞和穆斯林統治下的格瑞那達是地中海偉大的製糖業中心，馬德拉的產糖甘蔗是西西里的品種，或者是不久前由熱那亞企業家在阿爾加維種植的葡萄牙南部品種。在馬德拉的亞熱帶氣候下，生產糖是一個絕妙的想法；馬德拉的條件很適合製糖，因為它擁有大量木材（熬煮甘蔗需要的燃料）和水，馬德拉的水是從陡峭的山丘流下的。馬德拉的糖可以透過里斯本供應給法蘭德斯，不久之後還直接供應給法蘭德斯。豐沙爾神聖藝術博物館中有許多絢麗的法蘭德斯油畫，都是十五世紀末和十六世紀初的馬德拉商人用糖換來的。

卡達莫斯托認為，到了一四五六年，馬德拉島每年的糖產量已經達到一千六百阿羅瓦（arrobas），折合大約兩萬四千公斤。但這只是一個微小的開始：到了一四九八年，僅發往法蘭德斯的糖就有六十萬公斤，發往威尼斯的有二十二萬五千公斤，發往葡萄牙的只有十萬五千公斤，光是發往這些地方的總量就接近一百萬公斤。但在這一年，葡萄牙人決定將出口量限制在一百八十萬公斤（十二萬阿羅瓦），這是好事，因為甘蔗已經開始耗盡土地的肥力。[9] 歐洲人越來越愛吃糖，而糖的產量也不斷增加。一四八一年至一四八二年的葡萄牙議會指出，有二十艘大船和四十至五十艘小船正在裝載糖及其他貨物，「因為他們在上述島嶼擁有和收穫的商品價值很高、很豐富」。教宗保羅二世讚揚札爾科和同僚，為向伊比利諸國提供糖、小麥及其他「令人愉快的產品」而做的工作。[10]

管理距離里斯本很遠的地方，本身就是一個挑戰。馬德拉島的札爾科和瓦斯，以及聖港島的佩雷斯特雷洛是這些島嶼的發現者，也是恩里克王子在那些地方的代理人，他們被授權管理當地的法庭。島嶼收入的十分之一歸他們所有，其餘的十分之九被交給恩里克，或者說交給基督騎士團。札爾科等人拿到的比例看似微不足道，但只要馬德拉群島繼續如此大規模地出口糖和小麥，他們的收益是相當驚人的。一四四四年，葡萄牙王室決定對從馬德拉運往葡萄牙的貨物免徵貿易稅，馬德拉人普遍能從中受益。難怪到了十五世紀末，馬德拉吸引來自葡萄牙、熱那亞和托斯卡納的定居者。因為糖的貿易，馬德拉與法蘭德斯之間建立密切聯繫，於是法蘭德斯和德意志也有人定居到馬德拉。一四五七年，一些德意志定居者被允許在馬德拉種植葡萄和甘蔗，並建造一座小禮拜堂與若干房屋。葡萄牙人對定居者的限制很少，不過馬德拉人熱切希望驅逐被引進糖廠工作的桀驁不馴的加納利島民奴隸。[11] 熱那亞人為馬德拉帶來資本和企業，並幫助啟動當地的製糖業。哥倫布也露面了，他在一四七八年造訪馬德拉群島，目的是購買糖以換取布匹，而他在馬德拉的商業夥伴是法蘭德斯人讓・德・埃斯梅羅（Jean de Esmerault）。到了一五〇〇年，馬德拉的人口已達到約一萬五千人，包括神父、商人和工匠，以及最初耕作者的後代。在這個總數中，約有兩千人是奴隸，要麼來自加納利群島，要麼來自西非。這是一個低得令人驚訝的數字，因為製糖業需要大量的廉價勞動力從事繁重的工作，此時馬德拉的主要勞動力是葡萄牙人和義大利人。

馬德拉之所以能夠保持穩定，部分是因為第一批歐洲業主在馬德拉活了很長時間，札爾科在馬德拉南部的管理時間大約為四十年。他們能活這麼久的原因是顯而易見的，他們遠離西歐的瘟疫和其他疾病的傳播中心；飲食比伊比利或義大利的小貴族的飲食更樸素，但更健康；馬德拉的水很乾淨；他們幾乎從不打仗。對馬德拉的自然條件可以進行人工改造：無論是透過種植蔗糖，還是透過引進最早棲息在亞速群島的牛羊。誠然，人工改造有時適得其反：被引進聖港島的兔子吞噬植被，將該島變成半沙漠，一直未能恢復。馬德拉島也失去部分植被，那是因為它的木材被送去出口，或在糖廠的爐子裡焚燒。[12]

二

亞速群島在有人定居之前，地圖繪製者顯然也已經對它有所了解，在十四世紀馬略卡島的波特蘭海圖上就可以看到亞速群島。[13]這九座火山峰位於里斯本正西方八百至一千英里處。亞速群島逐漸因其本身而受到重視，而不是因為它們在打擊西北非洲的伊斯蘭國家方面有什麼價值。雖然它們比馬德拉島距離葡萄牙遠得多，但從馬德拉島或加納利群島返回的船隻會利用盛行風，沿著一個巨大的弧線向亞速群島航行，然後轉向東方，開往里斯本。有一種說法是，葡萄牙人到達傳說中的「巴西島」（據說該島位於大西洋上），也可能到達七百多年前穆斯林征服西班牙後，基督徒難民居住的「七城之島」。[14]葡萄牙人被盤旋在這些島上的鷹打動，為這些島嶼取名為「鷹群島」，即亞速群島。這些島嶼完全沒有人類居住，有人試圖論證腓尼基人知道這些島嶼，或島上的石頭結構可以追溯到新石器時代，但都是基於非常不可靠的證據。一四三九年，航海家恩里克得到王室的許可，派人在「亞速群島的七個島嶼」定居，所以此時葡萄牙人已經為亞速群島取名，也知道島嶼的數量。不過七這個數字是錯誤的，它是「七城之島」裡的數量。

在一四五〇年代，恩里克王子以他典型的風格吹噓，亞速群島「除了他以外，從來沒有受過任何人統治」。這是一個公然的謊言，因為葡萄牙國王早些時候曾主張，恩里克必須與他的兄弟堂·佩德羅（Dom Pedro）共享亞速群島的統治權。但是當恩里克提出他的主張權時，佩德羅已經反叛王室，戰敗身死，所以他對亞速群島的權利就作廢了。和休達一樣，罪犯經常被扔到亞速群島。不過在一四五三年，一名罪犯爭辯稱，他不該被流放到亞速群島度過餘生，因為該島的條件仍然很原始。他肯定是朝中有人，才能讓他站不住腳的狡辯得到接受，因為亞速群島有堅實的建築，也有大量乳製品和小麥。里斯本關心的主要問題不是如何懲罰罪犯，而是如何讓遙遠島嶼的人口增加，並確保定居者留下來。[15]

亞速群島比馬德拉島更潮濕、更多風，仍有良好的氣候，但似乎更適合牛而不是人。隨著亞速群島對外開放、接受定居者，船隻運來牛、羊和馬，而不是人，讓這些牲畜停留一段時間，直到牠們繁殖、散布並清理一些草地。亞速群島在今天仍是葡萄牙乳製品的一個主要來源，並以其奶油和乳酪而聞名；

該地曾嘗試生產糖，但氣候不夠溫暖，人力也很短缺。島嶼之一的聖瑪麗亞島（Santa Maria）不得不將甘蔗送到海對面的聖米格爾島（São Miguel）加工，因為聖瑪麗亞島沒有所需的機器。一五一〇年，亞速群島出口的糖僅相當於馬德拉島出口量的六％，有時甚至更少。[16]

對亞速群島居民來說，他們與葡萄牙人的關係很重要，與法蘭德斯人的關係同樣重要。富有進取心的法蘭德斯人前來定居，但不是因為喜歡吃甜食（這是他們定居馬德拉的原因）。亞速群島當中第三座被定居的島，被恰當地稱為特塞拉島（Terceira），意思是「第三島」。雅科梅・德・布魯日（James of Bruges）在特塞拉島東北部的小海灘普拉亞達維多利亞（Praia da Vitória）周圍建立一個領地，用從歐洲帶來的材料建造一座帶有哥德式大門的優雅教堂和石拱的小禮拜堂。恩里克王子發給他一份特許狀，敦促他在這個「世界上從來沒有人定居過」的島嶼安置善良的天主教徒，此後有許多法蘭德斯人來到這裡，所以整個群島通常被稱為「法蘭德斯群島」，而不是亞速群島。[17]他們種植的作物包括深藍色的菘藍，這是靛青的一種替代品，法蘭德斯的紡織品工坊對菘藍的需求量很大。到了一五〇〇年，亞速群島菘藍每年的出口量達到六萬包。漸漸地，隨著亞速群島、馬德拉群島及加納利群島之間貨物和人員的交換，一個相互交織的島嶼網絡出現了：來自特內里費島的原住民關切人被強迫在馬德拉群島定居；葡萄牙勞工移民到加納利群島；熱那亞人和法蘭德斯人抵達各島。這個島嶼網絡與新興的商業中心里斯本聯繫在一起。里斯本不再是一個規模和重要性一般的城市，而是橫跨大西洋東部和北部大片海域的海上貿易世界的中心。[18]到了十六世紀晚期，亞速群島成為一個商路網絡的戰略中心。從南美來的船隻，以及從印度繞過好望角而來的船隻，在特塞拉島的英雄港（Angra do Heroísmo）聚集，然後以船隊形式前往葡萄牙，以逃避潛伏在這些水域的掠奪者，如英格蘭海盜。亞速群島也是長途航運的重要補給中心。[19]

三

葡萄牙人對非洲海岸的探索（這是下一章的主題），讓他們在塞內加爾以西發現更多無人居住的島嶼。關於誰在一四六〇年航海家恩里克去世前後，首次發現維德角群島的問題，尚無定論。也許是恩里克王子麾下的威尼斯船長卡達莫斯托，也許是熱那亞人安東尼奧．德．諾里（Antonio da Noli），也許是葡萄牙人迪奧戈．戈梅斯（Diogo Gomes），這三人之中有兩人是義大利人，說明葡萄牙人對義大利航海技術還是很依賴的。在發現維德角群島後，這些島嶼由諾里統治，他被任命為維德角群島的總司令。他也是一個長壽的殖民者，一直掌握著維德角群島的權力。不過，在一四八六年至一四八七年卡斯提爾和葡萄牙交戰的短暫時期，他被帶到西班牙，在那裡顯然放棄對葡萄牙國王的效忠，承認斐迪南和伊莎貝拉為他的宗主。[20]他可能再也沒有回到維德角群島，但西班牙和葡萄牙都不可能真正維持對這些遙遠屬地的控制。等到卡斯提爾與葡萄牙再次處於和平狀態的時候，教宗於一四九三年至一四九四年將維德角群島裁定給葡萄牙，西班牙就再也不能挑戰葡萄牙對這些島嶼的統治權。

與亞速群島一樣，維德角群島也養了牲畜，但與其說是為了養活島上的少量人口，不如說是為了供給那些從歐洲向西航行經過維德角群島的水手。不過，當牲畜被引進維德角群島之後，山羊和綿羊吃光了植物，土壤不再保留原有的水分。因為降雨量很低，植被變得比原來更加乾枯和光禿。動物以某種方式存活下來，但將維德角變成第二個馬德拉的希望落空了。一四六二年命令在維德角群島建立葡萄牙定居點的御旨，對河流、樹林、漁場、珊瑚、染料和礦山誇誇其談，但現實是除了無處不在的地衣紅（用於製造紫色染料），和來自被稱為薩爾島（Sal Island）的島嶼的鹽（用來醃鹹肉，鹹肉可以賣給過往船隻）以外，維德角能提供的東西很少。在哥倫布的時代，維德角有一座島被用作痲瘋病人的聚居區，而其他島嶼，包括薩爾島，則無人居住。[21]

維德角群島的資源有限，這並不是一個無法應對的難題，反而激發葡萄牙人與西非做生意的濃厚興趣，因為這才是更實際的利潤來源。葡萄牙國王允許維德角島民在海對面的幾內亞海岸自由從事貿易，結果奴隸貿易和奴隸掠奪成為維德角島民的專長（葡萄牙人抵達西非的情況將在下一章描述）。[22]在一四六〇年代，葡萄牙王室堅持要求，如果維德角定居者到幾內亞海岸從事貿易，只能用維德角的貨物（包括食品）來支付，這對島民來說並不容易。這一規定的一個後果是，刺激島上的棉花種植和棉布織造。[23]養馬成為維德角的另一項專長，騎兵雖然在非洲軍隊中很常見，但不管在哪裡，獲得好馬都是一件令人頭痛的事。

流經維德角群島的主要商品是奴隸，不分年齡，不分男女。這是一件可怕的事情。[24]隨著西非海岸成為黑奴的主要來源地，維德角群島開始成為從非洲出口到歐洲（以及在十六世紀出口到巴西和加勒比海地區）的奴隸中繼站。[25]儘管葡萄牙商人深入西非，甚至在那裡安家，但是將維德角群島作為基地有很大的好處。在非洲，與當地統治者打交道始終是一個微妙的問題，要讓他們相信這些衣著怪異的歐洲人是有價值的。對葡萄牙商人來說，住在葡萄牙領土上，而只為做生意造訪幾內亞海岸，是一個更實際的選擇。商人們可能因此要向葡萄牙官員繳稅，自然怨聲載道，但是葡萄牙國王的保護（即使在距離里斯本這麼遠的地方）也比非洲統治者的保護來得好，因為非洲的統治者經常相互交戰。非洲人之間的這些戰爭，為歐洲買家提供主要的奴隸來源。在一四九一年、一四九二年和一四九三年這三年裡，大約有七百名奴隸被帶到維德角的聖地牙哥島（Santiago），或者說有案可查的數字是這麼多；實際上，肯定有更多的奴隸被走私出去，躲過葡萄牙稅務官員的檢查。在一五〇〇年至一五三〇年間，可能有多達兩萬五千名非洲奴隸經過聖地牙哥島，因為不僅在歐洲，而且在大西洋對面新發現的土地上，對勞動力的需求都在成長。

維德角的大部分人口居住在主島聖地牙哥上一個名叫大里貝拉（Ribeira Grande，意思是「大河」）的小鎮。這座小鎮大約建於一四六二年，後來被法蘭西斯．德瑞克（Francis Drake）洗劫一空。大里貝拉被放棄後，維德角的首府改為普萊亞（Praia，就是今天的維德角首都），大里貝拉也改名為「舊城」（Cidade Velha）。葡萄牙人利用「大河」（該城最初的葡萄牙語名字就是這麼來的）的優越條件，在這樣一座乾旱的島嶼上保持植被繁茂的環境，迅速發展他們的貿易基地。他們建造石屋（現在已經消失）和教堂，首先是聖母無染原罪教堂（Nossa Senhora de Conceição），建造這座教堂的工程可能在發現維德角群島的僅僅幾年後就開始了。這座教堂的地基已經被劍橋大學的一個考古小組發掘出來，它是熱帶地區最早的歐洲建築遺址。[26] 在舊首府只有一座教堂完好無損地保存下來，就是一四九〇年代建在聖母無染原罪教堂附近的玫瑰經聖母教堂（Nossa Senhora do Rosário）。據稱，達伽馬和哥倫布都曾到過這裡，哥倫布在一四九八年的第三次航行中經過維德角群島。今天玫瑰經聖母教堂的大部分已經被改造，但是原先建築的痕跡仍然清晰可辨：一個附屬小堂保留的肋狀拱頂是在葡萄牙製造的，然後在大里貝拉重新組裝。因為葡萄牙人通常的做法是向海外定居點運輸加工好的石料，雅科梅·德·布魯日在亞速群島的教堂拱頂也是從葡萄牙運來，與上面說的哥德式肋狀拱頂非常相似。

大里貝拉建城半個世紀之後，規模仍然很小：一五一三年，它有五十八名葡萄牙公民（vezinhos）、五十六名訪客或外國定居者、十六名自由的非洲男性、十名自由的非洲女性及十五名教士，奴隸的數量沒有清點，但是肯定比這些數字高得多。外國人包括熱那亞人、加泰隆尼亞人、法蘭德斯人，甚至還有一個俄羅斯人。（到了一六〇〇年，大里貝拉的人口可能已經增加到兩千人，不過就到此為止了。）[27]大里貝拉市議會認為奴隸是維德角群島繁榮的基礎，並在一五一二年指出：「如果不能購買非洲奴隸，卡斯提爾、葡萄牙和加納利群島的商人就不會到維德角群島來。」此時，奴隸主已經在將俘虜送往大西洋另一端的加勒比海，以取代伊斯帕尼奧拉島（Hispaniola）和其他島嶼的原住民人口，那些地方的原住民正在迅速滅絕。[28]一五一八年，西班牙國王從葡萄牙商人手中購買四千名奴隸，送往加勒比海地區。[29]

船隻在大里貝拉和它的競爭對手阿爾卡特拉濟斯（Alcatrázes）停靠。阿爾卡特拉濟斯的位置一直不明，直到二十一世紀初劍橋大學的考古學家才確定它的地點。考古學為研究大西洋的歷史學家提供幫助，考古證據表明，在一五〇〇年之後不久，大量奴隸生活在大里貝拉，其中許多人肯定皈信基督教。從劍橋大學的同一個考古隊發現的墳墓來看，在聖母無染原罪教堂地下和附近可能有多達一千座墳墓。許多墳墓的簡樸特徵及初步的ＤＮＡ分析表明，其中有一半或更多是奴隸。也有一些自由的黑人居民，他們最終與歐洲定居者融合，創造延續至今的克里奧爾人（Krioulu）社會。不過長期以來，白人精英主宰著維德角群島，其中包括希望與宗教裁判所保持距離的猶太裔新基督徒，他們的血液也流淌在許多現代維德角人的血管中。[30]

維德角從幾內亞進口的小米和大米，似乎主要是為了養活非洲奴隸。[31]維德角依靠出售奴隸和其他貨物來獲取現金，從而購買最基本的物資。一五一三年，一艘載有一百三十九名奴隸和大量皮毛的船返回歐洲，其艙單很能說明問題。「馬達內拉．坎西納號」（Madanela Cansina）是一艘卡斯提爾的卡拉維爾帆船，船長是迪亞哥．阿隆索．坎西諾（Diego Alonso Cansino）。該船於一五一二年向聖地牙哥島運送種類繁多的產品：亞麻布、深綠色的卡斯提爾布、法蘭德斯布、無花果、麵粉、葡萄酒、餅乾、葡萄乾、杏仁、乳酪、藏紅花、小麥、橄欖油、豆子、肥皂、鞋子、桌布、碗、掃帚，這只是其中部分的貨物。[32]此外，在聖地牙哥島舊城進行的新發掘中，考古學家發現來自葡萄牙和非洲的陶器（後來還有中國陶器）、建材（特別是大理石）、瓷磚、錢幣、釘子與扣子，再次表明聖地牙哥島對製成品（特別是歐洲產品）有多麼依賴。非洲陶瓷從塞內加爾與非洲西北部的柏柏爾地區運來；歐洲陶瓷則包括來自葡萄牙的小酒杯和其他日常用品。根據考古學家瑟倫森的說法，這「讓人覺得，定居者試圖維持與他們故鄉相似的日常生活習慣」。[33]

四

非洲奴隸的遭遇無疑是非常悲慘的，他們要麼在維德角群島苦苦掙扎，要麼被送往葡萄牙，並從那裡穿越伊比利半島，被送到瓦倫西亞和地中海西部的其他奴隸貿易中心。[34]隨著葡萄牙探險隊在西非進一步向南和向東前進，他們與當地統治者取得聯繫，當地統治者很樂意將來自貝南灣與他們稱為剛果和安哥拉的地區（在今天的安哥拉偏北一點）的奴隸賣給葡萄牙人。葡萄牙人再次利用非洲沿海無人居住的島嶼作為奴隸的收集點，同時還試圖研究如何利用這些新領土的資源。一四七二年，葡萄牙船隻抵達聖多美島，該島位於非洲的一角，緊臨赤道。在十年內，該島成為葡萄牙人從迦納購買和運輸數千名奴隸的收集點，而附近的普林西比島（Príncipe）則是葡萄牙與貝南海岸的貿易的主要基地。[35]當葡萄牙人發現幾內亞灣的第三座島嶼費爾南多波島（Fernando Pô，今天的名字是比奧科島〔Bioko〕）已經有人居住時，就暫時放棄在該島定居，因為他們想要的是可以完全按照自己需求改造的新土地。

過了一些年，葡萄牙王室和葡萄牙商人才對聖多美表現出濃厚的興趣，那裡茂密的熱帶森林讓他們很好奇能從該島獲得什麼。隨著從迦納出發的奴隸貿易於一四八〇年代開始興旺，聖多美的價值才突顯出來。[36]在一五〇〇年後發展起來的葡萄牙和東印度的貿易中，與維德角群島不同，聖多美島扮演的角色無足輕重，因為它距離葡萄牙船隻繞過非洲南端，從巴西到葡萄牙的大拋物線形航線很遙遠。不過，葡萄牙人逐漸試圖利用聖多美自身的資源來賺錢。十五世紀末，他們試圖將聖多美變成一個製糖中心。[37]聖多美的勞動力很便宜，包括剛果奴隸和來自葡萄牙的猶太兒童（這一點在下文會談到），但是聖多美除了棕櫚油與山藥外，幾乎沒有什麼東西可以提供給第一批居民，因此他們饑腸轆轆。在初期，麵粉、橄欖油和乳酪等主食，必須從葡萄牙和附近資源更豐富的普林西比島進口。儘管如此，葡萄牙人就像在其他大西洋島嶼一樣，在這裡做出巨大的努力，把他們的殖民地變成宜居的地方。他們帶來各種家畜、無花果、柑橘樹、大蕉，後來還帶來美洲品種的椰子和甘薯。到了一五一〇年，他們已經有了盈餘，所以能夠為埃爾米納（Elmina，葡萄牙人在迦納的主要基地）的殖民者提供食物，而不是反過來。[38]

在聖多美殖民者經營非洲奴隸生意的同時，糖也開始主宰聖多美的經濟。有一樣東西對製糖業至關重要，那就是水。聖多美的降雨量大，所以水資源豐富，也有大量的木材可作為燃料。而且島上有陡峭的山坡，水沿坡而流。不過，過於豐富的水也是一個問題。在製造糖的過程中需要水，成品卻必須經過乾燥。聖多美潮濕的氣候，讓聖多美糖的品質遠遠不如極受歡迎的馬德拉糖。聖多美糖被描述為「世界上最糟糕的糖」，裡面經常能發現昆蟲，有的昆蟲在抵達葡萄牙時還活著。此外，瘧疾、過度勞累和普遍不衛生的條件，導致聖多美居民的死亡率極高，特別是在不習慣熱帶環境的葡萄牙定居者當中，因此被指派到這座島上的葡萄牙教士竭力避免赴任就不足為奇了。據粗略估計，來到聖多美的人有一半在到達後的幾個月內死於疾病和其他因素。

十六世紀初，聖多美的人口仍然很少。根據當時居住在葡萄牙的德意志地理學家兼印刷商瓦倫廷·費爾南德斯（Valentim Fernandes）的統計，聖多美大約有一千人。但這只是定居者，島上還有兩千名奴隸和準備出口的六千名奴隸。自由定居者包括被解放的奴隸，其中一些婦女為葡萄牙男子生下孩子，因此很早就出現自由的黑白混血人群。[39]像其他大西洋島嶼一樣，聖多美被認為非常適合用來當作懲罰流放犯（degredado，在葡萄牙被定罪的人）的流放地。[40]聖多美作為一個流放地，其早期人口有一個非常特殊的特點。一四九三年，葡萄牙國王若昂二世決定在島上安置猶太兒童。這些兒童被強行從父母的身邊帶走，以確保他們接受洗禮，並作為天主教徒成長。這些猶太人是在一四九二年西班牙驅逐猶太人時，從西班牙逃到葡萄牙的，已經超過葡萄牙國王勉強允許他們居留的八個月期限。這是葡萄牙強迫猶太人改宗過程的一個階段，最終結果是一四九七年所有的葡萄牙猶太人都皈信了。[41]

好幾部猶太教和基督教史料描述聖多美的猶太人定居點。宮廷編年史家魯伊．皮納（Rui Pina）在不久之後寫到若昂二世：

> 國王任命阿爾瓦羅．德．卡米尼亞（Alvaro de Caminha）為聖多美島總督，其職位可以世襲。至於那些沒有在指定日期之前離開他的王國的卡斯提爾猶太人，國王命令根據當初允許他們入境的條件，將所有猶太人的男孩、年輕男子和女孩都囚禁起來。在把他們都變成基督徒之後，他把他們和卡米尼亞一起送到聖多美島。這樣一來，與世隔絕的他們就有理由成為更好的基督徒，而這座島嶼有了更多的人口，因此這座島嶼發展很快。[42]

基督教作家費爾南德斯認為聖多美有兩千名猶太兒童，而猶太作家對人數的估計則在八百至五千之間。這些兒童似乎絕大部分的年紀都很小，在兩歲到十歲之間，所以他們被託付給寄養家庭，這些家庭絕大多數都是被判刑的流放犯。[43]根據葡萄牙猶太人塞繆爾．烏斯克（Samuel Usque）的說法，「幾乎所有猶太兒童都被島上的巨蜥吞噬了，剩下的人躲過這些爬行動物，卻因饑餓和被遺棄而形容枯槁」。費爾南德斯表示，一五一〇年只有六百名猶太兒童還活著。[44]不管定居者來自何方，惡劣的條件（酷熱的天氣、未清理的叢林、製糖過程中繁重的體力勞動，以及瘧疾等疾病）都殺死其中許多人。正是由於這個原因，黑奴開始被引進聖多美的甘蔗種植園勞動。十六世紀，確實有葡萄牙的新基督徒（即猶太人的後裔）在島上定居，但上述的猶太兒童到那時早已死亡，或是融入其他葡萄牙定居者和非洲奴隸。關於聖多美猶太人的記憶仍然存在：晚至十七世紀，一位主教報告，他被一支「猶太教」的遊行隊伍吵醒，一隻金牛犢被抬著沿街前進，經過他的窗戶下方。他對猶太教的了解，或者說對《聖經》中金牛犢故事的了解，顯然非常有限。[45]

費爾南德斯指出，聖多美的主城有大約兩百五十間木製房屋，還有一些石製教堂，都是用一四九三年隨著早期猶太和基督徒定居者運來的材料建造的。儘管條件很差，但事實證明聖多美是一個有利可圖的地方。十六世紀初，葡萄牙王室可以期望每年從聖多美獲得多達一萬克魯扎多（cruzados）。❸[46]一五〇〇年三月二十日給費爾南・德・梅洛（Fernão de Mello）和聖多美居民的一份特許狀，說明了王室的想法：

❸ 譯注：「克魯扎多」在葡萄牙語中的字面意思是「十字軍戰士」，是葡萄牙古時的金幣或銀幣名稱，面值和價值差別很大。巴西的貨幣也曾使用這個名字。

由於該島距離我們的諸王國如此遙遠，人們不願意去那裡，除非他們獲得優厚的特權和特許權。考慮到該島的定居工作的開支，以及如果該島擁有足夠的人口（願上帝保佑實現這一點），我們能從該島獲取豐厚的收益，茲決定給予該地某些特權和特許權，鼓勵人們前往那裡。[47]

聖多美的發展取得成功，最初是靠著與非洲大陸的貿易，使用自製的船隻，這些船相當小（三十噸）又簡單，而且在安哥拉和剛果付款使用的是海貝（cowrie），而不是金屬貨幣。[48] 聖多美和埃爾米納之間的定期奴隸販運，在一五一〇年之後的三十年裡達到高峰，當時有多達六、七艘船隻在兩地之間幾乎不間斷地來回穿梭，這些船隻滿載非洲奴隸前往埃爾米納。這趟旅程通常需要一個月，大約每五十天就會從聖多美出發一次；有些船大到可以裝載一百名奴隸，有些只能裝載大約三十名奴隸。[49]

五

葡萄牙人開始把大西洋視為一片島嶼林立的大洋。一四六九年和一四七四年，葡萄牙國王向兩名騎士慷慨授封遙遠西方的島嶼：其中一位騎士得到兩座島嶼，這表明有一些關於具體地點的模糊報告傳到葡萄牙；另一位騎士只是被授予「大洋海域若干部分」的島嶼，這意味著葡萄牙人只是模糊認為可以找到更多像亞速群島那樣的地方。他們認為如果有島嶼的話，這些島嶼很可能位於亞洲沿海，特別是Cipangu（馬可・波羅筆下的日本）附近，或是香料群島（其昂貴的產品正在亞歷山大港和貝魯特出售）的一部分。[50]最可信的權威人士，如莫里森將軍❹已經否定現代葡萄牙人的說法，即當時里斯本方面確實了解西方的未知土地，只是由於擔心西班牙或其他國家的競爭而保密。[51]否定這種說法的一個很好的理由是，葡萄牙王室不願意支付尋找新土地的探險費用。如果個別冒險家想申請尋找新土地的許可證，那是另一回事，只要他們自掏腰包。

因此，當法蘭德斯船長奧爾曼於一四八六年夏天找到葡萄牙國王若昂二世，請求允許「他〔奧爾曼〕自費在一片大陸的近海，人們認為可以找到七城之島的地方，為國王找到一座或多座大島」，以換取世襲的管轄權時，國王滿口答應。奧爾曼將與馬德拉人埃斯特雷托（Estreito）結伴而行，埃斯特雷托負責提供兩艘卡拉維爾帆船。國王輕率地承諾，如果新土地的原住民抵抗，他將派遣一支艦隊幫助奧爾曼鎮壓。奧爾曼認為，這段旅程可以在四十天內完成。他滿懷希望地從亞速群島出發，時間可能是一四八七年春天，他向西北方航行，卻從此杳無音信。即使他聽到關於遠方土地的傳言，聽到關於格陵蘭或拉布拉多島附近的布里斯托漁民的模糊消息，對大洋上的風和洋流也知之甚少，而且他幾乎肯定迎頭撞上無法應付的風暴。[52]奧爾曼的失蹤證明這條路線是不可行的，也許確實有可能走海路到達東印度群島，但顯而易見的路線應該是沿「黃金河」而下。在一些記載中，黃金河穿過非洲中部，甚至繞過非洲南端。當然首先要假設非洲有一個南端，並且印度洋不是像托勒密認為的，是一個被陸地完全包圍的封閉地中海，不過有誰能和這樣一位偉大的權威爭論呢？

❹ 譯注：塞繆爾·艾略特·莫里森（一八八七－一九七六）是美國航海史學家，從哈佛大學獲得博士學位，並在該校任教四十年。他撰寫美國海軍在二戰中的官方戰史，還寫過哥倫布的傳記，兩次獲得普立茲獎，最終軍銜為預備役海軍少將。

第二十七章 幾內亞黃金與幾內亞奴隸

一

不同的大西洋群島以不同方式參與奴隸貿易：加納利群島出口當地奴隸，最終也進口黑奴，以補充枯竭的人口；馬德拉和亞速群島是奴隸貿易的消費者，特別是因為不斷成長的製糖業需要大量奴隸；維德角是首先向葡萄牙，後來向加勒比海地區和巴西運送奴隸的基地；聖多美則是奴隸貿易的另一個消費者、另一個運輸基地，也是被俘的西班牙猶太兒童最終的家園。閱讀關於維德角出口奴隸的赤裸裸文獻時，很難不感到深深的悲傷和厭惡。年僅兩、三歲的兒童透過聖地牙哥島被運往葡萄牙，其中很多人在途中死亡；奴隸被分成同等人數的小組，因此妻離子散，五分之一的活商品會被分配給王室，另一部分則分給執行十字軍聖戰使命的基督騎士團。恩里克王子的傳記作者祖拉拉，描述一四四四年抵達阿爾加維的拉哥斯奴隸的悲慘遭遇：

> 不是他們的宗教，而是他們的人性，使我為他們的苦難而哭泣。如果那些具有獸性的動物也能透

過自然本能理解自己同類的痛苦，那麼當我看到眼前這群可憐的人，想起他們也是亞當的後代時，我的人性該如何？……為了增加他們的痛苦，現在來了那些負責分配俘虜的人，他們開始把一個人和另一個人分開，好讓各組的人數相等。現在有必要把父親和兒子分開、妻子和丈夫分開、兄弟和兄弟分開……你們這些忙著分俘虜的人，要憐憫地看著這麼多的苦難，看到他們如何呼兒喚女，以致你們很難分開他們！[1]

在十三世紀，阿奎那曾主張，奴隸販子不得拆散家庭，因為這違反了自然法。但是恩里克王子和他的繼任者卻不加思索地縱容這種情況發生，不過祖拉拉和其他許多人認為，奴役也為這些悲慘的人帶來不可估量的好處：他們有機會成為優秀的基督徒，所以被囚禁實際上是他們的救贖之路。這種觀念在十九世紀的美國南方仍流行。祖拉拉有他的偏見，認為黑人之所以淪為奴隸是因為罪過，特別是他們所謂的祖先含（Ham）的罪過，含看到父親諾亞醉酒且赤身裸體，就嘲笑對方。[2]祖拉拉抱怨，他見到的黑奴都非常醜陋，如同地獄中的怪物。在過去，伊比利和地中海地區交易的奴隸是白皮膚或淺棕皮膚，在膚色和臉部特徵上與南歐人相似，所以身體差異並不是問題。當時對加納利島民的描述，強調他們的體格與歐洲人相似，很聰明，而且比歐洲人更高大，儘管有的人膚色稍深。[3]沒有人對黑奴的智力感興趣，儘管如下文所示，許多黑奴來自複雜、部分城市化的社會，其技術水準遠遠超越處於新石器時代的加納利島民。

葡萄牙人滿口談論基督教的救贖，同時卻冷酷地把運抵葡萄牙的奴隸視為商品。一五〇〇年左右的

里斯本
拉哥斯
摩加多爾
特內里費島
大加納利島
加納利群島
波哈多角
阿爾金島
廷巴克圖
馬里
尼日河
甘比亞河
卡謝烏
幾內亞海岸
貝南
埃爾米納
帕爾馬斯角
聖多美島
剛果河
剛果
大西洋
安哥拉
伊麗莎白港
好望角
0 500 1000 1500 英里
0 1000 2000 公里

葡萄牙貿易文件從未提到這些奴隸的名字，彷彿他們是和象牙一樣的物件。沒有人問過奴隸是怎麼來的。在一五一三年一份赤裸裸的清單中，提到四「批」非洲奴隸，包括兩名三十出頭的男子、一名十幾歲的男孩、兩名成熟的婦女和五名兒童，其中一名十至十二歲的女孩被留下來，作為國王官員所徵的稅，這樣的奴隸構成在當時相當典型。[4]這些怵目驚心的事實本身無法解釋奴隸貿易的淵源、作用，以及奴隸的來源。但了解跨大西洋人口販賣起源是很重要的，這種販賣在接下來四百年裡持續，造成巨大的苦難，重塑北美、南美和加勒比海大片地區的種族地圖。要了解這些，我們就要回到葡萄牙在大西洋的早期探索歷史，這次是對海岸線而不是島嶼的探索。

二

探索非洲的挑戰與占領無人居住的島嶼的挑戰完全不同，比如說在疏林莽原上控制大河（尤其是尼日河）的輕度伊斯蘭化民族，與森林中的民族是不同的，後者是泛靈論者，經常成為穆斯林針對異教徒聖戰的目標。例如，信奉多神教的塞雷爾人（Serers）居住在今天的獅子山，他們的周圍要麼是穆斯林國家，要麼是海洋，因此他們會和葡萄牙人聯手。當時的歐洲人知道，西非居住著文化水準很高的人群，其中有許多人是穆斯林，許多人還居住在大城鎮。這些城鎮有皮革、布匹和其他行業；支付手段通常是海貝，單一貝殼的價值很低，所以一塊布可能要花上幾萬個貝殼。許多西非國王依賴騎兵；即使他們是多神教徒，他們的宮廷也歡迎來自北方的穆斯林商人，這些商人住在距離宮廷本身不遠的專門區域。雖然戰俘會被奴役，但是西非大部分地區的奴隸制與中世紀歐洲的農奴制有許多相似之處：奴隸偶爾會被出售，例如用來購買戰馬，但奴隸的主要功能是耕種土地。因此，這些社會有許多特徵是西歐人很熟悉的。[5]

有關非洲的一些富裕宮廷（比如馬利國王曼薩·穆薩〔Mansa Musa〕的宮廷）的消息傳到歐洲。穆薩神話般的黃金財富並非虛構，直到十五世紀，他仍然出現在加泰隆尼亞的世界地圖上。傳說他造訪埃及時，在開羅的街道上撒下黃金，引發嚴重的通貨膨脹。這個故事讓歐洲人更加確信，只要繞過由信奉伊斯蘭教的圖阿雷格柏柏爾人（Tuareg Berbers）主導穿越撒哈拉的商隊路線，非洲的黃金就唾手可得。歐洲人並不知道，馬利帝國在一四〇〇年達到巔峰，之後就衰敗了；一四三一年，圖阿雷格人甚至控制了廷巴克圖，在那裡統治三十八年。[6]上文已述，在非洲海岸消失的馬略卡人費雷爾那樣的冒險家，在十四世紀中葉就已經出發尋找「黃金河」。一四〇〇年左右，歐洲對黃金的需求非常高，日益繁榮的西歐城市中產階級及經常大肆消費以致超支的王公貴族，都渴望獲得香料和東方奢侈品，金銀因此大量流出，導致西歐嚴重缺乏金銀。[7]西班牙南部和大西洋島嶼的製糖業減緩金銀流向伊斯蘭世界的速度；但當時歐洲的金銀匱乏是否真的那麼嚴重和普遍，仍無定論。針對伊斯蘭世界的經濟戰是中世紀晚期十字軍大戰略的一個部分。如果能透過廷巴克圖及其鄰近地區，把北非和中東從撒哈拉以南非洲獲得的黃金轉移到基督教歐洲，伊斯蘭世界就會受到雙重打擊：基督教世界將變得更加富有，而伊斯蘭世界將變得貧窮。[8]

一四四四年，熱那亞間諜安東尼奧·馬爾凡特（Antonio Malfante）深入撒哈拉，尋找黃金的來源，但只證明由歐洲商人管理穿越撒哈拉的陸路路線是不可能實現的。然後對加納利群島的占領展現歐洲人在非洲側翼建立基地的前景，但是事實證明，加納利群島位於黃金來源以北很遠的地方。此外，加納利群島已經有人居住，那裡的居民很難馴服（特內里費島在一四九六年才被征服，大加納利島則在一四八三年被征服），所以看看在非洲海岸上能找到什麼更有意義。根據傳統的說法，葡萄牙人進入西非的年分是一四三四年。當時，在基督騎士團的贊助下（因此也是在恩里克王子的贊助下），吉爾·埃亞內斯（Gil Eanes）努力繞過波哈多角的礁石，進入所謂的未知水域，儘管可能有一些先驅（如一二九一年的熱那亞人維瓦爾第兄弟和一三四六年的費雷爾）已經走到更遠的地方。不過，埃亞內斯不僅抵達波哈多角之外，還安全回到家鄉；一年後，他從第二次探險中歸來，報告人類和駱駝在沙地上留下的腳印，以及豐富的漁場，因為葡萄牙人一如既往地在尋找優質魚類。[9]葡萄牙人逐漸蒐集關於誰生活在非洲西北部海岸的資訊。這些土地上居住著桑哈賈柏柏爾人（Sanhaja Berbers，或稱阿茲納吉人〔Aznaghi〕），他們的祖先曾在十一世紀晚期入侵伊比利的強悍穆拉比特（Almoravid）軍隊中擔任主力。

葡萄牙人沒有深入參與西非的複雜政治，他們的目標是找到可以與之從事貿易的盟友，最好能夠獲得黃金或象牙。儘管恩里克王子從馬德拉糖中獲得豐厚的利潤，但他的資源仍然有限，而且休達的駐軍不斷消耗著這個剛剛擺脫相對貧困王國的資源。恩里克王子的探險家必須找到其他收入來源，於是葡萄牙人在今天茅利塔尼亞近海的一座島嶼建立一個離岸貿易基地：阿爾金（Arguim）。選擇一座小島是非常實際的。除了一些桑哈賈漁民外，沒有人住在那裡。葡萄牙人占據該島，不會對任何一位統治者的主權構成挑戰。該島也很容易防守，至少從腓尼基人的時代開始，地中海商人就一再選擇近海島嶼和利於防禦的海角，作為滲透到對面腹地的安全基地。[10]葡萄牙人還短暫地占領摩加多爾近海的一些島嶼，它們在紫色染料貿易的時代曾是腓尼基人的基地。[11]

有一個基地固然很好，但海豹皮、地衣紅染料，甚至魚，都沒有帶來什麼大的利潤。繞過波哈多角十年後，恩里克王子麾下的一位熱那亞船長用卡拉維爾帆船，將他在西非海岸捕獲的兩百三十五名柏柏爾人（或「摩爾人」）奴隸帶回拉哥斯。這些柏柏爾人在拉哥斯被公開展示。恩里克王子和祖拉拉看到他們，其中一個人憐憫他們，另一個人則沒有。[12]因此第一批從非洲大規模抵達葡萄牙的奴隸是白人或棕色人種，而不是黑人。加納利奴隸向西班牙和葡萄牙流動的涓涓細流，已經持續了一個世紀。但恩里克王子想證明的是，他可以更容易地獲得更多、更好的奴隸。在隨後幾年裡，葡萄牙人的襲掠隊伍進一步向南滲透，遠征隊帶著黑皮膚和棕色皮膚的奴隸返回；最後，他們只帶著黑奴回來。阿爾金和後來的維德角群島成為中繼站，俘虜從那裡被送往葡萄牙。[13]襲擊並不是最令人滿意的方式，貿易更為有效。這就要求葡萄牙人與當地的統治者簽訂條約，這些統治者可能在與葡萄牙人的聯盟中看到一些好處，比如能獲得貿易品、軍械和僱傭兵，以及向原住民武士傳授騎術的軍事顧問。當葡萄牙人與塞雷爾人接觸時就發生這種情況，塞雷爾人是不懂得使用馬匹的泛靈論者，但他們意識到馬匹在抵禦邊境上的穆斯林曼丁戈人（Mandinga）和沃洛夫人（Wolofs）的騎兵時是多麼有用。因此維德角群島成為一個重要的養馬中心，它距離塞雷爾人的土地很近，能夠滿足塞雷爾人的需求。即便如此，維德角殖民者還是不得不從葡萄牙進口大量的基本裝備，如馬籠頭、馬銜和馬刺，然後再轉交給他們的非洲盟友。[14]

葡萄牙人面對的不是海洋民族。當他們沿著非洲海岸南下時，遇到的船隻要麼是河船，要麼是貼近海岸航行的船隻，如阿爾金漁民使用的船隻。沿岸沒有港口，不過要在河口找到安全的停靠地不難。這一切都意味著，與內陸的原住民統治者建立聯繫，要比沿著海岸建立聯繫容易得多。不過，透過充分利用卡拉維爾帆船的優勢，葡萄牙人可以在河道逆流而上很遠，無論是去尋找非洲城鎮和村莊，還是去尋找「黃金河」。一四五五年，為恩里克王子服務的威尼斯貴族卡達莫斯托乘著卡拉維爾帆船，沿塞內加爾河而上，到達非洲的一位國王布多梅爾（Budomel）的宮廷。布多梅爾對這位好奇心極強的旅行者表示熱烈歡迎，儘管這麼做的動機之一是希望進一步提高他的性能力。卡達莫斯托含蓄地寫道，布多梅爾「每天晚上都有不同的晚餐」。[15]這些河上旅行一直在進行：後來，葡萄牙人從他們位於卡謝烏－聖多明戈斯（Cacheu-São Domingos）的基地沿河而上，航行多達六十英里。到了十五世紀末，卡謝烏－聖多明戈斯是他們在非洲海岸的最大基地，他們在那裡與內陸的曼丁戈人進行蜂蜜和優質蜂蠟的貿易。[16]到了一五〇〇年，葡萄牙人也不僅僅生活在維德角群島、阿爾金和卡謝烏。有些人，即所謂「被拋棄的人」（Lançados），大多是有充分理由不希望返回葡萄牙的人。他們生活在非洲人當中，與非洲婦女發生關係，一代黑白混血兒由此誕生。[17]這些「被拋棄的人」不願意回葡萄牙，原因之一就是他們被懷疑是沒有放棄猶太教的新基督徒，他們作為文化中介，發揮重要作用，啟發非洲象牙工匠製作葡萄牙士兵和商人的精美雕像，這些雕刻在十五世紀末開始出現。

這仍然留下一個有爭議的問題，即葡萄牙人如何獲得他們出口的成千上萬個奴隸。現代政治主導相關的討論，而研究奴隸貿易的歷史學家起初不願意承認，是黑人統治者將奴隸賣給白人商人。認為這些統治者出賣自己的人民，當然是過於簡單化了。塞雷爾人並沒有奴役塞雷爾人。戰俘是另一回事，在疏林莽原和森林之間的邊境地區，激烈的權力鬥爭產生大量戰俘。再往南，剛果和安哥拉情況更加複雜。十六世紀初，葡萄牙人依靠當地統治者提供大量的奴隸，甚至是從他們自己的臣民中提供。事實是奴隸貿易之所以會出現，是因為有很多不同的人在合作：在葡萄牙，先是恩里克王子，然後是王室；各地商人，包括西班牙人、熱那亞人和葡萄牙人；維德角群島定居者；生活在西非的「被拋棄的人」；非洲當地統治者；甚至是那些幻想把兒女賣給葡萄牙人，會為他們在遙遠的富裕土地帶來新機遇的父母。支付手段通常是可以佩戴，也可以用來熔化的黃銅手鐲（manilhas），以滿足非洲精英對銅和黃銅製品的渴望，他們相當依賴進口銅。一個奴隸可能值四十至五十個手鐲。一五二六年，一艘名為「聖地牙哥號」（Santiago）的船前往獅子山，裝載兩千三百四十五個黃銅手鐲，這可能足以購買五十或六十個奴隸；這次航行的主要目的，就是在獅子山和幾內亞比索收購奴隸，然後取道維德角群島與亞速群島的特塞拉島，返回葡萄牙。[18]但是並非每艘船都裝載奴隸，比如一艘由一名出身貴族的葡萄牙水手擔任船長的法蘭德斯商船，對象牙和原棉更感興趣。生活在西非河流上游的各民族熱衷於收購原棉，而原棉在維德角群島生長得很好，然後這些民族再出售用這種棉花製成的布。[19]

三

只要還沒有找到黃金的來源，葡萄牙人就繼續沿著後來被稱為幾內亞海岸的地方，從事奴隸和象牙貿易，葡萄牙國王為自己取了「幾內亞航行的領主」這個宏偉而並非完全不切實際的稱號。一種辛辣香料（即馬拉蓋塔椒〔Malagueta pepper〕，名字源於首次發現它的那段海岸線名稱）的發現，增加幾內亞貿易的吸引力，但馬拉蓋塔椒實際上不是胡椒，而是薑科的成員，所以馬拉蓋塔椒在品質上無法與那些沿著印度洋海路，源源不斷地抵達地中海東部的真正胡椒相比。不過葡萄牙王室等了一段時間，然後才直接控制幾內亞海岸的交通；富有的商人兼船主費爾南．戈梅斯（Fernão Gomes）獲得的許可證，允許他在獅子山之外從事貿易。戈梅斯不僅每年要為他的特權支付一筆可觀的費用，還必須將取得的所有象牙以低價賣給國王（然後國王再轉賣，獲得巨大利潤），並承諾每年探索一百英里的海岸。即使沒有黃金，利潤也足以吸引阿方索五世國王不斷增加他在幾內亞貿易中的比重，例如他壟斷麝香貓的進口。麝香貓的肛門腺會產生一種惡臭的排泄物，香水工匠能將其變成世界上最名貴的香水之一。[20]

幾內亞的吸引力越大，葡萄牙人的事業受到其他歐洲國家干預的危險就越大，特別是由於加納利群島被卡斯提爾軍隊占領（目前還只是部分占領），為在幾內亞海岸尋找獵物的海盜提供一個良好的基地。一四七四年，這個問題變得更嚴重了，因為卡斯提爾國王「無能的」恩里克四世駕崩後，葡萄牙國王對卡斯提爾王位提出主張權。恩里克四世並不是真的性無能，但是他同父異母的妹妹伊莎貝拉（五年前嫁給阿拉貢的王位繼承人）認為，任何被指責為同性戀的人必然無法生育。於是她拒絕承認恩里克四世的女兒胡安娜的王位繼承權，自己奪取王位。葡萄牙國王阿方索五世是胡安娜的親戚，現在又娶了她，並入侵卡斯提爾。伊比利半島的這場戰爭，以斐迪南和伊莎貝拉的勝利告終；但在大西洋上發生的事件，即使只是一個小插曲，也產生持久的影響。[21]就是在這種情況下，卡斯提爾人暫時控制維德角群島，希望能在幾內亞貿易中分一杯羹。[22]斐迪南和伊莎貝拉希望攔截載有馬拉蓋塔椒、象牙，甚至黃金的葡萄牙船隊，同時提出卡斯提爾人對幾內亞海岸的主張權，不過很難看出這些主張的依據是什麼，因為此時葡萄牙人可以揮舞好幾份教宗詔書，證明他們對幾內亞海岸的權利。這個時期，西班牙商人乘坐三艘卡拉維爾帆船抵達甘比亞河口，開始與當地統治者交易，用銅手鐲和其他物品換取奴隸。當地國王誤以為這些歐洲人就是葡萄牙人。這位國王被誘騙去參觀一艘船，然後和一百四十名最優秀的部下被卡斯提爾人扣押，送到西班牙。斐迪南國王認為抓捕一位國王是可恥的事，因此把這位非洲國王送回非洲，但是他的同伴就沒有那麼幸運，被賣到安達魯西亞當奴隸。23

葡萄牙和卡斯提爾的這個衝突，在一四七九年的《阿爾卡索瓦什和約》（Treaty of Alcáçovas）中獲得相當友好的解決：葡萄牙人保留在大西洋島嶼（包括那些尚未發現的島嶼）和幾乎整個幾內亞海岸的權利，而卡斯提爾人則被允許保留加納利群島和對面大陸的一小塊土地。這個讓步沒有看起來那麼慷慨，因為大加納利島和特內里費島這兩座最大的島嶼仍然未被征服。24《阿爾卡索瓦什和約》是西班牙和葡萄牙對世界更雄心勃勃地瓜分的第一步。在哥倫布於加勒比海的發現之後，西、葡兩國在大西洋上畫了一條線，劃分雙方的勢力範圍。

此時，葡萄牙（及其競爭對手）的船隻已經繞過帕爾馬斯角（Cape Palmas），它位於今天賴比瑞亞和象牙海岸的邊界，在赤道以北幾度的地方，是西非那幾乎水平的南海岸線的開始。在西非南海岸線的西端，沿著「象牙海岸」，有許多沼澤和潟湖，所以在那裡獲得象牙並不像這個地區的名字暗示得那麼輕鬆；不過，這裡確實盛產大象，在陸地上很容易獲得象牙。一四七一年，葡萄牙人從這裡向東探索，發現另一片海岸，那裡有一些村莊，村民漫不經心地用黃金飾品來裝飾自己。故事越傳越神：葡萄牙人推測，這些村莊附近一定有一座巨大的金礦，因此這段海岸被命名為「米納」（Mina），意思是「礦區」。[25]葡萄牙人最終在這個潮濕酷熱的環境裡，與當地統治者取得聯繫，這些統治者將向他們提供黃金，這些黃金從尼日河而來，穿越分隔熱帶草原與海洋的茂密森林。伊斯蘭教尚未滲透到這些地方，包括貝南等富裕王國，今天貝南以象牙和青銅器而聞名。在奧巴（Oba，即國王）的統治下，貝南有一座巨大的城市，但與西非的其他城鎮一樣，並不靠近大西洋。[26]目前對葡萄牙人來說，貝南城還遙不可及；葡萄牙船隻於一四七二年到達非洲的急轉彎處，發現一些無人居住的島嶼，即赤道上的聖多美及普林西比島，這些島嶼後來成為他們的主要基地。

找到通往黃金的路線，比樂觀的第一代葡萄牙探險家想像得困難許多；但是在發現米納海岸之後，戈梅斯變得比以前更富有了。葡萄牙國王開始考慮，戈梅斯的許可證在一四七四年到期後會發生什麼事，王室需要一個理想機會來掌管如此有利可圖的海路。阿方索五世國王觀察到來自米納的黃金流量不斷增加，並意識到卡斯提爾人和其他一些國家希望在葡萄牙人的成功中分一杯羹，因此決定不再續簽戈梅斯的契約；但戈梅斯將因其貢獻而獲得貴族身分和印有三個黑奴頭像的紋章。[27]從繞過波哈多角到發現擁有大量黃金的村莊，已經過了三十七年。從今天的角度來看，葡萄牙人沿著非洲海岸的推進很迅速，而且有目的性。不過推進的速度只是從一四六九年開始迅速提高，在達伽馬前往印度（一四九七年）之前的十年又趨緩了。

在戈梅斯的領導下，更是在王室的領導下，葡萄牙人掌握在幾內亞的貿易壟斷權。不過，葡萄牙人和西班牙人都開始在米納海岸獲取黃金。一四七八年，巴塞隆納的胡安・博斯卡（Joan Boscà）到了米納，用海貝、黃銅和其他雜物換取黃金；他以為自己進展順利，直到葡萄牙人派遣船隻攔截他，在一四七九年，他的黃金被沒收。即使在《阿爾卡索瓦什和約》之後，西班牙船隻仍試圖入侵西非。[28]更有趣的是，法蘭德斯人也出現在離家如此之遠的地方。在十五世紀末之前，北海和南大西洋已經開始連接起來。[29]來自法蘭德斯圖爾奈（Tournai）的厄斯塔什・德・拉・福斯（Eustache de la Fosse），是一四七九年深入這個地區的幾位北歐商人和旅行者之一。他從布魯日出發，在西班牙北部展開業務，然後南下前往塞維亞，在那裡收集商品，準備在金礦區（la Minne d'Or）出售。[30]從他留下的航行紀錄可以看出，關於西非地理的精確知識已經傳播到北歐，畢竟葡萄牙與北歐有著密切的商業和政治聯繫。在前往米納海岸的途中，他的船顯然需要躲避葡萄牙的卡拉維爾帆船。[31]

當福斯沿著非洲海岸旅行時，看到了馬拉蓋塔椒，或他所說的「天堂椒」之後感到驚嘆；還對幾內亞海岸的裸體居民感到驚愕，但這不足以打消他用銅手鐲和其他金屬物品購買幾個婦女與兒童的念頭；不過他和其他商人都打算出售米納海岸的奴隸，以換取黃金。這表明在更東邊的黑人區域裡，黑奴是有市場的。上文已述，非洲人不願意奴役自己的同胞，但不介意擁有或出售來自鄰近民族的奴隸。後來，福斯很高興找到一個他和夥伴可以購買黃金的地方，買了多達十二或十四磅的黃金。儘管這個海域相當荒蕪，但是他的生意似乎一帆風順，直到他的船遭到由費爾南多・波（Fernando Pô）和迪奧戈・康（Diogo Cão）指揮有四艘船的葡萄牙小艦隊襲擊。康是一位無畏的探險家，不久之後沿著非洲海岸走得很遠。福斯寫道：「我們被洗劫一空。」（fumes tout pillez）。[32]被帶回葡萄牙後，福斯和同事被關進監獄；在米納海岸進行無證貿易，受到的懲罰是死刑，因為這被視為純粹的海盜行徑。福斯用兩百個杜卡特❶金幣賄賂獄卒，趁夜色溜出監獄，逃到卡斯提爾。[33]

所有人都想在幾內亞貿易中獲利。一四八一年，英格蘭正醞釀向西非派遣船隻的計畫。葡萄牙國王說服英格蘭盟友愛德華四世，禁止英格蘭船隻出海，不過有人認為，英格蘭航海計畫的發起人約翰·廷塔姆（John Tintam）和威廉·費邊（William Fabian），可能在大約一年前就曾造訪非洲，而英格蘭人現在遠征大西洋也就不足為奇了：前面的章節講過，這個時期英格蘭船隻也在其他方向深入大西洋。[34]

四

在近海停船，然後與村民做生意，是貿易的一種方式。但更吸引葡萄牙王室的，是在米納海岸建立一個與阿爾金和卡謝烏類似的永久性基地。[35]葡萄牙國王聲稱自己是「幾內亞航行」的主人，並未計劃在非洲大陸建立一個帝國，不過偶爾會有非洲國王承認葡萄牙國王的宗主地位。所謂的葡萄牙帝國起初只是一個貿易站網絡，在其早期歷史的大部分時間裡仍然如此，並擴展到印度洋和太平洋，遠至果阿、麻六甲、澳門及長崎。但貿易站需要領土和安全保障，所以與當地統治者的談判至關重要。因為葡萄牙人在米納海岸成功購買大量的黃金，所以他們在後來被稱為米納聖若熱（São Jorge da Mina）或埃爾米納的地方，建造一座要塞的決定就顯得順理成章。他們一直透過非洲村莊夏瑪（Shama）從事貿易，但

---

❶ 譯注：杜卡特是歐洲歷史上很多國家都曾使用的一種金幣，幣值在不同時期、不同地區差別很大。

是那裡的水資源有限，而且如果沒有可供商人藏身的防禦設施，面對不斷躲避葡萄牙巡邏隊而來的外國闖入者，停在近海的葡萄牙卡拉維爾帆船就是一塊肥肉。

一四八一年，葡萄牙國王若昂二世建立一支遠征隊，由忠誠而有經驗的指揮官迪奧戈・德・阿贊布雅（Diogo de Azambuja）領導。[36]國王甚至從教宗那裡獲得一項十字軍特權，承諾對任何可能死在「米納」城堡的人給予完全的恕罪。這座要塞在選址（更不用說竣工）之前，名字就已經取好了。教宗對什麼人生活在非洲這塊土地上非常糊塗，說那裡的「撒拉森人」（Saracens）已經成熟了，可以皈信，還允許葡萄牙人與「撒拉森人」進行武器貿易。「撒拉森人」一詞經常被用來指多神教徒和穆斯林。雖然獲得教宗的批准，這次遠征沒有試圖在米納傳播福音，陪同航行的神父只向葡萄牙人宣講。儘管葡萄牙人並沒有忽視傳教的機會，但是對他們來說，黃金的誘惑比靈魂的誘惑更強大。儘管米納海岸的原住民不是穆斯林，但葡萄牙人說所有這些黃金最終會被用於針對穆斯林的戰爭。十六世紀，頗有影響力的葡萄牙編年史家若昂・德・巴羅斯（João de Barros）認為，這支遠征隊真正的計畫是先用貿易品誘惑非洲人，然後用價值不可估量的天堂來進一步誘惑他們，但這是後人對證據的重新解讀。[37]

十艘卡拉維爾帆船被分配給遠征隊，載著五百名士兵及一百名石匠和木匠，還有兩艘堅固的烏爾卡船（urcas）先行出發，運輸在葡萄牙加工好的石料，以便在現場快速安裝預製的窗戶和大門。遠征隊還運去大量的瓷磚、磚頭、木托梁和其他必要的物資，這些物資在米納海岸是買不到的。在建造要塞時，大型烏爾卡船被拆解，為工程提供大量木材。[38]一四八二年初，在夏瑪以外約二十五英里的地方確定理想的地點，這個地方被稱為「兩部村」，也許是因為該村位於兩個部落的交界處。這裡有一個岩石岬角、一些高地和通往內陸的河流，而且人們已經知道這裡是黃金貿易的合適基地。這不是幾個世紀以來，透過廷巴克圖和其他城鎮進行交易，然後向北送過撒哈拉沙漠的黃金，而是來自當地，在森林茂密的內陸地區，與葡萄牙人長期以來希望到達的金礦區隔絕，但不妨礙這些是明晃晃的黃金，而且數量極多。[39]

一四八二年一月二十日，在現場只待了幾天後，阿贊布雅就準備與當地的統治者面談，這位統治者在歷史上被稱為卡拉曼薩（Caramansa），不過這可能是他的頭銜，而不是名字。這次會面是一場「錯誤的喜劇」：阿贊布雅像他那個時代的許多探險家一樣，盛裝打扮去見國王，脖子上戴著珠光寶氣的金項圈，他的船長們也穿著節日的服裝。卡拉曼薩不甘示弱，他帶著士兵來到這裡，伴隨著鼓手和小號手，（巴羅斯說）他們演奏的音樂「震耳欲聾，而不是悅耳動聽」。歐洲人以為（不適合熱帶地區的）華麗服裝是展示權力與威望的方式，但卡拉曼薩和他的追隨者赤身裸體，皮膚因擦了油而閃閃發光；他們全身只有生殖器被遮擋起來，不過國王戴著金手鐲，項圈上掛著小鈴鐺，鬍鬚上掛著金條，這樣就可以把捲曲的毛髮拉直。[40]

巴羅斯虔誠但令人難以置信地認為，阿贊布雅在一開始確實提出讓對方皈信基督教的問題，但是談話主要轉向在會議地點建造一座葡萄牙要塞的問題。卡拉曼薩得到承諾，這將為他帶來權力和財富，是這一點而不是宗教說服了他。不過，卡拉曼薩也意識到葡萄牙人擁有相當強大的火力，希望避免與卡拉維爾帆船上的一百名裝備精良的士兵發生衝突。他確實抱怨，以前來村子的歐洲人都是「不誠實又卑鄙的」，但他大方地承認阿贊布雅不是那種人，阿贊布雅的奢華衣服表明他是一位國王的兒子或兄弟，衣冠楚楚的指揮官不得不尷尬地否定這種說法。[41]總之，卡拉曼薩允許葡萄牙人破土動工。除了帶來的石頭外，葡萄牙人還需要一些當地的石頭，於是開始在一塊對土著來說很神聖的岩石上切割石材。這就惹出麻煩，戰鬥爆發了。最後，葡萄牙人用額外的禮物安撫卡拉曼薩的臣民。一座要塞在三週內建造完成，為葡萄牙駐軍提供一個安全區域。之後要塞進一步擴建，包括一個庭院和若干蓄水池。在城牆外只建了一座小禮拜堂。要塞建成後，六十名男子和三名婦女留下來，其餘的葡萄牙人都回家了。[42]

這個定居點後來延續了數百年，先是被葡萄牙人統治，後來落入荷蘭人手中。與建立定居點同樣重要的是，葡萄牙人制定一套規章制度來管理聖若熱城堡（一般簡稱為埃爾米納，意思是「礦場」）的貿易。貿易是在要塞的院子裡進行的，而不是在要塞牆下發展起來的非洲村莊裡。[43]這些規章制度在接下來數十年裡不斷完善，它們證明控制前所未有的長途交通（按歐洲標準）有多麼困難，葡萄牙船隻如今都要航行非常長的距離。最重要的規矩是，船隻必須從里斯本直接航行到埃爾米納，這通常需要一個月。針對一切都有仔細的規範：水手在漫長航行中依賴的補給品，包括規定數量的餅乾、鹹肉、醋和橄欖油，這不只是為了確保船員吃飽，也是為了確保他們不會裝載多餘的貨物，並在埃爾米納出售獲利。離開里斯本時，特別領航員一直待在船上，直到船隻離開特茹河（Tagus）❷。領航員的工作是檢查是否有小船靠過來，在河口裝載違禁品。抵達埃爾米納後，也有嚴格規定，要升旗示意抵達，並等待埃爾米納駐軍用旗語回話。這些規則不僅適用於從里斯本來的船隻，也適用於往返於聖多美和埃爾米納之間的小船，這些小船運來水果和魚，最重要的是帶來從剛果與安哥拉海岸擄掠或在貝南王國購買的奴隸。

按照規定，船隻應該每個月從葡萄牙出發一次，前往埃爾米納。在大多數年分裡，從里斯本到埃爾米納的船隻沒有那麼多，在一五〇一年，只有六艘船從里斯本抵達埃爾米納，不過一直有奴隸船從聖多美來到埃爾米納，甚至在完全沒有船隻從葡萄牙來的年分，也有聖多美的奴隸船抵達埃爾米納。早期是單船從里斯本出發，從一五〇二年開始，葡萄牙人有時會組成一支小型船隊，這是更安全的旅行方式。在回程中，裝有黃金的箱子會被密封起來，水手自己的儲物箱也經常被仔細檢查，以尋找違禁的黃金，因為黃金都是小金塊和金粉，很容易攜帶。這些貨物的價值與它們的重量完全不成比例，所以在回程時，船隻會用岩石當壓艙物。[44]埃爾米納的卡拉維爾帆船為非洲帶來紡織品，不僅有歐洲紡織品，還有在西非需求旺盛的摩洛哥條紋紡織品；到埃爾米納的葡萄牙人帶來黃銅製品，和前往其他地方的時候一樣；他們還帶來海貝。購買黃金不是問題。葡萄牙人與當地居民的關係越來越融洽，從一五一四年開始，要塞城牆上有了非洲士兵，葡萄牙人和他們的非洲鄰居開始相互依賴。[45]還有葡萄牙私營商人進入內部，為埃爾米納供給食物，因為該定居點不能只依靠里斯本維持補給。[46]

同時，聖多美來的奴隸被分配到要塞中，從事體力勞動，包括從供給船上卸下貨物。許多奴隸被賣給卡拉曼薩的王國，卡拉曼薩的臣民希望葡萄牙人用奴隸，而不是海貝或布來換取他們的黃金。[47]船隻在聖多美和埃爾米納之間來回穿梭，在每一趟為期四週的航行中，最多可以運載一百二十名奴隸前往埃爾米納。粗略計算一下，每年大約有三千名奴隸經過埃爾米納。[48]即便如此，埃爾米納仍然算不上是葡

❷ 譯注：特茹河是葡萄牙語名字，它是伊比利半島最大的河流，發源於西班牙中部，向西流淌，最終在葡萄牙里斯本注入大西洋。它的西班牙語名字是塔霍河。

萄牙奴隸貿易的中心。葡萄牙國王決心從黃金貿易中榨取每一分每一毫。到了一五〇六年，埃爾米納帶來近四千四百萬里爾的收入，是幾內亞奴隸和馬拉蓋塔椒收入的十倍以上。[49]隨著小小的葡萄牙王國的艦隊闖入印度洋，上述收入為葡萄牙的帝國主義擴張提供資金。

五

葡萄牙人一直試圖抵達印度洋。對「黃金河」的探索是基於一個假設，即這條河流直接貫穿非洲，連接各大洋，彷彿有已知的河流能做到這一點。尋找「黃金河」是為了獲得對黃金的控制權；當沒有黃金的時候，奴隸是不錯的替代品。馬拉蓋塔椒讓葡萄牙人對東印度群島的真正胡椒胃口大開。受命探索非洲海岸更遠地區的先驅是康，他第一次出現在史料中，是身為一艘卡拉維爾帆船的船長，參與逮捕闖入西非的法蘭德斯人福斯的行動。在福斯看來，康是一個「非常壞的傢伙」，對方買下他的船，強迫他把在非洲沿岸取得的貨物賣給對方，然後讓他每天晚上彙報銷售情況。[50]葡萄牙探險家們即便在為國王效力時，也有著海盜的殘酷無情。

根據十六世紀作家費爾南・洛佩斯・德・卡斯塔涅達（Fernão Lopes de Castanheda）的說法，若昂二世國王交給康的使命是，找到「他（國王）聽說的印度的祭司王約翰（Prester John）的領地，這樣就有可能進入印度，如此一來，他（國王）就能派船長獲取威尼斯人銷售的貴重商品」。[51]由於「印度」一詞被用來指代印度洋沿岸的任何土地，包括東非，所以葡萄牙國王的目的似乎更有可能是將部下派往衣索比亞，而不是真正的印度，希望康能找到一個既願意滿足葡萄牙國王對黃金和香料的渴望，又願意在適當時候加入反伊斯蘭戰爭的基督教盟友。十二世紀就出現「祭司王約翰」的說法，而且他似乎長生不死，他的王國在中世紀歐洲人的想像裡，從印度到更遠的亞洲，再到非洲四處遊走。不過關於東非存在一個基督教王國的假設是完全有根據的，而且並非只有若昂二世在尋找衣索比亞的統治者。阿拉貢國王阿方索五世在其漫長的統治期間（一四一六－一四五八）向衣索比亞派遣修士，甚至夢想讓阿拉貢公主和衣索比亞王子結婚。[52]

康沒有得到非常多的資源，很可能只帶了兩艘卡拉維爾帆船。但是這些船攜帶被稱為「發現碑」（padrões）的石柱，這清楚表明探險隊打算標示出新的領土。這些發現碑被刻上字，飾有葡萄牙王室紋章，並被樹立在一些岬角上，有許多直到十九世紀末仍矗立在原地，被運回歐洲的博物館收藏。發現碑既是路標，也是葡萄牙主權的聲明，但這並不意味著葡萄牙人控制非洲內陸。葡萄牙國王仍然是「幾內亞航行的領主」，他只是指示康探索幾內亞海岸的更多地區。康順利地繞過聖多美，沿著非洲中部和南部的海岸南下，在剛果河河口樹立他的第一座發現碑。有意思的是，儘管康已經離開伊斯蘭教區域一段時間了，這座發現碑上的銘文除了拉丁文和葡萄牙文外，還有阿拉伯文，這表明葡萄牙航海家相信他們要不了多久就會再次遇到穆斯林。[53]

康不相信剛果河就是「黃金河」，他派了一個分隊到上游去拜會當地的國王，承諾會等這些人回來。不過他們沒有回來，於是他綁架四個最顯赫的村民，認為他們既是人質，也是潛在的資訊來源。到達安哥拉附近一個向東延伸的大海灣時，康想知道他是否已經到達非洲的最南端，於是在這裡樹立他的第二座發現碑，上面寫著：

> 自創世起第六六八一年，自我主耶穌基督降生以來第一四八二年，最高貴、卓越和強大的君主，葡萄牙國王若昂二世，派遣他的宮廷紳士迪奧戈·康，發現了這片土地，並樹立這些石柱。[54]

康在赤道以外很遠的地方展示了葡萄牙王室紋章，在一四八四年春天返回後，獲得自己的紋章和一筆年金，國王顯然認為這是一次非常有價值的遠征。[55]同年晚些時候，葡萄牙駐教廷大使在教宗英諾森八世面前，頌揚他同胞的成就，並吹噓葡萄牙船隻已經到達阿拉伯灣（他指的是印度洋）的邊緣。[56]這位博學的瓦斯科·費爾南德斯·德·盧塞納（Vasco Fernandes de Lucena）博士認為，從大西洋進入印度洋是有可能實現的，這是對托勒密的正統觀念的公然挑戰。在這個時期製作的地圖中，印度洋仍是一個巨大的封閉海域，非洲的最南端匯入一片長長的南方大陸，該大陸一直延伸到香料群島。

康已經到達非洲最南端的說法未免過於樂觀，但這讓若昂二世國王在一四八五年給他第二項使命，讓他再次帶著兩艘卡拉維爾帆船出發。卡拉維爾帆船上有康上一次抓的四個俘虜，現在他們已經熟悉葡萄牙的習俗，願意作為若昂二世國王的使者去見剛果國王。當康到達人質當初被綁架的村莊時，那裡的每個人都歡欣鼓舞；但康狡猾地只把其中一個人質送到非洲國王那裡，因為他決心救回在第一次航行中派到內陸的葡萄牙人。被釋放的人質攜帶的禮物幫助說服非洲國王，把葡萄牙人送回他們的船長那裡。他們回來後，康親自前往內陸會見國王。這一次，康和部下顯然希望找到一條深入非洲的河流。他們一直航行到剛果河的航行極限，直到不能再往前走，就在阻止他們進一步深入非洲的岩石上刻下他們這一趟非凡旅程的紀錄（它保存至今）：「偉大的君主，葡萄牙國王若昂二世國王的船隻抵達此地，水手有迪奧戈．康、佩羅．阿內斯（Pero Añes）、佩德羅．達．科斯塔（Pero da Costa）。」[57]此後，康繼續前進，與剛果國王會面，然後回到他的船上，並探索南部非洲海岸的更多地帶。

儘管薩拉查博士時期的葡萄牙歷史學家，在一九六〇年左右頌揚康是最終控制南部非洲大片地區的帝國的創始者之一，但康的探險還是大致上被忽視了。[58]康證明航行到葡萄牙在埃爾米納和聖多美的新基地之外更遠地方是有可能的，他們在未受伊斯蘭教影響的土地上受到歡迎，而那些土地應該就是通往印度洋的大門。不過這扇大門比航海家恩里克王子、若昂二世，或他們的製圖師和航海家設想得來得遠。顯然有必要進行第三次探險。這次是在巴爾托洛梅烏．狄亞士（Bartomeu Dias）的領導下進行的，原本是兩艘船，後來增加第三艘裝滿補給物資的船。他們的想法是，這艘補給船可以停在非洲海岸的某個地方，並可以在其他卡拉維爾帆船結束旅程（這樣的旅程可能很漫長，使得這兩艘船的物資耗盡）返回時用於補給。狄亞士的船隊於一四八七年出發，在非洲南部海域遭遇風暴。他們背離海岸，向西南方前進，在這個過程中，他們有了一個與發現陸地同樣重要的發現：可以利用從西向東吹來的強風，推動船隻返回非洲和更南的緯度。這讓狄亞士找到延伸到好望角（它實際上並不是非洲南部的最南端）以外的海岸，再往前延伸數百英里，遠至今天的伊麗莎白港（Port Elizabeth）所在的海灣。到了此時，風和洋流顯而易見都是繼續向東的，船隊已經繞過非洲最南端，從一條嶄新的海路進入印度洋。[59]狄亞士樹立一座發現碑。幾個世紀以來，這座發現碑蹤跡全無，直到年輕的南非歷史學家埃里克．阿克塞爾森

（Eric Axelson）在他認為最可能的地點，即科瓦伊霍克（Kwaaihoek）岬角的沙地上搜尋，找到發現碑的許多碎片，從而證實十六世紀那並非總是可靠的故事。[60]狄亞士的航行是一項巨大的成就，他本來想要繼續前進，但是船員對船上缺乏補給感到擔憂，所以決心回到補給船那裡（達伽馬在這片水域的下一次航行裡，順利從當地居民那裡獲得補給）。在返回補給船的過程中，他們繪製來時錯過的部分海岸線。一四八八年底，狄亞士回到里斯本。根據哥倫布的紀錄，他看到狄亞士的非洲地圖，並對其印象深刻，但是他仍堅持自己的理論。不過，葡萄牙國王沒有像獎勵康一樣給狄亞士獎勵，既沒有給他榮譽，也沒有給他金錢，因為狄亞士沒有探索到印度洋就返回葡萄牙。[61]

不過，突然間尋找通往東方航線的使命變得更加緊迫。一四九三年，一位誇誇其談的熱那亞水手被沖上葡萄牙海岸。他聲稱自己發現一條橫跨大洋、通往中國和日本的新航線。

注釋

※編按：本書（上冊）英文原版注釋請掃描四維條碼，即可下載參考。